普通高等教育应用型人才培养创新教材

现代工程图学

主　编　葛常清
副主编　程　洋　卢卫萍　李文望
　　　　张云飞　袁　群

机械工业出版社

本书内容分为三大部分：第一部分为第一～七章，介绍投影制图基础（画法几何与制图基础有机结合）；第二部分为第八～十三章，介绍工程图样的绘、读（包括选修的展开图等内容）；第三部分为分散在各章最后一节的计算机绘图（计算机辅助教学与辅助设计），这样安排使计算机绘图既作为知识更作为工具介绍给读者，使许多图示图解难题得以方便快捷地解决。全书配置了大量的直观图、分步解题的图例及扩充思维的讨论，有助于培养学生独立分析问题、解决问题的能力，方便学生自学。

本书和配套的习题集可作为高等学校工科机械类、近机械类各专业画法几何、机械制图、工程图学等课程的教材，还可供职业院校各专业师生及工程技术人员参考。

图书在版编目（CIP）数据

现代工程图学/葛常清主编. —北京：机械工业出版社，2019.1（2025.7 重印）

普通高等教育应用型人才培养创新教材

ISBN 978-7-111-61796-9

Ⅰ.①现…　Ⅱ.①葛…　Ⅲ.①工程制图-高等学校-教材　Ⅳ.①TB23

中国版本图书馆 CIP 数据核字（2019）第 007609 号

机械工业出版社（北京市百万庄大街 22 号　邮政编码 100037）

策划编辑：舒　恬　　责任编辑：舒　恬

责任校对：张　薇　樊钟英　封面设计：张　静

责任印制：常天培

河北虎彩印刷有限公司印刷

2025 年 7 月第 1 版第 7 次印刷

184mm×260mm · 23.5 印张 · 580 千字

标准书号：ISBN 978-7-111-61796-9

定价：56.00 元

电话服务　　网络服务

客服电话：010-88361066　　机　工　官　网：www.cmpbook.com

010-88379833　　机　工　官　博：weibo.com/cmp1952

010-68326294　　金　书　网：www.golden-book.com

机工教育服务网：www.cmpedu.com

前言

随着改革开放的深入和市场经济的发展，各行业对高级设计及应用型人才的知识结构和能力（包括制图能力）的需求也随之发生了改变。为顺应这个潮流，培养符合新要求的人才，传统的制图教材有必要进行改革。本书根据教育部高等学校工程图学教学指导委员会制定的《普通高等院校工程图学课程教学基本要求》（2015 年版）的精神，在对往届毕业生大量追踪调查、综合分析的基础上，结合多年的教改经验，特别是近年来多媒体电教的实践经验编写而成。本书主要特点如下：

1. 几何元素可视化，将“头疼几何”化难为简

书中采用了自行开发的，适用于工程图学教学的计算机图形软件 Projector，使点、线、面、体可视化，满足了学生进行二、三维高效快速互逆转换的需求，既能使图示图解问题化难为简，又能较好地培养和开发创新思维能力。经多年的教改实践，决定将此内容有机地插入教材。

2. 图学理论与工程图样比例适当，结构编排有利于教学

从工程实际着眼并综合考虑理论与应用相结合，从有利于培养学生空间思维能力及读、绘图能力出发，调整投影理论与工程制图的比例，适当增大计算机绘图的分量。

3. 图、数结合，方便学习

用约定的符号与标记使图示和图解变得简明扼要。用简单的公式代替大段的叙述，使内容易懂易记。

4. 主要内容高度概括

把图示、图解的原理和作图方法高度概括成经验性的口诀、表格、流程图等，方便学生抓住要领，易于掌握。

5. 分步作图，加强讨论

解题过程基本是一步一图，思路清晰。解题结束后用演变已知条件等方法进行各种可能情况的讨论，充分揭示其内涵和外延，起到触类旁通、举一反三的效果。

6. 插图清晰，图例丰富

为方便学生学习，投影图旁大多配置立体图（严格按轴测原理绘制）。大部分插图采用机器绘制，图线规范标准，图形逼真。三维形体基本都进行渲染处理，更加清晰直观。

7. 适应面宽

根据近年来各用人单位对开发与应用型人才在制图水平和能力方面的实际需要，及各院校多专业基础课对制图要求的共性组织教材内容，拓宽了本书所涉及的工程专业。本书除作为高等学校本、专科机械类、近机械类各专业制图课程的教材之外，还可供有关工程技术人员参考。

8. 配套资料系列化

除与其配套的《现代工程图学习题集》之外，还配有电子教案和课件、电子教模、习题集及参考解答指导等系列资料。

9. 标准资料最新

本课程所涉及的有关标准资料均采用现行国家标准。

教材中打上星号的内容偏深，供不同类型和专业要求的院校选用。

参加本书编写工作的有南通理工学院程洋、卢卫萍、王凤琴、黄爱维、金亚云、顾燕、徐媛媛、罗霁、张爱国、周春杰、葛常清等；上海第二工业大学袁群、刘平、贾立新；上海应用技术大学张云飞；厦门理工学院李文望，江苏工业大学陈权，广西大学蒲明辉、李小平；淮阴工学院顾锋、左晓明；盐城工学院马如宏，天津工程师范学院刘富凯，河南科技学院胡志刚、申家龙，河北科技大学高兰尊等。

中国工程图学学会前副理事长、清华大学的童秉枢教授，上海师范大学的孙昌佑教授等行业专家对于使用 AutoCAD、Projector 软件配合教学的构想给予了高度的评价，并在教材框架的拟定和编写过程中给予了许多指导。本书由同济大学的洪钟德教授和东华大学的王继成教授担任主审，他们对书稿提出了许多有益的意见和建议；本书的部分插图由南通理工学院的 2016 级学生孙丽、宋阁、高锋等同学绘制和加工。本书的编写曾得到参编各校领导的大力支持，以及南通理工学院机械工程学院的领导和同事们多方面的热情帮助。在此一并表示衷心的感谢！

由于编者水平有限，书中错漏及不妥之处在所难免，恳请使用本书的教师和其他读者批评指正。

编　者

符号与标记

1. 三投影面体系中各投影面以专用大写拉丁字母 H、V、W 表示。

H——水平投影面；V——正立投影面；W——侧立投影面。

2. 空间点用大写拉丁字母或罗马数字表示。

A，B，C，…或Ⅰ，Ⅱ，Ⅲ，…

点的投影用相应的小写字母（或阿拉伯数字）及在其右上角加“′”“″”表示。

a，b，c，…或1，2，3，…——点的 H 面投影

a'，b'，c'，…或$1'$，$2'$，$3'$，…——点的 V 面投影

a''，b''，c''，…或$1''$，$2''$，$3''$，…——点的 W 面投影

3. 空间线以专用大写拉丁字母 L 表示，直线也可用其上两点表示。

L，L_1，L_2，…或 AB，CD，EF，…

直线的投影用相应的小写字母及其右上角加“′”“″”表示。

l，l_1，l_2，…或 ab，cd，ef，…——直线的 H 面投影。

l'，l_1'，l_2'，…或 $a'b'$，$c'd'$，$e'f'$，…——直线的 V 面投影。

l''，l_1''，l_2''，…或 $a''b''$，$c''d''$，$e''f''$，…——直线的 W 面投影。

4. 空间面用大写希腊字母表示。在不致引起误会的情况下，平面也可用大写拉丁字母表示，如：

P，T，Π，Σ，Ω，Φ，P_1，P_2，…

空间面的投影用相应的小写字母及在其右上角加“′”“″”表示。

ρ，τ，π，σ，ω，φ，p_1，p_2，…——平面的 H 面投影。

ρ'，τ'，π'，σ'，ω'，φ'，p_1'，p_2'，…——平面的 V 面投影。

ρ''，τ''，π''，σ''，ω''，φ''，p_1''，p_2''，…——平面的 W 面投影。

5. 其他符号：

=——结果“是”，相等

≠——不相等

≡——全等、重合

//——平行

$\not\parallel$——不平行

×——相交

∸——交叉

⊥——垂直

$\not\perp$——不垂直

目录

绪 论

一、工程图在技术领域中的作用及地位

工程图样是按一定的投影方法和技术规定绘制成的用于产品制造或工程施工等用途的图，简称图样。用于不同工程的图样，分别有机械图样、建筑图样等。机械图样常用的是零件图和装配图。

在工业生产中人们要想生产或改进所需的各种机器、设备，总要先绘出图样，用以表达设计思想和要求，然后再根据该图样进行加工、检验、装配等工作。

例如：要制造出自行车的前轴系，如图 0-1 所示，就要用计算机或者绘图仪器、工具，先设计自行车前轴系的装配图及各零件的零件图，如图 0-2a、b 所示。然后，将工程图样（图 0-3、图 0-4）交给生产部门，制造出如图 0-1 所示的自行车前轴系成品，依此设计、生产出其他部分的零部件，最后才能生产出如图 0-5 所示的自行车。

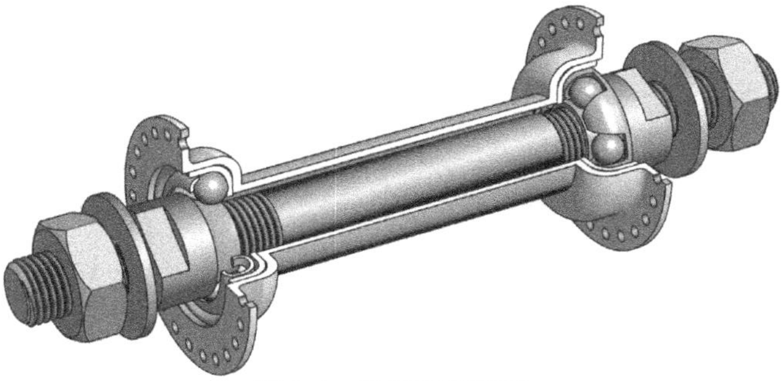

图 0-1　自行车前轴系

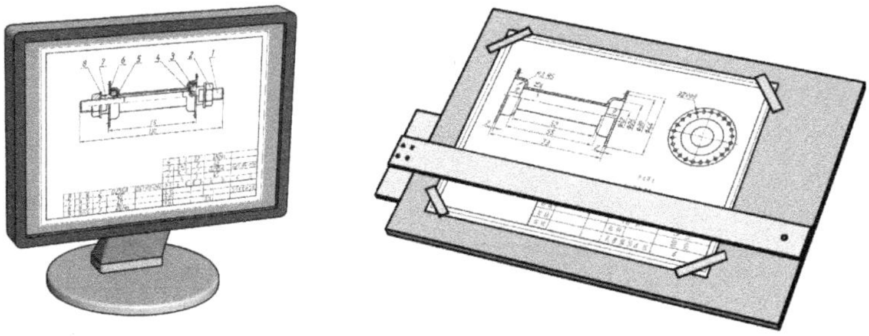

a) 绘制前轴系　　　b) 绘制前轴花鼓

图 0-2　设计自行车前轴系

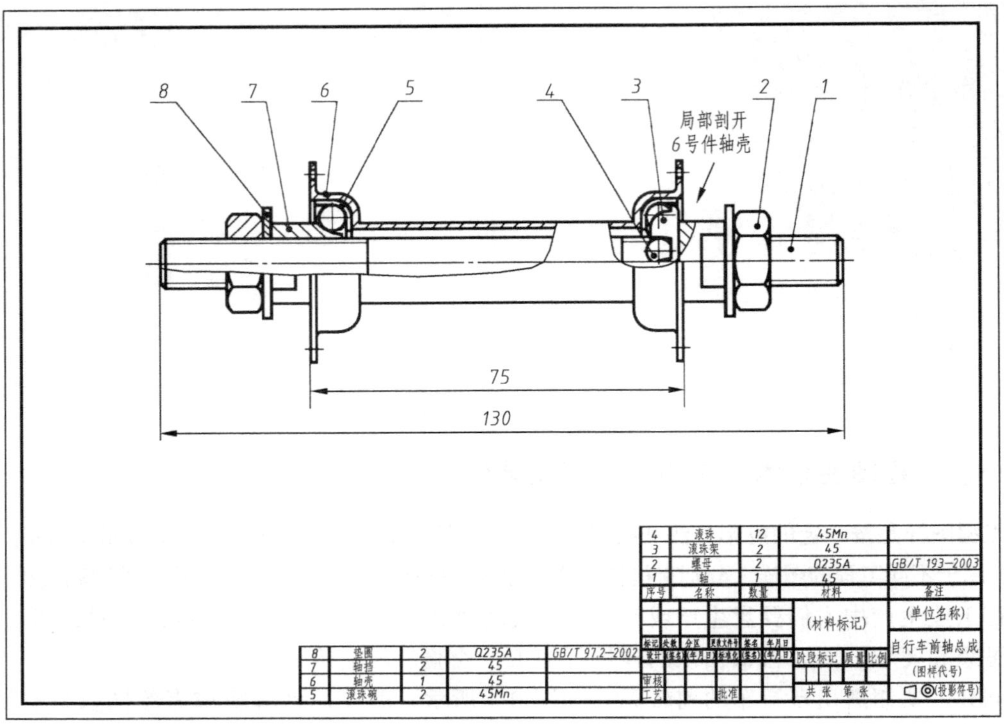

图 0-3　自行车前轴系装配图

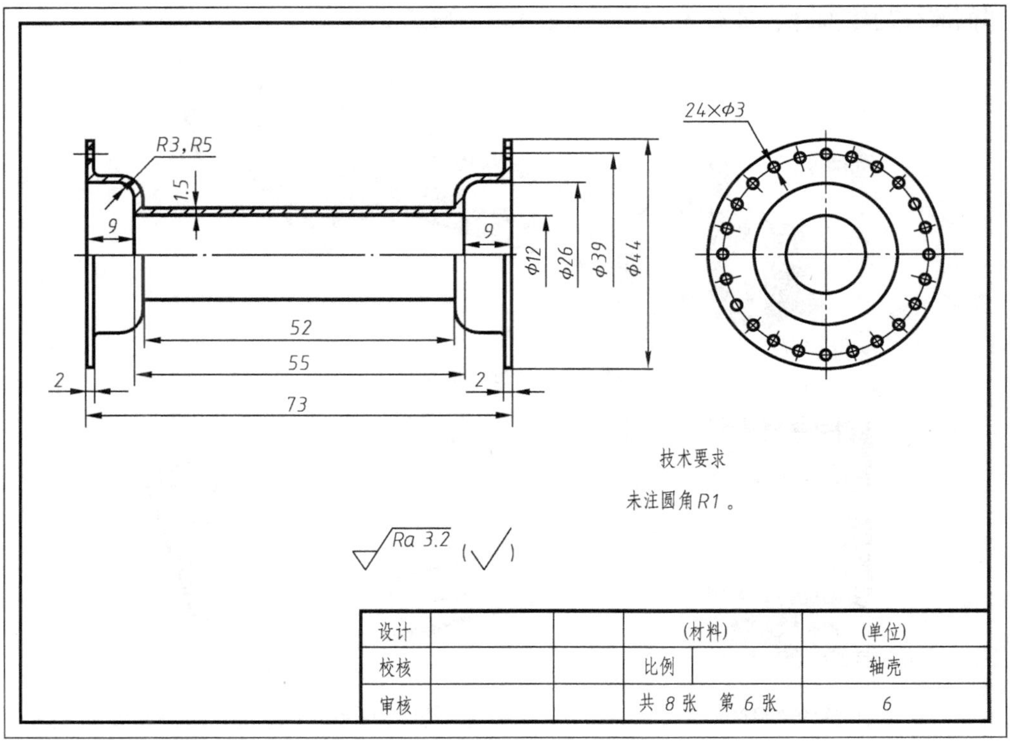

图 0-4　自行车前轴轴壳零件图

图 0-5 自行车总成

在使用、维修机器时，也要通过图样来帮助了解机器的结构与性能。

因此，图样是设计、制造、使用机器过程中的一种重要技术文件，也是人们进行技术交流不可缺少的工具，素有“工程界的语言”之称。

本课程是一门研究图示法和图解法以及根据工程技术规定和知识来绘制、阅读工程图样的学科。

图示法：研究空间几何元素（点、线、面、体）及其相对位置在平面上的投影原理和表示方法。

图解法：研究在平面上用几何作图的方法来解决空间几何问题（如位置、度量、轨迹等）的原理和方法。

二、本课程的性质、学习目的和任务

由于图样与生产实践密切联系，所以本课程是一门既有系统理论，又有较强实践性的重要技术基础课。其目的是培养学生具有绘制、阅读机械工程图样的能力和空间想象与思维能力。主要任务是：

1）掌握正投影法的基本理论及其应用。

2）培养绘制和阅读工程图样（主要是机械图样）的能力。

3）培养空间几何问题的图解能力。

4）培养空间想象能力和空间分析能力。

5）培养计算机绘图和设计的初步能力。

6）培养一丝不苟、精益求精的学习态度和认真负责、严谨细致的工作作风。

此外，还必须重视自学能力，辩证地分析问题和解决问题的能力以及审美能力的培养。

三、本课程的学习方法

本课程既有理论又有实践，学习制图基础部分时，必须运用初等几何的基础知识，认真学习投影理论，全面准确地掌握基本概念，做到融会贯通。在理解的基础上，结合大量由浅入深的绘图和读图实践，通过不断地由平面（二维图形）到空间（三维物体），由空间到平面的反复对照和联想，逐步提高空间想象能力和空间分析能力。从而掌握正投影的基本理论、作图方法及其应用。

机械制图部分，应在掌握基本理论和基本知识的基础上，遵循正确的作图方法和作图步骤，通过做习题和作业（尺规绘制和计算机绘制工程图样），养成正确使用绘图工具和仪器的习惯，认真踏实地进行绘图基本技能训练。在实践中逐步掌握绘图与读图的方法，提高这方面的能力以及熟悉制图国家标准和有关技术规定。

制图作业应做到投影正确，视图选择与配置恰当，尺寸齐全、清晰，字体工整，线型标准，图面整洁、美观，符合国家标准的规定，并懂得制造工艺和结构设计方面的初步知识。

通过本课程的教学，只能为学生的绘图、读图能力打下初步的基础。这方面能力的进一步提高，还有待于后续课程、生产实习、课程设计和毕业设计中继续学习和培养。

第一章

制图的基本知识和基本技能

第一节 制图国家标准《技术制图》及《机械制图》的基本规定

国家标准《技术制图》及《机械制图》是对图样的画法、尺寸标注和技术要求等内容所作的规范化的统一规定，是工程界重要的技术基础标准，是绘制和阅读工程图样的准则和依据。国家各有关部门十分重视制图标准化工作，于1959年颁布了国家标准《机械制图》，该标准对统一工程语言，推广我国在生产实践中创造的行之有效的简化画法和习惯画法起到了积极作用，随着建设事业的迅速发展，标准又进行了多次的修改、试行。其中大部分标准已等同或等效于国际标准ISO的有关条款。

一、图纸幅面及格式（根据GB/T 14689—2008）

国家标准GB/T 14689—2008规定了工程图样的图纸幅面和格式。其中“GB”为“国标”两字汉语拼音的首字母，T为推荐标准中“推”字的汉语拼音首字母，“14689”表示“图纸幅面及规格”这一标准的编号，“2008”表示该标准是2008年颁布的。

1. 图纸幅面尺寸

绘制图样时，优先采用表1-1中规定的基本幅面（表中B为图纸短边，L为长边），必要时加长幅面，这些幅面的尺寸是由基本幅面的短边成正整数倍增加后得出，如图1-1所示。图中粗实线所示为基本幅面（第一选择）；细实线所示为第二选择的加长幅面；虚线所示为第三选择的加长幅面。

表1-1 图纸幅面尺寸

幅面代号	A0	A1	A2	A3	A4
$B \times L$	841×1189	594×841	420×594	297×420	210×297
a	20				
c	10			5	
e	20		10		

2. 图框格式

在图纸上必须用粗实线画出图框，有两种格式：

1）需留装订边的图样，其图框格式如图 1-2 所示。

2）不留装订边的图样，其图框格式如图 1-3 所示。一般采用 A4 幅面竖装（放）或 A3 幅面横装（放）。

3. 标题栏的方位及格式

在图纸的右下角应画出标题栏。标题栏的位置应按图 1-2、图 1-3 所示的方式配置。标题栏的长边置于水平方向并与图纸的长边平行时，则称为 X 型图纸如图 1-2b、图 1-3b 所示，若标题栏的长边垂直于图纸的长边时，则称为 Y 型图纸，如图 1-2a、图 1-3a 所示。对于留有装订边的图纸来说，不管是 X 型图纸还是 Y 型图纸，标题栏的短边总是平行于装订边。在此情况下标题栏中的文字方向为看图方向。

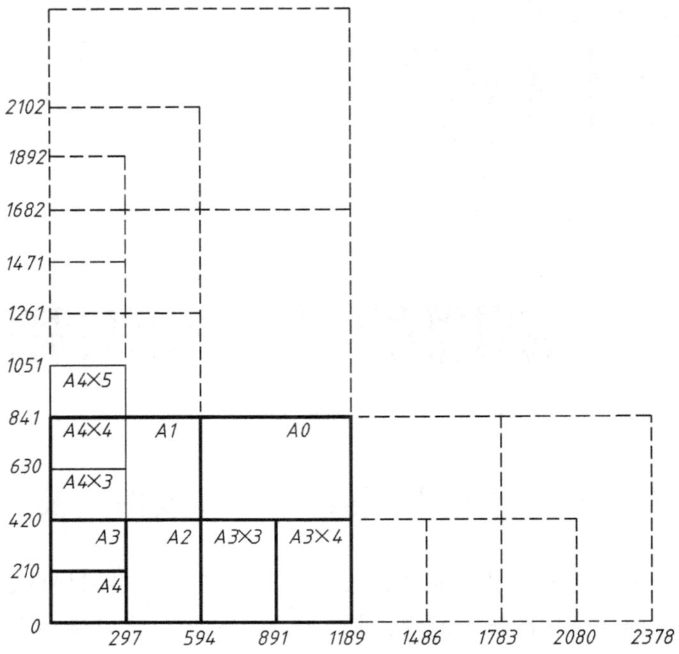

图 1-1　图纸的基本幅面及加长幅面

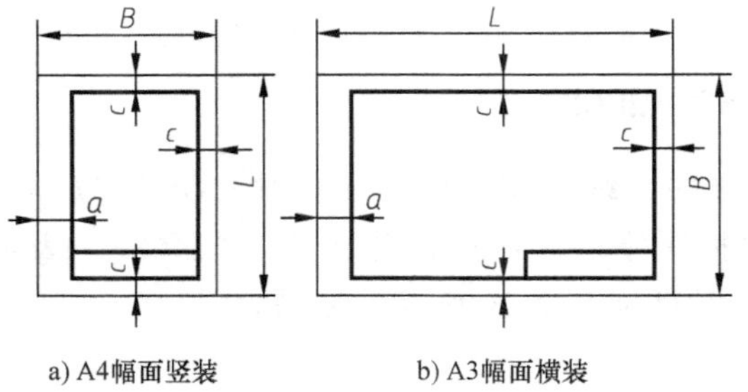

图 1-2　需留装订边的图框格式

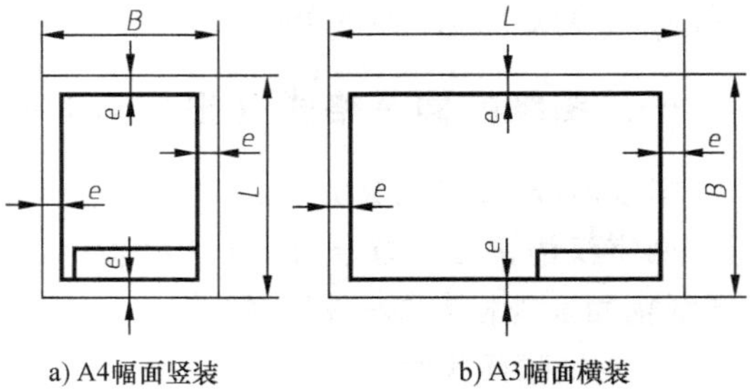

图 1-3　不留装订边的图框格式

为了利用预先印制的图纸，允许将 X 型图纸的短边置于水平使用，如图 1-4a、b 所示；或将 Y 型图纸的长边置于水平使用，如图 1-4c 所示。

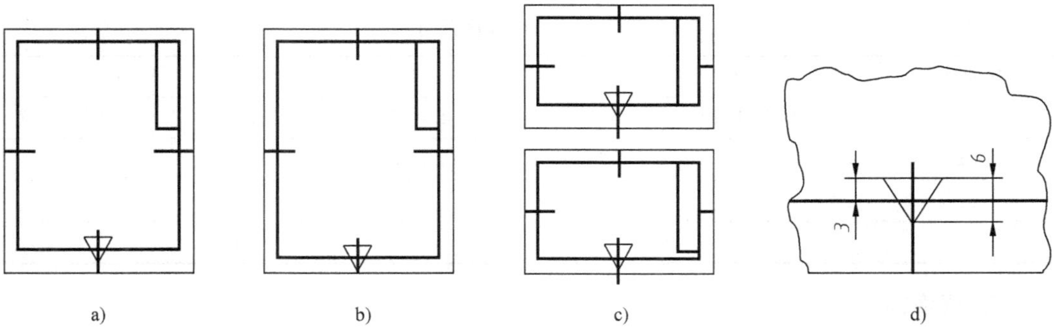

图 1-4　利用预先印制的图纸及附加符号

标题栏的格式已由国家标准（GB10609. 1—2008）规定，如图 1-5a 所示。学校的制图作业中使用的标题栏可以简化，建议采用如图 1-5b 所示的方式。

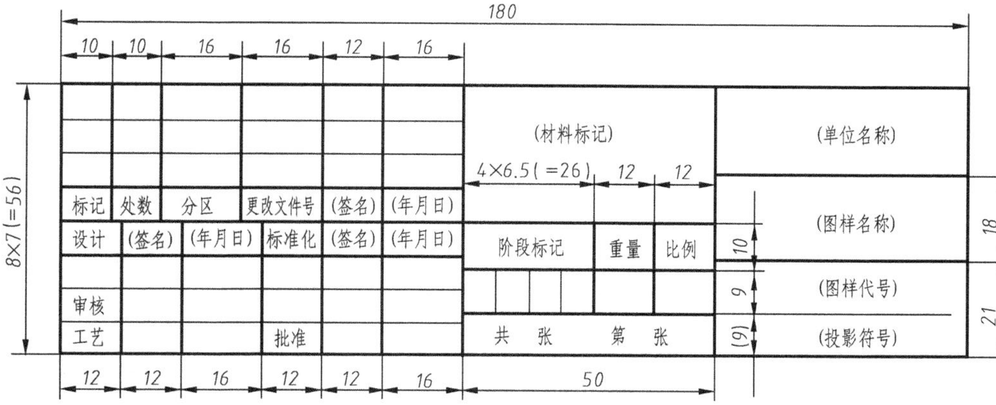

a) 国家标准规定的标题栏格式

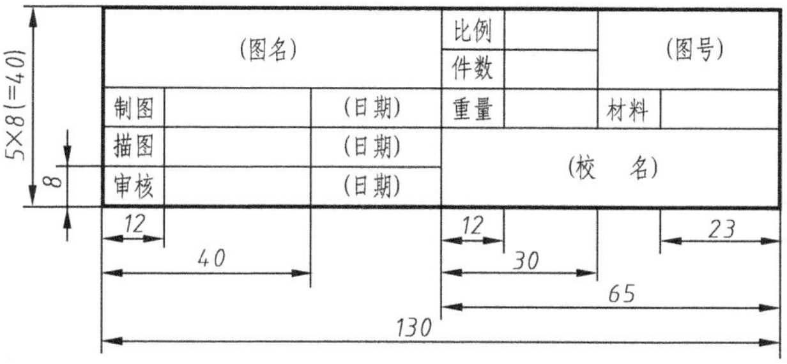

b) 学校暂用格式

图 1-5　标题栏的格式

4. 附加符号

（1）对中符号　为了使图样复制和缩微摄影时定位方便，对表 1-1 中所列的各号图纸及如图 1-1 中所示细实线表示的加长幅面图纸，均应在图纸各边长的中点处分别画出对中符号。

对中符号用粗实线绘制，线宽不小于 0. 5mm，长度从图纸边界开始至伸入图框内约 5mm，如图 1-4 所示。当对中符号处在标题栏范围内时，则伸入标题栏部分省略不画，如图 1-4c 所示。

（2）方向符号　使用预先印制的图纸时，为了明确绘图与看图时图纸的方向，应在图纸的下边对中符号处画出一个方向符号，如图 1-4 所示。方向符号是用细实线绘制的等边三角形，其大小和所处的位置如图 1-4d 所示。

二、比例（根据 GB/T 14690—1993）

比例：图中图形与其实物相应要素的线性尺寸之比。

1）绘制图样时应选取表 1-2 中规定的比例，必要时，可选用表 1-2 中带括号的比例。

2）同一张图样中各个视图采用相同的比例时，应在标题栏的“比例”一栏中集中填写。必要时，可在视图名称的下方或右侧标注比例。如图 1-6 所示。

$\frac{}{2:1}$　　$\frac{A}{1:2}$　　$\frac{B—B}{2.5:1}$　　$\frac{墙板位置图}{1:200}$　　平面图 1:100

图 1-6

表 1-2 比例系列

种类	比例				
原值比例	1 ∶ 1				
缩小比例	1 ∶ 2 (1 ∶ 1.5) (1 ∶ 1.5×10^n)	1 ∶ 5 (1 ∶ 2.5) (1 ∶ 2.5×10^n)	1 ∶ 1×10^n (1 ∶ 3) (1 ∶ 1.3×10^n)	1 ∶ 2×10^n (1 ∶ 4) (1 ∶ 1.4×10^n)	1 ∶ 5×10^n (1 ∶ 6) (1 ∶ 1.4×10^n)
放大比例	2 ∶ 1 (2.5 ∶ 1)	5 ∶ 1 (4 ∶ 1)	1×10^n ∶ 1 (2.5×10^n ∶ 1)	2×10^n ∶ 1 (4×10^n ∶ 1)	5×10^n ∶ 1

3）当图形中圆的直径或薄片的厚度≤2mm 以及斜度和锥度较小时，可不按比例而夸大画出。

三、字体（根据 GB/T 14691—1993）

1. 一般规定

1）书写字体必须做到：字体工整、笔画清楚、间隔均匀、排列整齐。

2）字体的号数，即字体的高度（用 h 表示，单位为毫米），一般分为 1.8、2.5、3.5、5、7、10、14、20 八种。如需书写更大的字，其字体高度应按$\sqrt{2}$的比率递增。

3）汉字应写成长仿宋体，并应采用国家正式公布推行的简化字。汉字的高度 h 不应小于 3.5mm，其字宽一般为 $h/\sqrt{2}$。汉字的基本笔法见表 1-3。

4）字母和数字分为 A 型和 B 型。A 型字体的笔画宽度（d）为字高（h）的十四分之一；B 型字体的笔画宽度（d）为字高（h）的十分之一。在同一图样上，只允许选用一种型式的字体。

5）字母和数字可写成斜体和直体。斜体字字头向右倾斜，与水平基准线成 75°。

2. 字体示例

1）汉字示例如图 1-7 所示。

10号字：

字体工整　笔画清楚　间隔均匀　排列整齐

7号字：

横平竖直　注意起落　结构匀称　填满方格

5号字：

粗细一致　上紧下松　笔峰显露　清秀挺拔

3.5号字：

对称舒展　疏密相宜　守稳求变　合理缩放

图 1-7

基本笔法见表 1-3。

表 1-3 汉字的基本笔法

名称	点	横	竖	撇	捺	挑	折	勾
基本笔画及运笔法	尖点 垂点 撇点 上挑点	平横 斜横	竖	平撇 斜撇 直撇	斜捺 平捺	平挑 斜挑	左折 右折 斜折 双折	竖勾 左曲勾 右曲勾 平勾 竖弯勾 包勾 横折弯勾 竖折折勾

书写要领是横平竖直、注意起落、结构匀称、填满方格。横笔略向左上方倾斜，起笔落笔都应有笔锋。

字形特点是粗细一致，上紧下松，笔锋显露，清秀挺拔。初学者书写时往往不会掌握上紧下松的特点，以致方格中摆不下。仿宋体结构要严谨，基本原则要对称舒展，疏密相宜，守稳求变，合理缩放。

2）斜体拉丁字母、阿拉伯数字、罗马数字等字体的应用示例如图 1-8 所示。

a) 大写拉丁字母

b) 小写拉丁字母

c) 小写希腊字母

d) 阿拉伯数字

e) 罗马数字

图 1-8 斜体字母、数字及字体的应用

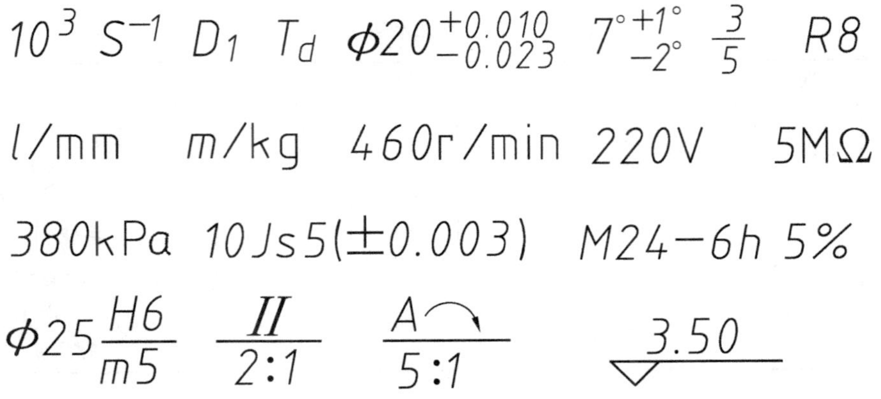

f) 综合应用示例

图 1-8 斜体字母、数字及字体的应用（续）

四、图线（根据 GB/T 17450—1998、GB/T 4457.4—2002）

1. 图线的型式

几个术语：

(1) 图线 起点和终点间以任意方式连接的一种几何图形，形状可以是直线或曲线、连续线或不连续线。

(2) 线素 不连续线的独立部分，如点、长度不同的画和间隔。

(3) 线段 一个或一个以上不同线素组成一段连续的或不连续的图线，例如：实线的线段，由长画、短间隔、点、短间隔组成的点画线的线段（见表 1-4 中 No. 04）。图线的基本线型见表 1-4，基本线型可能的变形见表 1-5。

表 1-4 基本线型

代码 No.	基本线型	名称
01		粗实线
02		虚线
03		间隔画线
04		点画线
05		双点画线
06		三点画线
07		点线
08		长画短画线
09		长画双短画线
10		画点线
11		双画单点线
12		画双点线
13		双画双点线
14		画三点线
15		双画三点线

表 1-5　基本线型的变形

基本线型的变化	名称
	规则波浪连续线
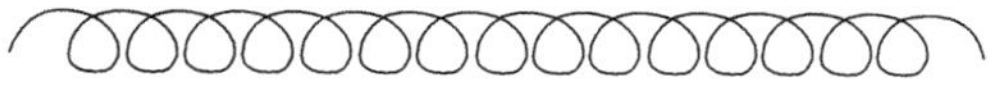	规则螺旋连续线
	规则锯齿连续线
	波浪线（徒手连续线）

注：本表仅包括了表 1-4 中 No. 01 基本线型的变形，No. 02~15 可用同样的方法变形表示。

2. 图线的尺寸

（1）图线的宽度　所有线型的图线宽度（d）应按图样的类型和尺寸大小在下列数系中选择：0.13，0.18，0.25，0.35，0.5，0.7，1，1.4，2（各数值的单位为毫米）。该数系的公比为 $1:\sqrt{2}$（$\approx 1:1.4$）。

机械图样中采用两种线宽，即粗线和细线，其宽度比率为 2∶1；土建图样中可采用三种线宽，即粗线、中粗线、细线，其宽度比率为 4∶2∶1。在同一图样中，同类图线的宽度应一致。

（2）图线的构成　基本线型和线素的计算公式在 GB/T 14665—2012 中有详细的规定，利用 CAD 系统绘制图样易于达到这些要求。手工绘图时要注意：各线型的线素（画长、间隔）应各自大致相等，在图样中要显得匀称协调。虚线、点画线、双点画线的画法建议采用如图 1-9 所示的图线规格。

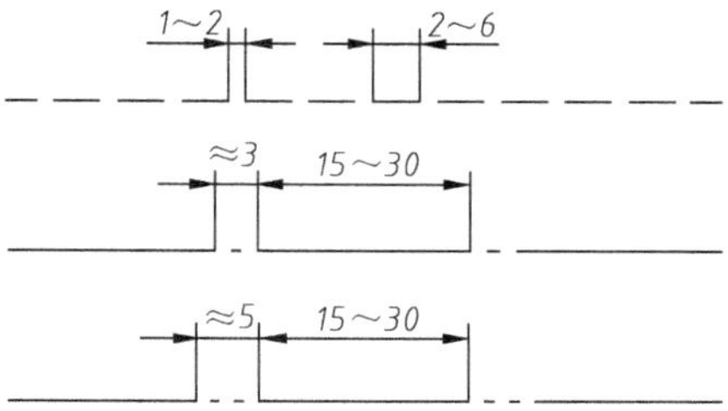

图 1-9　图线规格

3. 绘制图线时应注意的几个问题

1）两条平行线（包括剖面线）之间的距离应不小于粗实线的两倍宽度，其最小距离不得小于 0.7mm。

2）绘制圆的对称中心线时，圆心应为画的交点。点画线和双点画线的首末两端应是画而不是点。

3）在较小的图形上绘制点画线或双点画线有困难时，可用细实线代替。

4）虚线、点画线、双点画线等图线相交时，均应以画相交，虚线是粗实线的延长线时，粗线应画到分界点，而虚线则应留有间隙。

5）木材和圆柱体的断裂处可用波浪线表示。

图线画法的正误对比如图 1-10 所示。

4. 图线应用

示例如图 1-11 所示。

注意：虚线、点画线、双点画线、双折线、波浪线等名称前没有明确粗细时，则默认为细线。

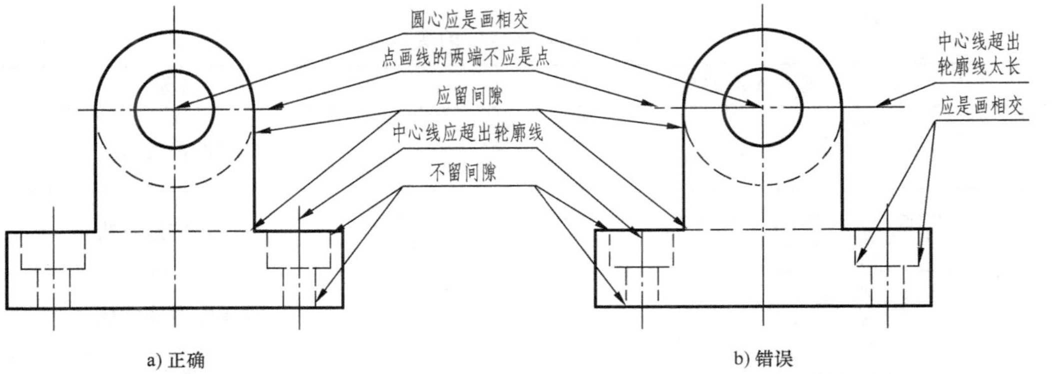

图 1-10　图线画法

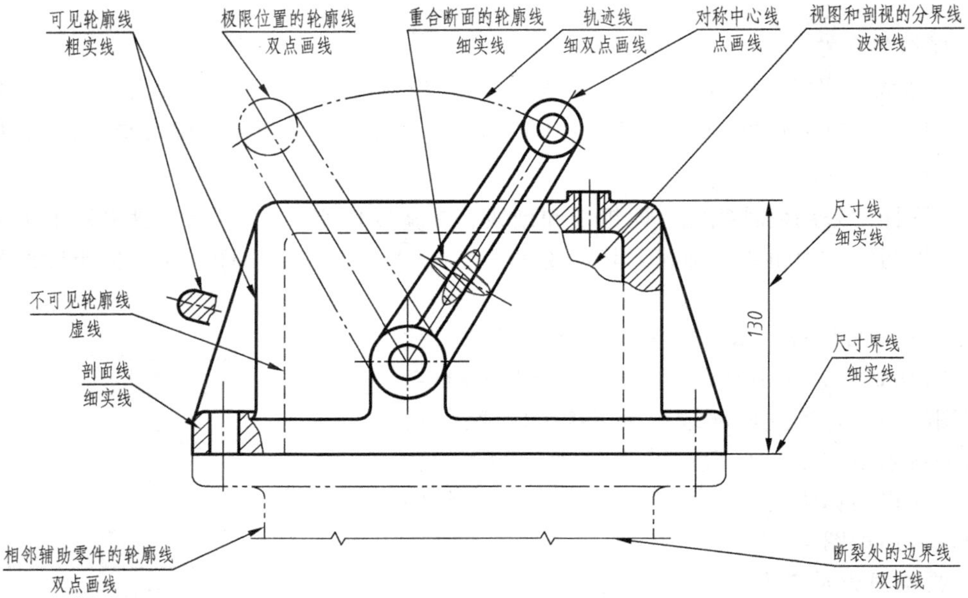

图 1-11　图线应用示例

五、尺寸注法（根据 GB 4458.4—2003）

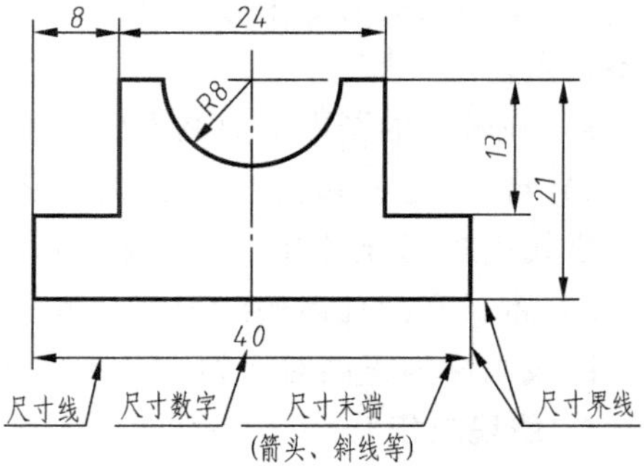

图 1-12　尺寸的组成

1. 基本规则

1）机件的真实大小应以图样上所注的尺寸为依据，与图形大小及绘图的准确度无关。

2）图样中（包括技术要求和其他说明）的尺寸，以毫米为单位时，不需标注计量单位的代号或名称，如采用其他单位时，则必须注明。

3）机件的每一尺寸，一般只标注一次，并应标注在反映该结构最清晰的图形上。

2. 尺寸的组成

一个标注完整的尺寸应包括尺寸界线、尺寸线、尺寸数字三部分，如图 1-12 所示。

3. 尺寸注法的基本规定与标注示例

见表 1-6。

表 1-6 尺寸注法的基本规定与标注示例

项目	说明	图例
尺寸界线	尺寸界线用来表示所注尺寸的范围 1)尺寸界线用细实线绘制,并应由图形的轮廓线、轴线或对称中心线处引出;也可利用轮廓线、轴线或对称中心线作尺寸界线,如图 a 所示 2)尺寸界线一般应与尺寸线垂直,当尺寸界线贴近轮廓线时,允许与尺寸线倾斜,如图 b 所示 3)在光滑过渡处标注尺寸时;必须用细实线将轮廓线延长,从它们的交点处引出尺寸界线,如图 b 所示 4)角度、弧长、弦长的尺寸界线见本表"弧长和弦长""角度"项目 5)圆和圆弧的尺寸界线为其自身的轮廓线,见本表"直径与半径"项目	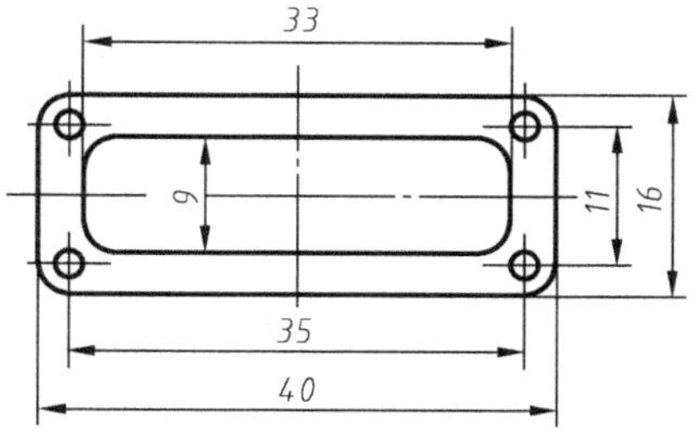 a) 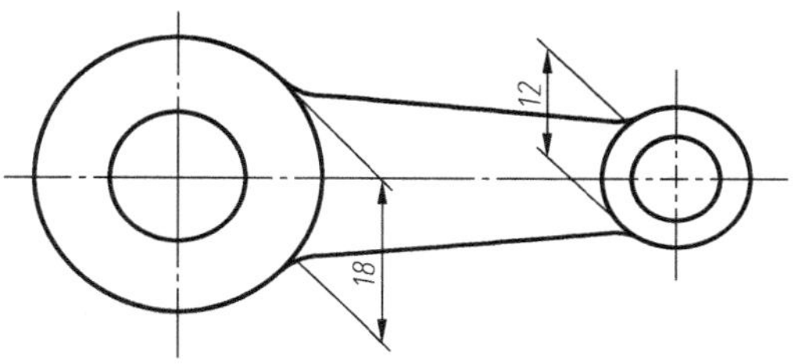 b)
尺寸线	尺寸线用来表示尺寸度量的方向。其终端用来表示尺寸的起止 1)尺寸线用细实线绘制,其终端可以有两种形式 ①箭头:形式如图 a 所示,箭头应指到尺寸界线。图 b 是几种常见的错误画法 ②斜线:用细实线绘制,其方向和画法如图 c 所示 当尺寸线的终端采用斜线形式时,尺寸线与尺寸界线必须相互垂直 ③一般机械图样上尺寸线终端画箭头,土建图上尺寸线终端画斜线 2)当尺寸线与尺寸界线相互垂直时,同一张图样中只能采用一种尺寸线终端的形式。当采用箭头时,在位置不够的情况下,允许用圆点或斜线代替箭头(见本表"小尺寸"项目中的图例) 3)尺寸线不能用其他图线代替,一般也不得与其他图线重合或画在其延长线上 4)线性尺寸的尺寸线,必须与所标注的线段平行。角度、弧长、弦长的尺寸线见本表"弧长和弦长""角度"项目	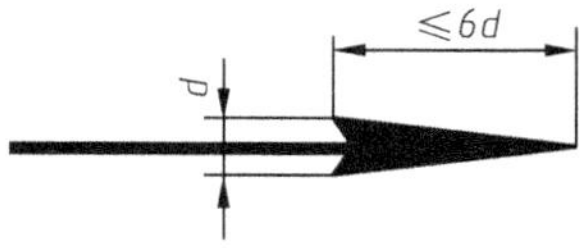 a) 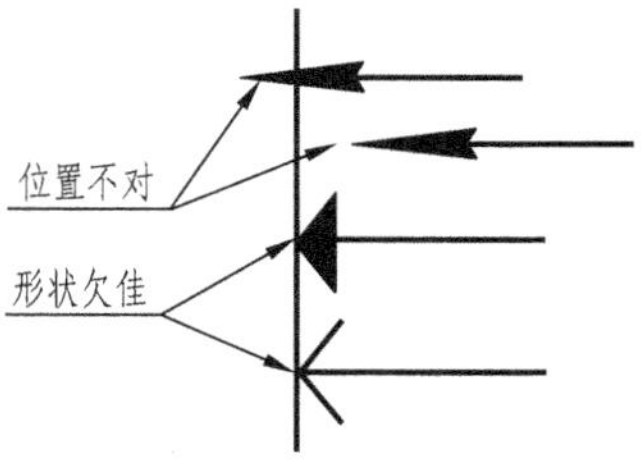 b) 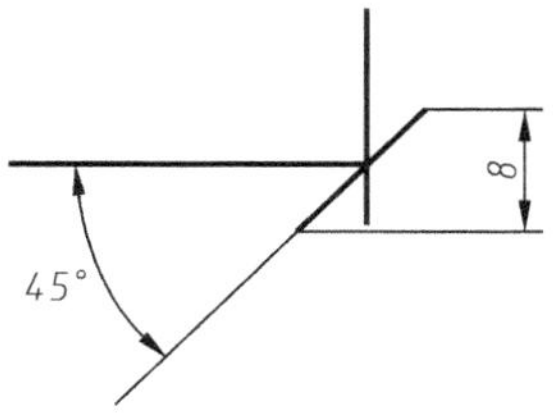 c)

（续）

<table>
<tr><th>项目</th><th>说明</th><th>图例</th></tr>
<tr><td>尺寸数字</td><td>尺寸数字表示机件尺寸的实际大小
线性尺寸的数字一般应标注在尺寸线的上方，也允许标注在尺寸线的中断处
1）线性尺寸数字一般应采用如图 a 所示的方向标注，并尽可能避免在图示 30°范围内标注尺寸，当无法避免时，可按图 b 所示的形式标注
对于非水平方向的尺寸，其数字可水平地标注在尺寸线的中断处，如图 c、d
2）尺寸数字不可被任何图线所通过，否则必须将该图线断开，如图 c 所示及本表“直径与半径”中的图 g 所示</td><td>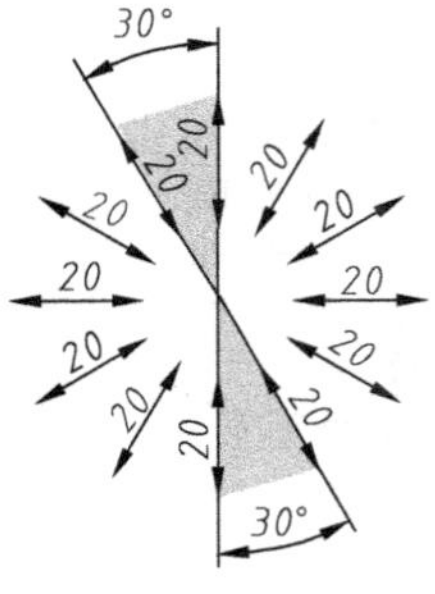

a)
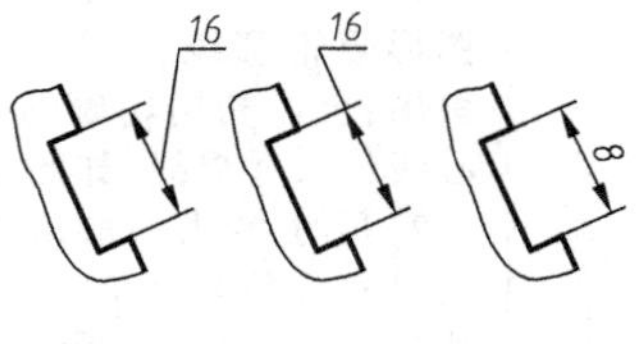

b)
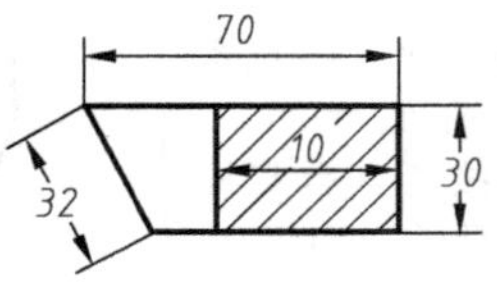

c)
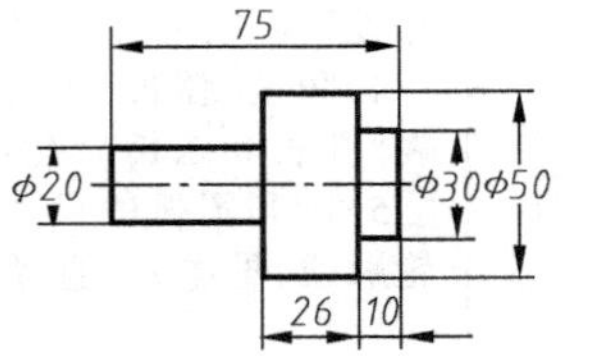

d)</td></tr>
<tr><td>线性尺寸的排列</td><td>1）平排的尺寸线应对齐，如图 a 所示
2）平行的尺寸线应是小尺寸在内，大尺寸在外；尺寸线之间的距离应相等，约为 1.4h（h 为图中字高），内侧第一道尺寸线至轮廓线的距离略大一些，如图 c 所示</td><td>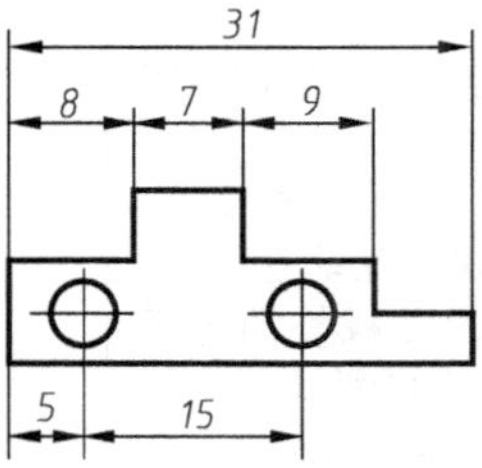

a) 正确
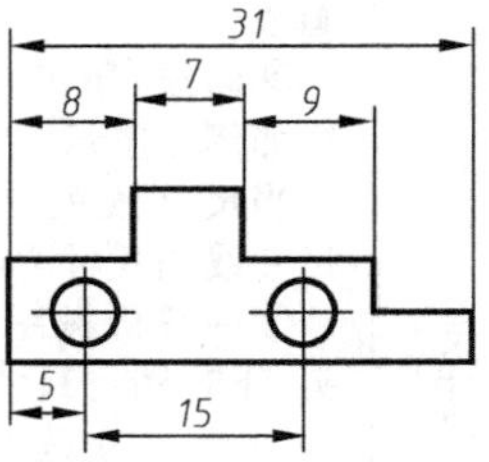

b) 错误
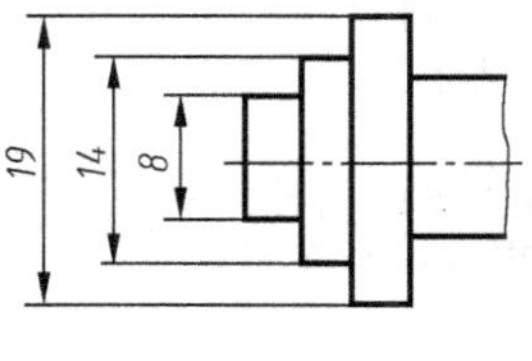

c) 正确
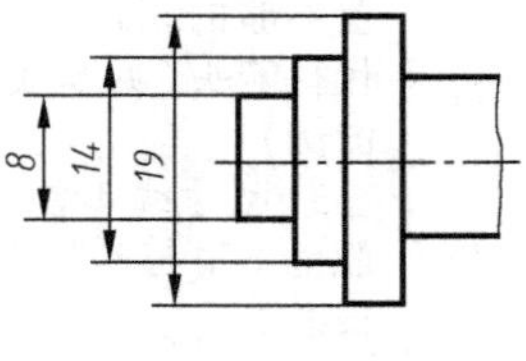

d) 错误</td></tr>
</table>

（续）

<table>
<tr><th>项目</th><th>说明</th><th>图例</th></tr>
<tr><td>直径与半径</td><td>1）标注直径时，应在尺寸数字前加注符号“φ”；标注半径时，应在尺寸数字前加注符号“R”。尺寸线的箭头指向圆周或圆弧，标注半径时的尺寸线，只在指向圆弧的一端画出箭头。圆和大于半圆的圆弧标注直径，如图 a、b、c 所示；半圆及小于半圆的圆弧标注半径，如图 b、d 所示
2）当圆弧的半径过大或在图纸范围内无法标出其圆心位置时，可按图 e 形式标注；若不需要标出其圆心位置时，可按图 f 形式标注，但尺寸线应指向圆心
3）标注球面直径或半径时，应在符号“φ”或“R”前加注符号“S”，如图 g、h 所示；对于螺钉、铆钉的头部、轴和手柄的端部等，在不致引起误解的情况下，可省略符号“S”，如图 i、j 所示</td><td>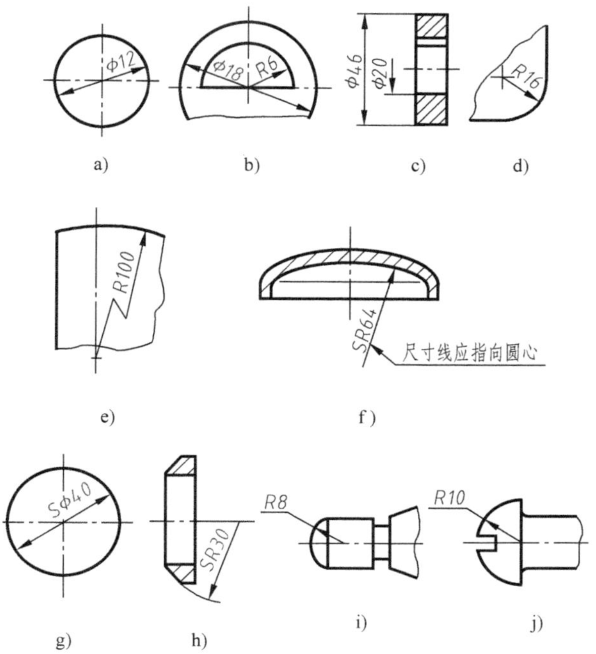
</td></tr>
<tr><td>弧长和弦长</td><td>1）标注弧长时，应在尺寸数字上方加注符号“⌒”，如图 b 所示
2）弦长或弧长的尺寸界线应平行于该弦的垂直平分线，如图 a 所示。当弧度较大时尺寸界线可沿径向引出，并将尺寸线沿径向引至所标的圆弧，如图 c 所示</td><td>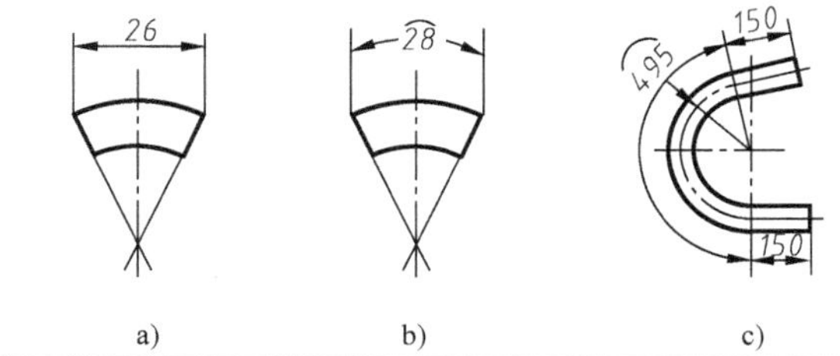
</td></tr>
<tr><td>角度</td><td>标注角度的尺寸界线应沿径向引出，尺寸线应画成圆弧，其圆心是该角的顶点，如图 a 所示
角度的数字一律写成水平方向，一般标注在尺寸线的中断处，必要时可以写在尺寸线的上方或外面，也可以引出标注，如图 b 所示</td><td>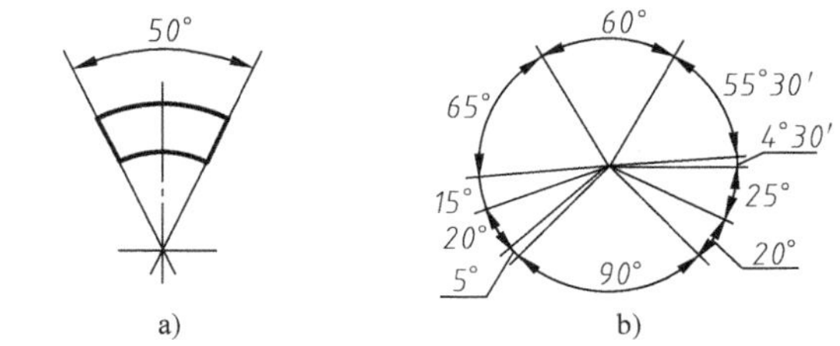
</td></tr>
<tr><td>小尺寸</td><td>1）在没有足够的位置画箭头或标注尺寸数字时，可将箭头或数字布置在外面，也可将箭头和数字都布置在外面
2）几个小尺寸连续标注时，中间的箭头可用斜线或圆点代替</td><td>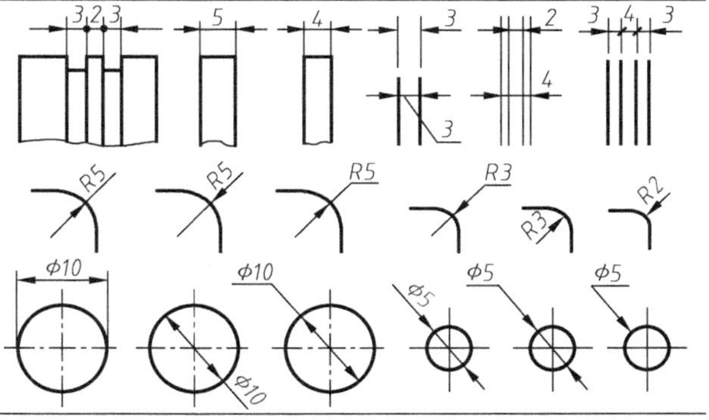
</td></tr>
</table>

（续）

项目	说明	图例
正方形	标注机件剖面为正方形的尺寸时，可标注成“□B”的形式，其中□表示正方形，B 为正方形的边长。图中相交的两条细实线是表示平面的符号	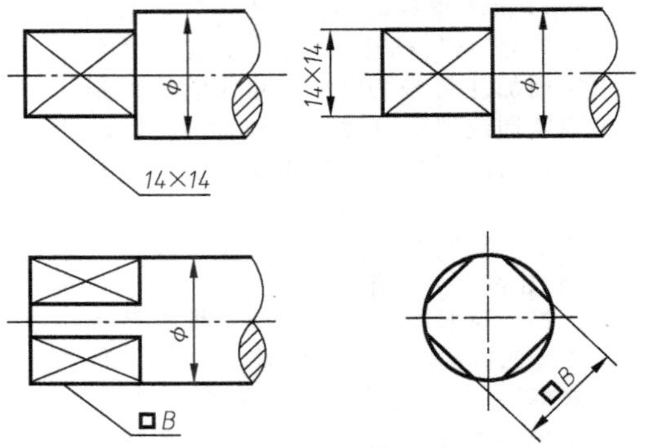
对称图形及薄板形零件	对称零件的图形如只画出一半或略大于一半时，则尺寸线应略超过对称中心线或断裂处的边界线，此时仅在尺寸线的一端画出箭头，对称中心线两端各画两条平行的细实线为对称符号（当图形不能充分表达平面时，用此符号较为方便） 标注板状零件的厚度时，可在尺寸数字前加注符号 δ	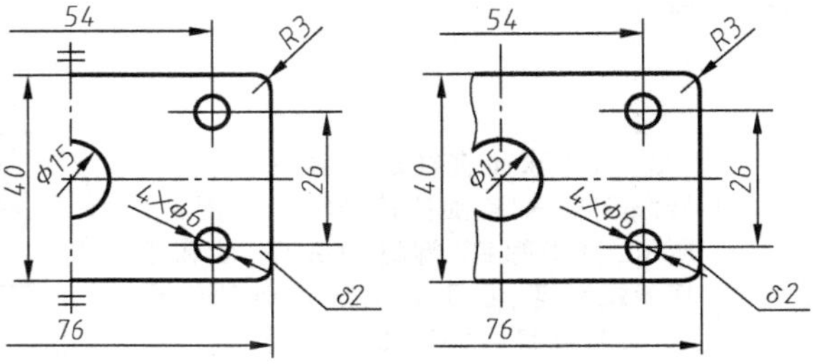 a) b)
均匀分布的相同要素	均匀分布的相同要素如孔、槽等结构的定位尺寸可按图 a～c 所示形式标注 当相同要素的定位和分布情况在图中已明确时，可省略其定位尺寸和均布的缩写词“EQS”，如图 c 所示	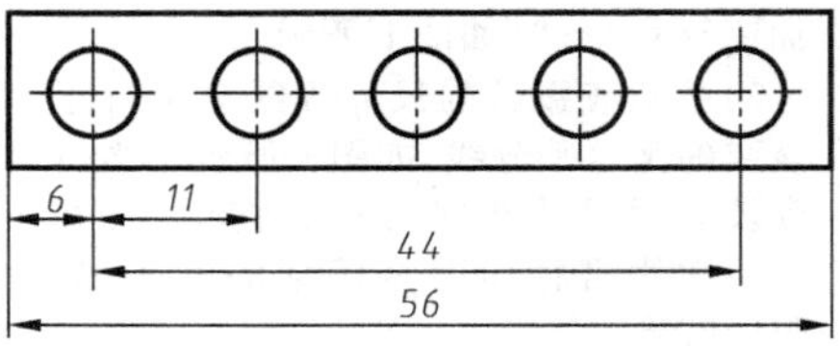 a) 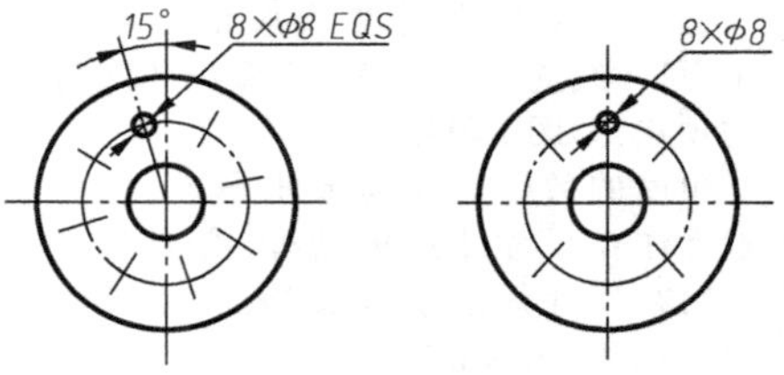 b) c)
重复的相近要素	在同一图中出现几种尺寸数值相近而又重复的要素（如孔等）时，可采用标注字母或用涂色标记来区别	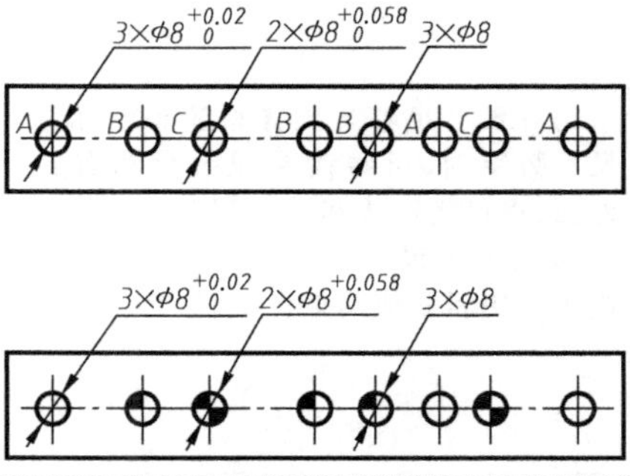

如图 1-13 中所示，以正误对比的方式指出初学尺寸标注时的常见错误。

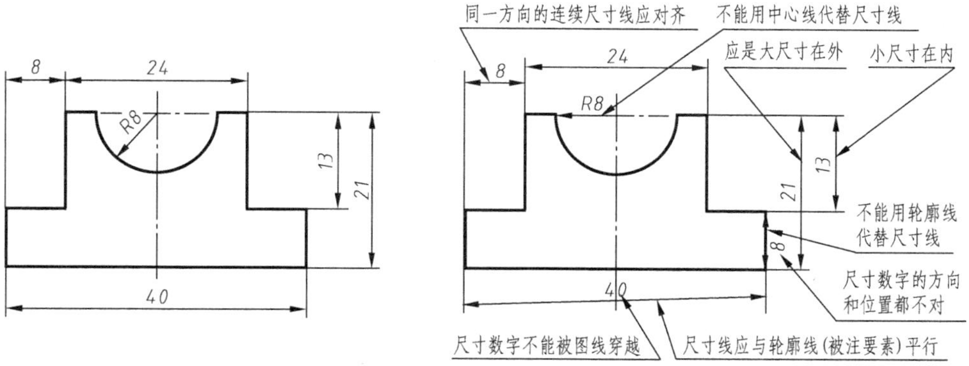

a) 正确　　　　b) 错误

图 1-13　尺寸标注的正误对比

第二节　绘图工具及用品的使用方法

正确合理地使用绘图工具和仪器，维护其性能，才能保证绘图质量，提高绘图技能。本节介绍一些绘图时常用的工具、仪器及绘图用品的功能和使用方法。

一、绘图工具

1. 图板

图板供铺放图纸用，它的表面必须平坦，光滑，左右两导边必须平直。如图 1-14 所示。

2. 丁字尺

丁字尺由尺头和尺身组成。使用时左手扶住尺头，使尺头内侧边紧靠图板左导边，（一旦选定左导边，其余三边就不能用作导边了）。铅笔沿尺身工作边可画水平方向的线，笔头靠紧尺身工作边，笔杆略向右倾斜，自左向右匀速画线，如图 1-14 所示。将丁字尺沿图板导边上下移动，可按意图画出所需位置的水平线。

贴图纸时应使丁字尺的工作边与图纸上面的水平图框线或图幅上边缘对齐（有利于后面将画的水平线与水平图框线平行），然后将丁字尺下移约一个尺身宽，用胶带纸固定好图纸的左上角和右上角。再将丁字尺继续下移（丁字尺在图纸上由上而下的移动，有利于图纸平整）至下面水平图框线上边一些，固定好图纸的左下角和右下角，至此贴图纸工作就完成了。利用较大图板画图时，应使图纸位于图板左下部分，但下图框线离图板下边缘的距离应大于丁字尺的尺身宽度，以方便准确地绘制图纸上最下面的水平线，如图 1-14 所示。

3. 三角板

三角板由 45°和 30°（60°）各一块组成一副，它们常与丁字尺配合使用，可画垂直线及 15°倍角的斜线，如图 1-14 所示。让一块三角板沿另一块的边缘移动可画平行线和垂直线，如图 1-15 所示。

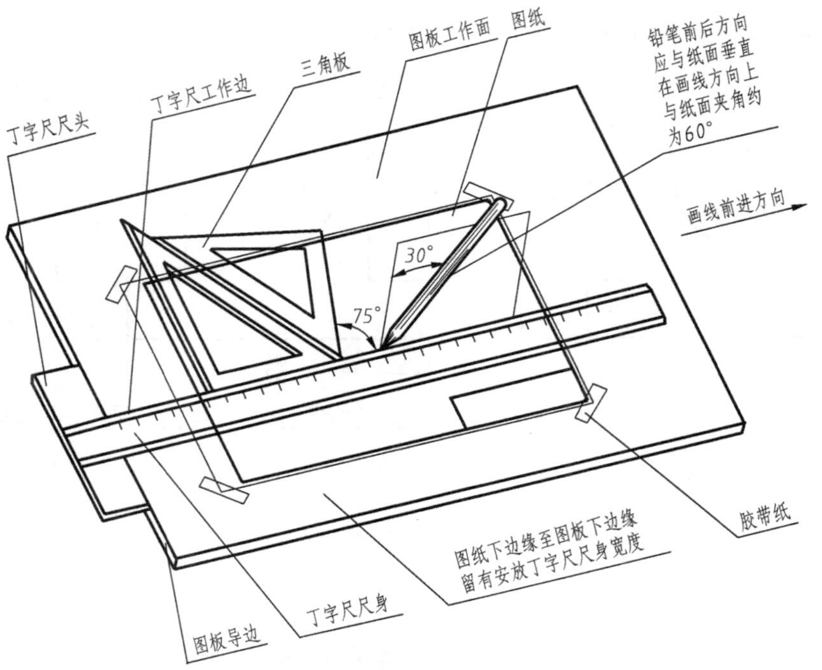

图 1-14　图板、丁字尺、三角板的功能及使用

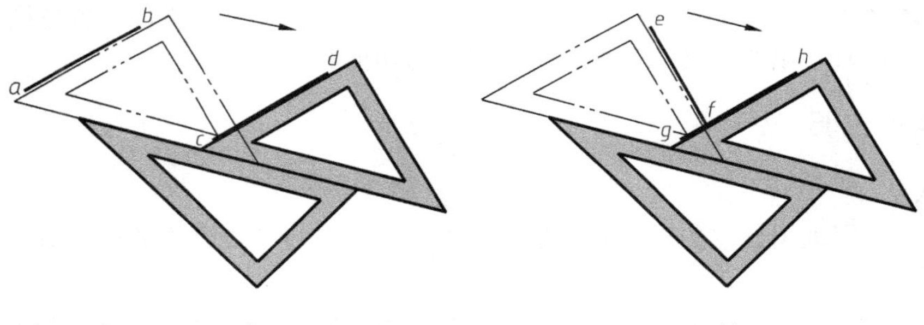

a)　　b)

图 1-15　用一副三角板配合使用可画平行线和垂直线

4. 比例尺

比例尺是刻有不同比例的直尺。用不同的比例绘图时，按所选的比例，机件的实际尺寸在图上应画的长度，可不用计算，直接在比例尺上量取。

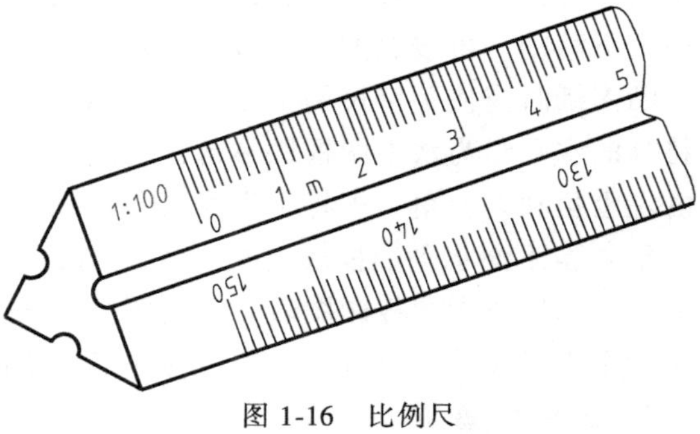

图 1-16　比例尺

常用的比例尺为三棱形，故称为三棱尺，如图 1-16 所示。在三棱尺的三个尺面上共刻有六种不同的比例尺标，如 1 : 100, 1 : 200, …, 1 : 600。

5. 曲线板

曲线板是用来画非圆曲线的工具。曲线板的种类很多，图 1-17c 所示是常见的一种。画曲线时，先把所需连接的各点徒手轻轻连接成曲线，如图 1-17a、b 所示；然后根据曲线曲率的变化从曲线板上选择与所画线条相吻合的一段进行描绘，每段至少要通过四个点，并把中间的一段描出，两端的两小段中，一段应与上一次所画的线段重叠，一段留待下次续连，这样才能使所画曲线光滑，如图 1-17c 所示。

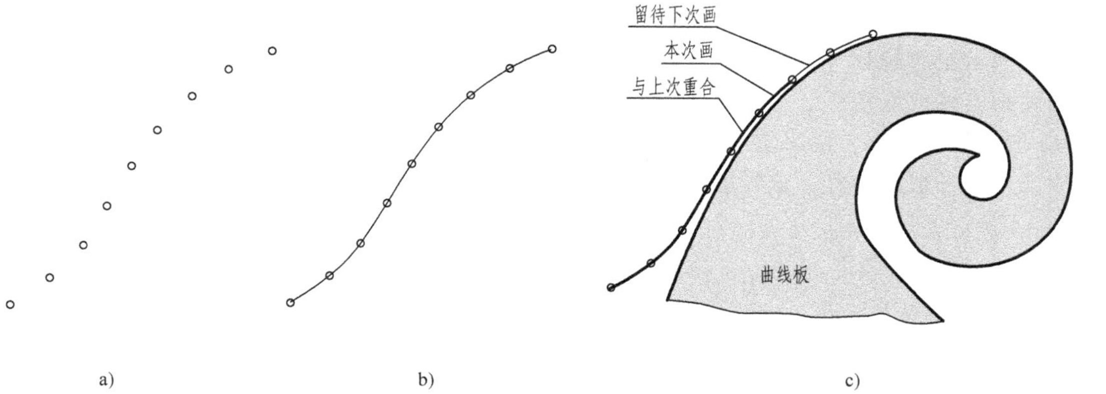

图 1-17　曲线板及其用法

二、绘图用品

绘图仪器一般成套销售，其中常用的有圆规、分规、鸭嘴笔等。

1. 圆规及其附件

圆规是画圆弧的工具，常用的有大圆规、弹簧圆规和点圆规，大圆规附有三只插腿（铅芯、带针、鸭嘴）和一支延伸杆，如图 1-18 所示。圆规的钢针有两个尖端，有台阶的一端为画圆定心用，钢针针尖略比铅芯尖长一点，另一端作分规用。弹簧圆规和小圆规用来画小圆。使用圆规时，不论所画圆的直径大小如何，针尖和插腿都应垂直纸面，还应使圆规向前方（一般为顺时针方向）稍微倾斜，如图 1-19a 所示，用延伸杆画大圆的方法如图 1-19b 所示。

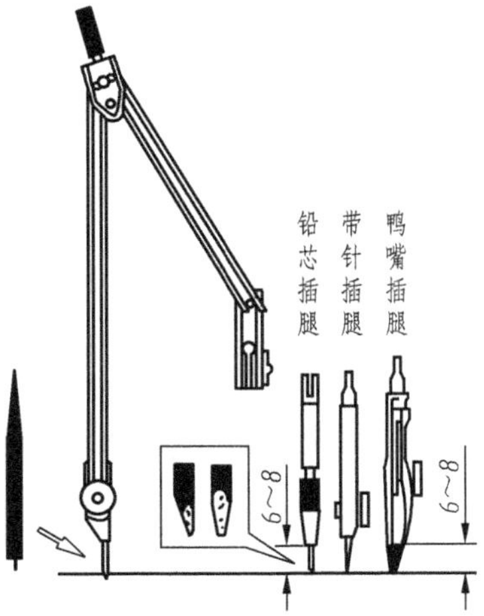

图 1-18　圆规及其附件

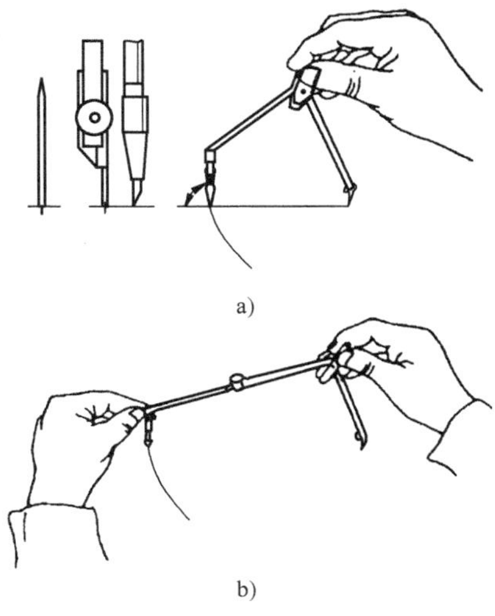

图 1-19　圆规的应用

2. 分规

分规用来量取线段或等分线段，如图 1-20 所示。如果仪器盒内没有专用分规，可将圆规换上带针插脚当分规使用。分规的两尖端合拢时，针头应合于一点。

3. 铅笔

绘图铅笔上印有“B”“H”或“HB”等字母，表明铅芯的软硬。B（或 H）的前边数字越大表示铅芯越软（或越硬），HB 表示软硬适中。画图常采用 2H ~ B 的铅笔多支，分别用来画细实线或底稿线、写字、加宽图线等。铅笔应用无标记的一端起削，一般削成如图 1-21a 所示锥状铅芯，用来绘制粗实线；也可削成楔形，如图 1-21b 所示。对于圆规用的铅芯应选用软一级的为宜，这样能使图线深浅近于一致。

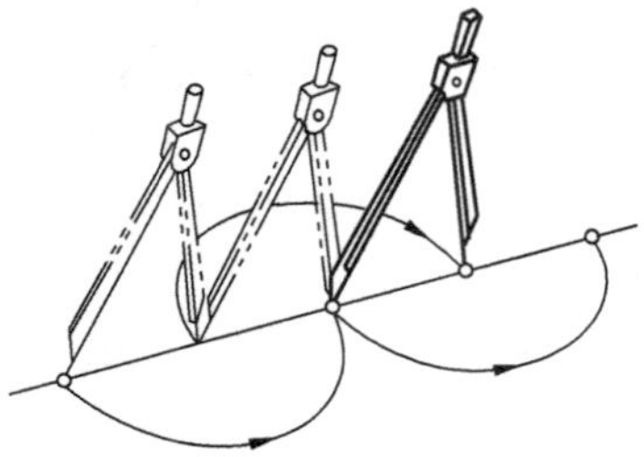

图 1-20　分规及其用法

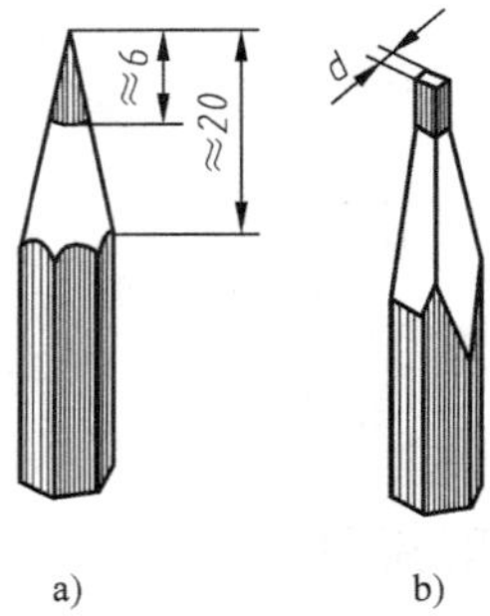

图 1-21　铅笔削法

使用铅笔画线时，铅笔在前后方向上或铅笔与运笔方向所组成的平面应垂直于纸面并向运笔方向倾斜成 75°左右，如图 1-14 所示。运笔时用力一致，用锥状笔头画线，在作运笔方向前进的同时要作旋转运动，才能保证整段线条粗细一致，光滑流畅。铅笔的笔头需勤削、勤磨。

其他绘图用品还有贴图纸用的胶带纸、擦线条用的橡皮、磨芯用的砂皮掸灰屑用的毛刷等，如图 1-22 所示。

图 1-22　其他绘图用品

三、其他绘图工具

1. 多功能模板

目前已有多种模板用于快速绘图，如椭圆模板，几何制图板，六角头螺栓模板，多功能矩形尺，画图等分尺……图 1-23 所示是常见而又实用的一种多功能模板。由于其较薄，还可作擦图片使用。

2. 绘图机

绘图机是效率较高的制图机械。其图板高、低和倾斜角度可以调整，可代替丁字尺、三角板、量角器等绘图工具。对绘制复杂、多角度的图形，效率尤为显著。如图 1-24 所示。

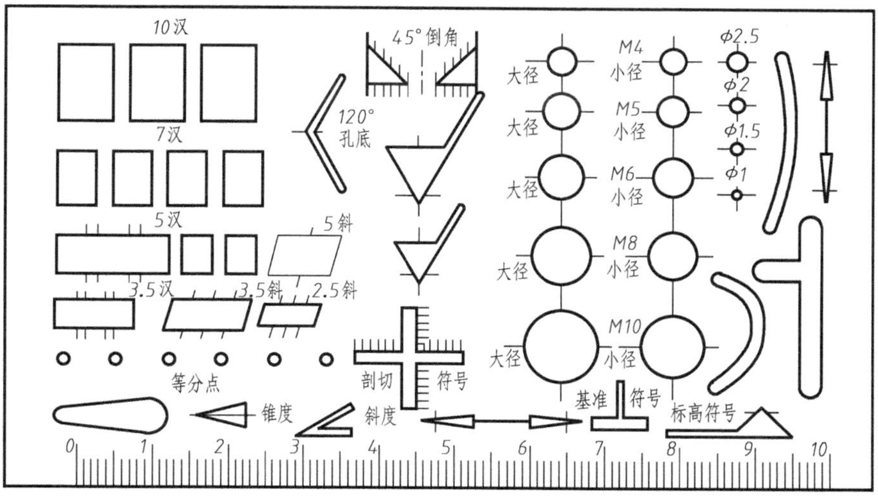

图 1-23　多功能模板

图 1-24　绘图机

第三节　几何作图的基本原理和方法

工程图样中的图形是二维的，无论机件或工程形体的结构形状多么复杂，它们的图样基本上都是由直线、圆弧和其他一些曲线所组成的平面几何图形。初学者必须学会使用工具等分线段、等分圆周、作正多边形、画斜度和锥度、圆弧连接以及绘制平面曲线等基本作图方法，本节将分别介绍。

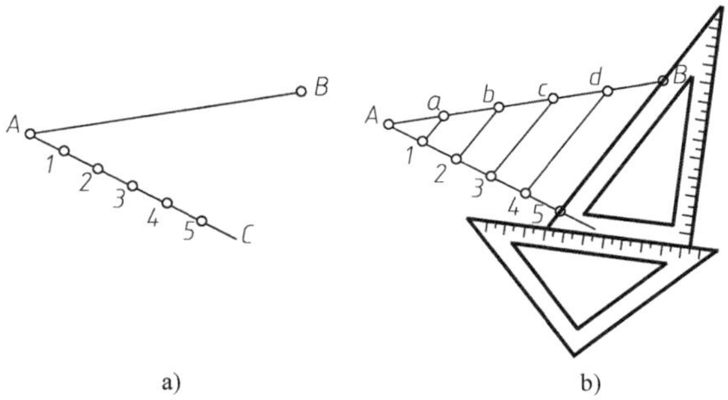

图 1-25　等分已知线段

一、等分已知线段

将已知线段 AB 分为五等份的画图步骤如下（图 1-25）：

1）过端点 A 任作一直线 AC，用分规以任意长度在 AC 上截取五个等分点，如图 1-25a 所示。

2）连接 $5B$，过 1，2，3，4 等分点作 $5B$ 的平行线，与 AB 相交即得等分点 a、b、c、d，如图 1-25b 所示。

二、等分圆周与作正多边形

1. 三等分、六等分、十二等分圆周

1）用丁字尺、三角板作图如图 1-26 所示。连接相邻各等分点即得正三边形、正六边形、正十二边形。

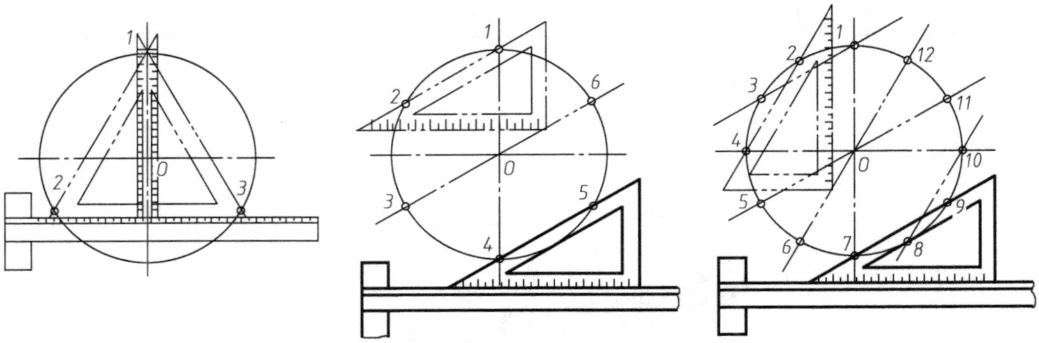

a) 三等分　　b) 六等分　　c) 十二等分

图 1-26　用丁字尺、三角板等分圆周为三、六、十二等份

2）用圆规作图如图 1-27 所示。

2. 五等分及 *n* 等分圆周

1）五等分圆周，如图 1-28 所示。

① 作出半径 ON 的中点 M。

② 以 M 为圆心、MA 为半径作圆弧，交水平直径于点 K。

③ 以点 A 为起点，AK 的长度为弦长，即可得到五等分圆周的各分点 B、C、D、E，依次连接各分点，即可作出正五边形（若将相间点连接可得五角星）。

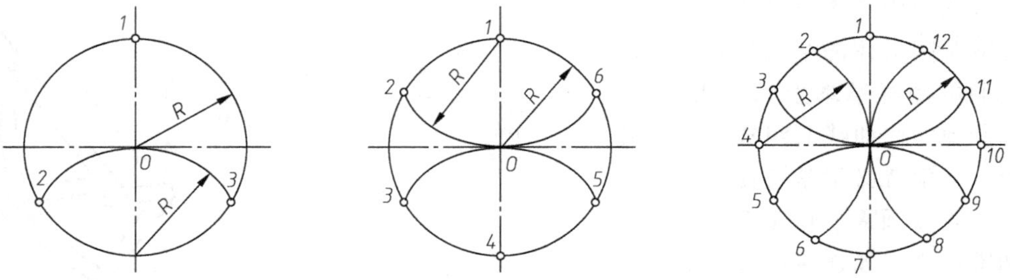

a) 三等分　　b) 六等分　　c) 十二等分

图 1-27　用圆规三、六、十二等分圆周

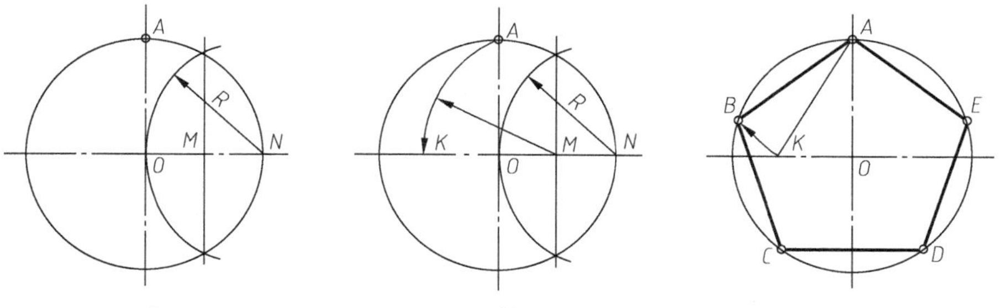

图 1-28 五等分圆周

2）N 等分圆周，如图 1-29 所示。

① N 等分铅垂直径 AN。

② 以 N 为圆心，NA 为半径作弧交水平中心线于点 M。

③ 将点 M 与 NA 上的偶数点（或奇数点）相连并延长与圆周相交，得等分点 B，C，D；作 B，C，D 的对称点 G，F，E，依次连接相邻各等分点即可作出正 N 边形。

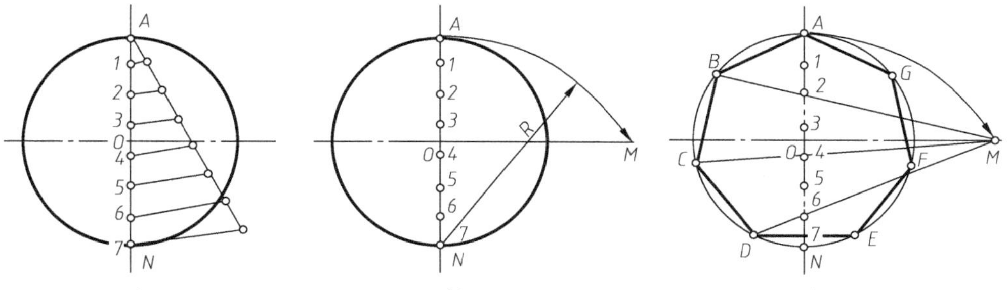

图 1-29 N 等分圆周

三、斜度和锥度

1. 斜度

斜度是指一直线（或平面）对另一直线（或平面）的倾斜程度。在图样中以 1 : n 的形式标注。斜度为 1 : 5 的直线的作图方法如图 1-30a 所示：作五个单位长度的水平线段 AB；过点 B 作 AB 的垂线 BC，使 BC 等于一个单位长度；连接点 A、C，即得斜度为 1 : 5 的直线。

斜度的标注采用斜度符号，如图 1-30b 所示，h 为图中字体高度；符号斜线的方向应与斜度方向一致。

2. 锥度

锥度是正圆锥的底圆直径与其高度之比。若是锥台，则为上、下两底直径差与锥台高度之比。在图样中以 1 : n 的形式标注。锥度为 1 : 3 的锥度线的作图方法如图 1-31a 所示：作三个单位长度的水平线段 SO；过点 O 作 SO 的垂线 AB，使 AO、BO 均等于半个单位长度；连接点 SA、SB，即得 1 : 3 的锥度线。

锥度的标注也采用锥度符号，如图 1-31b 所示，符号方向应与锥度方向一致，如图 1-31a所示。

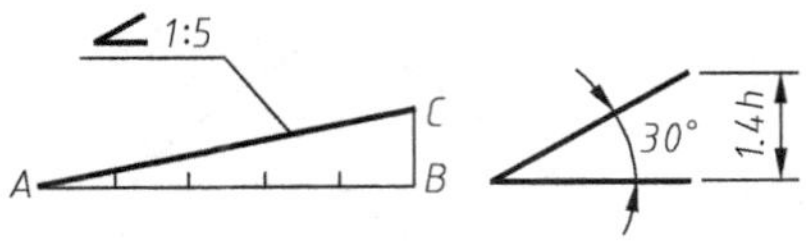

图 1-30　斜度的定义、作图和标注

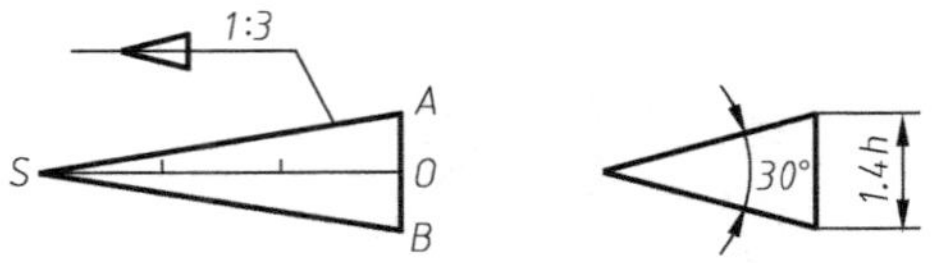

图 1-31　锥度的定义、作图和标注

四、圆弧连接

用已知半径的圆弧光滑连接（即相切）两已知线段（直线或圆弧）的作图方法称为圆弧连接。这种起连接作用的圆弧称为连接弧，作图时应准确作出连接弧的圆心和切点。

1. 圆弧连接的基本作图原理

1）如图 1-32a 所示，半径为 R 的圆 O 与已知直线 L 相切，其圆心的轨迹为与直线 L 相距 R 的一条平行线 L_1。由 O 向直线 L 所作垂线的垂足 K 即为切点。

2）如图 1-32b 所示，半径为 R 的圆 O 与已知圆 O_1 外切，其圆心的轨迹为与已知圆 O_1 的同心圆，其半径为两半径之和。

3）如图 1-32c 所示，半径为 R 的圆 O 与已知圆 O_1 内切，其圆心的轨迹为与已知圆 O_1 的同心圆，其半径为两半径之差。

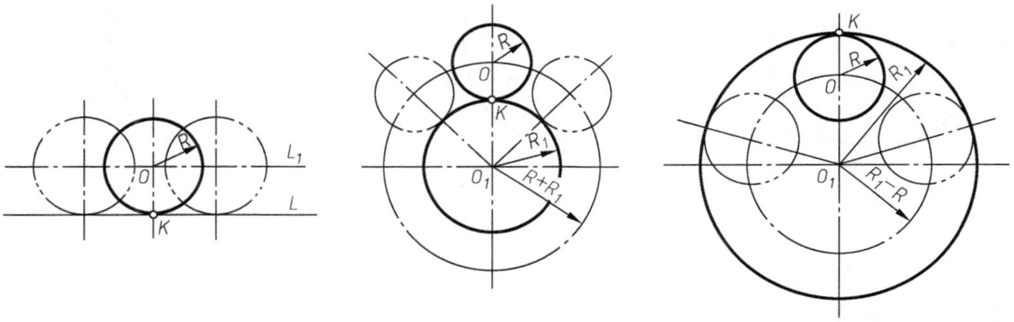

图 1-32　圆弧连接的基本作图原理

2. 圆弧连接的作图方法

圆弧连接的作图方法见表 1-7。

表 1-7　圆弧连接的作图方法

连接要求	说明		
	求圆心	作切点	连圆弧
连接两直线	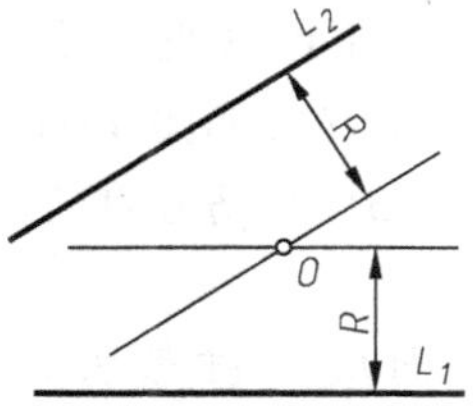	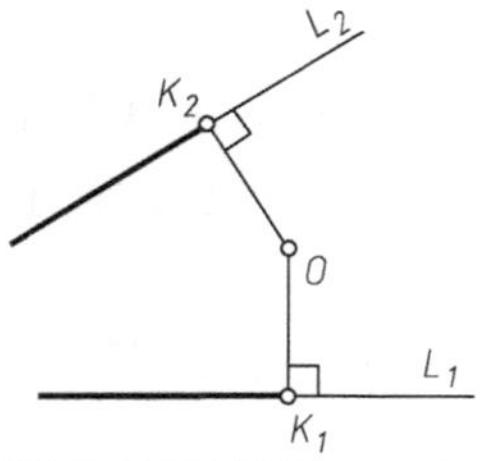	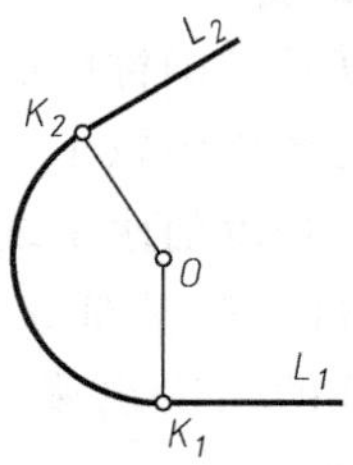

（续）

连接要求	说明		
	求圆心	作切点	连圆弧
连接一直线和一圆弧	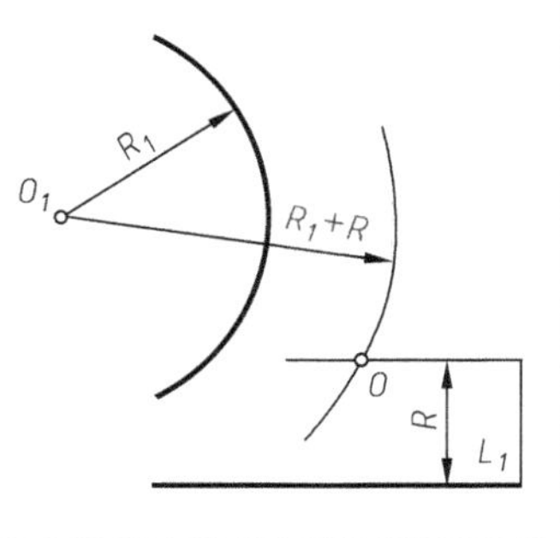	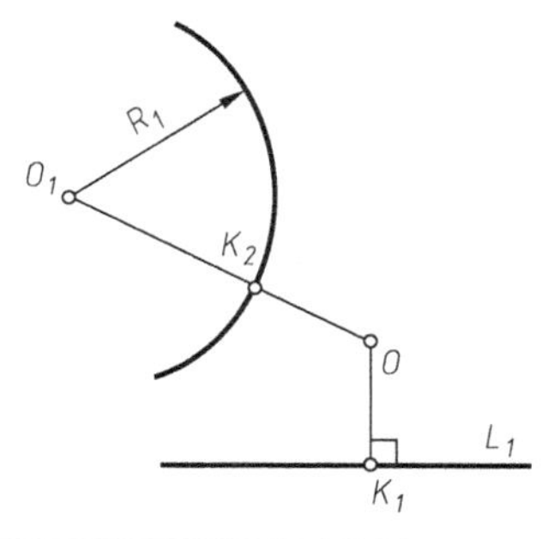	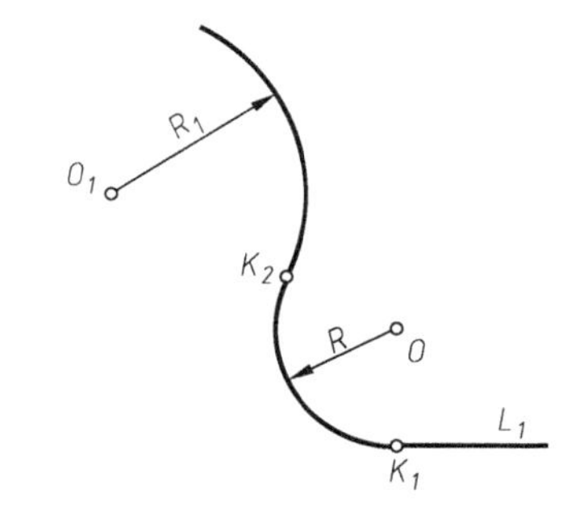
外切两圆弧	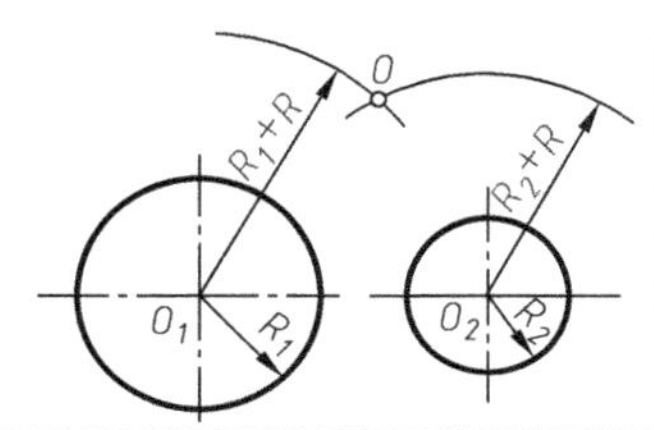	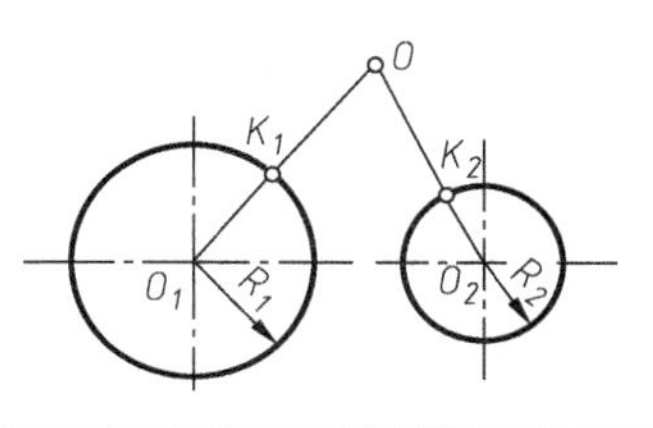	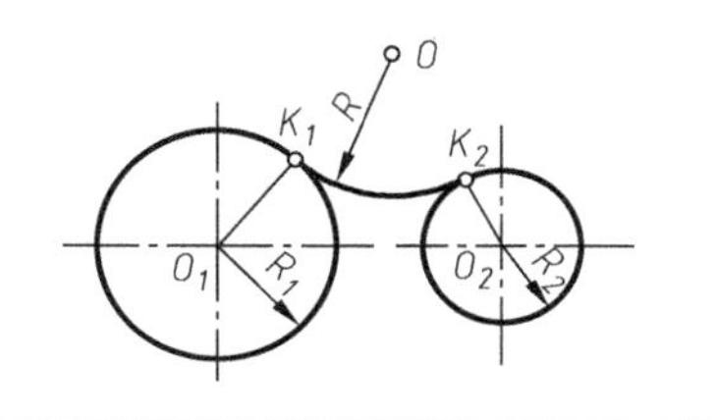
内切两圆弧	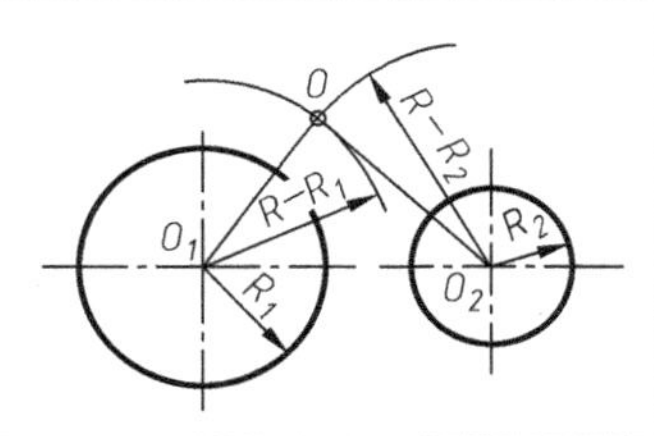	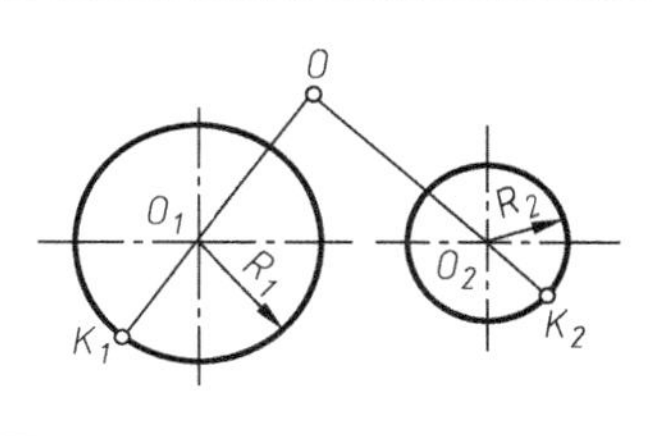	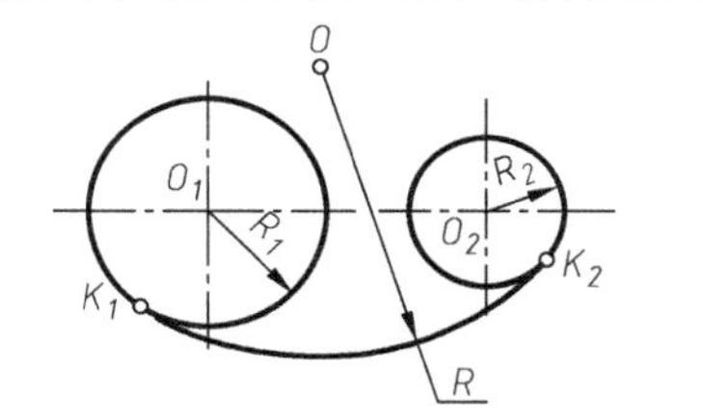
外切内切两圆弧	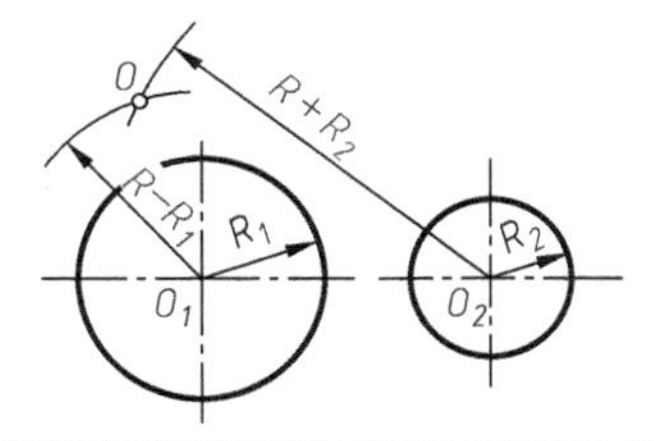	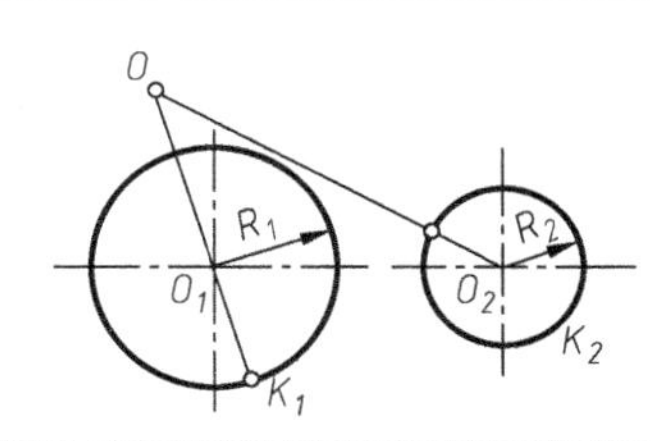	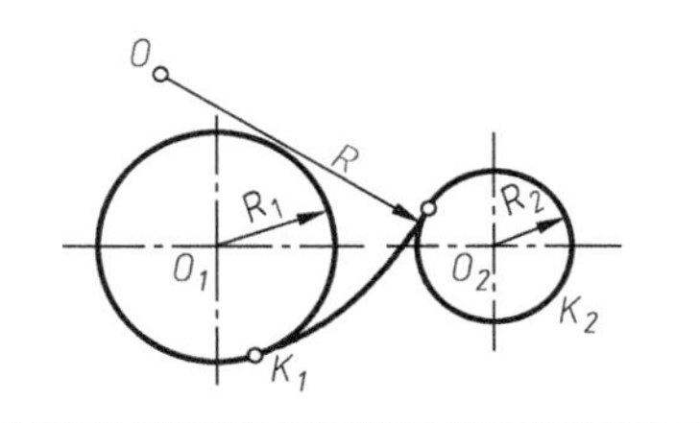

五、椭圆的画法

绘图时，除了直线和圆弧外，也会遇到一些非圆曲线。椭圆是一种常见的非圆曲线，下面介绍两种常见的已知椭圆长短轴画椭圆的方法。

（1）四心法　如图 1-33a 所示，已知长轴 AB，短轴 CD，点 O 为中心。作法如下：

1）以点 O 为圆心，OA 为半径画圆弧交 CD 于点 E；连接 AC，以点 C 为圆心，CE 为半径画圆弧交 AC 于点 F。

2）作 AF 的中垂线，与两轴交于点 O_1、O_2，作出点 O_1、O_2 的对称点 O_3、O_4，则 O_1、O_2、O_3、O_4 即为连接弧的圆心。

3）将四圆心连成线，分别以点 O_1、O_2、O_3、O_4 为圆心，O_1A、O_2C、O_3B、O_4D 为半径作圆弧，交各连心线于 G、H、I、J，此四点即为大小圆弧内切的切点。

（2）同心圆法　如图 1-33b 所示，已知长轴 AB，短轴 CD，点 O 为中心。作法如下：

1）以 AB、CD 为直径画同心圆。

2）过圆心 O 作一系列直径与两圆相交；自大圆交点作垂线，小圆交点作水平线，此两直线的交点即为椭圆上的点。同法作出椭圆上一系列点，用曲线板顺序光滑连接各点即成椭圆。

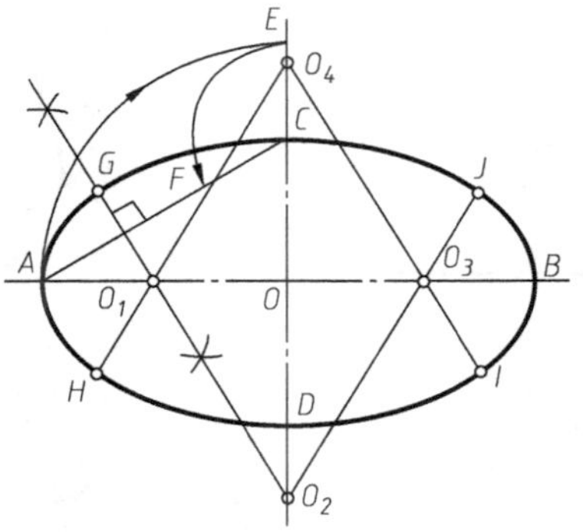

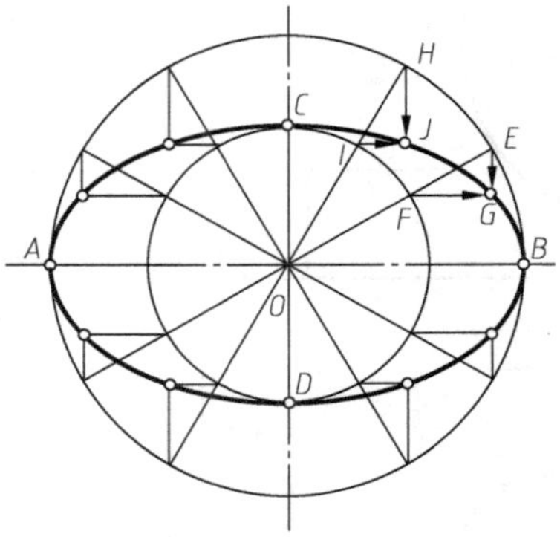

图 1-33　四心近似椭圆画法

第四节　平面图形的尺寸标注和线段分析

一、平面图形的尺寸标注

绘制图样，画出平面图形后，还要标注尺寸，这是一项很细致的工作。在标注尺寸时，首先应对图形进行分析，确定长度方向和高度方向的尺寸标注起点，称选定尺寸基准；其次要弄清楚哪些该标注图形的大小尺寸，称定形尺寸；哪些该标注图形各要素之间相对位置尺寸，称定位尺寸。完成好以上三个工作，才能从几何作图的角度正确、完整、清晰地标注出全部尺寸。具体要求分述如下：

（1）正确　是指平面图形的尺寸按照国标的规定标注，尺寸数值不能写错，不能出现相互矛盾的尺寸。

（2）完整　是指平面图形的尺寸要注写齐全。也就是不遗漏各组成部分的定形尺寸和定位尺寸，又不标注重复多余尺寸。

（3）清晰　是指标注尺寸的位置要安排在平面图形的明显处，布局要整齐。一般安排在图形外部。如果图形内部图线较空，可以安排在图形内。圆和圆弧的直径、半径尺寸，一般直接标注在圆和圆弧处，也可引出标注。

下面以图 1-34 所示说明平面图形尺寸标注的方法。

1）分析平面图形的形状，确定尺寸基准。该图形的形状基本上是对称的，可以选定铅垂中心线、水平中心线分别作为长度方向、高度方向的尺寸基准，对称中心作为径向尺寸基准，如图 1-34a 所示。

2）标注出定形尺寸。如图 1-34b 所示。

3）标注出定位尺寸。如图 1-34c 所示的 8、32、ϕ68、45°。

4）将图 1-34b、c 所示的尺寸合并到一起，尺寸就完整了。按要求校核所标注的尺寸，如有不够满意的地方，则应进行修改或调整。

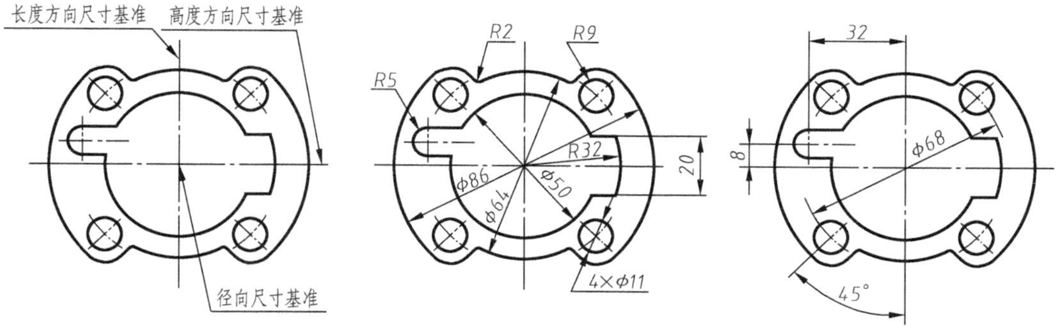

a) 确定尺寸基准　　b) 标注定形尺寸　　c) 标注定位尺寸

图 1-34　平面图形尺寸分析与标注

二、平面图形线段分析

为了保证平面图形中线段之间的光滑连接关系，有些线段的尺寸不宜全部给出，需要利用与相邻线段的连接关系来确定缺少的尺寸，据此，平面图形的线段可以分为三类：

（1）已知线段　有足够的定位尺寸和定形尺寸，不依靠与其他线段相接的作图就能直接画出的线段。如图 1-35 所示的 ϕ8、圆弧 R9 和 R12、直线段 L_1 和 L_2 都是已知线段。

（2）中间线段　缺少一个定位尺寸，必须依靠一端与另一线段相接（相切）而画出的线段。如图 1-35 所示的圆弧 R10 就是中间线段。

（3）连接线段　缺少两个定位尺寸，因而两端都必须依靠与另一线段相接（相切）才能画出的线段。如图 1-35 所示的圆弧 R7 和直线段 L_3 是连接线段。

从上述分析中可以知道，在画平面图形时，必须先画已知线段；其次画中间线段，当中间线段连续有几段时，应先画与已知线段相连接的那一段，然后依次画出；最后画连接线段。具体画法与作图步骤将在本章第五节中详细叙述。

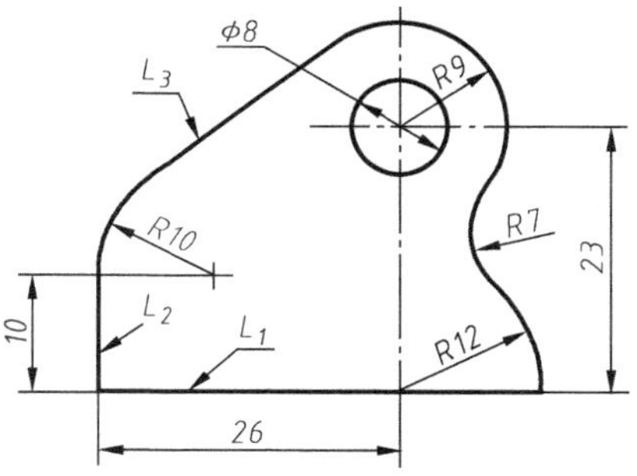

图 1-35　平面图形的线段分析

第五节　绘图的方法

为了提高图样的质量和绘图工作效率，除了要养成正确使用工具的良好习惯外，还必须掌握正确的绘图方法和步骤，有时也需要徒手画草图，熟悉图样。

一、绘图前的准备工作

1）选好采光，安排好绘图桌的适宜位置。

2）擦干净所有绘图工具和仪器，磨削好各种铅笔及圆规上的铅芯。

3）选定图纸幅面，并将图纸固定在图板上的恰当位置。

二、画底稿

1）考虑图形的布局，留出图框线及标题栏的位置，一般情况下，图形布置在幅面的中央，但要考虑到标注尺寸所需要的部位。如图画一样，画好一张机械图样，也有欣赏的价值。

2）用较硬的铅笔（H～2H）轻轻地画出底稿。铅笔线条的交接处要画过头些，以便清楚地辨别加深的起讫位置。画底稿的一般步骤是：先画图框、标题栏，后画图形。画图形时：

① 画轴线或对称中心线。

② 先画主要轮廓，后画细部轮廓。圆弧连接时，作出正确的连接点及连接弧的圆心。

③ 标注尺寸。

④ 画剖面符号。

⑤ 整理幅面，擦去过长或多余的线条，但必须注意擦图时不能损坏有效部分的图线图纸表面。

三、铅笔加深图线

1）选用合适的铅笔（HB～2B），运用铅笔时用力要均匀且运笔要灵活。

2）铅笔加深的步骤：

① 加深所有的点画线。

② 加深所有粗实线的圆和圆弧（从小径到大径）。

③ 从上至下加深水平方向的粗实线。

④ 从左至右加深铅垂方向的粗实线。

⑤ 从左上方开始，依次加深倾斜方向的粗实线。

⑥ 加深所有的细实线、波浪线、虚线等（先圆弧后直线）。

⑦ 标注尺寸、画箭头，书写注解及标题栏内容等。

⑧ 全面检查幅面，并做必要的修饰。

四、绘图举例

如图 1-36 所示拖钩的图样中，圆弧 *R*40、圆弧 *R*10 等是已知线段，圆弧 *R*80 是中间线段，圆弧 *R*65、圆弧 *R*5 及圆弧 *R*10 与圆弧 *R*40 的公切直线等是连接线段。具体绘图步骤见表 1-8。

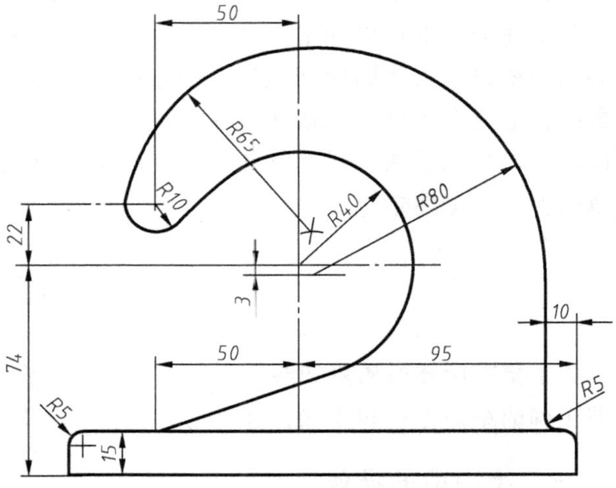

图 1-36　拖钩

表 1-8　拖钩的绘图步骤

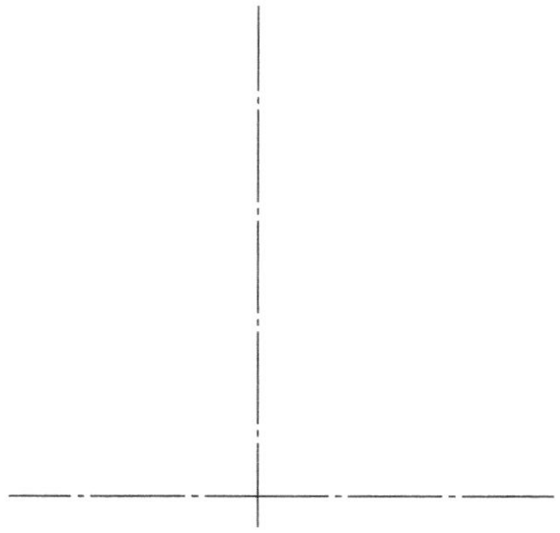

（1）画出长度方向和高度方向的基准线

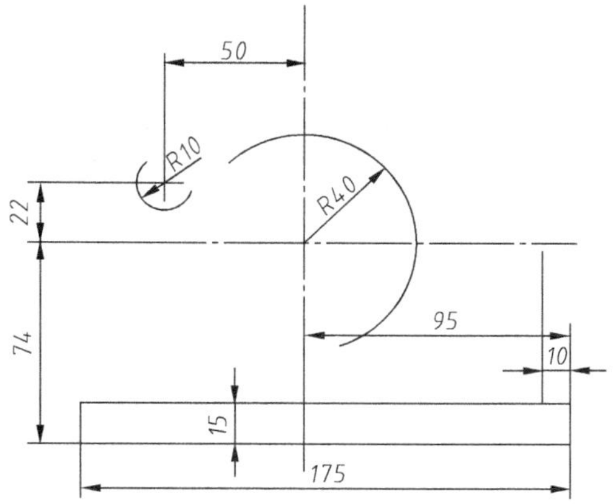

（2）画出已知线段

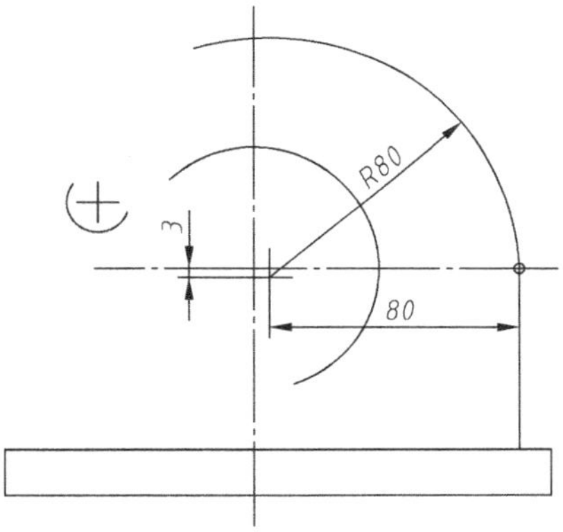

（3）画中间线段：利用与右侧竖直线相切的关系，确定 *R*80 圆弧的圆心和切点位置，画出 *R*80 的圆弧

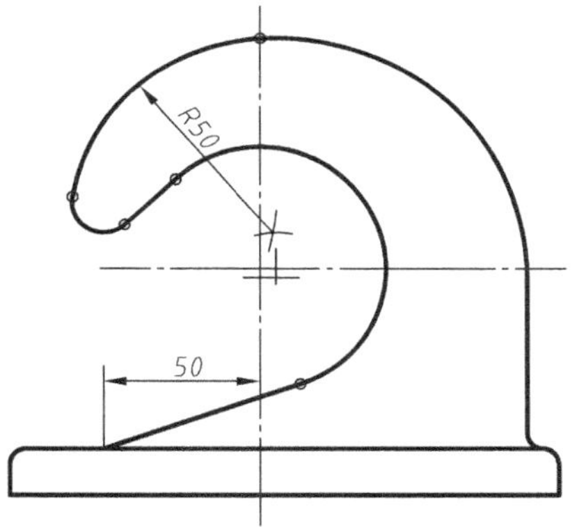

（4）画连接线段：利用圆弧连接的作图方法，画出 *R*50、*R*5 圆弧线段；作 *R*10 和 *R*40 的公切直线；用 50 定水平线上的一点，并过此点作 *R*40 的切线。标注尺寸后加深图线，如图 1-36 所示

五、徒手草图的绘制方法

不借助于绘图仪器和工具，按目测比例和徒手绘制的图样称为徒手草图，简称草图。在讨论设计方案或创意设计、临时参观记录和进行技术交流时，经常需要徒手绘制草图。草图虽然是在条件有限、时间短促的情况下徒手绘制的，但很有实用价值，有时甚至用草图直接生产、施工。因此草图不能是潦草的图，应做到：投影正确、表达合理、图线清晰、字迹工整、比例匀称、尺寸无误。

徒手草图一般选用 HB 或 B、2B 等较软的铅笔，常在印有浅色方格的纸上绘制，图纸不固定，可以随时将图纸旋转到顺手画线的位置。画线时手要悬空，可以小指轻触纸面起稳定作用。具体绘制方法见表 1-9。

表 1-9　徒手画图的方法

	画法	说明
画直线	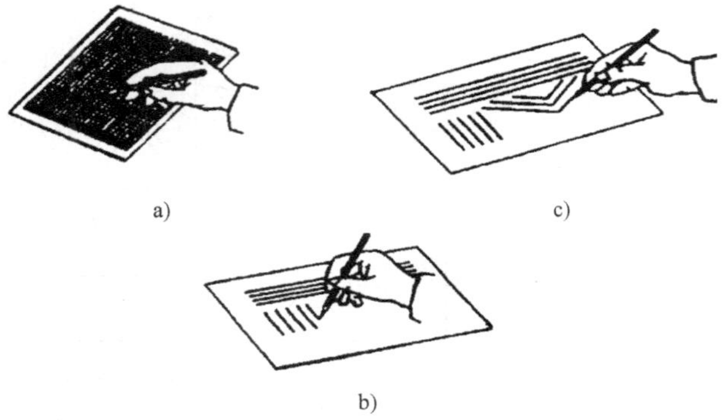	手握笔的位置要比用绘图仪器绘图时高些，笔杆与纸面成 45°～60°。过两点画一条直线时，眼睛要始终看着终点
画特殊角度线	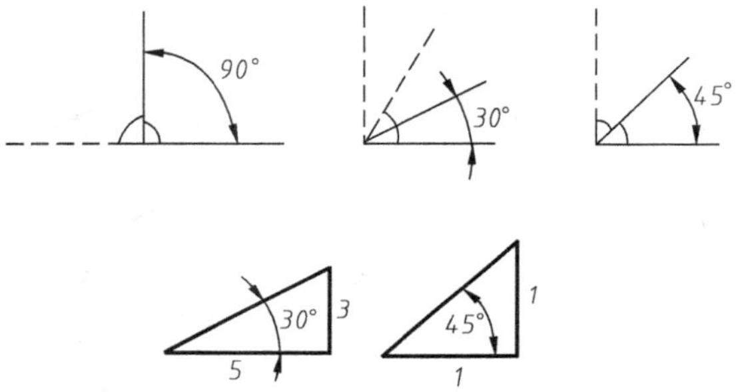	比较法：通过判断两相邻角是否相等可作出角平分线 坐标法：tan30° ≈ 3/5，tan45° = 1/1
画圆	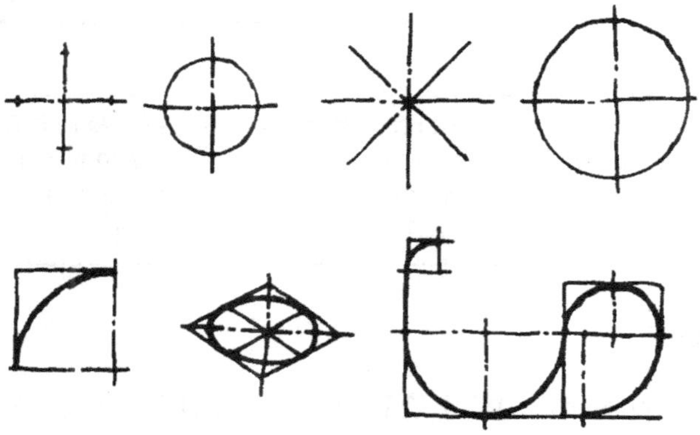	画圆、画小圆时应画两条相互垂直的中心线定出圆心，并在中心线上取四个等于圆半径的点，再连点成圆；画大圆时，可增加一对与圆的中心线成 45° 的直线，增加四个中间点

第六节　AutoCAD 基础知识

计算机绘图（Computer Graphics 简称 CG）是指应用绘图软件及计算机硬件（主机及输入/输出设备）实现图形的生成、显示和输出的计算机应用技术。与传统的尺规绘图相比，它具有出图速度快，图形精准且便于修改、管理等优点，现已广泛应用于航空、航天、冶金、船舶、机械、纺织、建筑、地理信息、出版等行业，并日益引起各类工程应用和科研领域的重视，是计算机辅助设计（Computer Aided Design 简称 CAD）的重要组成部分。随着各种三维造型设计软件的研发与改进，二、三维图形的互逆转换，计算机绘图与计算机辅助设计已融为一体，甚至有些企业已进入无纸化生产（如数控制造、3D 打印等）。因此，熟练掌握此种技术是每个工程技术人员所必不可少的。

AutoCAD 是当今最流行的计算机辅助绘图软件之一，本书不对计算机绘图的理论和算法进行论述，也不对其系统详细介绍，只从工程应用和作为学习本书后续各章的工具的角度简要地介绍 AutoCAD 2016 绘图软件的基本绘图技术。

一、AutoCAD 2016 的启动和用户操作界面

安装 AutoCAD 2016 之后，计算机桌面上就会自动创建其图标，用鼠标左键双击此图标，即可启动 AutoCAD 2016，启动后将进入如图 1-37 所示操作界面。界面上有标题栏、菜单栏、工具栏、快速工具栏、绘图区、命令行和状态栏等。

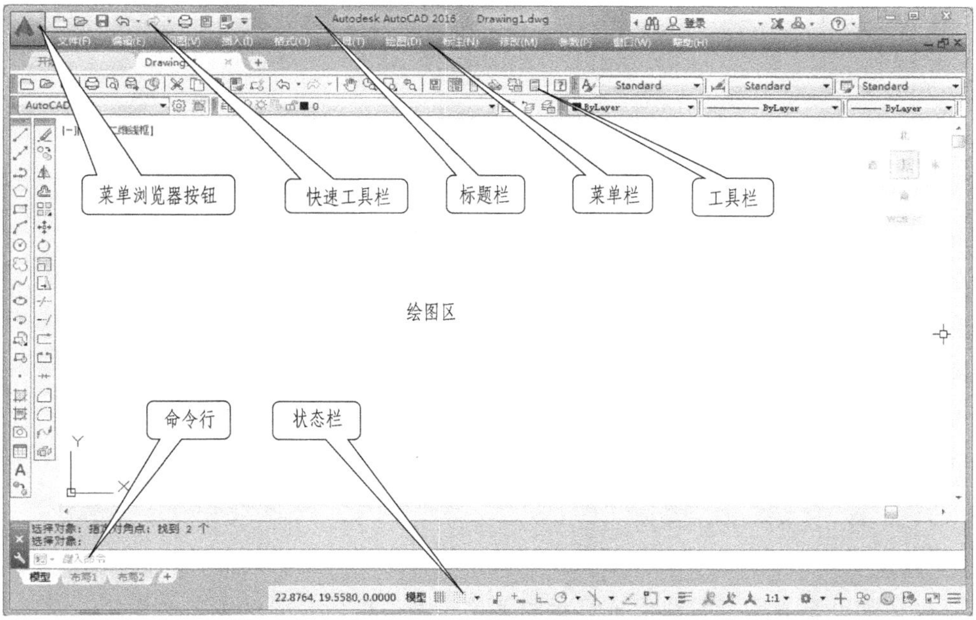

图 1-37 AutoCAD 2016 的界面

1. 标题栏

操作界面顶端为标题栏，其中间显示软件的名称 AutoCAD 2016 和当前编辑的图形文件名称 Drawinw1.dwg；其左侧有快速工具栏，包括文件新建、打开、保存、另存为、打印、放弃、重做等图标按钮和工作空间列表框；其右侧有命令、联机、帮助、搜索以及标准 Windows 程序的屏幕显示按钮，可执行最小化、最大化/恢复、关闭等操作。这是基于 Windows 系统下的标准部件，具有通用性。

左键单击（后面的叙述中单击前无说明，都指定为左键单击）工作空间列表框右侧的黑三角，系统显示如图 1-38 所示列表，提供可选择的多个工作空间，操作者可随意选择，

其中“AutoCAD 经典”与较低版界面较为接近，故如图 1-37 所示的界面选择的是此选项。

如图 1-37 所示的界面最左上角的按钮，是菜单浏览器，单击此按钮，系统弹出用于管理 AutoCAD 图形文件的命令列表，其内容在快速工具栏中已包括，故其并不常用。

2. 菜单栏

AutoCAD 2016 的菜单栏是 Windows 标准的菜单栏形式。主菜单只显示最基本的文件操作内容，包括文件（File）、编辑（Edit）、视图（View）、插入（Insert）、格式（Format）、工具（Tools）、绘图（Draw）、标注（Dimension）、修改（Modify）、参数（Parameter）、窗口（Window）、帮助（Help）。每个主菜单都有下拉菜单，以丰富菜单的内容，如图 1-39 所示。调用命令时，应将光标移至菜单栏的相应菜单项上单击，从弹出的下拉菜单中选择所需命令。下拉菜单有时（右侧有黑三角标记）也有下一级和再下一级菜单（级联菜单），应再单击选项或子命令，有时还要求在命令行作相应的输入配合操作。若命令后面带有“…”，则该命令将以窗口形式要求用户输入相关内容。

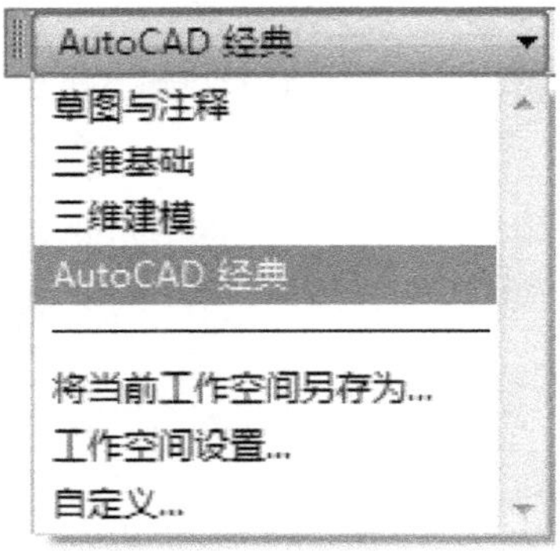

图 1-38　可选择的工作空间

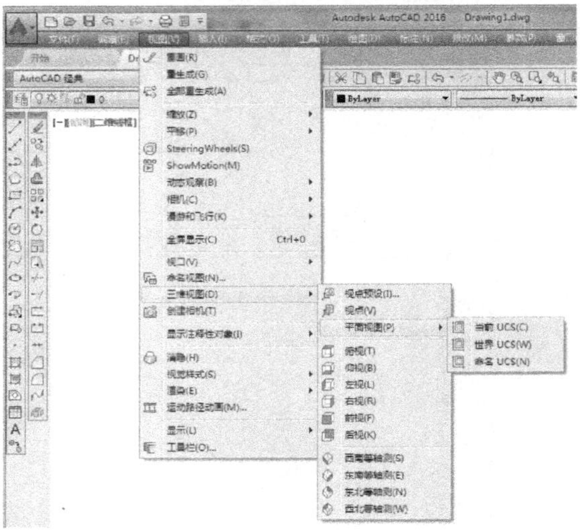

图 1-39　AutoCAD 2016 的菜单栏

3. 工具栏

工具栏实际上是以图标按钮形式显示的菜单，是一组命令图标按钮的集合，有些书本中也称其为“工具条”或“图标菜单”。工具栏中包括 Windows 的标准工具栏及 AutoCAD 2016 的浮动工具栏，如图 1-40 所示，工具栏上每一个图标按钮就是一个可执行命令。工具栏可被打开（显示）或关闭（不显示）。打开/关闭工具栏时将光标移至已打开的工具栏上任一图标按钮，单击鼠标右键，在弹出的快捷菜单中鼠标左键单击要打开/关闭的工具栏。右键快捷菜单项前面标记有“√”的表示该工具栏已打开，此时鼠标左键单击快捷菜单项，有“√”标记消失，表示该工具栏已关闭。要移动工具栏时，可将光标放在工具栏的边缘，按鼠标左键不放拖动工具栏的，可使其置于合适的位置。从工具栏的图标按钮调用命令时，可先单击相应图标按钮，再根据命令行的提示，输入关键字以确定选项或输入数据，逐步完成命令的操作。

4. 命令行

命令行在屏幕的下部区域，该区域有两部分组成：其一是命令行，显示从键盘上键入的

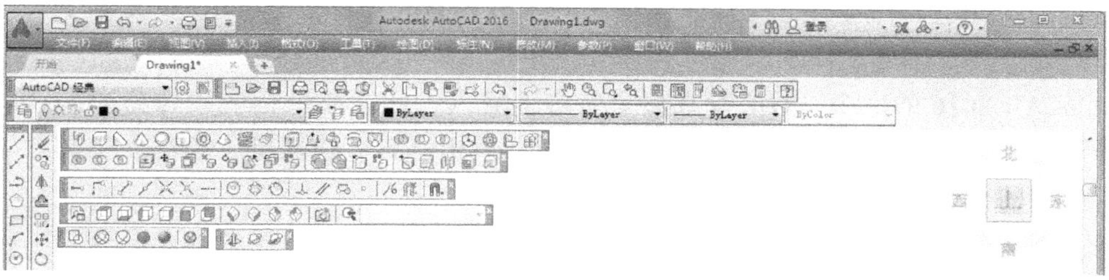

图 1-40　AutoCAD 2016 的工具栏

选择性字符或参数值；其二是命令历史记录区域，该区可上下滚动，列出用户所进行的全部操作，同时也显示 AutoCAD 的命令提示，如图 1-41 所示。

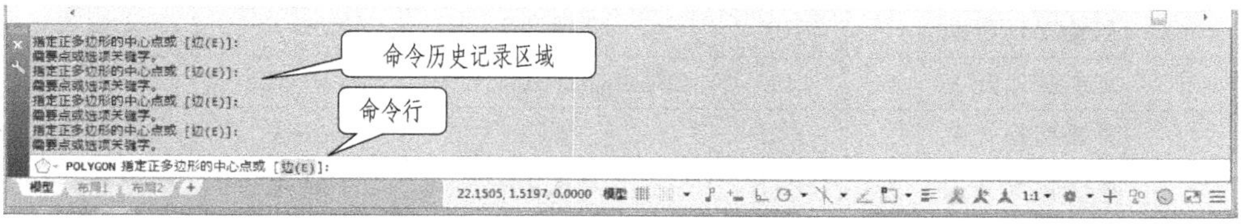

图 1-41　AutoCAD 2016 的命令行

5. 状态栏

状态栏处于界面的最下部，用于显示当前光标处的三维坐标和一些操作参数状态或帮助信息。如图 1-42 所示。

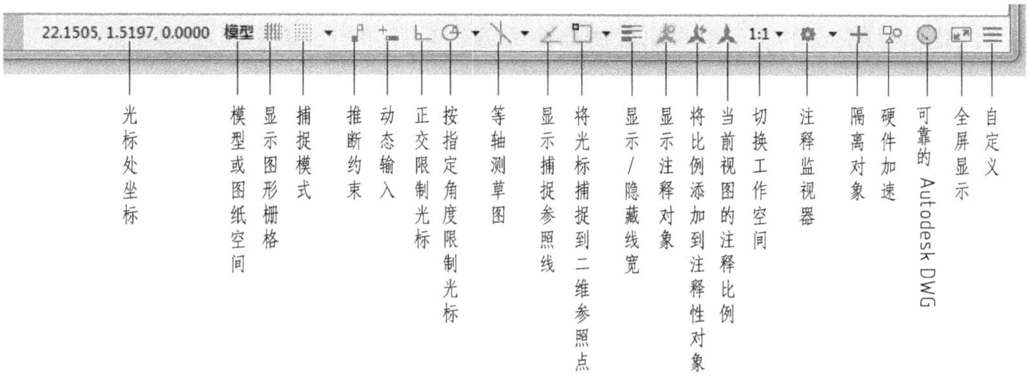

图 1-42　AutoCAD 2016 的状态栏

6. 绘图区

界面中最大的空白区域为绘图区，供绘图用，其左下角显示当前坐标系，右上角有对当前文档窗口的控制图标。界面的左下角有“模型/布局 1/布局 2”切换标签，一般情况下选择在模型空间中绘图。

二、AutoCAD 2016 的基本操作

1. 命令输入

AutoCAD 2016 是一个非常精确的绘图系统。如果要选择图中某个既定点，可以用鼠标

来进行点的捕捉，也可直接由键盘输入精确的坐标位置。AutoCAD 2016 中提供了大量的命令使用户能方便地创建和修改图形。

AutoCAD 2016 的命令一般必须在命令状态下输入，此时命令行中“命令:”右侧为空，也即等待命令输入状态（简称待命状态）。可通过使用键盘、快捷键、菜单、工具栏等方式来输入使用的命令。

（1）键盘输入命令　系统处于待命状态时，使用键盘在命令行中输入命令是一种极常用的方式。可输入全命令，也可直接按快捷键。快捷键是系统提供的一些功能键或功能键和普通键的组合，可以达到快速操作的目的。这些快捷键及功能见表 1-10。

表 1-10　AutoCAD 2016 中的快捷键及其功能

快捷键	功能	快捷键	功能	快捷键	功能
F1	AutoCAD 帮助	F10	极轴开关	Ctrl+X	剪切
F2	文本窗口开关	F11	对象捕捉追踪开关	Ctrl+C	复制
F3	对象捕捉开关	DEL	清除	Ctrl+V	粘贴
F4	数字化仪开关	Ctrl+N	新建文件	Ctrl+K	超级链接
F5	等轴测平面循环开关	Ctrl+O	打开文件	Ctrl+1	对象特性管理器开关
F6	坐标开关	Ctrl+S	保存文件	Ctrl+2	AutoCAD 设计中心
F7	格栅开关	Ctrl+P	打印	Ctrl+6	数据库连接
F8	正交开关	Ctrl+Z	取消上一步操作		
F9	捕捉开关	Ctrl+Y	重做撤消的操作		

（2）菜单栏输入　在菜单中选取所需命令或选项并单击，有些选项单击后会弹出对话框，需进一步选择、填写或改变其中的设定值。

（3）工具栏图标按钮输入　光标移至所需图标按钮，光标变为箭头并在其下显示该图标按钮的名称，单击此图标按钮便执行其所代表的命令。

此外还有几种常用的命令操作：

1）重复输入命令。在出现提示符“命令:”时，按<Enter>键或空格键，可重复执行上一命令，也可单击鼠标右键弹出快捷菜单，选择“重复××”命令。绘图过程中用<Enter>键的频率很高，所以实际上将鼠标右键设置成等待命令时右击为<Enter>功能，是相当省时快捷的。

2）中止当前命令。按下<Esc>键可中止或退出当前命令，如直接选择执行其他命令也会自动中止当前命令，执行新命令。

3）撤消上一个命令。输入 U 命令或单击工具栏上的图标按钮后可撤消上一次执行的命令。

4）重做命令。输入 REDO 命令或单击工具栏上的按钮后可恢复被撤消的命令。

2. AutoCAD 中的坐标

（1）绝对坐标　用户输入绝对坐标可以有：

1）笛卡儿（直角）坐标：(x, y, z)。在二维绘图中 z 坐标通常可以省略，即 (x, y)。实际输入时不加小括号。如 x 坐标为 3.5，y 坐标为 7.2，则输入格式是：“3.5，7.2”。

2）极坐标：距离<角度。用户可以输入某点到当前用户坐标系（UCS）原点的距离及它在 *XY* 平面中的角度来确定该点，两值用“<”隔开。规定以 *X* 轴正向为基线，逆时针方向角度值为正值，顺时针方向角度值为负值。如 9.08<45 表示距原点距离为 9.08，相对于 *X* 轴为 45°。

（2）相对坐标

1）相对笛卡儿坐标：@ *dx*，*dy*。用户可以指出某一点到已知前一个坐标的相对距离，为此需要在点输入值前加一个“@”。例如：已知前一点坐标是（10，6），如果输入“@2.5，-1.3”，相当于指定该点绝对坐标是（12.5，4.7）。

2）相对极坐标：@距离<角度。这是以某一点为基准，以该点至下一点连线的距离及该连线与 *X* 轴正向的角度来表示。例如：输入“@9.08<45”，表示距前一点距离为 9.08，两点连线相对于 *X* 轴正向的角度为 45°。

3. 图形文件管理

图形文件管理包括新建、打开、保存等操作。

（1）新建文件　①在命令行输入命令“New”或用快捷键<Ctrl+N>；②单击快速工具栏或标准工具栏上的“新建文件”按钮；③单击菜单“文件”→“新建”。用上述三种方式中任一种都可弹出如图 1-43 所示“选择样板”对话框，选择其中一样板文件。如 acad-iso. dwt，再单击“打开”按钮，即可创建一个新文件。选择样板文件后左键双击也可创建一个新文件。

（2）打开文件　①在命令行输入命令“OPEN”或用快捷键<Ctrl+O>；②单击快速工具栏或标准工具栏上的“打开文件”按钮；③单击菜单“文件”→“打开”。用上述三种方式中任一种都可弹出如图 1-44 所示“选择文件”对话框，选择其中一文件，再单击“打开”按钮，即可打开一个文件。选择文件后左键双击也可打开一个新文件。

（3）保存文件　保存文件分两种情况：一是该文件已经取名并已保存过，本次操作只是继续或修改，只需按原名、原路径、原格式保存。此时操作为：①在命令行输入命令“SAVE”或用快捷键<Ctrl+S>；②单击快速工具栏或标准工具栏上的“保存文件”按钮；③单击菜单“文件”→“保存”。用上述三种方式中任一种都可保存文件。

另一种情况是：该文件为新建文件或虽是打开的旧文件，但需另取名或改变路径和文件类型等，此时操作为：①在命令行输入命令“SAVEAS”或用快捷键<Ctrl+SHIFT+S>；②单击快速工具栏或标准工具栏上的“保存文件”按钮；③单击菜单“文件”→“另存为”。用上述三种方式中任一种都可弹出“图形另存为”对话框，输入合适的文件名和选择好合适的文件类型，再单击“保存”按钮，即可保存文件。

（4）退出文件　退出文件最简单的操作是单击图形文件右上角的叉号按钮，这和 Windows 系统其他文件的关闭是一样的。

4. 屏幕显示控制

绘图过程中常需要改变已绘制图形显示的位置和大小，也就是屏幕显示控制。有多种方式控制屏幕显示，最简便的有两种：一个是命令行输入命令“ZOOM”，按<Enter>键，再输入“A”，按<Enter>键，系统会将当前文件所画图形全部显示在界面上。另一个是转动鼠标中键滚轮可动态缩放，向前放大，向后缩小，可把图形某部位的大小和位置缩放到满意的程度。

注意：屏幕显示缩放像放大镜的功能一样，只改变视觉尺寸，不改变图形实际尺寸。

图 1-43　创建新文件

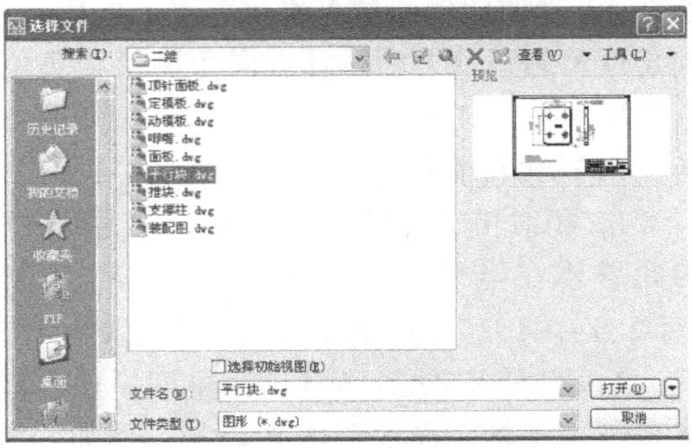

图 1-44　打开文件

三、设置绘图环境

1. 设置绘图单位

绘图单位包括长度和角度两方面。

调用命令方式：①在命令行输入命令“UNITS”或“UN”；②单击菜单“格式”→“单位”。用上述两种方式中任一种都可弹出如图 1-45 所示“图形单位”对话框。其中有“长度”“角度”等选项组。单击各下拉列表框右边的箭头会弹出供选择的参数列表，一般情况下都是用系统默认值。

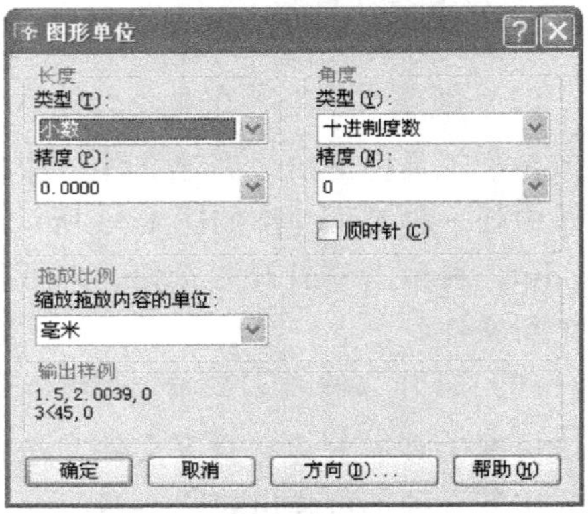

图 1-45　“图形单位”对话框

1）设置长度。“长度”选项组“类型”下拉列表框中提供了五种长度单位类型：分数、工程、建筑、科学、小数，系统默认为小数；精度下拉列表框中提供了各种长度类型的最高和最低精度。

2）设置角度。“角度”选项组“类型”下拉列表框中提供了五种角度类型：百分度、度/分/秒、弧度、勘测单位、十进制度数单位，系统默认为十进制度数单位；“精度”下拉列表框中提供了各种角度类型的最高和最低精度。“精度”下拉列表框下侧有选择角度正负方向的复选框，默认逆时针方向为正，启用该选项（框内有√），则顺时针方向为正。角度基准，系统默认为“东”，即 X 轴正方向为角度基准。

3）设置插入时的缩放单位。“缩放拖放内容的单位”下拉列表框用于控制插入到当前图形中的块和图形的测量单位。如果创建块和图形时使用的单位与该选项指定的单位不同，则在插入这些块和图形时，将对其进行比例缩放。插入比例是原块和图形使用的单位与目标图形使用的单位之比。

2. 设置图形界限

图形界限是 AutoCAD 中的一个假想矩形绘图区域，相当于图纸的图幅。长度单位采用米制时，图形界限默认左下角坐标为（0，0），右上角坐标为（420，297）；长度单位采用寸制时，图形界限默认左下角坐标为（0，0），右上角坐标为（12，9）。

调用命令方式：① 在命令行输入命令“LIMITS”；②单击菜单“格式”→“图形界

限”。用上述两种方式中任一种都可在命令行显示：

指定左下角点或［开(ON)/关(OFF)］<0.0000,0.0000>:(直接按<Enter>键认可默认值，也可输入用户设定的数值后按<Enter>键)

指定右上角点 <420.0000，297.0000>：（直接按<Enter>键为默认值，也可输入用户设定的数值后按<Enter>键）

说明：

- ON（开）：打开图形界限检查，限制拾取点在绘图界限范围内。
- OFF（关）：关闭图形界限检查，图形绘制允许超出图形界限，系统默认为关。

一般按打印输出图纸的大小设定绘图界限，采用适当的比例绘图。打印比例设为 1∶1，打印范围选择“图形界限”，这样，所打印出的图纸中线型、尺寸数字和箭头的大小、各种标注等都与电子图一致，也与手工尺规绘图的效果相应一致。用非 1∶1 比例绘图会给数值换算带来麻烦，可按 1∶1 比例绘图，将图形按设定的绘图比例缩放到图形界限内，然后标注尺寸。

3. 设置图层

AutoCAD 中的图层相当于手工尺规绘图用的多张重叠图纸，只是图层是透明的。可把图样中的各种线型、尺寸、技术要求等内容分别置于不同的层上，并将它们有机地结合起来。层可以开或关，也可以相互切换，给绘制、阅读、修改和管理图样带来很多方便。

调用方式：①在命令行输入命令“LAYER”或“LA”；②单击“图层”工具栏上的图层按钮；③单击菜单“格式”→“图层”。用上述三种方式中任一种都可弹出如图 1-46 所示“图层特性管理器”窗口，下面主要介绍一些常用的选项设置。

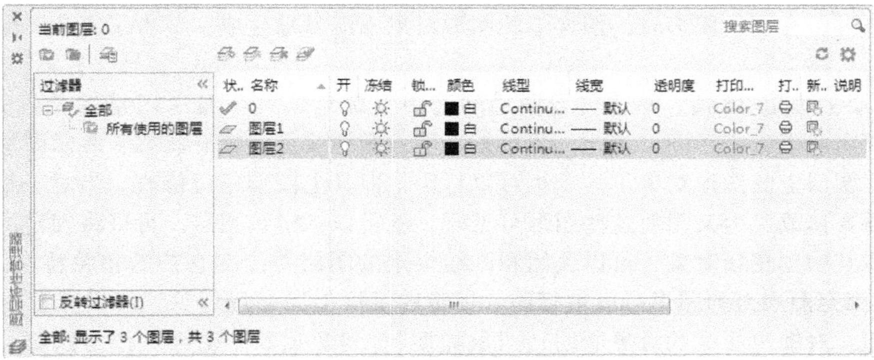

图 1-46 图层特性管理器

(1) 新建图层 单击“新建图层”按钮，以名称为“图层 1”的新图层显示在图层列表框中，如“图层 1”已存在，则新创建的新图层名称为“图层 2”，依次类推。可一次创建多个图层，只需连续单击“新建图层”按钮，然后修改图层名称。方法是先单击某图层名称，然后按<F2>键，或再次单击图层名，此时输入新的图层名并按<Enter>键即可。图层名应简单易记，与该图层中的对象的实际意义相关，如粗实线、点画线、虚线、剖面线、尺寸、文字等。

(2) 在所有视口中都被冻结的新图层 单击按钮，像前述创建新图层那样建立新图层，只是这样的图层在所有现有布局、视口中被冻结（不显示）。

(3) 删除图层 对于多余或无用的空图层可删除，方法是选中图层，然后单击“删除”按钮。注意：不能删除当前图层、0图层、定义点图层 DEEPOINTS、依赖外部参照的图层或包含对象的图层。

(4) 置为当前 图形操作都是在当前图层（简称当前层）上进行的，当前层只有一个。把非当前层变为当前层的方法是：选中某图层，然后单击“置为当前”按钮，该层即被置为当前层。当前层的层名和说明显示在图层列表框的上部。将某层置为当前层的更简捷的方法是用鼠标左键双击该图层。

(5) 图层列表 每个图层都有一些相关的基本特性，包括图层名、图层状态（打开、冻结、锁定）和图层的显示方式（颜色、线型、线宽、和打印样式等），通过图层列表可以随时对它们进行设置和修改。

1) 状态。显示图层标识或图层过滤器标识，已使用图层的图层标识颜色较深，空图层的标识较浅。

2) 名称。显示图层或图层过滤器的名称。

3) 图层的打开/关闭。如需要改变图层的可见性，单击位于图层列表中“开”列下某一图层的“灯泡”图标，图标变暗表示图层关闭，再单击一下，图标变亮，表示图层打开。图层打开时，图层上的图形对象可显示而且可以打印，关闭时图层上的图形对象不显示也不可以打印，但图形仍在图层上，在刷新图形时还会生成它们。

4) 图层的冻结/解冻。单击位于图层列表中“冻结”列下某一图层的“太阳”图标，图标变为“暗雪花”，表示图层冻结，再单击一下，图标又变回“太阳”，表示图层解冻。图层冻结时，图层上的图形对象不显示也不可以打印，这点与关闭图层的效果是一样的，但是图层冻结时，在刷新图形时，图层上的图形对象不能参加生成，节省了复杂图形重新生成的时间。

5) 图层的锁定/解锁。单击位于图层列表中“锁定”列下某一图层的“锁开”图标，图标变为锁闭状态，表示图层锁定。再单击一下，图标又变回锁开状态，表示图层解锁。图层锁定时，图层上的图形对象可显示也可以打印，但其上图形不可修改。当对于某些图层上的对象不需要修改，但又想使这些图形可见时，就可以锁定该图层。可以将锁定图层设置为当前层并在其中创建新对象，可以关闭和冻结锁定的图层并改变它们的相关特性（如线型、颜色等），锁定图层上的图形可以被打印。锁定的图层上因图形可见，所以其上图形可以被参考，例如，对锁定图层的对象应用“对象捕捉”“对象追踪”命令，作为修剪、延伸命令的边界等。

6) 图层的颜色。实际绘图中，为了区别不同对象以便看图清晰、方便，常将图层设置成不同的颜色。单击位于图层列表中“颜色”列下某一图层的“方块”颜色图标或颜色名称，将打开“选择颜色”对话框，如图1-47所示，根据需要选择相应的颜色，单击“确定”按钮便完成了图层颜色设置。

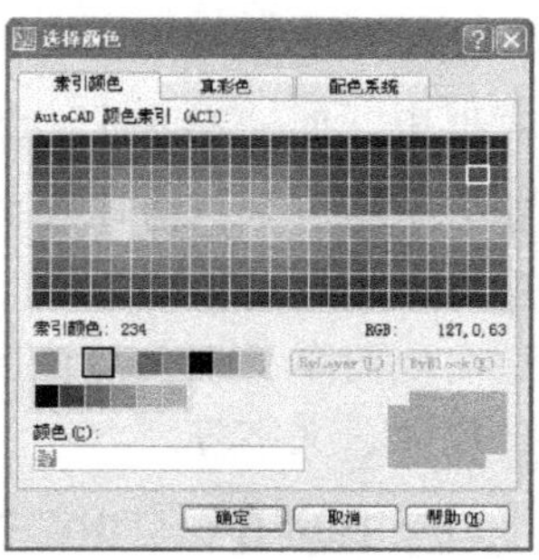

图1-47 “选择颜色”对话框

7) 图层的线型。图层线型是指在图层中绘图时所用的线型，各图层设置不同的线型便于绘图、读图和管理。单击位于图层列表中“线型”列下某一图层的线型名称，将打开“选择线型”对话框，如图1-48所示。根据需要选择相应的线型，单击“确定”按钮便完成了图层线型设置。列表框中列出的是当前图形已有的线型，若还需另外的线型，可单击对话框中“加载…”按钮，将弹出“加载或重载线型”对话框，选择所需线型，单击“确定”按钮，所选线型便加载到“选择线型”对话框中。

8）图层的线宽。国家标准《技术制图》中规定，不同的图形对象要用相应的线型、线宽来表达，以提高图形的表达力和可读性。单击位于图层列表中“线宽”列下某一图层的线宽值（没设置过的一般为“默认”），将打开“线宽”对话框，如图 1-49 所示，根据需要选择相应的线宽，单击“确定”按钮便完成了图层线宽设置。

9）打印。根据需要，可设置某图层是否打印。单击位于图层列表中“打印”列下某一图层的“打印机”图标（默认是打印状态），如“打印机”图标加了一斜杠，表示不打印。

上述各项都设置好后，要单击位于“图层特性管理器”窗口下方的“确定”窗口按钮，才能保存设置。

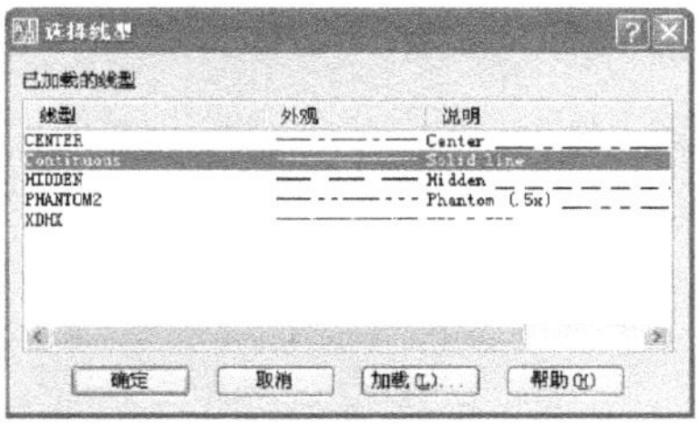

图 1-48 “选择线型”对话框

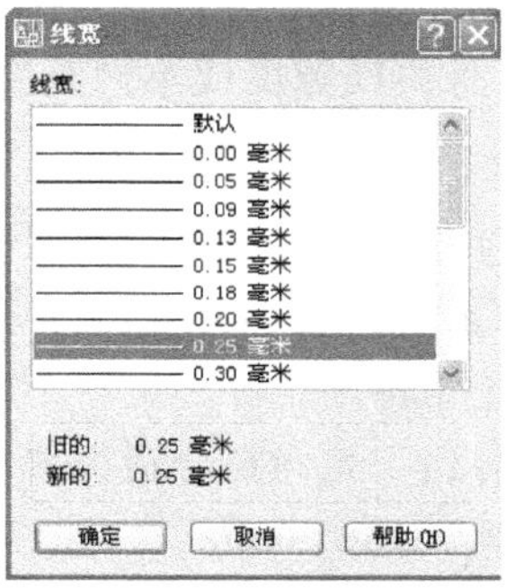

图 1-49 “线宽”对话框

四、绘图（DRAW）

任何复杂的图形都是由直线、矩形、圆、圆弧等基本图元组成，在 AutoCAD 中将这些图元称为实体。“绘图”工具栏上常用的绘图命令如图 1-50 所示。

说明：①前已述及，调用绘图命令有多种方式，为简要起见，下面仅介绍工具栏图标按钮方式；②命令提示后面大括号内的内容为操作说明，符号“↙”为按<Enter>键。

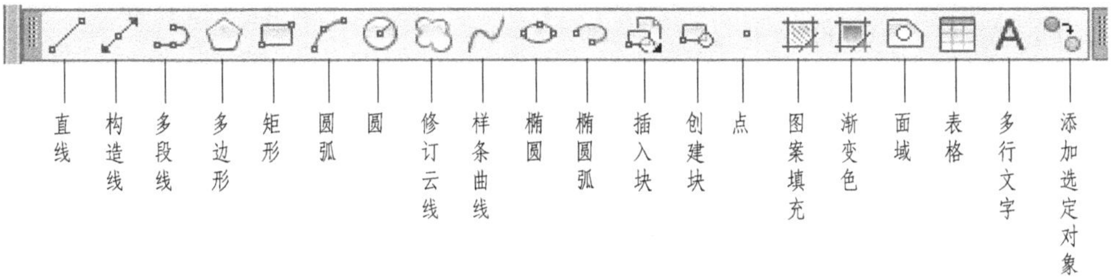

图 1-50 “绘图”工具栏

1. 直线（L）

单击“绘图”工具栏上“直线”按钮，命令行显示：

命令：_line

指定第一点：{移动光标到欲画线段的起点单击，或输入起点的坐标，↙}

指定下一点或 [放弃(U)]：{移动光标到欲画线段的末点单击，或输入终点的坐标，↙}

指定下一点或 [放弃(U)]：{↙，结束画线；若要画第二段线就移动光标到欲画第二线段的终点单击，或输入欲画第二段线的终点坐标，↙}

依此类推可画任意条线段。

实际绘图中，利用极轴追踪功能画线相当方便。光标与起点的动态连线经过极轴追踪设定的方向角时会显示白色虚线，此时只要输入极径数值并按<Enter>键线段就可绘出。特别是极角为特殊角度，如0°（水平方向）、90°（铅垂方向）、45°等，可将极轴追踪的增量角设置成适当的数值。水平、铅垂方向的线也可在正交状态下绘制，但影响了光标向其他方向移动，没有极轴追踪方便。

2. 多段线（PL）

多段线是由同宽度或不同宽度的直线段、圆弧线段及它们的组合形成的单个图形对象，即单个实体。可用“分解”命令分解为多个实体。

绘制如图1-51所示带箭头的剖切符号的操作过程如下：

单击“绘图”工具栏上“多段线”按钮，命令行显示：

命令：_pline

指定起点：{光标在合适位置单击}

当前线宽为 0.0000

指定下一个点或 [圆弧(A)/半宽(H)/长度(L)/放弃(U)/宽度(W)]：{w↙}

指定起点宽度 <0.0000>：{0.5↙}

指定端点宽度 <0.5000>：{↙}

指定下一个点或 [圆弧(A)/半宽(H)/长度(L)/放弃(U)/宽度(W)]：{5↙}

指定下一点或 [圆弧(A)/闭合(C)/半宽(H)/长度(L)/放弃(U)/宽度(W)]：{w↙}

指定起点宽度 <0.5000>：{0↙}

指定端点宽度 <0.0000>：{↙}

指定下一点或 [圆弧(A)/闭合(C)/半宽(H)/长度(L)/放弃(U)/宽度(W)]：{5↙}

指定下一点或 [圆弧(A)/闭合(C)/半宽(H)/长度(L)/放弃(U)/宽度(W)]：{w↙}

指定起点宽度 <0.0000>：{1↙}

指定端点宽度 <1.0000>：{0↙}

指定下一点或 [圆弧(A)/闭合(C)/半宽(H)/长度(L)/放弃(U)/宽度(W)]：{4↙}

指定下一点或 [圆弧(A)/闭合(C)/半宽(H)/长度(L)/放弃(U)/宽度(W)]：{↙}

结束绘图，退出命令。

3. 圆弧（A）

调用画圆弧命令后，根据命令行提示的各选项分别进行画圆弧操作，共计有11种方式，下面只介绍常用的两种：

(1) 3点（此方式为默认） 单击“绘图”工具栏上“圆弧”按钮，命令行显示：

命令：_arc 指定圆弧的起点或 [圆心(C)]：{光标在合适位置单击，此例在点1处}

指定圆弧的第二个点或［圆心(C)/端点(E)]：{光标在合适位置单击,此例在点 2 处}

指定圆弧的端点：{光标在合适位置单击,此例在点 3 处}

如图 1-52a 所示。

图 1-51　多段线

(2) 起点、圆心、末点（端点）　单击“绘图”工具栏上“圆弧”按钮 （或在画完上个圆弧后按<Enter>键），命令行显示：

命令：_arc 指定圆弧的起点或［圆心(C)]：{光标在合适位置单击,此例在点 1 处}

指定圆弧的第二个点或［圆心(C)/端点(E)]：{ c↙}

指定圆弧的圆心：{光标在合适位置单击,此例在点 2 处}

指定圆弧的端点或［角度(A)/弦长(L)]：{光标在合适位置单击,此例在点 3 处}

如图 1-52b 所示。

4. 圆（C）

调用画圆命令后，根据命令行提示的各选项分别进行画圆操作，共计有 6 种方式，下面只介绍有代表性的三种：

(1) 圆心、半径，（此方式为默认）　单击“绘图”工具栏上“圆”按钮，命令行显示：

命令：_circle 指定圆的圆心或［三点(3P)/两点(2P)/相切、相切、半径(T)]：{光标在合适位置单击,此例在点 1 处}

指定圆的半径或［直径(D)] <7. 9151>：{单击圆心后,随光标移动出现一动态圆,光标在合适位置单击,此例在点 2 处,如图 1-53a 所示。此时也可输入半径数值,之后↙}

(2) 切点、切点、半径　作一半径为 8 的圆，与相交两直线都相切，如图 1-53b 所示。单击“绘图”工具栏上“圆”按钮，（或在画完上个圆后按<Enter>键），命令行显示：

命令：_circle 指定圆的圆心或［三点(3P)/两点(2P)/相切、相切、半径(T)]：{T↙}

指定对象与圆的第一个切点：{光标在横线合适位置(光标显示为横线下小圆和三点,这是捕捉切点的浮动标志)单击,(此步也可以先在斜线上捕捉切点)}

指定对象与圆的第二个切点：{按上述方法,在剩下的线上捕捉第二个切点}

指定圆的半径：{8↙}

如图 1-53b 所示。

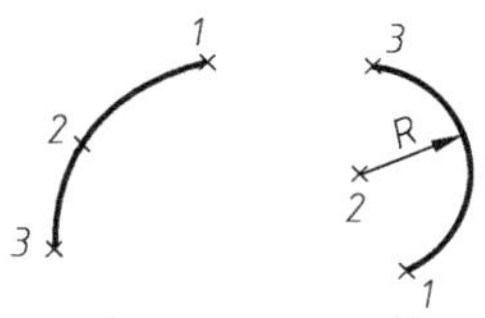

a)　b)

图 1-52　圆弧画法

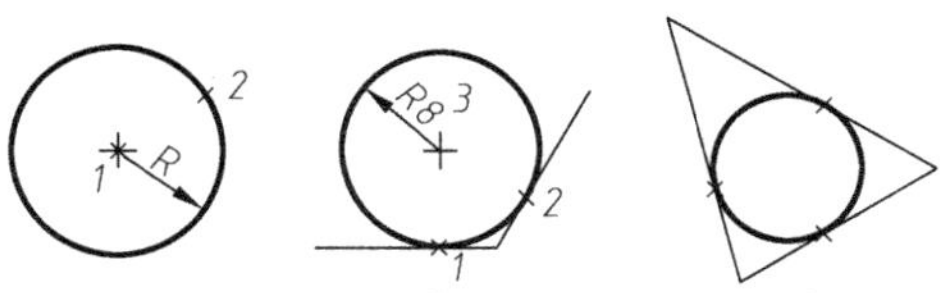

a)　b)　c)

图 1-53　圆的画法

(3) 切点、切点、切点　作一三角形内切圆，如图 1-53c 所示。

单击主菜单“绘图”，光标在打开的下拉菜单上移动到“圆（C）/相切、相切、相切

(A)”选项再单击；然后用上述在直线上作圆的切点方法，操作 3 次，结果如图 1-53c 所示。

5. 样条曲线

工程实验中经常得到一些离散的数据点，如图 1-54a 所示。为了便于分析和管理常需拟合成曲线，如图 1-54b 所示，这个工作用“样条曲线”命令可以完成。

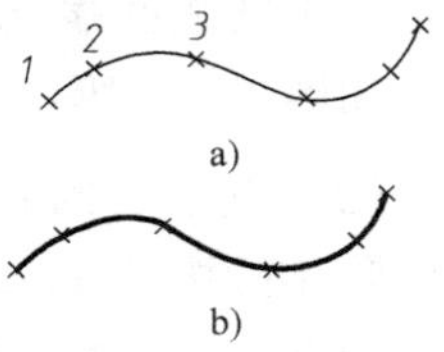

图 1-54　样条曲线

单击“绘图”工具栏上“样条曲线”按钮，命令行显示：

命令：_spline

指定第一个点或［对象(O)］:{1↙}

指定下一点：{2↙}

指定下一点或［闭合(C)/拟合公差(F)］<起点切向>:{3↙}

同样的方法重复单击 *N* 个点（最后点）后，直接按<Enter>键 3 次（第一次为结束单击点；第二次和第三次为指定起点、末点切向，一般无需指定起点、末点切向，直接按<Enter>键即可。），结果如图 1-54b 所示。

6. 椭圆（EL）

调用画椭圆命令后，根据命令行提示的各选项分别进行画椭圆操作有两种方式；

(1) 轴（两端点）、端点　单击“绘图”工具栏上画“椭圆”按钮，命令行显示：

命令：_ellipse

指定椭圆的轴端点或［圆弧(A)/中心点(C)］：{光标在合适位置单击,此例在点 1 处}

指定轴的另一个端点：{光标在合适位置单击,此例在点 2 处}

指定另一条半轴长度或［旋转（R)］：{前面两点是椭圆一根轴的两端点，光标在垂直此轴方向上合适位置单击，此例在点 3 处，如图 1-55a 所示}

(2) 中心、端点、端点　单击“绘图”工具栏上画“椭圆”按钮，（或在画完上个椭圆后按<Enter>键)，命令行显示：

命令：_ellipse

指定椭圆的轴端点或［圆弧(A)/中心点(C)］：{C↙}

指定椭圆的中心点：{光标在合适位置单击,此例在点 1 处}

指定轴的端点：{光标在合适位置单击,此例在点 2 处}

指定另一条半轴长度或［旋转(R)］：{光标在过点 1(椭圆心)垂直于点 1、2 两点连线(椭圆的半轴)方向上合适位置单击,此例在点 3 处,如图 1-55b 所示}

7. 椭圆弧

调用画椭圆弧命令后，根据命令行提示的各选项分别进行画椭圆弧操作，有两种方式：

(1) 椭圆（轴、端点)、起点、末点　单击“绘图”工具栏上画“椭圆弧”按钮，命令行显示：

命令：_ellipse

指定椭圆的轴端点或［圆弧(A)/中心点(C)］:{_a↙}

指定椭圆弧的轴端点或［中心点(C)］：{光标在合适位置单击,此例在点 1 处}

指定轴的另一个端点：{光标在合适位置单击,此例在点 2 处}

指定另一条半轴长度或［旋转(R)］:{前面两点是椭圆一根轴的两端点,光标在垂直此轴方向上合适位置单击,此例在点 3 处,此时浮动椭圆已画出}

指定起始角度或［参数(P)］:{点 4 处↙}

指定终止角度或［参数(P)/包含角度(I)］:{点 5 处↙,点 4、5 与椭圆圆心连线之间的椭圆弧已画出,如图 1-56a 所示}

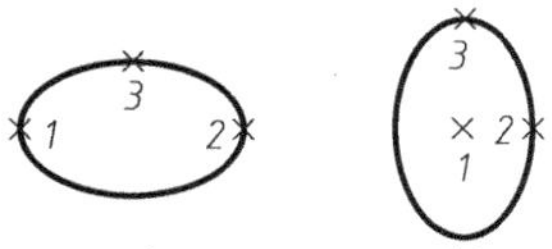

a)　　b)

图 1-55　椭圆

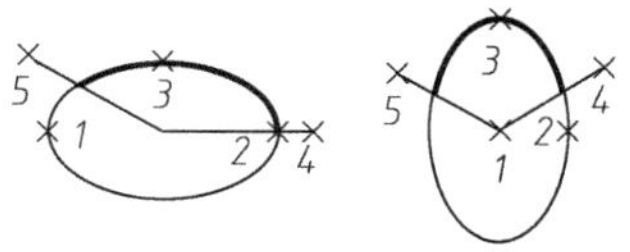

a)　　b)

图 1-56　椭圆弧

(2) 椭圆（中心、端点）、起点、末点　单击“绘图”工具栏上画“椭圆弧”按钮，(或在画完上个椭圆弧后按<Enter>键)，命令行显示：

命令：_ellipse

指定椭圆的轴端点或［圆弧(A)/中心点(C)］：{A↙}

指定椭圆弧的轴端点或［中心点(C)］：{C↙}

指定椭圆弧的中心点：{光标在合适位置单击,此例在点 1 处}

指定轴的端点：{光标在合适位置单击,此例在点 2 处}

指定另一条半轴长度或［旋转(R)］：{光标在过点 1(椭圆圆心)垂直于点 1、2 两点连线(椭圆的半轴)方向上合适位置单击,此例在点 3 处,此时浮动椭圆已画出}。

指定起始角度或［参数(P)］：{点 4 处↙}

指定终止角度或［参数(P)/包含角度(I)］：{点 5 处↙,点 4、5 与椭圆圆心连线之间的椭圆弧已画出,如图 1-56b 所示}

注意：①若不用椭圆弧按钮工具，在作椭圆第一步时命令行输入“A”选项，也可作出椭圆弧；②由作图过程可看出，作椭圆弧之前都要先作出椭圆，然后作两点与椭圆圆心连线之间的椭圆弧。如不在图上单击两点也可输入椭圆弧的起始角和终止角，由读者按提示自行完成。

8. 点

点在绘图中可以作为辅助点或者作为标记，画点时只需指定点的坐标位置。画点前一般先用“DDPTYPE”命令设定点的显示样式。单击主菜单“格式”，光标沿弹出的下拉菜单移动到子菜单“点样式(P)…”处再单击，弹出“点样式”对话框，如图 1-57所示，按需设置好后单击“确定”按钮即完成点样式设置。

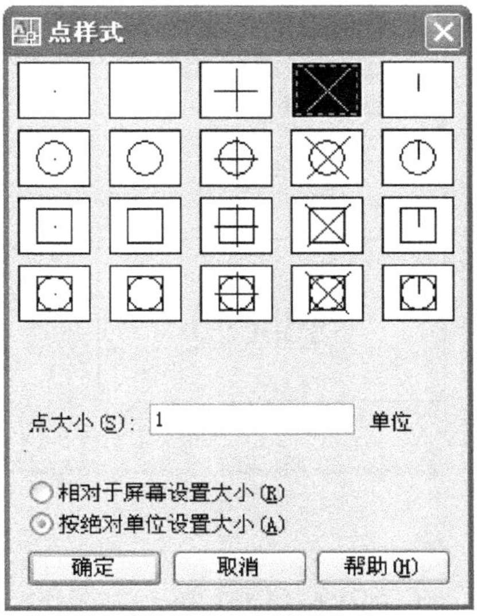

图 1-57　“点样式”对话框

单击“绘图”工具栏上画“点”按钮，命令

行显示：

命令：_point

当前点模式：PDMODE = 3　PDSIZE = 1.0000

指定点：{光标在需画点的位置逐一单击便画出各点，按<Enter>键结束命令}

9. 多行文字（T）和单行文字（DA）

多行文字是用来注写每段作为一个实体的文字，工具栏中有按钮 A；单行文字是用来注写每行作为一个实体的文字，没有工具栏按钮。可通过菜单调用：绘图→文字→单行文字。在书写上述两种方式的文字之前都要指定文字样式，文字样式应预先设置好。

标注文字时应遵照国家标准《技术制图　字体》（GB/T 14691—1993）和《机械工程 CAD 制图规则》（GB/T 14665—2012）中对于文字字体的规定。在 AutoCAD 中设置文字的样式使其符合国家标准规定是通过文字样式来实现的。文字样式可以设置文字的字体、字号、倾斜角度、排列方向和其他文字特性，在图形文件中可以创建多种文字样式。文字样式的设置步骤如下：

1）单击主菜单“格式”按钮，光标沿弹出的下拉菜单移动到子菜单“文字样式(S)…”处再单击，弹出“文字样式”对话框，如图 1-58 所示。

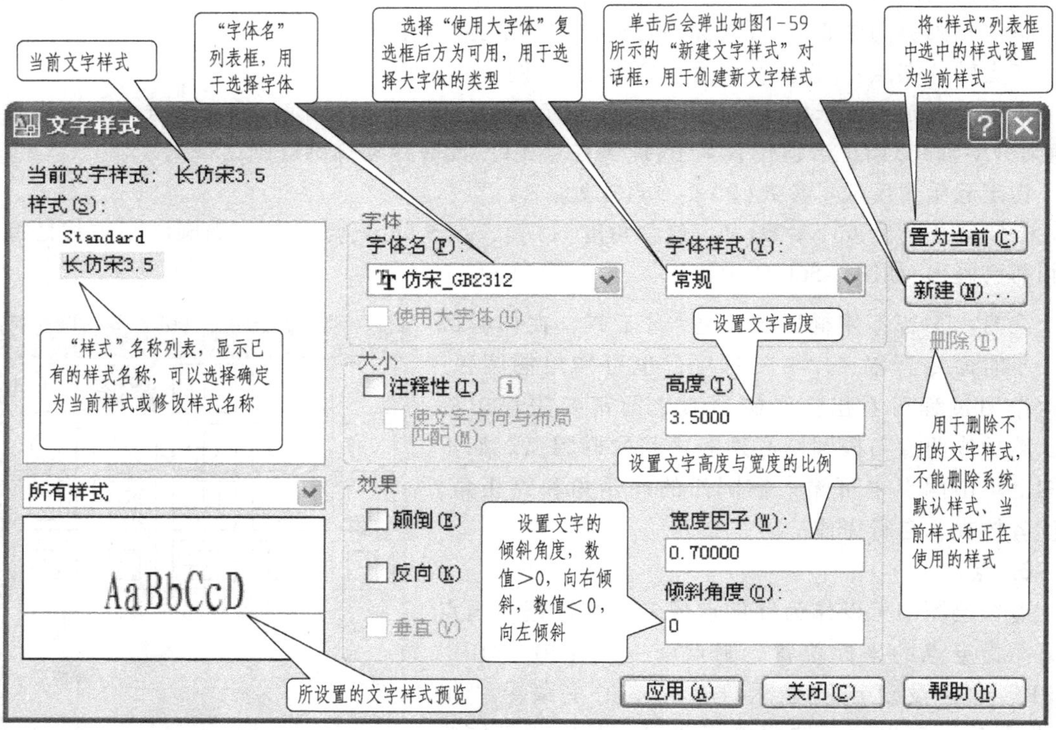

图 1-58　“文字样式”对话框

2）创建新样式。单击“新建”按钮，将打开“新建文字样式”对话框，如图 1-59 所示。在“样式名”文本框中输入新样式的名称“长仿宋 3.5”，单击“确定”按钮返回“文字样式”对话框，此时在“样式”列表框中可看到刚才设置的新样式名。

3）设置新样式的选项参数。按图 1-58 所示对话框中的项目逐项设置，最后单击“应用”按钮完成文字样式“长仿宋 3.5”的设置。

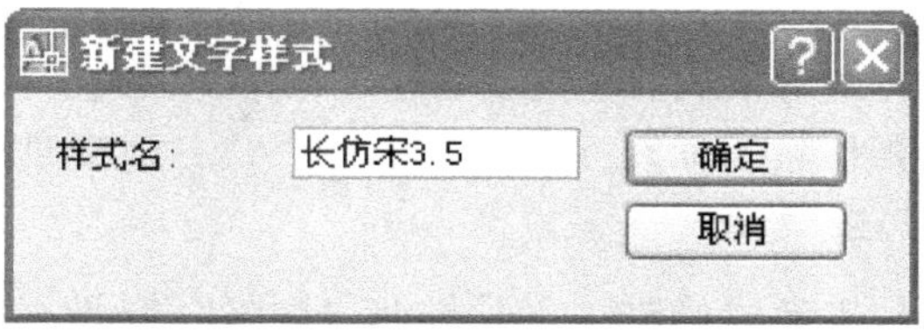

图 1-59 “新建文字样式”对话框

五、修改（MODIFY）

“修改”工具栏如图 1-60 所示。

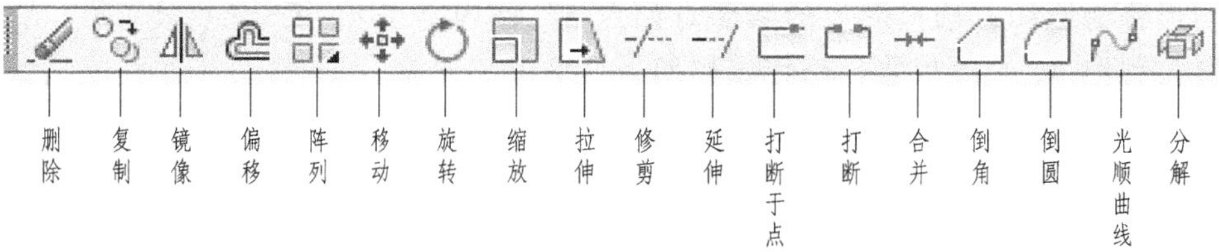

图 1-60 “修改”工具栏

应用修改工具对已画的图形进行修改、编辑，与绘图工具共同完成绘制图形的任务。

1. 选择对象的方式

调用修改命令一般要求选择要修改的对象，即构造选择集。当命令行提示“选择对象”时，光标变成方形拾取框，这时应到图形上选择要修改的对象，选中的对象将以虚线显示。常用的选择方式有（为叙述简略，各种选择方式都是当光标变为方形拾取框后所做的操作）：

（1）单个拾取（点选） 将光标移动到欲选择的对象上单击即可，可连续选择多个对象。

（2）W 窗口（Window 窗口） 在屏幕的空白处单击以确定窗口的第一对角点，然后右移，此时屏幕上显示出一动态实线矩形窗口，在合适的位置（如欲选取的对象都在矩形框内）单击即可。这种方式下，窗口内的实体被选中，与窗口相交的实体不被选中。

（3）C 窗口（Crossing 交叉窗口） 在屏幕的空白处单击以确定窗口的第一对角点，然后左移，此时屏幕上显示出一动态虚线矩形窗口，在合适的位置（如欲选取的对象都在矩形框内或与矩形相交）单击即可。这种方式下，窗口内的实体和与窗口相交的实体都被选中。

（4）栏选（Fence） 若输入“F”，则为栏选方式，随后的操作类似画直线，但画出的是虚线。可以画出多个连续虚线段，凡与这些虚线段相交的实体都被选中。

（5）多边形窗口 WP（WPOLIGON）和 CP（CPOLIGON） 若输入“WP”或“CP”，则进入多边形窗口选择方式，后面的操作类似于“W 窗口”或“C 窗口”，只是将矩形改为多边形，此时只需逐个指定多边形的顶点即可。

（6）全部（ALL） 若输入“ALL”，则选择除锁定层和冻结层以外的全部可操作对象。

（7）上一个 若输入“L”，则最后一个创建的对象被选中。

（8）前一次 若输入“P”，则将前一次构成的选择集作为当前的选择集。

（9）添加（Add）和移除（Remove）系统默认情况为“Add”，即添加模式。可以用任何选择对象方式将选定的对象添加到选择集中；若输入“R”，则切换到移除模式，系统将选择的对象从选择集中移除。在添加模式下要移除选择集中的对象，要按住<Shift>键，再选择要移除的对象。若再次输入“A”，则又回到添加模式。

2. 删除

单击“修改”工具栏上“删除”按钮，选择欲删除的对象，按<Enter>键即可。

3. 复制

如图 1-61 所示。复制前只有最左边一个三角形，(图形复制前的原始图形称为原图，选择图形的参照点如点 *A*，称为基点)，要将此图形复制到 *B*、*C* 等位置，操作过程如下：单击“修改”工具栏上“复制”按钮，命令行显示：

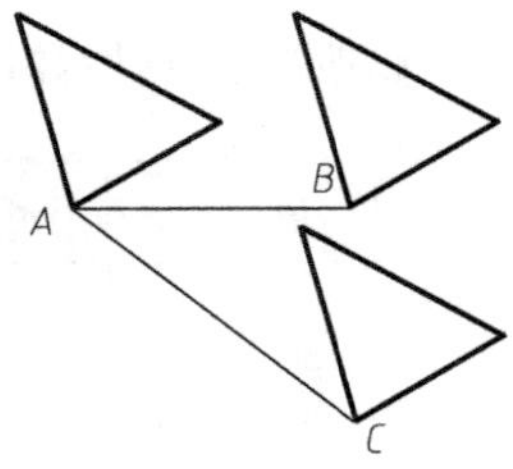

图 1-61　复制

命令：_copy

选择对象：指定对角点(窗口选择)：找到 3 个

选择对象：{↙}

当前设置：　复制模式 = 多个

指定基点或 [位移(D)/模式(O)] <位移>：指定第二个点或 <使用第一个点作为位移>：{单击点 *A*}

指定第二个点或 [退出(E)/放弃(U)] <退出>：{单击点 *B*}

指定第二个点或 [退出(E)/放弃(U)] <退出>：{单击点 *C*}

指定第二个点或 [退出(E)/放弃(U)] <退出>：{↙}

当前的复制模式为多个，出现第 3 个“指定第二个点……”时，按<Enter>键结束复制，若不按<Enter>键继续单击其他位置会继续复制。

4. 镜像

镜像是以指定的镜像线对称地复制或移动对象，图 1-62a 所示为原图，*AB* 为镜像线，镜像的操作方法如下：单击“修改”工具栏上“镜像”按钮，命令行显示：

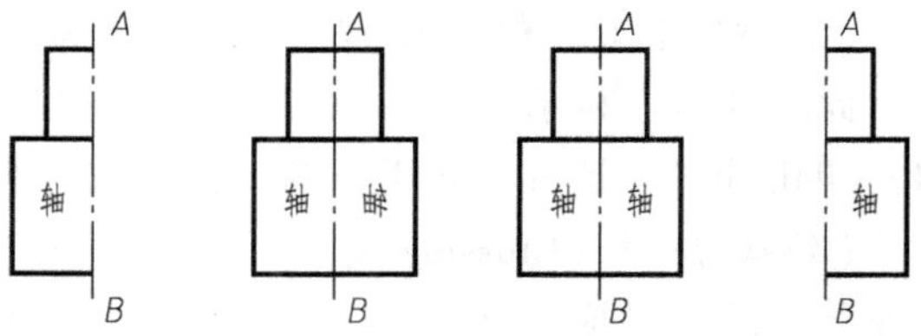

a)　b)　c)　d)

图 1-62　镜像

命令：_mirror

选择对象：指定对角点{窗口选择图 1-62a}：找到 7 个

选择对象：{↙}

指定镜像线的第一点：{点 *A*↙}指定镜像线的第二点：{点 *B*↙}

要删除源对象吗？[是(Y)/否(N)] <N>：{↙}

“MIRRTEX”变量的值设为 1 时结果如图 1-62b 所示，此时图线和文字一起镜像；“MIRRTEX”变量的值设为 0 时如图 1-62c 所示；在命令行提示“要删除源对象吗？ [是(Y)/否(N)] <N>：”时，若输入“Y”，则结果如图 1-62d 所示。

5. 偏移

偏移可以创建与选定对象形状相同且等距的新对象，如同心圆、平行线和平行曲线等。以图 1-63 所示为例介绍操作方法：单击“修改”工具栏上“偏移”按钮，命令行显示：

命令：_offset

当前设置：删除源＝否　图层＝源　OFFSETGAPTYPE＝0

指定偏移距离或［通过(T)/删除(E)/图层(L)］<5.0000>：｛3↙｝

选择要偏移的对象，或［退出(E)/放弃(U)］<退出>：｛选择原图1-63a｝

指定要偏移的那一侧上的点，或［退出(E)/多个(M)/放弃(U)］<退出>：｛在图形外侧空白处单击｝

选择要偏移的对象，或［退出(E)/放弃(U)］<退出>：｛↙｝

说明："指定偏移距离"时输入"T"，然后在需要偏移的位置单击，偏移的新对象将通过该点。

6. 阵列

将指定的对象以矩形或环形方式进行多重复制。

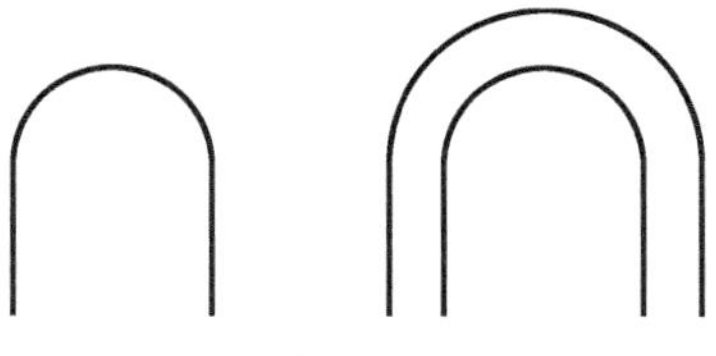

图1-63　偏移

(1) 矩形阵列　以图1-64所示为例介绍矩形阵列的操作方法：单击"修改"工具栏上"阵列"按钮，此时光标变为方形，命令行提示"选择对象："，选择如图1-64所示左下角的阶梯轴（两个矩形）后按<Enter>键，屏幕显示三行四列（行列数可设置）阶梯轴的阵列并带有进行调整的夹点（方形、三角形色块）。命令行提示"选择夹点以编辑阵列或［关联(AS)/基点(B)/计数(COU)/间距(S)/列数(COL)/行数(R)/层数(L)/退出(X)］<退出>："，可输入需设置或调整的参数（只需输入各参数后面括号内的字母），也可用夹点在图形上直观地进行调整。此时的光标变为十字形，移动光标至夹点处时光标变色，如移动光标至第三行第四列的夹点处，左击并按着不放松，拖动夹点左移减少列数，右移增加列数。用类同的方法可对第一行第一列的夹点进行拖动以得到不同的行数；也可用类同的方法拖动右上角的方形夹点，可同时得到所需的行数、列数。

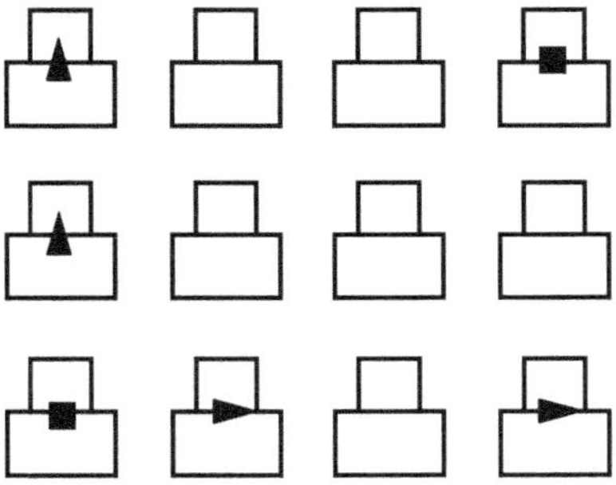
图1-64　矩形阵列

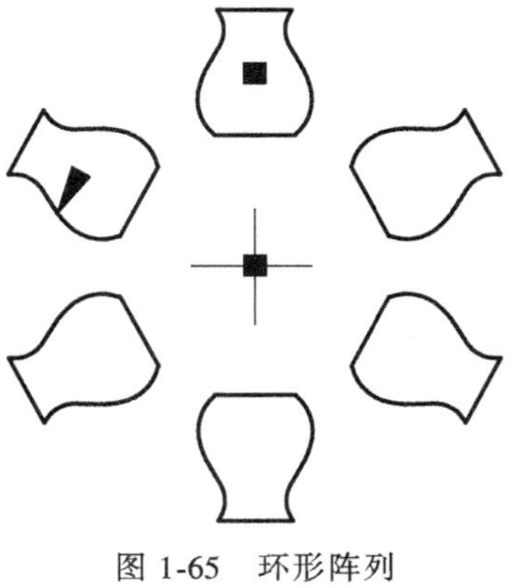
图1-65　环形阵列

(2) 环形阵列　以图1-65所示为例介绍环形阵列的操作方法：单击"修改"工具栏上"阵列"按钮，此时光标变为方形，命令行提示"选择对象："，选择如图1-65所示最上边的花瓶后按<Enter>键，命令行提示"指定阵列的中心点或［基点(B)/旋转轴(A)］"，左击图中的十字中心处，屏幕显示六个花瓶（个数可设置）的环形阵列并带有进行调整的夹点。命令行提示"选择夹点以编辑阵列或［关联(AS)/基点(B)/计数(COU)/间距(S)/列数

(COL)/行数(R)/层数(L)/退出(X)] <退出>:”，输入需设置或调整的参数，也可用夹点在图形上直观地进行调整。此时的光标变为十字形，移动光标至夹点处时光标变色，如移动光标至左上花瓶的夹点处，左击并按着不放松，拖动夹点逆时针移动增加填充角，顺时针移动减少填充角。如移动光标至最上花瓶的方形夹点处，左击并按着不放松，径向拖动，向外增加层，向内减少层。

7. 移动

移动（工具栏上“移动”按钮为 ）与复制类同，不同之处在于图形移动后原来位置上的图形（原图）要被删除且无“多重复制”选项，仅仅是把原图移动到新位置。

8. 旋转

将选定的图形按指定点（基点）旋转一角度。以图 1-66 所示为例介绍操作方法：单击“修改”工具栏上“旋转”按钮 ，命令行显示：

命令：_rotate

UCS 当前的正角方向：　ANGDIR＝逆时针　ANGBASE＝0

选择对象：指定对角点{窗口选择图 1-66a}：找到 3 个

选择对象：{↙}

指定基点：{单击点 A}

指定旋转角度，或［复制(C)/参照(R)］<90>：{ 90↙}

结果如图 1-66b 所示。

说明：

1）在命令行提示“指定旋转角度”时，可以给出转角 α 数值，如 90°，结果如图 1-66b 所示；也可以给出一点，在“指定基点”A 后，光标与基点有一动态连线，移动光标，动态连线一起移动，其与 X 轴正向（AB）之夹角便是旋转角度，在目标角度位置（如 AB_1）单击即可，如图 1-66c 所示。

2）若输入参数（R），则可以指定当前参照角的位置，然后指定相对于参照角位置的旋转角。此操作一般常用于将对象与图形中的几何特征（或其他对象）对齐。如欲转动图形的 AC 边到 AC_1 位置（AC_1的延长线过圆心），选择基点后的操作过程如下：

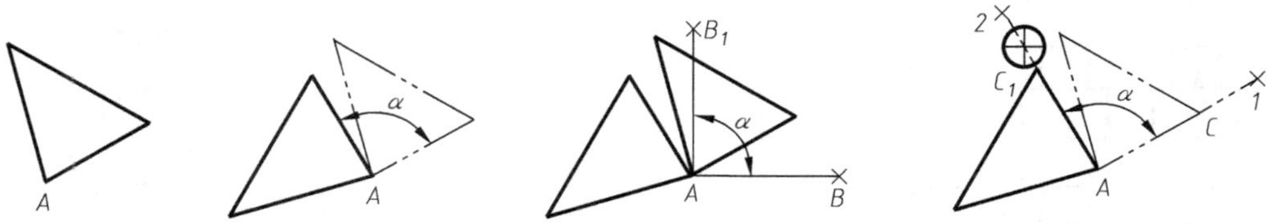

a)　b)　c)　d)

图 1-66　旋转

指定旋转角度，或［复制(C)/参照(R)］<90>：{R↙}

指定参照角 <30>：{单击点 A、点 1，(直线 $A1$ 为参照角)}

指定新角度或［点(P)］<120>：{单击点 A、点 2，}

结果如图 1-66d 所示。

3）选择基点后，命令行提示“指定旋转角度，或［复制(C)/参照(R)］<90>:”，若输入“C”，则保留原图。此选项一般不用。

9. 缩放

缩放用于对选定的图形进行缩小或放大，如图 1-67 所示。操作过程如下：单击“修改”工具栏上“缩放”按钮，命令行显示：

命令：_scale

选择对象：指定对角点{窗口选择图 1-67a}：找到 8 个

选择对象：{↙}

指定基点：{单击左下角点(也可以是其他点)}

指定比例因子或［复制(C)/参照(R)］<1. 2000>：{0. 7↙}

结果如图 1-67b 所示。因比例因子<1，图形缩小了；比例因子>1 为放大，如比例因子取 1. 4 结果如图 1-67c 所示。

如图 1-67d 所示，如将原图小矩形的高度与板厚平齐，就要用到“参照”选项。在命令行提示“指定比例因子或［复制(C)/参照(R)］<1. 2000>：”时，输入“R”，进入参照方式，操作过程如下：

指定基点：{单击点 1}

指定比例因子或［复制(C)/参照(R)］<0. 7000>：{R↙}

指定参照长度 <6. 5988>：{单击点 1} 指定第二点：{单击点 2}

指定新的长度或［点(P)］<8. 6448>：{单击点 3}

如图 1-67e 所示。

10. 拉伸

用于对选定的对象进行单方向的拉伸或缩短，如图 1-68 所示。操作过程如下：单击“修改”工具栏上“拉伸”按钮，命令行显示：

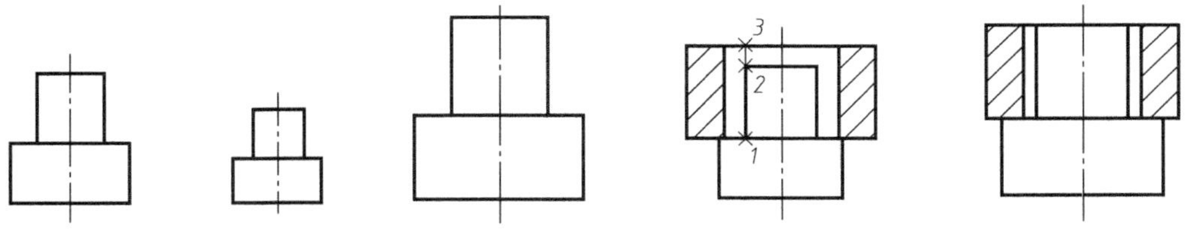

a)　b)　c)　d)　e)

图 1-67　缩放

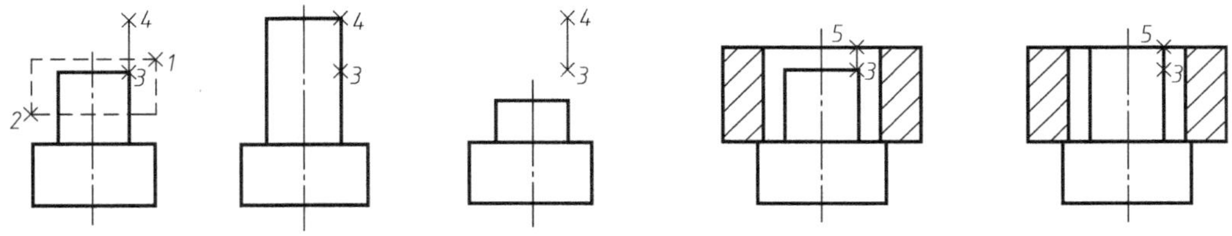

a)　b)　c)　d)　e)

图 1-68　拉伸

命令：_stretch

以交叉窗口或交叉多边形选择要拉伸的对象

选择对象：{单击点 1}　指定对角点：{单击点 2} 找到 3 个

选择对象：{R ↙}

指定基点或 [位移(D)] <位移>：{单击点 3(基点)}

指定第二个点或 <使用第一个点作为位移>{单击点 4}

结果如图 1-68b 所示，小矩形在高度方向延长了。如果将拉伸的两点颠倒一下，即从点 4 到点 3，小矩形在高度方向就缩短了，结果如图 1-68c 所示。

如图 1-68d 所示，需将原图小矩形的高度与板厚平齐，就只需将点 3 移到点 5 处，其余操同作图 1-68b 所示结果的操作步骤一致，结果如图 1-68e 所示。

对比图 1-67d、e 所示和图 1-68d、e 所示，可以看出：前者整个所选图形在各方向按同一缩放系数都放大，后者只是阶梯轴的小轴段在高度方向拉伸。

11. 修剪

修剪是用指定的边界（一条或多条的直线或曲线）切割其他图线，如图 1-69 所示，操作过程如下：单击“修改”工具栏上“修剪”按钮，命令行显示：

命令：_trim

当前设置:投影=UCS,边=无

选择剪切边

选择对象或 <全部选择>：{单击点 1(圆周上任一点)} 找到 1 个

选择对象：{↙}

选择要修剪的对象,或按住<Shift>键选择要修剪的对象,或[栏选(F)/窗交(C)/投影(P)/边(E)/删除(R)/放弃(U)]：{单击点 2(直线在圆内部分任一点)}

选择要修剪的对象,或按住<Shift>键选择要修剪的对象,或[栏选(F)/窗交(C)/投影(P)/边(E)/删除(R)/放弃(U)]：{单击点 3(直线在圆内部分任一点)}

结果如图 1-69b 所示，按<Enter>键即可退出“修剪”命令。

另一种修剪方式使用较为简单：单击“修改”工具栏上“修剪”按钮，光标变为方形，移至空白处按<Enter>键，然后方形光标移至欲删除的线段处（点 2、点 3 处）单击即可，每次单击只删除一段线。

12. 延伸

延伸是将选定的对象延长到指定的边界。如图 1-70a 所示，欲将点 2、点 3 所在的两线延长至点 1 所在的线，操作过程如下：单击“修改”工具栏上“延伸”按钮，命令行显示：

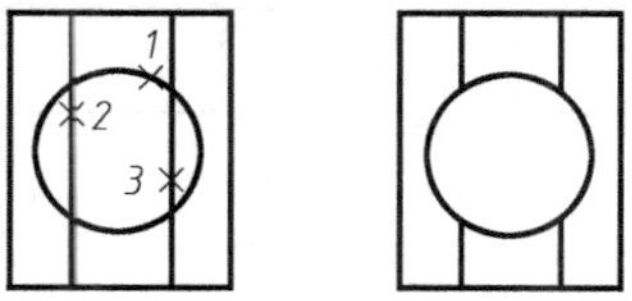

a)　b)

图 1-69　修剪

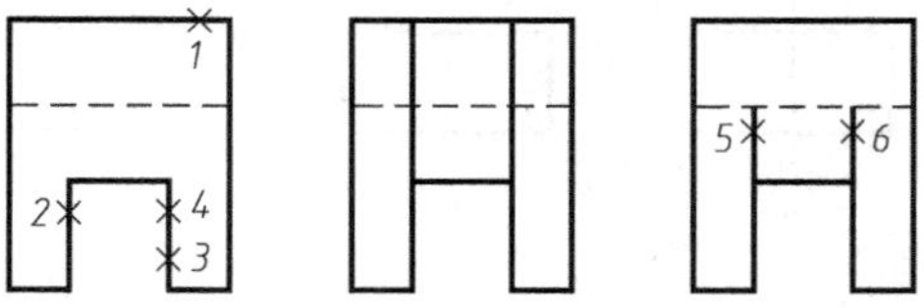

a)　b)　c)

图 1-70　延伸

命令：_extend

当前设置：投影 = UCS，边 = 无

选择边界的边

选择对象或 <全部选择>：{单击点 1（点 1 所在线上任一点均可）} 找到 1 个

选择对象：{↙}

选择要延伸的对象，或按住<Shift>键选择要延伸的对象，或［栏选（F）/窗交（C）/投影（P）/边（E）/放弃（U）］：{单击点 2（点 2 所在线任一点均可）}

选择要延伸的对象，或按住<Shift>键选择要延伸的对象，或［栏选（F）/窗交（C）/投影（P）/边（E）/放弃（U）］：{单击点 3（点 3 所在线任一点均可，无需靠近延伸一端，下文的点 4 必须靠近延伸一端）}

结果如图 1-70b 所示，按<Enter>键即可退出“延伸”命令。

与“修剪”命令操作类似，另一种延伸方式较为简单：单击“修改”工具栏上“延伸”按钮，光标变为方形，移至空白处按<Enter>键，然后方形光标移至欲延伸的线段靠近延伸一端（点 2、点 4 处）单击即可，每次单击只延伸一段线，即第一次单击后只能延伸至虚线，如图 1-70c 所示，再单击一次（如点 5、点 6）才能延伸至点 1 所在的线，即形成如图 1-70b 所示的效果。

13. 打断于点

打断于点是将选定的线段在指定位置断开，即分为两段。如图 1-71a 所示，若直线段 *AB* 在矩形内的部分需画成虚线，则需把直线段 *AB* 在其与矩形边线相交处断开，操作过程如下：单击“修改”工具栏上“打断于点”按钮，命令行显示：

命令：_break 选择对象：{单击点 1（点 1 所在线上任一点均可）}

指定第二个打断点 或［第一点（F）］：{单击点 2（点 2 所在线任一点均可）}

至此直线段 *AB* 在其与矩形右边线相交处（点 2 处）已断开；同法将 *B*2 段在点 4 处断开。将点 2 至点 4 之间的直线段改成虚线，如图 1-71b 所示。

改线型可单击标准工具栏上的“特性匹配”按钮，命令行提示“选择源对象”时单击图中其他地方已有的线型，命令行提示“选择目标对象”时单击要改的线段即可。

14. 打断

打断是删除选定对象的一部分。如图 1-72a 所示，现欲在直线段 *AB* 中间删除一段。操作过程如下：

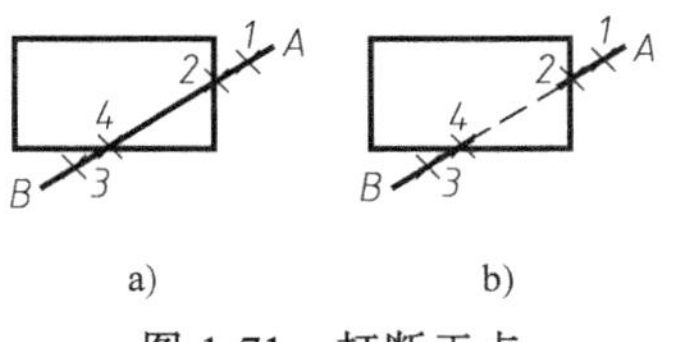

a)　　b)

图 1-71　打断于点

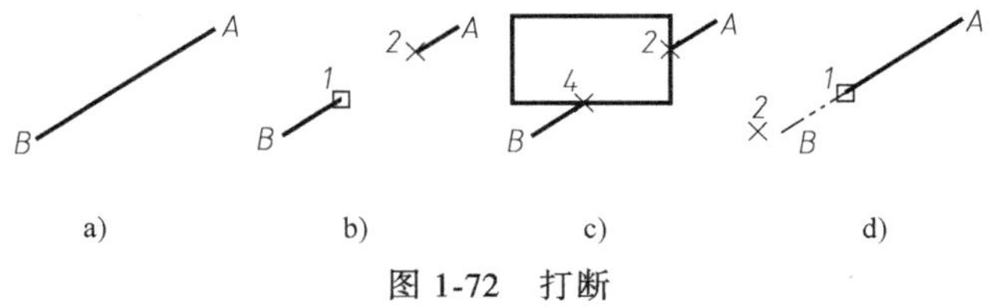

a)　　b)　　c)　　d)

图 1-72　打断

1）单击“修改”工具栏上“打断”按钮，命令行显示：

命令：_break 选择对象：{方形光标只能选择实体对象，不能精确捕捉定点，在欲断开的大约位置（如点 1）单击，此操作既是选择被打断直线段 *AB*，又是指定打断的第一点}

指定第二个打断点 或［第一点（F）］：{单击点 2，因单击点 1 后，光标变为“十”字形，能

精确捕捉定点,所以点 2 位置可精确捕捉}

结果如图 1-72b 所示。

2）上述情况若要精确确定第一点的位置，则在命令行出现“指定第二个打断点 或［第一点（F）]:”时输入选项“F”，此时光标变为“十”字形，精确捕捉打断的第一点（点 2）和第二点（点 4），如图 1-72c 所示。

对比此图与图 1-71b 所示，作图效果一样，如将点 2、点 4 连成虚线，两图是一样的。由此可见，“打断于点”可由“打断”功能实现，单独将“打断于点”做成一个命令是为了绘图更简捷（实际上是“打断于点”少操作一次选项“F”）。

3）如果要删除线段的一端，只需在欲删除的一端以外指定第二个打断点，如图 1-72d 所示。

15. 合并

合并命令把两实体对象合并成一个。将图 1-72b 所示的两线段合并成一个的操作过程如下：单击“修改”工具栏上“合并”按钮，命令行显示：

命令：_join 选择源对象:{方形光标单击 *A*2 段上任一点}

选择要合并到源的直线:{方形光标单击 *B*2 段上任一点}找到 1 个

选择要合并到源的直线:{↙}

结果如图 1-72a 所示。

16. 倒角

倒角用于将两条非平行直线或多段线以一斜线相连。如图 1-73a 所示，现欲对横、竖两线倒角，倒角尺寸如图 1-73b 所示，操作过程如下：单击“修改”工具栏上倒角按钮，命令行显示：

命令：_chamfer

(“修剪”模式)当前倒角距离 1=0.0000,距离 2=0.0000

选择第一条直线或[放弃(U)/多段线(P)/距离(D)/角度(A)/修剪(T)/方式(E)/多个(M)]:{d ↙}

指定第一个倒角距离 <0.0000>：{1 ↙}

指定第二个倒角距离 <1.0000>：{1.5 ↙}

选择第一条直线或［放弃(U)/多段线(P)/距离(D)/角度(A)/修剪(T)/方式(E)/多个(M)]：{方形光标单击竖线上任一点}

选择第二条直线,或按住<Shift>键选择要应用角点的直线：{方形光标单击横线上任一点}

结果如图 1-73b 所示。

17. 倒圆

倒圆用于将两条非平行直线或多段线以一圆弧相连。如图 1-74a 所示，现欲对横、竖两线用一半径为 2 圆弧相连（倒圆），操作过程如下（倒角、倒圆操作上很相似）：单击“修改”工具栏上“倒圆”按钮，命令行显示：

命令：_fillet

当前设置：模式=修剪,半径=0.0000

选择第一个对象或［放弃(U)/多段线(P)/半径(R)/修剪(T)/多个(M)]：{r ↙}

指定圆角半径 <0.0000>：{2 ↙}

选择第一个对象或［放弃(U)/多段线(P)/半径(R)/修剪(T)/多个(M)］:｛方形光标单击竖线上任一点｝

选择第二个对象,或按住<Shift>键选择要应用角点的对象｛方形光标单击横线上任一点｝

结果如图 1-74b 所示。

18. 分解

对于矩形、多边形及后文要介绍的块、各类尺寸标注等都是由多个对象组成的组合对象，若要对其中的单个对象进行编辑，就要用“分解”命令将它们拆分成单个图形对象。图 1-75a 是用“矩形”命令画出的矩形，是单个实体对象。光标在待命状态下，单击矩形上任一点，如点 A，整个矩形被选中，四角有方形色块。现欲对其下边横线进行编辑，故需先分解矩形，操作过程如下：单击“修改”工具栏上“分解”按钮，命令行显示：

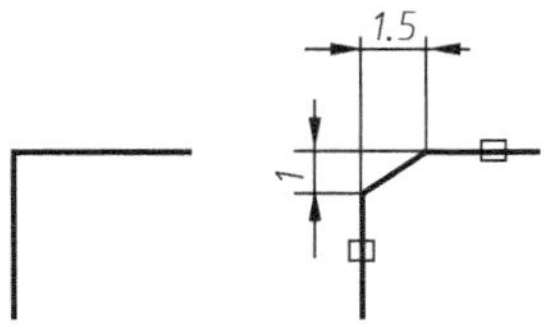

a)　　b)

图 1-73　倒角

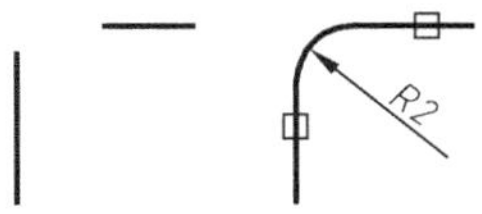

a)　　b)

图 1-74　倒圆

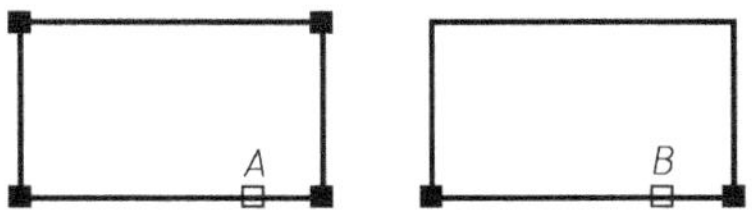

a)　　b)

图 1-75　分解

命令：_explode

选择对象：｛方形光标单击矩形上任一点,如点 A｝找到 1 个

选择对象：｛↙｝

至此，矩形已被分解为四条直线段，如图 1-75b 所示。光标在待命状态下，单击下边线上任一点，如点 B，只是下边线被选中，下边线两端和中间点有方形色块。

六、定制样板图

为了提高绘图效率，用户可以自己定制样板图，这样在以后建立新文件时，利用样板图的基本设置，可节省许多重复设置和绘图操作。下面以设置 A3 幅图图纸为例介绍其操作步骤。

1. 设置绘图单位、界限

绘图单位、界限的设置按前述“三、设置绘图环境”中第“1、2”两小节的内容进行。若设置 A4 幅面图纸也可这样操作：利用“矩形”命令在绘图区任意位置画一矩形（长 210，高 297），这个矩形显示位置不一定合适。然后在命令行输入“Z”，按<Enter>键；再输入“E”，按<Enter>键，让矩形满屏显示。

2. 图层设置

按前述“三、设置绘图环境”中第“3”小节的内容进行，每层各项目设置见表 1-11。

表 1-11　图层设置

图层名称	颜色	线型	线宽
01(粗实线)	白色	continuous	0.5
02(细实线)	绿色	continuous	0.25

（续）

图层名称	颜色	线型	线宽
03(细虚线)	黄色	ACAD_ISO02W100	0.25
04(细点画线)	红色	ACAD_ISO04W100	0.25
05(细双点画线)	白色	ACAD_ISO05W100	0.25
06(尺寸标注)	白色	continuous	0.25
07(剖面符号)	白色	continuous	0.25

3. 字体样式设置

字体样式按前述“四、绘图（DRAW)”中第“9”小节的内容进行，设置两种具有代表性样式：

1）样式名为 iso3.5，用于书写数字和英文字体。其中，“字体名”为 iso.shx，“字高”为 3.5，“宽度因子”为 0.7，“倾斜角度”为 15°。

2）样式名为长仿宋 3.5，用于书写汉字长仿宋体。其中，“字体名”为仿宋_ GB2312，“字高”为 3.5，“宽度因子”为 0.7，“倾斜角度”为 0。

4. 图纸设置

（1）绘制图幅、图框上述设置的绘图界限矩形，也可作为 A4 图纸的图幅线，具体操作为：将其置于细实线层并将粗实线层置为当前图层。应用“偏移”命令将其向内偏移 5，复制一矩形，用“分解”命令将两矩形分解，再应用“偏移”命令将内矩形左边线向内偏移 20 复制，应用“修剪”命令将内矩形上、下边线多余部分修剪掉，完成图幅、图框绘制。

（2）绘制标题栏　在任意地方画长 180 水平线，应用“偏移”命令，偏移距离为 8，将此线向上复制 8 条，分别将首、末两线起、终两点相连，其余线条按图 1-5a 所示尺寸和要求绘制；绘制完标题栏的框格后填写上汉字。将整个标题栏以最右下角点为基点，以图框右下角点为目标点进行移动操作，至此完成一张 A4 图纸绘制。

5. 其他设置

其他有关设置将在后续章节介绍。

应用主菜单“文件”→“另存为…”命令进行保存，注意要以 .dwt 格式保存，此文件会自动保存在“template”文件夹，方便调用。

七、平面图形绘制

应用 AutoCAD 绘制平面图形不能采用手工尺规绘图的思路和习惯，可以充分应用系统提供的各种绘图、编辑工具以及对象跟踪、捕捉工具精确快捷地绘制。下面通过绘制如图 1-76d 所示平面图形介绍绘图的方法和步骤。

1. 创建、命名新文件

单击主菜单“文件”→“新建”，或单击快速工具栏上“新建”按钮，在打开的“选择样板”对话框的“名称”列表框中左键双击“A4 样板图”，上一小节创建的样板图被打开，系统自动以“drawingX.dwg”作为文件名，“X”以新建文件顺序编排，如是新建的第一个文件就是“drawing1.dwg”。此时单击主菜单文件→“另存为…”，在打开的“图形另存为”对话框下端“文件名”文本框中输入合适的文件名，如“绘制平面图形 .dwg”，在其下面的“文件类型”列表框中，左击右侧箭头，在打开的列表中选择较低版本的图形文件类型，如“AutoCAD 2000/LT2004 图形（ *. dwg)”，这样在较低版本软件中也能打开该文件。众所周知，软件系统都是向下兼容的。

2. 绘制图形

1）左击状态栏上的“极轴”“对象捕捉”“极轴捕捉”“线宽”按钮，使这些功能处于打开状态。

2）选择“01 粗实线层”为当前层（细实线层或 0 层也可以，可转换）。

3）绘制定位（圆心、已知的定位直线等）线。如图 1-76a 所示，调用“直线”命令，在合适位置单击为点 1，十字光标下移，光标与点 1 的连线在铅垂方向有动态的虚线时，输入“69”，得到点 2；用类似的方法画后面的线段，十字光标左移，输入“78”得到点 3；十字光标上移，输入“30”得到点 4；十字光标右移，输入“30”得到点 5。

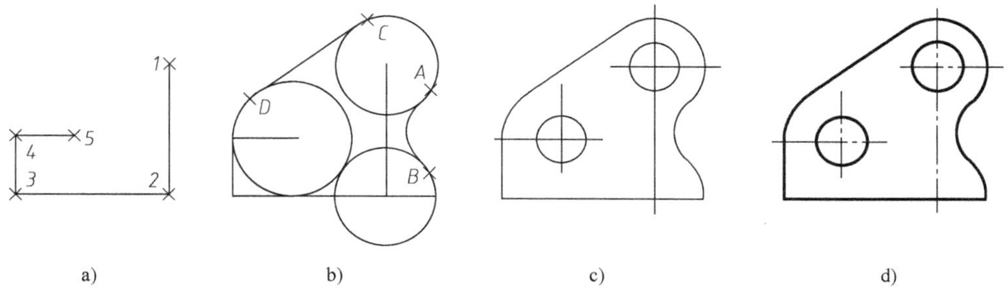

图 1-76　平面图形绘制步骤

4）绘制 3 个圆。在点 1 处画半径为 26 的圆，在点 2 处画半径为 26 的圆，在点 5 处画半径为 30 的圆，如图 1-76b 所示。

5）绘制圆的公切线（直线和连接圆弧）。将“对象捕捉”工具栏调到绘图区，调用“圆角”命令，当命令行提示“输入第一个对象”时，方形光标先单击“对象捕捉”工具栏上的“捕捉到切点”按钮，然后将方形光标移至欲连接的两圆中的一个，方形光标接触到圆周时光标附近显示横线下切一圆的动态图标，这就是捕捉到切点标志。光标移至切点附近如点 *A* 处单击，命令行提示“输入第二个对象”时，同样的方法在点 *B* 处单击，连接弧自动完成。调用直线命令，同样用上述捕捉切点的方法在 *C*、*D* 两点处单击画出公切线。

6）编辑整理、修剪多余线段。画两直径 26 的圆；补画中心线，如图 1-76c 所示。

7）整理图层、线型。开始绘图时或绘图过程中没有严格控制图层，此时可集中处理。在未执行命令时，光标全选实体，打开层列表，左键双击“01 粗实线”层，全部实体对象进入此层；在命令行待命状态时，光标选取欲放入中心线层的实体，打开层列表，左键双击“04 细点画线”层，所选实体对象进入中心线层。

8）修改、完善，保存文件，检查无误后进行保存。因前面已命名了文件名，现在无需执行“另存为”命令，只要单击主菜单“文件”→“保存”，或单击快速工具栏上“保存”按钮即可保存。

第二章

制图基本原理与三视图

第一节　投影的方法及分类

一、投影的方法

日常生活中，人们可以看到太阳光或灯光（如白炽灯泡）照射物体时，在地面或墙壁上会出现物体的影子，这就是一种自然的投影现象。

自然的投影现象经抽象概括后有这样几个要素：太阳、灯泡等光源称为投射中心，光线称为投射线（或称投影线），地面或墙面称为投影面，影子称为物体在投影面上的投影。如图 2-1 所示，过空间三边形的角点 A 作投射线和投影面 H 交于点 a，同样得三边形的角点 B、C 在 H 面上的投影 b、c，将 a、b、c 顺序首尾相连，则三边形 abc 为空间三边形 ABC 在 H 面上的投影。

这种用投射线通过物体，在给定投影面上作出物体投影的方法称为投影法。

二、投影法的分类

投影法分为中心投影法和平行投影法。

1. 中心投影法

投射线从一点（投射中心）出发，在投影面上得到物体投影，如图 2-1 所示。

上述投影中，如果改变物体与投影面的距离，其投影大小也会随之变化。因此中心投影法不能真实地反映物体的形状和大小，故机械图样不采用这种投影法绘制。但它具有立体感强的特点，工程上常用这种方法绘制建筑物的透视图，如图 2-2 所示。

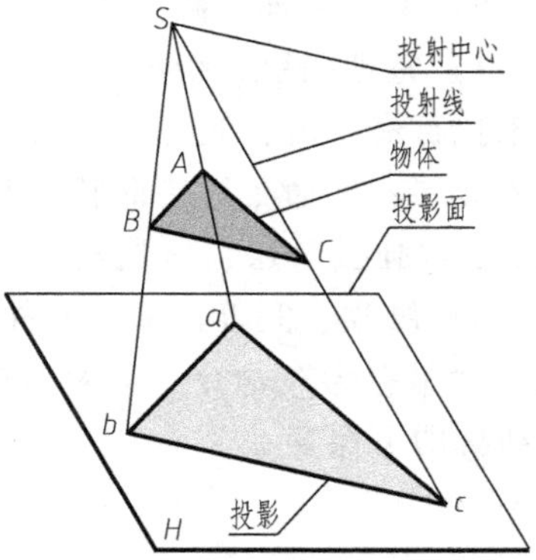

图 2-1　投影法的概念

2. 平行投影法

如将投射中心移到无穷远处，则所有的投射线均可视为互相平行，这种用互相平行的投射线在投影面上作出物体投影的方法称为平行投影法，如图 2-3 所示。

平行投影法因投射方向 S 的不同又可分为两种。

（1）正投影法　投射线垂直于投影面，如图 2-3a 所示。

（2）斜投影法　投射线倾斜于投影面，如图 2-3b 所示。

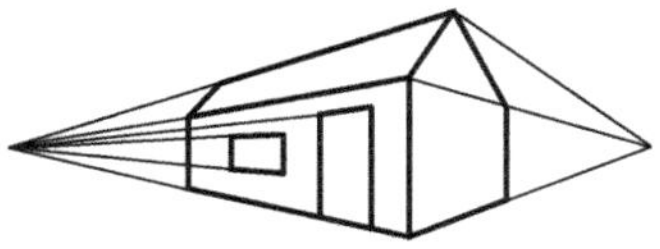

图 2-2　建筑物的透视图

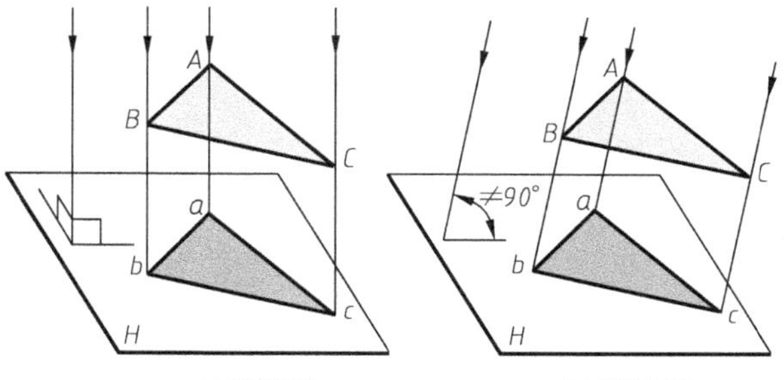

a) 正投影法　　b) 斜投影法

图 2-3　投影法的分类

第二节　工程上常用的投影图

一、透视投影图

建筑工程中常用中心投影法绘制建筑物透视图，以表达建筑物的概貌，如图 2-2 所示。

二、单面正投影图

用正投影法绘出的图形称为正投影图，根据投影面的数量不同分为单面正投影图和多面正投影图。常用的单面正投影图有以下两种。

1. 标高投影图

标高投影图是用正投影法画出的单面投影图，它由单面正投影的图线上加数字共同组成。数字称为标高，它表示相应的点、线、面距离投影面的高度，如图 2-4 所示。

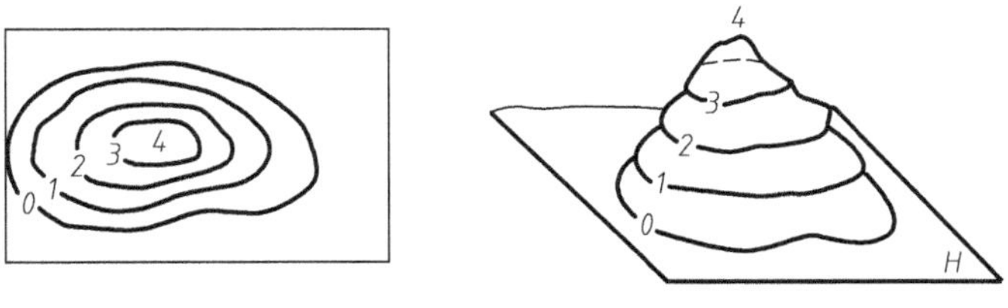

a)　　b)

图 2-4　单面正投影图（标高图）

这种图的画法比较简单，但缺乏立体感，主要用于表示各种不规则曲面以及地形图、土木建筑工程设计图和军事地图等。

2. 正轴测投影图

正轴测投影图是用正投影法画出的单面正投影图，如图 2-5 所示。它能同时反映空间物体的长、宽、高三个方向的情况。这种图的优点是立体感较强，物体形状表达得较清楚。缺点是度量性较差，作图较麻烦。因此，通常只适用于表达物体的立体形状，作为正投影图的辅助图样，如管道系统图。

三、多面正投影图

由于多面正投影图度量性好，作图简便，所以在机械制图中，常用多面正投影图表达空间物体的形状结构及大小，如图 2-6 所示。

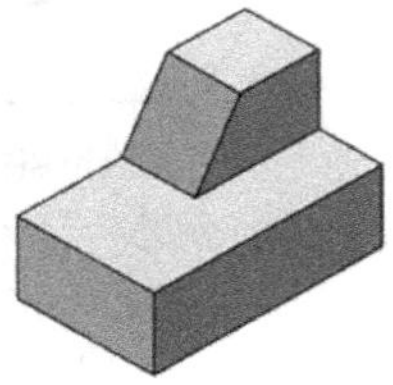

图 2-5　单面正投影图（立体图）

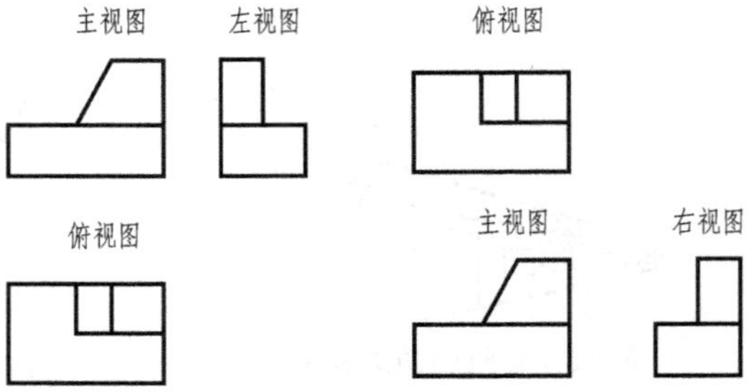

a) 第一角画法　　b) 第三角画法

图 2-6　多面正投影图

第三节　正投影的基本特性

一、全等性

当直线或平面与投影面平行时，直线在该投影面上的投影为实长，平面在该投影面上的投影为实形。这种投影性质称为全等性或真实性，如图 2-7 所示。

二、积聚性

当直线或平面与投影面垂直时（与投射方向一致），直线的投影积聚为一点，平面的投影积聚成一条直线，这种投影性质称为积聚性，如图 2-8 所示。

三、类似性

当直线或平面与投影面倾斜时，直线的投影仍为一直线，但小于直线的实长，平面的投影是小于平面实形的类似形。这种投影性质称为类似性，如图 2-9 所示。

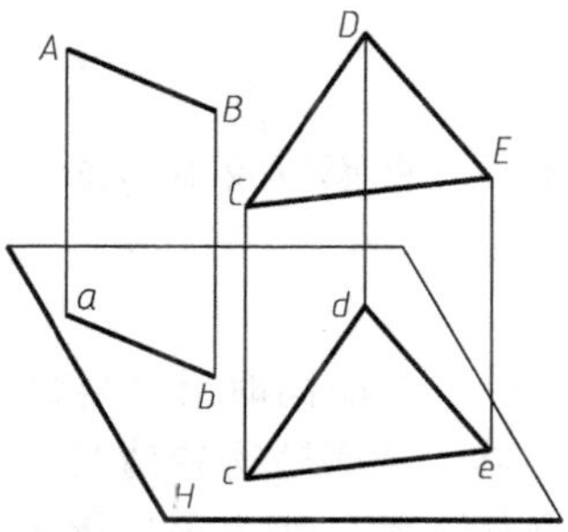

图 2-7　全等性

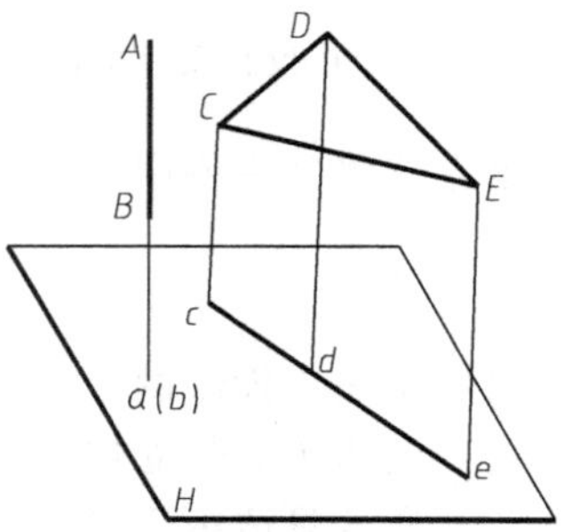

图 2-8　积聚性

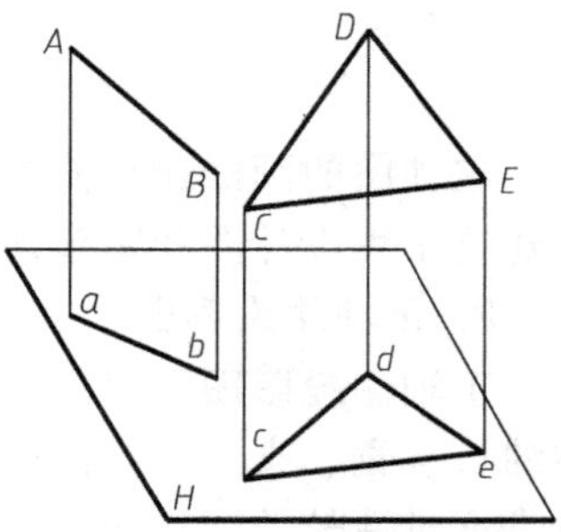

图 2-9　类似性

四、从属性

点在直线上，则点的投影必在该直线的同面投影（几何元素在同一投影面上的投影称为同面投影）上，如图 2-10a 所示。直线在平面上，则该直线的投影必在该平面的同面投影上，如图 2-10b 所示。

五、定比性

直线上的点分割线段之比，投影后不变，如图 2-10 所示。

六、平行性

互相平行的两直线，其同面投影仍互相平行且两直线长度之比，投影后不变，如图 2-11 所示。

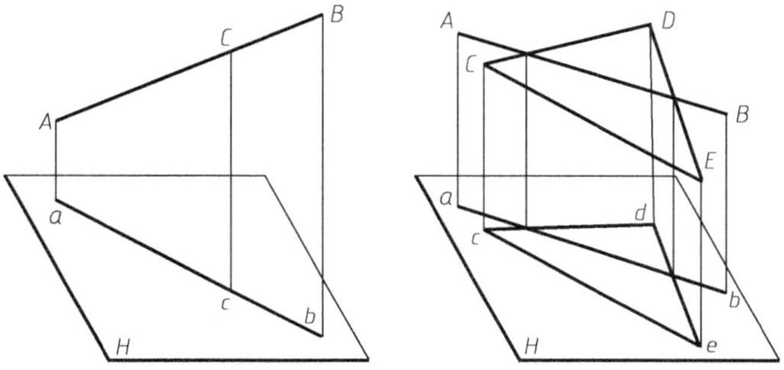

a)　　b)

图 2-10　从属性、定比性

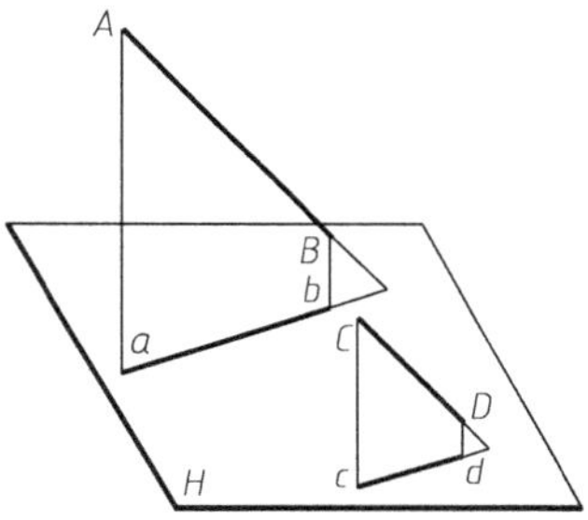

图 2-11　平行性

第四节　物体的三视图及其投影规律

依据正投影原理，国家标准《机械制图》规定，物体向投影面投影所得的图形称为视图。绘制物体视图时，相当于人的视线互相平行且垂直投影面去观察物体，并将所见的轮廓画在投影面上，如图 2-12 所示。

从图 2-13 中可以看出，一个视图只能反映物体的长度和高度，还不能反映物体的宽度。即一个视图只能反映空间三维物体中的二维画面，因而不能完全确定空间物体的形状结构，如图 2-14 所示。

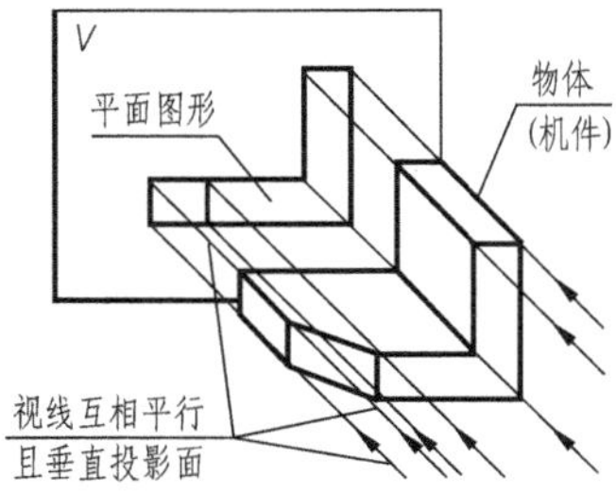

图 2-12　视图的概念

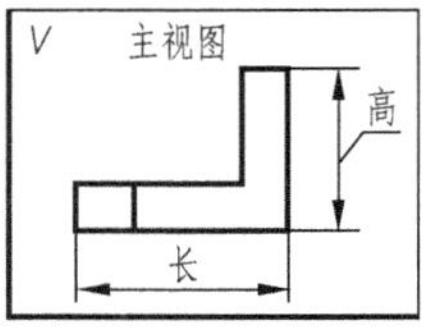

图 2-13　视图

一、三视图的形成

为了准确、完整地反映物体的形状需要从多个侧面对物体进行投影，也就要求设置多个投影面。最常用的是三面投影。

1. 投影面的设置

国家标准《技术制图　投影法》（GB/T 14692—2008）规定，将物体置于三个相互垂直的投影面内，分别从三个垂直于投影面的方向将物体向投影面进行投影。由这三个互相垂直的投影面构成的体系称为三投影面体系。

三个投影面分别称为正立投影面（Vertical projecting plane，简称正面，用 *V* 表示）、水平投影面（Horizontal projecting plane，简称水平面，用 *H* 表示）、侧立投影面（Wing projecting plane，简称侧面，用 *W* 表示），如图 2-15 所示。

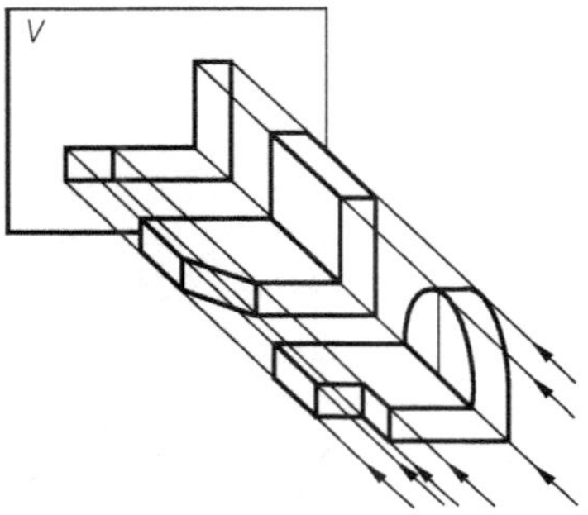

图 2-14　一个视图不能确定物体的形状结构

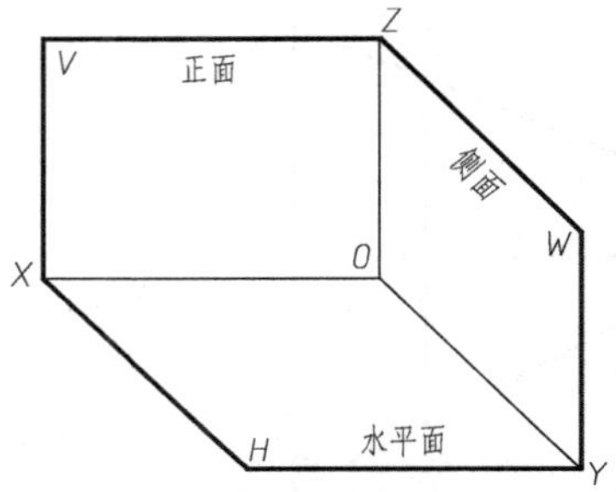

图 2-15　三投影面体系

三个投影面中，把互相垂直的两投影面的交线称为投影轴。并把 *V* 面和 *H* 面、*H* 面与 *W* 面、*V* 面与 *W* 面的交线分别称作 *OX*、*OY*、*OZ* 轴，简称 *X*、*Y* 和 *Z* 轴，它们的交点 *O* 称为原点。

2. 三视图的形成

如图 2-16 所示，把物体正放在三投影面体系中，分别从不同方向向三个投影面投影，就得到三个视图。并做以下规定：

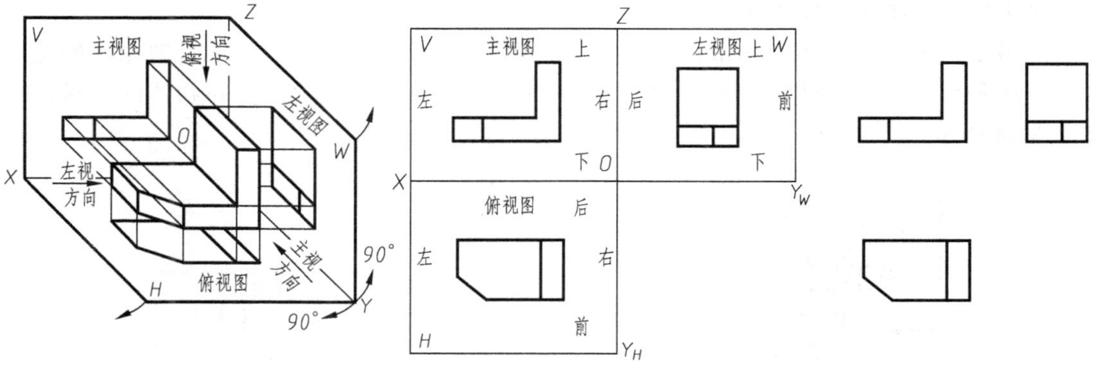

a)　　　　b)　　　　c)

图 2-16　三视图的形成

从物体的前方向后观察，在正面（V）上得到的视图称为主视图。

从物体的上方向下观察，在水平面（H）上得到的视图称为俯视图。

从物体的左方向右观察，在侧面（W）上得到的视图称为侧视图，也称为左视图。

为了将三个视图画在同一平面内，国标规定，V 面不动，H 面绕 X 轴向下旋转 90°，W 面绕 Z 轴向右旋转 90°，使它们和 V 面处于同一平面内，如图 2-16b 所示。略去投影的边框及三轴线，所得到的三个视图称为物体的三视图，如图 2-16c 所示。

二、三视图的投影关系

由上述方法形成的三视图之间存在着下列关系：

1. 三视图的位置关系

以主视图为准，俯视图在主视图的正下方，左视图在主视图正右方。画图时三个视图必须按上述关系配置，这称为按投影关系配置视图。

2. 三视图的对应关系

三个视图之间存在着下列关系：

因为主视图和俯视图同时反映了物体的长度，所以主、俯视图“长对正”。又因主视图和左视图同时反映了物体的高度，所以主、左视图“高平齐”。同理，俯视图和左视图同时反映了物体的宽度，所以俯、左视图“宽相等”。

上述投影关系简称为主、俯视图“长对正”；主、左视图“高平齐”；俯、左视图宽相等。必须注意，在画图和看图时，对物体的总体和局部，乃至物体上任何点、线、面之间都应遵守上述投影关系。

3. 物体和三视图的对应关系

物体都有长、宽、高三个方向的尺寸，上、下、左、右、前、后六个方位关系。三视图中，每个视图反映物体一个方向的形状，两个方向的尺寸和四个方位关系。

主视图反映从物体前面向后看的形状，长度和高度方向的尺寸，上、下、左、右四个方位关系。俯视图反映从物体上面向下看的形状，长度和宽度方向的尺寸，前、后、左、右四个方位关系。左视图反映从物体左面向右面看的形状，高度和宽度方向的尺寸，上、下、前、后四个方位关系。在画图和看图时要特别注意俯、左视图的前后关系，以主视图为基准，俯视图和左视图中靠近主视图的一边是物体的后面，远离主视图的一边是物体的前面。

第五节　基本立体的三视图

最常见的基本立体分为平面立体和曲面立体。

一、平面立体的三视图

平面立体的表面由若干平面组成，如四棱柱、四棱锥台、正六棱柱等，如图 2-17 所示。

二、曲面立体的三视图

曲面立体的表面由曲面或曲面和平面组成，如圆柱、圆锥、圆锥台、圆球等，如图 2-18

所示。

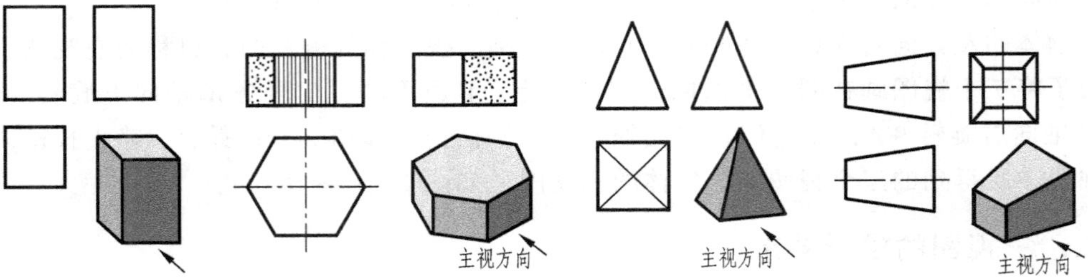

a) 四棱柱　　b) 正六棱柱　　c) 四棱锥　　d) 四棱锥台

图 2-17　平面立体的三视图

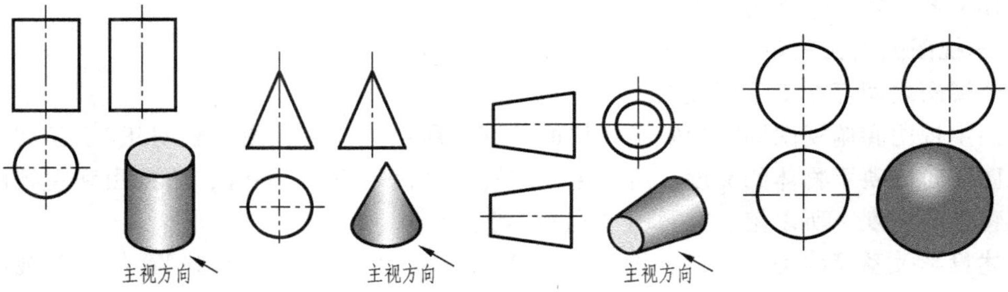

a) 圆柱　　b) 圆锥　　c) 圆锥台　　d) 圆球

图 2-18　曲面立体的三视图

第三章

3

几何元素的投影

第一节　点 的 投 影

物体都是由面组成，如图 3-1 所示物体由许多平面组成，而面是由许多线组成或无数点和线组成，如平面 P 是由直线段 AB、BC、CD、DA 围成。线又是由无数点组成，如直线 AB 是由端点 A、B 及它们之间的无数点组成，为了进一步地揭示物体的投影规律，有必要将组成物体的几何元素点、线、面进行深入的讨论，其中点是最基本的元素。本节介绍点的投影。

一、点在两投影面体系中的投影

1. 两投影面体系的建立

如图 3-2 所示，以互相垂直的两平面作为投影面，便组成了两投影面体系（简称两面体系）。正立放置的投影面称为正立投影面，简称正面，用 V 表示；水平放置的投影面称为水平投影面，简称水平面，用 H 表示。V 面与 H 面的交线 OX 称为投影轴。V 面和 H 面将空间分成Ⅰ、Ⅱ、Ⅲ、Ⅳ四个分角，本书所讨论的问题限于第一分角。

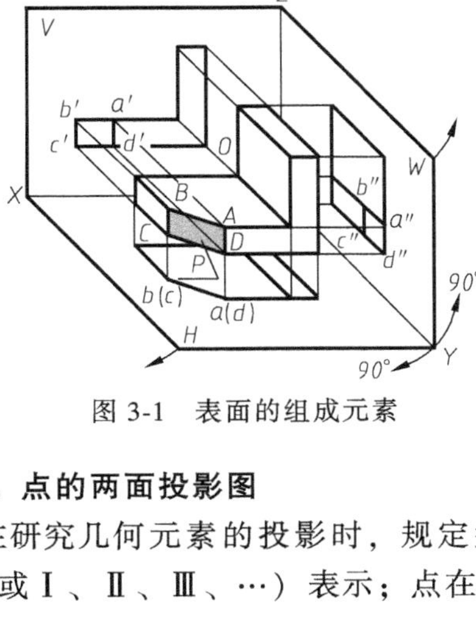

图 3-1　表面的组成元素

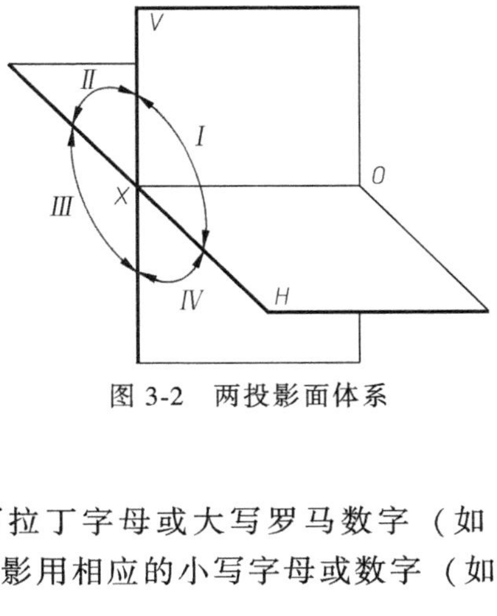

图 3-2　两投影面体系

2. 点的两面投影图

在研究几何元素的投影时，规定空间点用大写拉丁字母或大写罗马数字（如 A、B、C、…或Ⅰ、Ⅱ、Ⅲ、…）表示；点在水平面上的投影用相应的小写字母或数字（如 a、b、 c、…或 1、2、3、…）表示，点在正面上的投影用相应的小写字母或数字再加一撇（如 a'、b'、c'、…或 $1'$、$2'$、$3'$、…）表示。

把图 3-1 中所示的点 A 单独抽出来并置于两面体系中，如图 3-3a 所示。过点 A 且垂直 V 面的投射线与 V 面的交点（垂足）a'称为点 A 的正面投影，过点 A 且垂直于 H 面的投射线与 H 面的交点 a 称为点 A 的水平投影。

移去空间点 A，为了使两个投影画在同一平面（图纸）上，规定 V 面不动，将 H 面向下转 90°，使它与 V 面共平面，如图 3-3b 的示。去掉投影面范围边框（因为面无穷大）后，点的两面正投影图如图 3-3c 所示。

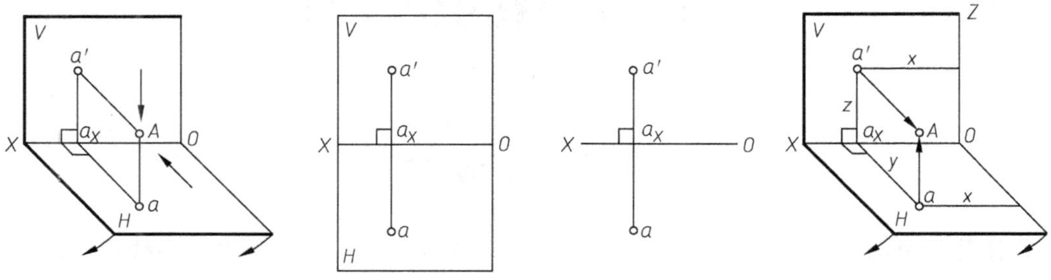

a)　　b)　　c)　　d)

图 3-3　点在两面体系中的投影

若将展开后的两投影面体系返回原来互相垂直的情况如图 3-3d 所示。由 a、a'作与投射线反方向的直线，它们的交点即为空间点 A。很显然由于两投影面是互相垂直的，可以在其上建立笛卡儿坐标系，由 a'即可确定点 A 的 x_A、z_A 两个坐标，由 a 可确定点 A 的 x_A、y_A 两个坐标。因此已知空间点 A 的两个投影即确定了空间点 A 的 X、Y、Z 的三个坐标，所以说空间点的两个投影能唯一确定其空间位置。

3. 两面投影图的性质

如图 3-3a 所示投射线 Aa、Aa'构成了一个平面：Aaa_Xa'，它同时垂直于 V 面和 H 面，则必垂直于 V 面和 H 面交线 OX，而平面 Aaa_Xa'上的直线 aa_X 和 $a'a_X$ 必垂直于 OX，当 a 跟着 H 面旋转而和 V 面重合时，$aa_X \perp OX$ 的关系不变，因此投影图上的 a、ax、a'三点共线且 $aa' \perp OX$。由图 3-3a 还可以看出 Aaa_Xa'是一个矩形，所以 $a'a_X = Aa$，$aa_X = Aa'$。即点 A 的 V 面投影 a'到投影轴 OX 的距离等于点 A 到 H 面的距离；点 A 的水平投影 a 到投影轴 OX 的距离等于点 A 与 V 面的距离。综上可以概括出点在两投影面体系中的投影特性：

1）点的投影连线（连接点的两投影的连线）垂直于投影轴，即 $a'a \perp OX$。

2）点的投影到投影轴之距等于该点到相邻投影面之距，即 $a'a_X = Aa$，$aa_X = Aa'$。

二、点在三投影面体系中的投影

三投影面体系由在两投影面体系的基础上增加一个同时与 V 面、H 面互相垂直的侧立投影面所组成，如图 3-4a 所示，侧立投影面简称侧面，用 W 表示。空间点的侧面投影用相应的小写字母或数字加两撇表示，如 a''、b''、c''、…或 $1''$、$2''$、$3''$、…。

三个互相垂直的投影面 H、V、W 把空间分成八个部分，也称八个分角，如图 3-4a 所示，依次称为第一分角，第二分角……我国国家标准《技术制图》规定，机械图样是按正投影法将物体放在第一分角内进行投影所画的图形。同讨论点在两面体系中的投影类似，将图 3-1 中所示的点 A 单独置于三投影面体系中，如图 3-4b 所示。

过点 A 且垂直于 W 面的投射线与 W 面的交点 a''称为点 A 的侧面投影。移去点 A，规定 V 面不动，将 H 面向下轴转 90°，W 面向右转 90°，使 H 面、W 面与 V 面共平面，展开并去除边框后，点 A 的三面投影图如图 3-4c 所示。

由于 OY 轴成为 H 面的 OY_H 和 W 面上的 OY_W，所以点 a_Y 成为 H 面上的 a_{Y_H}和 W 面上的 a_{Y_W}。与两面体系一样，有下述关系：$a'a \perp OX$；$a'a'' \perp OZ$；$aa_{Y_H} \perp OY_H$；$a''a_{Y_W} \perp OY_W$；$Oa_{Y_H}=Oa_{Y_W}$。实际作图时可由点 O 引出 45°辅助线；aa_{Y_H}、$a''a_{Y_W}$的延长线与该辅助线汇交于一点。

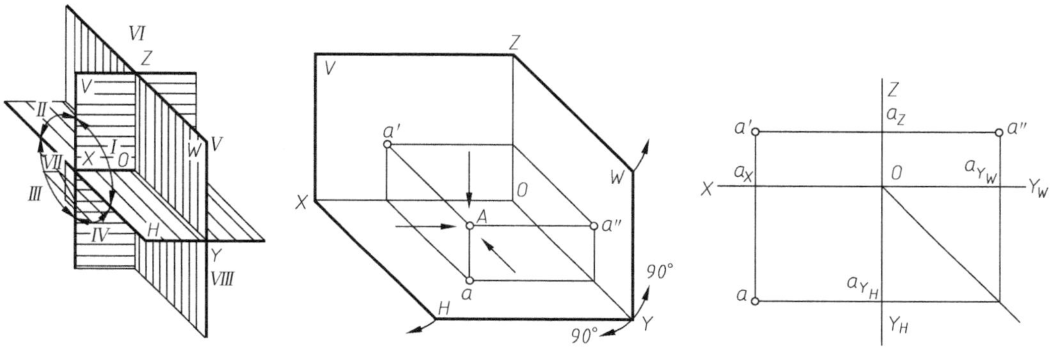

a)　　b)　　c)

图 3-4　点的三面投影

由图 3-4b 可知投射线 Aa、Aa'、Aa''中的每两条线可以确定一个平面，共构成三个平面，并分别与相应投影面垂直，它们与 H、V、W 三个投影面构成一个长方体。若将三投影面体系看作直角坐标系，则投影轴、投影面、投影原点分别是坐标轴、坐标面和坐标原点。由于长方体的每组平行边（四条边）分别相等，便得出点 A 的投影与该点的坐标有下述关系（注意每组平行的四边与等式中各项的对应关系）。

Oa_X（点 A 的 X 坐标 a_X）$=a'a_Z=aa_{Y_H}=Aa''$（点 A 到 W 面之距）。

Oa_Y（点 A 的 Y 坐标 a_{Y_W}和 a_{Y_H}）$=aa_X=a''a_Z=Aa'$（点 A 到 V 面之距）。

Oa_Z（点 A 的 Z 坐标 a_Z）$=a'a_X=a''a_{Y_W}=Aa$（点 A 到 H 面之距）。

综上可以概括出点在三面体系中的投影性质（形式上与点在两面体系中的投影性质基本一致）：

1）点的投影连线垂直于相应的投影轴。

2）点的投影到投影轴之距等于该点到相应投影面之距，等于点的相应坐标。

显然上述投影性质与第二章介绍三视图的投影规律：“主、俯视图长对正，俯、左视图宽相等，主、左视图高平齐”是一致的。已知点的任意两个投影，便确定了点的三个坐标，根据点的两个投影可以求第三个投影。

例 3-1　已知点 A 的水平投影 a 和正面投影 a'，如图 3-5a 所示，求其侧面投影。

解　如图 3-5b 所示。

1）根据性质 1)，过已知投影 a'作 OZ 轴垂线，与 OZ 交于 a_Z，并延长之。

2）根据性质 2），过 a 作 OY_H 的垂线，交 OY_H 于 a_{Y_H} 延长并与过点 O 的 45°线相交，过交点作 OZ 平行线与 OY_W 轴交于 a_{Y_W}，再延长与 $a'a_Z$ 的延长线相交于 a''，a'' 即为所求。

图 3-6a 所示为 V 面上的点 A，W 面上的点 B 和 OX 轴上的点 C，它们的三面投影如图 3-6b 所示。由图可以看出投影面和投影轴上的点的坐标和投影具下述特征：

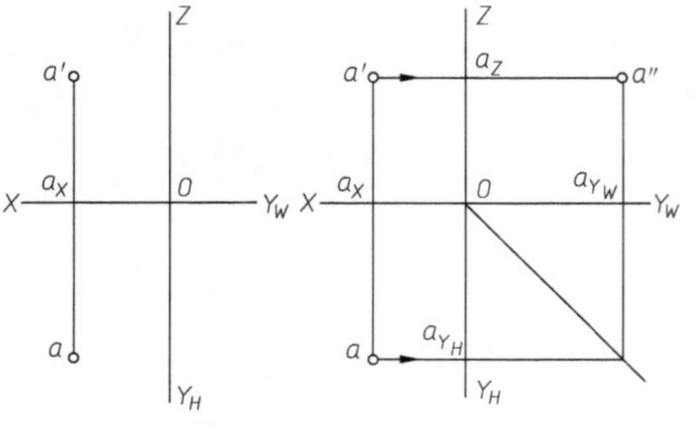

a)　　b)

图 3-5　由点的两投影补第三投影

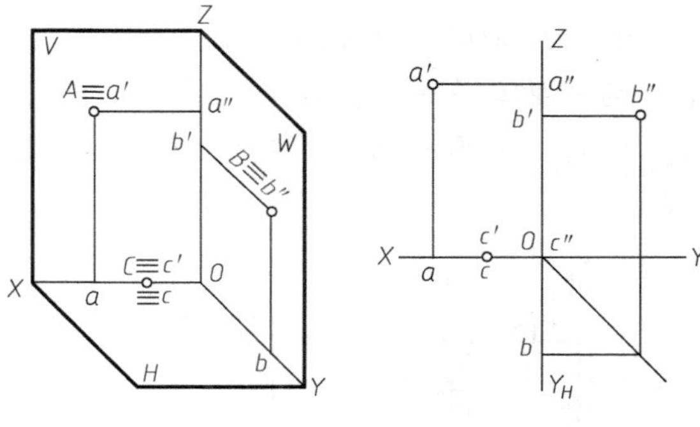

a)　　b)

图 3-6　特殊位置点的投影

1）投影面上的点有一个坐标为零（点所在面垂直方向上的坐标为零）；在该投影面上的投影与空间点重合，在相邻投影面上的投影分别在相应的投影轴（可认为是组成该投影面的两根投影轴）上。

2）投影轴上的点有两个坐标为零；在包含这根投影轴的两个投影面上的投影都与该空间点重合，另一投影面上的投影则与原点 O 重合。

空间点与原点 O 重合时其三个投影也都重合在原点 O，三个坐标都为零。

综上，点在第一分角计有八种位置（三个投影面、三根投影轴、空间任意位置及原点处）。

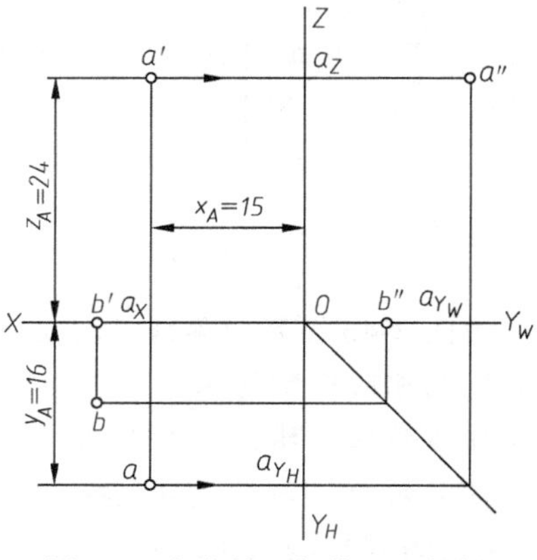

图 3-7　由点的坐标作三面投影

例 3-2　已知点 A（15，16，24），点 B（20，8，0），试作出其三投影。

解　点 A：

1）作三面体系如图 3-7 所示，并在 OX 轴上自 O 向左量取 $x_A=15$ 得 a_X。

2）过 a_X 作垂直于 OX 轴的直线（投影连线）并在其上自 a_X 向下量取 $y_A=16$ 得点 A 的水平投影 a，自 a_X 向上量取 $z_A=24$ 得点 A 的正面投影 a'。

3）根据 a、a' 两投影作出 a''。

点 B（点 B 的 Z 坐标为零，所以在 H 面上）：

1）自原点 O 沿 OX 轴量取 20 得 b'，沿 OY_W 轴量取 8 得 b''。

2）由 b'，b'' 作出 b，如图 3-7 所示。

例 3-3　根据点 A 三面投影图作出轴测图，如图 3-8b 所示。

作轴测图的原理与方法将在第七章介绍，这里仅对点的轴测图画法作简要说明。其作图方法与步骤如下：

1）作出三投影面体系如图 3-8a 所示，将 OX 轴置于水平方向，OZ 轴置于铅垂方向，

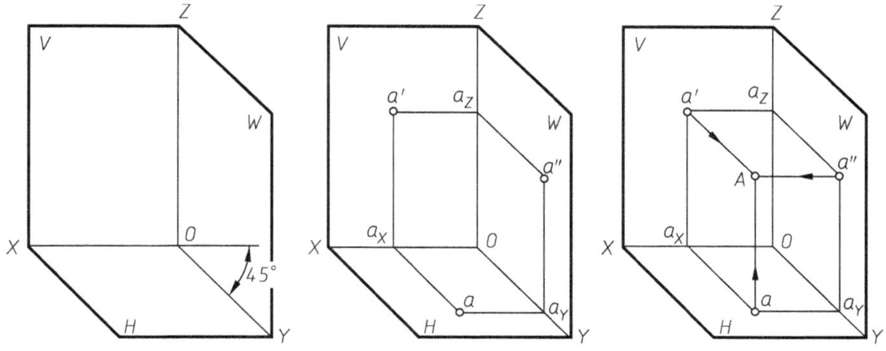

a)　b)　c)

图 3-8　由点的三面投影图作出轴测图

OY 轴与水平方向夹 45°角，并分别以两轴线为邻边，把 *V* 面画成矩形，*H* 面和 *W* 面画成平行四边形，即得三投影面体系的轴测图。

2）在三投影面体系的轴测图中，作出点 *A* 的三面投影，如图 3-8b 所示。自原点 *O* 沿三轴分别量取 a_X、a_Y、a_Z三点，并由该三点分别作各对应轴的平行线，其相应两直线的交点 *a*、*a′*、*a″*即为点 *A* 在三个投影面上的投影。

3）定出点 *A* 空间位置，如图 3-8c 所示，过 *a*、*a′*、*a″*分别作三对应轴的平行线，所作三直线的交点即为空间点 *A*。

熟练后 *V*、*H*、*W* 面的非轴线边可去掉（即去掉边框）。

三、两点的相对位置和重影点

1. 两点的相对位置

两点的相对位置是指空间两个点在左右、前后、上下这六个方位的相对关系，这些相对关系是以选定其中的一个点作为基准比较而言的，而且可由投影图中反映的 *x*、*y*、*z* 的坐标大小来进行判别。

空间点的坐标可以用绝对坐标（即空间点相对于坐标原点 *O* 的坐标，上文讲的都是绝对坐标）来确定，也可以用相对于另一点的坐标来确定，两点的相对坐标即为两点的坐标差。如图 3-9 所示，已知空间两点 *A*（x_A，y_A，z_A）和 *B*（x_B，y_B，z_B），点 *A* 相对于点 *B* 在 *X* 方向的相对坐标为（x_A-x_B），*Y* 方向的相对坐标为（y_A-y_B），*Z* 方向的相对坐标为（z_A-z_B）。由于 $x_A<x_B$，则（x_A-x_B）为负值，即点 *A* 在右，点 *B* 在左，由于 $y_A>y_B$，则（y_A-y_B）为正值，即点 *A* 在前，点 *B* 在后，由于 $z_A>z_B$，则（z_A-z_B）为正值，即点 *A* 在上，点 *B* 在下。

如图 3-9b 所示，约定 *X* 向坐标差用 Δ*X* 表示。

$$x_A=a'a_Z=aa_{Y_H} \tag{3-1}$$

$$x_B=b'b_Z=bb_{Y_H} \tag{3-2}$$

式（3-1）减式（3-2），移项得

$$|a'a_Z-b'b_Z|=|aa_{Y_H}-bb_{Y_H}|=|x_A-x_B|=|\Delta X|$$

同样可得

$$|a'a_X-b'b_X|=|a''a_{Y_W}-b''b_{Y_W}|=|z_A-z_B|=|\Delta Z|$$

$$|aa_X-bb_X|=|a''a_Z-b''b_Z|=|y_A-y_B|=|\Delta Y|$$

若点 A、B 是某物体上两点，再联系到物体置于三面体系中，沿 X、Y、Z 三轴向度量分别为长、宽、高便不难得出：

正面投影与水平投影等 $|\Delta X|$，即长对正，正面投影与侧面投影等 $|\Delta Z|$，即高平齐，水平投影与侧面投影等 $|\Delta Y|$，即宽相等。

由此可见，若已知一点以及该点与另一点的坐标差，即使没有投影轴，也可作出另一点的投影。不画投影轴的图，称为无轴投影图，如图 3-9c 所示。

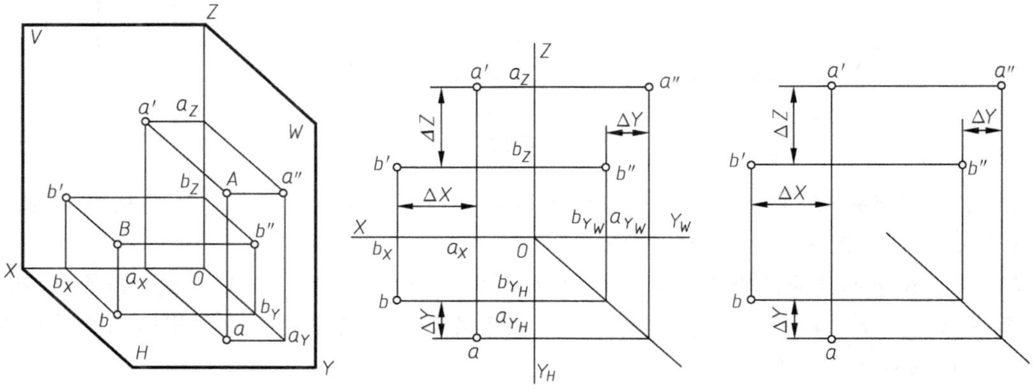

a)　　b)　　c)

图 3-9　两点的相对位置

2. 重影点

当两点的某两个坐标相同时，该两点处于同一投射线上，因而对某一投影面有重合的投影，则称这两点为对该投影面的重影点。如图 3-10a 所示，点 B 在点 A 之下（$z_A>z_B$）处，即点 B 在点 A 的正下方，这两点的水平投影重合，点 A 和点 B 称为对水平面的重影点。由于 $z_A>z_B$，所以从上方垂直 H 面向下看时，点 A 可见，点 B 不可见。通常把不可见点的投影打上括号，如 (b)，如图 3-10b 所示。

空间点对其他两投影面为重影点可以用类似方法叙述。对重影点的可见性可概括如下：

在投影图上，如果两个点的投影重合时，则两点对于重合投影所在的投影面的距离（即对该投影面的坐标值）较大的那个点的投影是可见的，而另一个点的投影为不可见。在后面章节讲到的其他几何元素可见性时常用这一特点进行判别。

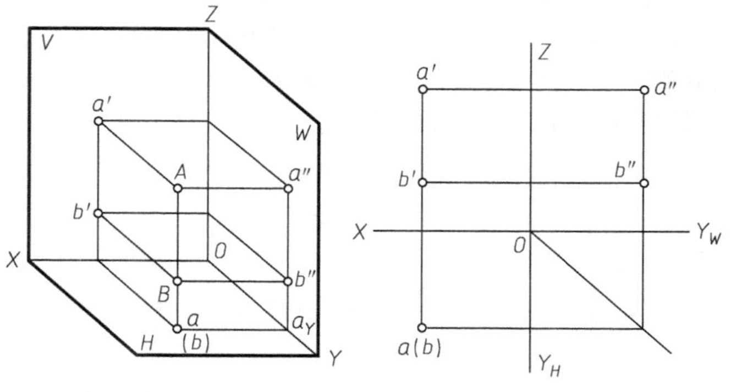

a)　　b)

图 3-10　重影点及可见性

第二节 直线的投影

一、直线的投影图

如图 3-11a 所示的四棱锥由棱 AB、AC 等线段组成，而直线段可由其两端点的位置确定（一般情况直线由其上任意两点确定）。直线的投影一般情况下仍为直线，所以作直线的投影时，只需作出直线上两点的投影，如图 3-11c 所示，然后将两点的同面投影（几何元素在同一投影面上的投影称为同面投影）连接起来，便得到直线的三面投影，如图 3-11d 所示。

直线与其在某投影面上的投影之间的夹角称为直线与该投影面之夹角，直线与 H、V、W 三面投影的夹角分别用 α、β、γ 表示，如图 3-11b 所示。

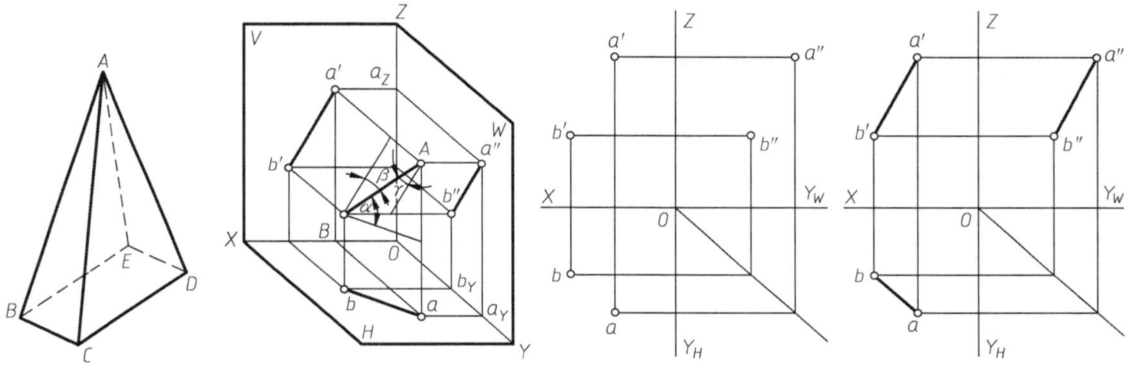

图 3-11 直线的投影

二、各种位置直线的投影特性

如图 3-1 所示，P 平面上平行于水平投影面 H 的直线有 AB、CD 等，垂直于 H 面的直线有 AD、BC 等。再看图 3-11a 所示，四棱锥的四条棱线与三投影面既不平行也不垂直。概括说来，在三面体系中，直线与投影面的相对位置有三类情况：投影面平行线，投影面垂直线，投影面倾斜线。前两类又称特殊位置直线，后一类又称一般位置直线。

1. 投影面平行线

只平行于一个投影面的直线（与其他两投影面呈倾斜位置）称为投影面平行线。按平行于不同的投影面又分为三种：水平线（$/\!/ H$ 面），正平线（$/\!/ V$ 面），侧平线（$/\!/ W$ 面）。

三种投影面平行线的投影图、投影特性见表 3-1。为了讨论方便，本书约定二维表格的横方向称为行，竖方向称为列。下面对第二列正平线的情况进行详细分析：

从物体上的直线 AB 在三视图和在三投影面体系中的相对位置，进一步考察其三面投影图的投影特性。直线 AB 平行于 V 面（对 H 面和 W 面倾斜），其正面投影 $a'b'$ 反映实长，即 $a'b'=AB$。

由于 A、B 两点到 V 面距离相等（$y_A=y_B$），所以，直线的水平投影 $ab /\!/ OX$ 轴，侧面投

影 $a''b''$∥OZ 轴，且长度都小于实长（$ab=AB\cos\alpha$，$a''b''=AB\cos\gamma$）。因为 AB 平行于 $a'b'$ 所以 $a'b'$ 与 OY 轴和 OZ 轴的夹角，就分别反映直线 AB 与 H、W 面夹角 α 和 γ 的真实大小。用类似的分析方法可得出正平线、侧平线的投影特性。

表 3-1　投影面平行线的投影特性

名称 \ 项目	水平线 （∥H 面、倾斜于 V 面、W 面）	正平线 （∥V 面、倾斜于 H 面、W 面）	侧平线 （∥W 面、倾斜于 V 面、H 面）
直观图	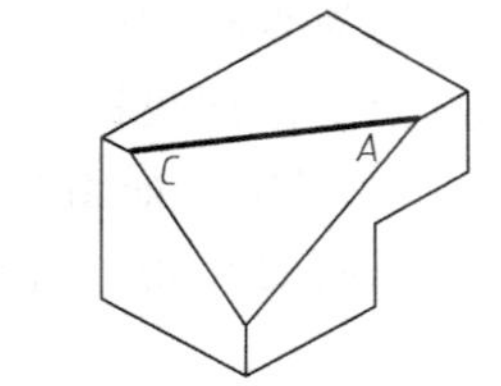	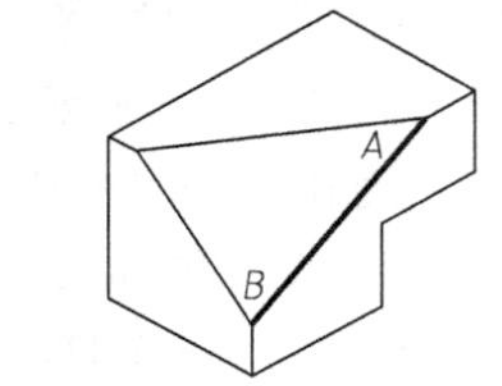	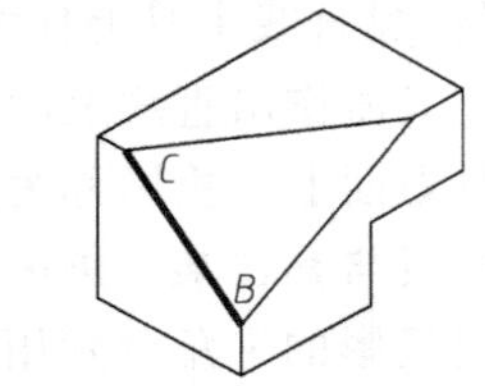
三视图	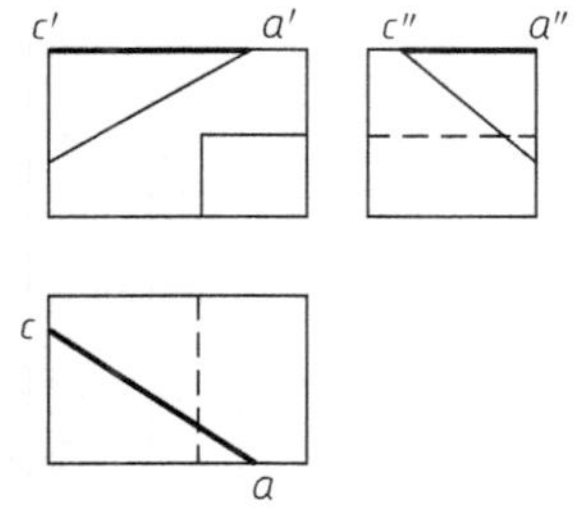	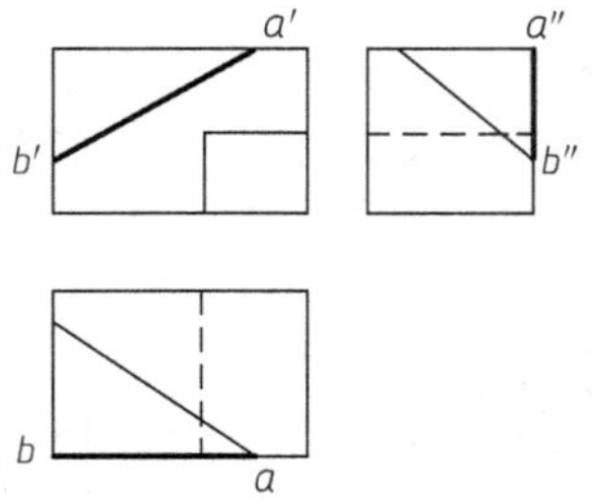	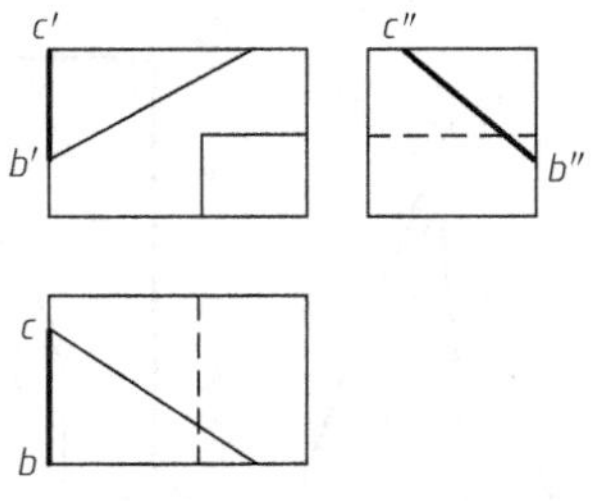
在三投影面体系中的位置	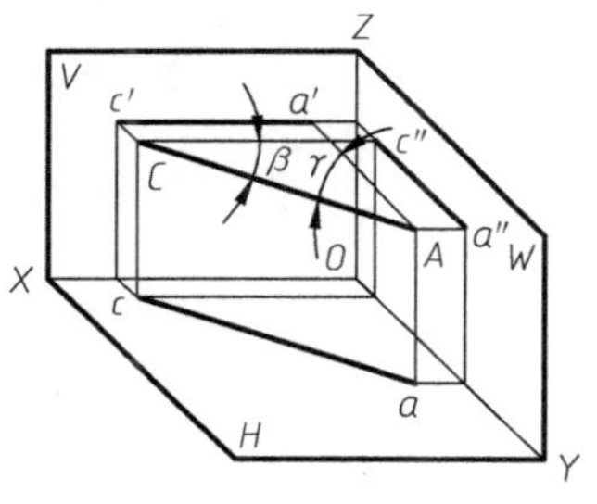	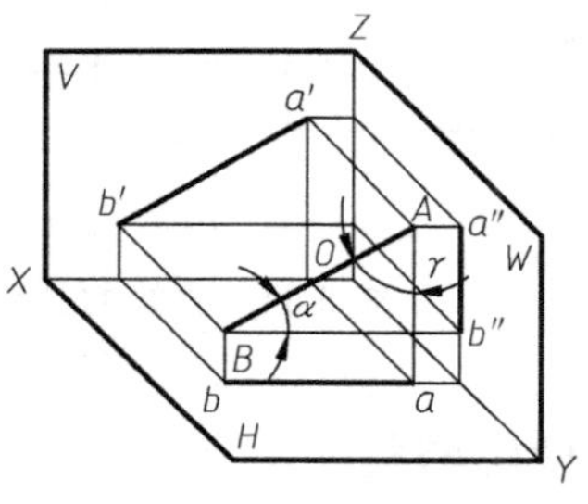	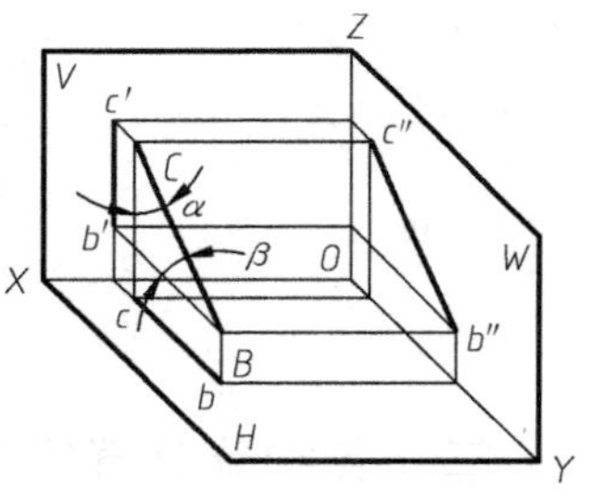
投影图	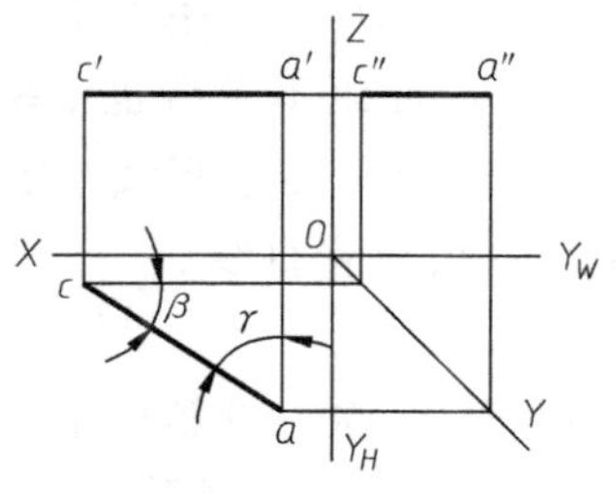	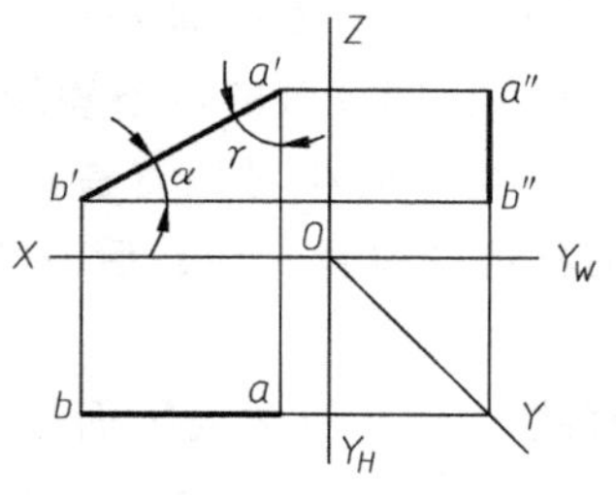	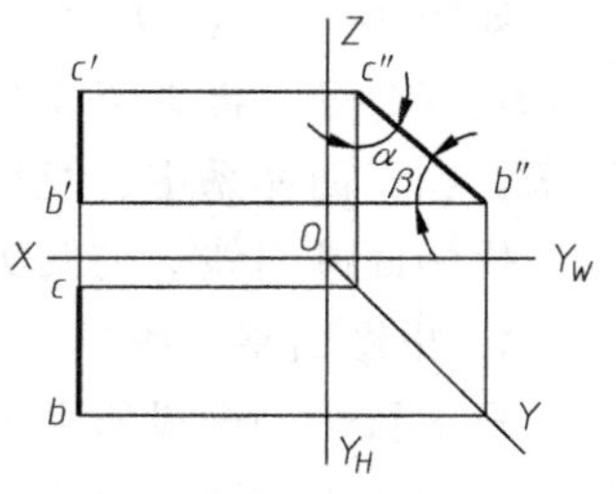
投影特性	1) $ac=AC$，反映 β、γ 角的真实大小 2) $a'c'$∥OX，$a''c''$∥OY_W	1) $a'b'=AB$，反映 α、γ 角的真实大小 2) ab∥OX，$a''b''$∥OZ	1) $b''c''=BC$，反映 α、β 角的真实大小 2) bc∥OY_H，$b'c'$∥OZ

由表 3-1 中三种投影面平行线的情况可以综合概括出投影面平行线的投影特性：

1）直线在与其平行的投影面上的投影反映实长（故常称为实长投影），其与投影轴的夹角分别反映空间直线与其他两个投影面（三投影面中除去与直线平行的投影面，剩下的两个投影面即为其他投影面）的真实倾角。

2）其他两个面投影分别平行于相应的投影轴（可看成组成与直线平行的投影面的两根轴），且都小于实长。

2. 投影面垂直线

垂直于一个投影面（当然也就平行于另两个投影面）的直线称为投影面垂直线。按垂直的投影面又分别为三种：铅垂线（⊥H 面），正垂线（⊥V 面），侧垂线（⊥W 面）。

投影面垂直线的投影特性见表 3-2。现对第二列正垂线 AC 的情况进行分析：

从物体上的直线 AC 在三视图和三投影面体系中的相对位置，进一步考察其三面投影图的投影特性。

直线 AC 垂直于 V 面，正面投影重影为一点，水平投影和侧面投影都反映实长，$ac \perp OX$，$a''c'' \perp OZ$ 轴。用类似的方法可得出铅垂线，侧垂线的投影特性。

表 3-2 投影面垂直线的投影特性

名称 项目	铅垂线 （⊥H 面）	正垂线 （⊥V 面）	侧垂线 （⊥W 面）
直观图	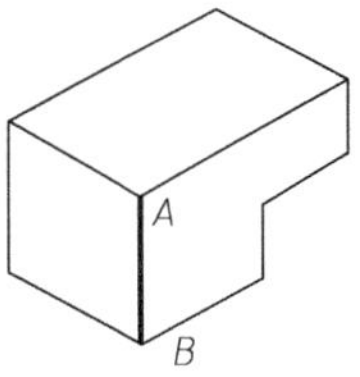	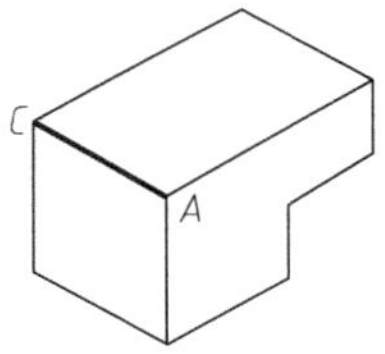	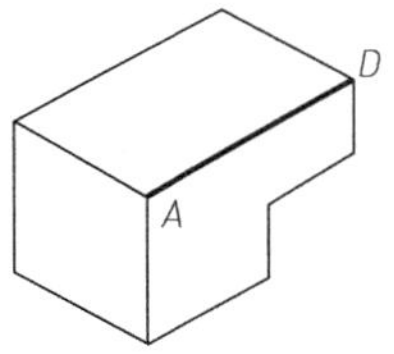
三视图	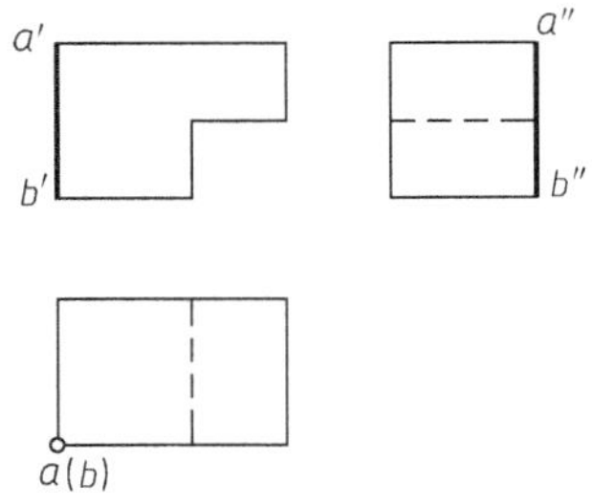	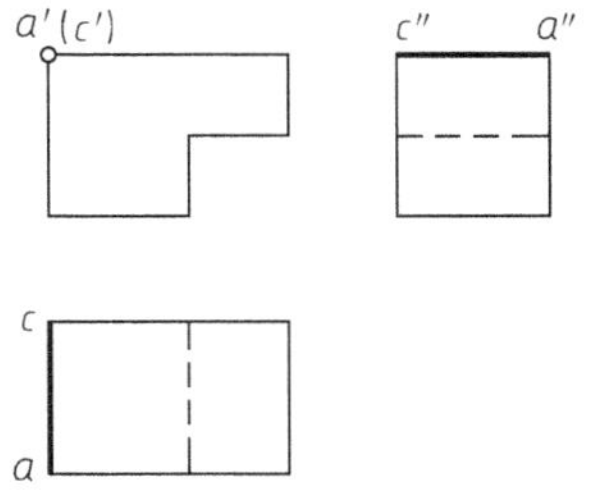	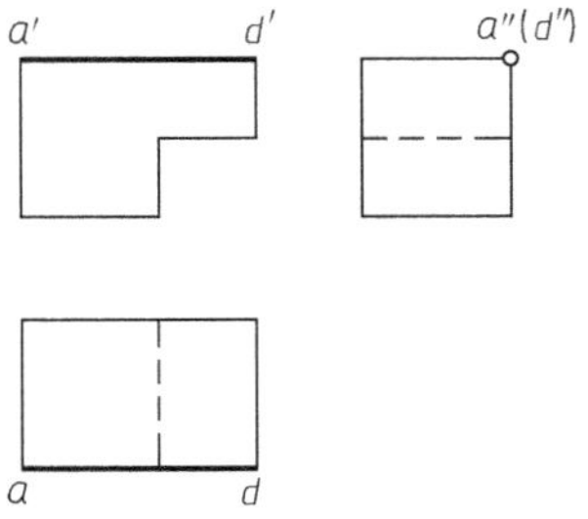
在三投影面体系中的位置	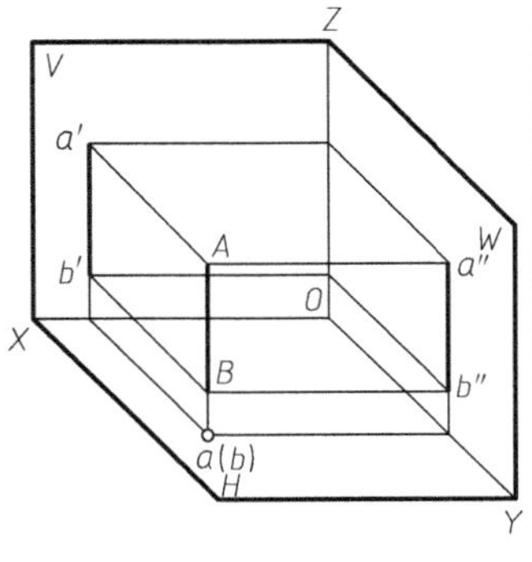	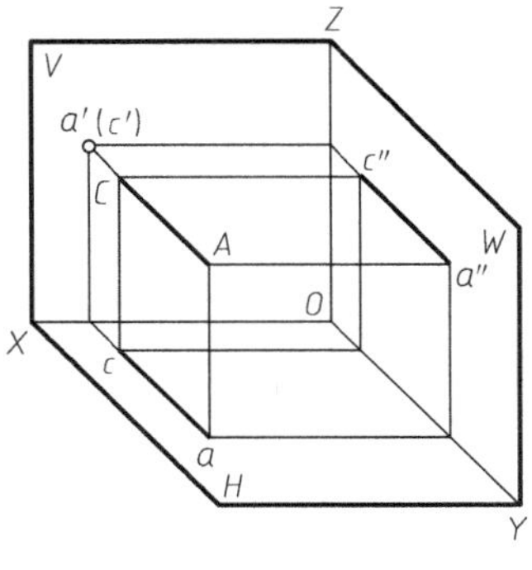	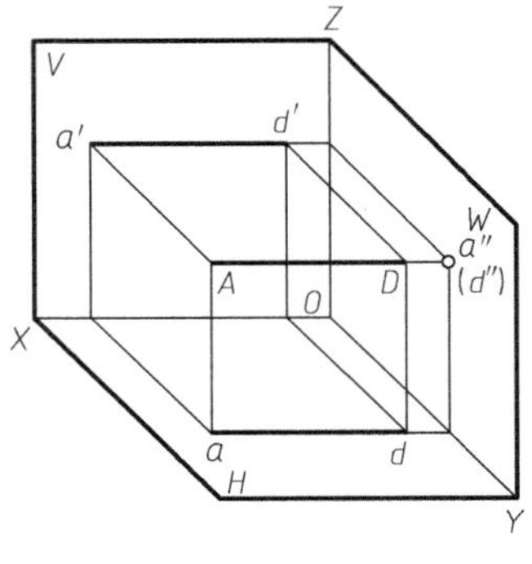

（续）

名称 项目	铅垂线 （⊥H面）	正垂线 （⊥V面）	侧垂线 （⊥W面）
投影面	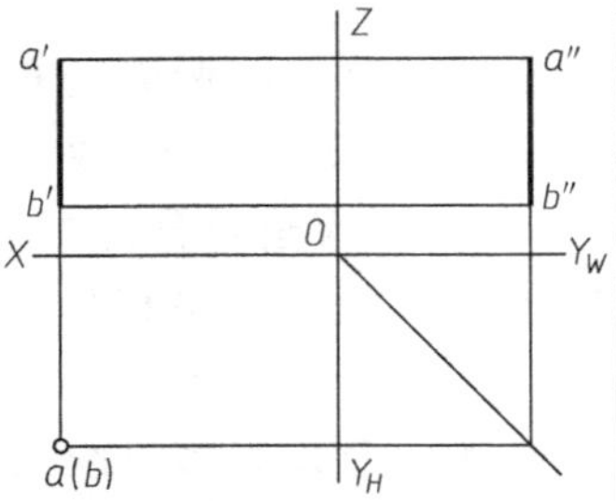	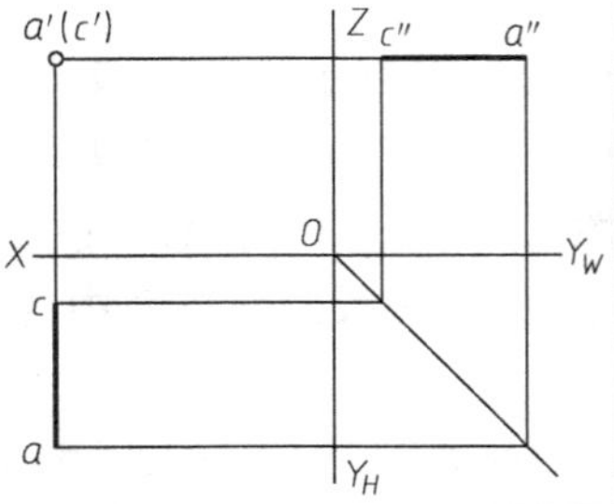	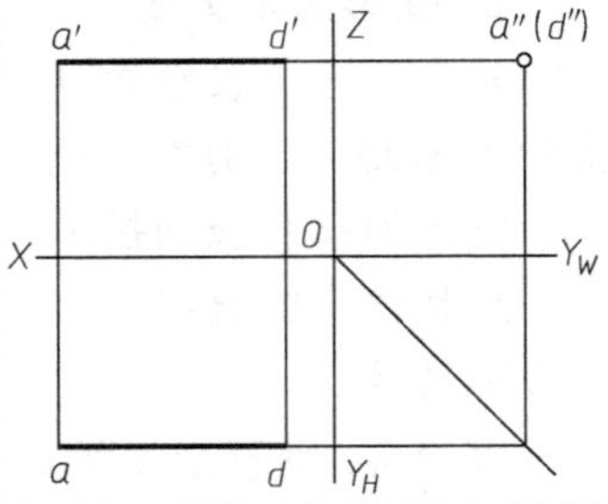
投影特性	1）ab积聚为一点 2）$a'b' \perp OX$，$a''b'' \perp OY_W$，且$a'b'=a''b''=AB$	1）$a'c'$积聚为一点 2）$ac \perp OX$，$a''c'' \perp OZ$，且$ac=a''c''=AC$	1）$a''d''$积聚为一点 2）$ad \perp OY_H$，$a'd' \perp OZ$，且$ad=a'd'=AD$

由表 3-2 中三种投影面垂直线的情况可概括出投影面垂直线的投影特性：

1）直线在与其垂直的投影面上的投影积聚成一点。

2）直线的其他两个投影（投影面垂直线的三面投影中，除去与直线垂直的投影面上的投影，剩下的两面投影为其他投影），均反映实长，且与相应的投影轴（组成与直线垂直的投影面的两根投影轴）垂直。

注意：投影面平行线和投影面垂直线的三面投影都有与投影轴平行和垂直的情况，其实是有严格区分的。前者其他两面投影平行于两根轴，垂直于一根轴，后者垂直于两根轴，平行于一根轴。

3. 一般位置直线

直线既不平行于任何投影面，也不垂直于任何投影面，即与三个投影面都倾斜，这样的直线称为投影面倾斜线，通常也称为一般位置直线。

图 3-11b 所示为一般位置直线的投影。因两个端点 A 和 B 到各投影面的距离都不相等，所以 ab，$a'b'$，$a''b''$三个投影都与投影轴倾斜，这时 $ab=AB\cos\alpha$，$a'b'=AB\cos\beta$，$a''b''=AB\cos\gamma$，因 α、β、γ 都不为零，所以三个投影的长度都小于线段实长。此时它们与各轴夹角也不反映 AB 与各投影面的真实倾角。由上所述可概括一般位置直线的投影特性：

1）直线的三个投影都倾斜于投影轴，且都小于线段实长。

2）直线的各投影与投影轴的夹角均不反映空间直线与各投影面的倾角。

三、直线上点的投影特性

1）点在直线上，点的投影在直线的同面投影上（从属性）如图 3-12 所示。

反之，如果点的投影在直线的各组同面投影上，则在空间，点一定在直线上，如果点的投影不都在线的同面投影上，则在空间，点一定不在直线上，如图 3-13 所示。

2）直线段上的点分线段之比等于其投影之比（定比性），如图 3-12 所示。

$$AC : CB = ac : cb = a'c' : c'b' = a''c'' : c''b''$$

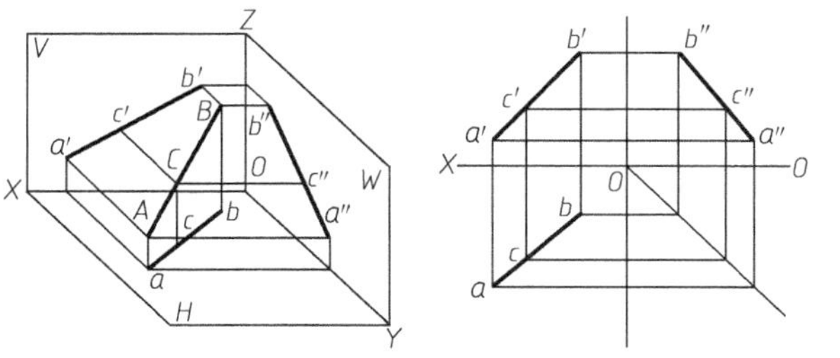

a) b)

图 3-12 直线上点的投影

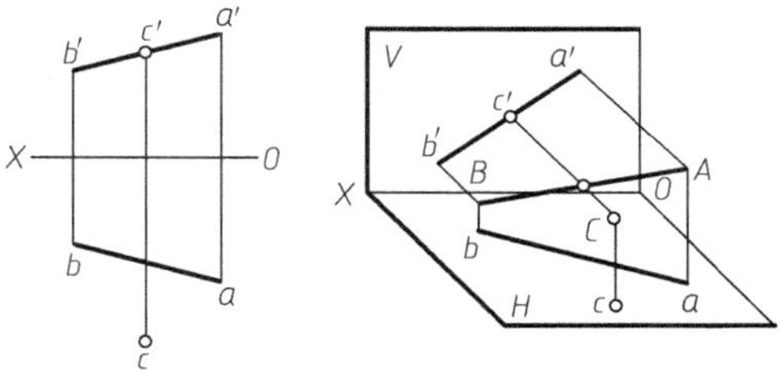

a) b)

图 3-13 点不在直线上

例 3-4 如图 3-14 所示，已知线段 AB 的投影图，试将 AB 分成 $AC:CB=2:3$ 两段，求分点 C 的投影。

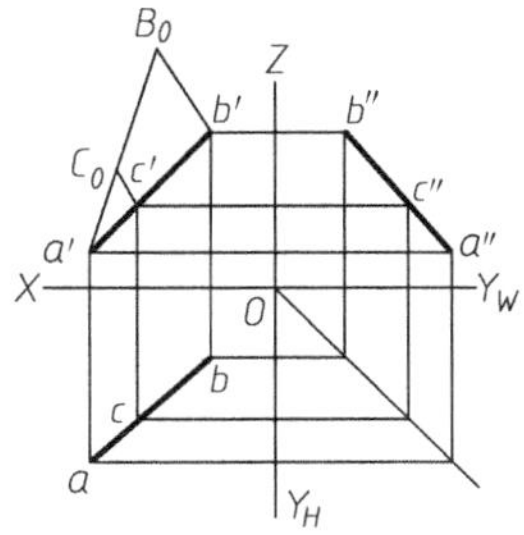

图 3-14 分线段成定比

分析：根据平面几何中分线段为定比的作图方法，可先在 AB 的某一投影上，作出题设的定比线段，求得分点的同面投影，然后再根据直线上点线从属的投影特性和点的投影规律，求得点 C。

作图：

1）自 a'（也可选 a、b、b'）作任一直线 $a'B_0$，自 a'在 $a'B_0$ 上取两单位长度（单位长度任选）确定点 C_0。再取 3 个单位长度确定点 B_0，使得点 C_0 分线段 $a'B_0$ 长度比为 2：3。

2）连 B_0b'，作 $C_0c'/\!/B_0b'$交 $a'b'$于 c'则 $a'c':c'b'=2:3$。

3）自 c'作投影连线垂直于 OX 轴交 ab 于 c，同理作出 c''，则 c'、c、c''即为所求。

例 3-5 已知线段 AB 及点 K 的投影，试判别点 K 是否在直线 AB 上，如图 3-15a 所示。

方法一：

分析：若点在直线上，则应同时满足从属性和定比性，现在点 K 的两个投影在直线 AB 的同面投影上，故只需考察定比性，用上例的作图原理可以得解。

作图：

1）如图 3-15b 所示，过 a（也可过 a'，b，b'）任作一直线 aB_0，使 $aB_0=a'b'$，自 a 沿 aB_0 量 $aK_0=a'k'$，确定 K_0，则 K_0 分 aB_0 长度之比 $aK_0:K_0B_0=a'k':k'b'$。

2）连 B_0b，作 $K_0k_0/\!/B_0b$ 交 ab 于 k_0，则 $ak_0:k_0b=a'k':k'b'$，由于 k_0 与 k 不重合，即 $ak:kb\neq a'k':k'b'$，所以点 K 不在直线 AB 上。

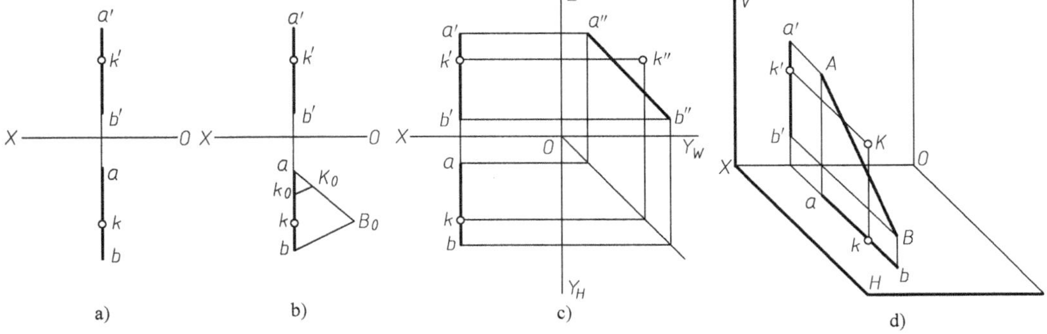

a) b) c) d)

图 3-15 点在直线上的条件

其实，凭观察也能看出 $a'k':k'b'<1$，而 $ak:kb>1$，显然 $a'k':k'b'\neq ak:bk$，可直接判断点 K 不在直线 AB 上。

方法二：

分析：直线 AB 为侧平线，如图 3-15c 所示，可作出 $a''b''$，如果 k''在 $a''b''$上，则点在直线 AB 上，否则不在。

作图：

1）先加上坐标轴，由图可知 Z 轴的左右位置不影响侧面投影图形。

2）由点、线投影规律作出 $a''b''$和 k''，由图看出 k''不在 $a''b''$上，故点 K 不在直线 AB 上。直线 AB 和点 K 的立体图如图 3-15d 所示。

四、两直线的相对位置

空间两直线的相对位置可以分为三种：两直线平行、两直线相交和两直线交叉。前两种又称同面直线；后一种又称为异面直线，它们的投影特性分述如下：

1. 两直线平行

空间互相平行的两直线，必具有下列两投影特性：

（1）平行性　若空间两直线互相平行，则它们的同面投影必定互相平行。反之，若空间两直线的各组同面投影（两个以上几何元素在一个投影面上的投影称为一组，如在三投影面体系中就有三组同面投影）互相平行，则此两直线在空间也一定平行。

如图 3-16a 所示，空间直线 AB 和 CD 是互相平行的两直线，将它们向 H 面投影时，直线 AB 和它在 H 面上的投影 ab 以及两端点的投射线 Aa、Bb 构成了一个平面 $AabB$，同理直线 CD 与其 H 面投影及投射线也构成一个平面 $CcdD$，由于投射线 $Aa\parallel Bb\parallel Cc\parallel Dd$ 且平面 $AabB$ 和 $CcdD$ 互相平行，因此它们与 H 面的交线必然互相平行，即 $ab\parallel cd$。同理，直线 AB 和 CD 的正面投影和侧面投影必然互相平行，如图 3-16b 所示。反之，若空间两直线 AB、CD 的各组同面投影互相平行，如 $ab\parallel cd$，$a'b'\parallel c'd'$，$a''b''\parallel c''d''$，则空间直线 AB、CD 必定互相平行。

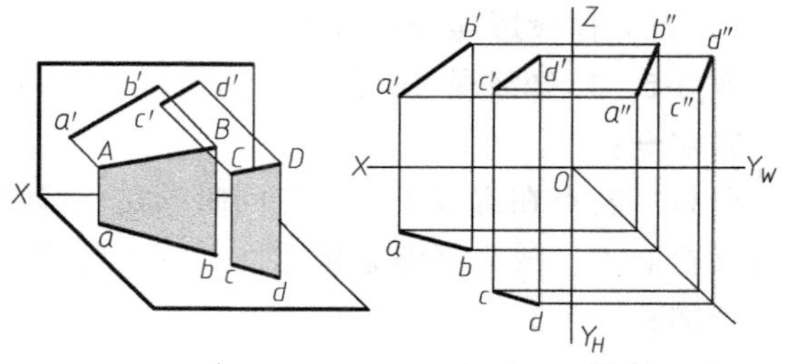

a)　　b)

图 3-16　两直线平行

（2）定比性　空间两平行直线段之比，投影后不变。如图 3-16a 所示，因 $AB\parallel CD$、$ab\parallel cd$、$Aa\parallel Bb$、$Cc\parallel Dd$，故两平面 $AabB$ 与 $CcDd$ 为相似形；因此 $AB:CD=ab:cd$，同理有 $AB:CD=a'b':c'd'=a''b'':c''d''$。

如果从投影图上判断两一般位置直线是否平行，则只要看它们的任两组同面投影是否平行即可。如果两直线都是投影面平行线时，判断它们是否平行就要慎重鉴别。如图 3-17a 所示，两侧平线 AB，CD 的正面投影和水平投影都相互平行，但不能由此判断它们互相平行，应再用定比性检查一下：$ab:cd<1\neq a'b':c'd'>1$，即它们的两组同面投影，虽具有平行性，但不具有定比性，故 $AB\nparallel CD$。若作出侧面投影就会发现，$a''b''\nparallel c''d''$。在某些情况下，同时用平行性和定比性还不够，因为与 H、V 面成相同角度的侧平线可以有两个方向，同样得到相同比例的投影长度，所以还要看它们的方向是否一致，方向一致的才平行，否则不平行(两直线交叉，后面将介绍)。如图 3-17b 所示。两直线是否平行？由图 3-17c 所示可知它们不平行。若把 c、d 位置调整一下如图 3-17d 所示两直线就平行了。

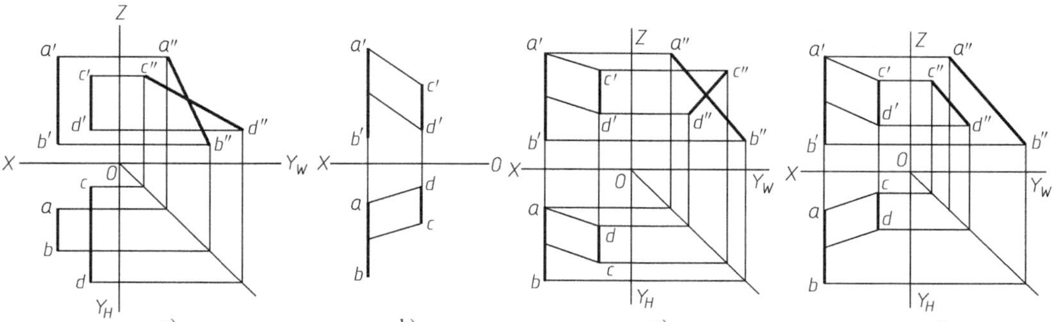

a) b) c) d)

图 3-17 两直线平行的条件与判别

2. 两直线相交

空间相交的两直线有且仅有一个交点，是两直线的共有点，两相交直线的投影特性是：空间两直线相交，它们的同面投影也相交，同面投影的交点就是两直线交点的投影，而且满足直线上的点的投影特性（从属性和定比性）。

如图 3-18 所示，AB 和 CD 为相交两直线，其交点 K 为两直线共有点，因此根据直线上的点投影特性，则点 K 水平投影 k 应在 ab 上，同时又应在 cd 上，所以 ab 和 cd 的交点 k 就是空间点 K 的水平投影。

同理 $a'b'$和 $c'd'$的交点 k'及 $a''b''$和 $c''d''$的交点 k''分别是交点 K 正面投影和侧面投影。在投影图上判别两直线是否相交时，一般情况下，两直线只要有任两组同面投影相交，且交点符合点的投影规律，则两直线在空间一定相交。如果两直线中有一条为某一投影面的平行线时，判别方法有两种：

1）补全三面投影，如图 3-19a 所示。

2）同时利用从属性和定比性，如图 3-19b 所示。

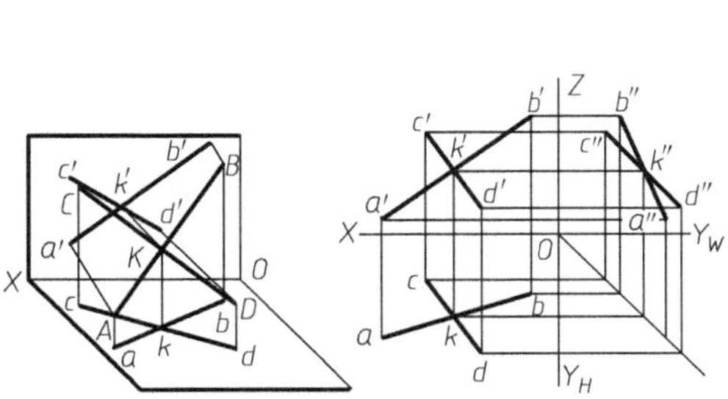

a) b)

图 3-18 两直线相交

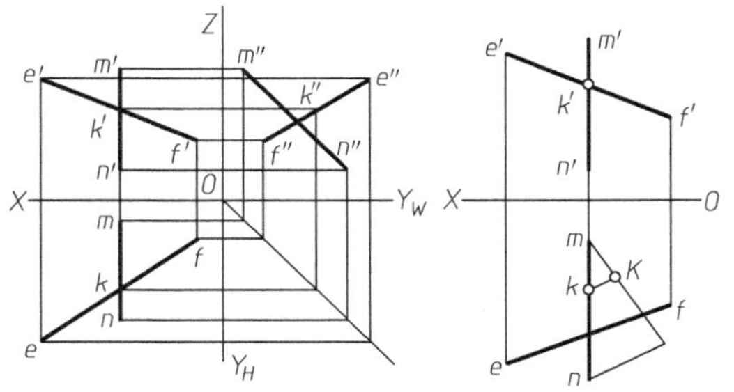

a) b)

图 3-19 有投影面平行线时两直线相对位置的判别

3. 两直线交叉

在空间既不平行又不相交的两直线称为交叉两直线，图 3-20 所示为交叉直线 AB 和 CD 的投影。交叉直线可能有一组或两组同面投影互相平行（图 3-17b、c 所示为两直线交叉的情况），但决不会出现三组同面投影都平行。另外交叉两直线的投影中还可能出现一组、两组或三组同面投影都相交的情况，但它们的交点不符合点的投影规律，图 3-20a 所示为两直线交叉的情况。

进一步考察图 3-20 所示就会发现，两直线各同面投影交点实际上是重影点的投影，如 $a'b'$ 与 $c'd'$ 的交点是对 V 面的重影点 Ⅰ 和 Ⅱ 的正面投影，点 Ⅰ 在 CD 上，点 Ⅱ 在 AB 上，从它们的水平投影 1、2 可看出 $y_{Ⅰ}>y_{Ⅱ}$，因而 1′可见，（2′）不可见。同理，ab 与 cd 的交点则是对 H 面的重影点 Ⅲ，Ⅳ 的水平投影，点 Ⅲ 在 AB 上，点 Ⅳ 在 CD 上，由于 $z_{Ⅲ}>z_{Ⅳ}$，故 3 可见，（4）不可见。交叉两直线上对某投影面的重影点投影的可见性判别，对于后面要介绍的面、体的可见性判别很有用处。在投影图上判别空间两直线是否交叉，在一般情况下只需任两组同面投影便可判别。如其中有一直线为某投影面平行线，则两直线的相对位置只有相交和交叉两种可能，此时可按图 3-19 所示的判别方法进行鉴别，投影交点是两直线交点的投影则为相交，否则为交叉。如有两直线同时是某投影面平行线，则两直线在空间的相对位置只有平行和交叉两种可能，此时可按图 3-17c、d 所示的方法处理，若两组同面投影满足平行、定比特性并且是同方向，则两直线平行，否则为交叉。

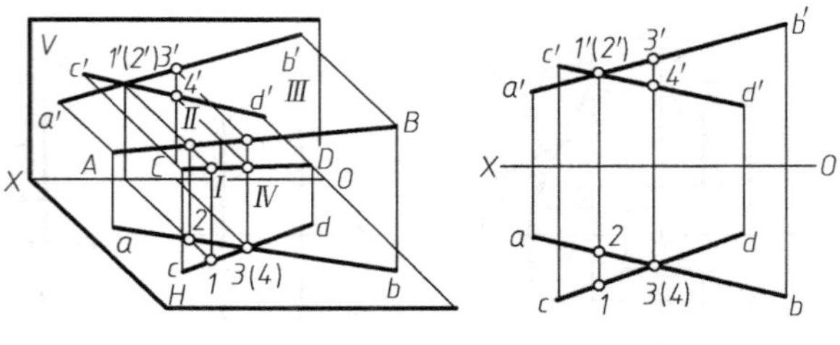

a)　　b)

图 3-20　两直线交叉

例 3-6　判别图 3-21a 所示两直线 AB、CD 相对位置（不补画侧面投影）。

方法一：

分析：此两直线的相对位置只有平行与交叉两种可能，通过作图检查两组同面投影是否符合定比性。若符合再看是否方向一致，若一致则平行，否则为交叉。

作图：如图 3-21b 所示。

1）连 ac，$a'c'$

2）过 d、d' 分别作 $de/\!/ac$，$d'e'/\!/a'c'$ 得交点 e 和 e'。因为 $ae:eb=a'e':e'b'$ 或 $ab:cd=a'b':c'd'$，且由图可知直线 AB，CD 同方向，所以直线 AB 与 CD 互相平行。

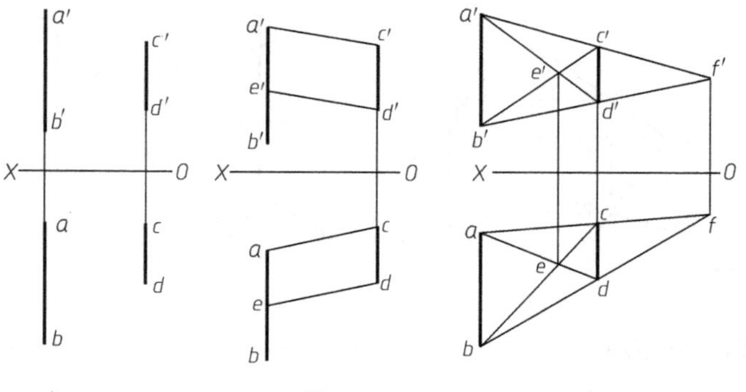

a)　　b)　　c)

图 3-21　判别两直线相对位置

方法二： 如图 3-21c 所示。

分析： 若 AB 和 CD 为平行两直线（共面直线）则在 AB 和 CD 组成的平面内作两相交直线，其交点一定符合点的投影规律，否则为交叉直线。如图 3-21c 所示点 E、F 说明两种作图方法，判别时只作一点即可。

作图：

连接 ad，bc 和 $a'd'$，$b'c'$分别交于 e 和 e'，e 和 e'的投影连线垂直于投影轴说明符合点的投影规律，所以直线 $AB/\!/CD$。也可连接点 A、C 和 B、D 并延长交于点 F，同样可判定直线 $AB/\!/CD$。

例 3-7 如图 3-22a 所示，已知三直线 AB、CD、EF 的两面投影，求作一直线 MN 与 AB、CD 相交且与 EF 平行。

分析： 过直线 AB 上的点作直线平行于直线 EF 可以作无数条，但同时要与直线 CD 相交就只能有一条了，设所求直线与直线 AB、CD 分别交于点 M、N，由于直线 AB 的正面投影积聚成一点，利用积聚性可直接确定所求直线上一点 M 的正面投影（m'）。过 m'作 $e'f'$的平行线便为所求直线的正面投影。再利用其他条件作出其水平投影。

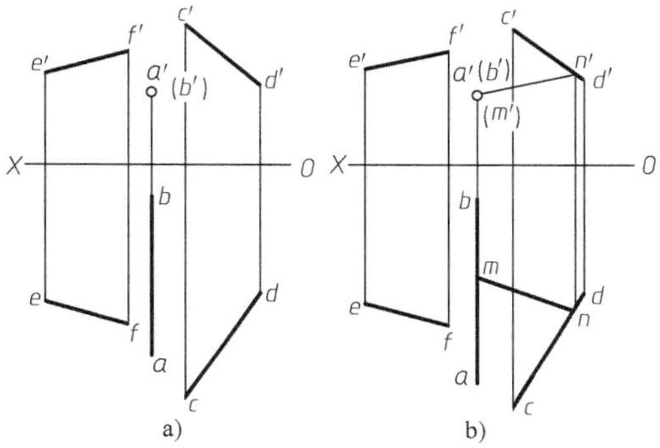

图 3-22 作一直线与两直线相交并与另一直线平行

作图： 如图 3-22b 所示。

1）（m'）重影于 $a'(b')$ 上，过（m'）作（m'）$n'/\!/e'f'$交 $c'd'$于 n'。

2）由 n'作出 n，过 n 作 $nm/\!/ef$ 交 ab 于 m，则（m'）n'和 mn 为所求直线 MN 的正面投影和水平投影。

4. 一边平行于投影面的直角的投影（直角投影定理）

两直线夹角的投影一般不等于原角，但当角的两边同时平行于某一投影面时，则它在该投影面上的投影等于原角的实际大小。对于直角，除上述两种情况之外，还有一种特殊情况，这就是下面要介绍的直角投影定理。

定理 1 互相垂直的两直线（垂直相交或垂直交叉），其中有一条直线平行于一投影面，则两直线在该投影面上的投影仍反映直角。

证明如下。

（1）垂直相交 已知直线 $AB\perp BC$，$BC/\!/H$ 面，求证 $a(b)\perp(b)(c)$。证明如图 3-23 所示。

$\because AB\perp BC\quad B(b)\perp BC$

$\therefore BC\perp P$ [平面 P 为 $AaB(b)$]

$\because BC/\!/(b)(c)$

$\therefore (b)(c)\perp P$

$\therefore a(b)\perp(b)(c)$ 证毕

（2）垂直交叉 如图 3-23 所示，在直线 BC 的正上方加一直线 DE；则直线 AB、DE 为垂直交叉。证明由读者结合图 3-23 所示自行完成。

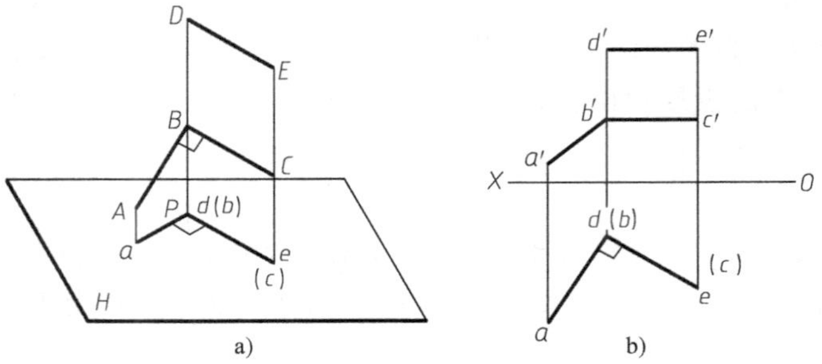

图 3-23　直角投影原理

定理 2（逆）　两直线在同一投影面上的投影成直角，且有一条直线平行于该投影面，则在空间，此两直线的夹角必为直角。

证明略。

综上所述直角投影定理可以这样叙述：直角在某投影面上的投影仍为直角的充分必要条件是有一直角边平行于该投影面且另一边不垂直于该投影面。

例 3-8　求两直线 AB、CD 的公垂线，如图 3-24 所示。

分析： 直线 AB 是铅垂线，与其垂直的直线是水平线但有无数条，若再与直线 CD 垂直相交就只有一条了。

作图：

1）由直线 AB 的水平投影 $a(b)$ 向 cd 作垂线交于 n，并由 n 求出 n'，如图 3-24a 所示。

2）由 n'作$/\!/OX$ 的线交 $a'b'$于 m'，则 $(m)n$ 与 $m'n'$即为公垂线 MN 的两面投影。

例 3-9　如图 3-25a 所示，已知菱形 $ABCD$ 的对角线 AC 的投影和另一对角线端点 B 的正面投影 b'，试完成菱形的两面投影。

分析： 根据菱形的对角线互相垂直平分的特性，可先确定 AC 的中点 E，因为 AC 为水平线，按直角投影定理的投影特点容易画出 b，则另一条对角线可作出连线便完成菱形两面投影。

作图： 如图 3-25b 所示。

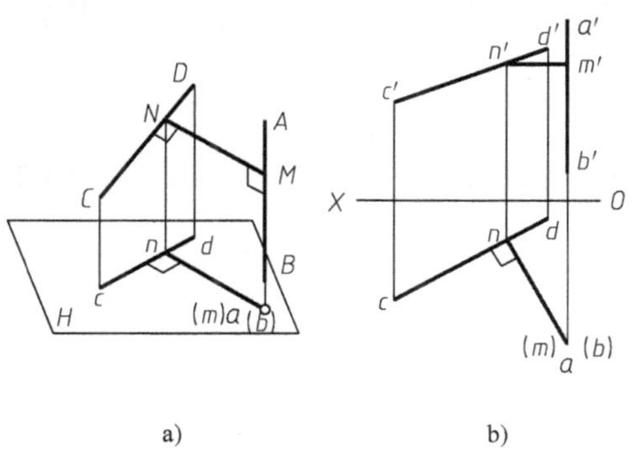

图 3-24　求两直线公垂线

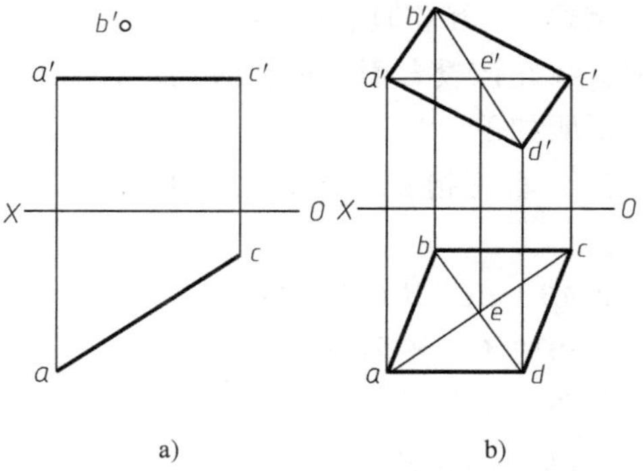

图 3-25　完成菱形的投影

1）作对角线 AC 的中心点 $E(e,\ e')$。

2）过 e 作 ac 的垂线与过 b'点垂直于 OX 轴的投影连线交于 b。

3）作 $de=be$ 得 d，再作过 d 垂直于 OX 轴的投影连线与 $b'e'$的延长线交于 d'。

4）顺次连接菱形各顶点的同面投影，即得菱形的正面投影和水平投影。

第三节 平面的投影

一、平面的表示法

下列任何一组几何元素均唯一地确定空间一个平面。

1）不在一直线上的三点，如图 3-26a 所示。

2）一直线和直线外一点，如图 3-26b 所示。

3）相交两直线，如图 3-26c 所示。

4）平行两直线，如图 3-26d 所示。

5）任意的平面图形，如三角形、四边形、圆等，如图 3-26e 所示。

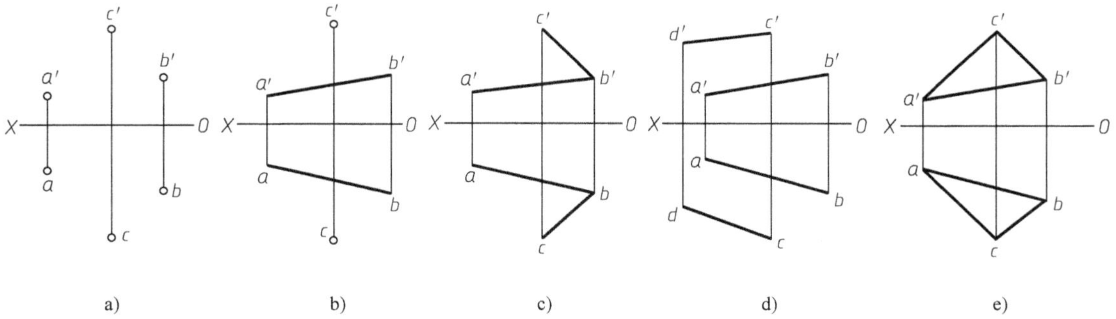

图 3-26 平面的表示方法

如图 3-26 所示，可以看出各组几何元素之间是可以互相转换的。例如，将图 3-26a 中所示的 AB 连成直线，就成为一直线和直线外一点，如图 3-26b 所示。如果再连接 BC 即成为相交两直线，如图 3-26c 所示。将 A、B、C 三点都连接起来即成为一个三角形，如图 3-26e 所示。上述五组元素以不在一直线上的三点为确定平面位置的基本几何元素组，而常用的几何元素组是平面图形和相交两直线。

二、各种位置平面的投影特性

平面相对于投影面的位置有三大类：①投影面平行面；②投影面垂直面；③投影面倾斜面。前两类又称为特殊位置平面，后一类又称为一般位置平面。平面与 H、V、W 面的两面角分别是该平面对投影面 H、V、W 的倾角，分别用希腊字母 α、β、γ 表示。下面分别讨论各种位置平面的投影特性，在讨论中所用到的“其他”一词的含义类同直线。

1. 投影面垂直面

只垂直于一个投影面的平面称为投影面垂直面（在三面体系中只垂直于一个投影面必定倾斜于另两个投影面）。按所垂直的投影面又分为三种，铅垂面（$\perp H$ 面），正垂面（$\perp V$

面)，侧垂面（⊥*W* 面）。

垂直面的投影特性见表 3-3。下面对第一列铅垂面的情况进行分析。从物体上的平面 *P* 在三视图和在三投影面体系中的相对位置，进一步考察其三面投影图的投影特性。

由于平面 *P* 垂直于 *H* 面，对 *V* 面，*W* 面倾斜，所以其水平投影 *p* 积聚成一条倾斜的直线，其正面投影 *p*′和侧面投影 *p*″均为小于 *P* 实形的类似形。水平投影 *p* 与 *OX* 轴和 OY_H 轴的夹角 *β*、*γ* 分别反映平面 *P* 对 *V* 面和 *W* 面的倾角的真实大小。正垂面，侧垂面也可以得出类似的特性。

表 3-3　投影面垂直面的投影特性

名称 项目	铅垂面 （⊥*H* 面、倾斜于 *V* 面、*W* 面）	正垂面 （⊥*V* 面、倾斜于 *H* 面、*W* 面）	侧垂面 （⊥*W* 面、倾斜于 *V* 面、*H* 面）
直观图	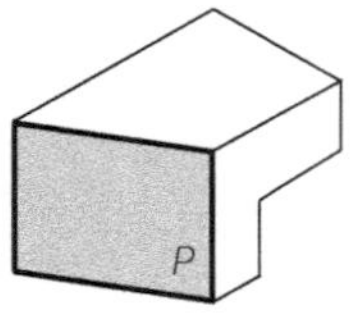	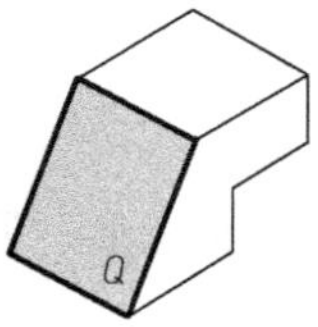	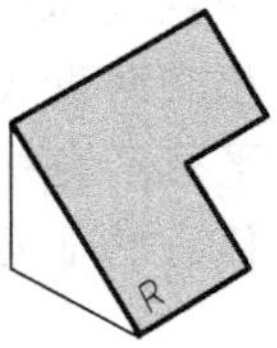
三视图	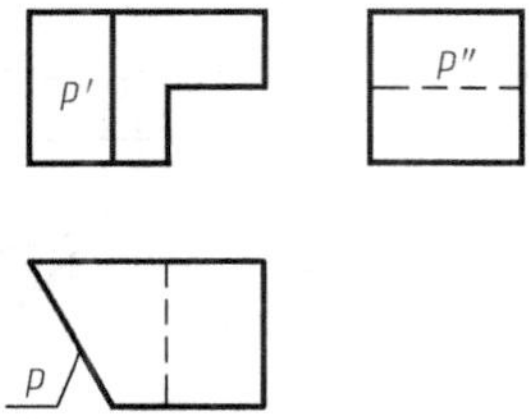	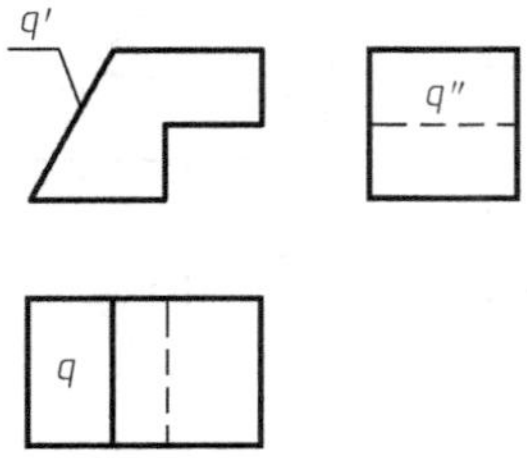	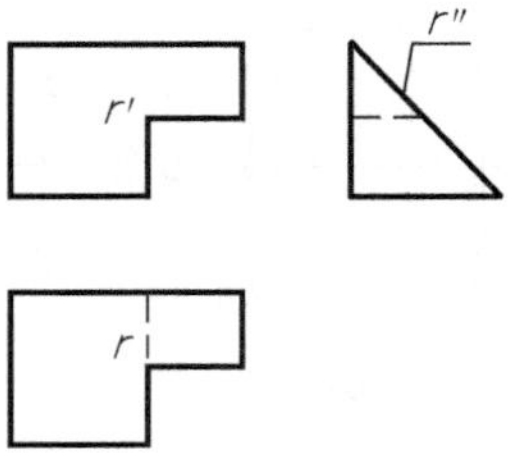
在三投影面体系中的位置	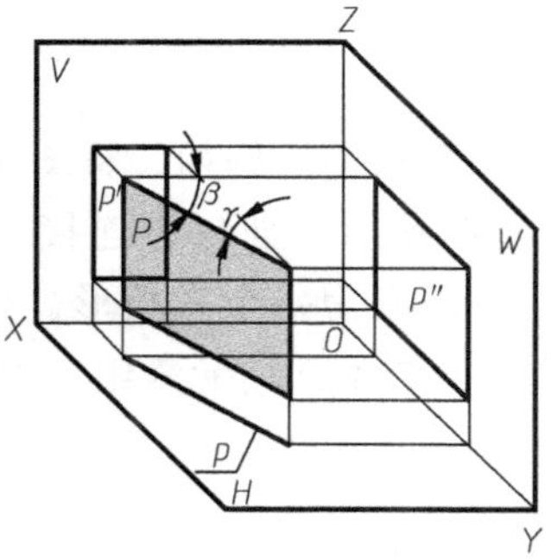	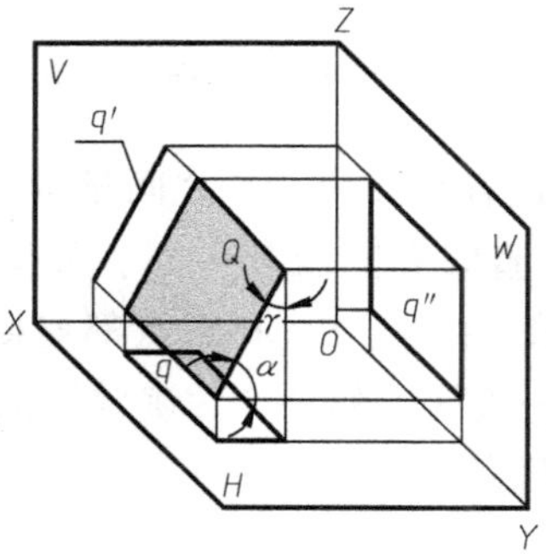	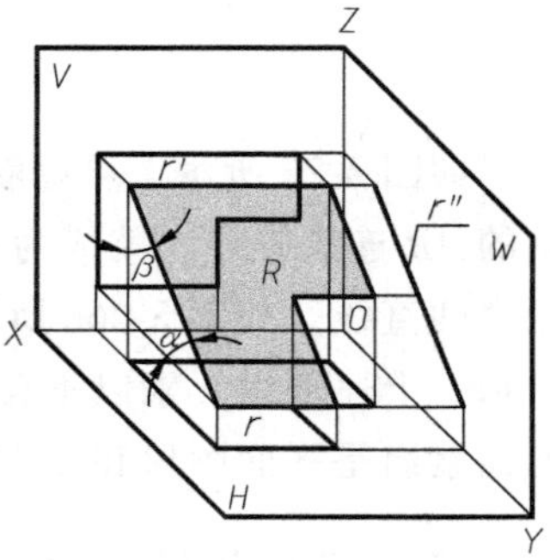
投影图	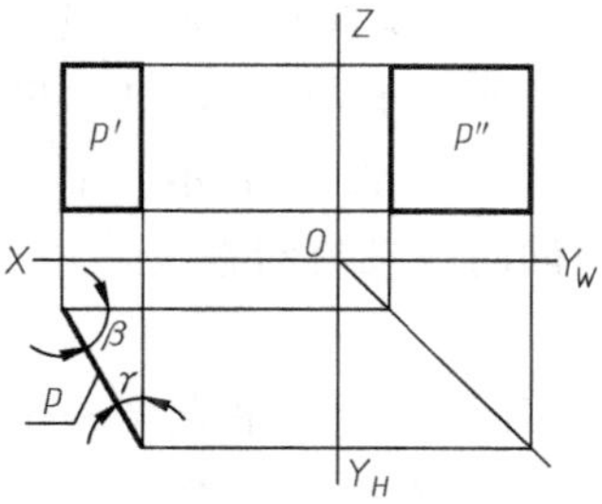	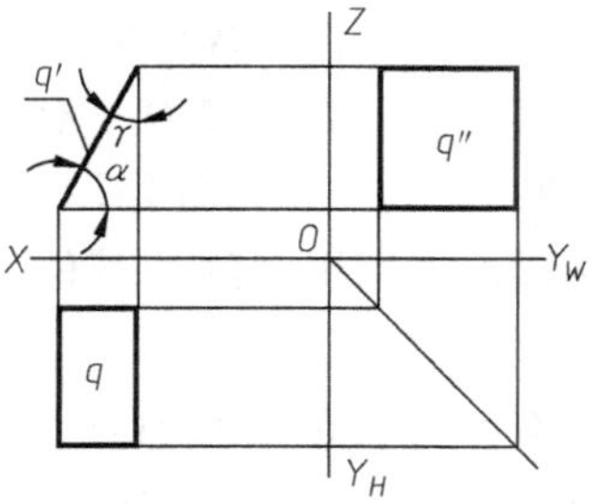	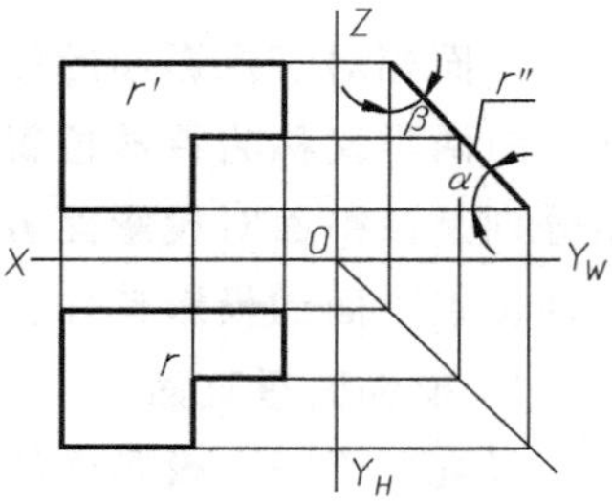

（续）

名称 / 项目	铅垂面（⊥H 面、倾斜于 V 面、W 面）	正垂面（⊥V 面、倾斜于 H 面、W 面）	侧垂面（⊥W 面、倾斜于 V 面、H 面）
投影特性	（1）水平投影积聚成一直线，反映与 V 面和与 W 面夹角的实际大小 （2）正面投影和侧面投影是其空间形状的类似形	（1）正面投影积聚成一直线，反映与 H 面和与 W 面夹角的实际大小 （2）水平投影和侧面投影是其空间形状的类似形	（1）侧面投影积聚成一直线，反映与 V 面和与 H 面夹角的实际大小 （2）正面投影和水平投影是其空间形状的类似形

由表 3-3 可把投影面垂直面的投影特性综合概括如下：

1）平面在与其垂直的投影面上的投影积聚成一倾斜直线，它与投影轴的夹角分别反映该平面与其他两个投影面的倾角。

2）平面在其他两个投影面上的投影均为小于原平面图形的类似形。

2. 投影面平行面

平行于一个投影面的平面称为投影面平行面（在三面体系中，平行于一个投影面必定垂直于其他两个投影面）。这类平面按其平行的投影面分为三种：水平面（∥H 面），正平面（∥V 面），侧平面（∥W 面）。

投影面平行面的投影特性见表 3-4。下面对第一列水平面的情况进行分析。从物体上的平面 P 在三视图和在三投影面体系中的相对位置，进一步考察其三面投影图的投影特性。

表 3-4 投影面平行面的投影特性

名称 / 项目	水平面（∥H 面）	正平面（∥V 面）	侧平面（∥W 面）
直观图	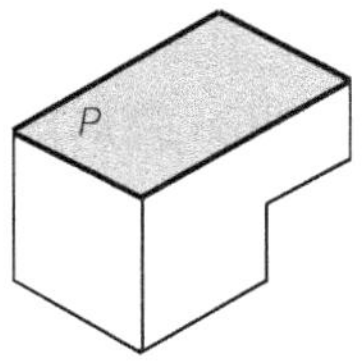	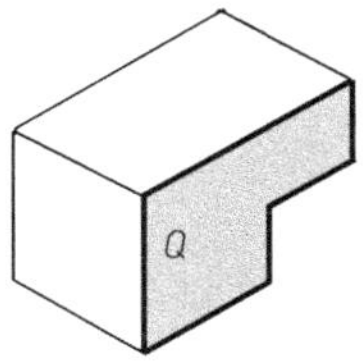	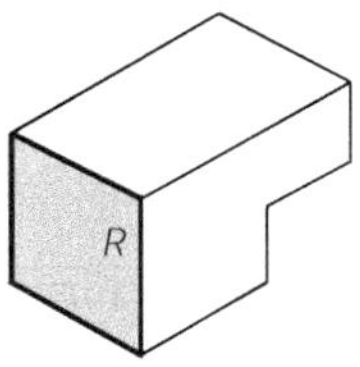
三视图	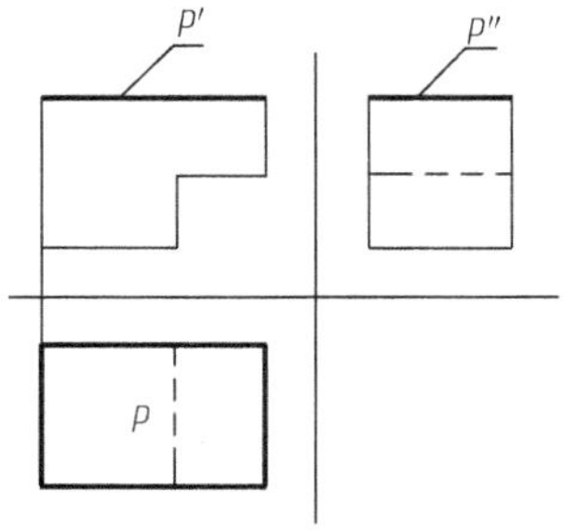	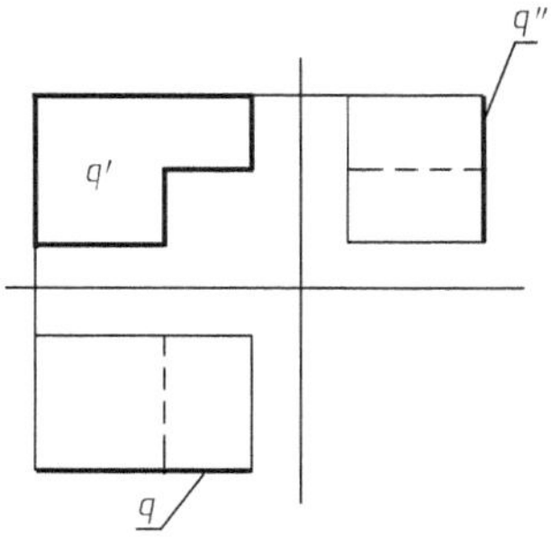	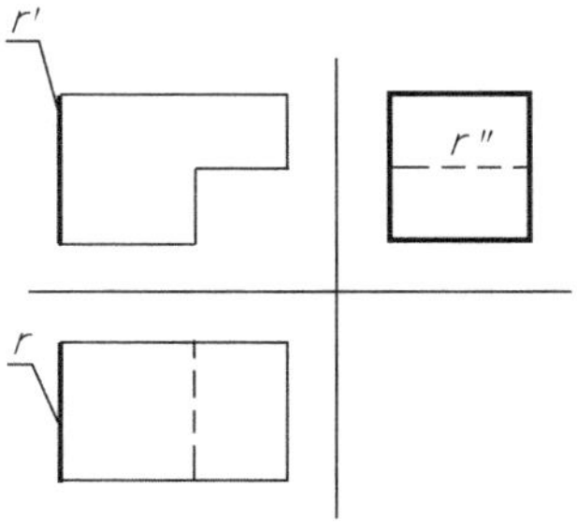

（续）

名称 项目	水平面 （//H 面）	正平面 （//V 面）	侧平面 （//W 面）
在三投影面体系中的位置	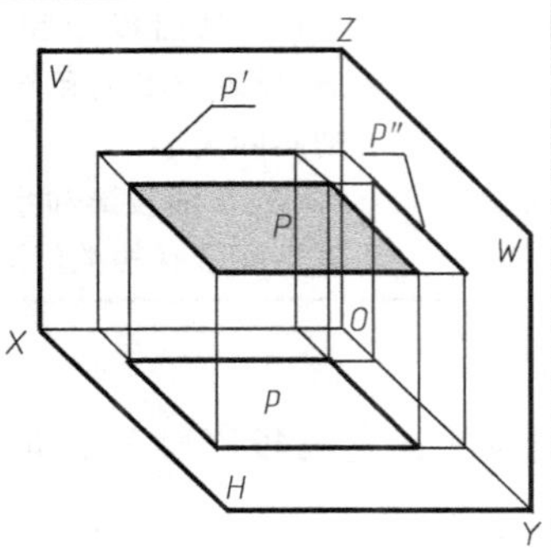	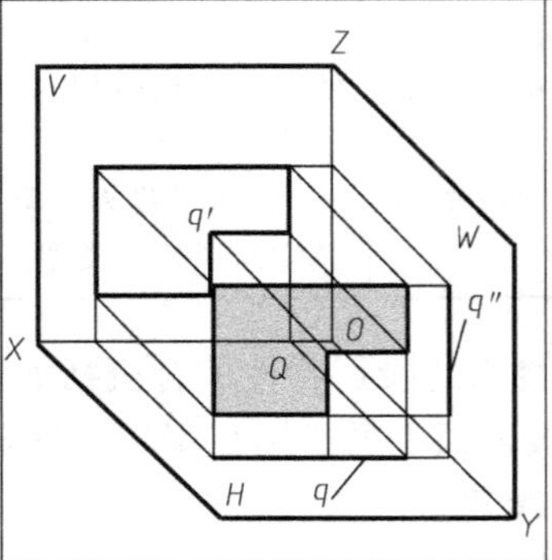	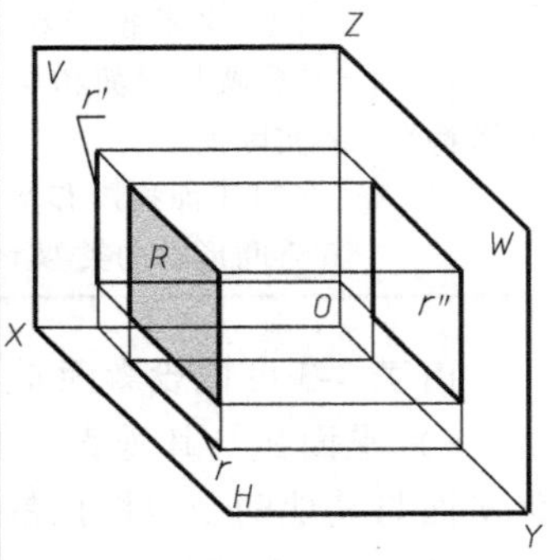
投影图	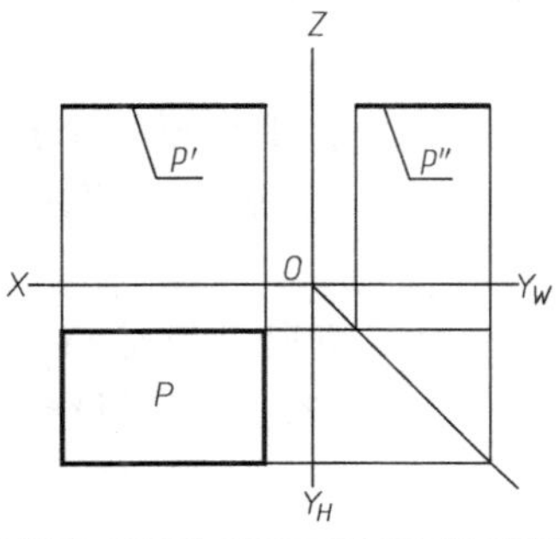	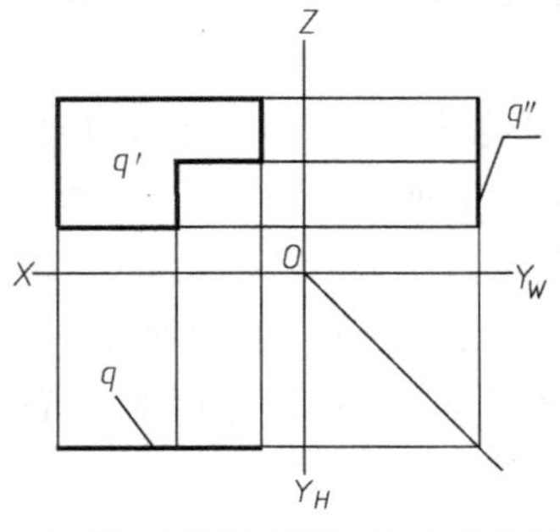	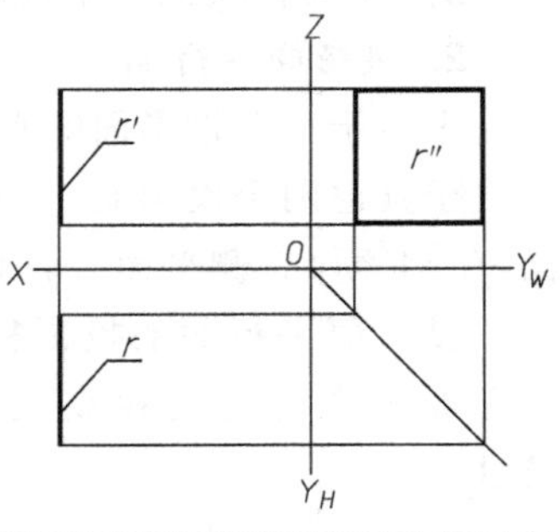
投影特性	（1）水平投影反映实形 （2）正面投影和侧面投影均积聚成直线，并且分别平行于 OX、OY_W 轴	（1）正面投影反映实形 （2）水平投影和侧面投影均积聚成直线，并且分别平行于 OX、OZ 轴	（1）侧面投影反映实形 （2）正面投影和水平投影均积聚成直线，并且分别平行于 OZ、OY_H 轴

平面 P 平行于 H 面，垂直 V、W 面，其水平投影 p 反映实形，正面投影 p'，和侧面投影 p''均积聚成直线，且分别平行于 OX 和 OY_W 轴。正平面、侧平面也有类似的性质。由表 3-4 可把投影面平行面的特性综合概括如下：

1）平面（平面图形）在与其平行的投影面上的投影反映实形。

2）平面（平面图形）在其他两个投影面上的投影均积聚成直线，且平行于相应的投影轴（组成与平面平行的投影面的两根投影轴）。

3. 一般位置平面

如图 3-27 所示，三棱锥，棱面△SAB 对 H 面、V 面和 W 面都是倾斜的，它的三个投影都不能积聚成直线，也不能反映实形而是小于原平面图形的类似形。

三、平面上的点和直线

1. 平面上取直线

1）直线通过平面上两个点，则此直线一定在该平面上。如图 3-28 所示，△ABC 确定一平面 P，由于 M、N 两点分别在 AB，CA 上，所以 MN 连线在平面 P 上。

2）直线经过平面上一点且平行于平面上的另一直线，则此直线一定在该平面上。

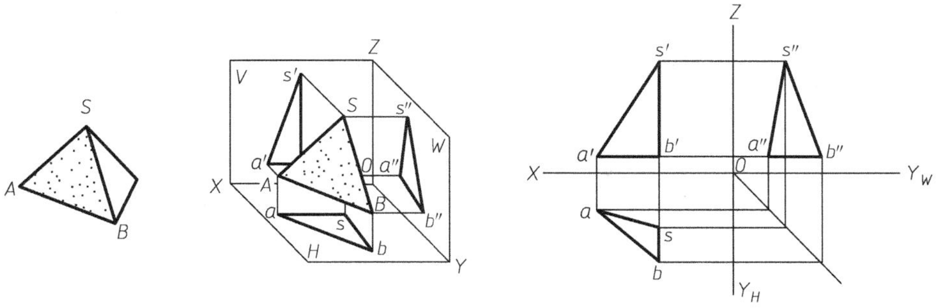

a) b) c)

图 3-27 一般位置平面的投影

如图 3-29 所示，相交两直线 *DE*，*EF* 确定一平面 *Q*，*M* 是 *DE* 上的一个点，如过点 *M* 作 *MN*∥*EF* 则 *MN* 一定在平面 *Q* 上。

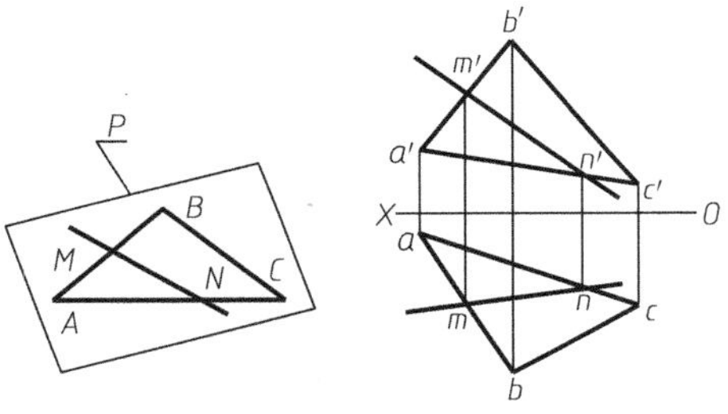

a) b)

图 3-28 平面上取直线（一）

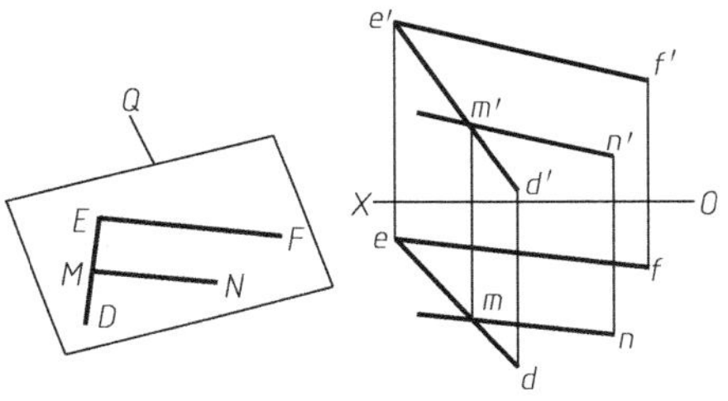

图 3-29 平面上取直线（二）

2. 平面上定点

如点在平面内的任一直线上，则此点一定在该平面上。如图 3-29 所示，由于点 *N* 在平面 *Q* 内的直线 *MN* 上，因此点 *N* 在平面 *Q* 上。

3. 迹线表示的平面及其上点、线的投影

平面与投影面的交线称为平面的迹线，用平面名称的大写字母附加投影面名称的注脚表示。本书只介绍投影垂直面和投影面平行面在它们所垂直的投影面上迹线。

如图 3-30 和图 3-31 所示分别画出了正垂面 *P* 和正平面 *Q* 的迹线，并都画出了平面上点 *A* 的投影。因为与投影面垂直的平面在该投影面上的投影积聚成一条直线，所以这些平面上的点、线和图形与如图 3-30，图 3-31 中所示点 *A* 一样都重影在迹线上。

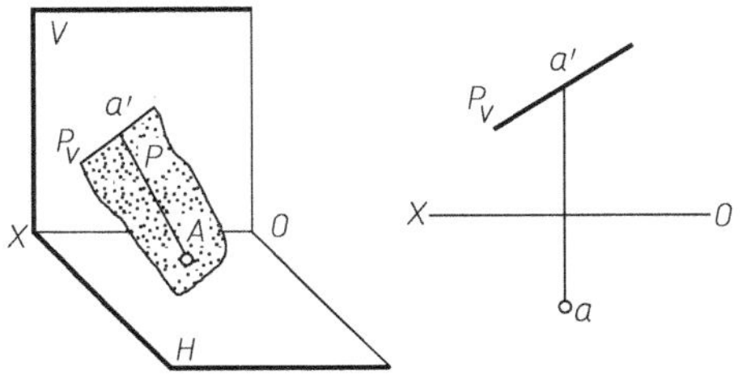

图 3-30 用迹线 P_V 表示正垂面

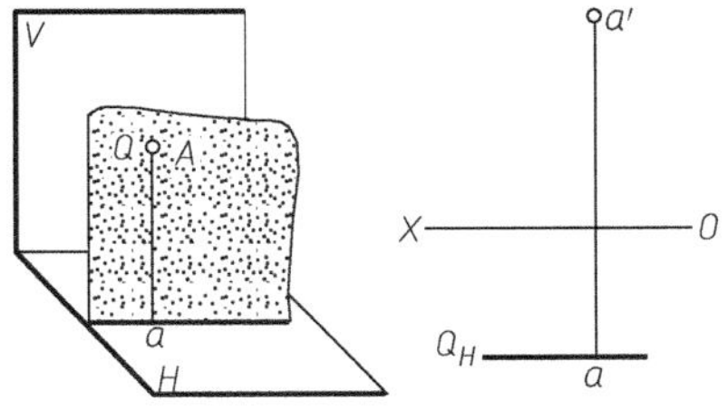

图 3-31 用迹线 Q_H 表示正平面

因为通过已知平面上的一条直线，只能作出一个平面与这个已知平面相垂直，所以可以用一条迹线表示投影面垂直面或投影面平行面。由图 3-30 和图 3-31 所示可以看出，倾斜于投影轴的迹线（有积聚性的迹线）表示投影面垂直面；平行或垂直于投影轴的迹线（有积聚性的迹线）则表示投影面平行面。

因为特殊位置平面在它所垂直的投影面上的投影成直线，有积聚性，所以特殊位置平面上的点和直线在该平面所垂直的投影面上的投影，位于平面有积聚性的同面投影或迹线上。由此可从图 3-32 所示判断出点 *D* 在平面三角形 *ABC* 上，直线 *FG* 在铅垂面 *P* 上。

例 3-10 如图 3-33 所示，已知一平面 *ABCD*。①判别点 *K* 是否在平面上；②已知平面上一点 *E* 的正面投影 *e'*，作出其水平投影 *e*。

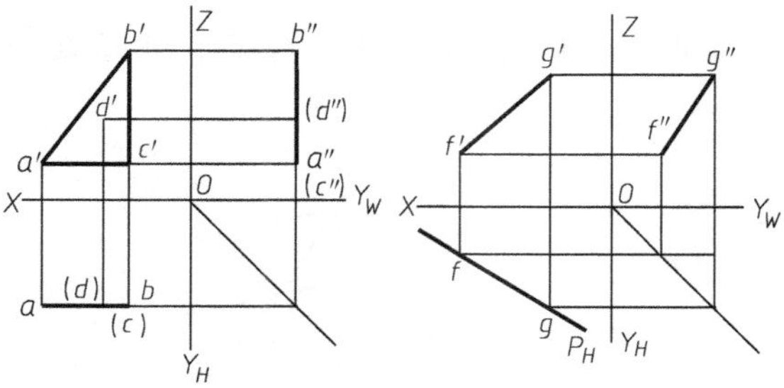

a)　　b)

图 3-32　特殊位置平面上的点和直线

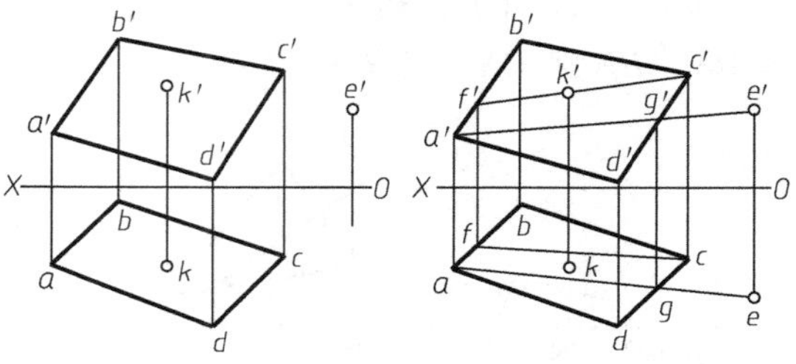

a)　　b)

图 3-33　平面上的点

分析：判别一点是否在平面上以及求平面上的点的投影，可利用点在平面上的几何条件及其投影特性来确定。

作图：如图 3-33b 所示。

1）连接 *c'k'* 并延长之与 *a'b'* 交于 *f'*，由 *c'f'* 求出其水平投影 *cf*，则 *cf* 是平面上的一条直线。若点 *K* 在 *CF* 上则 *k*、*k'* 应分别在 *cf*、*c'f'* 上，从作图中得知 *k* 不在 *cf* 上，所以点 *K* 不在平面上。

2）连接 *a'e'* 与 *c'd'* 交于 *g'*，由 *a'g'* 求出水平投影 *ag*，则 *AG* 是平面上的一条直线。若点 *E* 在平面上，则 *E* 点在 *AG* 上，*e* 在 *ag* 上，因此过 *e'* 作投影连线与 *ag* 延长线的交于点 *e*，即所求点 *E* 的水平投影。

从例 3-10 可以看出，即使点的两个投影都在平面图形的投影轮廓线范围内，该点也不一定在平面上；即使一点的两个投影都在平面图形的投影轮廓线范围之外，该点也不一定不在平面上。判别点是否在平面上主要应根据点在平面上的几何条件及其投影特性来确定。

例 3-11 如图 3-34 所示，已知点 *D*、*E* 和直线 *FG* 的两面投影，试过点 *D* 作水平面，过点 *E* 作铅垂面，$\beta=30°$；过直线 *FG* 作正垂面。

作图：

1）过点 *D* 只能作一个平面 *P* 与 *H* 面相互平

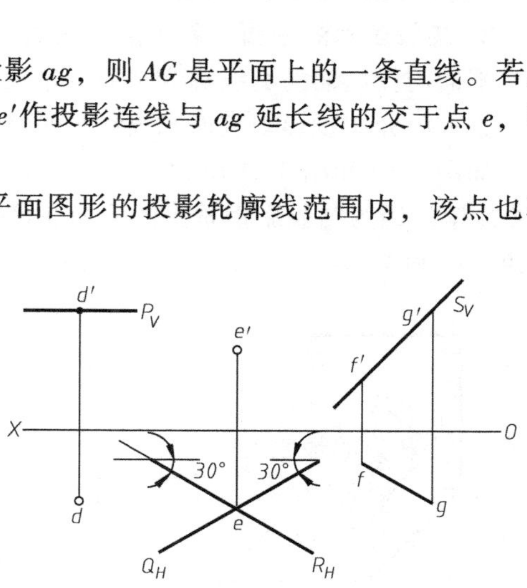

图 3-34　过点或直线作平面

行，*PV* 有积聚性且平行于 *OX* 轴，因此过点 d' 作直线平行于 *OX*，即为 P_V，于是就作出了水平面 *P*。

2）过点 *E* 可作无数个铅垂直面，但 $\beta=30°$ 的只有两个平面 *Q* 和 *R*。因为铅垂面的水平投影或者水平迹线有积聚性，且反映与 *V* 面夹角 β 的真实大小，所以过 *e* 作两条与 *OX* 轴成 30°角的直线，即为 Q_H 和 R_H，这就是所求的铅垂面 *Q* 和 *R*。

3）过直线 *FG* 只能作一个正垂面 *S*，因为 S_V 有积聚性，所以与 $f'g'$ 重合，于是就作出了 S_V，也就作出了所求的正垂面 *S*。

例 3-12　如图 3-35a 所示，完成四边形 *ABCD* 的缺口 *EFGH* 的水平投影，已知 $a'b'/\!/h'g'$，$b'c'/\!/g'f'$。

分析： 只要已知不在一直线上的三点的两投影，三点所决定的空间平面就唯一确定了，至于其上任何点的位置都可以用面上找点来解决。运用平面上取点、取直线的方法，即可以作出四边形 *ABCD* 上的缺口 *EFGH* 各点的水平投影。

作图： 如图 3-35b 所示。

1）延长 $f'g'$ 交 $c'd'$ 于 $1'$，在 *cd* 上得 1，因 $b'c'/\!/f'g'$，所以过 1 作直线 $12/\!/bc$，再过 f'、g' 分别作铅垂方向的线与直线 12 相交于 *f*、*g*，即为 *F*、*G* 两点的水平投影。

2）利用与上一步骤相同的方法，依次求出各点的正面投影，并连点成线。

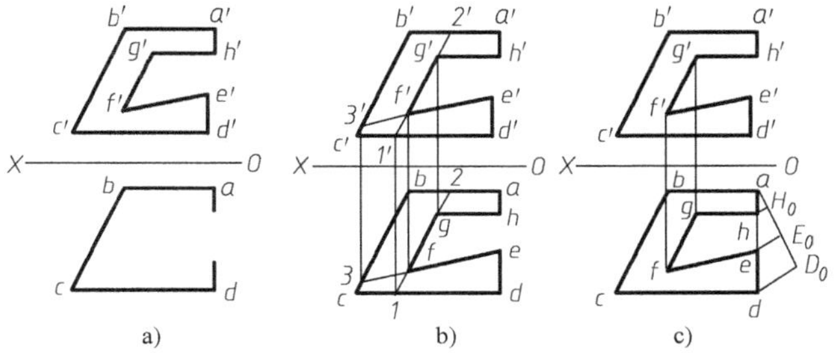

a)　b)　c)

图 3-35　完成缺口 *EFGH* 的水平投影

本题也可按图 3-35c 所示的方法作图。

4. 平面上的特殊直线 *

平面上有许多对某投影面呈不同倾角的直线，其中有两种直线的倾角较为特殊，一为倾角最小（零度）称为投影面平行线，另一为倾角最大称为最大斜度线。如图 3-36 所示，过平面 *P* 上的点 *A* 作一系列直线 *AB*、*AC*、*AD* 等，其中 $AB\perp AC$，$AC/\!/P_H$，为平面 *P* 上的水平线，*AB*、*AD* 等在 *H* 面上的投影分别为 *ab*、*ad* 等，图示情况点 *B*、*D* 分别与其投影 *b*、*d* 重合。

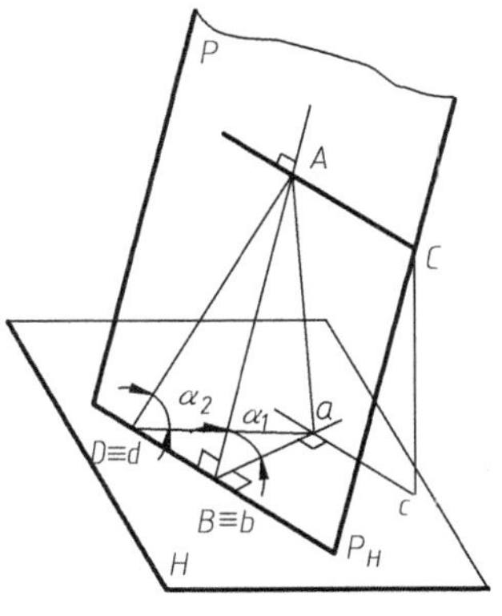

图 3-36　最大斜度线

△*Aab*、△*Aad* 等都是直角三角形，它们共一个直角边 *Aa*，显然斜边最短的倾角最大。由于 $AB\perp AC$（即 $AB\perp P_H$），故 *AB* 为最短的斜边，它的倾角 α_1 为最大，即 *AB* 是平面 *P* 上过点 *A* 对 *H* 面的最大斜度线。根据直角投影定理应有 $ab\perp ac$。由此可见：平面对某投影面的两种特殊位置直线（即最大斜度线和投影面平行线）必定互相垂直，且在该投影面的投影仍保持垂直关系。

由于 $\triangle Aab\perp P_H$，故 α_1 即为 *P*、*H* 两平面的两面角，所以平面对投影面的倾角即为平面上对该投影面的最大斜度线对同一投影面的倾角。

例 3-13 如图 3-37a 所示，已知平面△*ABC*，试在该平面上作距离 *H* 面 22mm 的水平线 *MN*（*MN* 长度任定）。

分析：平面上的投影面平行线既是平面上的直线，又是投影面的平行线，因此在平面上所作的投影面平行线，既要符合投影面平行线的投影特性又要符合直线在平面上的几何条件。

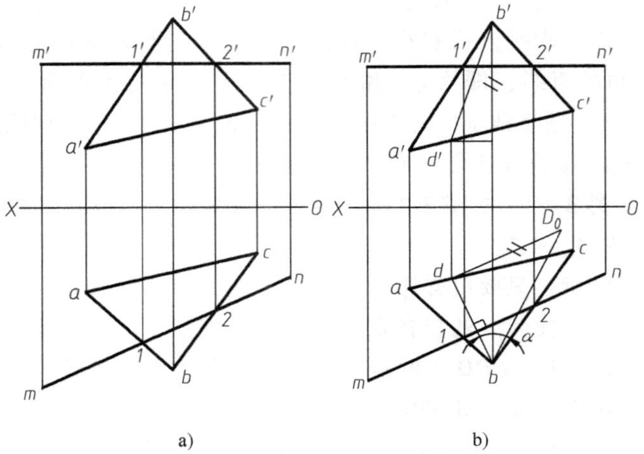

图 3-37 求平面对投影面的倾角

作图：

1）作 $m'n'$ // *OX* 轴且距 *OX* 轴 22mm。

2）定出 $m'n'$过△$a'b'c'$上的两点 1′、2′，再作出其水平投影 1、2，连 1、2 并延长便得出水平线 *MN* 的水平投影 *mn*。

因为 Ⅰ、Ⅱ 两点都在△*ABC* 上，所以 *MN* 是该平面上的水平线。

例 3-14 求出上题中平面△*ABC* 对 *H* 面的倾角 α。

分析：平面对 *H* 面的倾角，即为平面上对 *H* 面的最大斜度线对 *H* 面的倾角。

作图：如图 3-37b 所示。

1）过 *b* 作 *bd*⊥*mn*。再求出 $b'd'$，则 *BD* 为平面△*ABC* 上过点 *B* 对 *H* 面的最大斜度线。

2）用直角三角形法（将在本章第四节讲解）求出 *BD* 对 *H* 面的倾角 α，即为所求。

例 3-15 已知圆平面是正垂面，与 *H* 面的夹角为 α，如图 3-38 所示，求其正面投影和水平投影。

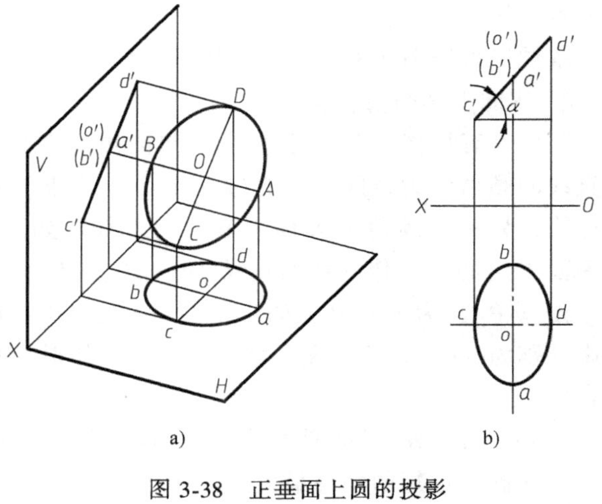

图 3-38 正垂面上圆的投影

解 由解析几何知：圆在与它倾斜的投影面上的投影是椭圆。圆的每一对相互垂直直径投影成椭圆的一对共轭直径，而椭圆的各对共轭直径中，有一对是相互垂直的，称为椭圆的对称轴，也就是椭圆的长轴和短轴（分别是圆平面对该投影面的投影面平行线和最大斜度线的投射方向）。根据投影特性，可以想象出长轴是平行于投影面的圆直径的投影；短轴是与该直径相垂直的直径的投影。

由图 3-38a 所示可见，圆平面在其所垂直的正投影面上的投影积聚成直线段，长度等于圆直径；在与其倾斜的水平面上的投影是椭圆，长轴是平行于 *H* 面的直径（在圆平面为正垂面的情况下为正垂线）AB 的投影，短轴是与 AB 垂直的直径（根据直角投影定理可知为正平线）CD 的投影，$cd=CD\cos\alpha$。有了长短轴就可利用四心法或同心圆法作近似椭圆。

圆平面垂直于 H 面、W 面的圆的投影及作法与上述类同，概括说来，垂直面上圆的投影特性如下：

1）在与圆平面垂直的投影面上的投影是直线段，长度等于圆的直径。

2）在与圆平面倾斜的投影面上的投影是椭圆，长轴是圆平面上平行于这个投影面的直径的投影，短轴是平面圆上与该直径相垂直的直径的投影。

第四节 实长、实形、倾角的求法

如前所述，一般位置直线的三面投影既不反映实长，也不反映与任何投影面的倾角，一般位置平面的三面投影亦既不反映实形，也不反映与任何投影面的倾角。

工程上为解决某些度量问题，往往需要根据直线、平面的正投影图求出其实长、实形和对投影面的倾角。常用的求法有直角三角形法和变换投影面法，简称换面法，本节仅介绍直角三角形法。

一、直角三角形法

1. 直线段的实长和对投影面的倾角

如图 3-39a 所示，过点 B 作 $BA_1 /\!/ ab$ 得直角三角形 AA_1B，其斜边 AB 就是线段实长，$\angle ABA_1$ 就是线段 AB 对 H 面的倾角 α。直角边 $BA_1=ab$，即水平投影的长度。另一直角边 $AA_1=z_A-z_B$，即线段两端点的 z 坐标差。两直角边均可在投影图中直接量取，于是就可作出此直角三角形。下面具体介绍两种作直角三角形的方法。

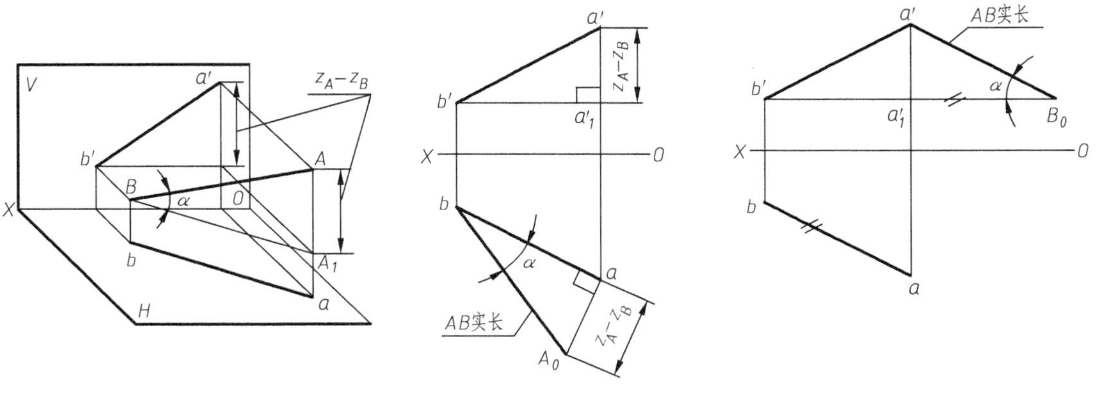

a) b) c)

图 3-39 直角三角形求线段实长（一）

1）如图 3-39b 所示，过 b 作 $b'a_1' /\!/ OX$，交 $a'a$ 于 a_1'，则 $a'a_1'=z_A-z_B$。再以水平投影 ab 为直角边，$aA_0=z_A-z_B$ 为另一直角边，构成一直角三角形。其中，斜边 bA_0 即为线段 AB 的实长，而斜边与 H 面投影的夹角 $\angle abA_0$，即为 AB 对 H 面的倾角 α。

2）如图 3-39c 所示，若以 $a'a'_1$ 为直角边，在 $b'a'_1$ 的延长线上量取水平投影长，即

$a'_1B_0=ab$ 为另一直角边，构成直角三角形 $a'_1a'B_0$，则斜边 $a'B_0$ 也是 AB 实长，$\angle a'B_0a'_1$ 也仍然是线段 AB 对 H 面的倾角 α。

由图 3-39b、c 所示可知，$\triangle baA_0$ 与 $\triangle B_0a'_1a'$ 全等，此三角形还可以作到图形外面来。如果要求直线的实长和对 V 面的倾角 β，则方法同上，如图 3-40 所示。

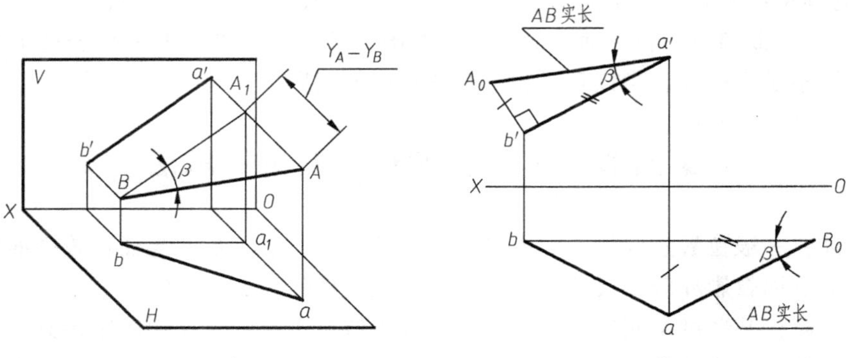

a)　　b)

图 3-40　用直角三角形求线段实长（二）

总之，用直角三角形求线段实长和对投影面倾角方法很多，只要作出直角三角形即可。如图 3-41 所示，在直角三角形中三边和一锐角（另一锐角为直线与相应投影轴夹角这里不涉及它），这四个要素中任知其二可求其余。注意：实长与投影长的夹角为直线与投影面夹角，其对边为相应的坐标差。

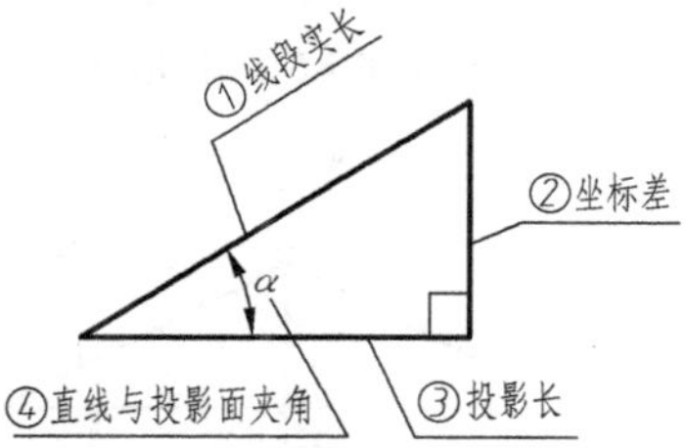

a)

①	线段实长		
②	z坐标差	y坐标差	x坐标差
③	水平投影	正面投影	侧面投影
④	α	β	γ

b)

图 3-41　直角三角形各要素之间的关系

2. 平面的实形

例 3-16　如图 3-42 所示，已知三角形 ABC 的两面投影，求其实形。

分析：只要求出 $\triangle ABC$ 每边的实长，则实长组成的三角形便反映实形。其中 BC 为水平线，bc 便为 BC 的实长，所以只要求出 AB、AC 两直线实长即可。

作图：

1）过 a 分别作 ab，ac 的垂线，并在垂线上取 aA_0 等于 $b'a'_1$，则 A_0b、A_0c 分别为 AC、AB 两线实长。

2）以 bc 为 $\triangle ABC$ 的 BC 边，把 AB、AC 边交到一起 $\triangle A_0bc$ 便是 $\triangle ABC$ 实形。如图 3-42 所示。

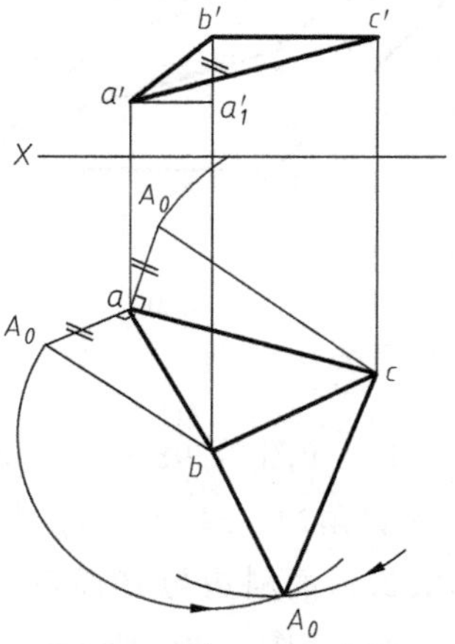

图 3-42　求 $\triangle ABC$ 实形

第五节 基本立体的投影及其表面上的点、线、面投影分析

按一定的规律形成的简单几何体称为基本立体。而任何几何体或物体都是由若干表面围成的一部分封闭空间。按组成立体表面的形式可分为平面立体和曲面立体两大类。

(1) 平面立体 均由平面围成的立体称为平面立体，简称平面体，如棱锥、棱柱等。

(2) 曲面立体 由曲面围成或由平面与曲面混合围成的立体称为曲面立体，如圆柱、圆锥、圆球、圆环以及它们的各种组合等。

本节分别讨论基本立体的投影及其表面上点、线、面的投影分析。

一、平面立体

围成平面立体的表面都是些平面多边形，画平面立体的投影就是画平面立体的各个平面多边形的投影，这些平面多边形都是由直线段围成，而直线段又都是由其两端点来确定，因此，又可归结为画多边形的边和各个顶点（也是平面立体表面的共有点）的投影。所以画平面立体投影时，应首先分析立体各表面及组成它的各直线段的顶点对投影面的相对位置，然后运用前面所学的点、线、面的投影知识进行作图。最后判别可见性，将可见棱线的投影画成实线，不可见棱线的投影画成虚线。

最常见的平面立体有棱柱和棱锥，它们由棱面（也称侧棱面）和底面所围成，各棱面的交线称为棱线，棱线的交点称为顶点，棱面与底面的交线称为底边。

1. 棱柱

棱线互相平行的平面体称为棱柱，并且有几根棱线常称为几棱柱，棱柱有直棱柱（棱线与底面垂直）和斜棱柱（棱线与底面倾斜）。一般情况下，棱柱的两底面是两个形状相同而且互相平行的多边形，各侧棱面都是矩形或平行四边形。两底面是正多边形的直棱柱称为正棱柱。

(1) 投影分析 图 3-43a 所示为一正六棱柱及其三投影图，它是由六个矩形侧棱面和上、下两个正六边形的底面围成。由于上、下底面是水平面，所以它们的水平投影反映实形并重合在一起，它们的其他两投影积聚成平行于相应投影轴的直线段。前后两个侧棱面为正平面，所以其正面投影反映实形并重合在一起。它们的其他投影均积聚成直线段。其余四个棱面都是铅垂面，它们的水平投影都积聚成直线段，它们的其他两投影都是类似形（缩小的矩形）。将其上、下底面及六个侧棱面的投影画出后即得六棱柱三面投影图，如图 3-43b 所示。从本节开始，一般情况下投影图上不再画出投影轴，因为不影响作图，用相对坐标和“长对正，宽相等，高平齐”的规律就可以确定各几何元素的投影关系。如需要投影轴时，可根据投影图加上去。如图 3-43c 所示，过六棱柱的后棱面（也可过其他的点，线，面）的 H 面投影作水平方向的直线，再过六棱柱后棱面的 W 面投影作铅垂方向的直线，两直线交于点 O_0，过 O_0 作 45°辅助线，沿 45°线自 O_0 向左上任取一点（在 V、H 面或 V、W 面之间）都可作为投影原点 O 而作出各投影轴。

由图 3-43b 所示可概括出棱柱的投影特点：一个投影（水平投影）有积聚性，它反映棱柱的形状特征；其他两投影都是由实线或虚线组成的矩形线框。

画投影图时，一般先画出各投影的中心线或对称线，再画反映底面实形的投影，最后按

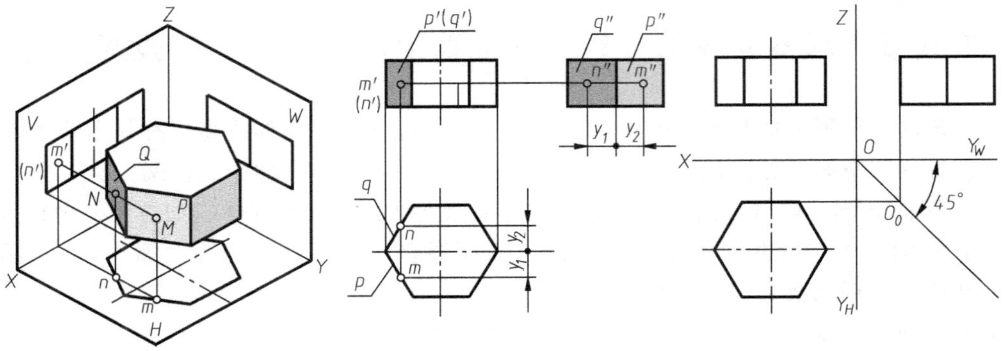

a) b) c)

图 3-43 六棱柱的三面投影

投影规律作出其他投影。

(2) 棱柱表面上的点、线、面投影分析 前面已提及画平面立体只需画出组成该平面立体的棱面、棱线和顶点，如图 3-43a 所示，六棱柱有八个表面、十八根直线段和十二个顶点，这些几何元素在每个投影面上都有相应的投影。物体各表面的同面投影往往重叠较多，要在立体表面上取点、线的投影时，首先要从立体的三面投影分辨出该点、线所在表面的投影，然后按点，线，面的从属关系进行作图，还要判别可见性。立体某表面相对于投影面处于可见位置时，该表面上的点、线同面投影才为可见，否则为不可见。

如图 3-43b 所示，左前侧棱面 P 上有一点 M，已知其正面投影 m'，求作其他投影。首先要从六棱柱的三面投影中辨认出该点所在棱面的投影为 p、p'、p''，其中 p 有积聚性，由 m' 作投影连线交 p 于 m，再由 m 与 m'' 宽相等和 m' 与 m'' 高平齐求得 m''。由于 p'' 可见故 m'' 也可见，点 M 在棱面 P 的中部，故 m 不可见。若在正面投影上有（n'）与 m' 重影，试求 n 及 n''。根据（n'）可知点 N 在六棱柱的左后侧棱面 Q 上，平面 Q 的三面投影为（q'）、q、q''，再按求点 M 投影的方法作图，结果如图 3-43b 所示。

2. 棱锥

棱锥的底面为多边形，各侧棱面为若干具有公共顶点的三角形。从棱锥顶点到底面的距离称作棱锥的高，当棱锥底面为正多边形，各侧面是全等的等腰三角形时，称为正棱锥。

(1) 投影分析 图 3-44a、b 所示为一正三棱锥及其三面投影。它由三个全等的等腰三角形棱面与一个等边三角形底面围成，其中底面 $\triangle ABC$ 为一水平面，它的水平投影 $\triangle abc$ 反映实形，正面投影和侧面投影均积聚成一直线段。棱面 $\triangle SAC$ 为侧垂面，因此其侧面投影积聚为一直线，水平投影和正面投影均为类似形。其他两棱面 $\triangle SAB$ 和 $\triangle SBC$ 为一般位置平面，所以它们的投影均为类似形。

作图时，先画出底面 $\triangle ABC$ 的三个投影，再画出三棱锥顶点 S 的三个投影，然后自三棱锥顶点 S 向底面三角形顶点 A、B、C 的同面投影分别连线，即得三棱锥的三面投影图。

(2) 棱锥表面点、线、面投影分析 如图 3-44b 所示，组成棱锥的表面可能有特殊位置平面，也可能有一般位置平面，对于特殊位置平面上的点可利用投影积聚性直接求得，而对于一般位置平面上的点，可通过本章第三节介绍过的平面上取点原理选择适当的辅助线来作图。

如图 3-44c 所示，已知三棱锥表面上点 D 的水平投影 d 和点 E 的正面投影 e'，试补全其余三面投影。作图过程如图 3-44d~f 所示，其中图 3-44e 和 f 所示分别是求 e、e''的两种作图方法。

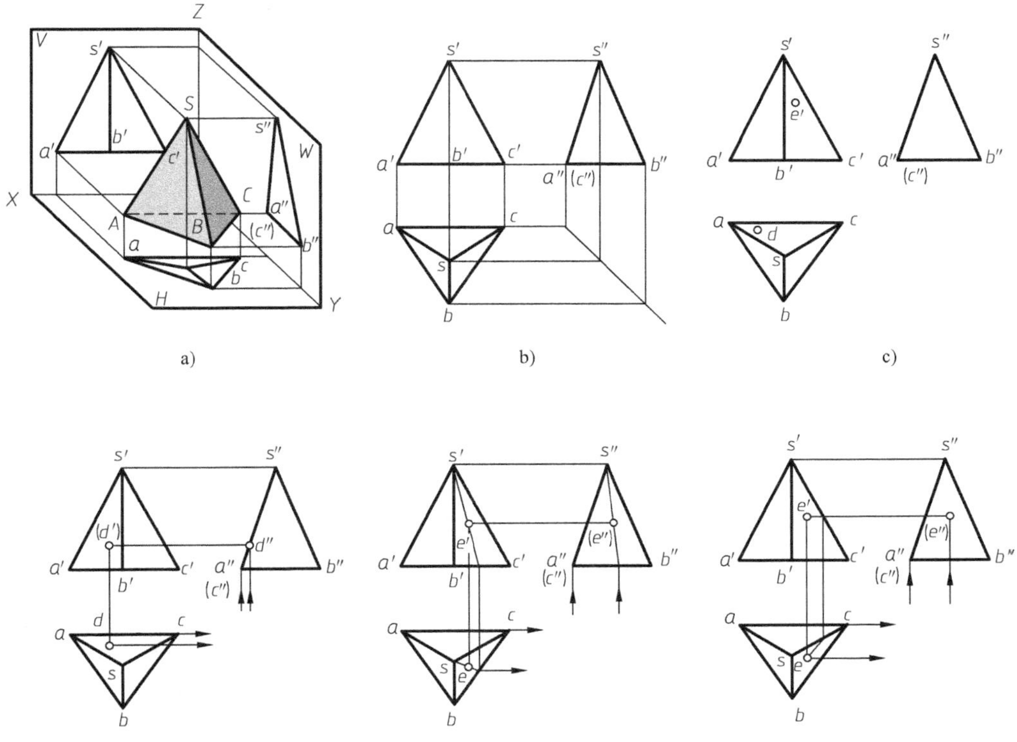

图 3-44　正三棱锥

三、曲面立体

一平面曲线（直线、曲线及它们的组合）绕其平面上一直导线（回转轴）回转而形成的曲面称为回转面。如图 3-45a 所示，母线上每一点回转运动的轨迹为一圆周，此圆周所在平面垂直于该回转轴，因此回转面的正截面得到的交线为一圆周。这些圆周称为纬线（或称为纬圆）。母线两端点形成的圆周为曲面的顶圆和底圆；母线上距轴线最近点和最远点形成的圆分别为最小圆（喉圆）和最大圆（赤道圆）。图示回转面时需画出其轴线（直导线）、母线、轮廓线及外视转向线。如图 3-45b 所示，最小、最大圆的水平投影为俯视转向线，其正面投影一般不必画出。

由回转面或回转面与平面所围成的立体称为回转体，工程上常见的曲面立体有圆柱、圆锥、圆球、圆环等。

1. 圆柱体

（1）圆柱体的形成　如图 3-46a 所示，圆柱体由圆柱面和上下两个底面（圆平面）所围成。其中圆柱面可看成是一动直线 L 绕与其平行的定直线 L_0 旋转而成的回转面。动直线 L 称为母线，定直线 L_0 称为回转轴，母线在圆柱面上的任意位置称为圆柱面的素线。

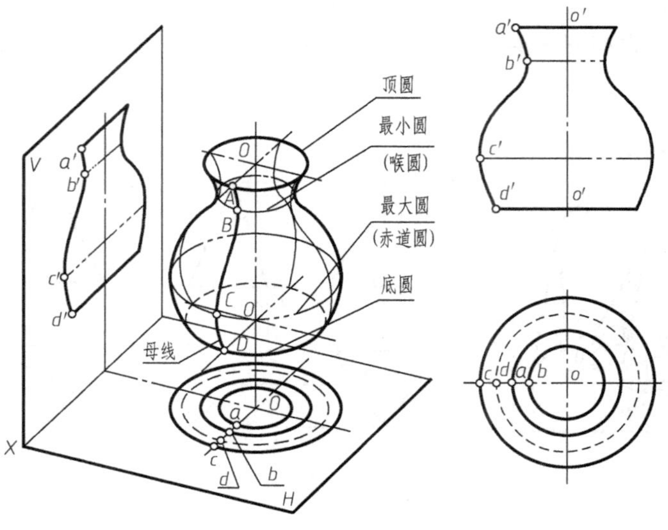

a)　　　　b)

图 3-45　回转面的形成及投影

（2）圆柱面的投影分析　如图 3-46b、c 所示，圆柱的上、下两底的圆平面都为水平面，故其水平投影反映实形，其他两投影各积聚成一水平方向的直线段。由于圆柱面轴线是铅垂线，因而圆柱面的所有素线都是铅垂线，圆柱面的水平投影积聚成与圆柱等直径的圆周，并与上、下两底的水平投影轮廓线重合，圆柱面上所有的点和素线的水平投影都积聚在这个圆周上，圆柱正面投影左、右两条轮廓线 l'_1、l'_2 可看成是无数垂直 V 面的投射线与圆柱面相切的切点的正面投影相连。也可看成与圆柱最左、最右素线相切的无数垂直 V 面的投射线形成的投影面与 V 面的交线。

本书约定空间线用专用大写拉丁字母 L 表示，各字母注脚用 1、2、3 或其他反映线条特征的汉字、符号等表示，如 L_1、L_2、…、$L_{左}$、$L_{右}$、$L_{前}$、$L_{后}$、…。

连续的投射线（投射线也称投影线）所组成的投影平面（图中有阴影部分）与圆柱面的切线 L_1、L_2把圆柱面分成前半个和后半个，是前半个圆柱面和后半个圆柱面的分界线，另一方面 L_1、L_2为圆柱面上最左、最右素线，其正面投影 l'_1、l'_2 确定了圆柱面正面投影的左、右范围，即动直线旋转到此位置后其正面投影将向反方向移动，故也常称为对 V 面转向轮廓线，简称对 V 面的轮廓线，L_1、L_2的水平投影积聚在圆周上最左、最右点 l_1、l_2上。其侧面投影 l''_1、l''_2 与圆柱面轴线的侧面投影重合，图上不必画出，因为垂直于侧面的投射线与圆柱面不相切于 L_1、L_2的位置，而是相切于圆柱面上最前、最后素线（也就是对 W 面的转向轮廓线）L_3、L_4 的位置，L_3、L_4 各投影如图 3-46c 所示，其原理由读者自行分析。注意：l'_3、l'_4 和 l''_1、l''_2 只表示各转向轮廓线的对应投影位置，不画出投影线段。

（3）圆柱面上点、线、面投影分析　如图 3-46c、d 所示，L_1、L_2、L_3、L_4 四条直线把圆柱面分成左前、左后、右前、右后相等的四个部分，L_1、L_3 两直线间圆柱面的左前 1/4 部分的三面投影为图 3-46c、d 所示的阴影区，V、W 面投影都为可见，H 面投影积聚成 1/4 圆弧，其余三个 1/4 圆柱面的投影由读者自行分析。只有把组成物体的各表面的投影包括可见性都搞清楚，才会对在圆柱表面上取（定）点、线带来方便，也不易出错。

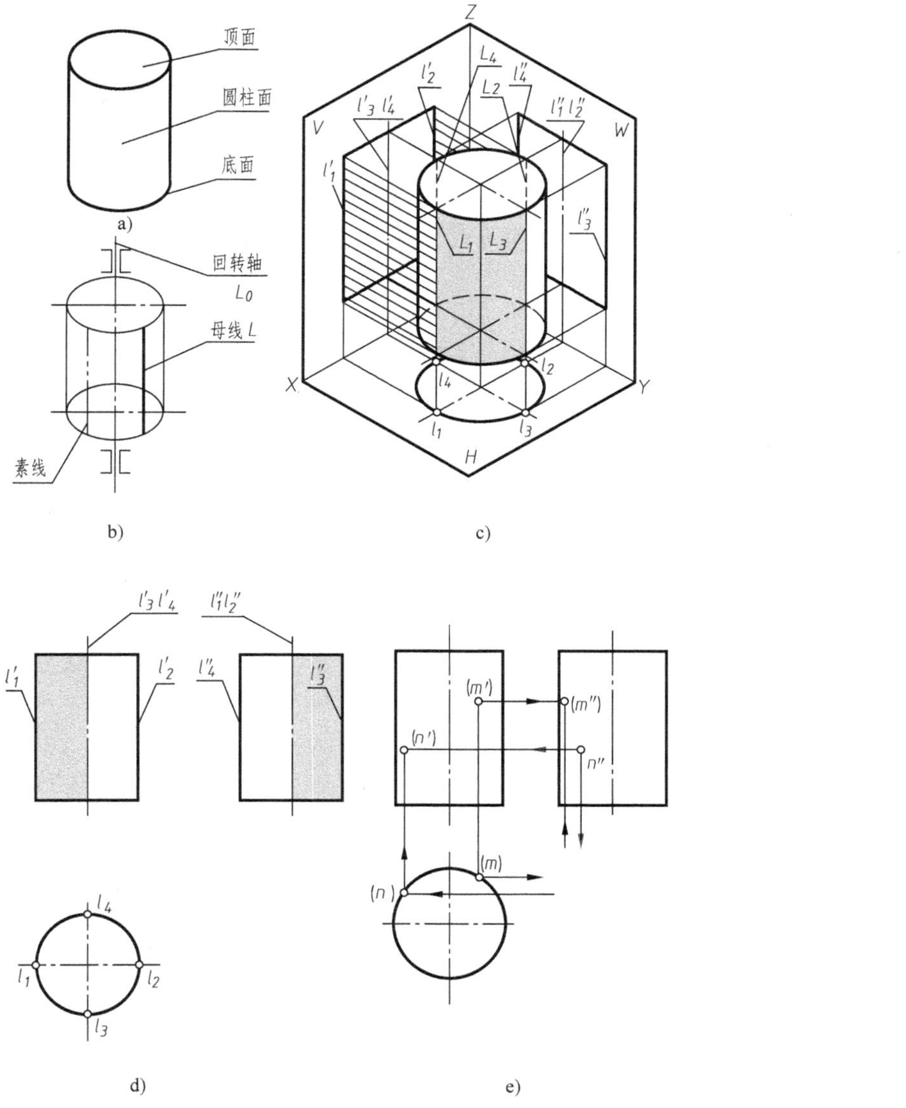

图 3-46 圆柱体的投影及其表面定点

如图 3-46e 所示，已知圆柱上的点 M 的正面投影（m'）及点 N 的侧面投影 n''，要求补全此两点的三面投影。

要作圆柱面上点的投影，先要辨认出点所在圆柱面的部位，并确定其三面投影及其可见性，然后用圆柱面具有积聚性进行作图。

（1）求点 M 的水平投影和侧面投影 根据（m'）可判别点 M 在右后 1/4 圆柱面上，其正面投影为圆柱正面投影矩形右半部分，且为不可见，水平投影积聚在右后 1/4 圆周上，侧面投影为圆柱侧面投影矩形的后半部分（从平面图形来讲，应为矩形左半部分，为统一起见，仍用物体在三面体系中左右、前后、上下来描述），该部分也为不可见。

具体作图步骤是：过（m'）作与 m 的投影连线交右后 1/4 圆弧于 m，再由 m（m'）作

出 m''，由点所在圆柱面部分投影的可见性，判别点 m 和 m''均为不可见，即点 M 的水平投影和侧面投影分别为 (m)、(m'')。

（2）求点 N 的水平投影和正面投影　根据 n''可判别点 N 在左后 1/4 圆柱面上，其正面投影为圆柱正面投影矩形左半部分，为不可见；水平投影积聚在左后 1/4 圆周上，侧面投影为圆柱侧面投影矩形的后半部分，且为可见。

具体作图步骤：根据点 N 的侧面投影与水平投影关系，可由 n''作出 n，由 n、n''求出 n'。由点 N 所在圆柱面部分投影的可见性，可以判别点 n、n'均不可见，故 (n)、(n')、n''为其圆柱面上点 N 的三面投影。

例 3-17　如图 3-47a 所示，已知圆柱面上一段曲线 ACE 的正面投影 $a'c'e'$，求该曲线的其他投影。

分析：将曲线 ACE 看成由若干点连接而成，在曲线 ACE 中任意确定两点 B、D 求出这些点的各投影，再按顺序光滑连接（简称光顺连接）它们的同面投影。

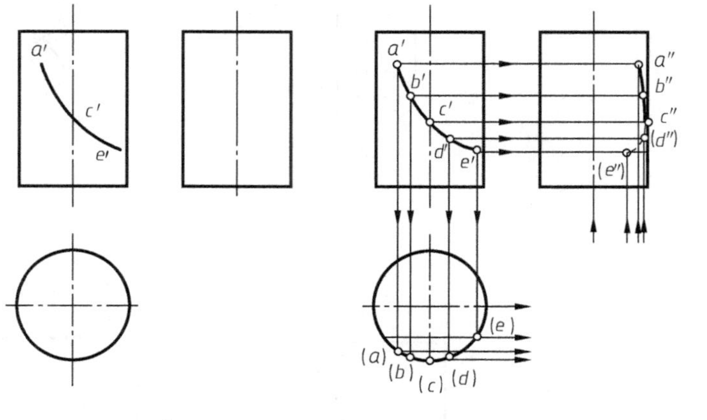

图 3-47　圆柱面上取点、线

作图：

1）在 $a'c'e'$上确定 $b'd'$，然后利用积聚性求出各点的水平投影，再求出侧面投影。如图 3-47b 所示。

2）光顺连接并判别可见性，按正面投影 $a' \to b' \to c' \to d' \to e'$的顺序把各点的水平投影和侧面投影连成光滑曲线。由于点 C 在圆柱对 W 面投影轮廓线上，故是可见性的分界点（虚实分界点），点 C 把曲线 $ABCDE$ 分成两段，AC 段在左半圆柱面上，其侧面投影 $a''b''c''$为可见，连成实线，CDE 段在右半圆柱面上，其侧面投影 $c''d''e''$为不可见，应画成虚线。

2. 圆锥体

（1）圆锥体的形成　如图 3-48a、b 所示，圆锥体由一圆锥面加一圆形底面所围成。其中圆锥面可看成是由动直线 L 绕定直线 L_0上某一定点 S，并与定直线成一定角度旋转而成的曲面，动直线 L 称为母线，定直线 L_0称为回转轴，母线在圆锥面上任一位置称为素线，定点 S 称为圆锥顶点，俗称锥顶。

（2）圆锥的投影　将圆锥置于如图 3-48c 所示的三投影面体系中，锥底圆平面因平行于 H 面，故其水平投影反映实形，其他两投影积聚成一段水平方向的直线段。与圆柱面投影类似，圆锥面的正面，侧面投影都是大小相等的等腰三角形，但其两腰的空间位置不同。圆锥正面投影轮廓线是圆锥面上最左、最右素线 L_1、L_2的正面投影。L_1、L_2把圆锥面分成前后相等两部分，前半部分圆锥的正面投影可见，后半部分圆锥的正面投影不可见。显然它们又是正面投影可见性的分界线。水平投影 l_1、l_2重合在圆周前后对称中心线上，侧面投影 l''_1、l''_2重合在等腰三角形的前后对称中心线上。L_1、L_2的水平投影和侧面投影均不必画出。类似的圆锥面侧面投影的轮廓线 l''_3、l''_4 是圆锥面上最前、最后素线 L_3、L_4的侧面投影，L_3、L_4把

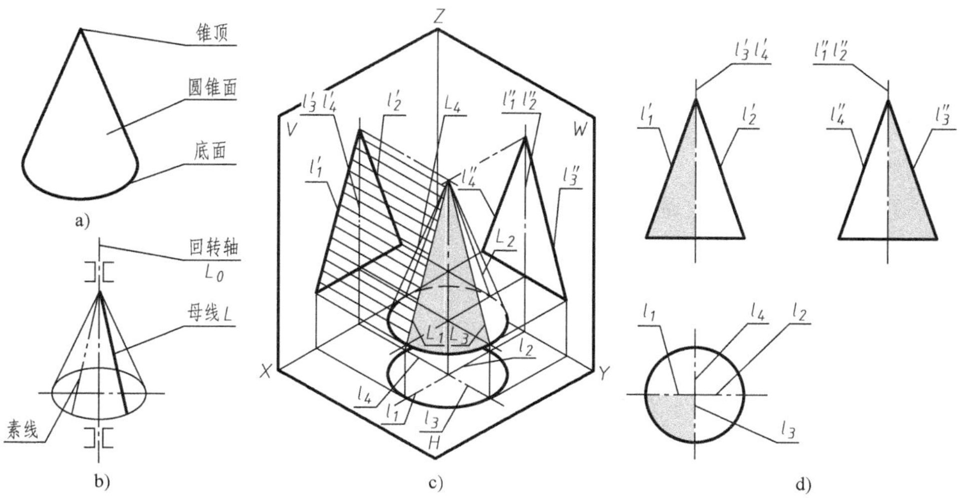

图 3-48 圆锥体的投影

圆锥面分成左右相等的两部分，左半部圆锥面的侧面投影是可见的，右半部圆锥面的侧面投影不可见，同样 L_3、L_4是圆锥面侧面投影可见性的分界线。L_3、L_4的正面投影重合在等腰三角形左、右对称线上，其水平投影重合在圆周前后对称中心线上，L_3、L_4的水平投影和正面投影均不必画出。整个圆锥面的水平投影与圆锥底圆重合在一起，外形轮廓线与底圆平面的 H 面投影是同样大小的圆周，圆周内的区域，圆锥面的投影为可见，底圆的投影为不可见，锥顶 S 的水平投影重合在圆心处。

画圆锥的投影图时，先画各个投影的中心线、轴线；其次画出投影反映圆的水平投影，再按圆锥体的高度画出其余两投影。

（3）圆锥面上的点、线、面分析　圆锥面最左、最右、最前、最后四条素线 L_1、L_2、L_3、L_4把圆锥面分成左前、左后、右前、右后四等分，L_1、L_3两素线间的圆锥面，也即左前1/4 圆锥面的三投影如图 3-48c、d 中所示的阴影区，其余 3/4 圆柱面的三面投影留待读者分析。由于圆锥面的三面投影都无积聚性，要确定圆锥面上的点的投影时，必须先在圆锥面上作一包含这个点的辅助线（直线或圆），然后再利用所作的辅助线的投影定出点的投影。

1）辅助直线法。该方法常称为素线法，就是过锥顶引一条过已知点的直素线，求得素线的其他投影，然后应用线上点的投影关系求解。

如图 3-49a、b 所示，已知点 A 的 V 面投影 a'，求其他两投影就可用辅助直素线来求解。

过 s'和 a'作直线交底圆正面投影于 b'，作 b'、b 投影连线交底圆水平投影于 b，再通过 $b'b$ 作出 b''，将点 S 与 B 三个同面投影连成直线，便是过点 A 的辅助直线 SB 的三面投影。过点 a'作 $a'a$ 投影连线交 sb 于 a，过 a'作 $a'a''$投影连线交 $s''b''$于 a''。

2）辅助圆法。该方法也常称为纬圆法，即过已知点作锥面上垂直于轴线的圆，然后求出该圆的三面投影，由于点在圆周上，所以点的投影必在圆周的三面投影上。

如图 3-49c、d 所示，已知点 C 的正面投影（c'），求其他两投影可用辅助圆法求解。过点 C 作水平圆 L，其正面投影 l'为垂直于轴线、长度等于圆直径的直线段，显然直线段的两端点落在圆锥的正面投影轮廓线上，侧面投影 l''类同 l'，辅助圆的圆心的水平投影与圆锥轴线和锥顶的水平投影重合，故以此为圆心，以 l' 或 l'' 长为直径作圆即为 l。点 C 的三面投影必在辅助圆 L 同面投影上。过 c' 作 cc' 投影连线交 l 于 c，因 C 在右后圆锥面上，故 c 应在 l 的后半个圆周上，再通过 c'、c 作出点 c''，点 C 的正面投影和侧面投影都为不可见。

例 3-18 如图 3-50 所示，已知圆锥的三面投影及圆锥面上曲线 AD 的正面投影 $a'd'$，求它的其余两投影。

分析：可将直线 AD 看成是由若干个点组成，然后可用辅助圆法求这些点的其他两投影，再光滑连接各点的同面投影，由于 $a'd'$ 可见，故曲线 AD 在前半个圆锥面上。作图过程如图 3-50 所示。

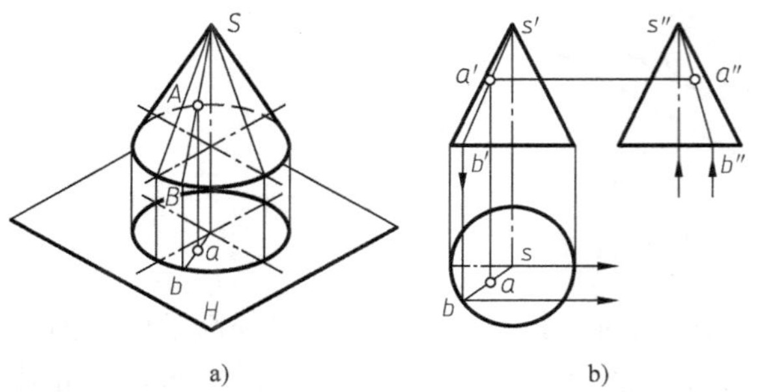

图 3-49　圆锥面上定点

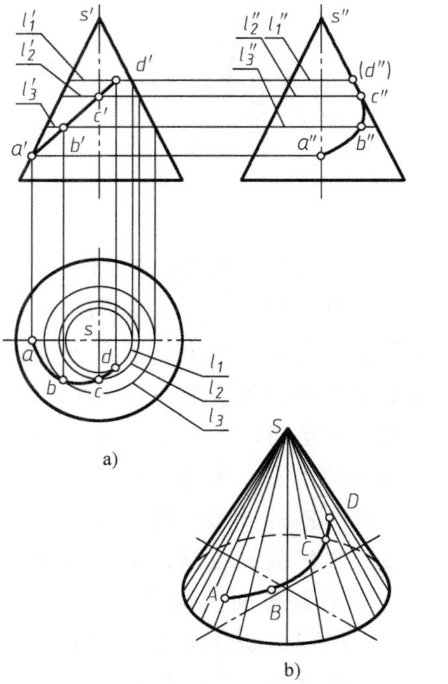

图 3-50　圆锥面上取点、线

3. 圆球

（1）圆球面的形成　以圆（或半圆）为母线，以该圆任一直径为回转轴旋转所形成的曲面称为圆球面，简称球面。球面围成的立体称为圆球，简称球。如图 3-51a、b 所示。

（2）圆球的投影　圆球置于三投影面体系中如图 3-51c 所示，圆球面的三投影均为与圆球直径相等的圆。无数与球面相切的投射线从前向后射去，形成一个投射圆柱面，此投射圆柱面与圆球相切于圆 L_1，圆 L_1 直径等于球直径且平行于 V 面，其 V 面投影 l'_1 反映 L_1 实形，是球面对 V 面的外形轮廓线（转向轮廓线）。L_1 圆把圆球分为前半球面和后半球面，前者正面投影可见，后者正面投影不可见，圆 L_1 在 H、W 面中的投影，位置均在前后对称中心处。由于垂直于 H、W 面的投射线不与圆 L_1 相切，所以 L_1 的 H、W 面投影无需画出。将圆球向 H、W 面投影的叙述同上，即都投影成直径等于圆球直径的圆，在球的三面投影中，各个投影的对称中心线的交点即为球心的投影，如图 3-51c 所示。要注意的是：三投影面上的圆在球面上的位置各不相同，确切地说，这三个圆分别在过球心且平行于相应坐标面的三个互相垂直的平面上，不能误认为是球面上同一个圆的三个投影。

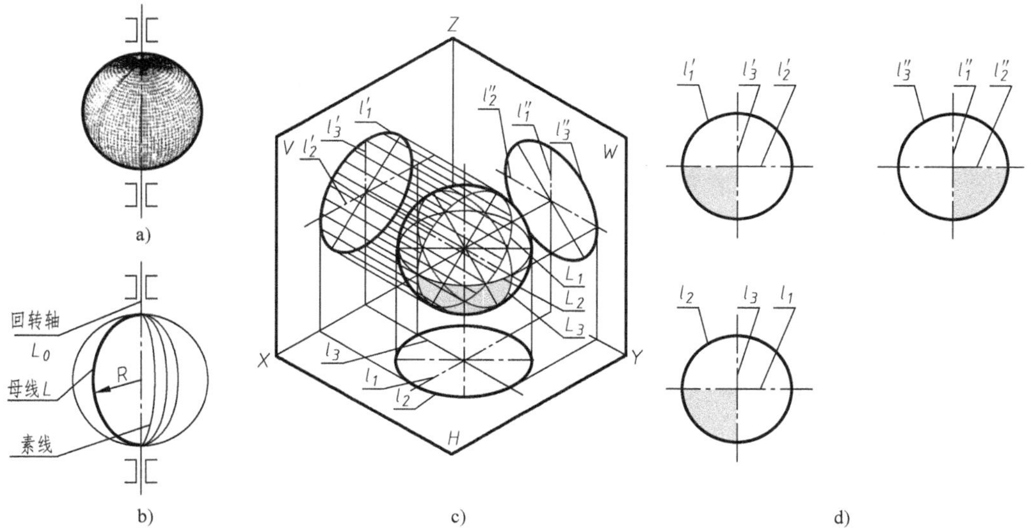

图 3-51 圆球的投影

画球的投影时，应画各面投影的中心线，再以球直径画球的三投影图，如图 3-51d 所示。

(3) 圆球面上的点、线、面投影分析 圆球面上的三个“切线圆” L_1、L_2、L_3 把球分成八个等份，左前下部分球面（1/8 球）的三面投影如图 3-51c、d 中所示阴影都分，其余七等份的投影由读者分析。

由于球面的三个投影都无积聚性，且球面上不存在直线，所以球面上定点一般用辅助圆法，即过已知点作平行于某一投影面的辅助圆，该圆的其他两投影均积聚为直线，然后按线上点的投影关系作点的各投影，如点在转向轮廓线上，作投影连线即可求得。

如图 3-52 所示，已知球面上点 A 的正面投影 a'，求作其他两投影 a、a''。可过点 A 作一平行于 H 面的辅助圆 L（也可过 A 作平行 V、W 面的辅助圆），作图时先过 a' 作 l'，再作出圆的其他两投影 l、l''，过 a' 作 $a'a$ 投影连线交 l 于 a，由 a，a' 作出 a''，如图 3-52 所示。

例 3-19 如图 3-53 所示，已知圆球面的三面投影以及其上一曲线 AD 的 V 面投影 $a'd'$ 求其他两投影。

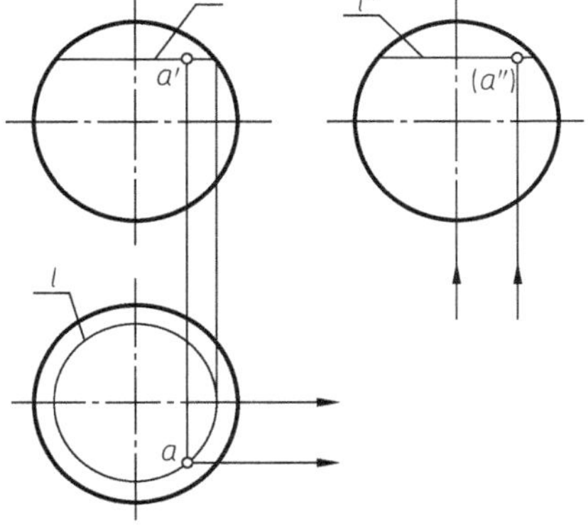

图 3-52 圆球面上的定点

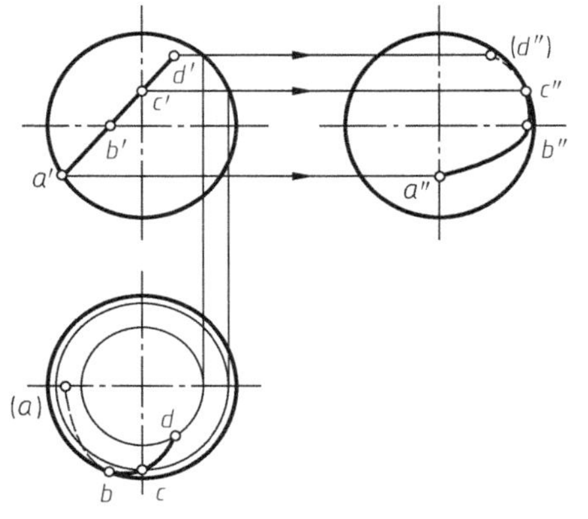

图 3-53 圆球面上取点、线

分析：可将曲线 AD 看成是由许多点组成，可在曲线 AD 上添加点 B、C，然后分别作出这些点的其他两投影，再将同面投影连成曲线。由于 $a'd'$ 可见，故曲线在前半个圆球面上。

作图：

如图 3-53 所示，求各点的其他两面投影，再连成线并判别可见性即可。

4. 圆环

（1）圆环的形成　如图 3-54a、b 所示，以圆（或半圆）为母线，以与该圆共平面但不过圆心的任一直线 L_0 为回转轴旋转所形成的曲面称为圆环面，简称环面。圆母线在圆环面上的任一位置称为素线圆。环面一般可分为外环面和内环面，远离轴线半圆形成的环面称为外环面，靠近轴线的半圆形成的环面称为内环面，圆环面围成的立体称为圆环，简称环。

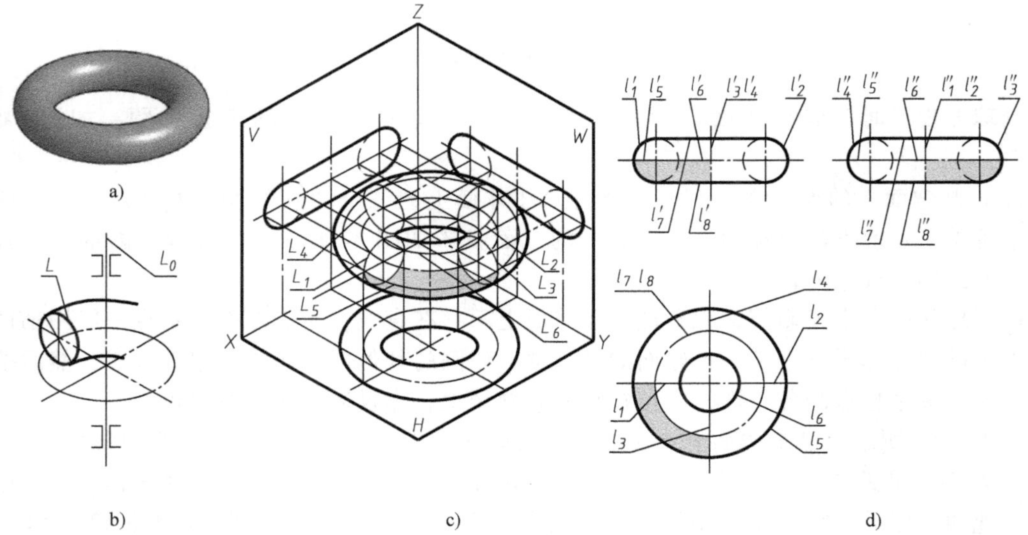

图 3-54　圆环的投影

（2）圆环的投影　将圆环置于三投影面体系中，如图 3-54c、d 所示，圆环的轴线处于铅垂位置。正面投影上左、右两圆 l_1'、l_2' 是圆环面平行于 V 面的两素线圆 L_1、L_2 的投影。L_1、L_2 的其他两投影都重合在圆环前、后对称平面的同面投影位置（前后对称线），但都不画出其投影。正面投影的上、下两直线 l_7'、l_8' 是母线圆上最高、最低点的轨迹圆，L_7、L_8 也是内、外环面的分界线。从前向后看，内环面是不可见的，故 l_1'、l_2' 在 V 面靠近轴线的一半画成虚线。圆环的侧面投影与正面投影类同，l_3'、l_4' 是平行于 W 面的两素线圆 L_3、L_4 的侧面投影。

水平投影最大、最小圆 $l_5'l_6'$ 是垂直于 H 面的投射线与圆环面的切线圆 L_5、L_6 的水平投影，它们的其他两投影，分别在圆环上、下对称面的同面投影位置，图上都不画出投影。圆环母线圆心的轨迹圆，水平投影用点画线画出，L_7、L_8 的水平投影也与此线重合。画图时，先画圆环各面投影的中心线、轴线及母线圆圆心轨迹，然后画正面投影和侧面投影，最后画水平投影。

(3) 圆环面上点、线、面投影分析　圆环面各部分投影重叠较多，为了在投影图上唯一地确定其上的点、线、面的投影位置，必须把每个部分环面的投影搞清楚。圆环的左右、前后、上下对称平面及外、内环面（即 L_1、L_2、L、…、L_8）把整个圆环面分成 16 部分，左前下外的 1/16 圆环的三面投影如图 3-54d 中阴影所示，该部分的水平投影为不可见。环面其余部分投影由读者自行分析。

由于圆环面三投影均无积聚性，也不存在直线，故在圆环面上定点应采用辅助圆法。

例 3-20　如图 3-55 所示，已知圆环面上的四个点 A、B、C、D 的正面投影 $a'(b')(c')(d')$，并具有重影性，它们依次由前向后排列，求作它们的其他的投影。

分析： 四点都处于右上四分之一环面上，根据四点的排列顺序可知点 A、D 在外环面上，点 A 在前（前外），点 D 在后（后外），点 B、C 在内环面上，点 B 在前（前内），点 C 在后（后内）。

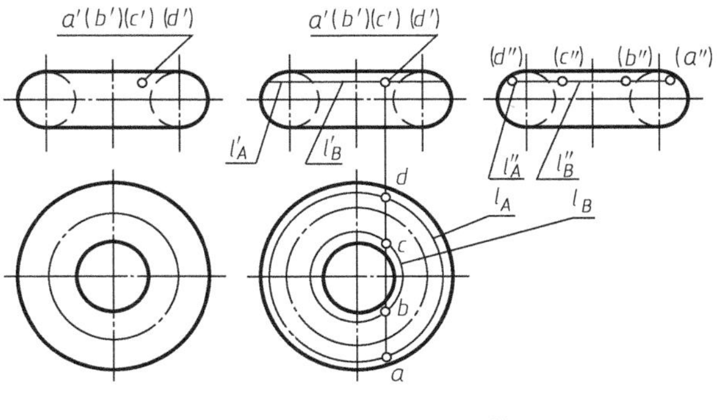

图 3-55　圆环的面上定点

作图：

1) 过点 A、B 作垂直于回转轴的（平行于 H 面的）辅助纬圆 L_A、L_B（l_A、l'_A、l''_A、l_B、l'_B、l''_B）。

2) 自 a'作与水平投影的连线交 l_A于 a、d，交 l_B 于 b、c，由 a'、(b')、(c')、(d') 和 a、b、c、d，求出 a''、b''、c''、d''。

3) 判别可见性。由于各点在上半环面故其水平投影都可见，由于各点在右半环面上，侧面投影都为不可见，故各点侧面投影为 (a'')、(b'')、(c'')、(d'')。

部分圆环面可视为由圆母线的一段圆弧回转而成，常称之为圆弧回转面。如图 3-56 所示的圆弧回转面即为内环面的下面部分，由圆弧回转面及上、下底（圆平面）围成的立体称为圆弧回转体。

5. 组合回转体

实际生产中的回转体往往是由上述圆柱、圆锥、圆环等回转体的全部或部分组合而成。图 3-57 所示为一手柄的部分结构，它的表面由圆柱面（母线为 AB）、环面（母线为 BC）、圆锥面（母线为 CD）、圆柱面（母线为 DE）、圆球面（母线为 EF）组合而成，这种立体称为组合回转体。作组合回转体的投影时，在不同的投影面上要画出不同的外形轮廓线。对各形体光滑过渡处的轮廓线有的不必画出，如母线 AB、BC 形成的圆柱面与圆环面在它们的理论分界处（过点 B 的圆）相切，也即光滑连接，所以其正面投影上此两表面的投影之间不画分界线。而其他相交的回转面之间都有交线，即分界线，投影中这些交线的投影都要画出来。

在组合回转面上取线定点时，必须先判断所求的点、线在哪个回转面上，然后再按前面讨论过的在回转面上取线定点的方法进行作图。

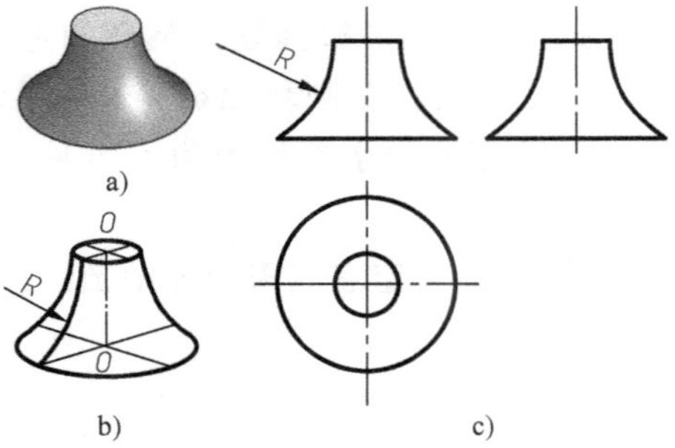

图 3-56　圆弧回转体

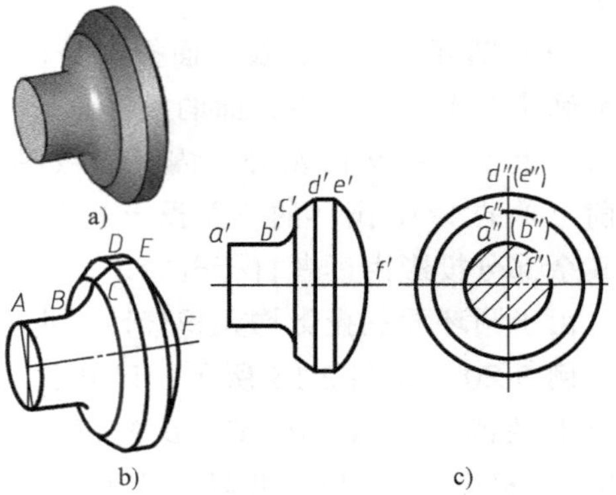

图 3-57　组合回转体

第六节　AutoCAD 中几何元素的投影

一、在 AutoCAD 中插入 Projector

在 AutoCAD 中插入 Projector（中文称为“投影工具”）能更好地将其作为一种工具，使工程图学课程的教学效果得到有效显著的提高。Projector 是在 AutoCAD 的基础上针对工程图学课程的特点进行的二次开发。双击安装图标，然后依提示步骤顺次操作即可安装好。安装好的界面上主菜单中多了一项“投影工具（P）”，主菜单“投影工具（P）”及其下级菜单如图 3-58a 所示。菜单中带有黑三角的按钮，长按后会弹出同类命令按钮，“投影工具”工具栏（以下简称“投影”工具栏）如图 3-58b 所示。

二、应用投影工具图解几何元素相对位置的投影

有了“投影”工具栏，传统几何元素及其相对位置的投影可以在可视化环境中进行，还可以便利地图解其定位和度量等问题。

1. 点的投影

如图 3-59a 所示，已知点的两面投影求其第三个投影。

解

1）单击“投影”工具栏中“投影箱”按钮，将几何元素置于有三投影面体系的投影箱内，如图 3-59b 所示。

2）单击“投影”工具栏中“逆交点”按钮。命令行提示：“点的一面投影”，单击 a'；命令行又提示：“点的另一面投影”，单击 a''，此时系统自动自 a'、a''两投影点逆射出两投射线并止于点 A 处。用类同方法作出交点 B，如图 3-59c 所示。

3）单击“投影”工具栏中“点投影”按钮，命令行提示：“指定需要投影的空间点”，单击点 A，命令行又提示：指定一个投影面<或指定投影箱外任意一点>：单击 H 面任一点，此时系统自动画出自点 A 向 H 面的投射线 Aa。用类同方法作出点 B 向 W 面的投射线

a) 投影工具的主菜单　　　　b) “投影工具”工具栏

图 3-58　投影工具的主菜单和工具栏

Bb″，如图 3-59d 所示。

4）单击“投影”工具栏中“投影图”按钮，此时系统自动展平投影面（隐去空间点和投射线），人工加上投影连线和必要的标注（系统只能显示与投影有关的线、点）完成解题作图，如图 3-59e 所示。

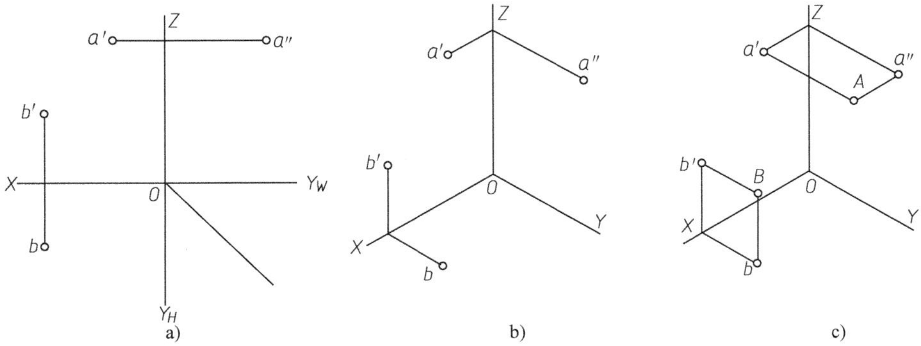

a)　　　　b)　　　　c)

图 3-59　已知点的两面投影求其第三个投影

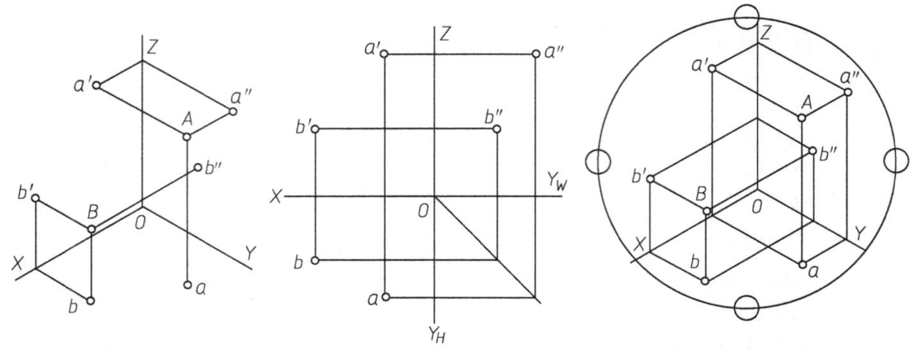

d)　　e)　　f)

图 3-59　已知点的两面投影求其第三个投影（续）

讨论：

1）在如图 3-59d 所示的基础上单击“动态观察”工具栏中的“自由动态观察”按钮，可便利地看到两空间点及其投影的相对位置（左右、前后、上下），如图 3-59f 所示。

2）作点 C 的投影，使点 C 与点 A 有两个相同坐标，可演示重影点的投影。

2. 直线的投影

（1）两点连成线　不重合的两点确定一直线，将两点连成线（投影面上的点须同面投影相连，空间点直接相连）便成了直线的投影，如图 3-60a、b 所示。在如图 3-60b 所示的基础上，可以直接测量出一般位置直线实长及其对投影面的倾角。

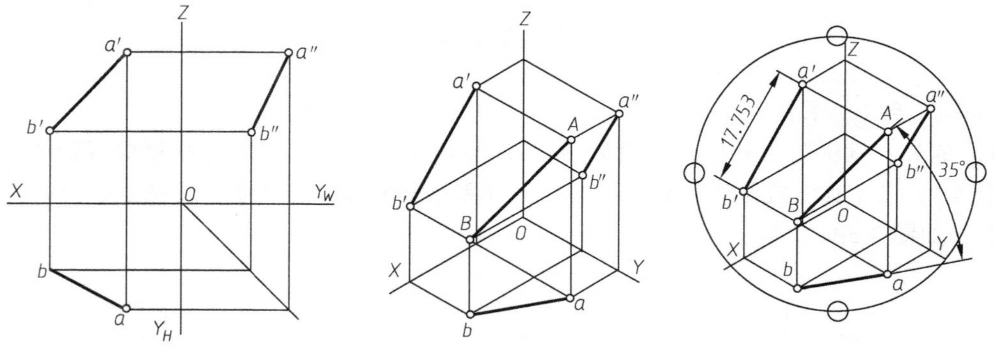

a)　　b)　　c)

图 3-60　两点连成线的投影、实长和对投影面的倾角

1）单击“投影”工具栏中“直线长度”按钮，命令行提示：“选择直线:”，此时鼠标在要测量的直线上左击，系统立即显示直线的实际长度尺寸，如图 3-60c 所示。

2）直线对投影面的倾角定义为直线与其在该投影面上的投影之夹角。单击“投影”工具栏中“线线夹角”按钮，命令行提示：“选择第一条直线:”，鼠标单击 ab，命令行又提示：“选择第二条直线”，鼠标单击 AB，系统立即显示测量夹角的实际数值，如图 3-60c

所示。此时配合使用自由动态观察，可多视角观察，如图 3-60c 所示。

（2）逆交直线和直线投影

1）逆交直线。将图 3-60a 所示置于投影箱，如图 3-61a 所示，单击“投影”工具栏中“逆交直线”按钮，命令行提示：“指定空间直线的一面投影：”，鼠标单击 *ab*；命令行又提示：“指定空间直线的另一面投影：”，鼠标单击 *a′b′*，系统立即显示空间直线 *AB*。要注意的是任意两投影都可逆交出空间直线。

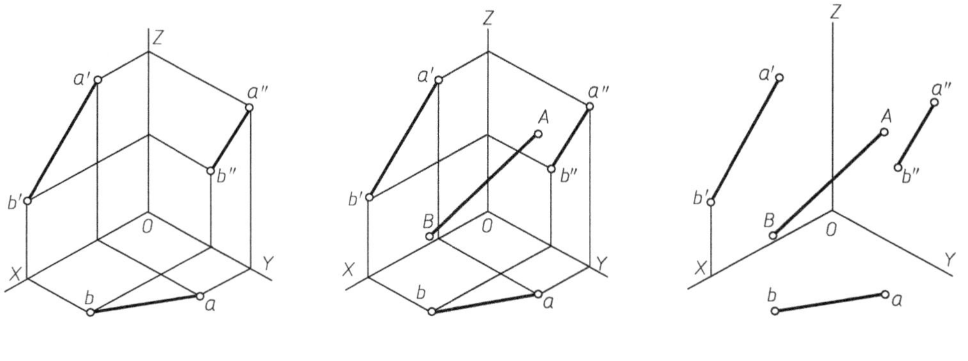

a)　　b)　　c)

图 3-61　逆交直线和直线投影

2）直线投影。将图 3-61b 所示投影面上的投影删去，只留下空间直线，单击“投影”工具栏中“指定空间直线”按钮，命令行提示：“指定空间直线：”，鼠标单击空间直线，系统立即显示空间直线的三面投影，如图 3-61c 所示。鼠标左击“投影图”按钮，系统展平投影面，补上投影连线和标注，便成了如图 3-60a 所示的直线的三面投影图。

3. 平面的投影

（1）由投影图创建空间面　不在一直线上的三点确定一平面。在如图 3-60a 所示直线的基础上再增加一点 *C* 便成了一平面的三面投影图，如图 3-62a 所示。重复用前述逆交点方法，作出三个空间点 *A*、*B*、*C*，如图 3-62b 所示。

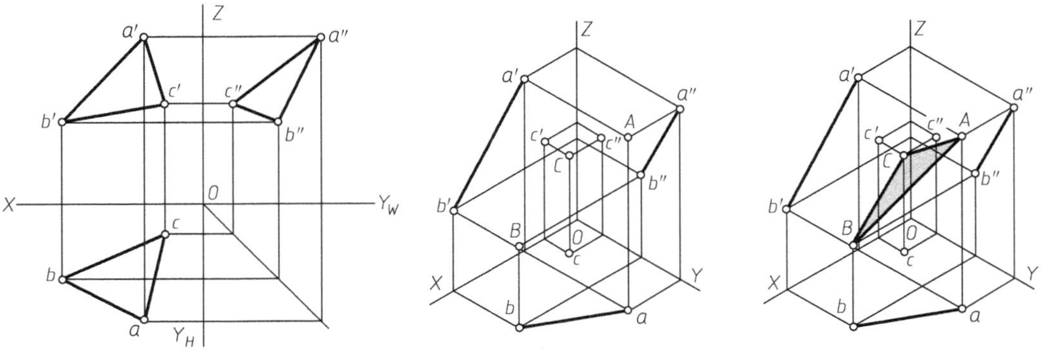

a)　　b)　　c)

图 3-62　由投影图创建空间面

单击“投影”工具栏中“作倾斜面”按钮，命令行提示：“第一空间点：第二空间点：第三空间点：”，鼠标依次单击三个空间点后按<Enter>键，命令行又提示：“创建线框（F）或实体面?：[实体面]”，按<Enter>键后系统立即显示空间平面，如图 3-62c 所示。

（2）由空间平面创建投影图　将图 3-62c 所示投影面上的投影删去，只留下空间平面，效果如图 3-63a 所示。单击“投影”工具栏中“面或体投影”按钮，命令行提示：“指定组合体：”，鼠标单击空间平面，命令行又提示：“指定投影面［输入 h/v/w，或按<Enter>键指定三个投影面］：”，按<Enter>键后系统立即显示空间三面投影图，如图 3-63b 所示。鼠标单击“投影图”按钮，系统展平投影面，如图 3-63c 所示。补上投影连线和标注便成了如图 3-62a 所示平面的三面投影图。

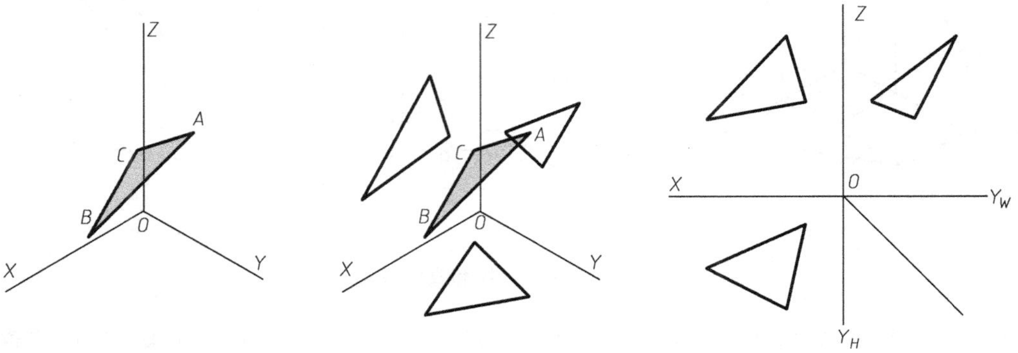

a)　　b)　　c)

图 3-63　空间平面投影成三面投影图

4. 基本几何体的投影

由投影图创建空间基本几何体。

（1）用逆交点创建几何体　如图 3-64a 所示的三棱锥是在三角形基础上又增加一点构成的，重复用前述逆交点方法，作出四个空间点 S、A、B、C，如图 3-64b 所示。

单击“投影”工具栏中“作棱锥体”按钮，命令行提示：“指定棱锥顶点：”，鼠标左击点 S，命令行提示：“再指定棱锥底面角点：”，鼠标单击点 A，命令行又重复提示：“再指定棱锥底面角点：”，鼠标按提示依次单击点 B、C，所有空间点都选择完后按<Enter>键，系统立即显示出三棱锥体，如图 3-64c 所示。

（2）用拉伸方法创建几何体　如图 3-65a 所示的六棱柱，可看成是由端面形状正六边形沿端面法线方向拉伸一定的厚度而成。

将图 3-65a 所示图形置于投影箱，如图 3-65b 所示。单击“投影”工具栏中“边界拉伸”按钮，命令行提示：“指定封闭线框：”，鼠标单击正六边形，命令行又提示：“指定封闭线框各条边线：”，鼠标依次单击构成封闭线框每条边，封闭线框全选后按<Enter>键，命令行提示：“指定封闭线框内部点：”，鼠标单击正六边形任意一点，整个封闭线框连成一整体并改变颜色（颜色是随机的，以示选中了一个面域）。命令行又提示：“指定拉伸起点或按<Enter>键接受定长”，此时在相邻投影面上单击拉伸起点，如本例题是单击 V 面或 W

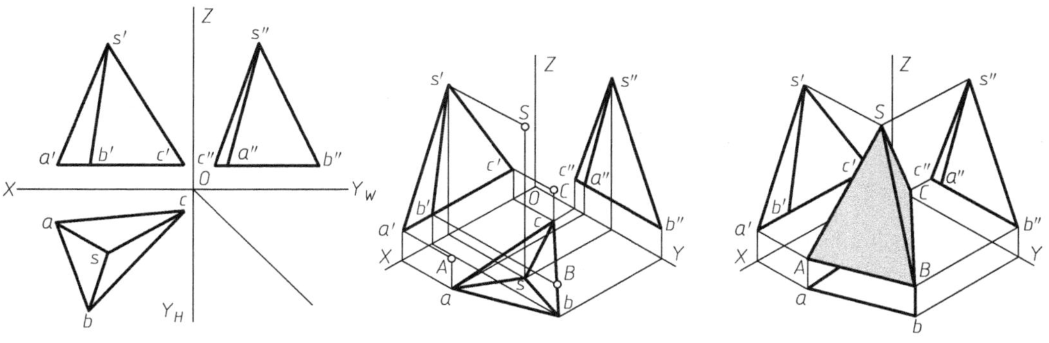

a)　　b)　　c)

图 3-64　用空间平面投影创建三棱锥三面投影图

面上任一棱线的下端点，命令行又提示：“指定拉伸终点”，此时单击任一棱线的上端点，系统立即显示出六棱柱体，如图 3-65c 所示。

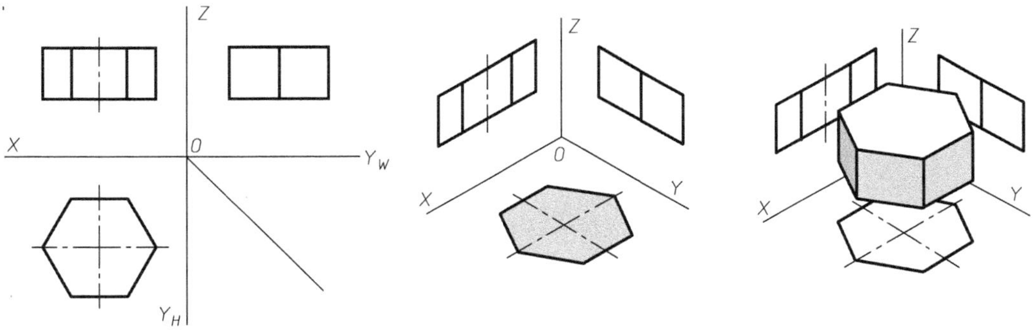

a)　　b)　　c)

图 3-65　用拉伸法创建六棱柱体

讨论：这种方式可以用于端面是多边形、圆、圆弧加直线等任意的平面图形，这样形成的立体都是柱体，称为广义柱体。

（3）用旋转方法创建几何体　如图 3-66a 所示的圆锥体，可看成是由形成圆锥面的直母线、圆锥底圆半径及圆锥高组成的直角三角形绕圆锥轴线回转 360°形成。旋转的平面图形称为特征图形，对于本例题正面投影或侧面投影的一半图形也可看是成特征图形。将图 3-66a所示图形置于投影箱，如图 3-66b 所示。单击“投影”工具栏中“边界旋转”按钮 ，命令行提示：“指定封闭线框:”，鼠标单击拟作为特征图形的任一边，命令行又提示：“指定封闭线框各条边线:”，鼠标依次单击构成封闭线框每条边，封闭线框全选后按<Enter>键，命令行提示：“指定封闭线框内部点:”，鼠标单击特征图形（直角三角形）内任意一点，整个封闭线框连成一整体并改变颜色（颜色是随机的，以示选中了一个面域）。命令行又提示：“指定旋转轴起点:”，鼠标单击轴线上任一点，命令行又提示：“指定旋转轴端点:”，鼠标再单击轴线上任一点（两点决定一转轴），系统立即显示出圆锥体并在命令行提示：“移动到指定点?”，鼠标单击相邻投影面轴线位置，结果如图 3-66c 所示。

讨论：这种方式可以用于特征图形为任意的平面图形，这样形成的立体都是回转体。有些常见的回转体有专有名称，如圆柱、圆锥、圆球、圆环等。图 3-67 所示为几种特征图形经旋转而形成的几何体（上一行为特征图形，下一行为与其对应的几何体）。

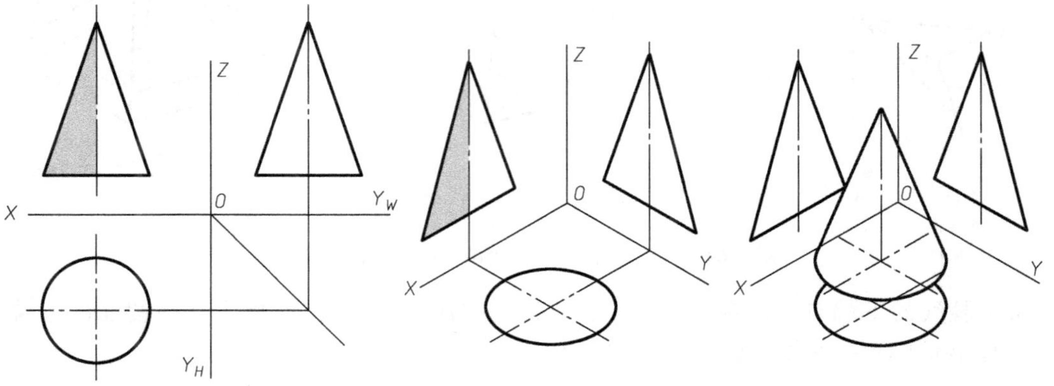

a) b) c)

图 3-66　用旋转法创建圆锥体

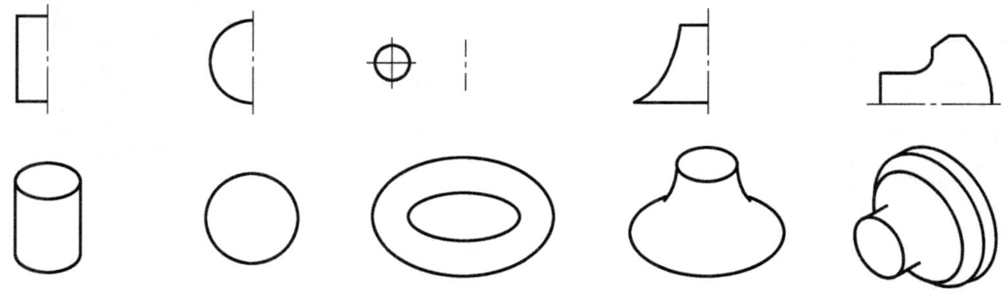

a) b) c) d) e)

图 3-67　用旋转法创建回转体

（4）由几何体创建三面投影图　有了几何体，创建其三面投影图是很方便的。先把几何体（包括后面介绍的组合体以至更复杂的形体）置于投影箱，只需用“面或体投影”命令，系统便会自动生成三面投影图，且虚实分明，不多线、不缺线。以图 3-67e 所示的组合回转体为例操作如下：

将图 3-67e 所示图形置于投影箱，如图 3-68a 所示。单击“投影”工具栏中“面或体投影”按钮，命令行提示：“指定组合体:”，鼠标单击组合回转体，命令行又提示：“指定投影面［输入 h/v/w，或按<Enter>键指定三个投影面］:”，按<Enter>键后系统在投影箱中生成三面投影图，如图 3-68b 所示。如只需要某一投影，就输入“H”“V”或“W”字母；单击“投影”工具栏中“投影图”按钮，系统展平三投影图，如图 3-68c 所示。

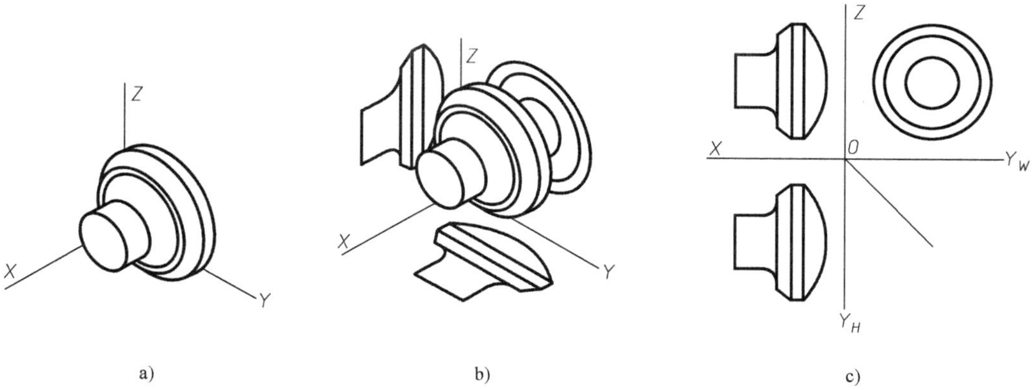

图 3-68　由几何体创建投影图

第四章

几何元素的相对位置

第三章主要讨论了点、线、面、体的投影，本章将继续讨论它们之间的相对位置关系及其投影特性。

点、线、面、体的相对位置见表 4-1。

表 4-1　点、线、面、体的相对位置

几何元素	点	直线	平面	立体
点	两点的相对位置	点、线相对位置	平面上取线定点	立体表面上点，取线定点
直线		两直线的相对位置（平行、相交、交叉、垂直）	直线与平面的相对位置	立体表面上的直线
平面			两平面的相对位置（平行、相交、垂直）	平面与立体相交（截交线）
立体				两立体相交（相贯线）

从表 4-1 中可以看出：点、线、面、体的相对位置共计有十项，由于叙述的需要，其中第一行及第二行的两点及两直线的相对位置在第三章中已讨论过，本章主要讨论剩下的五项。

第一节　直线与平面、平面与平面的相对位置

直线与平面以及两平面的相对位置有相交和平行（直线重合于平面或两平面重合属于平行的特例）两种情况。垂直是相交中的特例，由于此情况比较重要，所以本节对平行、相交、垂直三个问题加以讨论。

一、平行问题

1. 直线与平面平行

根据初等几何的定理可知：直线与平面平行的充分必要条件是直线平行于平面上的某一直线。也即①若平面外一直线平行于平面上的某一直线，则直线必平行于该平面。如图 4-1 所示，直线 AB 平行于平面 P 内的某一直线 CD，则直线 AB 平行于平面 P；②若一直线平行

于一平面，则通过平面上任一点必能在该平面上作一直线平行于已知直线。如图 4-2 所示，因为直线 *AB* 平行于平面 *P*，所以过平面上任一点 *C* 或 *E*，都能作直线 *CD*、*EF* 平行于已知直线 *AB*。

运用上述两定理，可以解决以下的作图问题：

1）过已知点作直线平行于已知平面。

2）过已知点作平面平行于已知直线。

3）判别直线与平面是否平行。

例 4-1 过点 *A* 作一水平线 *AB* 平行于平面△*CDE*，如图 4-3a 所示。

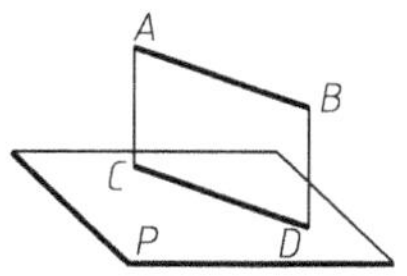

图 4-1 直线平面平行的条件

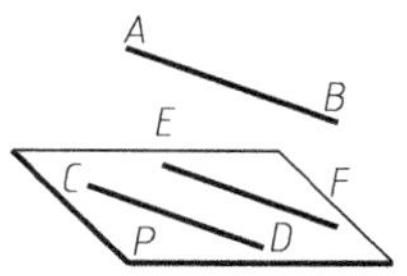

图 4-2 在平面上引平行直线的条件

分析：过平面外一点可以作出无数条直线平行于该平面，但本例题指定所作的直线是水平线，那么在平面上与其平行的就只能是水平线（该平面上的水平线有无数条，但方向是唯一的）。

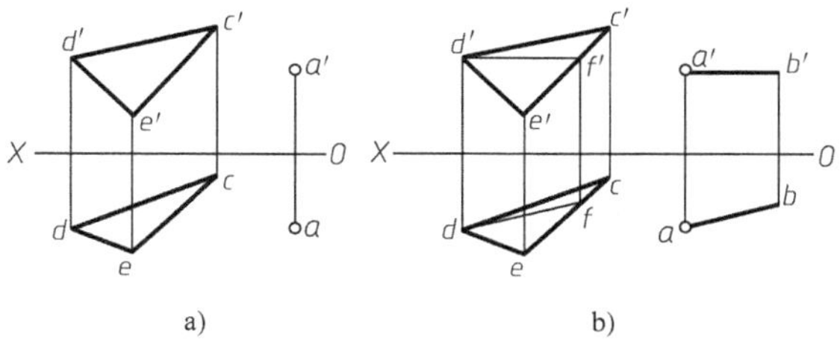

图 4-3 过点作与平面平行的水平线

作图：如图 4-3b 所示。

1）在平面△*CDE* 中任作一水平线 *DF*。

2）过点 *A* 作直线 *AB* 平行于直线 *DF*（$a'b' \parallel d'f'$，$ab \parallel df$），则 *AB* 即为所求。

例 4-2 过点 *A* 作铅垂面平行于直线 *DE* 如图 4-4a 所示。

分析：过点 *A* 作直线 $AB \parallel DE$（$a'b' \parallel d'e'$，$ab \parallel de$）。则过直线 *AB* 的任一平面都平行于直线 *DE*。本例题指定求作一铅垂面，根据铅垂面的投影特性，其水平投影有积聚性。设所作平面为 *P*，则 *ab* 应与 P_H 重合。由 $ab \parallel de$ 可知，若一直线与某投影面垂直面平行时，则该直线必有一个投影平行于平面有积聚性的投影。

例 4-3 试判别直线 *DE* 与平面△*ABC* 是否平行，如图 4-5a 所示。

分析：先假设直线 *DE* 与平面△*ABC* 是平行的，则在平面△*ABC* 上必能作一直线与 *DE* 平行，否则直线与平面不平行。

作图：如图 4-5b 所示。

1）在正面投影中，作△*ABC* 内的直线 *AF*，使 $a'f' \parallel d'e'$。

2）求直线 *AF* 的水平投影 *af*。

3）因 $af \nparallel de$，所以直线 *DE* 与平面△*ABC* 不平行。

2. 平面与平面平行

根据初等几何定理可知：若一平面上的相交两直线对应地平行于另一平面上的相交两直线，则此两平面互相平行。如图 4-6 所示，若 $AB \parallel DE$、$AC \parallel FG$，则平面 *P* 平行于平面 *Q*。

根据两直线平行和相交的投影特性，如图 4-7 所示，两相交直线 *AB*、*AC* 的两面投影均对应平行于另外两相交直线 DE、FG 的两面投影，即 $a'b'/\!/d'e'$、$ab/\!/de$（直线 AB 平行于直线 DE）；$a'c'/\!/f'g'$，$ac/\!/fg$（直线 AC 平行于直线 FG），所以，相交两直线 AB、BC 所决定的平面必平行于相交两直线 DE、FG 所决定的平面。

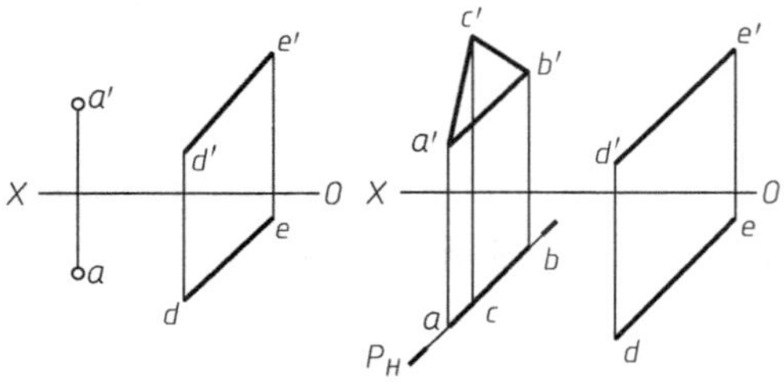

a)　　b)

图 4-4　过点作与已知直线平行的铅垂面

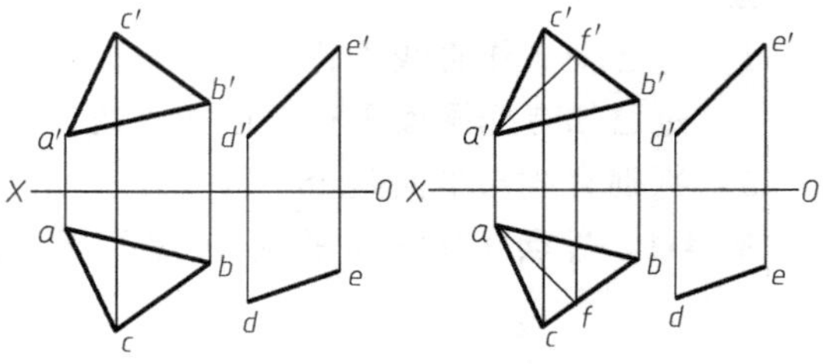

a)　　b)

图 4-5　判别直线与平面是否平行

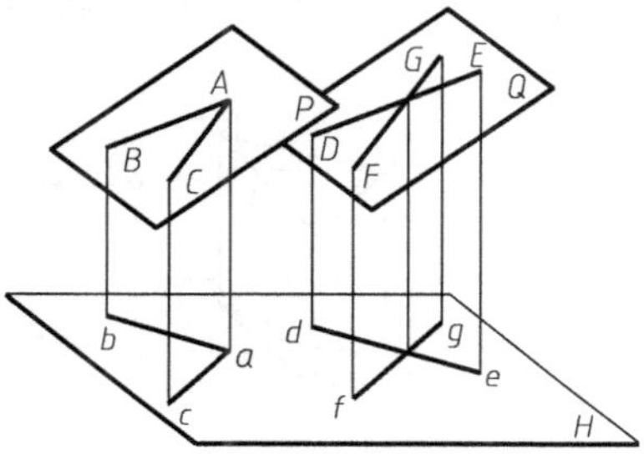

图 4-6　两平面平行的条件图

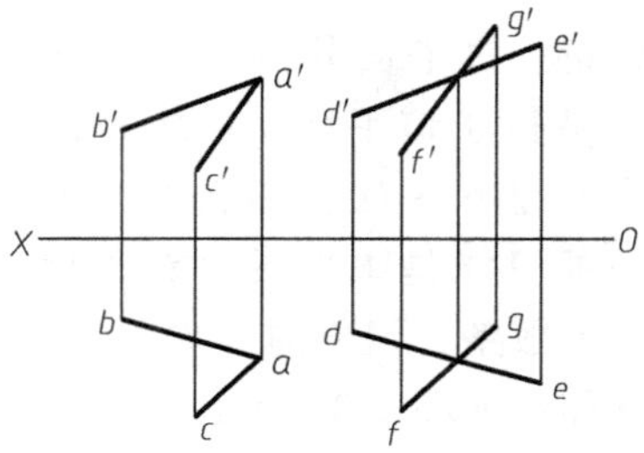

图 4-7　两平面平行的投影图

运用上述定理和投影特点可以解决以下问题：

1）判别两平面是否平行。

2）过平面外一点作该平面的平行平面。

例 4-4　已知△ABC、△DEF 的两面投影，且 $AC/\!/EF$，判别两平面是否平行。

分析：可先在其中一个平面上任作两相交直线，若在另一平面上能找到与其对应平行的两直线，则此两平面相互平行。否则，两平面不平行。

作图：

为作图方便，在△DEF 中取 DF 和 EF 两相交直线。由于 $EF/\!/AC$，所以只要再检查在平面△ABC 中能否找到与 DF 平行的直线即可。方法有两种：如图 4-8 所示。

1）作 AⅠ$/\!/DF$，即 $a'1'/\!/d'f'$，$a1/\!/df$。由于点Ⅰ不在平面内，即 AⅠ不在平面△ABC 内，所以两平面不平行。

2）试图在平面△ABC 内作 DF 的平行线，为此，作 $a'2'/\!/d'f'$，求

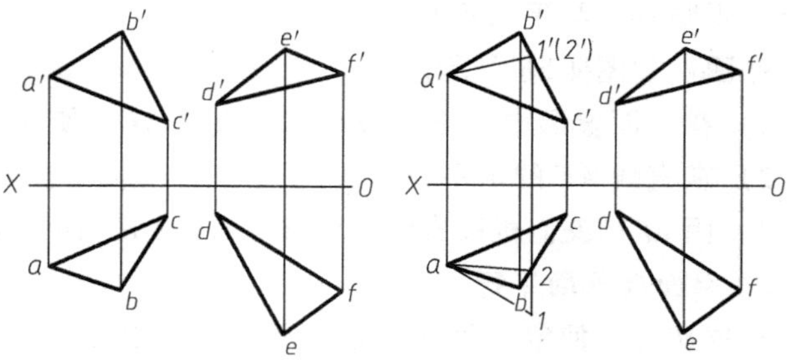

a)　　b)

图 4-8　判别两平面是否平行分析

出 $a2$，由水平投影可以看出，$a2 \nparallel df$，即在△ABC 内作不出平行 DF 的直线，所以也说明两平面不平行。

在特殊情况下，若两个投影面垂直面互相平行，则该两平面具有积聚性的同面投影必然互相平行，反之亦然。如图 4-9a 所示，两铅垂面三边形△ABC（平面 P）和四边形 $DEFG$（平面 Q）互相平行，则该两平面的有积聚性的水平投影 abc 与 $defg$ 必互相平行（由初等几何定理知：两平行平面与第三平面的交线也平行），或该两平面的水平迹线 P_H 与 Q_H 互相平行。反之，如图 4-9b 所示，若已知投影图上 $P_H /\!/ Q_H$，则空间平面 P 与 Q 一定互相平行。事实上可以把平面在相邻两投影面上的迹线看成是特殊的相交两直线，只要积聚性投影的迹线互相平行，相邻投影面上的迹线一定互相平行（因为它们都垂直于相邻投影轴，只是通常无需画出它们）。既然有相交两直线对应平行，则由它们确定的两平面当然平行。要注意上述定理中的“相交”和“对应”两词的内涵：

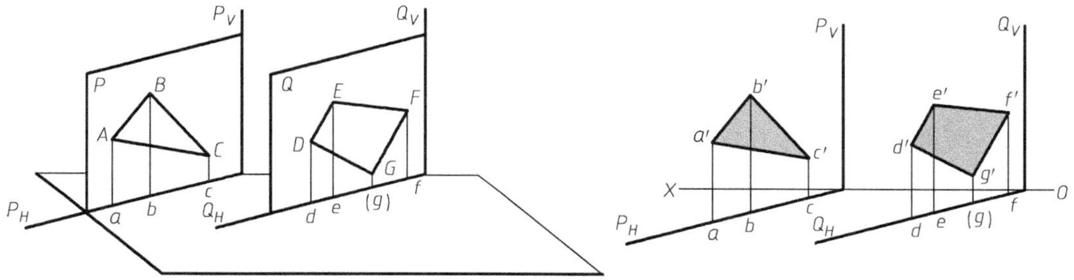

a)　　　　b)

图 4-9　两铅垂面互相平行

1）表示两平面的两组平行直线对应平行，不能确定空间两平面是否平行。如图 4-10a 所示，$AB /\!/ CD /\!/ EF /\!/ GH$，两组平行直线表示两平面，它们是否平行呢？根据上述定理，只要在两平面内各作相交两直线，便可得出结论。为此，在平面（$AB /\!/ CD$）内任作一直线 CⅠ（$c'1'$，$c1$），在平面（$EF /\!/ GH$）内作直线 GⅡ（$g'2'$，$g2$）试图与 CⅠ平行。即作 $g'2' /\!/ c'1'$；由 $g'2'$求出 $g2$，发现 $g2$ 不平行 $c1$，则 GⅡ不平行 CⅠ。故两平面不平行。两平面之所以不平行，是因为确定两平面的两组平行线都平行于该两平面的交线，如图 4-10b 所示。所以，确定两平面的两组平行直线对应平行，并不能说明两平面平行。

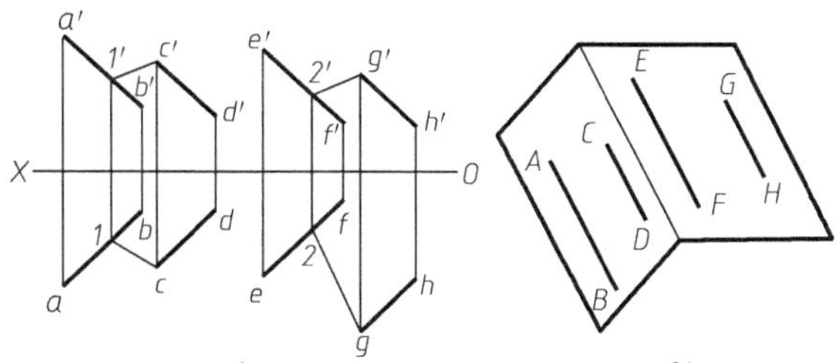

a)　　　　b)

图 4-10　平行两直线对应平行

2）表示两平面的两组相交直线不对应平行，则两平面不平行。如图 4-11a 所示，粗略看来，由两组相交直线表示的两平面在每个投影面上 4 根投影线段两两平行。但仔细对照，水平投影中 $ab /\!/ de$，正面投影中 $a'b' \nparallel d'e'$，而是 $a'b' /\!/ e'f'$，即不对应平行。同样，水平投影中 $ac /\!/ ef$，正面投影中 $a'c' /\!/ d'e'$，也不对应平行，所以两平面不平行。如图 4-11b 所示，把两组相交两直线连成三边形，并作出其空间平面在两投影面体系中的投影，显然这两个平面不平行。

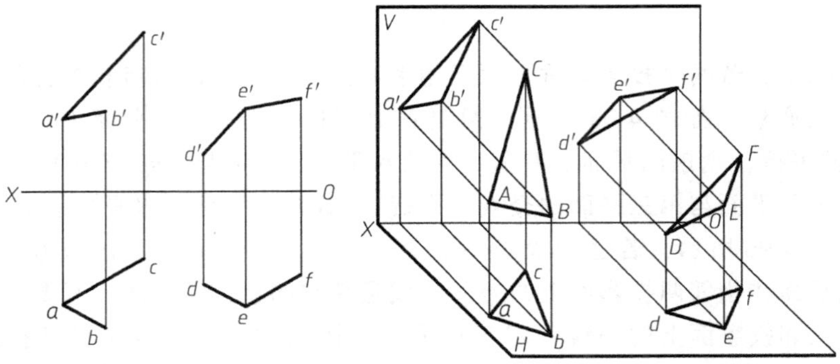

a)　　　　　　　　b)

图 4-11　相交两直线不对应平行

例 4-5　过点 K 作平面平行于已知平面 $\triangle ABC$，如图 4-12a 所示。

分析：根据两平面平行的条件，最简便的方法是过点 K 作相交两直线分别平行于 $\triangle ABC$ 的两条边，则所作的相交两直线所确定的平面必平行于 $\triangle ABC$。

作图：如图 4-12b 所示。

1）过点 K 作直线 FG 平行于 $\triangle ABC$ 的 AB 边，即作 $f'g' // a'b'$，$fg // ab$。

2）过点 K 作直线 DE 平行于 $\triangle ABC$ 的 AC 边，即作 $d'e' // a'c'$，$de // ac$。

二、相交问题

直线与平面、平面与平面若不平行，则一定相交。如图 4-13 所示，直线与平面相交，试求出交点，并把线上被平面遮住的部分画成虚线，表示该部分不可见，即判别可见性。两平面相交，要求出交线（直线），也要判别可见性。直线与平面的交点既是它们的共有点，也是可见性的分界点。两平面之交线既是两平面的共有线，也是可见性的分界线。由图 4-13b所示可以看出，只要求出两平面的两个共有点，如图中的点 M、N（或一个共有点及交线的方向），即可确定两平面的共有线。求两平面的共有点，实际上是求一平面内的直线（通常是平面图形的边线）对另一平面之交点。因此，求两平面交线的问题，实质上就是求直线与平面的交点问题。

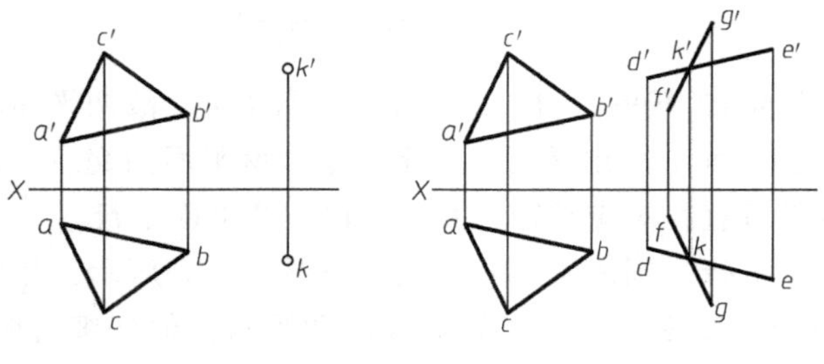

a)　　　　　　　　b)

图 4-12　过点 K 作平面平行于已知平面

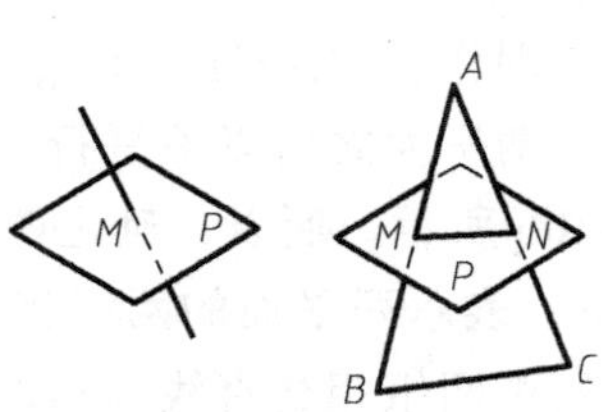

a)　　　　b)

图 4-13　直线与平面相交、两平面相交

在投影图上，求直线与平面的交点或两平面的交线问题可分为两种情况。一种是特殊位置情况，即当参与相交的直线或平面处于某些特殊位置时，利用它的投影的积聚性来求交点

和交线；另一种情况是一般位置情况，要利用后面将要介绍的辅助面法求交点和交线。

1. 利用积聚性求交点和交线

当直线或平面的投影具有积聚性时，根据交点是参与相交的直线与平面的共有点和交线是参与相交的两平面的共有线的性质，可以直接在有积聚性的投影中确定交点或交线的一个投影，然后再按点、线、面的从属关系求出它们的其他投影。

（1）一般位置直线与特殊位置平面相交

例 4-6 求一般位置直线 AB 与铅垂面△DEF 的交点 M，如图 4-14a 所示。

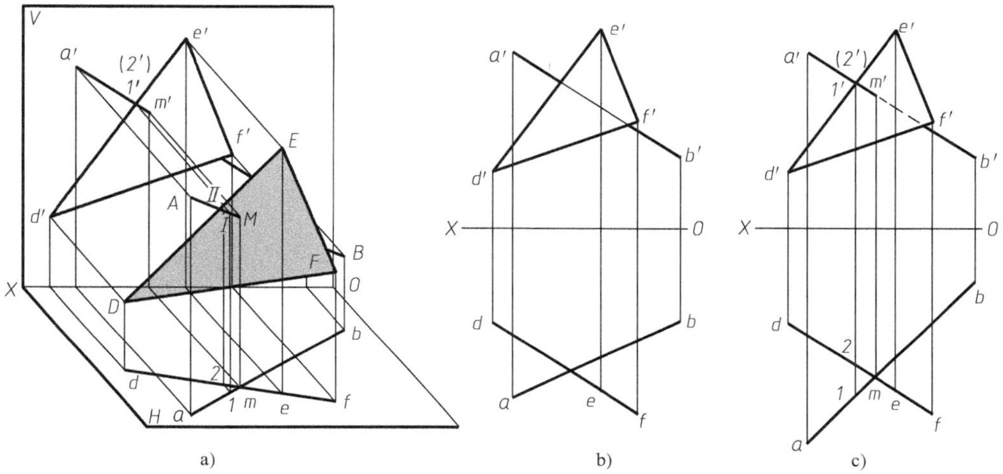

a)　　b)　　c)

图 4-14　求一般位置直线与铅垂面的交点

分析：由于交点 M 是直线 AB 与铅垂面△DEF 的共有点，所以它的水平投影一定是直线 AB 的水平投影 ab 与铅垂面△DEF 的水平投影 def 的交点 m。既然交点 M 是直线 AB 上的点，那么根据点、线的从属关系的投影特性，可由 m 求得交点的正面投影 m'。

作图：如图 4-14 所示。

1）求交点。由线、面水平投影之交点便可确定它们交点的水平投影 m，由 m 向上作投影连线与 $a'b'$的交点便为交点的正面投影 m'。

2）可见性判别。为了增强投影图的直观性，应对线、面投影的重叠部分判别它们的可见性。在水平投影中，除交点 M 外无投影重叠问题，由于平面积聚成线，不会产生遮挡现象，故无需进行可见性判定。在正面投影中，平面 DEF 无积聚性，它会遮挡部分直线段。交点 M 的正面投影 m'是直线 AB 正面投影 $a'b'$上可见段与不可见段的分界点。故判定 $a'm'$和 $m'b'$的可见性时，可利用交叉两直线重影点可见性的判定方法来判定。如利用直线 AB 与△DEF 的一边 DE 对正面的重影点Ⅰ、Ⅱ来判定。自 $a'b'$与 $d'e'$的交点向下作投影连线与 ab、de 分别交于 1、2，显然，直线 AB 上的点Ⅰ的 y 坐标大于 DE 上的点Ⅱ的 y 坐标，所以点Ⅰ的正面投影 1′可见，也即 AM 的这段正面投影为可见，应以粗实线画出。另一段直线的投影 $m'b'$被△$d'e'f'$遮住的部分为不可见，应画成虚线。可见性的判别也可以从投影图直接观察出。从图 4-14c 所示的水平投影中可以看出，可见性的分界点 M 把直线分成两部分，AM 在平面△DEF 前，其正面投影 $a'm'$为可见，MB 在平面△DEF 之后，其正面投影 $m'b'$与△$d'e'f'$重叠部分为不可见。

（2）特殊位置直线与一般位置平面相交

例 4-7：如图 4-15a 所示，已知铅垂线 *AB* 与一般位置平面△*DEF* 相交，求其交点。

分析：由于铅垂线 *AB* 的水平投影有积聚性，所以交点 *M* 的水平投影（*m*）与铅垂线 *AB* 的投影 *a*(*b*) 重合，可直接求出。又因为交点 *M* 是平面△*DEF* 上的点，故可利用面上取点的作图方法求得交点 *M* 的正面投影 *m*′。

作图：如图 4-15 所示。

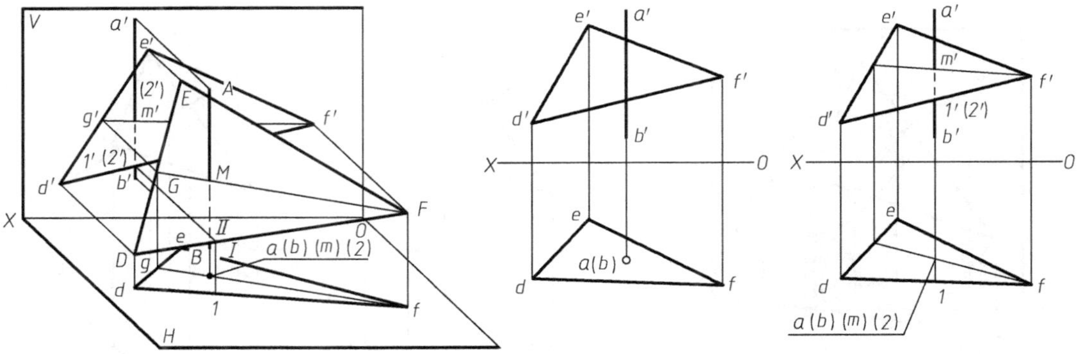

a)　　　　b)　　　　c)

图 4-15　求铅垂线与一般位置平面的交点

1）在水平投影中确定交点 *M* 的水平投影（*m*）。

2）在平面△*DEF* 内过交点 *M* 作辅助线 *FG*，先在水平投影中作出 *fg*，再求出 *f*′*g*′。

3）根据点线从属关系，由 *m* 求出交点 *M* 的正面投影 *m*′。

4）判别可见性。由于铅垂线 *AB* 与平面△*DEF* 的一边 *DF* 是交叉两直线，故可根据它们对正面的重影点Ⅰ、Ⅱ的可见性来判别。从水平投影可以看出点Ⅰ的 *y* 坐标值大于点Ⅱ的 *y* 坐标值，即直线 *DF* 上的点Ⅰ在直线 *AB* 上的点Ⅱ的前方。由此可判定直线 *AM* 的正面投影 *a*′*m*′为可见，而另一段直线 *MB* 的正面投影 *m*′*b*′被△*d*′*e*′*f*′遮住的部分为不可见。此例的可见性，也可类似上例由投影图观察直接得出。

（3）一般位置平面与特殊位置平面相交

例 4-8　如图 4-16a 所示，求正垂面 *ABCD* 与一般位置平面△*EFG* 之交线。

分析：正垂面 *ABCD* 的正面投影（*a*′）（*b*′）*c*′*d*′有积聚性，故交线 *MN* 的正面投影（*m*′*n*′）必定在(*a*′)(*b*′)*c*′*d*′上，又交线 *MN* 也在△*EFG* 上，故可按面上定点取线的方法求出交线 *MN* 的水平投影 *mn*。

作图：

1）在正面投影中，利用正垂面 *ABCD* 的积聚性直接画出交线 *MN* 的正面投影 *m*′*n*′。

2）因 *m*′*n*′是平面△*EFG* 内的直线 *MN* 的正面投影，根据点、线从属关系和面上取线的作图方法，求出共有线 *MN* 的水平投影 *mn*。

3）判别可见性。根据交线的投影是两平面投影重叠部分可见与不可见的分界线，由于交线是可见的，因而将交线 *MN* 的水平投影画成粗实线。以交线 *MN* 为界，根据两平面正面投影的上、下位置可知：平面△*EFG* 的正面投影△*e*′*f*′*g*′被 *m*′*n*′分成两部分，四边形 *e*′*f*′(*n*′)

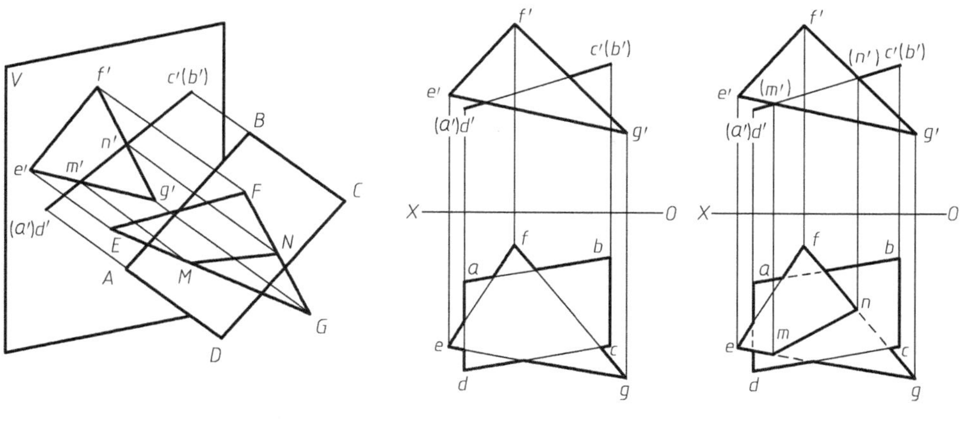

a)　　　b)　　　c)

图 4-16　正垂面与一般位置平面相交

(m')在 $m'n'$ 上方，说明平面△*EFG* 中的一部分四边形 *EFNM* 在正垂面 *ABCD* 的上方，所以，其水平投影 *efnm* 可见，应画成粗实线。两者的水平投影重叠部分应是正垂面 *abcd* 中的一部分不可见，也即 *ab*、*ad* 在四边形 *efnm* 内的部分应画成虚线。而平面△*MNG* 的另一部分为△*EFG* 在正垂面 *ABCD* 的下方，所以它的水平投影△*mng* 被正垂面 *ABCD* 遮住的部分为不可见。上述的可见性判别也可以用交叉两直线的重影点来判别。

(4) 两特殊位置平面相交　如图 4-17 所示，两铅垂面△*ABC* 与△*DEF* 相交，该两相交平面的水平投影积聚成相交的两直线。两平面交线 *MN* 的水平投影必然重合在该两积聚性直线的交点上。也即 *MN* 是铅垂线，其正面投影必是垂直于 *X* 轴的直线 $m'n'$，且 $m'n'$ 的长度限于两平面正面投影的重叠范围之内。可见性的判别方法类似上例。如图 4-17b 所示。

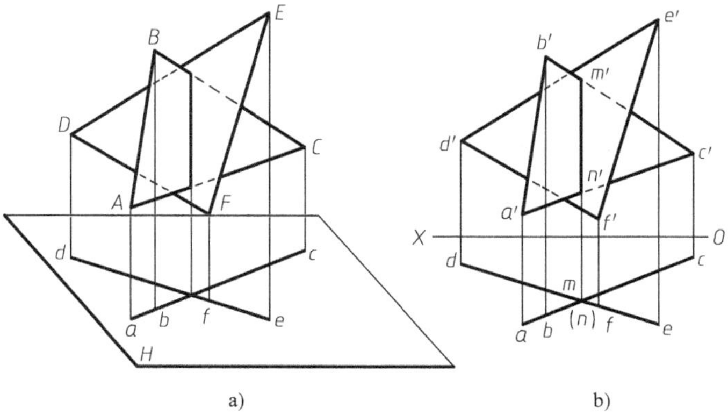

a)　　　b)

图 4-17　两特殊位置平面相交

2. 利用辅助平面求交点、交线

一般位置直线和平面相交或两一般位置平面相交，由于它们的投影都无积聚性，不能直接在投影图上求得交点或交线的投影，故需应用下面介绍的辅助平面法求解。

(1) 利用辅助平面法求一般位置直线与平面的交点　如图 4-18 所示，直线 *AB* 与平面△*DEF* 交于共

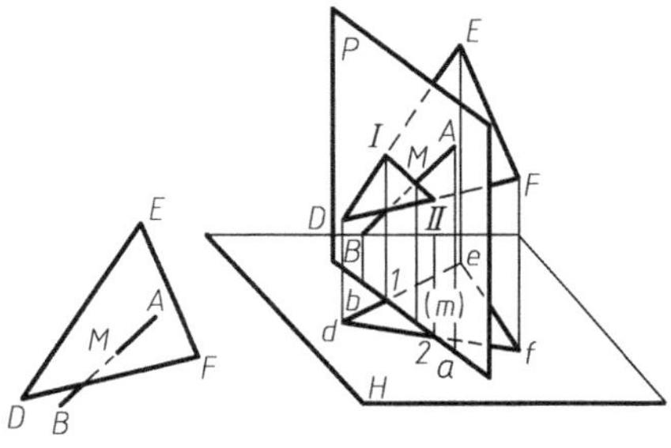

a)　　　b)

图 4-18　一般位置直线与平面相交

有点 M，点 M 是平面△DEF 内的一点，它一定在平面△DEF 内的某一直线上（如在ⅠⅡ上），这样过交点 M 的直线ⅠⅡ和已知直线 AB 就构成了一个辅助平面 P。显然，直线ⅠⅡ也就是平面△DEF 和辅助平面 P 的交线。交线ⅠⅡ和已知直线 AB 的交点 M 即为直线 AB 和平面△DEF 的交点。上述求直线与平面交点的方法称为线面交点辅助平面法。

通过以上分析可归纳出求一般位置直线与平面之交点的步骤如下：

1）包含已知直线 AB 作一辅助平面 P。

2）求出辅助平面与已知平面△DEF 的交线ⅠⅡ。

3）求出交线ⅠⅡ与已知直线的交点 M，点 M 即为直线 AB 与已知平面△DEF 的交点。

过直线 AB 可以作无数个平面，但为了作图简便，通常是包含直线作特殊位置平面（投影面垂直面或平行面）为辅助面，这样可以很方便地求出辅助平面与已知平面的交线。

例 4-9 求直线 AB 与平面△DEF 的交点 M，如图 4-19a 所示。

分析： 如图 4-18 所示，按上述原理和方法进行分析。

作图：

1）作一包含直线 AB 的铅垂面 P（也可以过直线 AB 作正垂面）为辅助平面，辅助平面 P 用迹线表示，水平迹线 P_H 与 ab 重合，正面迹线因与作图无关，故一般可省去不画，如图 4-19b所示。

2）求出辅助平面 P 与已知平面△DEF 的交线ⅠⅡ，如图 4-19c 所示，先确定 1、2，再求出 1′、2′。

3）求出交线ⅠⅡ与已知直线 AB 的交点 M(点 M 即为直线 AB 与已知平面△DEF 的交点)。如图 4-19d 所示，先在正面投影中找出 1′2′与 $a'b'$的交点 m'，再根据 m'求出 m，即得交点 M 的两面投影。

4）判别可见性。利用交叉直线的重影点可见性的判别方法，分别判定各投影的可见性，具体方法如前所述。其结果如图 4-19e 所示。

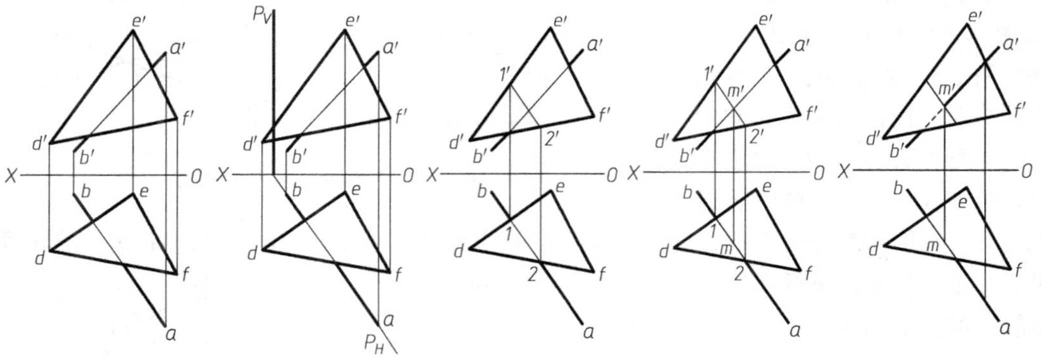

a)　b)　c)　d)　e)

图 4-19　求一般位置线面交点的方法步骤

（2）利用辅助平面法求两一般位置平面的交线　两平面图形相交有两种情况：一种是一个平面图形全部穿过另一个平面图形，这种情况称为全交，如图 4-20a 所示；另一种是两平面图形的边线互相穿过，如图 4-20b 所示，这种情况称为互交。图 4-20b 所示是由图 4-20a 中所示△DEF 扩大为△DEG 而形成互交（也可将△DEF 向右移一距离而形成互交）的。这两种相交情况的实质是一样的，因此，求解方法也相同。对于互交，由于平面图形有一定的范围，因此，其交线也有一定的范围，一般取两平面图形共有的一部分。应用辅助平面法求两平面交线可有以下两种方法：

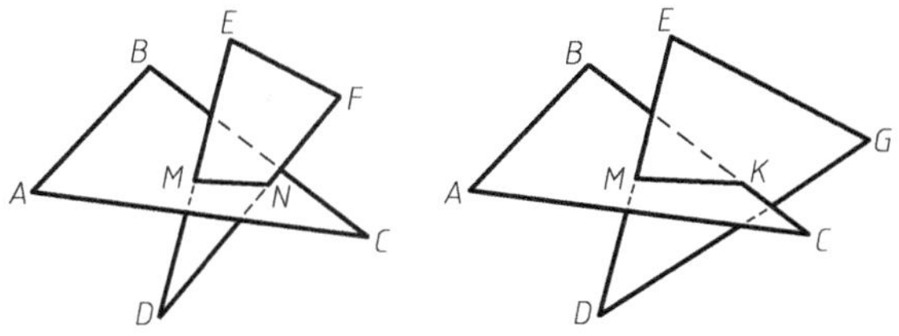

a)　　b)

图 4-20　两平面相交的两种情况

方法一：线面交点辅助平面法。可在一平面（或两平面上）上任取两直线，分别作出它们与另一平面的交点，连接后即为此两平面的交线（实质上是把一般位置直线与平面求交点的方法做两次）。

例 4-10　如图 4-21a 所示，求平面$\triangle ABC$与平面$\triangle DEF$的交线。

分析：在$\triangle DEF$中选取 DE、DF 两边线，分别作出它们与平面$\triangle ABC$的交点，连接后即为所求交线。

作图：如图 4-21b 所示。

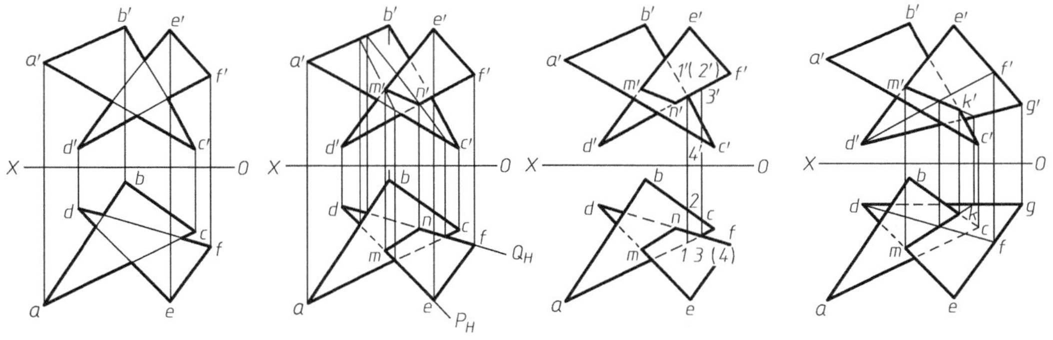

a)　　b)　　c)　　d)

图 4-21　用线面交点辅助平面法求两平面交线

1）作辅助平面 P，求出 DE 边与$\triangle ABC$的交点 $M(m'、m)$。

2）作辅助平面 Q，求出 DF 边与$\triangle ABC$的交点 $N(n'、n)$。

3）将交点的同面投影相连，则 $m'n'$、mn 即为所求交线的投影。

4）判别可见性，如图 4-21c 所示。

① 正面投影的可见性。取重影点Ⅰ、Ⅱ，可判别出 $n'f'$ 可见，进而推知四边形 $n'f'e'm'$ 可见，$b'c'$ 与四边形 $n'f'e'm'$ 重合部分被其遮住了，所以为不可见。由于两平面之交线，既是共有线，又是可见性的分界线，故$\triangle d'e'f'$中除了四边形 $n'f'e'm'$ 部分可见外，过了 $m'n'$ 则为不可见，被$\triangle ABC$遮住了，但露在$\triangle ABC$外的部分仍可见。

② 水平投影的可见性。仿正面投影可见性的判别方法，取重影点Ⅲ、Ⅳ，即可判别。

由此可见，一个投影面上投影的可见性只要考察一对重影点即可。

如图 4-21a 所示，把$\triangle DEF$扩大到$\triangle DEG$便成了如图 4-21d 所示的互交的情况。前面提及可以过两平面图形中任意两条线作辅助平面，如本例题，除了过 de 作辅助铅垂面，求得点 M 外，另一点 N 可过 $b'c'$ 作辅助正垂面求得。

方法二：三面共点辅助平面法。如图 4-22a 所示的平面 $ABCD$ 和平面$\triangle EFG$，它们的轮廓线不直接相交，因此，不便于用线面交点法作图，而要应用下面介绍的三面共点法求解。

作一辅助平面 P，使其与两已知平面分别相交于直线ⅠⅡ和ⅢⅣ，由于这两直线在同一平面 P 上，同平面直线不平行（两已知平面不平行）则相交。故交点 M 为三平面共有点，这种求共有点的方法称为三面共点法。同理，再作辅助面 Q，又可求得另一共有点 N，则直线 MN 即为两已知平面的交线。为了便于求出辅助平面与已知平面的交线，要求所作辅助面尽可能是特殊位置平面，即其一个投影具有积聚性，通常取投影面平行面。

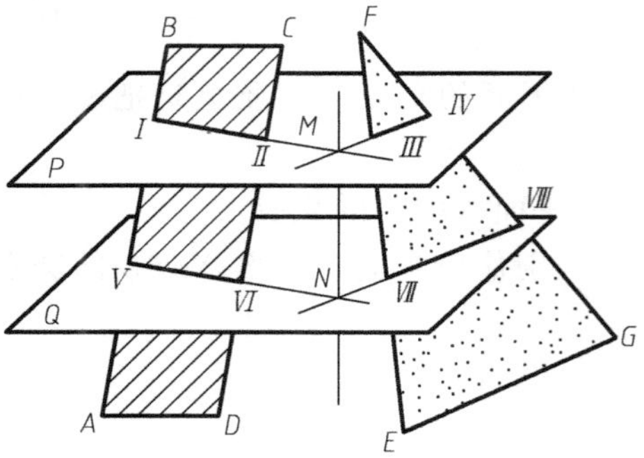

a)

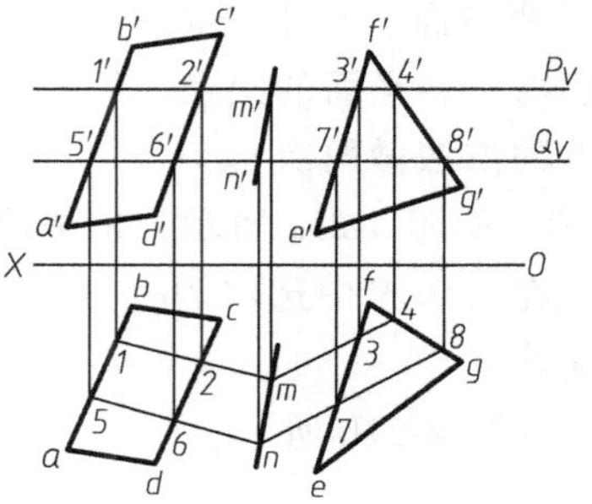

b)

图 4-22　三面共点法求两一般位置平面的交线

三面共点法求共有点是制图基础中基本作图方法之一。它不但可用以求平面的交线，而且还可用以求曲面的交线，这在后文将继续讨论。

例 4-11　如图 4-22b 所示，求平面 $ABCD$ 与平面△EFG 的交线。

分析： 根据上述三面共点法的原理求出两平面的两个共有点，连接即得所求交线。

作图：

1）作水平辅助平面 P，利用 P_V 的积聚性，分别求出平面 P 与两已知平面交线的投影 $1'2'$和 12 以及 $3'4'$和 34，延长 12 和 34 相交于点 m，再由点 m 求出 m'，则点 $M(m'、m)$ 即为两平面的一个共有点。

2）仿 1）的方法，再取水平辅助平面 Q，求得另一个共有点 N（实际上两平面上水平线的方向已定，因此分别求得辅助平面与已知两平面各一个交点便可作出辅助交线，如图 4-22b中所示的点Ⅴ和点Ⅷ的投影）。

3）连接两个共有点的同面投影 $m'n'$、mn，即为所求交线的两投影。

三、垂直问题

1. 直线与平面垂直

由初等几何知，若一直线垂直于一平面上任意相交两直线，则此直线垂直于该平面。如图 4-23 所示，直线 AB 垂直于平面 P 上的两条相交直线 CD 和 EF，则直线 AB 垂直于平面 P。反之，若一直线垂直于一平面，则此直线必垂直于该平面上的一切直线（过垂足或不过垂足）。如图 4-23 所示，$\because AB\perp P$，$\therefore AB\perp HG$，$AB\perp MN$ 等。

从上述几何条件可以看出，直线与平面的垂直关系是通过直线与直线的垂直关系来体现的。为了讨论它们的投影特性，平面上的相交两直线可选为投影面平行线。如图 4-24a 所示，若直线 $MN \perp \triangle ABC$，则直线 MN 必垂直于平面 $\triangle ABC$ 上的一切直线，当然包括其中的正平线和水平线。图中选取了过点 A 的水平线 AD 和过点 B 的正平线 BE，在空间，直线 MN 与直线 AD、BE 分别构成互相垂直相交的两直线，根据直角投影特性可知，垂线 MN 的水平投影和 AD 的水平投影应成直角，即 $mn \perp ad$；垂线 MN 的正面投影和 BE 的正面投影应成直角，即 $m'n' \perp b'e'$，如图 4-24b 所示。综上所述，直线与平面垂直有如下投影特性：

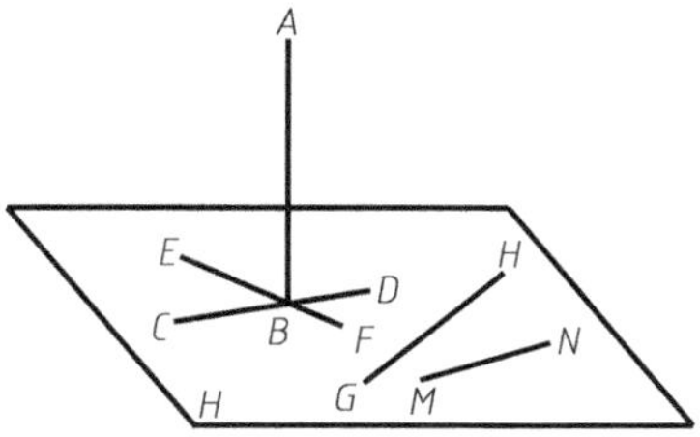

图 4-23 直线与平面垂直的条件

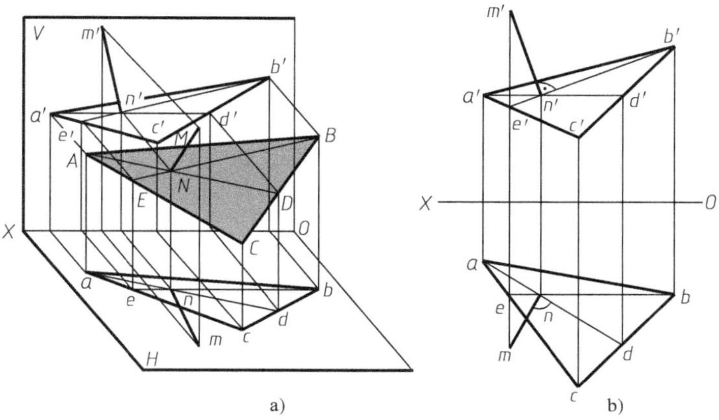

图 4-24 直线与平面垂直的投影特性

若一直线垂直于一平面，则此直线的水平投影必垂直于平面上的水平线的水平投影；此直线的正面投影必垂直于该平面上的正平线的正面投影；此直线的侧面投影必垂直于侧平线的侧面投影。为便于叙述约定：投影面平行线在与其平行的投影面的投影称为实长投影，这样上述性质可概括为：若一直线垂直于一平面，则该平面上的投影面平行线的实长投影与直线的同面投影保持垂直，反之亦然。

利用上述投影特性：可解决两个基本作图问题。

（1）作已知平面的垂线（过平面外一点或过平面上一点）

例 4-12 如图 4-25a 所示，已知平面 $\triangle ABC$ 和平面外一点 D，求作过点 D 且垂直于平面 ABC 的垂线 DE（长度任定）。

分析： 在空间仅过点 D 作直线可以作无数条，若加上垂直于平面 $\triangle ABC$（具体地说是垂直于平面 $\triangle ABC$ 上的正平线和水平线）的条件，即把直线的方向给限定了。在投影图上，只要作出平面 $\triangle ABC$ 上的正平线和水平线，直线的投影即可作出。

作图：

1）在平面 $\triangle ABC$ 上作正平线 AⅠ（$a'1'$，$a1$）和水平线 BⅡ（$b'2'$，$b2$）。

2）过 d' 作 $d'e' \perp a'1'$，过 d 作 $de \perp b2$，则 $d'e'$、de 即为所求直线 DE 的两投影。如图 4-25b所示。

讨论： 如此题改为过平面上一点（如点 A）作平面的垂线，只要将上述作图步骤第二步中的点 D 换成点 A 即可，如图 4-25b 所示。由此可见，一个平面上的投影面平行线是其法线（垂线）方向的导向线。

（2）作已知直线的垂面（过直线外一点或过直线上一点）

例 4-13 如图 4-26a 所示，已知直线 AB 和直线外一点 C，求作过点 C 且垂直于直线 AB

的平面。

分析： 在空间仅过一点 C 作平面可作无数个，若加上垂直于直线 AB 的条件，即把平面的方向限定了。假设平面已经作出，则该平面上的正平线、水平线的实长投影必与直线的同面投影垂直。

作图：

1）过点 c' 作 $c'd' \perp a'b'$，$cd /\!/ OX$；

2）过 c 作 $ce \perp ab$，$c'e' /\!/ OX$，则相交两直线 CD 和 CE 组成的平面垂直于已知直线 AB，如图 4-26b 所示。

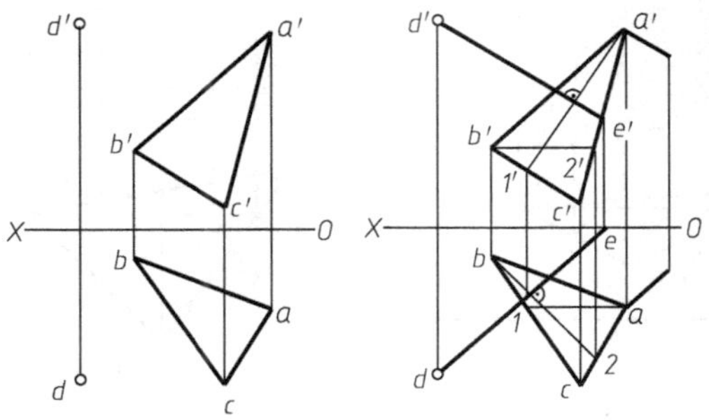

a)　　b)

图 4-25　作平面的垂线

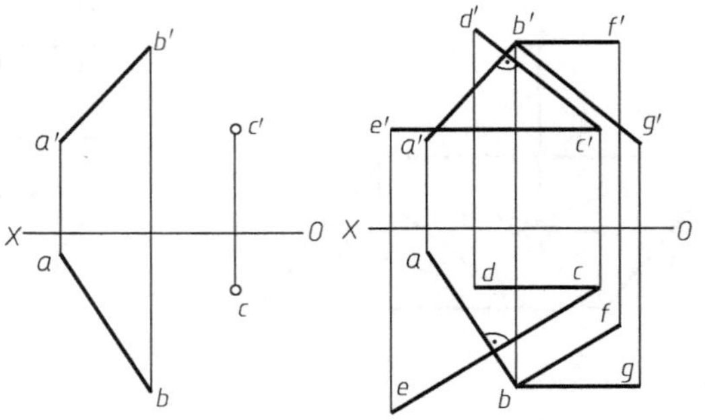

a)　　b)

图 4-26　作直线的垂面

讨论： 若将直线外一点 C 改为直线上一点 B，则过点 B 作垂直于直线 AB 的平面的作图方法与上述类同，只需将点 D 改为点 B 即可，如图 4-26b 所示。由此也可以看出作已知直线的垂面，垂面上的投影面平行线的实长投影是以直线的同面投影为导向线。

2. 两平面垂直

由初等几何知，若一直线垂直于一平面，则包含此直线（或平行于此直线）所作的一切平面都垂直于该平面。如图 4-27a 所示，直线 AB 垂直于平面 P，则包含直线所作的一切平面 Q、R 等都垂直于 P。另外平面 S 平行于直线 AB，所以平面 S 也垂直于平面 P。

反之，若两平面相互垂直，则在第一平面上任一点向第二个平面所作的垂线必在第一平面上。如图 4-27b 所示，已知平面 P、Q 相互垂直，则从平面 Q 上任取一点 A 向平面 P 作垂线 AB，则直线 AB 一定在平面 Q 上。如图 4-27c 所示，已知两平面 P、Q 既不垂直也不平行，则从平面 Q 上任一点 A 向平面 P 作垂线 AB，则 AB 一定不在平面 Q 上。上述两种作图也可以从平面 P 上任一点向平面 Q 作垂线，结论读者可自己验证。

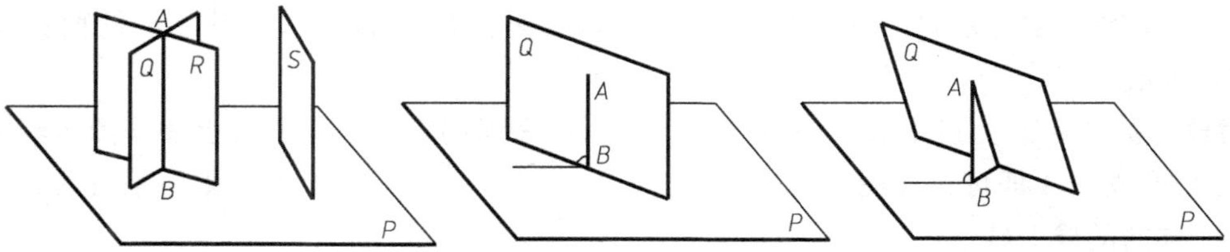

a)　　b)　　c)

图 4-27　两平面垂直的原理

根据上述特性，可在投影图上解决两平面相互垂直的作图和两平面的垂直判别问题。同时不难看出平面垂直的投影作图是以直线垂直平面及包含直线作平面的作图为基础的，所以直线与平面垂直的作图是最基本的作图方法之一。

例 4-14 如图 4-28a 所示，过点 D 作一平面垂直于平面△ABC。

分析：作平面垂直于已知平面时，应先作出一直线垂直于已知平面，然后包含所作的垂线作平面。因为包含直线作平面可有无数个，故本题有无穷多解。

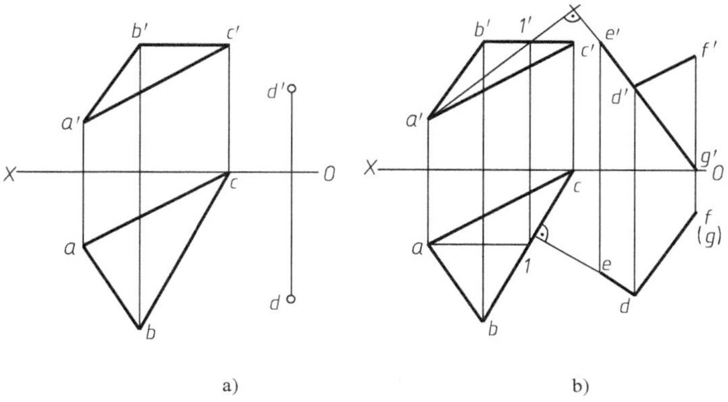

图 4-28 作已知平面的垂面

作图：如图 4-28b 所示。

1）在平面△ABC 中作出（或找出）投影面平行线。图中 BC 为水平线，再作出正平线 AⅠ。

2）过点 D 作直线 DE 垂直于平面△ABC 内相交两直线 AⅠ、BC（过 d'作 $d'e'\perp a'1'$，过 d 作 $de\perp bc$）。

3）过点 D 任作一直线 DF(作 $d'f'$、df) 则两相交直线 DE、DF 所确定的平面，即为所求平面的一个解。

讨论：若此题改为求作过点 D 的正垂面，则平面位置被唯一确定。如图中的 DE 与 DG 两相交直线组成的平面（D、E、G 三点的正面投影 d'、e'、g'共线）。

例 4-15 判别平面△ABC 和 DEF 是否垂直，如图 4-29a 所示。

分析：过任一平面上任一点向另一平面作垂线，若所作垂线在所取点的平面上，则两平面垂直。否则，两平面不垂直。

作图：

1）在平面△ABC 内任作一正平线 AⅠ和水平线 CⅡ，如图 4-29b 所示。

2）在平面△DEF 上任一点 F 向平面△ABC 作垂线 FG($f'g'\perp a'1'$，$fg\perp c2$)。

3）考察直线 FG 是否在平面△DEF 上，由于 g'在 $d'e'$上，g 不在 de 上，所以点 G 不在平面△DEF 上，即直线 FG 不在平面△DEF 上，故平面△ABC 和平面△DEF 不垂直。

讨论：考察能否在平面△DEF 上作出垂直于△ABC 的直线，也可判别两平面是否垂直。如作出该平面上的任一直线 FH，使其正面投影 $f'h'\perp a'1'$，然后考察其水平投影 fh 是否与 $c2$ 垂直，显然 fh 与 $c2$ 不垂直，由此也可判定已知的两平面不垂直。

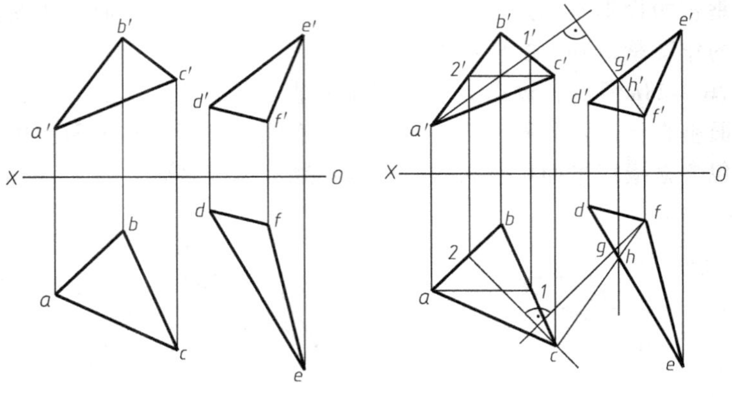

a)　　　　　　b)

图 4-29　判别两平面是否垂直

第二节　点、线、面综合问题*

前面讨论的平行、相交、垂直等问题偏重于探求每一单个问题的投影特性、作图原理与方法，在解决空间几何元素及其相互之间的定位问题（如交点、交线、图形等）和度量问题（如距离、角度等）时，往往需要综合运用上述几方面的内容和作图方法才能解决。这就是本节要讨论的点、线、面综合问题。

一、求解综合问题须熟练掌握的几个基本作图问题

1）求直线与平面的交点。

2）求两平面的交线。

3）过定点或直线作平面及在指定平面上取点、线。

4）过定点作直线或平面平行于指定直线或指定平面。

5）作指定直线的垂面（过线上点或过线外点）。

6）作指定平面的垂线（过面上点或过面外点）。

二、求解综合问题的一般步骤

（1）分析几何元素的空间位置　根据几何元素的投影特性从几何元素的投影中分析它们在空间处于何种位置。

（2）分析几何元素间的相互关系　在分析时，可以用递推法（或称预设答案法），先假设欲求几何元素（答案）已经求出，然后分析欲求几何元素与已知几何元素之间的相对位置关系，从而得出解题的途径和具体作图方法。也可以用轨迹法，即往往欲求几何元素同时受几个几何元素的约束，先分析它们受各个单一几何元素约束时的轨迹（几何元素），然后求这些轨迹的相交元素即可。

（3）先分析解题方法　通过对几何元素及其相对关系的分析，运用初等几何知识，获

得空间几何解题的具体途径和投影作图步骤。

解题中，可能有几种不同的解题方法，其作图简繁程度也有差别，应尽量采用比较简捷的方法。

(4) 进行投影作图和必要的说明　根据空间几何解题步骤，运用各种基本作图方法进行投影作图，对于较复杂的问题，必要时需简要说明作图步骤。

(5) 对图解结果进行讨论或验证　当必要时，需讨论该问题是否有解或有几个解的可能性，以及证明图解结果的正确性，即验证图解结果能够满足所需要的几何条件。

三、综合问题举例

例 4-16　如图 4-30a 所示，已知三条交叉直线 *AB*、*CD*、*EF* 的投影，试作一直线 *MN*，使之与 *CD*、*EF* 相交，同时与 *AB* 平行。

方法一：

分析：如图 4-30b 所示，过直线 *CD* 上任意点 *C* 作直线 *C* Ⅰ // *AB*，则由 *CD*、*C* Ⅰ 组成的平面 *P* 平行于直线 *AB*，直线 *EF* 与平面 *P* 一定相交，求出交点并过此交点，作平行于直线 *AB* 的直线即为所求的解。这是求线面交点问题。

作图：如图 4-30c 所示。

讨论：在一般情况下，直线 *EF* 与平面 *P* 可以相交，且只有一个交点，所以在一般情况下，此题有唯一解，但已知三条交叉直线位于三个相互平行的平面中时则无解。

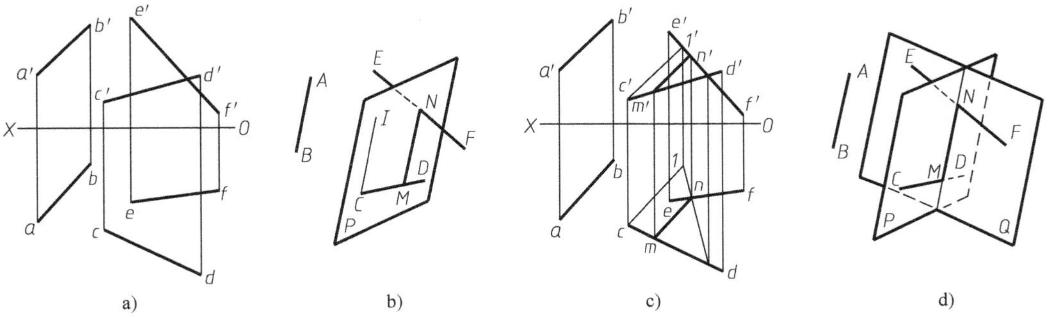

图 4-30　作一直线平行于已知直线中的一直线并与其余两直线相交

方法二：

分析：图 4-30d 所示为用轨迹法解空间问题的示意图。与直线 *AB* 平行且与 *CD* 相交的直线有无数条，其轨迹是过直线 *CD* 且平行于直线 *AB* 的平面 *P*。同理与直线 *EF* 相交且平行于直线 *AB* 的直线有无数条，其轨迹是过直线 *EF* 且平行于直线 *AB* 的平面 *Q*。两平面 *P*、*Q* 之交线即为所求。这是两平面的交线问题，其作图是在解法一第一、二步骤的基础上再作出平面 *Q* 与直线 *CD* 的交点，结果一样。很显然解法二重复了一次求线面交点，所以比解法一复杂一些。具体作图由读者完成。

例 4-17　如图 4-31a 所示，已知直线 *AB*、*DE* 和点 *C*，试过点 *C* 作一直线 *CM* 垂直于直线 *AB*，并与直线 *DE* 相交于点 *M*。

分析：可用轨迹法来分析。如图 4-31b 所示，过点 *C* 且垂直于直线 *AB* 的轨迹是过点 *C*

且垂直于直线 *AB* 的平面 *Q*。在这无数条垂直线的垂面 *Q* 上总有一条与直线 *DE* 相交，即直线 *CM* 必通过直线 *DE* 与垂面 *Q* 的交点。这里主要综合了作线的垂直面和求线面交点两个基本作图方法。

作图：如图 4-31c 所示。

讨论：

1）直线 *AB* 可作为某一平面（如△*AFG*）的法线（垂线），所以题目也可以改为求过点作一直线与平面△*AFG* 平行并与直线 *DE* 相交，如图 4-31d 所示。求解时，只需把上述作图第一步改为过点 *C* 作平面△*AFG* 的平行面 *Q*，其他作图相同。由此可见有些题表面有些差异，但实质是一样或类同。解题实践中要注意培养这种举一反三，触类旁通的能力。

2）此题也可用预设答案法分析。假设直线 *CM* 已求出，连接点 *C* 与直线 *DE* 成一平面（设为 *P*），则直线 *CM* 必在平面 *P* 内，再过点 *C* 作直线 *AB* 的垂直平面 *Q*，*P*、*Q* 交线即为所求。此解法的作图较轨迹法复杂一些。

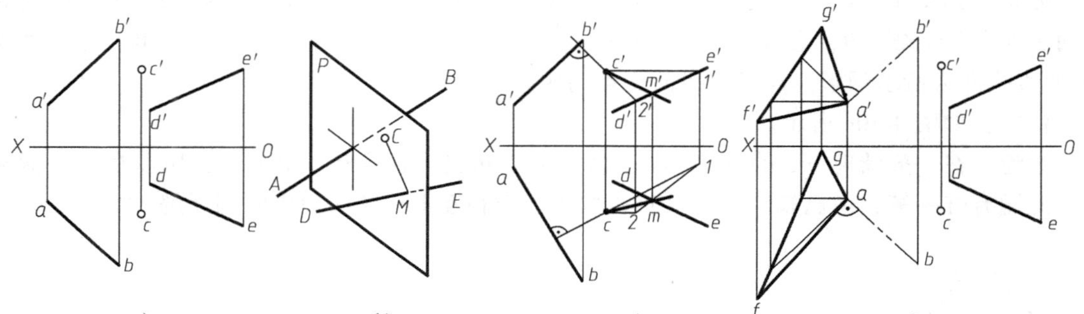

a) b) c) d)

图 4-31 过定点作一直线垂直于两直线中的一直线并与另一直线相交

例 4-18 如图 4-32 所示，求两交叉直线 *AB*、*CD* 的公垂线。

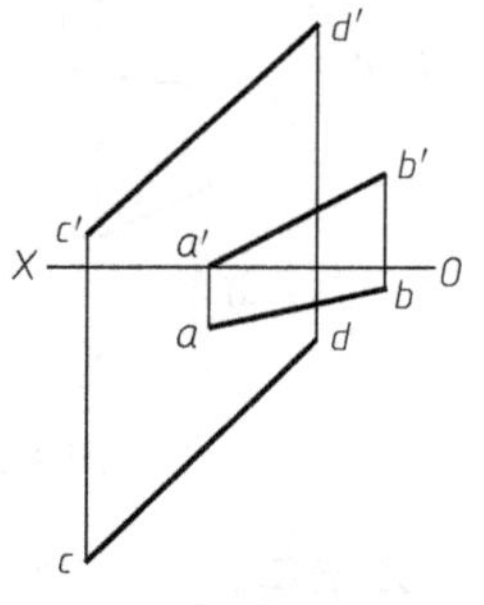

图 4-32 求交叉两直线的公垂线（一）

方法一：

如图 4-33a 所示，预设答案为 *MN*，则直线 *AB* 与直线 *MN* 确定一平面 *P*，过直线 *CD* 上任一点 *D* 作直线 *DG*//*AB*，直线 *CD*、*DG* 确定一平面 *Q*，则平面 *Q* 平行于直线 *AB*。平面 *P* 又可由过直线 *AB* 上任一点 *A* 向平面 *Q* 作垂线 *AH* 所构成，平面 *P*、*Q* 的交线 *EF* 必定平行于直线 *AB*，交线 *EF* 与直线 *CD* 之交点 *N* 即公垂线端点之一，过点 *N* 作直线 *MN*//*AH* 交直线 *AB* 于点 *M*，则直线 *MN* 为所求的公共垂线。投影作图如图 4-33b 所示。

方法二：

由图 4-33a 所示可以看出，公垂线与直线 *AB* 组成平面 *P*，与直线 *CD* 构成平面 *R*（平面 *R* 可由过直线 *CD* 上任一点 *D* 作直线 *DJ*//*MN* 构成），平面 *R* 与 *P* 的交线便是两平面的公垂线。空间构思图如图 4-33c 所示。投影作图如图 4-33d 所示。

上述两种解法，解法一投影作图较为简单，解法二比较复杂一些。

例 4-19 如图 4-34a 所示，求平面四边形 *ABCD* 与△*EFG* 之夹角。

分析：两平面之夹角定义为两平面形成的两面角的平面角，如图 4-34b 所示。据此，可从空间任一点 *K* 向平面 *P*、*Q* 分别作垂线 *KM*、*KN*，它们组成的平面 *R* 垂直于平面 *P*、*Q* 及

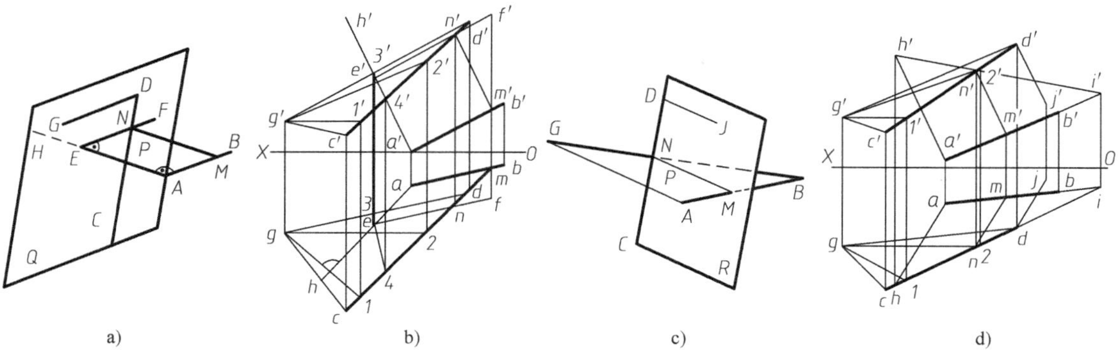

图 4-33 求交叉两直线的公垂线（二）

它们的交线，则角 ϕ 便为平面 P，Q 之夹角。由图可知，角 ϕ 与 θ 互补，即 $\phi=180^\circ-\theta$。通过求 $\triangle KMN$ 实形可得角 θ 的实际大小。

作图：如图 4-34c 所示。

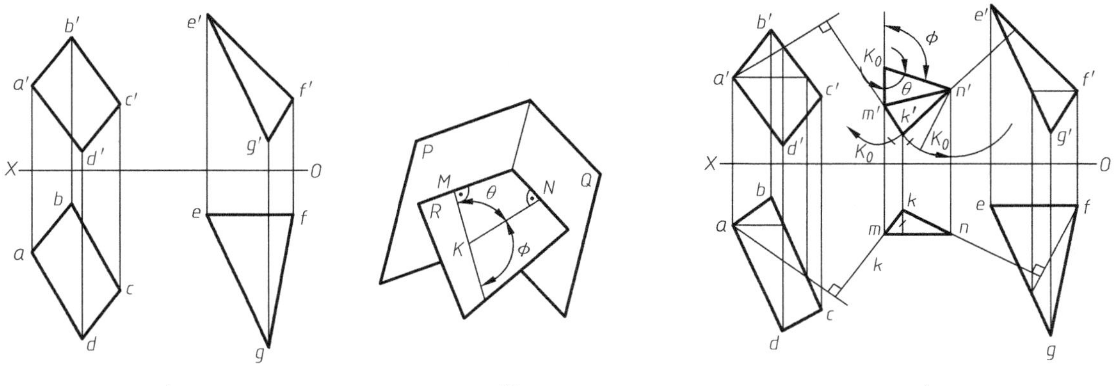

图 4-34 求两一般位置平面的夹角

第三节 平面、直线与立体相交

一、截交线概述

机器中的零件一般都可看成是由许多基本几何体组成。为了完成其一定的功能及零件加工工艺等方面的要求，零件的结构常常会遇到几何体被一个或几个平面截切的造型。如图 4-35a 所示的触头、图 4-35b 所示的螺母和 4-35c 所示的拉杆头等，都有平面与基本立体表面相交的问题。在机械图样中，为了清楚地表达零件的结构形状，以及画表面展开图，都要求正确地画出这些交线的投影。

如图 4-36 所示，立体被平面 P 截成的两部分，都称作截断体，平面 P 称为截平面，截平面与立体表面的交线称为截交线，截交线所围成的图形称为截断面，也称为剖面。研究平面与立体相交，其目的是求截交线（或截断体）的投影和截断面的实形。

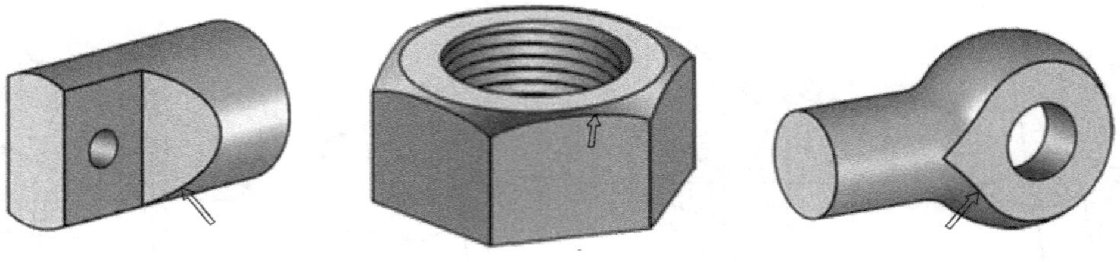

a)　　b)　　c)

图 4-35　截交线实例

二、截交线的性质

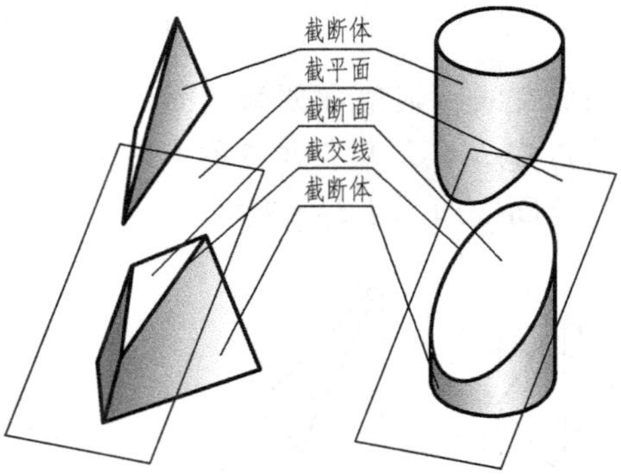

a)　　b)

图 4-36　截交线的形成

由于立体的形状各不相同，截平面的数量及截平面与立体相交位置的不同，所以截交线的形状也各不相同，但它们都具有如下基本性质：

（1）共有性　截交线既在截平面上，又在立体表面上，因此截交线是平面和立体表面的共有线。截交线上的点是截平面与立体表面的共有点。

（2）封闭性　由于立体是由表面围成的一部分封闭空间，所以它与平面相交的截交线必定是封闭的平面图形（多边形、平面曲线或直线与曲线的组合）。

三、截交线的基本作图方法与步骤

1. 分析

（1）空间分析　根据立体表面的几何特征和截平面与被截物体的相对位置，判断截交线的空间形状。

（2）投影分析　根据截平面和立体表面对投影面的相对位置及封闭性，判断截交线的投影范围和投影特征，以便采用相应的投影作图方法。

2. 作图

（1）化整为零　共有线→共有点（共有线由一系列共有点组成）。

1）特殊点。确定截交线投影范围的点（各投影轮廓线上点）、极限位置点（最左、最右、最前、最后、最高、最低点，极限素线上点）、截平面与平面立体棱线交点等。

2）一般点。在截交线的特殊点之间酌情作出一些一般位置的点，以便将各点光滑连接成曲线（截交线）和较为准确地作出曲线的形状和位置。

（2）积零为整　共有点的同面投影$\xrightarrow{\text{光顺连接}}$共有线的同面投影$\xrightarrow{\text{判别可见性}}$截交线的同面投影。

1）连线原则：对于平面立体截交线，位于同一棱面上的同一根交线的两端点才能相连；对于曲面立体的截交线，位于立体表面相邻素线（或纬圆）上的两点才可相连。

2）可见性：截交线在立体表面可见部分才可见，否则不可见。显然，立体投影轮廓线上的点是虚实分界点。

3. 连轮廓线检查加深

最后的图形是截断体的投影图，除将轮廓线连到虚实分界点之外，还需按截断体检查各投影是否有缺漏，检查无误后再加深。

求截交线的常用方法有积聚性和辅助平面法两种，下面结合具体题例分别讨论。

四、利用积聚性求平面立体的截交线

平面立体的表面是由若干个平面图形所围成的，所以它的截交线是由直线段所组成的封闭的平面多边形。多边形的各顶点是截平面与棱线的交点，多边形的每一条边是截平面与棱面的交线，如图 4-36a 所示。因此作平面立体的截交线，就是求出截平面与平面立体各被截棱线的交点，然后依次连接即得截交线，这种方法也称为交点法。

当截平面与立体表面至少二者之一在某投影面上的投影有积聚性时，可利用积聚性来求截交线，这种方法称为积聚性法。

例 4-20 三棱锥被正垂面 P 截切，如图 4-37a 及图 4-36a 所示，求截平面 P 下面一块截断体的三面投影及截断面实形。

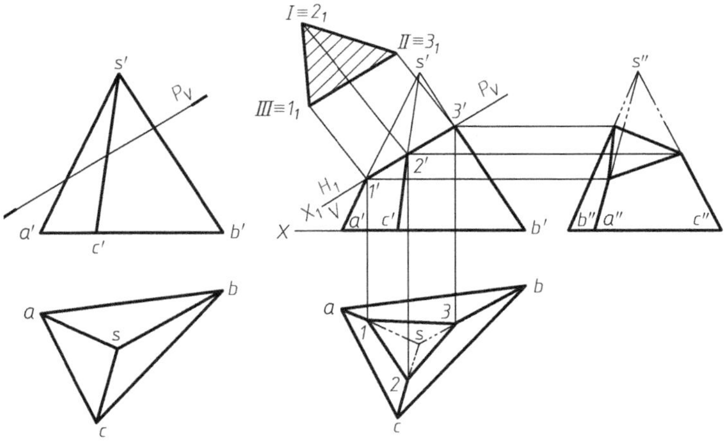

图 4-37 三棱锥截交线

分析： 截平面 P 为正垂面，其正面投影有积聚性，由图 4-37a 所示可知，截平面 P 与三棱锥的三根棱线都相交，截交线是△ⅠⅡⅢ（截平面与棱锥棱面的交线与其底是类似形），其正面投影△1′2′3′重合在 P_V 上，根据共有性，截交线△ⅠⅡⅢ也在立体表面上，这样问题就成为已知三棱锥的投影及其表面上截交线△ⅠⅡⅢ的正面投影△1′2′3′，求其他两投影的作图。

作图：

1）先补画出三棱锥的侧面投影。

2）利用 P_V 的积聚性，可直接得到截交线△ⅠⅡⅢ的正面投影直线段 1′2′3′，也即可直接确定棱线 SA、SB、SC 与截平面 P 的交点Ⅰ、Ⅱ、Ⅲ的正面投影，1′、2′、3′的位置。

3）由 1′、2′、3′向其他两投影面作投影连线与对应的棱线相交，便得到 1、2、3 和 1″、2″、3″，按Ⅰ→ⅡⅢ→Ⅰ的顺序，把三交点的各同面投影连成三边形。由于截交线所在表面的水平投影均可见，所以截交线的水平投影均可见；截交线上较右的点都高于较左的点，所以截交线的侧面投影也是可见的。擦去截去的截断体的投影（或用细双点画线画出轮廓），便是所求截断体的三面投影。

4）求截断面实形，一般可用投影变换的方法解决（也可用直角三角形法求出三个边的实长），本例中采用了一次换面，求出正垂面 P 上截断面实形，如图 4-37b 所示。

例 4-21 求三棱柱被一般位置平面 $\triangle DEF$ 截切后的三面投影（去掉上面一块截断体），如图 4-38a、b 所示。

分析：由于三棱柱的各棱面都是铅垂面，其水平投影具有积聚性，也就是截交线 $\triangle GHK$ 的水平投影 $\triangle ghk$ 与三棱柱在水平投影面的积聚性投影 $\triangle abc$ 重影，根据共有性交线也在截平面 $\triangle DEF$ 上，这样便转化为在平面 $\triangle DEF$ 上作出 $\triangle GHK$ 的其他两面投影，可利用面上取线定点的方法来解决。

作图：如图 4-38c 所示。

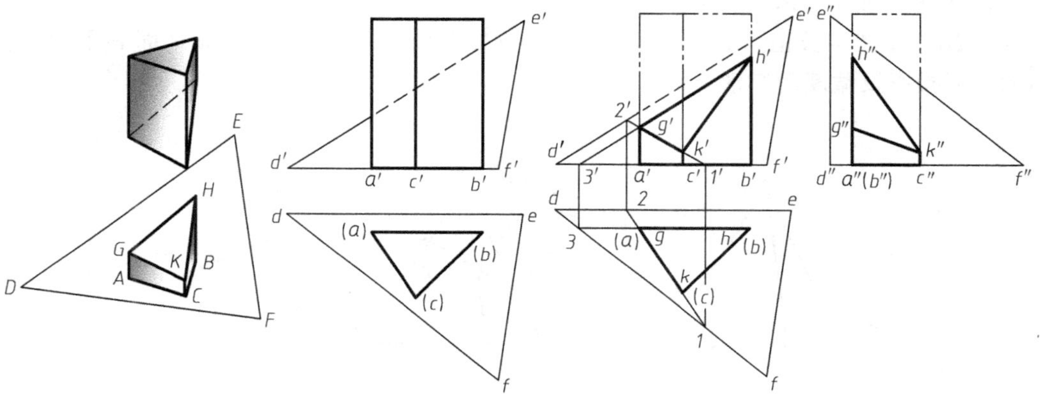

a)　　　　b)　　　　c)

图 4-38　三棱柱截交线

以上两题都是利用积聚性求截交线，现小结如下。

利用截平面和立体表面至少是二者之一对某投影面有积聚性投影，与截交线的共有性相结合就得出其作图方法。

利用截平面（或立体表面）对某投影面的积聚性，直接判断出截交线在积聚性投影上的具体位置，再把它看作是立体表面（或截平面）上的截交线的已知投影，于是把问题转化为已知立体表面（或截平面）的投影及其上的截交线的一个投影，求其余投影的作图。再化线为点，用立体表面（或截平面）上定点的方法求出有关点的同面投影，依照积聚性投影的顺序连成线并判别可见性。为便于记忆可概括成如下口诀：

利用积聚性，先求积聚影，转为它面线，表面定点解。

五、利用积聚性法求曲面立体的截交线

1. 圆柱体的截交线

设截平面与圆柱体轴线间的夹角为 α（$0°\leqslant\alpha\leqslant 90°$），则圆柱体截交线的形状可因夹角大小的不同而异。平面与圆柱面相交的各种情况见表 4-2。

当 $\alpha=90°$，截平面与圆柱体轴线垂直，且只与圆柱面相交，交线为直径等于圆柱面直径的圆。

当 $\alpha=0°$，截平面与圆柱体轴线平行，截交线为矩形（截平面与圆柱面的交线为平行于圆柱面轴线的两素线，截平面与两底各交线成垂直于圆柱轴线的直线段，合起来为矩形）。

当 $0°<\alpha<90°$，截平面与圆柱体轴线呈不同程度的倾斜，它与圆柱面的交线为各种椭圆，椭圆的短轴均等于圆柱面直径，长轴随 α 变化而变化。当 $\alpha=90°$时长轴最短，此时它的长度等于短轴，然后 α 逐渐减小时，长轴随之增大，直到 $\alpha=0°$时，交线由量变到质变，成为平行两直线。

表 4-2 平面与圆柱面相交的各种情况

截面位置	垂直于圆柱的轴线	倾斜于圆柱的轴线	平行于圆柱的轴线
截交线	圆	椭圆	两条平行直线段
轴测图	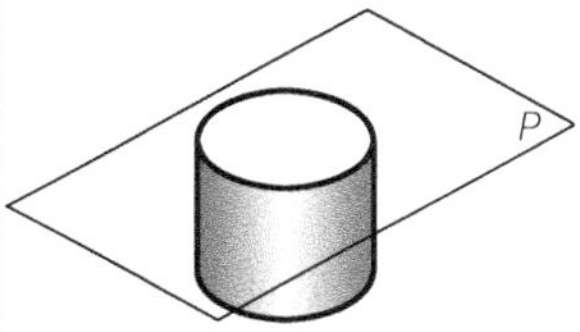	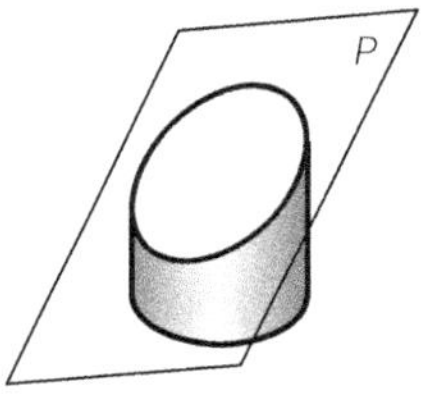	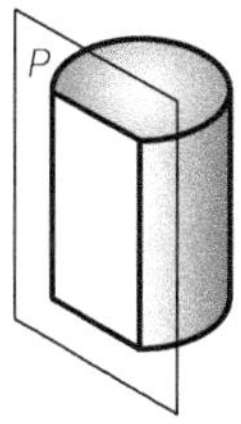
投影图	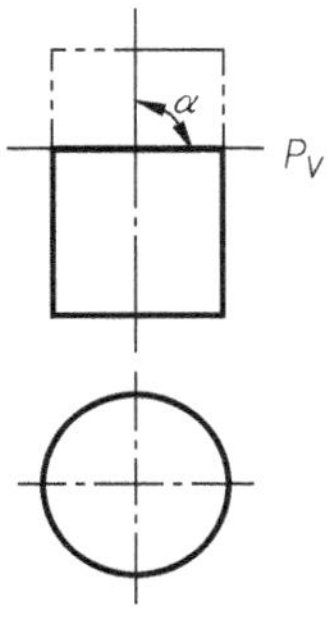	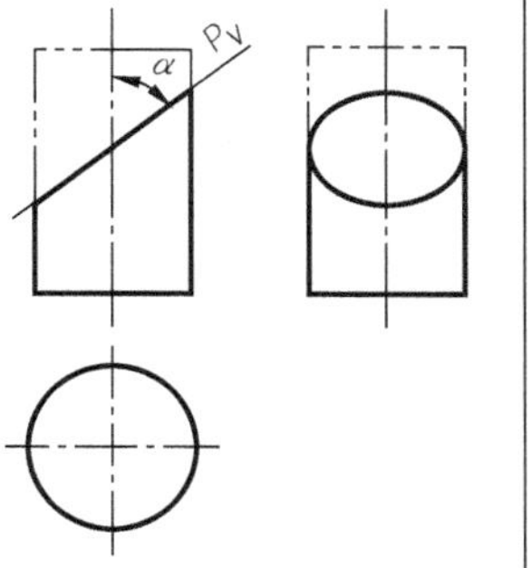	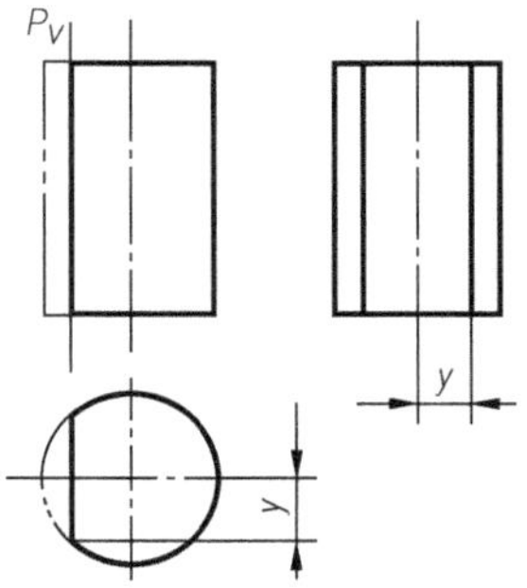

例 4-22 求圆柱体被截切后的三面投影，如图 4-39a、b 所示。

分析： 截平面倾斜于圆柱面轴线，交线为椭圆，根据截交线的共有性，一方面椭圆（截交线）在截平面 P 上，截平面为正垂面，正面投影积聚成斜直线 P_V。因而可直接得出截平面上椭圆（截交线）的正面投影就是截平面 P 与圆柱面最左、最右素线交点的正面投影 1′、2′间的斜直线段，也即整个椭圆（截交线）积聚在此线段上。

另一方面，椭圆（截交线）也在圆柱面上，截平面上椭圆的正面投影，也是圆柱面上椭圆的正面投影，换句话说是由它们相交产生的同一条线（椭圆）的正面投影，这样一来问题就转化为已知圆柱面上一条线（椭圆）的正面投影，求这条线（椭圆）的其他两面投影的问题。可以化线为点，利用在圆柱面上表面定点的方法，由已知的正面投影求出各点的其他投影，再将各同面投影光顺连点成线，便是截交线的投影。

作图：如图 4-39b 所示。

1）先求特殊点。对于椭圆要先求出其长、短轴的端点。按例题设长轴端点（同时是最低、最高点和最左、最右点）是截平面 *P* 与圆柱面最左最右素线的交点Ⅰ、Ⅱ，正面投影为 1′、2′，短轴端点（同时是最前、最后点）是截平面 *P* 与圆柱面最前、最后素线的交点Ⅲ、Ⅳ。按椭圆性质短轴垂直平分长轴，因而点Ⅲ、Ⅳ的正面投影在 1′、2′的中点（实质就是截平面 *P* 的正面迹线与最前、最后素线正面投影交点位置）。根据Ⅰ、Ⅱ、Ⅲ、Ⅳ点所在的素线三面投影位置和点 1′、2′、3′、4′相应的投影连线便得到 1、2、3、4，1″、2″、3″、4″。截交线与轮廓线的交点称为轮廓线点，上述四点都是轮廓线点。

2）适当补充一些一般位置点。根据连线的需要可补充点Ⅴ、Ⅵ、Ⅶ、Ⅷ，由它们的正面投影 5′、6′、7′、8′利用圆柱面的积聚性，由正面投影先求出水平投影 5、6、7、8，再求出侧面投影 5″、6″、7″、8″。

椭圆周上各点对于其长短轴是对称分布的，根据这一特点，在椭圆周上只要作出一点，则可确定四点的位置。如上述四点中，只要作出任一点Ⅴ，则点Ⅵ与Ⅴ对称于长轴ⅠⅡ，点Ⅶ、Ⅷ对称于短轴Ⅲ、Ⅳ，利用对称图形的对称性作图，有时是很省事、省时的。另外等长线段可用记号撇（一撇、两撇等）、小圆圈等表示。

3）连线和判别虚实。截交线的水平投影重影在圆柱面的积聚性投影图上，按照水平投影上各点的顺序将 1″→8″→4″→6″→2″→5″→3″→7″→1″光顺连接成线，便是截交线的侧面投影。

讨论：

1）本题的截平面与被截圆柱面都有积聚性投影，实际上是已知截交线的两个投影（正面投影和水平投影）。有两种解题思路：① 按上述讨论是把椭圆的正面投影（截交线在截平面投影具有积聚性的投影面上的投影）作为已知投影，其他投影由素线上定点的方法求得。② 把椭圆的水平投影（截交线在被截立体的投影具有积聚性的投影面上的投影）作为已知投影，正面投影由截平面的积聚性与已知投影确定，侧面投影应该按照在截平面上取线定点的方法求出。由于本教材不介绍在迹线平面上求解几何元素的方法，所以本例采用第三章第一节介绍的“二补三”方法作出侧面投影。以上两种思路的分析是前面总结的口诀的应用，旨在澄清谁是“积聚影”，谁是“它面线”，在截平面与立体表面两者都有积聚性投影的情况下，上述两种思路的作用可综合运用。

2）本题若为截平面上面的一块截断体不拿去，如图 4-39c 所示，截交线的作图及其投影形状位置都与图 4-39b 所示一样，只是可见性不同。因右半个圆柱面在侧面投影上不可见，所以 3″→5″→2″→6″→4″应画成虚线，轮廓线点 3″、4″是虚实分界点（虚实分界点一定在立体的轮廓线上）。本题若改成画截平面上面一块截断体的三面投影，除截断部分投影与上述不同，其截交线的投影是否有所改变，请读者自行分析。

3）如图 4-39d、e 所示的截去头的空心圆柱体，是在如图 4-39b 所示的截断圆柱体的外面加一圆柱面，而将里面原来的外圆柱面变成同样直径大小的内圆柱面（空心圆柱面）。观察可知内圆柱面截交线的作图及截交线的投影形状与位置都未改变，这说明截交线的形状和位置与立体表面是内表面（空）还是外表面（实）无关，这就是圆柱面截交线的空实一致。注意内圆柱面对 *V* 面和 *W* 面的转向轮廓线要用虚线画出。

以上讨论的是圆柱面被一个平面截切的情况，有时还会遇到圆柱被多个平面截切，这时要分别求出每个截平面的截交线，再画出各个截平面的截交线，最后进行综合整理。

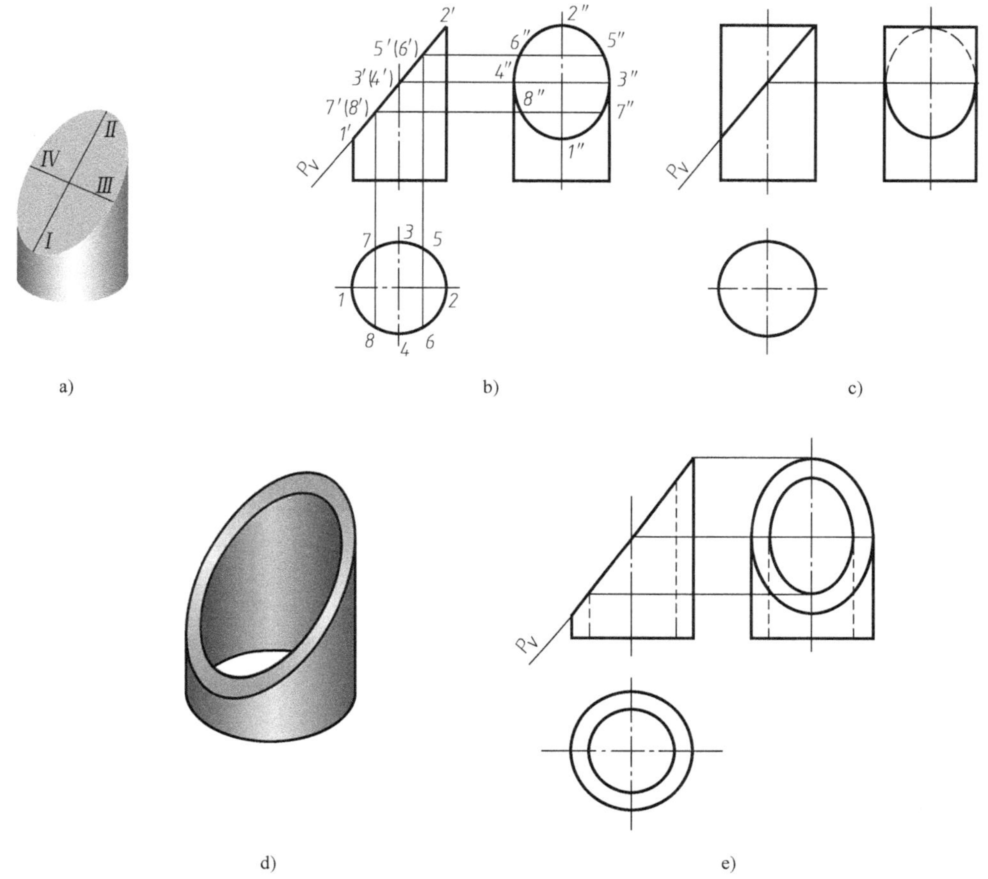

图 4-39　求圆柱被截切后的三面投影

例 4-23　如图 4-40a 所示，已知定位轴上有一梯形切口，试补全其水平投影和侧面投影。

分析： 定位轴是一个轴线侧垂的圆柱体，被正垂面 P、水平面 Q 和侧平面 R 截切成梯形通槽，其正面投影有积聚性，分别为 p'、q'、r'。截平面 Q 分别与截平面 P、R 相交，其交线分别是ⅣⅤ、ⅥⅦ，是各段截交线的分界线。

作图： 如图 4-40b、c、d 所示。

例 4-24　已知圆柱套筒有一切口，如图 4-41a 所示的水平投影和立体图，试补全正面投影和侧面投影。

分析： 该立体的切口是由垂直于圆柱轴线的侧平面 Q 和平行于圆柱轴线的两正平面 P、R，对称截切空心圆柱而形成。截平面 Q 与圆柱内外表面的交线为圆弧。截平面 P 与圆柱内外表面和左底面的交线为直线段。截平面 P、Q、R 两两相交成直线段。由于圆柱的轴线垂直于侧面，它的侧面投影及截平面的水平投影都有积聚性，故截交线的水平投影与截平面的积聚性投影 p、q、r 重合。截交线的侧面投影按与水平投影通槽宽相等的规律直接作出，再由两面投影的各对应点画投影连线便得截交线的正面投影。

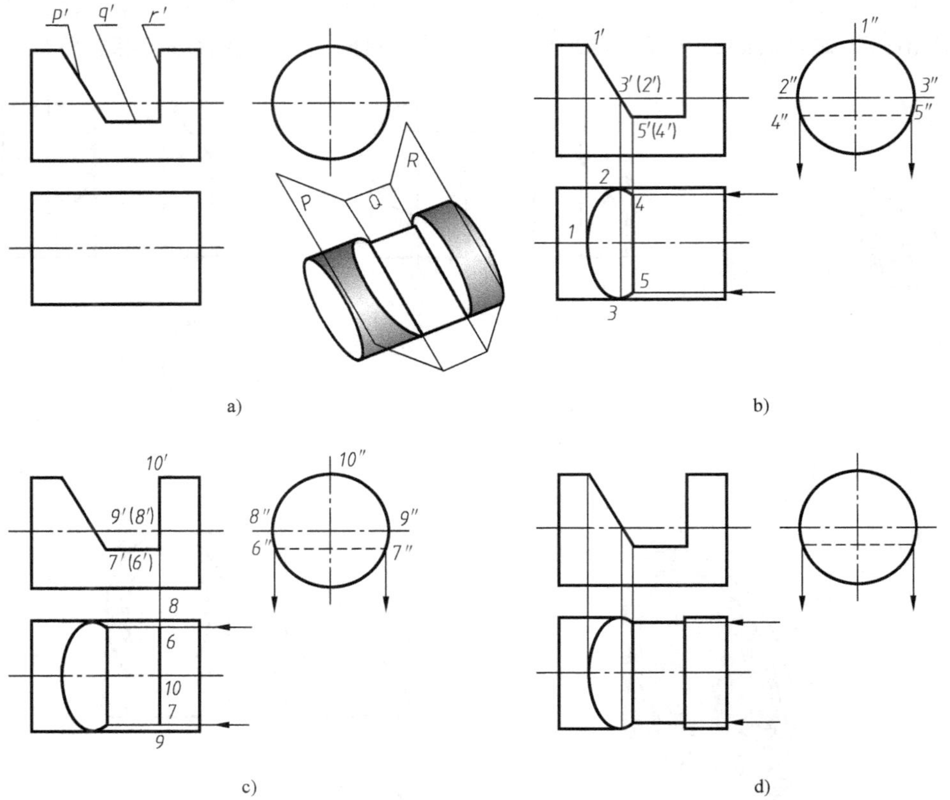

图 4-40　求圆柱切口后的投影（一）

作图：如图 4-41b、c、d 所示。

讨论：

1）如图 4-41b、c 的两组三面投影除大小不同外，形状是类似的，将图 4-41c 与其同直径空心圆柱体相比较只相差四根直线段（非圆柱面上的线段），只要注意到这点差别，可以说空心物体被多个截平面截切后截交线是成套出现的。

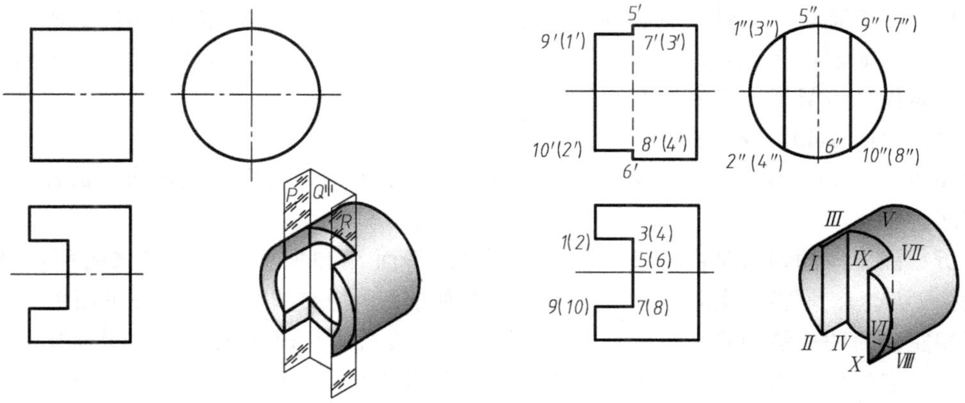

图 4-41　求圆柱切口后的投影（二）

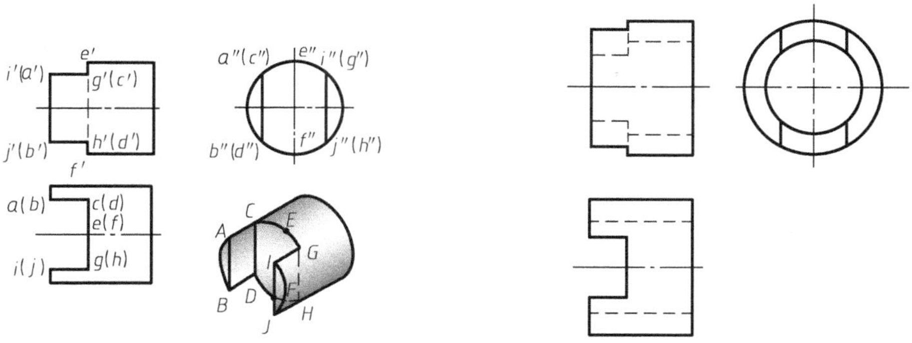

c) d)

图 4-41 求圆柱切口后的投影（二）（续）

2）必须掌握校核投影对应的方法，可按如下步骤：①校核截交线本身的各投影的对应关系和截断面各投影对应关系，除积聚性投影为直线段外，其他投影为类似形，还有曲线类似形（圆-椭圆）等。②校核立体剩余表面各投影之间的对应关系。截切后形成的表面之间仍要保持曲面类似形的对应关系。由上面作图可知图 4-41d 所示是把图 4-41b、c 所示合在一起并修正部分线条而成的，对空心物体还要注意内外成套的曲面类似问题。

2. 圆锥体的截交线

当圆锥面被截切时，根据截平面与圆锥轴线处于不同的相对位置，其截交线有五种情况，见表 4-3。由于这些线都是在圆锥面上形成的，所以通常又称作圆锥曲线。

表 4-3 圆锥面的截交线

	垂直于轴线	倾斜于轴线	平行于轴线	平行于一条素线	过锥顶
截平面位置	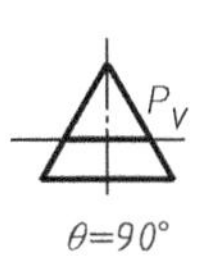	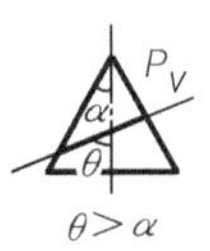	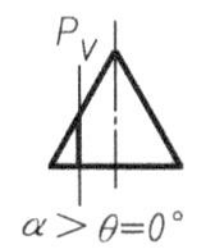	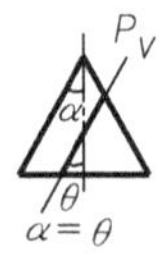	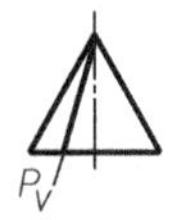
轴测图	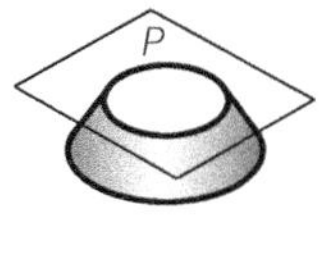	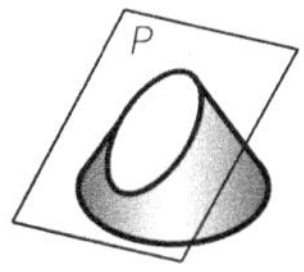	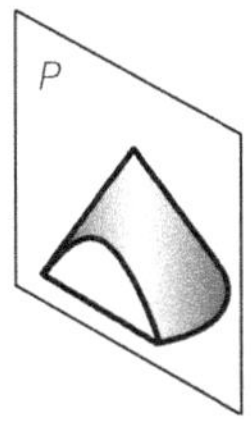	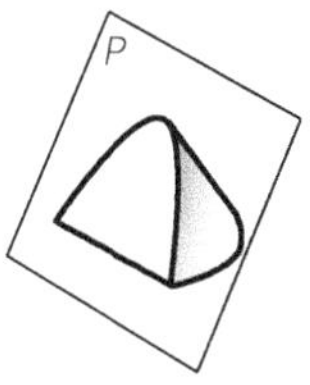	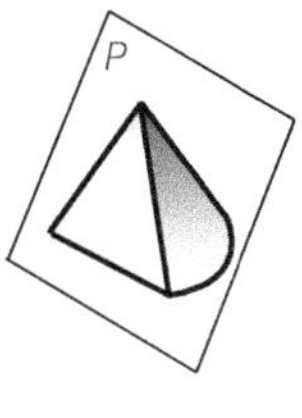
截交线形状	圆	椭圆	双曲线	抛物线	相交两直线
投影图	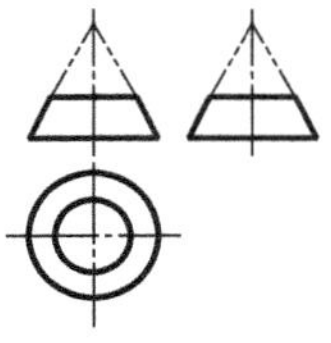	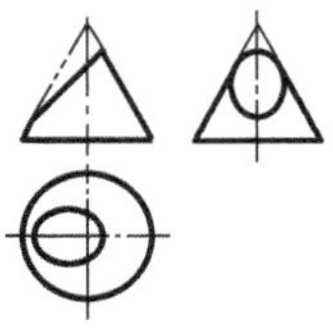	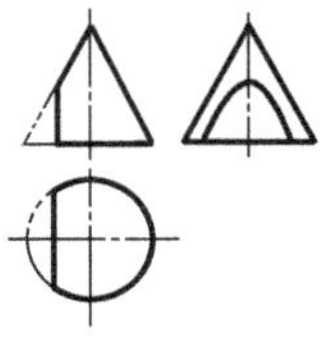	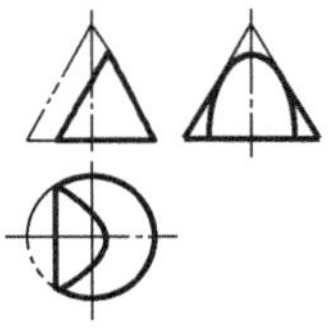	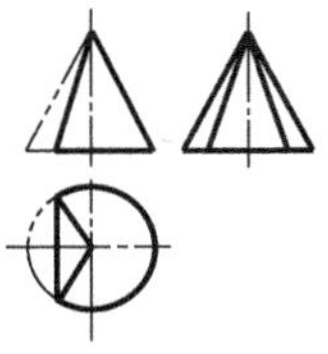

注意：

1）双曲线、抛物线、交于锥顶的两直线，这三种截交线指的是截平面与圆锥面的交线。对于圆锥体来说，截平面还和底面相交于一直线段，各自构成封闭的线框，这才是平面与圆锥体完整的截交线。

2）截交线为圆和抛物线时，截平面与圆锥轴线之夹角为一定值，前者 $\theta=90°$，后者为 $\theta=\alpha$，其他三种情况，夹角 θ 都有一变化的范围。

例 4-25 如图 4-42a、b 所示，补全圆锥体被截平面 P 截切后的三面投影。

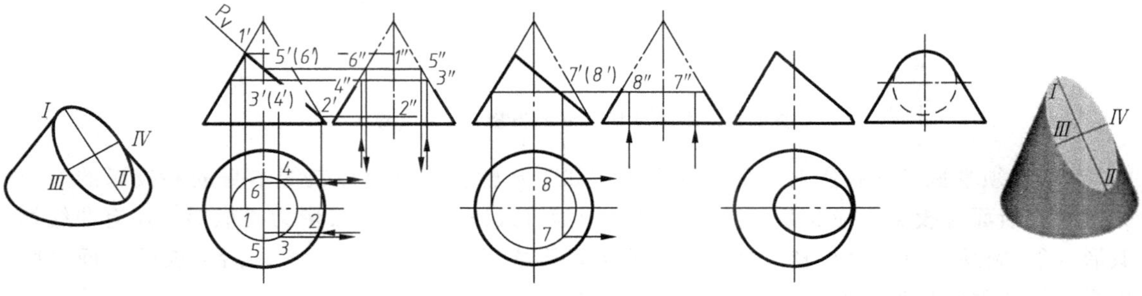

a)　　b)　　c)　　d)

图 4-42　求圆锥的截交线

分析：由图可知，由于正垂面 P 与圆锥面的所有素线都相交（$\theta>\alpha$），所以截交线为椭圆，其长轴为ⅠⅡ，短轴为ⅢⅣ。因截交线在截平面 P 上，截平面 P 正面投影有积聚性，利用积聚性可以找到截交线的正面投影，根据共有性截交线也在圆锥面上，所以圆锥面上截交线椭圆的正面投影重影在 P_V 上。于是问题转化为已知圆锥表面上曲线（椭圆）的一个投影，求其他投影（水平投影和侧面投影都是椭圆）的问题，进而再化线为点逐个用表面定点的方法来解题。

作图：如图 4-42b、c、d 所示。图 4-42b 所示为作特殊点，图 4-42c 所示为作一般点，图 4-42d 所示为判别虚实，连点成线、完成投影。后面的作图基本都按这样的顺序。

讨论：

1）回转面上定点的位置一般用纬圆法，对于圆锥也可用素线法。

2）圆锥面其他类型的截交线在截平面有积聚性投影时都可用与上面类同的解题方法（面上取线定点）和步骤。

3. 圆球体的截交线

平面截切圆球时，不论截平面与圆球相对位置如何，截交线都是圆。但其投影则根据截平面对投影面的相对位置的不同，而可能是直线段、椭圆或圆。

当截平面平行于投影面（截平面是投影面平行面）时，截交线在该投影面上的投影反映实形，其他两投影积聚成直线段，线段的长度等于截交线圆的直径。如图 4-43a、b、c 所示。画图时，一般可先确定截平面的位置，即先画出截交线积聚成直线的投影，然后画出反映圆的投影。

当截平面垂直于一个投影面而倾斜于其他两投影面（是投影面垂直面）时，则截交线在该投影面（与截交面垂直的投影面）上的投影积聚成一直线段，其他两投影面上的投影由于截交线圆所在的截平面与投影面倾斜，故其投影必定是椭圆。如图 4-43d 所示。

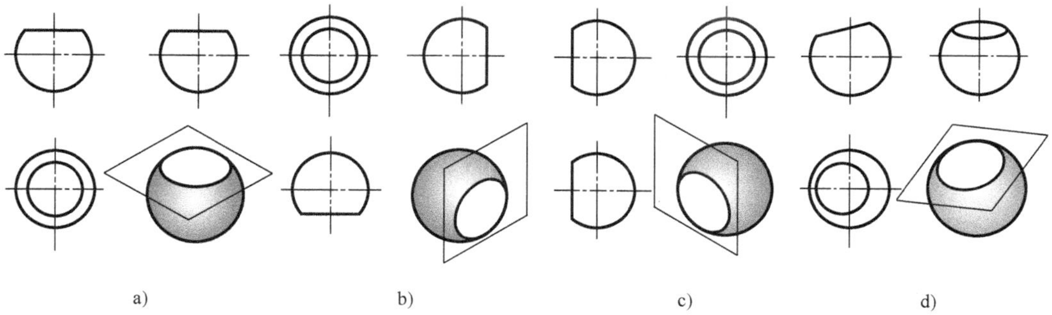

图 4-43 圆球的截交线

例 4-26 求作圆球被正垂面 P 截切后的三面投影，如图 4-44a 所示。

分析：因截交线在截平面 P 上，正垂面 P 的正面投影有积聚性，利用积聚性可直接找到截交线的正面投影。根据共有性，此截交线也在圆球面上，所以，作为圆球面的截交线圆的正面投影重影在 P_V 上，于是问题就转化为已知圆球表面上曲线（圆）的一个投影，求其他投影的问题，进而再化线为点，逐一用表面定点的方法求解。

截交线的正面投影为一直线段，其水平投影与侧面投影都是椭圆。

作图：如图 4-44b、c、d 所示。

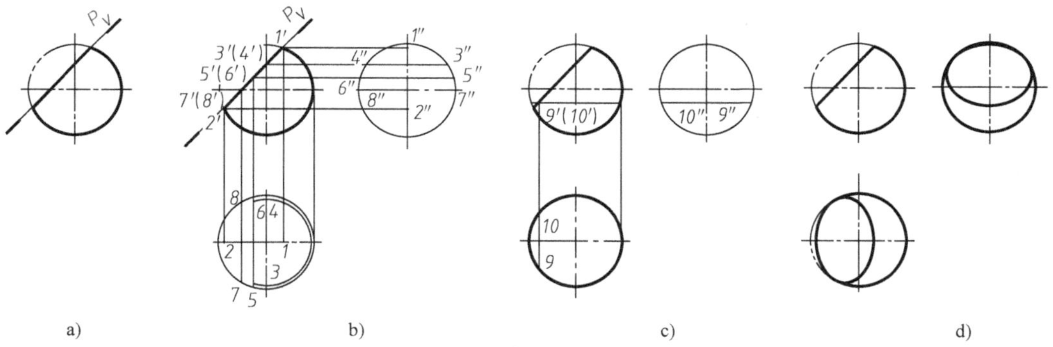

图 4-44 求圆球的截交线

讨论：

1）若被截平面切开的两块截断体仍放在一起，则水平投影的部分椭圆不可见，虚实分界点为轮廓线上点 7、8，即 7→9→2→10→8 部分画虚线；侧面投影椭圆也是部分不可见，虚实分界点为 3″、4″，即 1″→3″→4″部分画虚线。

2）若圆球被多个平面所截切，要分别求出各部分截交线，注意各截平面之间的交线。

图 4-45a 所示为螺钉头部的立体图及其三面投影。它是一个半球被两个侧平截平面 P、R 和一个水平截平面 Q 所截切，截交线都为圆的一部分，而各截平面的交线是正垂线，圆球上切口的正面投影与各截平面的正面投影 p'、q'、r'重合，求作切口的水平投影和侧面投影。作图步骤如图 4-45b、c 所示。

4. 圆弧回转体的截交线

圆弧回转体被平面截切时，截交线的形状因截平面对圆弧回转体的相对位置不同而异。

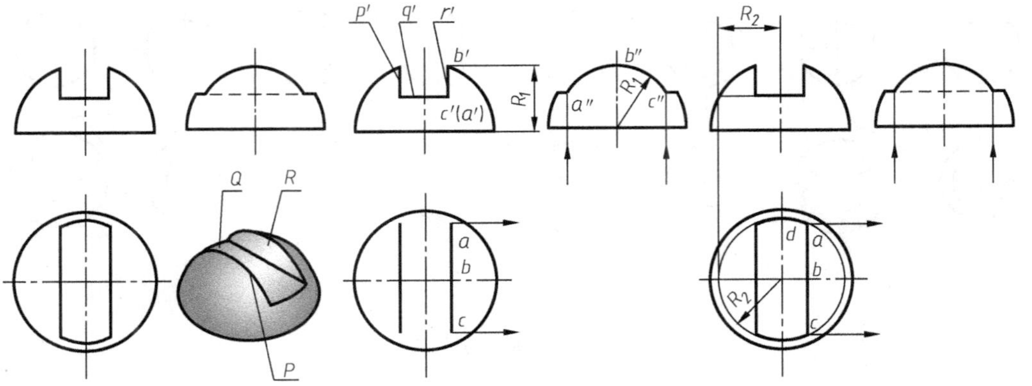

图 4-45　求半球的截交线

当截平面垂直于回转体轴线时，截交线是一个圆，当截平面倾斜于或平行于回转轴时，截交线可能是一封闭的平面曲线，或平面曲线和直线段组合的封闭平面图形。

例 4-27　如图 4-46a 所示，求作圆弧回转体（由部分内环面和上下底面组成）被正平面截切后的投影。

分析：圆弧回转面的轴线垂直于水平面，被正平面 P 截切后，截交线为平面曲线与直线段所组成的平面图形。根据截平面的积聚性和截交线的共有性，可知圆弧回转体上的平面图形（截交线）的水平投影和侧面投影分别与 P_V、P_W 重叠，要求作的是其正面投影。

作图：如图 4-46b 所示。

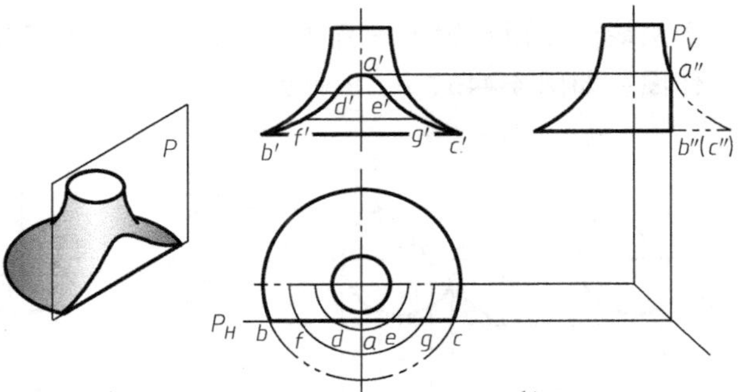

图 4-46　求圆弧回转体的截交线

六、利用三面共点辅助平面法求曲面立体的截交线

在求两个一般位置平面的交线时，曾用过三面共点辅助平面法（以下简称辅助平面法），其求解原理对求截交线也是类同的。只要把已知的两平面中的一个作为截平面，一个换成曲面，这样第三个辅助平面与截平面的交线为直线，与曲面的交线为平面曲线，此两交线（直交线和曲交线）共存于第三个辅助平面中。它们一定相交或相切（同平面上的直线与曲线的相对位置无非是交叉、相交、相切三种情况，只要在截交线范围内作辅助平面，就不存在交叉的问题），其交点或切点就是共有点，也就是截交线上的点。三平面共一个点，两平面与一曲面可能共多个点。

利用辅助平面法求截交线的描述如图 4-47 所示（注：直接在投影图上能定出的点不必用辅助平面法）。下面用一例题详细说明。

例 4-28　图 4-48a 所示为机床顶尖，其左端是一圆锥被平行于轴线的平面 P 截切，求作平面 P 和圆锥面的截交线。

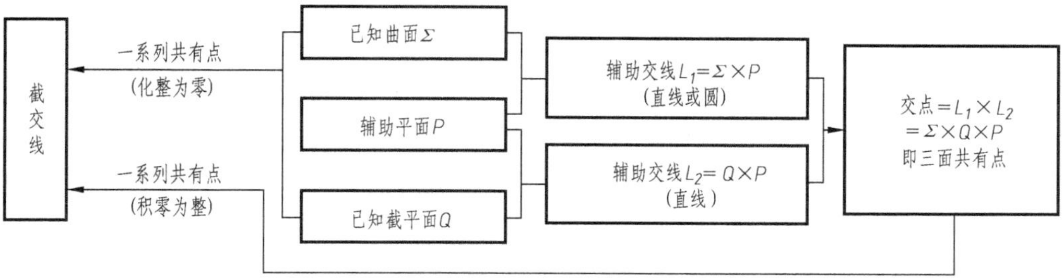

图 4-47 用辅助平面法求截交线原理

注：图中“×”代表两几何元素相交。

分析：因截平面 P 平行于圆锥体轴线，故截交线是双曲线，因截平面是一水平面，所以双曲线正面、侧面投影分别重叠在 P_V、P_W 上，要求作的只是水平投影。作图时，曲线上的特殊点可根据轮廓线在各投影中的位置直接得出，而一般点可利用辅助平面法求得。图 4-48a所示为用辅助平面法求截交线上点的作图原理：作垂直于圆锥体轴线的辅助平面 Q，它与圆锥面的交线为圆 L_1（辅助圆），而辅助平面 Q 与截平面 P 的交线为直线 L_2，圆 L_1 与直线 L_2 的交点 D、E 就是 P 与圆锥面的共有点，即截交线上的点。

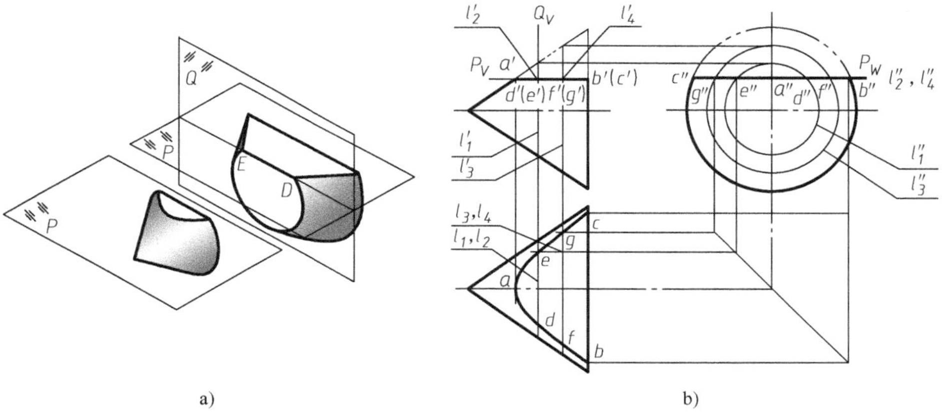

图 4-48 作顶尖截交线

作图：如图 4-48b 所示。

讨论：

1）特殊点也可用辅助平面法求得。如将辅助平面 Q 移到 P_V 与圆锥正面投影轮廓线交点处，辅助平面与圆锥的交线圆和辅助平面与截平面 P 的直交线将处于相切，切点就是点 A；再将辅助平面移到与底面重合，辅助平面与锥面的交线就是底圆，它和该辅助平面与截平面的直交线同样交于 B、C 两点。

2）由于本例题的截平面有积聚性投影，故也可用前面讨论的积聚性法求解。同样，用积聚性求解截交线问题也可用辅助平面法求解，有时在同一道题中，从方便的角度出发可交互应用两种方法。

3）在截平面与立体表面两者都无积聚性投影的情况下，求截交线的辅助平面法便显出它的独特优点，但本书不予介绍（本课程的教学大纲中约定截平面为特殊位置）。可以用投影变换法经一次换面可把截平面或立体表面变换成在新投影面体系中有积聚性投影，有兴趣的读者可参阅有关书籍和资料。

辅助平面法求截交线的作图方法与步骤可以概括如下口诀：选择辅助面，求两条交线，两交线交点，便是共有点。

选择辅助面的条件：要能使产生的两条交线的投影都是简单易画的线条——直线或圆。对于圆柱、锥、球、环或一般回转体可选垂直于轴线的辅助平面，对圆柱还可选平行于圆柱轴线的辅助平面；对于圆锥还可以选择过锥顶的辅助平面；对于圆球，任何直径都可以作为其轴线，一般选择坐标面的平行面作为辅助平面。

七、组合回转体的截交线

组合回转体是由几个基本立体组合而成，其截交线也是由各基本体的截交线组合而成。为准确作出组合回转体的截交线，必须对其各组成部分进行分析，分析由哪些基本立体组成，并找出它们的分界线，然后分别作出截平面与各个基本体的截交线，并在分界点处将它们连接起来。

例 4-29 求连杆头部的截交线。如图 4-49a 所示。

分析： 连杆头的外表面是由同轴的圆柱面、圆环面（圆弧回转面）和圆球面三部分组成的组合回转面，被平行于轴线的前后两个对称的正平面 P、Q 各切去一块而在表面上产生了前后各一条闭合的曲线。从水平投影可以看出，截平面 P 不与圆柱面相交，因此，截交线仅是截平面与圆环面、圆球面相交的非圆曲线和圆弧两部分组成。截平面 P 为正平面，所以截交线正面投影反映实形，又因为两个截平面处于前后相对位置，前后截交线正面投影完全重叠。

作图： 如图 4-49b 所示。

例 4-30 补全顶尖截交线的三面投影，如图 4-50a、b 所示。

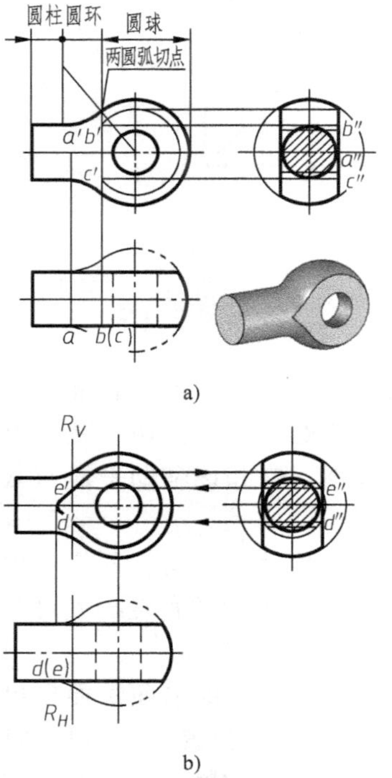

图 4-49 组合截交线（一）

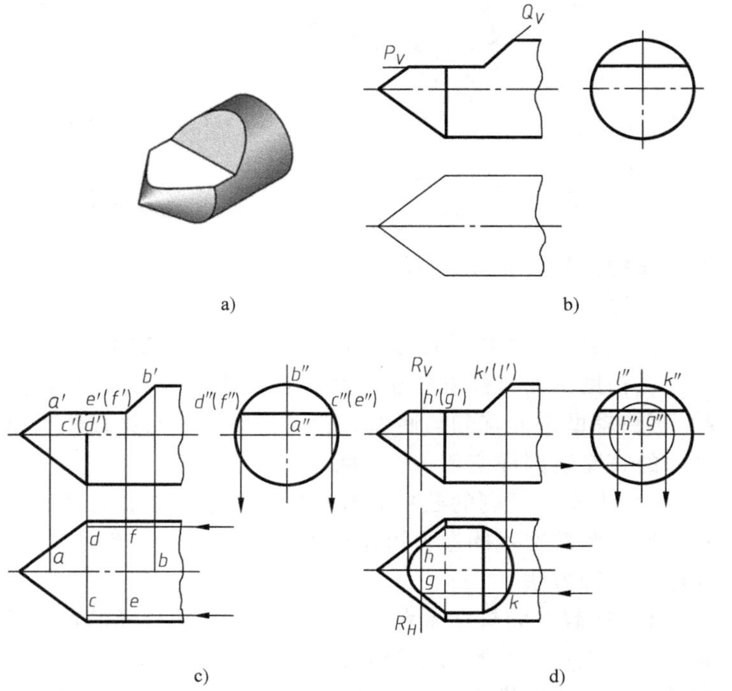

图 4-50 组合截交线（二）

分析：顶尖由同轴的圆锥、圆柱所组成，被水平面 P 和正垂面 Q 所截。这里的截交线有两种组合。一个是截平面 P 与圆锥、圆柱两个不同的回转面交于双曲线和平行两直线的组合；另一个是不同的截平面 P 和 Q 与同一个圆柱面交于平行两直线与不完整椭圆的组合。前一组合因两交线共面（处在截平面 P 中），两分界点之间无连线；后一组合因是两个截平面内的交线，应是两个闭合线框，分界点要连成直线段（也即两截平面交线位置）。各截交线面、侧面投影都有积聚性，可用积聚性法或辅助平面法求出截交线的水平投影。

作图：如图 4-50c、d 所示。

八、贯穿点

1. 一般性质

直线与立体表面的交点称为贯穿点。如图 4-51 所示，点Ⅰ、Ⅱ即为直线 MN 与三棱柱表面的贯穿点。贯穿点有如下性质：

（1）共有性　贯穿点既在直线上，也在立体表面上，是直线和立体表面共有点。同时贯穿点也是分界点，它把直线分成立体内、外两部分。立体内部是不存在线条的，因此一般不画线或画成细实线。

（2）成偶性　立体表面是封闭的，一般情况下贯穿点总是以偶数存在，有一穿入点，有一穿出点。

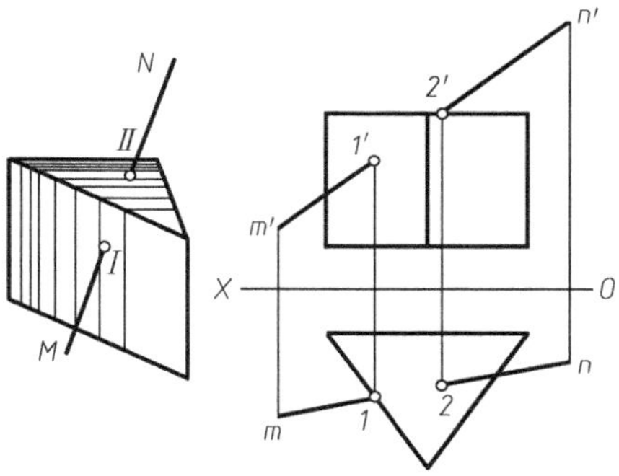

图 4-51　直线与平面立体相交

2. 作图方法

（1）重影性法　在直线和立体表面这两方面要素中，只要有一方的投影有积聚性，则共有元素的一个投影便为已知，其他投影便成为线、面上定点问题。如图 4-51 所示，直线 MN 为一般位置直线，三棱柱的表面在两个投影面上都有积聚性。左前棱面在 H 面上积聚成直线，它与 MN 的同面投影之交点 1 便是贯穿点之一的一个投影，然后通过线上定点作出 $1'$；上顶面正面投影积聚成直线，它与 MN 的同面投影之交，便为第二交点的正面投影，然后通过线上定点作出点 2。

讨论：①改变三棱柱高度会得到两贯穿点都在棱面上，或在上、下底面上。②增加棱数至无穷便为圆柱，故直线与圆柱的贯穿点求法与上类同。③读者自行练习直线的投影有积聚性情况。

（2）辅助平面法　直线与立体表面都无积聚性时，可采用与本章第一节中所述求一般位置直线、平面的交点类似的方法求解。即分为以下三步：

1）过已知直线作一辅助平面。

2）求出辅助平面与已知体表面的交线（截交线）。

3）交线与已知直线的交点便为贯穿点。

如图 4-52a 所示，求直线 AB 与圆球的贯穿点。可包含直线 AB 作一平面 P 作为辅助平面，它与圆球面的交线为一纬圆，此纬圆与直线 AB 的两交点 C、D，即为所求贯穿点。

辅助平面是任意的，但应选能获得简单易画交线（直线或圆）的平面作为辅助平面。

(3) 投影变换法[⊖] 直线与体表面都无积聚性时，可采用投影变换法将其中之一变换为有积聚性投影或便于作辅助平面。

如图 4-52b 所示，直线 AB 为一般位置，可经二次变换成投影面垂直线。本题经一次换面，在 V/H_1 两投影面体系中得到与图 4-52a 所示相同的情况，因此可用前述方法求解，返回求出 c、d，最后还要判别可见性。因点 c 在圆球的左前下部，故 (c) 不可见，$c1$ 部分画成虚线；点 D 在圆球的左上后部，故 (d') 不可见，(d') $2'$画成虚线，直线的其他部分均画成粗实线。

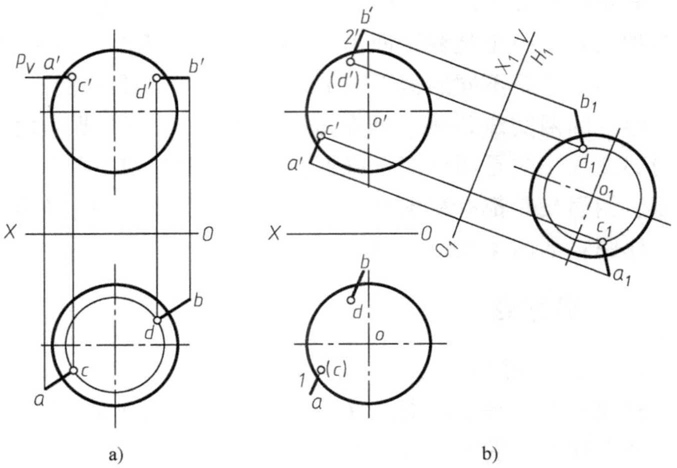

a) b)

图 4-52 求直线与圆球的贯穿点

第四节 两立体相交

一、概述

两立体相交称为相贯，相交两立体表面交线称为相贯线，相交的两立体称为相贯体（把两个立体看作一个整体）。在一些零件上常常会见到相贯线，图 4-53 所示为存在于一些机件上的相贯线。为了清晰地表示出机件各部分形状和相对位置，在图中必须绘出相贯线。把机件抽象为几何体并根据其几何性质可把相贯体分为以下三类：

1) 平面立体相交，如图 4-53a 所示。
2) 平面与曲面立体相交，如图 4-53b 所示。
3) 曲面立体相交，如图 4-53c、d、e 所示。

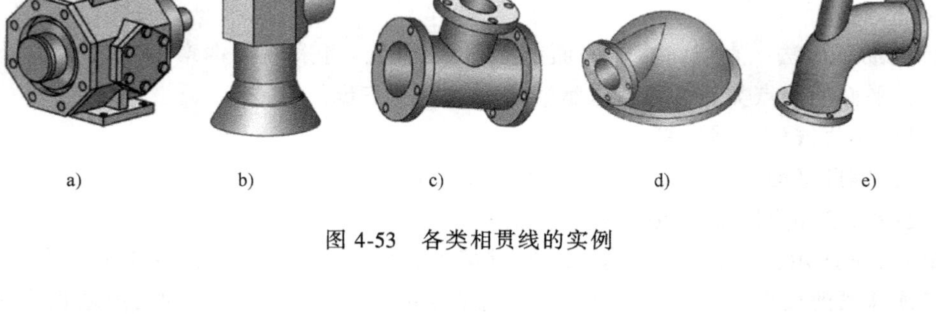

a) b) c) d) e)

图 4-53 各类相贯线的实例

⊖ 本书对投影变换法没有介绍，读者可参考有关书籍。

从本质上讲，前二者相贯线的作图可归结为两平面相交、直线与平面相交、平面与平面立体相交、平面与曲面立体相交的问题，这些在前面均已讨论过，这里不再重述。根据本课程的教学基本要求，本节着重介绍两曲面立体相贯线的性质及求法。

二、相贯线的基本性质

相贯线的形状因相交的两曲面立体的形状、大小和相对位置的不同而异，但所有的相贯线都具有以下性质：

（1）封闭性　由于两立体表面是封闭的并占有一定空间范围，因此，两曲面立体的相贯线一般是封闭的空间曲线，特殊情况下，可以是平面、曲线或直线段，如图 4-54 所示。当两立体的表面处在同一平面上时，两表面在此平面部位上没有交线，即相贯线是不封闭的。

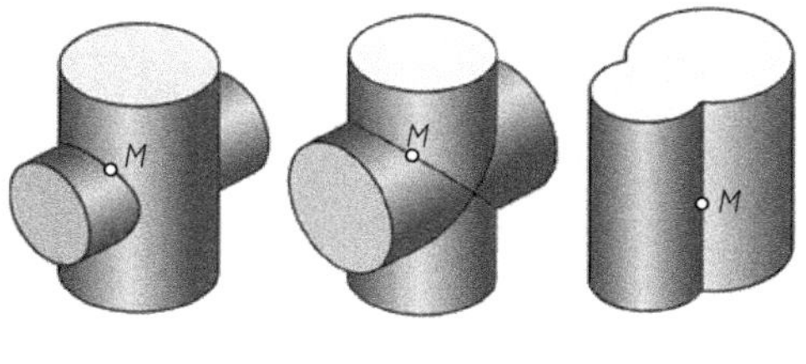

图 4-54　两曲面立体的相贯线

（2）共有性　相贯线是相交两立体的表面共有线，也是它们的分界线。所以只有在两立体表面投影重叠的区域内才会有相贯线的投影。同理相贯线上的点都是两立体表面的共有点，如图 4-54 所示相贯线上的点 M。

根据以上基本性质，两曲面立体相贯线的作图可归纳为两曲面立体表面共有点的作图问题。

三、相贯线的基本作图方法

根据上述基本性质，求两曲面立体相贯线与求截交线的作图方法和步骤类同，不再重述。具体求相贯线的常用方法有积聚性法、辅助平面法和辅助球面法。

四、利用积聚性法求相贯线

当相交的两立体中有一个是柱体，而且具有积聚性投影时，则相贯线的同面投影就重叠在柱体的积聚投影上。即相贯线的一个投影是已知的，利用这个已知投影可在另一立体上用表面定点的方法作出相贯线的其他投影。

例 4-31　求轴线正交的两圆柱的相贯线，如图 4-55a 所示。

分析：

（1）空间分析　由图可知，这是两个直径不同，轴线正交的两圆柱相交，相贯线为一封闭的空间曲线，且前后对于过两圆柱轴线的正平面是对称的。

（2）投影分析　一方面相贯线在小圆柱（轴线铅垂的圆柱）面上，小圆柱面的水平投影积聚成圆，所以相贯线的水平投影与小圆柱的水平投影重叠，即相贯线的水平投影也是这个圆；另一方面，相贯线也在大圆柱（轴线侧垂的圆柱）面上，大圆柱面的侧面投影也积聚成一个与大圆柱面直径相等的圆。相贯线侧面投影必定位于公有区域（在两立体表面投影重叠的区域内）中的一段圆弧线上，从而找到了相贯线的又一投影。要求的是相贯线的正面投影，可以把相贯线划分成一系列点，分别在水平投影和侧面投影上搞清对应关系，由两面投影求出第三投影。

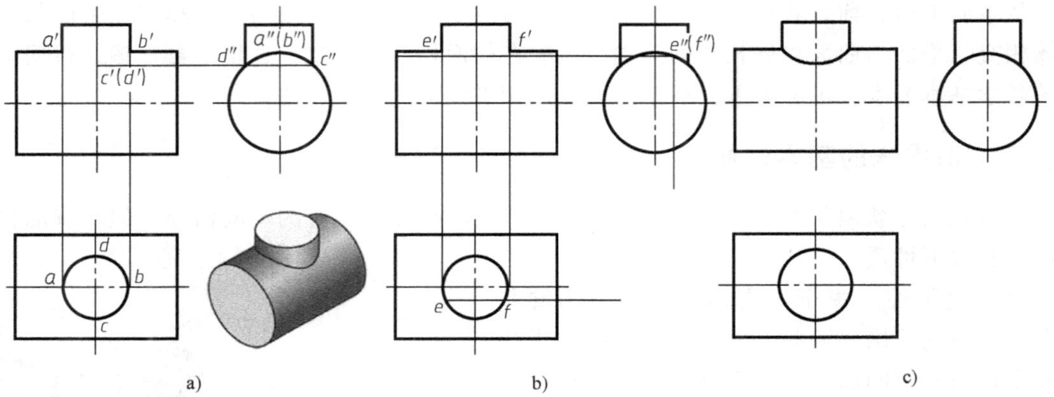

a)　　　b)　　　c)

图 4-55　求两圆柱的相贯线

作图： 如图 4-55b、c 所示。

根据对例 4-31 的分析与作图，结合图 4-56 所示圆柱与圆锥相贯的情况，把用积聚性法求相贯线的一般方法与步骤概述如下：

(1) 两个分析（空间分析、投影分析）定方法　一方面，相贯线在圆柱面上，圆柱的侧面投影积聚成圆，故相贯线的侧面投影就重叠在该圆上，从而找到了相贯线一个投影（圆）；另一方面相贯线也在圆锥面上，所以前面找到的相贯线的一个投影（圆）就是圆锥面上曲线（截交线）的投影。于是问题就转化为已知圆锥面的三投影及其上一曲线的侧面投影，求其他投影的作图问题。这样只要化线为点，用立体表面定点的方法求出各投影，把同面投影光顺连点成线，判别虚实，便可求出相贯线的三个投影。考虑相贯线的对称性往往会对作图带来方便。

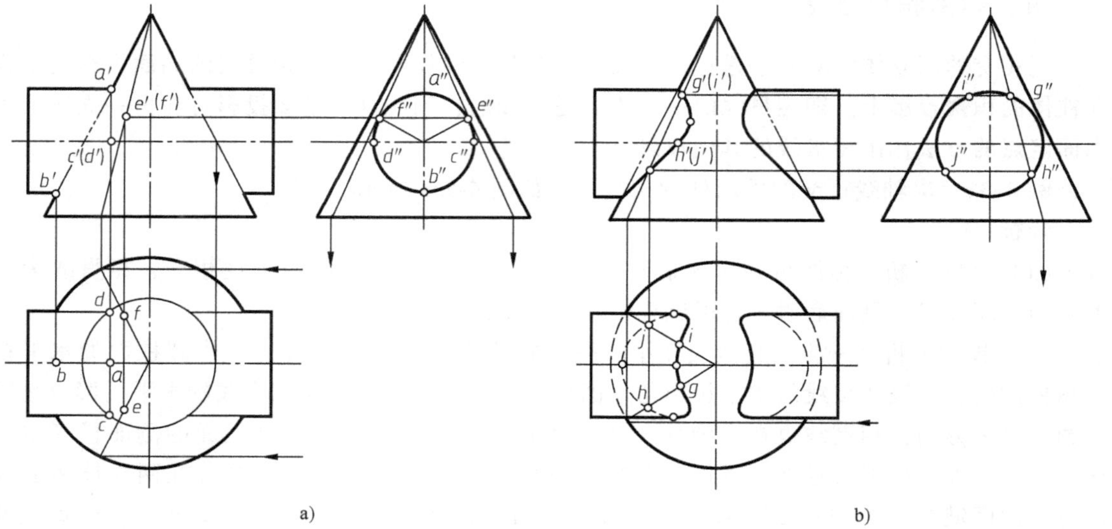

a)　　　b)

图 4-56　求圆柱与圆锥的相贯线

如图 4-56 所示，圆柱与圆锥相贯线对于过圆锥、圆柱轴线的正平面是前后对称的，也是左右对称的，相贯线分左右对称的两支，只需求出一支，另一支可利用对称性作出。

（2）分别求出共有点 先求以下各特殊位置的点：

1）轮廓线上的共有点（简称轮廓线点）。两立体各投影轮廓线上的共有点都应求出。圆柱、圆锥正面投影轮廓线上的共有点 A、B 的正面投影 $a'b'$，可直接定出，并按这些轮廓线其他投影位置，求出点 A、B 的其他投影。圆柱水平投影轮廓线上的点 C、D 可用纬圆法求出。过点 C、D 的纬圆的正面投影与圆柱面的最前、最后素线位置（或圆柱轴线）重合，以圆柱轴线与圆锥面正面的投影轮廓线的交点之间的长度为直径画圆，与圆柱水平投影轮廓线交于 c、d，再根据投影规律作出 c''、d''和 c'、d'。

2）极限位置共有点。圆锥面上参与相贯与未参与相贯部分的分界线称为极限素线，圆锥面上的极限素线与圆锥面相切的切点，也是圆锥面上极限素线与相贯线的切点，E、F 就是极限位置点，其对应投影也要保持相切关系。一般用素线法求点 E、F。

特殊点求出后，再根据连线需要适量作一些一般位置点。如点 G、H 可用素线法求得各投影，如图 4-56b 所示，也可用纬圆法求得，利用对称性可作出点 I、J 的三面投影。

3）分清虚实连交线。按已知的相贯线的侧面投影（与圆柱面积聚性投影重叠的投影）的顺序，即将各面投影按 $a''\to g''\to e''\to c''\to h''\to b''\to j''\to d''\to f''\to i''\to a''$顺序连接成光滑曲线。

相贯线可见性判别原则：两个立体表面都可见部分产生的交线才可见，否则，不可见。因各个投影的观察方向不同，所以相贯线在各个投影面上投影的可见性都要分别判断。

水平投影面上，对于单独圆锥面全部圆锥面都可见，对于单独圆柱面，下半个圆柱面不可见，故下半个圆柱面的上曲线（截交线）也就不可见，相贯线在圆柱水平投影轮廓线点 c、d 以下部分应画成虚线，其余部分画成实线。轮廓线点 c、d 是相贯线水平投影的虚实分界点。

（3）整理轮廓校一遍 求完相贯线后要整理轮廓线。要把轮廓线连到相应的轮廓线点上，然后应断开轮廓线，因为这是两个立体表面分界线上的点。虚实分界点，一定在同一立体的轮廓线上。当两个立体轮廓线点交叠时，可根据重影点判断轮廓线的可见性。虚实分界点一定在全部可见轮廓线上。对于不是虚实分界点的轮廓线点相连的轮廓线，在重影区域内应画成虚线。

最后进行校核，除了要检查相贯线上各点对应关系、轮廓线连接情况、可见性等之外，还要以相贯线为界，分别把两个立体的投影对应关系校核一遍，以保证投影的正确性。如水平投影上圆锥的底圆被圆柱挡住的一部分应画成虚线，这是容易忽略的地方。

从以上的分析、作图可以看出，只要参与相贯的两个立体中，有一个具有积聚性投影，就可利用积聚性直接找到相贯线的一个投影。再根据共有性，相贯线也在另一个立体表面上，这样，求解相贯线的问题，就转化为已知另一个立体的各面投影及其上曲线（截交线）的一个投影，求其他投影的问题，这可利用立体表面上取线定点的方法解决，再联系到利用积聚性法求截交线总结的结果。利用积聚性法求相贯线原理和方法也可概括如下口诀：利用积聚性，先定积聚影，转为它面线，表面定点解。

五、利用辅助平面法求相贯线

与截交线类似，求两立体的相贯线也可用三面共点辅助平面法（简称辅助平面法）来求其表面的共有点。

1. 作图原理

图 4-57a 所示为直径大小不同的两圆柱相贯，其轴线垂直交叉。现假想用一平行于两圆柱轴线的辅助平行面截切两圆柱，如图 4-57b 所示，则截平面 P 与大圆柱的截交线（或称为辅助交线）为直线 L_1、L_2，与小圆柱的截交线为直线 L_3、L_4。L_1 与 L_3、L_4 的交点Ⅰ、Ⅱ就是两圆柱面与平面 P 的共有点。也可假想用一个垂直于大圆柱轴线同时平行于小圆柱轴线的截平面 Q 作辅助平面截切两圆柱，如图 4-57c 所示，平面 Q 与大圆柱之交线为圆 L_5，与小圆柱之交线为直线 L_6、L_7。L_5 与 L_6、L_7 的交点Ⅲ、Ⅳ就是两圆柱与平面 P 的共有点。采用一系列类似的辅助平面（或移动辅助平面的位置）就可得到一系列的共有点（相贯线上的点）。用辅助平面法求解两相交立体的共有点，对于参与相交的两立体都无积聚性投影时较为有效。

图 4-58 所示为部分球与圆锥台相交。现假想用一辅助平面 P 截切它们，辅助平面 P 与圆球面之交线为一纬圆 L_1，与圆锥面之交线为另一纬圆 L_2，纬圆 L_1 与 L_2 的交点Ⅰ、Ⅱ是辅助平面 P、圆球面、圆锥面三个面的共有点，当然也就是相贯线上的点。联系到辅助平面法求截交线时的方框图（图 4-47），则只要把参与相交的截交平面换成曲面便可类似得到用辅助平面法求相贯线框图，如图 4-59 所示，并可归纳同样的口诀：选择辅助面，求两组交线，两交线交点，就是共有点。在投影图上能直接定出的特殊点则无需用上述方法求解。

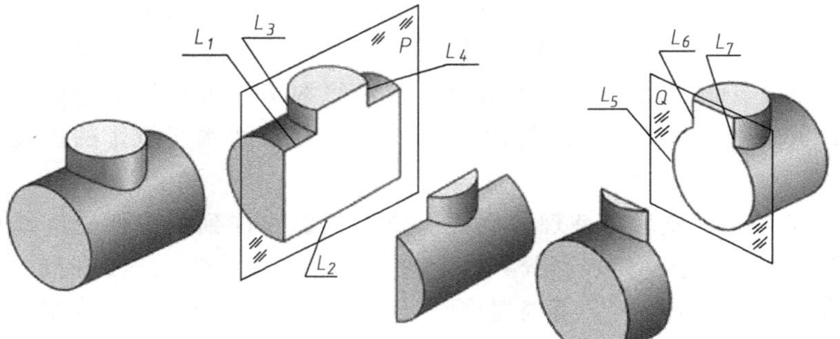

a)　　b)　　c)

图 4-57　辅助平面法（一）

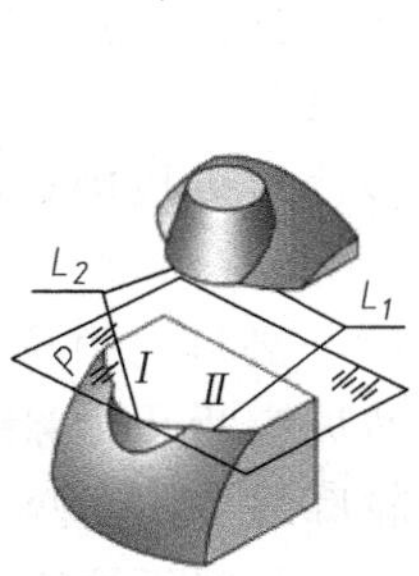

图 4-58　辅助平面法（二）

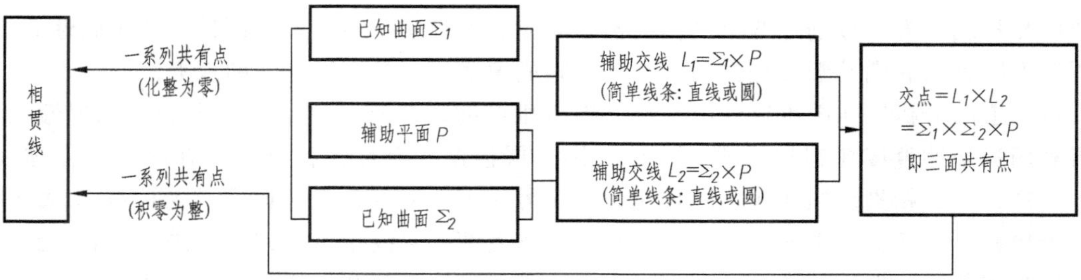

图 4-59　求相贯线方框图

为了作图简便和准确，辅助平面的选择原则应是：

1）辅助平面应取在两曲面体相交（有共有点）的范围。

2）辅助平面与两曲面体截交线的同面投影都是直线或圆。选取的辅助平面通过圆柱、圆锥轴线或通过锥顶都可获得直线截交线，选取的辅助平面垂直于回转体轴线时可得到圆截交线。

2. 作图举例

例 4-32 如图 4-60 所示，求轴线垂直交叉的两圆柱表面相贯线，参看图 4-57 所示。

分析： 由图 4-60 及图 4-57 所示可以看出，相贯线为空间曲线，小圆柱轴线处于铅垂位置，所以小圆柱相贯线的水平投影积聚为与小圆柱等直径的圆，相贯线的水平投影就重影在此圆上。大圆柱轴线处于侧垂位置，所以大圆柱的侧面投影积聚成与大圆柱等直径的圆，相贯线的侧面投影重影在两柱投影轮廓线范围内的一段圆弧上，相贯线左右对称于过小圆柱轴线的侧平面，所以相贯线的左半与右半在侧面上重影，相贯线前后无公共对称平面，所以相贯线前后不对称，其前后部分的正面投影不重影。

作图： 如图 4-60b、c 所示。

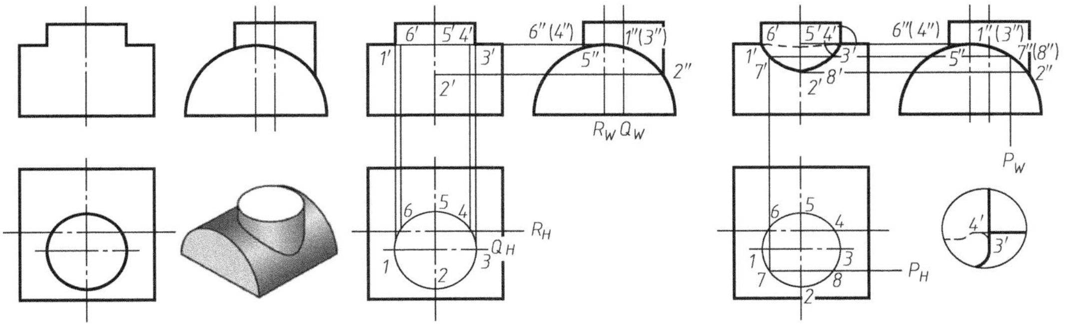

a)　　b)　　c)

图 4-60 求两圆柱偏交的相贯线

例 4-33 求圆柱和圆锥偏交相贯（两轴线垂直交叉）的相贯线，如图 4-61a 所示。

分析： 由图可以看出，相贯线为空间曲线并分为左右两支。相贯线对于过圆锥轴线的侧平面处于对称位置，由于前后无对称平面，所以相贯线的正面投影前后不重影，圆柱轴线处于侧垂，其侧面投影积聚成与其等直径的圆，故相贯线的侧面投影重影在此圆上。对于圆锥与圆柱相贯的情况，辅助平面可采用如图 4-61b、c 所示两种形式。

作图：

1）作特殊点。如图 4-61d 所示，先作轮廓线点，用辅助水平面 P_1、P_2、P_3 可求得圆柱正面、水平面的转向轮廓线上的点Ⅰ、Ⅱ、Ⅲ、Ⅳ（由于相贯线的对称性，右边一支不标序号）；用辅助侧垂面 Q、T 可求得圆锥面参与相贯的极限素线点Ⅶ、Ⅷ，这些点又称范围点。7″、8″是过 S'' 向圆柱侧面投影所作切线的切点。

2）作一般位置点。按连线需要，再作适量一般点，如作水平面 P_4，求得点Ⅸ、Ⅹ，如图 4-61e 所示。

3）光顺连点成线并判别可见性。以侧面投影各点的顺序将各点的其他同面投影连成光滑曲线，后半个圆柱面上的正面投影为不可见，轮廓线点 1′，2′为虚实分界点，将 1′→5′→8′→4′→6′→2 连成虚线，其余部分画粗实线。下半个圆柱面的水平投影为不可见，轮廓线点 3、4 为分界点，将 4→10→6→2→9→3 连成虚线，其余部分画成粗实线如图 4-61e 所示。

4）连轮廓线与校核。正面投影上，将圆柱与圆锥正面的转向轮廓线连至相应的轮廓线点 1′、2′和 5′、6′上，并注意圆锥面正面转向轮廓线上点并非虚实分界点，故圆锥正面的转向轮廓线上点 5′向上至该轮廓线与圆柱正面转向轮廓线交点之间的一部分应画成虚线。同理，6′以下的一部分也应画成虚线，如图 4-61e 所示圆圈内的放大图形。

最后以相贯线为分界线，对两立体的三面投影进行校核，可发现水平投影上，锥底圆被圆柱遮住的一部分应画成虚线，如图 4-61e 所示。

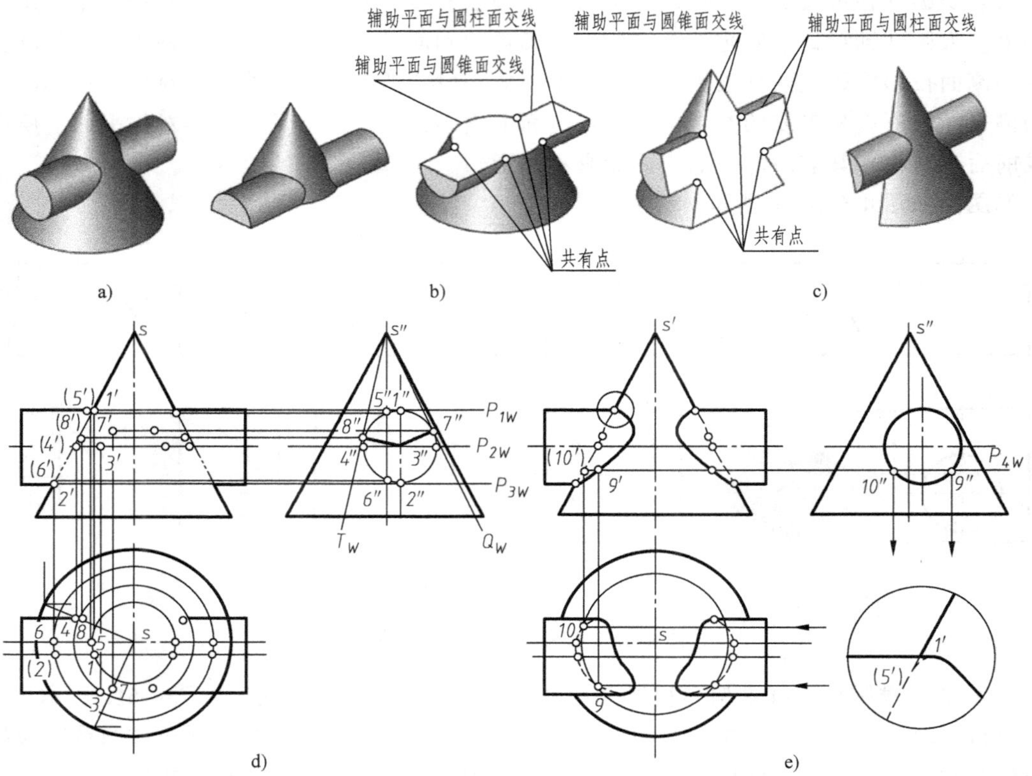

图 4-61　求圆柱与圆锥偏交的相贯线

例 4-34　求部分圆球与截头圆锥的相贯线，如图 4-62a 所示。

分析：相交的两个立体中，一个是四分之一圆球的前、后被 2 个正平面对称地切去一部分而形成的部分圆球，另一个是轴线铅垂但不过球心的圆锥台，它们的相贯线是一条封闭的空间曲线。相贯线对过圆锥、圆球轴线（由于球任一直径都可为轴，所以视为圆球轴线与圆锥轴线平行）的正平面（公共对称面）前后对称，所以相贯线的正面投影前后两部分重影。由于圆球面和圆锥面的三个投影没有积聚性，所以需要求出相贯线的三个投影。

辅助平面选择分析：对圆球，只有平行投影面的辅助平面，产生的交线投影才能是圆或直线段；对于圆锥，过圆锥轴线的垂直于水平投影面的辅助平面与圆锥面的交线各投影均为直线段，但其中能同时满足球面截交线要求的，只有过圆锥轴线的正平面和侧平面 P 和 Q，此两辅助平面能求出轮廓线点。其他的轮廓线点可利用 1 个或几个垂直于圆锥轴线的水平辅助面求得，如图 4-62b 所示。

作图：如图 4-62c ~ f 所示。

例 4-35　求四分之一的圆环面与圆柱面的交线，如图 4-63a 所示。

分析：圆柱面轴线处于侧垂，其侧面投影积聚成一个圆，故相贯线的侧面投影就重影在

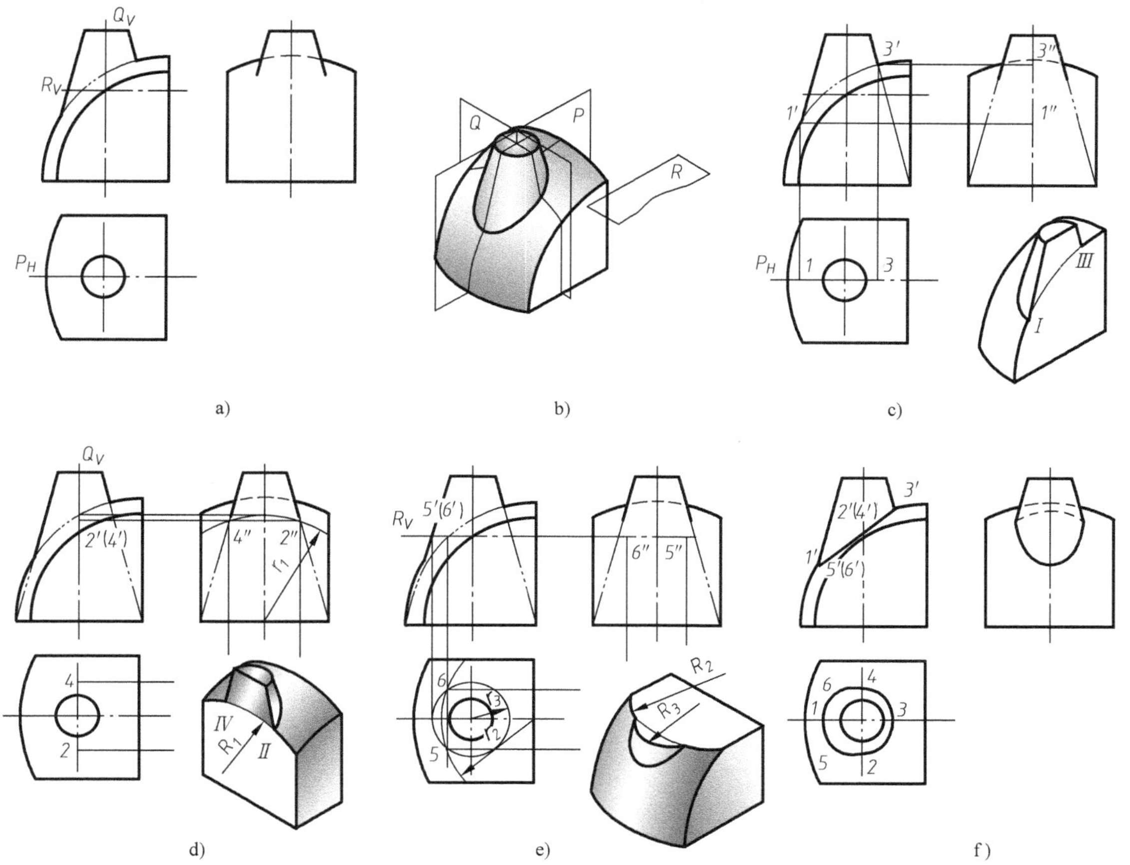

图 4-62　求圆球与圆锥偏交的相贯线

此圆上。圆环轴线是正垂线，与圆柱面轴线交叉垂直，且圆柱轴线在圆环前后对称面内，也即两曲面的公共对称平面是正平面，所以相贯线是前后对称的，其前一半与后一半的正面投影重影为一条曲线。

作图：如图 4-63b、c、d 所示。

注意：本例中的最右点，仅通过作图的方法不易判定。此时，可在附近多求几点，使相贯线的投影达到必需的准确度。

六、用辅助球面法求相贯线

借助于三面共点的原理，可以用多种类型的面作为辅助面，去与已知面相交，求得共有点。按辅助面的性质可有平面、曲面，而曲面又有柱面、锥面、球面等，球面又可分为定心球面（各辅助面的球心位置不变）和异心球面（各辅助面的球心按一定的规律变动），限于篇幅，这里只介绍定心球面法。

1. 辅助球面法的原理

当球心位于回转面轴线上时，球与回转面的相贯线为一垂直于回转面轴线的圆。如

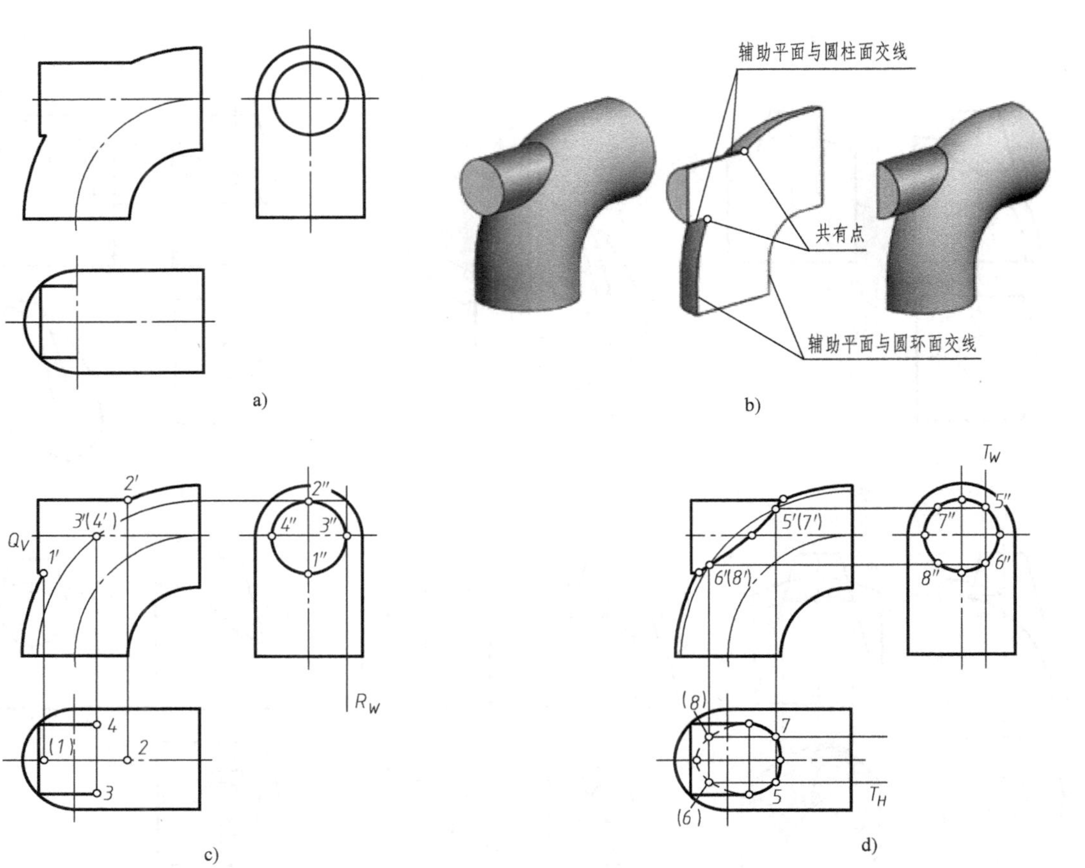

图 4-63　求圆柱与圆环的相贯线

图 4-64a所示球心位于圆柱的轴线上，如图 4-64b 所示球心落在圆锥轴线上，它们的相贯线在平行于回转体轴线的投影面上投影成一直线段（长度等于截交线圆直径），在垂直于回转体轴线的投影面上的投影反映圆的实形。

2. 使用辅助球面法的条件

1）两相交立体必须是回转体，因为只有球面与回转体面相交时，其相贯线才可能是圆。

2）两回转体轴线必须相交，因为只有相交，球心才能同时在两回转体的轴线上，两轴线的交点即为辅助球面的球心。

3）两回转体的轴线所确定的平面（公共对称平面）必须平行于某一投影面，只有这样，球面与回转体的相贯线圆在该投影面上的投影才能成为直线。

当相交的两回转体符合上述条件，而用辅助平面法求解又较麻烦时，辅助球面法就显出它独特的优点。图 4-65 中的立体图所示为一圆锥台与一圆锥斜交，求其相贯线时，如果用投影面平行面作辅助平面，将不能同时得到直线或圆的辅助交线，作图不方便。由于此两回转面相交符合上述辅助球面法的条件，可如图 4-65b 所示，以两回转体轴线的交点 O 为球心，以适当半径作一球面，该球面与圆锥面的交线为圆 L_1、L_2；与斜圆锥台的交线为 L_3。同一个球面上的圆 L_1、L_2 与 L_3 相交于Ⅲ、Ⅳ、Ⅴ、Ⅵ四点。这四点既在球面上，又在已知的两回转面上，因而是相贯线上的点。如果两回转体如图 4-65c 所示那样放置，公共对称平面为正平面，则交线圆 L_1、L_2、L_3 的正面投影分别积聚成直线段 l'_1、l'_2、l'_3，它们的交点 3′、(4′)、5′、(6′) 即为相贯线上点Ⅲ、Ⅳ、Ⅴ、Ⅵ正面投影。改变辅助球面半径的大小，可得到一系列共有点，但这种变动也是有范围的，如从球心向两回转面转向轮廓线作垂线，其中较长的作为最小半径 $R2$，比这个半径再小的球面就不能与某一回转面相交了，也即不产生共有点了。由球心 o'到两回转面正面转向轮廓线交点中最远点 2′的距离为最大球半径 $R1$，因为比这个半径再大的球面也得不到共有点。这样一来，所取的辅助球半径 R 就只能是 $R2 \leqslant R \leqslant R1$。

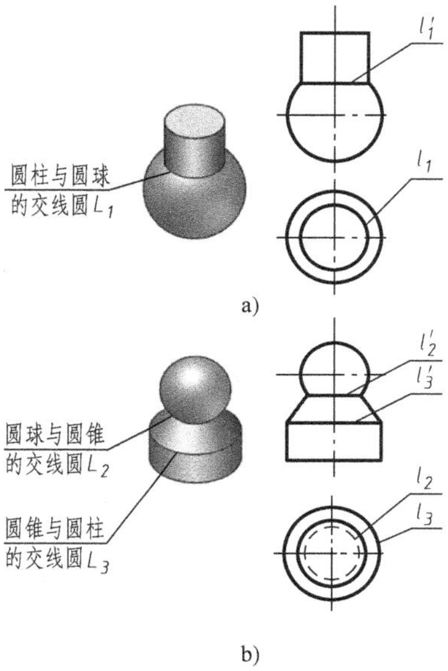

图 4-64 同轴回转体相贯线

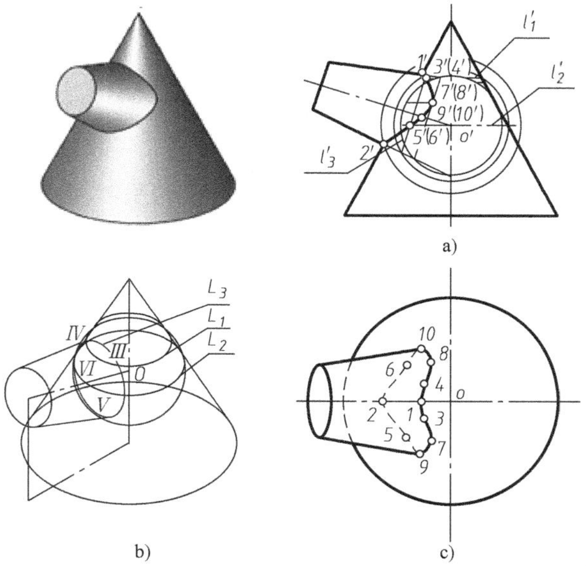

图 4-65 球面法作图原理

具体作图步骤如图 4-65c 所示。

1）作最高、最低点。由于两曲面具有正平面的公共对称面，可过此特殊位置作一辅助平面 P，平面 P 与两曲面均交得直素线，且是正面轮廓线，在正面投影上它们的交点 1′、2′就是相贯线的最高、最低点，作图时无需作出平面 P，由两回转体的正面轮廓线交点直接确定 1′、2′再作 1，2。

2）作最大、最小辅助球面上的点。由图可知 o'到 2′之距便是最大球半径，因 2′点已经作出，故无需再求。由 o'向圆锥和圆锥台的正面轮廓线作垂线可知，圆锥面的正面轮廓线的距离较大，故以此距离 $R2$ 为半径，o'为圆心作圆，此圆与圆锥正面轮廓线相切，连接两切点的直线段便是最小球与圆锥面相切的切线圆的正面投影以 $R2$ 为半径的圆与斜圆锥台的正面轮廓线相交，连接两交点的直线段为最小球与圆锥台的交线圆的正面投影，两直线段的交点便是相贯线上共有点Ⅶ、Ⅷ的正面投影 7′、8′。

3）作一般位置点。用介于 $R2$ 和 $R1$ 之间适当大小的球半径 R，以 o'为圆心作圆，即为辅助球面的正面投影，此圆与两曲面轮廓线交点间的连线 l'_1、l'_2、l'_3分别是半径为 R 的辅助球与两曲面交线圆的正面投影，如图 4-65b 所示，它们交点 3′、(4′)、5′、(6′) 便是相贯线上共有点Ⅲ、Ⅳ、Ⅴ、Ⅵ的正面投影。变动 R 的大小，可得一系列共有点，其水平投影可利用回转面上取线定点的方法求得。由此可见，应用辅助球面法可以在一个投影图上完成相贯线的全部作图，这是其独特的优点。

4）连线判别可见性。以各点的正面投影虚实的顺序将各同面投影连成光滑曲线，正面投影上，由于对称性，相贯线前半部分画成实线，后半部分与前半部分重影，故虚线无需画出。水平投影上，圆锥台下半部分的水平投影为不可见，点 9、10 为虚实分界点（可由正面投影 9′、10′求得），将 9→5→2→6→10 连成虚线，其余为实线。

5）整理轮廓线并校核。圆锥台的水平投影转向轮廓线画到 9、10 为止，两曲面水平投影重合区域内圆锥底圆的一部分被圆锥台遮挡应画成虚线。

七、相贯线的特殊情况

前已提及，两回转体的交线一般情况是空间曲线，但在特殊情况下，也可能是平面曲线或直线，下面介绍几种特殊情况。

1）同轴的两回转体表面相交，相贯线是圆，且圆所在的平面垂直于轴线。如图 4-64a 所示，圆球与圆柱同轴（因圆球的任一直径方向都可认为是轴，当球心在某一回转体轴线上时，则可认为，两回转面同轴相交）。交线为圆 L_1，正面投影重影为一条直线 l_1'，水平投影 l_1 反映实形。如图 4-64b 所示，上部圆锥与圆球同轴相交，交线为圆 L_2，下部是圆锥与圆柱相交，交线为圆 L_3，相贯线在与轴线平行的投影面上的投影积聚成垂直于回转轴同面投影的直线段 l_2'、l_3'，直线段的长度等于空间交线圆的直径。在与轴线垂直的投影面上的投影反映交线圆的实形。

2）根据蒙若定理：如果两个二次曲面内切或外切于第三个二次曲面，则它们交于平面曲线。如共切于同一球面的圆锥，圆柱相交时，其相贯线为两条平面曲线——椭圆。当两曲面的轴线所确定的平面平行于某投影面时，则此二椭圆在该投影面上的投影为相交两直线段（连接相应轮廓线交点），如图 4-66 所示。

3）轴线相互平行的两圆柱相交，其相贯线是平行轴线的两条直线段，如图 4-67a 所示。

4）当两圆锥共顶相交时，相贯线为相交两直线段，如图 4-67b 所示。

画相贯线时，如遇上述这些情况，可直接画出相贯线，不必用前面介绍的辅助面法求解。

八、关于相贯线的讨论

立体相贯线可能产生在外表面上，也可能产生在内表面上，其空间形状与两立体的表面性质，尺寸大小和相对位置等因素有关，现用对比方式对各种情况归类讨论，以达到加深理解触类旁通之效果。

1. 空实对比

图 4-68 所示是轴线垂直相交，其直径不等的两个圆柱体相交的三类情况：图 4-68a 所示为两实心圆柱相交，图 4-68b 所示为实心圆柱与空心圆柱相交，图 4-68c 所示为两空心圆柱相交。从三种情况看来，相贯线的形状和位置与两立体是空心还是实心无关（只是可见性不同），其求解方法是相同的，因此只要掌握“实—实”相贯的解题方法，就可以指导“空—实”“空—空”相贯的作图。

2. 位移对比

当两圆柱相互位置关系发生变化时，相贯线的形状和位置都会有所改变，特殊点也产生变化，对求解方法有时也会产生影响。图 4-69 所示为当两圆柱偏交，交线从两条空间曲线逐渐变为一条空间曲线的情况。掌握了它们的大概形状，就会进一步增强空间想象，有目的地把精力集中在选择解题方法，找特殊点位置等问题上去，对于圆柱与圆锥相贯，圆柱与圆球相贯等也可归纳成这些典型形式，这些留待读者自行分析作图。

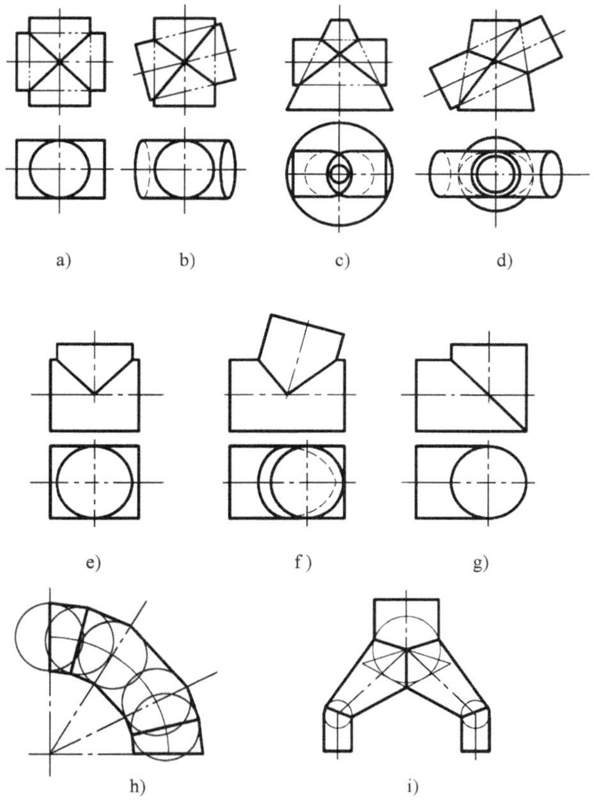

图 4-66　相贯线为平面曲线

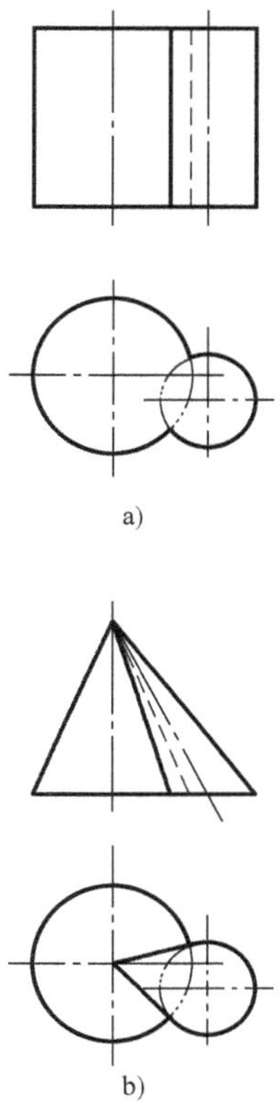

图 4-67　相贯线为直线

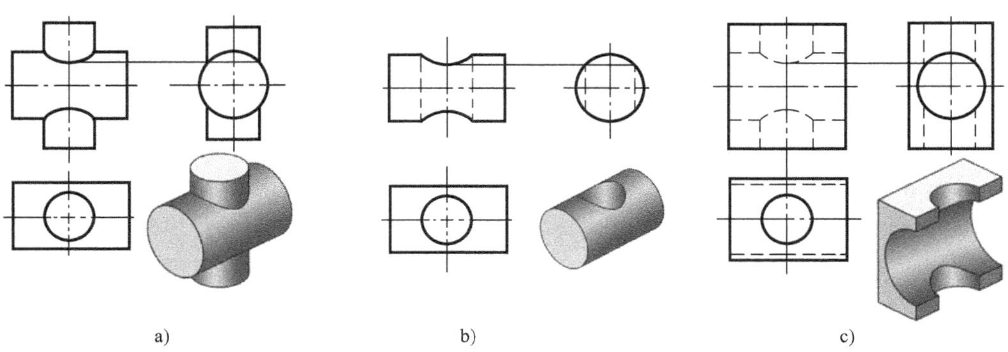

图 4-68　实、空圆柱相贯线比较

3. 大小对比

图 4-70 所示为轴线铅垂的圆柱与轴线侧垂的圆柱相贯，它们的轴线垂直相交，当其中的一个如轴线铅垂的圆柱直径由小变大时相贯线的变化规律。图 4-70a 所示为铅垂圆柱直径比侧垂圆柱直径较小时，相贯线为上、下两条空间闭合曲线，正面投影为实轴铅垂的双曲线（凸向较大圆柱轴线）。铅垂圆柱的直径逐渐变大，曲线越加弯曲，即双曲线的顶点逐渐靠近较大圆柱的轴线，如图 4-70b 所示，当铅垂圆柱的直径大到等于侧垂圆柱直径时，相贯线由量变到质变。按蒙若定理，两圆柱共切于一个球，相贯线为两平面曲线——椭圆，正面投影为相交两直线段。如图 4-70c 所示，当铅垂圆柱的直径继续变大，从原来两圆柱中较小的状态，变成较大的状态，相贯线变成左、右两条空间闭合曲线，其正面投影为实轴水平的双曲线（仍然凸向较大圆柱轴线）。若铅垂圆柱直径继续变大，双曲线弯曲程度减小，即双曲线的顶点逐渐离开较大圆柱轴线。

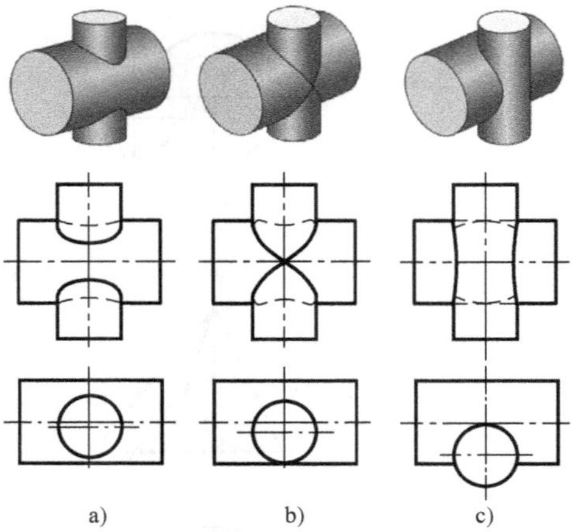

图 4-69 直立圆柱轴线位置变化时相贯线比较

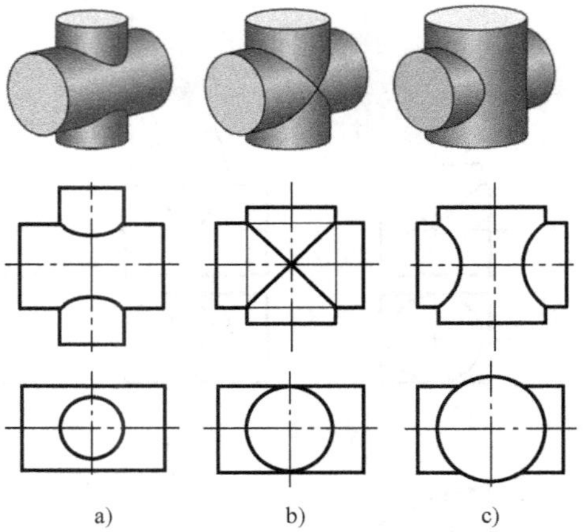

图 4-70 直立圆柱直径变化时相贯线比较

通过对直径大小变化的比较可知，相贯线总是凸向较大圆柱轴线，由于直径大小的改变，相贯线的形状变化了，但求解方法不变，因此，掌握解题的原理与方法，是求作相贯线的关键。圆柱与圆锥轴线正交相贯时，也有类似的讨论，请读者自行作图分析。

第五节 相贯线的简化画法与机件表面交线分析

一、相贯线的简化画法

当轴线正交的两圆柱直径相差较大时，相贯线在与两圆柱轴线所确定的平面平行的投影面上的投影可用圆弧来近似代替非圆曲线（双曲线）。如图 4-71 所示，以两圆柱正面转向轮廓线交点中的任一点为圆心，以大圆柱半径 $D/2$ 作圆弧，交小圆柱轴线于一点，再以此点为圆心作圆弧交到两圆柱正面转向轮廓线交点，此圆弧即为两圆柱相贯线的正面投影。图上还根据投影关系找出特殊点，

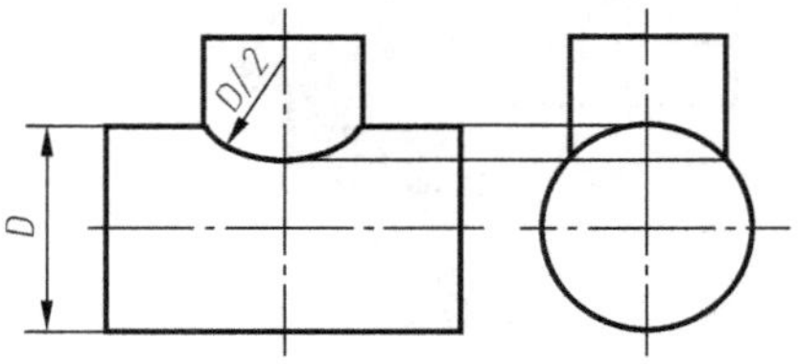

图 4-71 相贯线简化画法

其位置与圆弧近似作法基本一致。

二、综合相交

前面介绍了两个立体相贯时，相贯线的各种情况和作图方法，在画实际零件的图样时，由于构成零件的形状较多，交线往往比较复杂，但作图的基本方法与前面介绍的一样，重要的是要掌握分析问题的方法。

例 4-36 图 4-72a 所示是汽车制动总泵的泵体，现取其左端并抽象成如图 4-72b 所示的几何模型来分析作图。

分析： 模型由 Σ_1、Σ_2、Σ_3 三个圆柱组成，像这样一个立体同时与两个或两个以上立体相贯称为复合相贯，各立体表面所形成的交线称为复合相贯线。复合相贯线为若干相贯线（有时包括截交线）复合组成，如圆柱 Σ_1 与圆柱 Σ_2 的相贯线为 L_1，圆柱 Σ_1 与圆柱 Σ_3 的相贯线为 L_2，圆柱 Σ_1 与圆柱 Σ_3 的左端面 Q 的截交线为 L_3，只要逐个求出彼此相交部分的相贯线 L_1、L_2、L_3，再将各交线在三个表面的共有点（结合点）处连接起来，即可求得三个圆柱综合相交的交线。

作图： 如图 4-72c、d、e、f 所示。

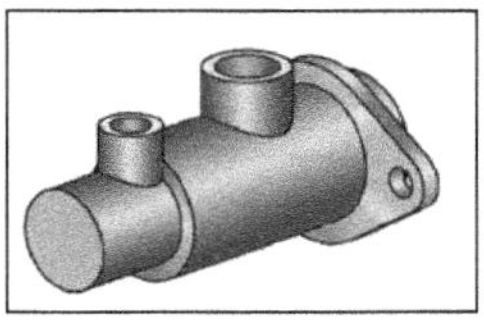

a) 汽车制动总泵泵体

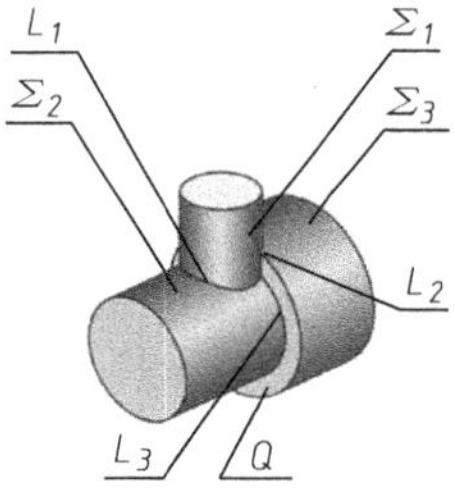

b) 抽象几何模型

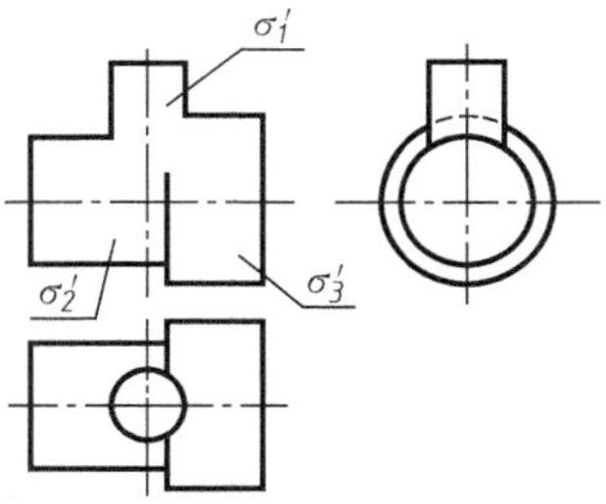

c) 作 Σ_1、Σ_2、Σ_3 的三面投影

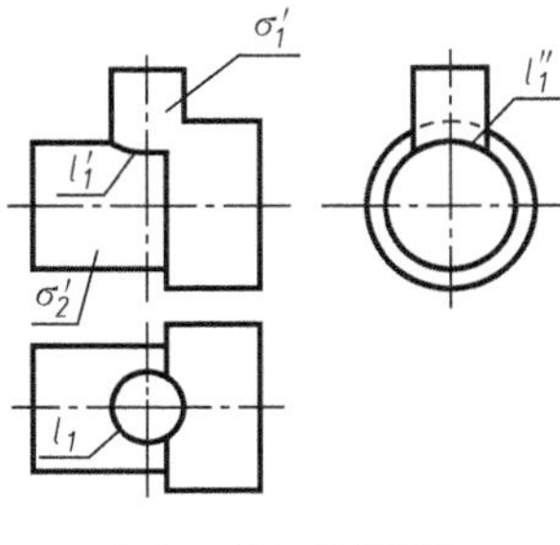

d) 求 Σ_1 与 Σ_2 的相贯线 L_1（由 l_1、l_1'' 得 l_1'）

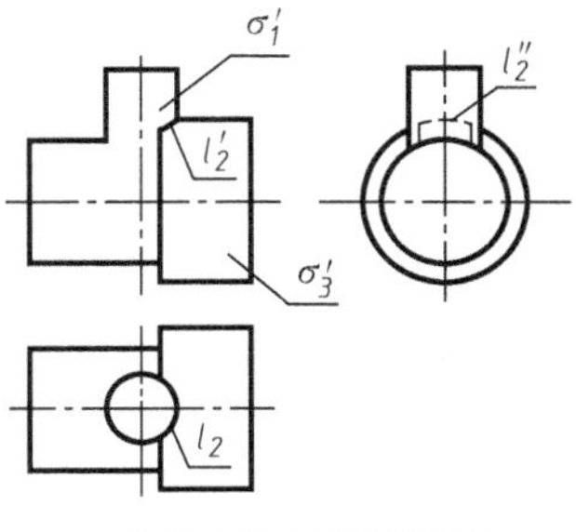

e) 求 Σ_1 与 Σ_3 的相贯线 L_2（由 l_2、l_2'' 得 l_2'）

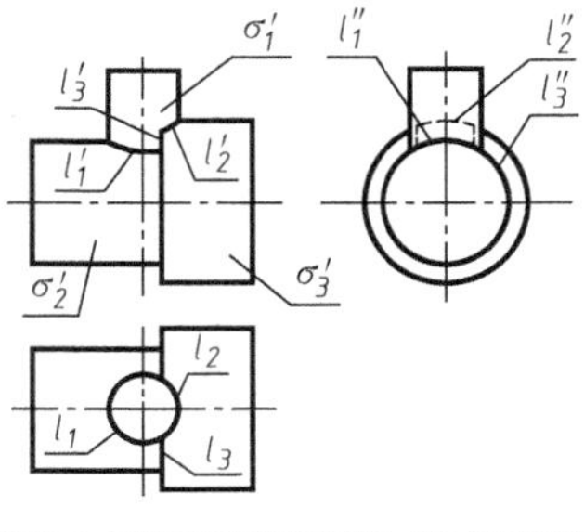

f) 作出 Σ_1 与端面 Q 的截交线 L_3 的三面投影 l_3、l_3'、l_3''，连接 l_1'、l_2'、l_3' 即为复合相贯线的正面投影

图 4-72 复合相贯线

三、零件表面过渡线

由于铸造和锻造工艺的要求，常常在一些零件的表面相交处作成光滑过渡的小圆角，称为铸造圆角和锻造圆角。这样两表面的交线部分是由圆角所构成的曲面，即使交线不很明

显，为了区别机件上不同的表面和便于看图仍画出理论上的相贯线，但两端不与轮廓线接触，只画到两立体表面外形轮廓线的交点处，这种线称为过渡线。过渡线用细实线绘出。下面介绍几种常见过渡线的画法。

1）两曲面相交时，按没有圆角的情况画出相贯线，然后在外形轮廓线处画出圆角，交线与圆角轮廓不相交，如图 4-73a 所示。

2）两曲面的外形轮廓相切时，过渡线在切点附近断开，如图 4-73b、c 所示。

3）零件上筋板与圆柱结合时，按筋板端面的形状以及筋板与圆柱面的结合方式，过渡线的画法是不一样的，如图 4-74 所示。

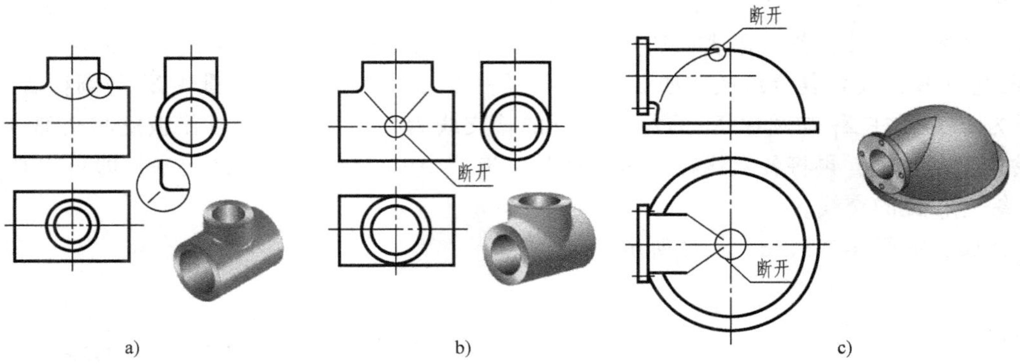

图 4-73　过渡线（一）

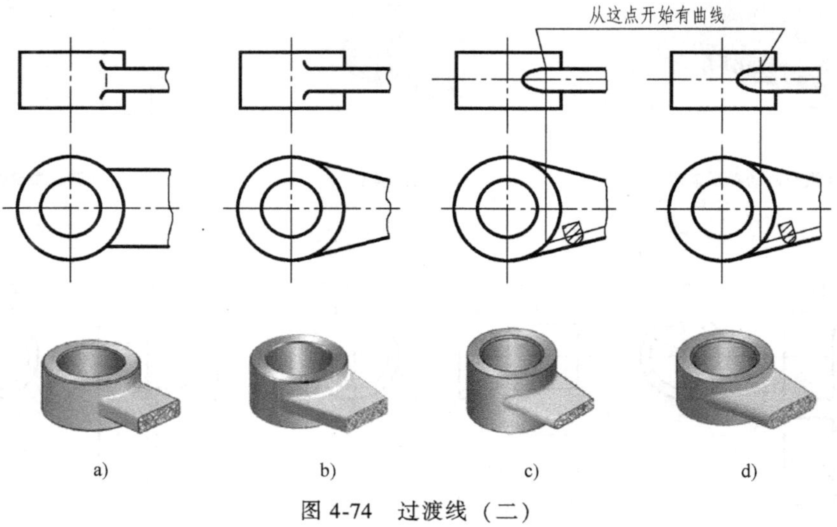

图 4-74　过渡线（二）

第六节　AutoCAD 中图解几何元素相对位置的投影

一、图解点、线、面综合问题

在第三章第六节介绍了创建点、线、面、体的三维空间模型的方法，这对几何元素相对位置投影的图示和定位、度量等图解问题带来了很大的便捷性。

例 4-37　已知三直线 *AB*、*CD*、*EF*，求作一直线 *MN*，使其与直线 *AB* 平行，与直线 *CD*、*EF* 相交，如图 4-75a 所示。

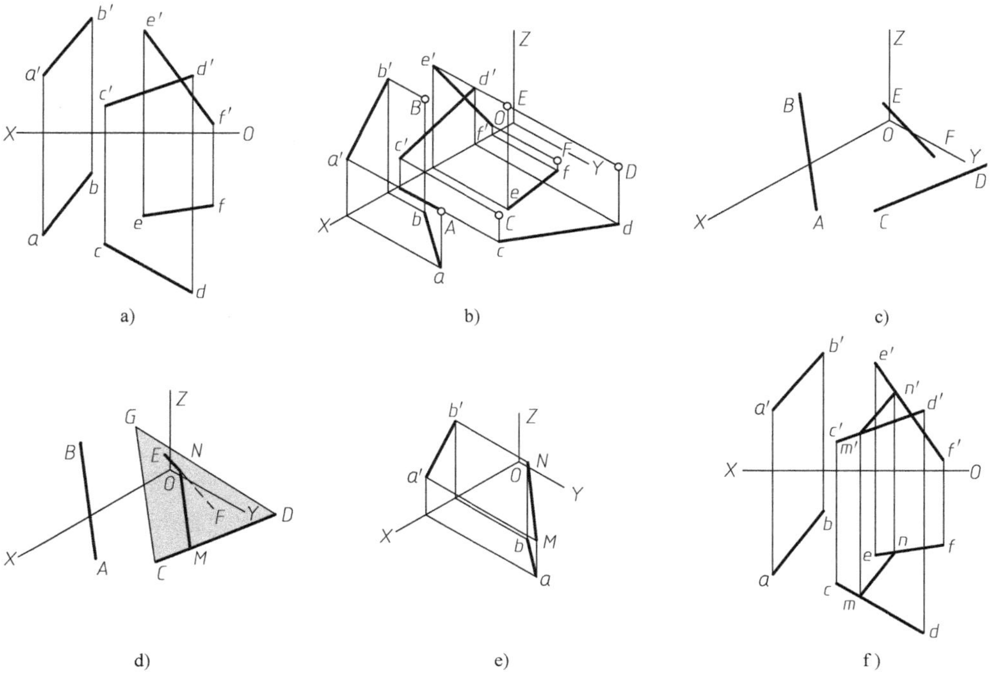

图 4-75　图解点、线、面综合问题

解

1）将图 4-75a 所示图形置于投影箱，按前述重复应用“逆交点”命令，求出 *A*、*B*、*C*、*D*、*E*、*F* 六个空间点，如图 4-75b 所示。

2）将六个空间点按题设要求连成三条直线 *AB*、*CD*、*EF*。为了看图清晰，将由“逆交点”命令完成的逆交点投射线隐去（放在关闭的图层上），只留下空间三条直线，如图 4-75c所示。

3）过点 *C* 作一平行于 *AB* 的直线 *CG* 并将点 *C*、*G*、*D* 依次相连组成一平面三角形，这个面与直线 *AB* 是平行的，如图 4-75d 所示。

4）将平面三角形与直线 *EF* 按原位置复制一份并用布尔“交”命令作出其交点 *N*；过点 *N* 作直线 *NM* 使其平行于直线 *CG*（当然也平行于直线 *AB*）交直线 *CD* 于点 *M*，如图 4-75d所示。

5）应用“面或体投影”命令作出直线 *NM* 在投影箱中的 *V*、*H* 面投影并隐去其他图线，如图 4-75e 所示。

6）应用“投影图”命令将直线 *NM* 在投影箱中的 *V*、*H* 面投影展开成投影图，并将第 2 步隐去的图线打开，便完成解题。如图 4-75f 所示。

二、图解截交线

例 4-38　已知条件如图 4-37a 所示，求截平面下面截断体的三面投影图。

解

1）创建三棱锥：将图 4-37a 所示图形置于投影箱，按前述方法创建出三棱锥，如图 4-76a 所示。

2）创建空间平面 P：左击投影工具栏中“作线的逆射面”按钮，命令行提示：“指定直线或垂直面的投影：”，鼠标左击截平面 P 的 V 面投影，系统自动创建出空间截平面，如图 4-76a 所示。

3）创建截断体：左击“投影”工具栏中“剖切”按钮，命令行提示：“选择要剖切的对象：”，左击空间截断体，命令行提示：“找到 1 个”，按<Enter>键后命令行提示：“指定剖切面的起点或［平面对象(O)/曲面(S)/Z 轴(Z)/视图(V)/XY(XY)/YZ(YZ)/ZX(ZX)/三点(3)］<三点>：”，“三点”选项是常用的选项也是默认值，按<Enter>键后左击空间平面 P 上任意不在一直线上的三点，命令行提示：“在所需的侧面上指定点或［保留两个侧面（B）］<保留两个侧面>：”，左击平面 P 下任一点，系统自动创建出空间截断体，如图 4-76b所示。

4）应用“面或体投影”命令作出截断体在投影箱中的三面投影；应用“投影图”命令将投影箱中的三面投影展开成投影图，如图 4-76c 所示。把此图与图 4-37 所示比较一下，看结果有何异同？

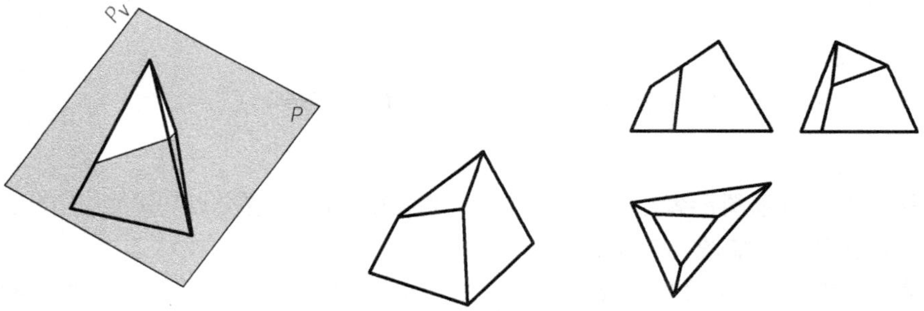

a)　　　　b)　　　　c)

图 4-76　用 CAD 图解截交线和截断体的投影

讨论：用 CAD 图解截交线，不管复杂程度如何，关键一步是按题意创建出截断体（形成截交线的截平面可以≥1，也可以是另一形体的表面），然后应用“面或体投影”和“投影图”两命令就可得到截交线和截断体的三面投影图。

例 4-39　求圆柱体上有一梯形切口后的三面投影，如图 4-40a 所示。

解

1）圆柱体上有一梯形切口可看成是圆柱体切去一梯形柱，用前述方法创建两形体，如图 4-77a 所示。

2）应用布尔运算求出截断体：左击“投影”工具栏中“差集”按钮，左击圆柱，按<Enter>键后再左击梯形柱，按<Enter>键后系统自动创建出空间截平面，如图 4-77b 所示。

3）应用“面或体投影”命令作出截断体在投影箱中的三面投影；应用“投影图”命令将投影箱中的三面投影展开成投影图，结果如图 4-77c 所示。把此图与图 4-40 所示比较一下，看结果有何异同？

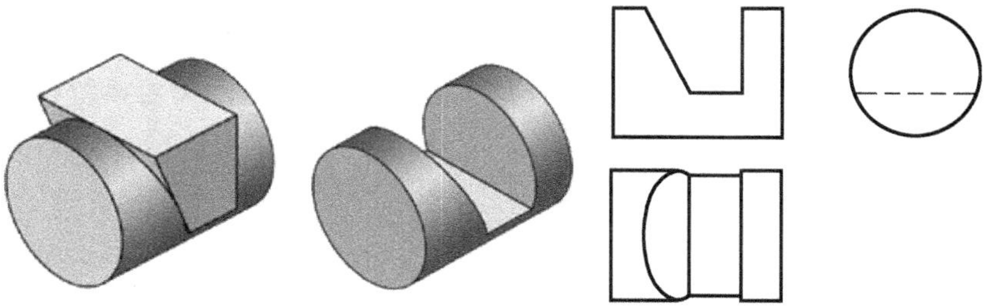

a) b) c)

图 4-77 用 CAD 图解圆柱被截切后的三面投影

三、图解贯穿点

例 4-40 如图 4-78a 所示，求直线与圆球的贯穿点。

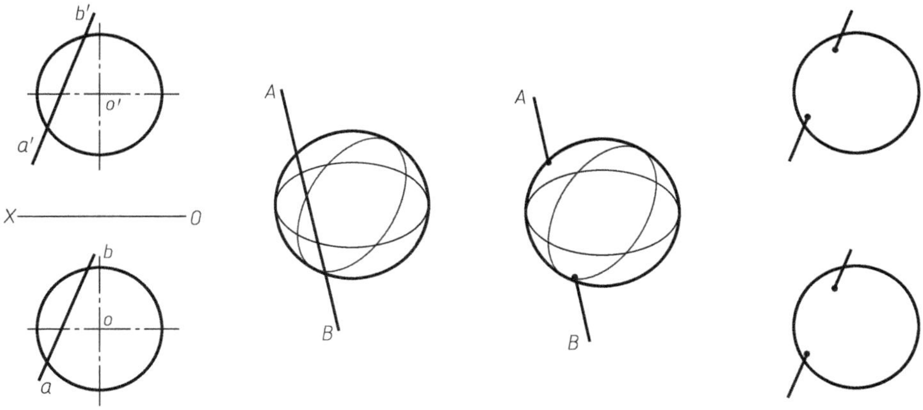

a) b) c) d)

图 4-78 用 CAD 求直线与圆球的贯穿点

解

1）用前述方法创建出三维形体圆球和直线，如图 4-78b 所示。

2）应用布尔运算将直线与圆球合并成一体，直线与圆球的交点自动形成：左击“投影”工具栏中“并集”按钮，选中直线和圆球，按<Enter>键后系统自动将直线与圆球合并成一体，如图 4-78c 所示。

3）应用“面或体投影”命令作出合并体在投影箱中的三面投影；应用“投影图”命令将投影箱中的三面投影展开成投影图，如图 4-78d 所示。把此图与图 4-52b 所示比较一下，看结果有何异同？

四、图解相贯线

例 4-41 求圆锥与圆柱偏交后的三面投影图，如图 4-79a 所示。

解

1）用前述方法创建出三维形体圆锥与圆柱，如图 4-79b 所示。

2）应用布尔运算将直线与圆球合并成一体，圆锥与圆柱的表面交线自动形成：左击“投影”工具栏中“并集”按钮，选中圆锥与圆柱，按<Enter>键后系统自动将圆锥与圆柱合并成一体，如图 4-79c 所示。

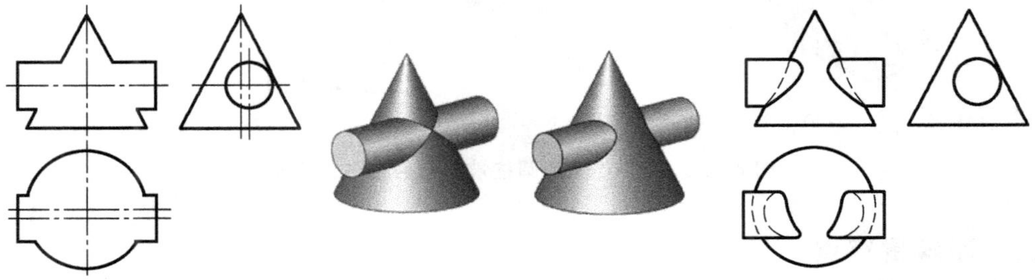

a)　b)　c)　d)

图 4-79　用 CAD 求圆锥与圆柱偏交后的三面投影

3）应用“面或体投影”命令作出合并体在投影箱中的三面投影；应用“投影图”命令将投影箱中的三面投影展开成投影图，如图 4-79d 所示，此图纯为物体的投影图，点画线和标注等非投影要素还得另外添加。把此图与图 4-61b 比较一下，看结果有何异同？

讨论：用 CAD 图解相贯线，不管复杂程度如何，关键一步是按题意创建出参加相贯的形体（参加相贯的形体形可以≥2，如图 4-72 所示），然后应用“面或体投影”和“投影图”两命令就可得到含有表面交线的相贯体三面投影图。

第五章 5

组 合 体

组合体是由基本体按一定方式组合而成的立体。形体比较复杂，给画图、看图和标注尺寸都带来一定困难，为解决此问题，本章介绍形体分析法和线面分析法。在实践中，读者要自觉地运用这些方法培养观察问题、分析问题和解决问题的能力。

第一节　形体分析法的概念

任何复杂的机器零件（组合体）都可看成是由简单的基本体组合而成的。如图 5-1 所示的手柄，可看成由左端带倒角的圆锥台Ⅰ和球体Ⅱ结合而成。球体Ⅱ除上下被对称地切去 *P*、*Q* 两部分外，上部还开了一个槽（挖去棱柱 *R*）。又如图 5-2 所示的轴承座，可看成是由凸台Ⅰ、轴承Ⅱ、支撑板Ⅲ、肋板Ⅳ、底板Ⅴ组合而成的。这种把复杂形体分解成简单形体的方法，称为形体分析法。

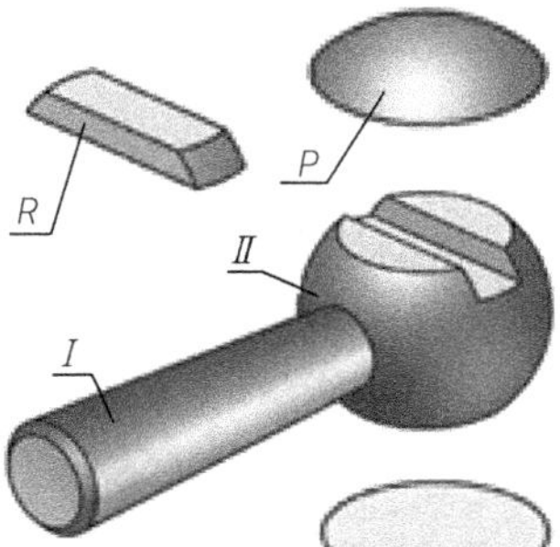

图 5-1　手柄的组成

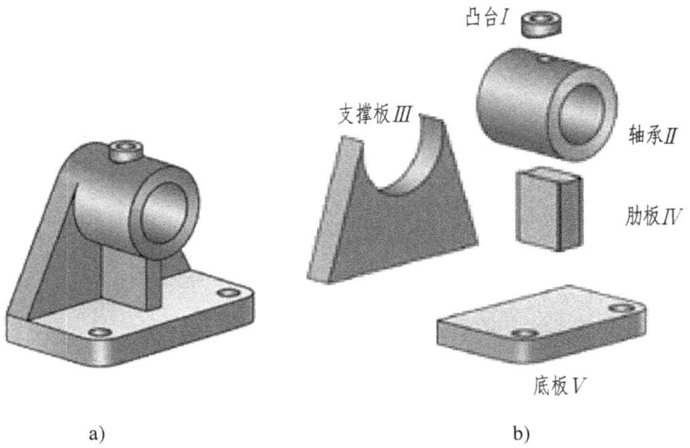

图 5-2　轴承座的组成

由此可见，形体分析的方法就是把物体分解成一些简单基本形体以及确定它们之间组合形式的一种思维方法。在学习画视图、看视图和标注尺寸时，经常用这种方法使复杂的问题变为较简单的问题。读者应熟练掌握形体分析法，为解决复杂的问题打下基础。

第二节　组合体的组成形式

基本形体组成组合体通常有叠加、挖切、复合三种形式。这些组合形式就决定了各基本形体的相互位置和连接处形状。为了正确地分析形体，必须仔细研究形体组成及其投影特性。

一、叠加

1. 堆砌

如图 5-3 所示的形体，可看成是在底板Ⅰ上堆砌四棱柱Ⅱ、Ⅲ而成的。

2. 共面

当相邻表面间处于共面时，在共面处的分界线就没有了。如图 5-3 所示，四棱柱Ⅱ右面、后面与底板Ⅰ的右面、后面以及四棱柱Ⅲ左面、后面与底板Ⅰ的左面、后面因共面，就不存在分界线了。

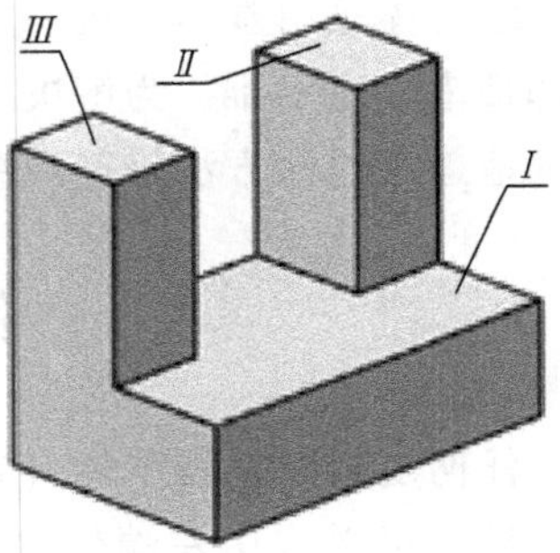

图 5-3　堆砌

3. 相切

当相邻表面间处于相切时，切线在三个视图上一般不画出，如图 5-4a、图 5-5 和图 5-6 所示。当切平面垂直于某投影面时，则在该平面上应画出切线的投影，如图 5-4b 所示。

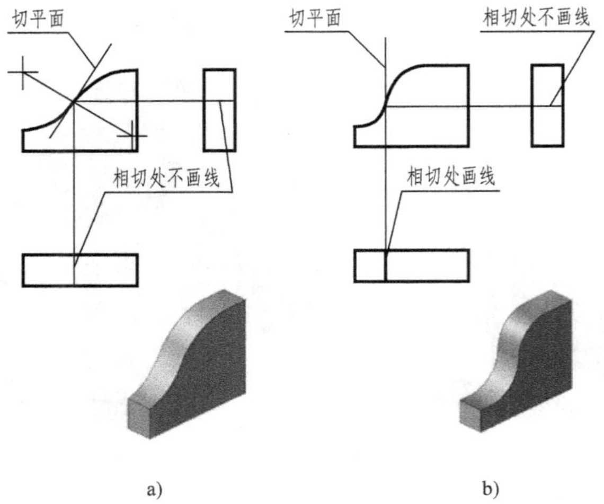

图 5-4　压块

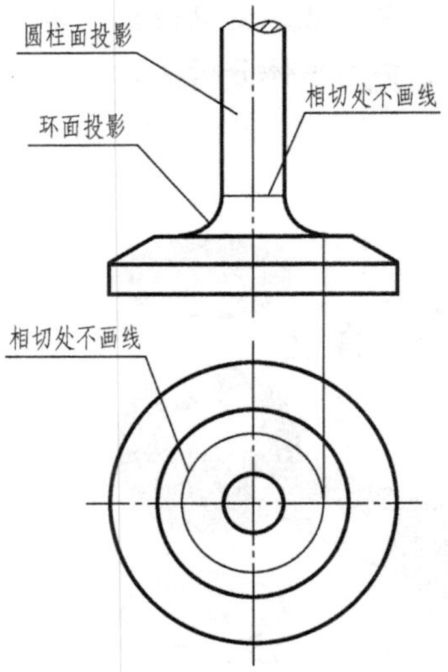

图 5-5　阀杆

4. 相交

两个基本体表面相交时，一定产生交线（截交线或相贯线），应画出交线的投影。如图 5-6 所示，右耳板侧面与圆柱体表面相交，有截交线；圆柱与前面的圆台相交，有相贯线。

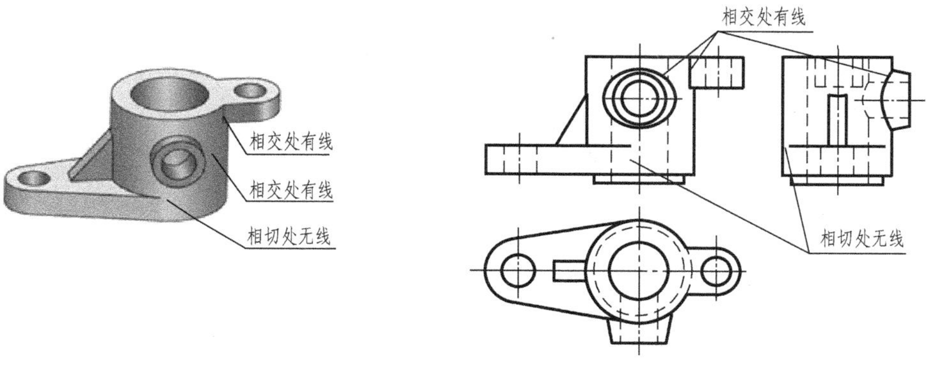

图 5-6 相切与相交

二、挖切

所谓挖切，就是把基本体经过切割或穿孔而形成的立体。

1. 切割

基本形体被平面切割后，画视图时关键是作出其截交线的投影。图 5-7 所示是一个手柄头的形体分析。

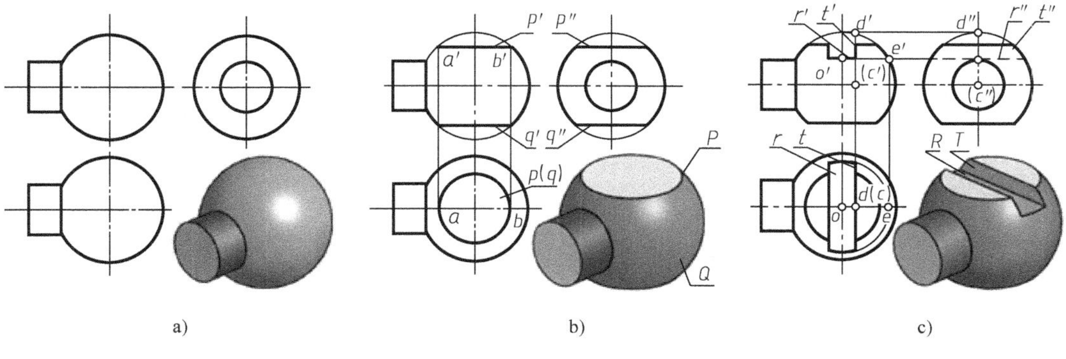

图 5-7 手柄头的形体分析

如图 5-7a 所示，手柄头由基本形体圆柱和球体组合而成，圆柱的轴线通过球心，因而交线是一个平行于侧面的圆，在左视图上为圆的实形，在主、俯视图上为直线。如图 5-7b 所示，球上下被水平面 P、Q 所切割，截交线在俯视图上的投影为圆，圆的直径 $ab=a'b'$，在主、左视图上的投影为直线。如图 5-7c 所示，球的上端开了一个槽，槽的底面 R 和球面相交，该截交线在俯视图上为圆弧，其半径为 oe，槽的侧面 T 和球面相交，该截交线在左视图上的投影为圆弧，其半径为 $c''d''$。

2. 穿孔

当基本体被穿孔时，画图的关键是画出其交线的投影。图 5-8 所示为靠堵的形体分析。

如图 5-8a 所示，该零件基本上是由同轴的三段异径圆柱 Σ_1、Σ_2、Σ_3 所组成。如图 5-8b 所示，下部圆柱 Σ_3 中开了一个棱柱孔 Σ_4，孔的侧面 P 和圆柱 Σ_3 相交，根据尺寸 y 作出截交线在左视图上的投影。孔的上、下底为前后倾斜的斜面（图中的 Q 面），由于斜面与圆柱表面的截交线是椭圆，主视图上的曲线 $b'a'd'$就是该椭圆投影的一部分。如图 5-8c 所示，Σ_1 圆柱上端开了一个方槽 Σ_5，在圆柱 Σ_3 中间横向又贯穿了一个圆柱孔 Σ_6，其投影如图 5-8c 所示。必须注意：在主视图上，圆柱孔 Σ_6 与圆柱 Σ_3 表面的相贯线为曲线，而与中间棱柱孔侧面 P 的交线，因在主视图上，P 面有积聚性，因而这里是直线，不能画成曲线。

三、复合

如图 5-7 所示的形体，可看成是先由圆柱和球叠加，然后再切割形成的；如图 5-8 所示的形体，可看成先由三个同轴线的异径圆柱叠加，然后再开孔形成的，所以它们都是复合组合体。

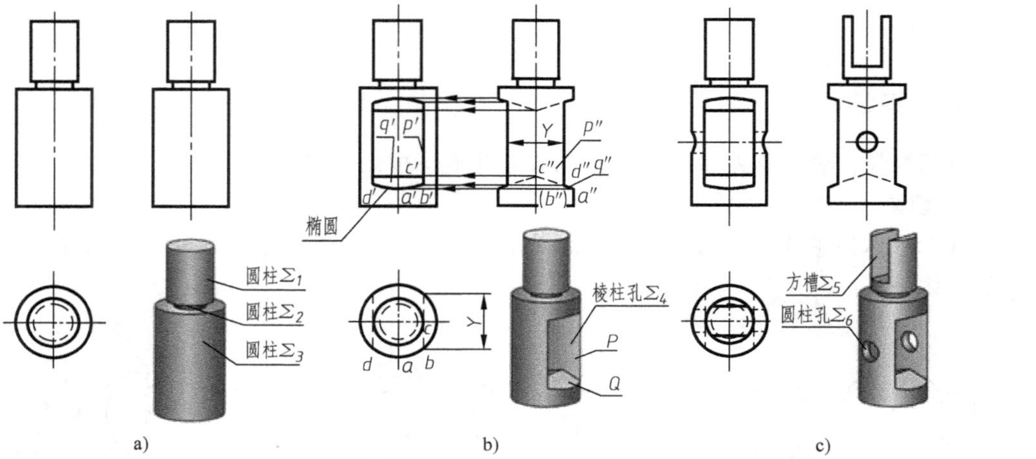

图 5-8　靠堵的形体分析

第三节　组合体视图的画法

画组合体视图时，通常按下述顺序进行。

一、形体分析

其目的是通过把组合体分解成若干基本形体，从而确定它们的组合形式，以及相邻表面间的相互位置。如图 5-9a 所示的支架，可看成由直立空心圆柱、底板、肋、U 形柱搭子，水平空心圆柱，扁空心圆柱等组成，如图 5-9b 所示。从图 5-9a 中可看出肋的底面与底板的顶面相结合，扁空心圆柱的顶面与直立空心圆柱的底面相结合；底板的侧面与直立空心圆柱相切；肋和搭子的侧面与直立空心圆柱相交；水平空心圆柱与直立空心圆柱垂直相交，两孔接通。

二、选择主视图

选择主视图，就是要解决组合体怎么放置和从那个方向投影的两个问题。下面介绍选择主视图的三个原则。

1. 特征原则

主视图是三视图中最主要的视图，因此要求主视图能够较多地反映物体的形状特征。就是说，必须把组合体的各组成部分的形状特点和相互关系反映最多的方向作为主视图的投射方向，如图 5-9a 所示的 *A* 向。

2. 稳定性原则

通常人们习惯于从物体的自然位置进行观察，所以选择主视图时，常把物体放正，使物体的主要平面（或轴线）平行或垂直于投影面，图 5-9a 即满足这一原则。

3. 虚线最少原则

因主视图是三视图中最主要的视图，因此最能清晰地看到物体的结构形状特征，应尽量避免画虚线。图 5-9a 所示的 *A* 向即满足此原则。如选用如图 5-9 所示的 *B* 向作为主视图的投射方向，则搭子全部变成虚线，底板、肋的形状以及它们与直立空心圆柱的关系也没有像 *A* 方向那样清晰，故不应选 *B* 方向的投影作为主视图。

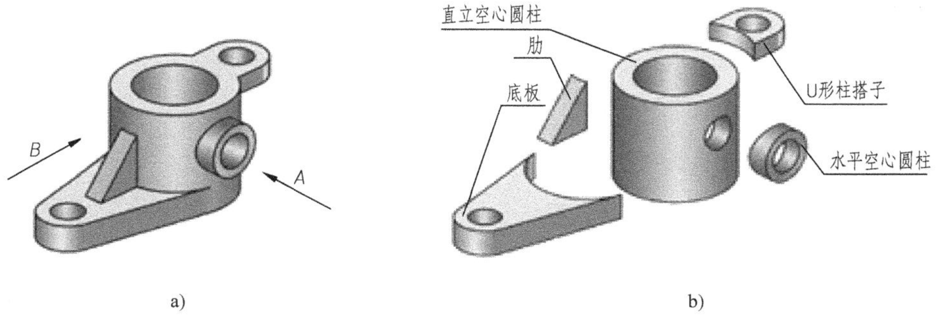

图 5-9 支架及其形体分析

三、选定比例

为体现形体的直观性，应首先考虑 1∶1 的比例。当组合体过大或过小，不宜采用 1∶1 的比例时，应按规定（GB/T 14690—1993）选择放大或缩小的比例。所选比例，除要保证各视图能清晰反映形体特征外，还要考虑便于标注尺寸。

四、确定图幅

根据所选比例，按照各视图所占幅面大小，以及尺寸注写、标题栏、图框等所占图幅面积，选用幅面大小。

五、轻画底稿

为使图形清晰，必须布置匀称，并要注意在视图之间留有注尺寸的位置。

根据上述考虑，按第一章第五节介绍的绘图方法轻画底稿，如图 5-10a 所示。在上述基础上，仍用 2H 铅笔，按先画主要形体后画次要形体，先画外形后画内部结构的顺序，逐一画出各视图，如图 5-10b～e 所示。注意：上述作图，为便于修改，仍应轻轻画出。但中心线、轴线、对称线可一次画清晰。

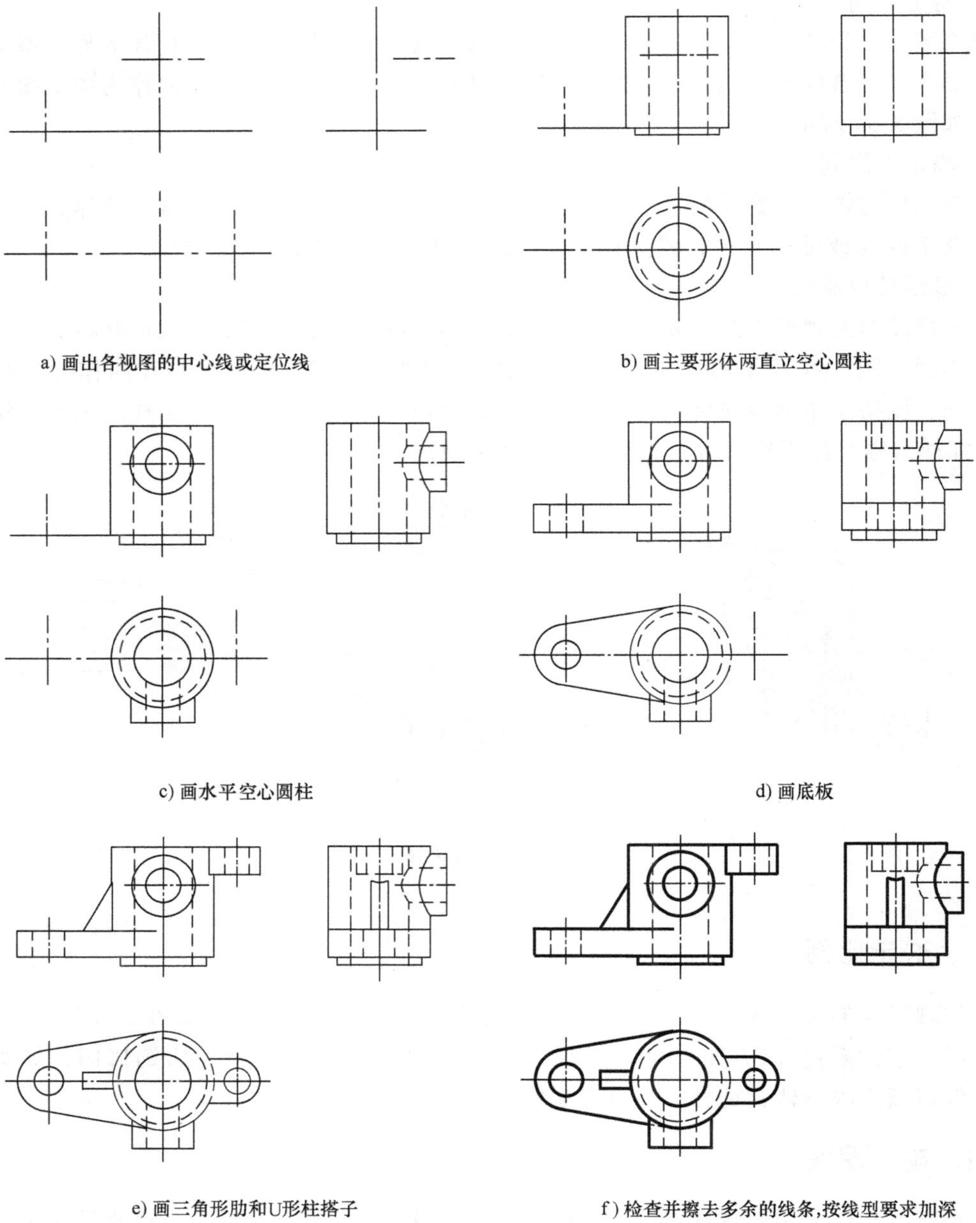

a) 画出各视图的中心线或定位线

b) 画主要形体两直立空心圆柱

c) 画水平空心圆柱

d) 画底板

e) 画三角形肋和U形柱搭子

f) 检查并擦去多余的线条,按线型要求加深

图 5-10　支架的画图步骤

六、检查、描深

这是制图的最后一道工序，必须认真，耐心、全面、仔细地对画完的底稿按形体进行逐个检查，纠正修改错误和补充遗漏，确认无误后再按先细（线）后粗（线）、从上到下、从左到右的顺序，逐一加深各视图，注全尺寸后再进行一次检查。

第四节　组合体的尺寸注法

视图只能表达组合体的形状，其大小需要通过尺寸来确定。本节是在标注平面图的尺寸基础上研究基本体和组合体的尺寸注法。

一、基本体的尺寸注法

如图 5-11 所示，长方体标注了长、宽、高；正六棱柱只需标注对面距（或对角距）及柱高；四棱台可标注上下两个底面及高度。如图 5-11d～f 所示，这样标注尺寸既简明清晰，又能省略视图。读者应熟练掌握。

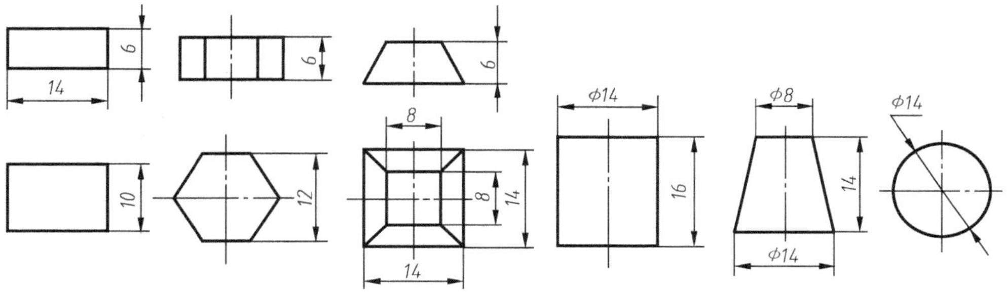

a)　b)　c)　d)　e)　f)

图 5-11　基本体的尺寸注法

如图 5-12 所示，列举了一些不同形状板的尺寸标注。如图 5-12e 所示的圆盘，倒角 $C1$，是标注倒角规定的形式之一；“1”表示倒角圆锥台的高度，“C”表示素线与底面的夹角为 45°。

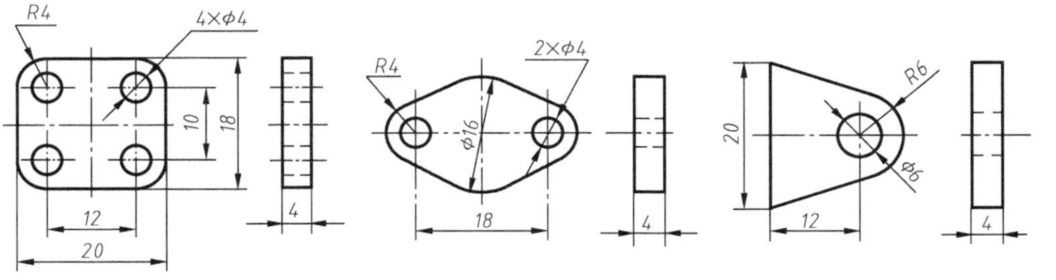

a)　b)　c)

d)　e)　f)

图 5-12　板状形体的尺寸标注

二、组合体的尺寸注法

在组合体视图上标注尺寸，要求正确、完整、清晰。因组合体是由若干基本体组成的，完整标注这些基本体的尺寸和它们的相对位置关系的尺寸，组合体的尺寸也就标注完整了，所以标注尺寸仍用形体分析法。下面仍以支架为例，说明标注尺寸的方法和步骤。

1. 标注组合尺寸的方法和步骤

（1）形体分析　经过形体分析将图 5-13a 所示的支架，分解为如图 5-13b 所示六个基本体，并考虑下列尺寸：

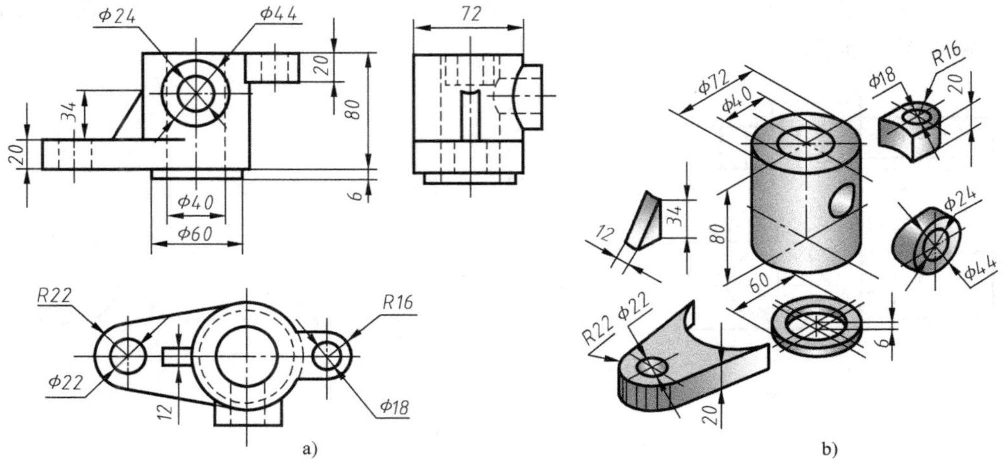

图 5-13　支架的定形尺寸标注

1）定形尺寸。确定组合体中各基本体的形状和大小的尺寸。

2）定位尺寸。确定组合体各基本体之间相对位置的尺寸。标注尺寸的起点称为尺寸基准。

通常以对称平面，重要的底面或端面以及回转体的轴线等作为尺寸基准；由于物体有长、宽、高三个方向的尺寸，所以每个方向至少各有一个尺寸基准。当某方向的基准多于一个时，其中的一个是主要基准，其余的是辅助基准。

3）总体尺寸。直接确定组合体的总长、总宽、总高的尺寸。若总体尺寸中与组合体内某个基本体的定形尺寸相同时，则不再重复标注。

各个基本体的定形尺寸，如图 5-13 所示。

（2）标注定位尺寸　标注定位尺寸必须先选好尺寸基准。如图 5-14 所示，其长和宽度方向的尺寸基准为直立圆柱的轴线，高度方向的尺寸基准为上底面。各基本体之间的定位尺寸有 80、56、52、48、28 共五个。

有时某个尺寸既是定形尺寸又是定位尺寸。如图 5-15 所示搭子上的圆柱孔 ϕ18 的长度方向定位尺寸 52，既确定圆柱孔长度方向的位置，又确定搭子长度的大小。

（3）标注总体尺寸　如图 5-13 和图 5-14 所示，两图所标注的尺寸合起来，则支架所需的全部尺寸就标注完整了。现在再标注上总体尺寸，则尺寸就可能有重复，所以要对已标注的尺寸进行适当的调整。如图 5-15 所示，若将图 5-13 和图 5-14 所示合并后的尺寸再标注上总高尺寸 86，就与直立空心圆柱的高度 80，扁空心圆柱高度的尺寸 6 重复，应当省略其中之一（图中省略了扁空心圆柱的高度尺寸 6），以避免尺寸重复。有时当形体的端部为同轴线的圆柱和圆孔有了定位尺寸后，一般就不再标注总体尺寸了。如图 5-15 所示，标注了空心圆柱 $\phi22$ 的定位尺寸 80 和搭子的定位尺寸 52 以及圆弧半径 $R22$ 和 $R16$ 后，就不再标注总长尺寸了。标注了直立圆柱外圆柱面直径 $\phi72$ 和水平圆柱宽度方向定位尺寸 48，就不再标注总宽尺寸了。

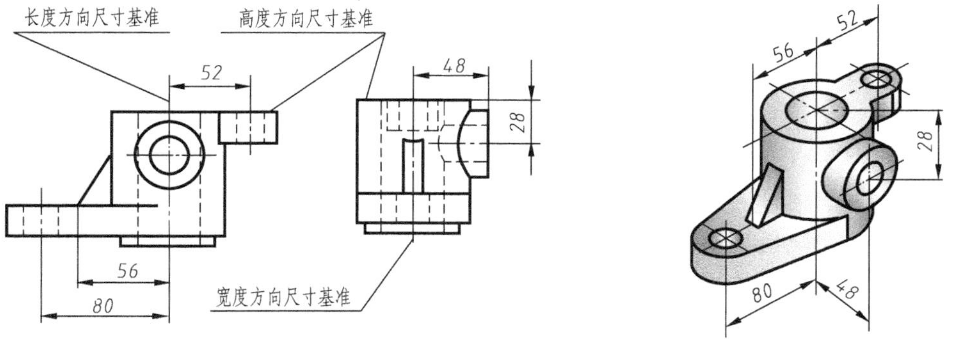

图 5-14 支架的定位尺寸标注

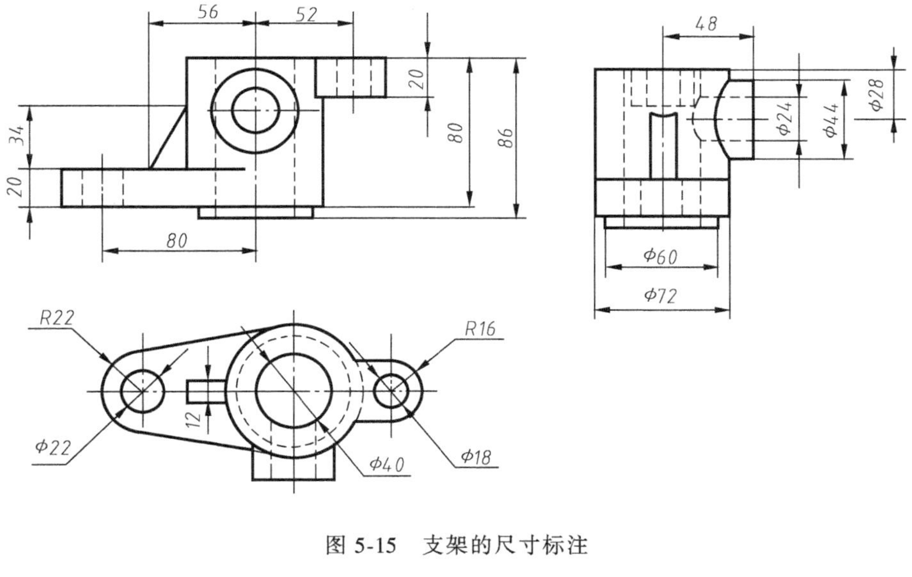

图 5-15 支架的尺寸标注

2. 标注尺寸要清晰

上述标注尺寸的方法，只能达到完整的要求。为了便于看图，使图面清晰，还应将某些尺寸的安排进行适当调整，如图 5-15 所示。安排尺寸时，应考虑以下几方面。

（1）尺寸应尽量标注在形状特征最明显的视图上 如图 5-15 所示，肋的高度 34 标注在主视图上比标注在左视图上好；水平空心圆柱的定位尺寸 28 标注在左视图上比标注在主视图上清晰；搭子的定形尺寸 $R16$ 和 $\phi18$ 应标注在表示该部分最明显的俯视图上。

（2）同一形体的尺寸应尽量集中标注 如图 5-15 所示，将水平空心圆柱的定形尺寸 $\phi24$、$\phi44$ 从原来的主视图移到左视图，这样便和它的定位尺寸 28、48 集中在一起，因而比较清晰，又便于寻找相关尺寸。

（3）尺寸尽量标注在视图外部　这样能保证视图清晰。为避免标注的尺寸零乱，同一方向连续的尺寸，应放在一条线上。如图 5-15 所示，肋的高度尺寸 34 移到底板高度尺寸 20 的上面成为一条线，这样标注的尺寸，显得整齐美观。

（4）直径尺寸应标注在投影为非圆的视图上，半径尺寸标注在投影为圆弧的视图上　如图 5-15 所示，水平空心圆柱 $\phi24$、$\phi44$、直立空心圆柱 $\phi72$、扁空心圆柱 $\phi60$、底板 $R22$、搭子 $R16$ 都考虑了这一要求。

（5）虚线上应尽量不标注尺寸　如直立空心圆柱中圆孔的直径 $\phi40$，若标注在左、主视图上将从虚线标注出，因此便标注在俯视图上。

（6）尺寸线与尺寸界线　尺寸线、尺寸界线与轮廓线应避免相交。如直立空心圆柱的直径 $\phi72$ 可以标注在主视图或左视图上，若标注在主视图上会产生尺寸界线与底板或搭子的轮廓线相交，影响图面清晰，并考虑到与扁空心圆柱的直径 $\phi60$ 集中在一起，故将该两直径尺寸都标注在左视图的下面较恰当。对平行尺寸，应将小尺寸标注在里面（靠近视图），大尺寸标注在外面，以避免尺寸线和尺寸界线相交。又如定位尺寸 56 如标注在主、俯视图之间，则尺寸界线要与底板的轮廓线相交，因此将此尺寸标注在主视图上方和尺寸 52 并列为一直线较为清晰美观。

以上各点，在标注尺寸时，有时不能兼顾。这时需在保证尺寸完整、清晰的前提下，根据具体情况，统筹安排，合理布置。

第五节　读组合体视图的方法

读图的目的是要读懂视图所表达形体的形状和大小。运用正投影的规律分析视图，从而想象出空间物体的结构形状的过程就是读图。要看懂图除了掌握投影原理的有关知识外，还必须掌握一定的读图方法。

一、形体分析法

形体分析法是读视图的最基本方法。应用这种方法，通常从最能反映物体形状特征的主视图着手，分析该物体是由哪几部分组成以及它们的组成形式，然后运用投影规律，逐一找出每一部分在其他视图上的投影，从而想象出各部分所表达的基本形体的形状以及它们之间的相对位置关系，总结出整个物体的形状。下面以图 5-16a 所示形体为例说明看图的方法步骤。

（1）分线框对投影　从主视图入手，按主视图的投影规则，几个视图联系起来看，把组合体大概分成几个部分，也就是把投影图分为几组对应的线框。如图 5-16a 所示，将形体分为Ⅰ、Ⅱ、Ⅲ、Ⅳ四个部分，其中形体Ⅲ、Ⅳ为对称形体。

（2）识形体定位置　根据各组线框，想象出形状并确定它们在组合形体中的相对位置，如图 5-16b～d 所示。形体Ⅰ底板为反 L 形的柱体，上面挖两个左右对称分布的圆柱孔，如图 5-16b 所示；形体Ⅱ为在四棱柱上面挖去一半圆柱，叠加在底板Ⅰ的上面，左右居中，后面平齐，如图 5-16c 所示；形体Ⅲ、Ⅳ为三棱柱板，叠加在形体Ⅰ的上面，对称分布在形体Ⅱ的两侧，后面与形体Ⅰ、Ⅱ平齐，如图 5-16d 所示。

（3）综合起来想整体 综上分析，最后可想象出如图 5-16e、f 所示的组合形体。

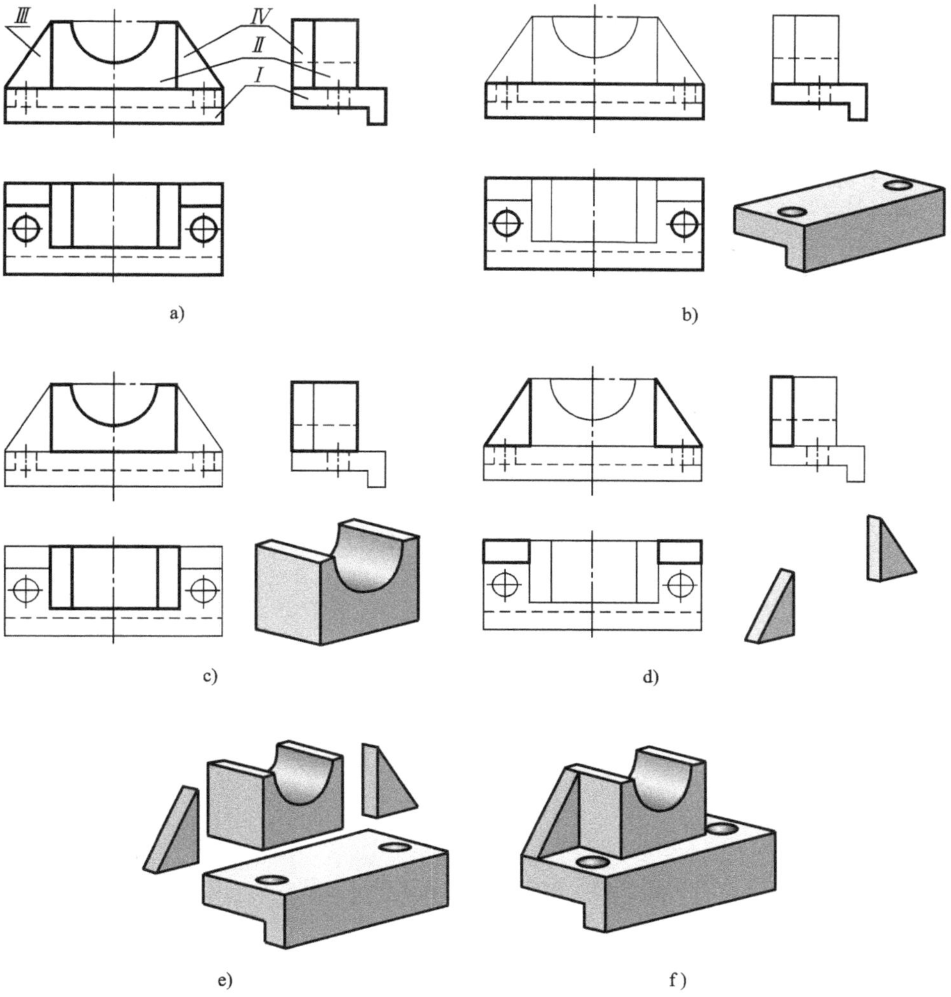

图 5-16 形体分析法读三视图

如图 5-17 所示，已知支撑的主、左视图，要求补画出俯视图。从主视图中可看出支撑是由三部分组成的，运用投影规律，对照主、左视图可知，Ⅰ部分是一块左右两侧下部为半圆形耳板的长方体，耳板上各有一个圆柱形通孔，如图 5-18a 所示的直观图。由直观图按投影规律，补画出相应的俯视图，如图 5-18a 所示。Ⅱ部分是一垂直的圆柱体，中间有穿通底板的圆孔，如图 5-18b 所示。Ⅲ部分，对照主、左视图可看出，它是一水平圆柱，当中有一通孔与垂直圆柱孔相通，注意此圆柱俯视图，如图 5-18c 所示，可以是一端平底或随垂直圆柱的表面两种情况。最后将三部分形体叠加起来，就得出如图 5-18d 所示的直观图。

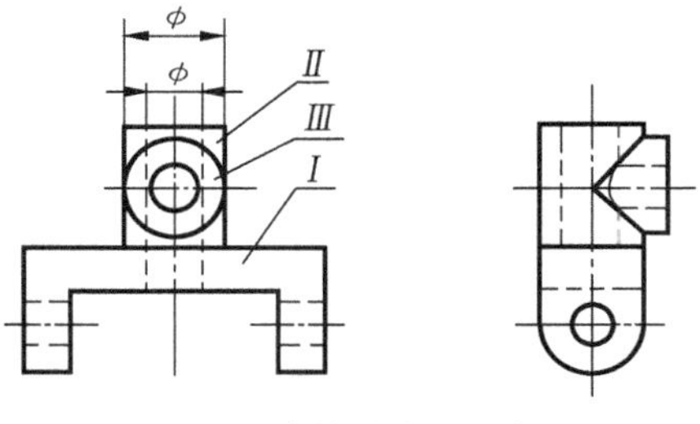

图 5-17 支撑的主、左视图

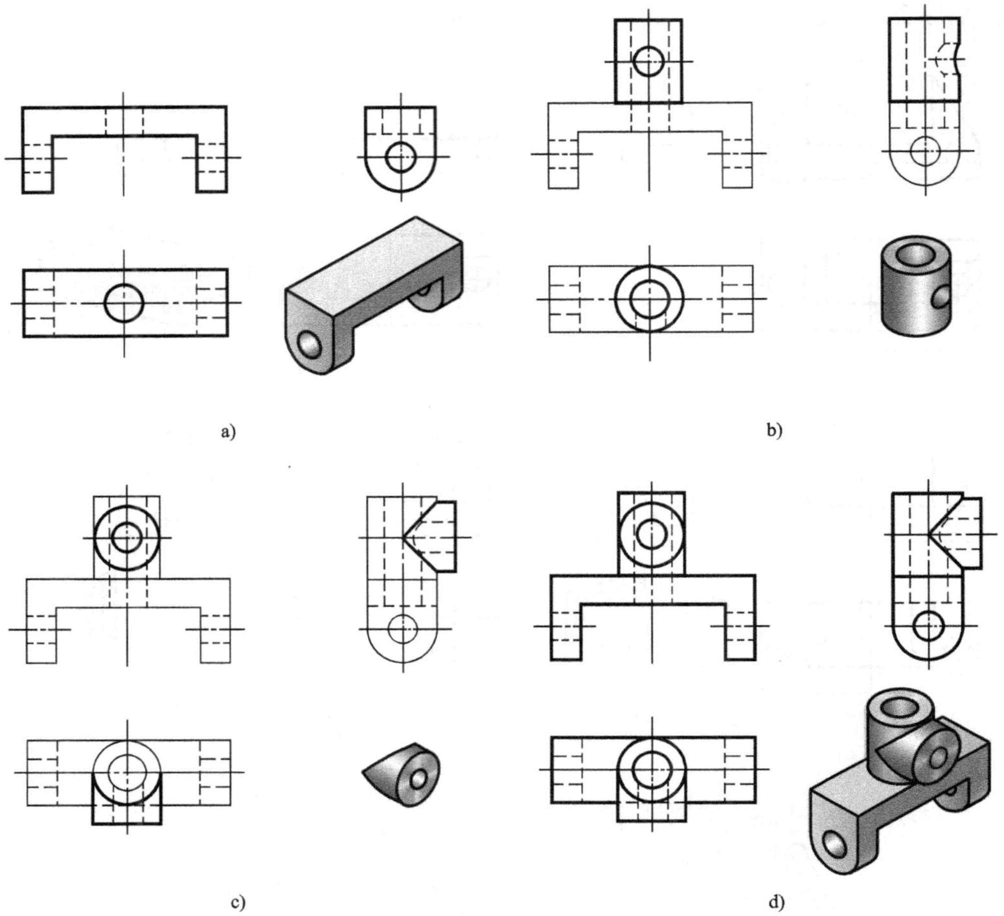

图 5-18　用形体分析法补画俯视图

二、线面分析法

线面分析法就是分析组合体视图中的某些线、面的投影关系，以确定组合体该部分形状的方法。通常在用形体分析法读组合体视图时，对组合体某些部分想象不清楚时，才用线面分析法进一步分析帮助弄懂该部分形状。下面举例说明线面分析法在读图中的应用。

如图 5-19a 所示，已知压板的主、俯视图，要求想象出它的形状，并画出左视图。

对照压板的主、俯视图，如图 5-19b 所示，添加的双点画线，把压板初步看成是一个四棱柱，其左端被正垂面截去左上方的一块，再前后对称地被铅垂面各截去一块。为补出左视图和想象出物体的形状，需进行线面分析。如图 5-20a 所示，主视图左上方有一直线段，在俯视图上找到一个对应的六边形，可以看出它们是正垂面六边形的主、俯视图。六边形的左右两边是正垂线，按投影关系和类似形性质补画出左视图的六边形。

如图 5-20b 所示，主视图左端有一个四边形线框，在俯视图上找到对应的前后两段直线，可以看出，它们是前后对称的两个铅垂面（四边形）的主、俯视图，四边形的左右两边是铅垂线，由这些条件补全出它们的左视图。

综上所述，通过线、面的投影分析，想象出压板的整体形状如图 5-20d 所示轴测图。经

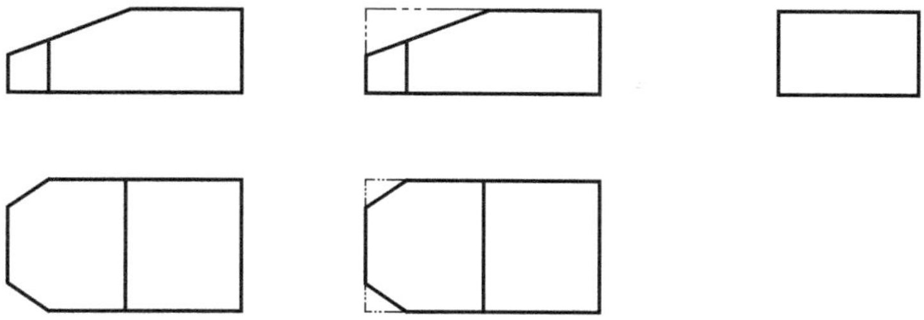

a) 已知条件　　b) 初步分析

图 5-19 用线面分析法补画左视图

过校核，并按规定线型加深，就可完成左视图。

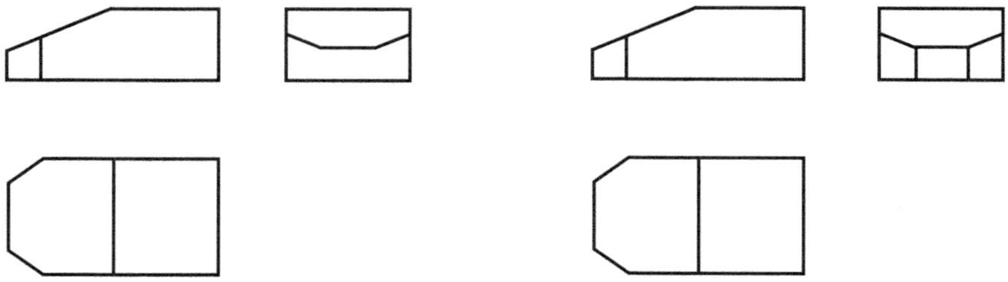

a) 分析和画出正垂面六边形　　b) 分析和画出两个铅垂面四边形

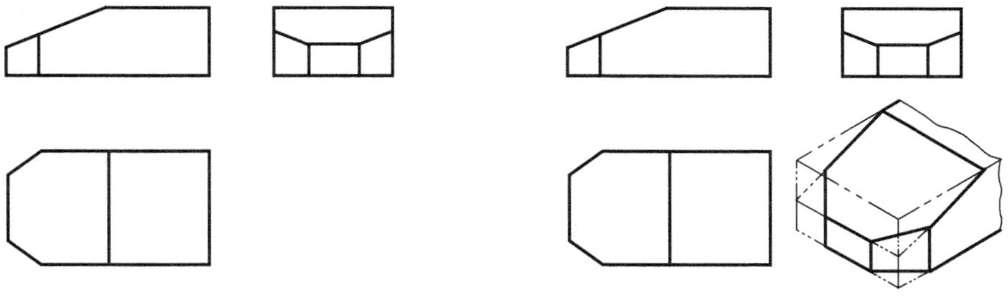

c) 分析侧平面矩形　　d) 想象压板整体形状，校核，加深

图 5-20 由压板的主、俯视图画左视图

在补图过程中，有时要综合运用形体分析和线面分析法进行读图。

图 5-21 所示为垫块的主、俯视图，要求补画出其左视图。

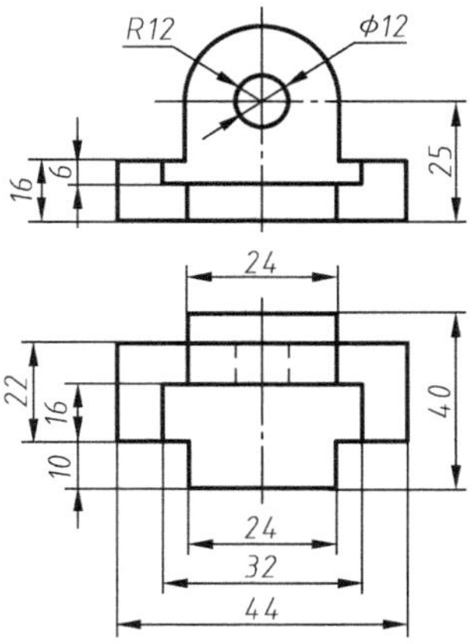

图 5-21 垫块的主、俯视图

图 5-22 所示为垫块的补图分析过程，这里同时采用形体分析法和线面分析法。如图 5-22a 所示，垫块下部的中间为一长方体，分析面 P 和 Q，可知面 Q 在前面 P 在后，故它们是一个凹形长方体。补出长方体的左视图，凹进部分用虚线表示。如图 5-22b 所示，分析主视图上的 R 面可知，长方体前面有一凸块，因而在左视图的右边补出相应的一块。如图 5-22c 所示，长方体上面一个带孔的竖板，

因图上箭头所指处没有轮廓线，可知竖板的前面与上述的 P 面是同一平面，补出竖板的左视图。如图 5-22d 所示，从俯视图上分析了垫块后有一凸块，由于在主视图上没有对应的虚线，可知后凸块的背面 T 和 R 面的正面投影重合，也即前、后凸块的长度和高度相同，补出后面凸块的侧面投影后，垫块的左视图就补完了。

在看图练习中除了由两个已知视图，补第三视图之外，常常还有补缺线的情形。即已知三个不完整的视图，即每个视图都缺漏一些图线，但从其他视图可以看出它们是被唯一确定的，完全可以补画出来。

补画漏线通常分两部分进行：首先，根据前述看图方法，结合已知条件想象出每一部分形体的形状；然后，依据投影规律，从每部分形体的特征视图出发，在另外两个视图中，分别找出对应投影，缺线之处逐一补上。

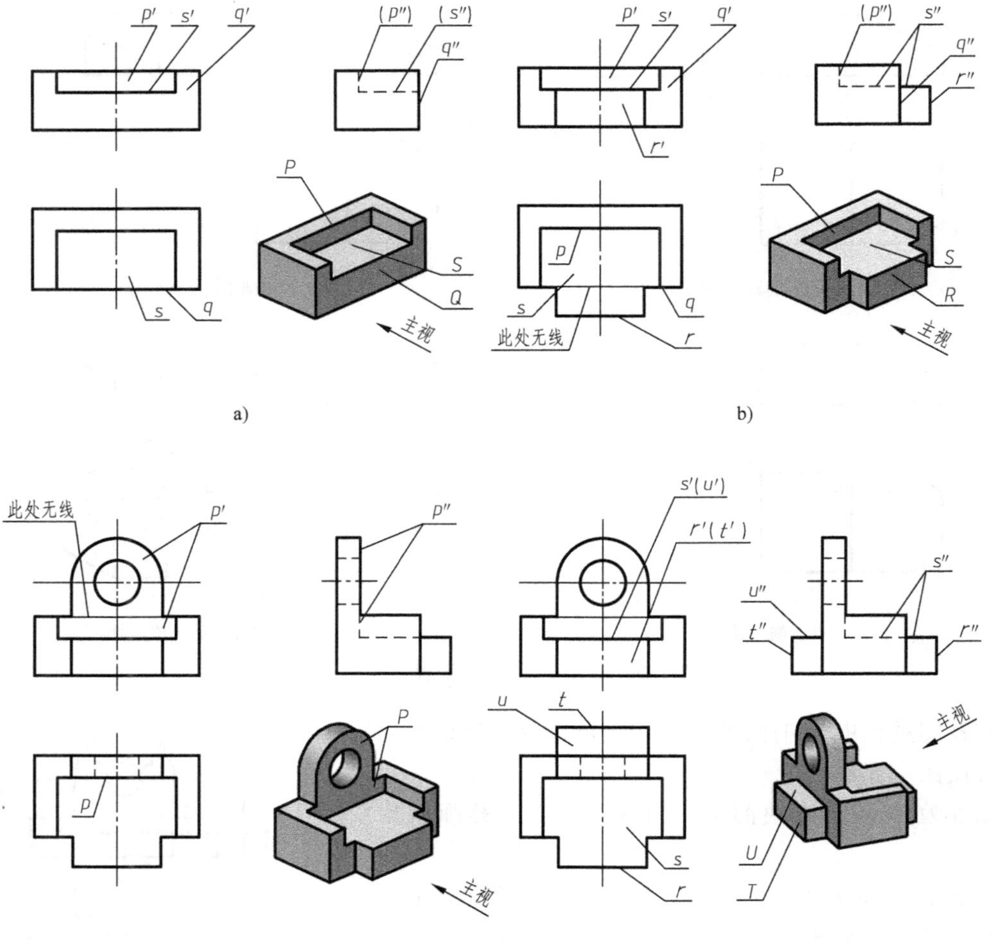

图 5-22　垫块的补图分析——分析面的相对关系

如图 5-23a 所示，已知物体的三个缺线的视图，要求补全各视图中所缺的图线。补线步骤如图 5-23b～d 所示。

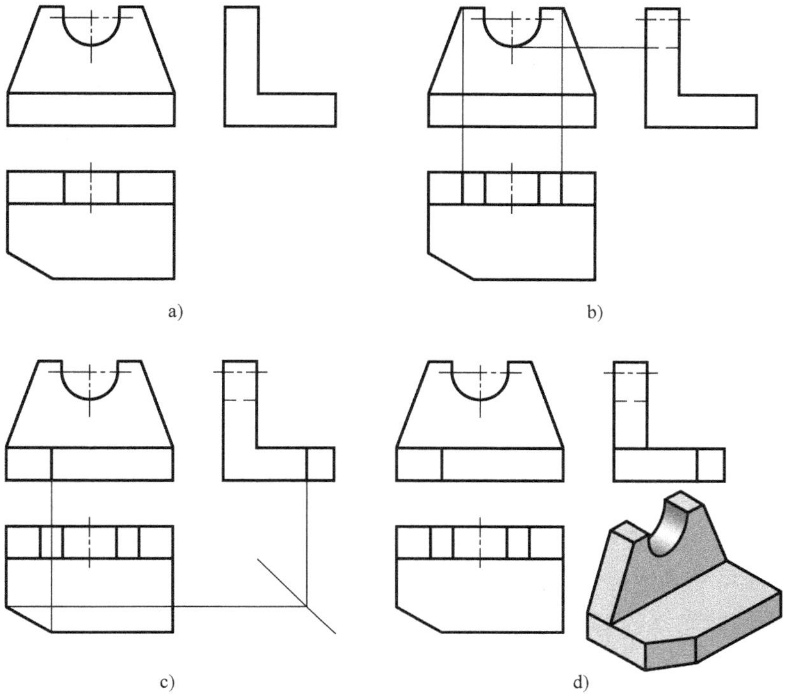

图 5-23 补画三视图中的缺线

第六节 AutoCAD 中的尺寸标注

一、尺寸标注的组成

一个典型的 AutoCAD 尺寸标注通常由尺寸线、尺寸界线（也称延伸线）、箭头和尺寸文字等要素构成。有些尺寸标注还有旁引线、中心线和中心标记等要素。

二、尺寸标注类型

尺寸标注类型有许多，如水平标注（用于标注水平方向的尺寸）、垂直标注（用于标注垂直方向的尺寸），对齐标注（用于标注与指定两点连线或所选直线平行的尺寸）、旋转标注（用于标注指定的角度方向的尺寸）、坐标标注（用于标注某一点相对于用户定义的基准点的坐标值）、基线标注（用于标注由某一点开始多个平行的尺寸）、连续标注（用于标注多个首尾相连的尺寸）、角度标注、半径标注和直径标注等。

三、尺寸标注命令

1. 尺寸标注的工具栏和菜单

尺寸标注工具栏如图 5-24 所示；尺寸标注菜单如图 5-25 所示。

2. 标注水平尺寸、垂直尺寸、旋转尺寸

在 AutoCAD 中，把水平尺寸、垂直尺寸、旋转尺寸归结为长度类尺寸，用线性标注命

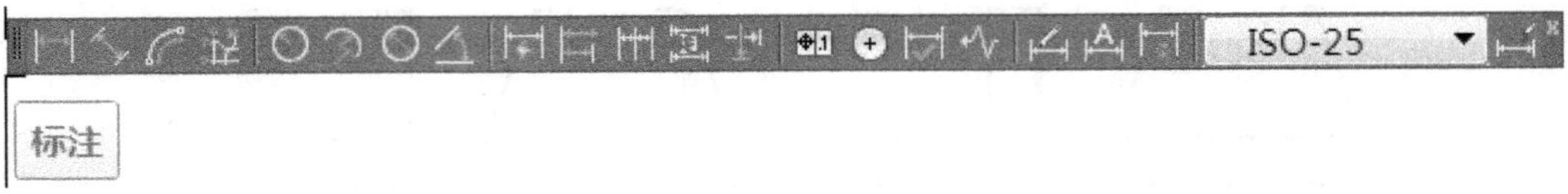

图 5-24　尺寸标注工具栏

令标注。调用命令：①命令行输入：“Dimlinear”或“Dimlin”或“DL. I”；②在“标注”菜单中单击“线性”子菜单；③在“标注”工具栏上单击线性标注按钮。应用上述三种方式之一，系统都会提示：

指定第一条尺寸界线起点或（选择对象）：

在此提示下有两种选择。

1）一种是直接按<Enter>键，系统提示：“选择标注对象”。

2）另一种是选择一点作为尺寸界线的起始点，系统提示：“指定第二条尺寸界线起点”。

在确定两条尺寸界线的起点后，系统继续提示用户：

多行文字(M)/文字(T)/角度(A)/水平(H)/垂直(V)/旋转(R)：

各选项的意义如下：

- 多行文字：选取该项，可以在多行文本编辑器中输入尺寸文本。
- 文字：在命令行中输入尺寸文本。
- 角度：改变尺寸文本角度。
- 水平：标注水平型尺寸，如图 5-26 中所示尺寸 25。
- 垂直：标注垂直型尺寸，如图 5-26 中所示尺寸 9、15。
- 旋转：标注指定角度型线性尺寸。

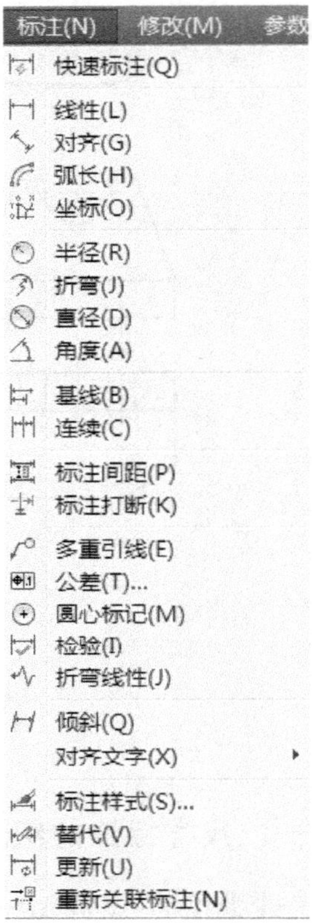

图 5-25　尺寸标注菜单

3. 对齐标注

如图 5-26 所示，尺寸 10 的标注为对齐标注。其功能是对斜线和斜面进行尺寸标注。调用命令：①命令行输入：“Dimaligned”；②在“标注”菜单中单击“对齐”子菜单；③在“标注”工具栏上单击线性标注按钮。应用上述三种方式之一，系统都会提示：

指定第一条尺寸界线起点或（选择对象）：

在此提示下，可以按<Enter>键选择标注对象，也可以指定两尺寸界线的起点，有关操作与“Dimlinear”命令类同。

4. 基线标注

如图 5-27 所示。其功能是完成从同一基线开始的多个尺寸标注。调用命令：①输入命令“Dimbaseline”或“Dimbase”；②在“标注”菜单中单击“基线”子菜单；③在“标注”工具栏上单击基线标注按钮。应用上述三种方式之一，系统都会提示：

指定第二条尺寸界线起点【放弃(U)/选择(S)】(选择)：

此时确定另一尺寸的第二条尺寸界线的引出点位置就可以自动标注出尺寸。同时重复出现提示，直至标注完该基线下所有尺寸。

5. 连续标注

如图 5-28 所示。其功能是进行一系列首尾相连的尺寸标注。调用命令：①命令行输入“Dimcontinue”或“Dimcint”；②在“标注”菜单中单击“连续”子菜单；③在“标注”工具栏上单击连续标注按钮。应用上述三种方式之一，都可进行连续标注。命令的提示与“Dimbaseline”命令类似。

说明： 在执行该命令操作之前，应先标注出一个相应的尺寸。

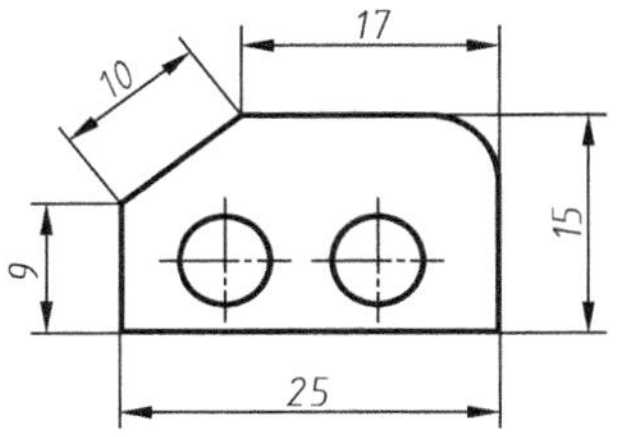

图 5-26 对齐标注

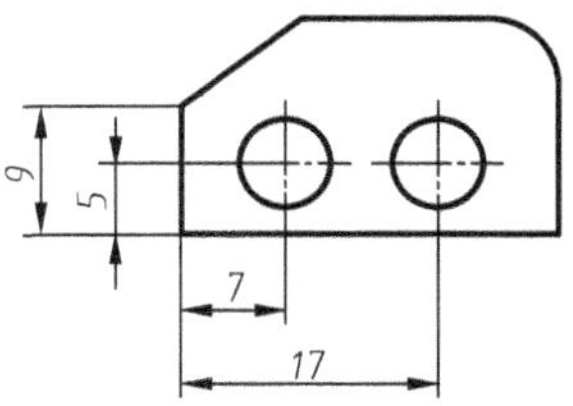

图 5-27 基线标注

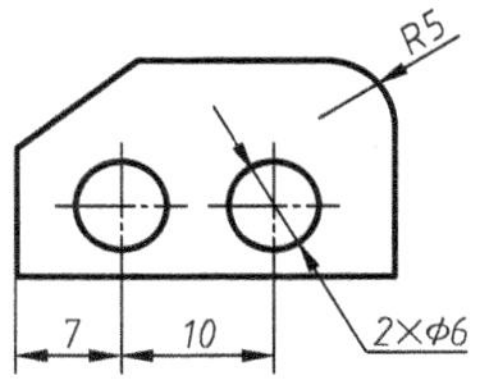

图 5-28 连续标注

6. 角度标注

如图 5-29 所示。其功能是标注角度型尺寸。调用命令：①命令行输入：“Dimangular”或“Dimang”或“Dam”；②在“标注”菜单中单击“角度”子菜单；③在“标注”工具栏上单击角度标注按钮。应用上述三种方式之一，系统都会提示：

选择圆弧、圆、直线或（指定顶点）：

选项不同，标注过程也不同。

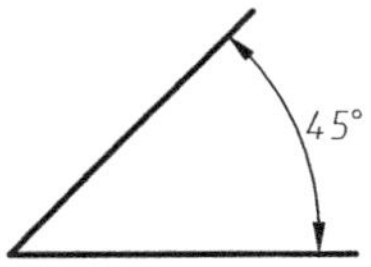

图 5-29 角度标注

1）选择“圆弧”：系统将以圆弧的中心及端点作为角度标注的顶点和两条尺寸界线起点生成角度标注。

2）选择“圆”：系统将以圆心作为角度标注的顶点，以选择圆时指定的点为一条尺寸界线的起点，系统提示用户在圆上指定另一点作为另一条尺寸界线的起点。

3）选择“直线”：用户选择一条直线后，系统提示用户选择第二条直线并以两条直线的交点为角度的顶点，以两条直线为边生成角度标注。如果标注弧与所选直线相交，则用该直线代替尺寸界线，否则画出尺寸界线。标注两直线夹角的标注弧的角度<180°。

系统提示：“指定不在同一直线上的三点：”，按<Enter>键后，系统提示：“指定角的端点：”。

当输入一个端点后系统提示：“指定角的第一个端点：”。

当输入一个端点后系统继续提示：“指定角的第二个端点：”。

当输入第二个端点后系统继续提示：“指定标注弧线位置【多行文字(M)/文字(T)/角度(A)】：”。

7. 径向尺寸标注

如图 5-30 所示。径向尺寸标注有半径标注和直径标注两种。

（1）半径标注　其功能是标注圆或圆弧的半径尺寸。调用命令：①命令行输入：“Dimradius”；②在“标注”菜单中单击“半径”子菜单；③在“标注”工具栏上单击半径标注按钮。应用上述三种方式之一，系统都会提示：

选择圆弧或圆：{选择需要标注的圆或圆弧}

指定尺寸线位置【多行文字(M)/文字(T)/角度(A)】：{要求确定标注线的位置或输入标注文字}

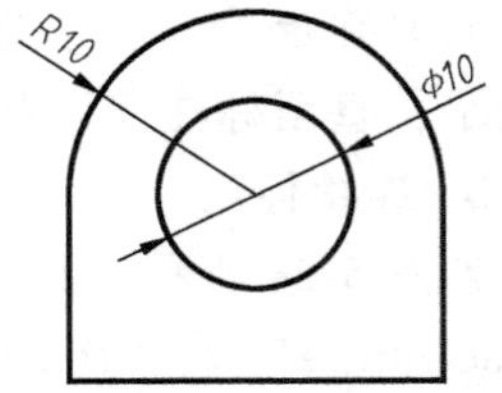

图 5-30　径向尺寸标注

说明：如果要输入新的文字来代替系统提供的文字，则需要在新文字前加“*R*”才能标注出半径符号。

（2）直径标注　其功能是标注圆或圆弧的直径尺寸。调用命令：①命令行输入：“Dimdiameter”；②在“标注”菜单中单击“直径”子菜单；③在“标注”工具栏上单击直径标注按钮。应用上述三种方式之一，系统都会提示：

选择圆弧、圆、直线或（指定顶点）：

“Dimdiameter”命令的用法与“Dimradius”命令基本相同，只是用户输入新文字时需要在文字前加直径标注符号“%%C”，如图 5-28、图 5-30 所示。

8. 快速引出标注

功能是实现引出标注。调用命令：命令行输入：“Qleader”，系统提示：

指定第一条引线点或【设置（S）】（设置）：

各选项的意义如下：

（1）设置　设置引线标注的格式。选择该选项时，可通过弹出的“引线设置”对话框进行“注释”“注释类型”和“多行文字选项”中有关内容的设置。

“引线设置”对话框选项卡介绍如下。

1）“注释”选项卡：用来设置引线标注的注释类型，多行文字选项，确定是否重复使用注释。如图 5-31 所示。

- 注释类型：设置引线标注的注释类型。
- 多行文字：调用多行文字编辑器输入注释文字。
- 复制对象：从图形的其他部分复制文字至当前旁注指引线的终止端。
- 公差：标注尺寸公差。
- 块参照：把块以参照形式插入。
- 无：在该引出标注中只画指引线，不采用注释文字。

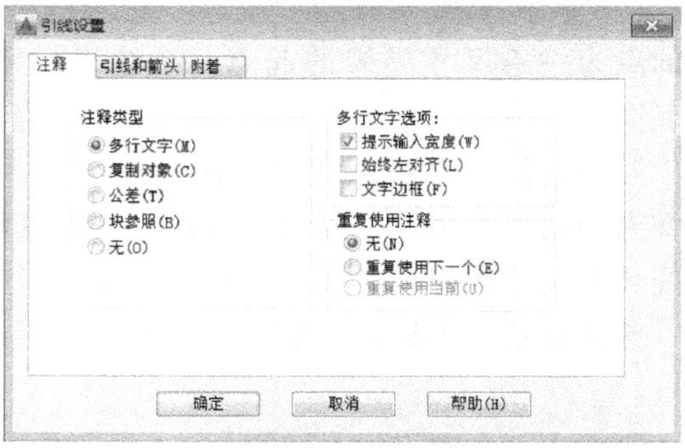

图 5-31　“注释”选项卡

- 多行文字选项：设置多行文字。
- 重复使用注释：确定是否重复使用注释。

2）“引线和箭头”选项卡：通过对话框设置引线和箭头的形式，如图 5-32 所示。

3）“附着”选项卡：通过对话框确定多行文字注释相对于引线终点的位置，如图 5-33 所示。

图 5-32 “引线和箭头”选项卡

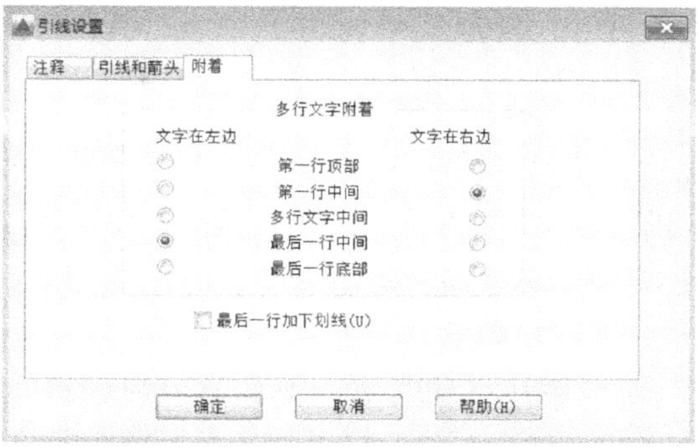

图 5-33 “附着”选项卡

（2）指定第一条引线点　确定引线的起点后按<Enter>键，系统继续提示：

指定下一点：

指定下一点：

指定文字宽度（( )）：

输入注释文字的第一行【多行文字（M）】：{输入文字}

输入注释文字的下一行：

输入注释文字的下一行：

用户可按需要根据上述提示完成操作实现引线标注

9. 快速标注

快速标注是交互式的、动态的和自动化的尺寸标注生成器。调用命令：①命令行输入：“Qdim”；②在“标注”菜单中单击“快速标注”子菜单；③在“标注”工具栏上单击快速标注按钮。应用上述三种方式之一，系统都会提示：

选择要标注的几何图形：{用户选择实体后按<Enter>键}

指定尺寸线位置或【连续(C)/并列(S)/基线(B)/坐标(O)/半径(R)/直径(D)/基准点(P)/编辑(E)】(连续)：

各选项含义如下。

- 连续（C）：创建一系列的连续标注。
- 并列（S）：创建一系列的交错标注。
- 基线（B）：创建一系列的基线标注。
- 坐标（O）：创建一系列的坐标标注。
- 半径（R）：创建一系列的半径标注。
- 直径（D）：创建一系列的直径标注。
- 基准点（P）：设置新的零点。用户可以在不改变用户坐标系的条件下改变坐标标注的零点。

如图 5-34 所示，尺寸 5、15 为“快速标注”命令创建基线标注的应用；尺寸 7、10、12 为“快速标注”命令创建连续标注的应用。

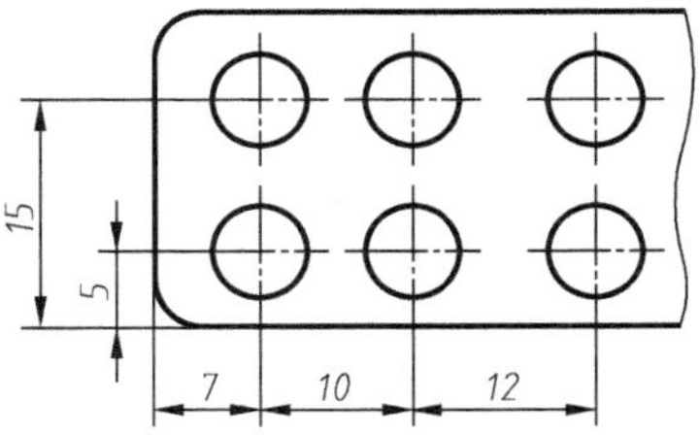

图 5-34 “快速标注”命令的应用

四、编辑尺寸标注

1. 编辑尺寸标注

功能是编辑尺寸标注中尺寸文字和尺寸界线。调用命令：①命令行输入：“Dimedi”；②在“标注”工具栏上单击编辑标注按钮。应用上述两种方式之一，系统都会提示：

输入标注编辑类型【默认(H)/新建(N)/旋转(R)/倾斜(O)】(默认)：

各选项的意义如下：

- 默认（H）：按默认位置方向放置尺寸文字。
- 新建（N）：用多行文字编辑器来修改指定尺寸对象的尺寸文字。
- 旋转（R）：将尺寸文字按指定角度旋转。
- 倾斜（O）：用于调整线性标注的尺寸界线的倾斜角度。通常系统生成的线性标注的尺寸界线与标注线是正交的。

2. 利用对话框编辑尺寸标注

调用命令：①命令行输入：“Dimedi”；②在“修改”菜单中单击“特性”子菜单；③在“标准”工具栏上单击对象特性按钮。先选取要修改的尺寸对象，然后用上述方法中的任一种，都会弹出“特性”对话框，利用该对话框对尺寸标注进行修改。

3. 编辑标注文字

功能是调整尺寸文字的位置。调用命令：①命令行输入：“Dimtedit”；②在“标注”工具栏上单击编辑标注文字按钮。应用上述两种方式之一，系统都会提示：

指定标注文字的新位置或【左(L)/右(R)/中心(C)/原点(H)/角度(A)】：

各选项的意义如下。

- 指定标注文字的新位置：系统默认选项，用户可以为标注文字指定任意的位置。
- 左（L）：沿标注线左对齐标注文字，该选项仅用于线性和径向标注。
- 右（R）：沿标注线右对齐标注文字，该选项仅用于线性和径向标注。
- 中心（C）：沿标注线中间对齐标注文字。
- 原点（H）：沿标注文字移回默认位置（即原点）。
- 角度（A）：改变标注文字的角度。

4. 设置尺寸标注样式

功能是设置尺寸标注样式。调用命令：①命令行输入：“Ddim”或“D”；②在“标注”菜单中单击“标注样式”子菜单；③在“标注”工具栏上单击标注样式按钮。用上述任意一种方式，都弹出如图 5-35 所示的“标注样式管理器”对话框，其中各选项含义如下：

- 当前标注样式：当前正在使用的尺寸标注样式。

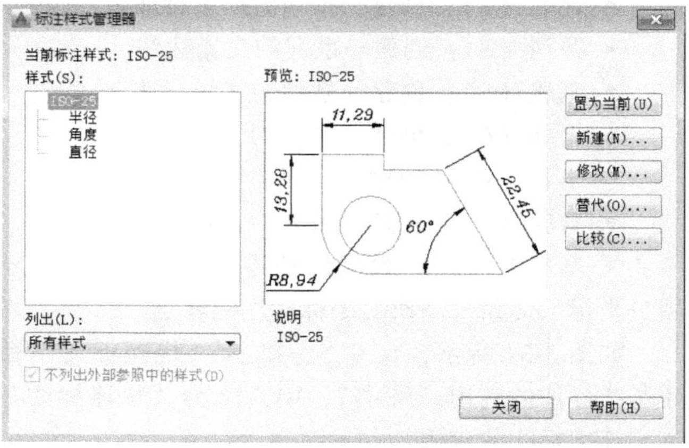

图 5-35 “标注样式管理器”对话框

● 样式（S）：显示已有的尺寸标注样式。

● 列出（L）：单击下拉列表框右边的箭头，显示出列表内容的类型。分为“所有样式”和“正在使用的样式”两类。用于控制在“样式（S）”中显示所有的样式或正在使用的样式。

● 预览：预览选中的标注样式。在样式预览窗口，可以看到对尺寸样式的更改，这样既减少了出错的可能，也为用户提供了可视化的操作反馈以便及时纠正。

● 说明：显示所选尺寸标注样式的简短说明。

● 置为当前：在“样式（S）”中选定将要使用的尺寸标注样式，再单击“置为当前”按钮，“当前标注样式”右边的内容立即变换为所选标注样式。

● 新建：新建尺寸标注样式（后文详述）。

● 替代：单击该按钮将出现“替换当前样式”对话框。

● 比较：比较尺寸样式。

● 修改：修改所要标注的尺寸样式。单击该按钮，将出现“修改标注样式”对话框，与图 5-37 所示的“新建标注样式”对话框类同。

现以图 5-35 所示“标注样式管理器”对话框中的“新建”选项为例，详细介绍设置尺寸标注样式的方法步骤。单击“新建”按钮后，系统将显示如图 5-36 所示的“创建新标注样式”对话框。通过该对话框设置新的尺寸标注样式。

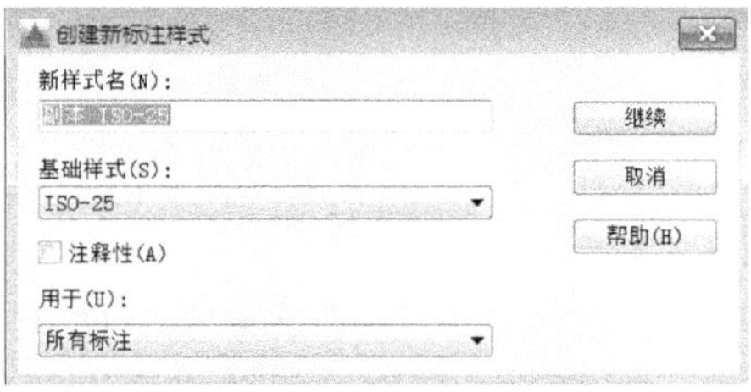

图 5-36 “创建新标注样式”对话框

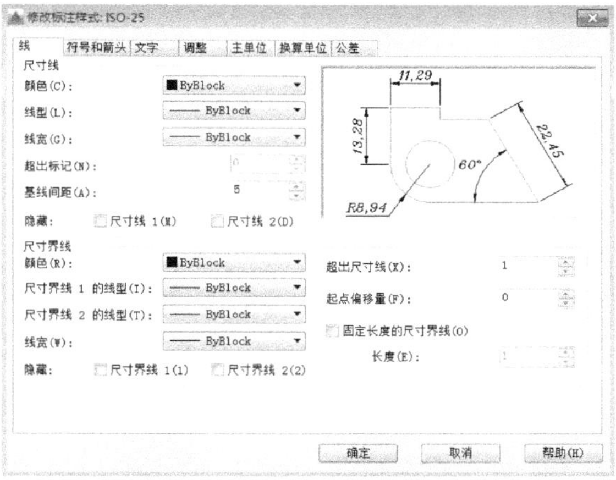

图 5-37 “新建标注样式”对话框

在“创建新标注样式”对话框的“新样式名”文本框中输入新样式的名字，如“iso25”；在“基础样式”下拉列表中确定基础样式，在“用于”选项的下拉列表中确定新建样式的适用范围，如“所有标注”。单击“继续”按钮，弹出如图 5-37 所示的“新建标注样式”对话框。该对话框中有“线”“符号和箭头”“文字”“调整”“主单位”“换算单位”“公差”七个选项卡。它们的功能介绍如下。

（1）“线”选项卡 如图 5-37 所示。通过该选项卡可以设置尺寸线的格式与属性。具体如下：

1）“尺寸线”选项组。用于设置尺寸线的格式。在该选项组中可设置尺寸线的颜色、线型、线宽、超出标记（尺寸线超过尺寸界线的距离）、基线间距（设置基线标注时各尺寸线之间的距离）和抑制（设置是否省略第一段、第二段尺寸线及相应的箭头）。图中把“基线间距”设为“5”，其余按默认设置。

2）“尺寸界线”选项组。用于设置尺寸界线的格式。在该选项组可以设置尺寸界线的颜色、线型、线宽、超出尺寸线（设置尺寸界线超过尺寸线的距离）、起点偏移量（确定尺寸界线的实际起始点超出其定义点的距离）和抑制（确定是否省略第一段、第二段尺寸界线）。图中把“超出尺寸线”设为“1”，“起点偏移量”设为“0”，其余按默认设置。

（2）“符号和箭头”选项卡　如图 5-38 所示。可设置箭头、圆心标记、弧长符号。

1）“箭头”选项组。用于设置尺寸箭头的样式。在该选项组可设置第一个箭头、第二个箭头、引线（确定引线标注时引线起点的样式）和箭头的大小。AutoCAD 中存储了多种箭头样式，用户可以从中选取，也可以自己定义。

2）“圆心标记”选项组。在下拉列表中选择“标记”“中心线”“不标记”选项来控制圆心的显示方式。

（3）“文字”选项卡　相应的对话框如图 5-39 所示。通过它可以设置尺寸文字的外观、位置及对齐方式。具体如下。

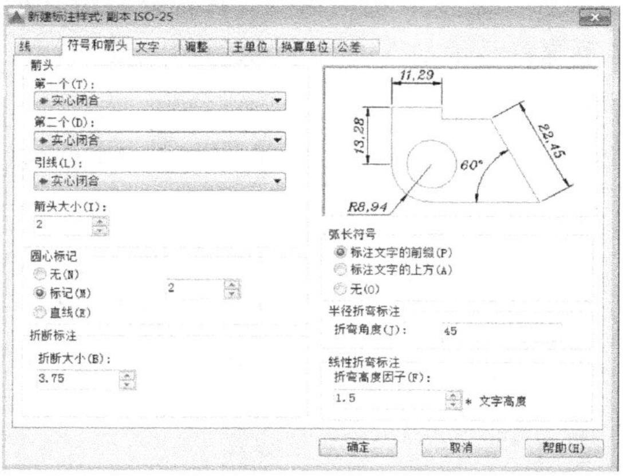

图 5-38　“符号和箭头”选项卡

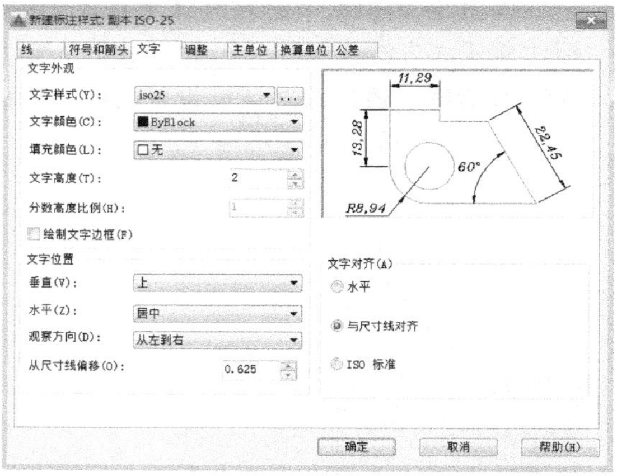

图 5-39　“文字”选项卡

1）“文字外观”选项组。确定尺寸文字的样式和大小。在该选项组可设置文字样式、文字颜色、文字高度、分数高度比例（设置尺寸文字中的分数相对于其他尺寸的缩放比例）和绘制文字边框（确定是否为尺寸文字设置边框）。图中设置“文字样式”为“iso25”，字高在设置文字样式时已设过，此时会变灰，无需重设。

2）“文字位置”选项组。设置尺寸文字的位置。设置尺寸文字在垂直尺寸线和沿尺寸线方向上相对尺寸线的放置位置，尺寸文字相对尺寸线的偏移量，尺寸文字水平或沿尺寸线方向标注。图中“垂直”选“上”，“水平”选“居中”，“从尺寸线偏移”可输入“1”也可用默认值。

3）“文字对齐”选项组。选择“与尺寸线对齐”。

（4）“调整”选项卡　相应的对话框如图 5-40 所示。通过该选项卡可以设置尺寸文字、尺寸线、尺寸箭头等的位置。具体如下：

1）“调整选项”选项组。当尺寸界线之间没有足够的空间同时放置尺寸文字和箭头时，确定应首先从尺寸界线之间移出哪一个。其中各选项介绍如下。

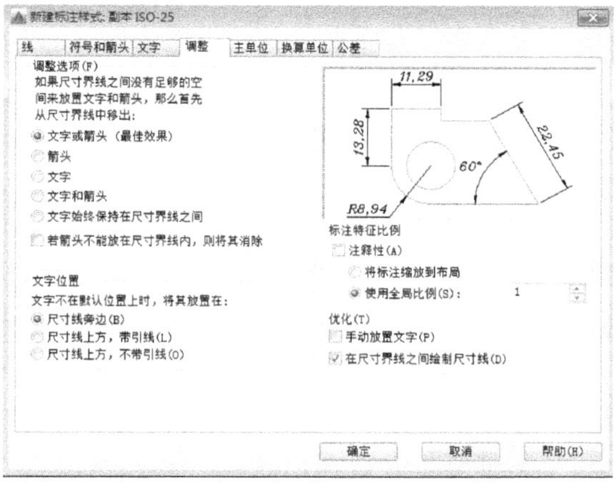

图 5-40 “调整”选项卡

- 文字或箭头（最佳效果）：若尺寸界线间的空间能够同时放下文字和箭头，则将两者都放在尺寸界线之间；若尺寸界线间的空间只够文字用，则箭头放在尺寸界线外边；若尺寸界线间的空间不够放下文字，则将箭头放在尺寸界线之间，而文字放在尺寸界线外面；若尺寸界线间的空间两者中的任一种都放不下，则将两者都放在外面。
- 箭头：箭头优先。
- 文字：文字优先。
- 文字和箭头：保持文字和箭头的最佳效果。
- 文字始终保持在尺寸界线之间：总是将文字放在尺寸界线之间。
- 若箭头不能放在尺寸界线内，则将其消除：抑制箭头。

2）“文字位置”选项组。确定当文字不在默认位置时放置的位置。其中各选项介绍如下。

- 尺寸线旁边：将文字放在尺寸线的一边。
- 尺寸线上方，带引线：用引线将文字放在尺寸线的上方。
- 尺寸线上方，不带引线：不用引线直接将文字放在尺寸线的上方。

3）“标注特征比例”选项组。设置整个尺寸标注的比例。

4）“优化”选项组。标注尺寸时进行附加调整。在该选项组有如下选项：

- 手动放置文字：忽略默认的放置，而放在用户指定的位置。
- 在尺寸界线之间绘制尺寸线：即使 AutoCAD 将箭头放在尺寸线界线外面，但尺寸线仍放在尺寸界线的里面。

该选项卡的内容一般用默认设置。

（5）“主单位”选项卡　相应的对话框如图 5-41 所示。用于设置尺寸的格式与精度，以及尺寸文字的前缀和后缀。具体如下：

1）“线性标注”选项组。设置线性标注的格式和精度。在该选项组中可设置单位格式（即除角度标注之外，其余各标注类型的尺寸单位）、精度（确定标注尺寸的精度）、分数格式（当标注单位是分数时确定它的标注格式）、小数分隔符、舍入（确定数字的取舍）、前缀、后缀、测量单位比例和消零（确

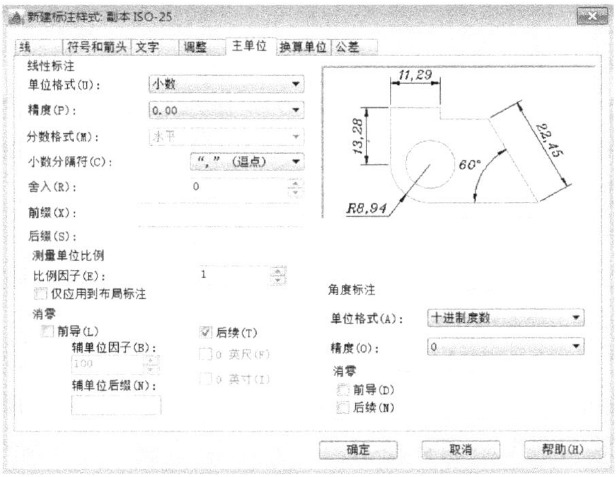

图 5-41 “主单位”选项卡

定是否显示尺寸标注中的前导和后续零)。这里需将“单位格式”设为“小数”,“精度”在无需保留小数位时就选“0”,“小数分隔符”选项设为“逗点”。

2) 角度标注选项组。确定角度标注的单位、精度及消零否,一般按默认设置。

(6)“换算单位”选项卡 用于确定换算单位的格式。

(7)“公差”选项卡 用于设置公差标注样式,后面章节详细介绍。

五、用 AutoCAD 创建组合体的三维模型

前面已经系统地介绍了用 AutoCAD 绘制点、线、面、体及其相对位置的投影,本小节在此基础上介绍较为复杂的组合形体的投影。组合体是由简单形体组合起来的形体,由此可知,基本投影方法是类同的。图 5-42 所示为图 5-2 所示组合体的三视图,现介绍其创建过程:

1) 形体分析。前文已述及,不再重复赘述。这里主要在形体分析的基础上逐步进行创建。这几部分形体都是柱体,都可以用拉伸方式建模;拉伸方式又有两个命令,在第三章第六节介绍了边界拉伸,下面介绍另一命令:“面域拉伸”。

2) 作出底板:将三视图置入投影箱,左击“投影”工具栏中“面域拉伸”按钮,命令行提示:“指定封闭线框:”,左击将要拉伸区域边线的任一点;命令行提示:“指定封闭线框内部点:或按<Enter>键结束选择:”,此时逐一左击欲拉伸的区域,按<Enter>键将结束选择。如图 5-43a 所示,指定封闭线框内部点,或按<Enter>键结束选择。命令行提示:“指定拉伸起点:或按<Enter>键接受默认值:”,在 V 面或 W 面左击底板下底面任一点。命令行提示:“指定拉伸终点:”,在 V 面或 W 面左击底板上底面任一点。系统自动创建出底板的三维空间模型。如图 5-43a 所示。

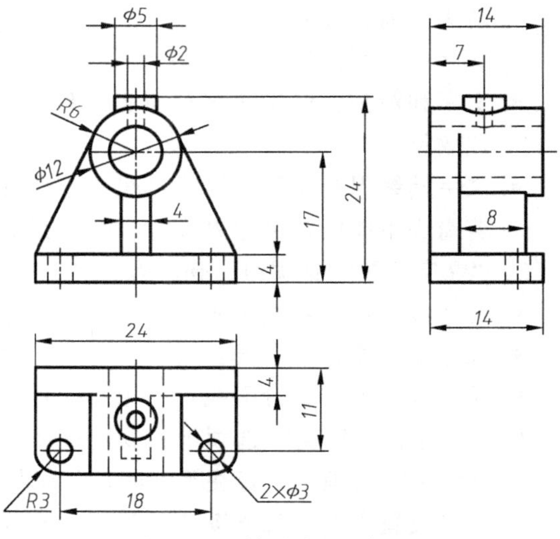

图 5-42 轴承座的三视图

3) 用与第二步类同的方法作出轴承、支撑板、肋板、凸台各部分三维空间形体。注意:这里的三维模型与形体分析时有点不同,如肋板是按最高的高度作的四棱柱,而形体分析的肋板上顶面是圆柱面,但两者与轴承部分进行布尔并集运算后的效果是一样的。同理,凸台部分是两圆柱,大圆柱与轴承做并集后再与小圆柱做差集即可。

4) 将上述各部分按叠加部分用并集,挖切部分用差集进行布尔并集运算,即得如图 5-43c所示的组合体模型。

讨论:由建模过程可知:由三视图按形体分析法逐一创建各部分形体是按该部分形体在组合体中的位置建立的,这与读三视图的方法步骤是统一的,这对初学者读图、画图是有益高效的帮助。读者在读图、补图(二补三、补缺线等)思路不清时可以借助空间思维,在完成后不知正确与否时可以用三维建模来验证,这是培养读者自学能力强有力的高效工具。在后续各课程的课程设计中,可以借助空间思维先建立空间模型,然后用“面或体投影”

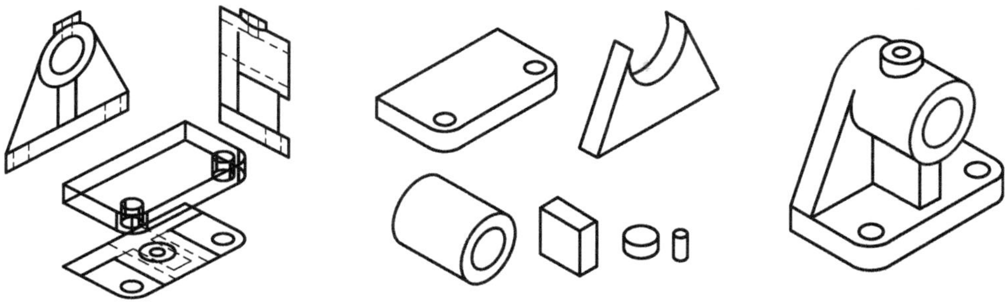

a) b) c)

图 5-43 创建轴承座三维模型的方法步骤

命令 和“投影图”命令自动生成三视图。如将图 5-43c 所示应用这两条命令，再应用前述尺寸标注，便可得到如图 5-42 所示的轴承座三视图。

第六章

6

机件的表达方法

由于机件的形状千差万别、多种多样，只采用前面介绍的主、俯、左三个视图，往往不能完整、清晰地表达较为复杂机件的内外结构形状。为此，国家标准《机械制图》（GB/T 17451—1998、GB/T 17452—1998、GB/T 17453—2005 等）中规定了各种表达方法。本章将介绍一些常用的表达方法。

第一节　视　　图

视图主要是用来表达机件的外部结构形状。根据表达机件的结构形状特点不同，视图可分为：基本视图、向视图、局部视图等。

一、基本视图与向视图

1. 六个基本视图及其配置

物体向基本投影面投影所得的视图，称为基本视图。基本投影面是在原有的三个投影面（V 面、H 面、W 面）的基础上，再增设三个投影面，构成一个正六面体，如图 6-1a 所示。将机件置于其中，然后向各基本投影面投影，便得到了六个基本视图。除了原来的主、俯、左视图外，新增加的有从右向左投影得到的右视图；从下向上投影得到的仰视图；从后向前投影得到的后视图。六个基本投影面在展开时，仍保持 V 面不动，其他各投影面按图 6-1b 所示箭头所指方向展开到与正面处于同一平面上。展开后各视图的配置如图 6-2 所示。

六个基本视图之间仍保持“长对正，高平齐，宽相等”的投影关系，即主、俯、后、仰视图长对正，主、左、后、右视图高平齐，俯、左、仰、右视图宽相等。相对主视图来说，除后视图外，仍是“远离主视图是前面”。应该注意：主视图和后视图虽然反映机件的上下方位关系是一致的，但反映的左右方位关系恰好相反，左视图和右视图反映机件的上下方位关系一致，但反映的前后方位关系恰好相反；俯视图和仰视图反映机件的左右方位关系一致，但反映机件的前后方位关系恰好相反。

2. 向视图的投影关系和标注

在同一张图纸内，按图 6-2 配置视图时，一律不标注视图的名称。如不能按图 6-2 配置视图或各视图不画在同一张图纸上时，应在视图的上方标出视图的名称“×”向（“×”为大写拉丁字母），在相应的视图附近用箭头指明投射方向，并注上同样的字母，如图 6-3 所

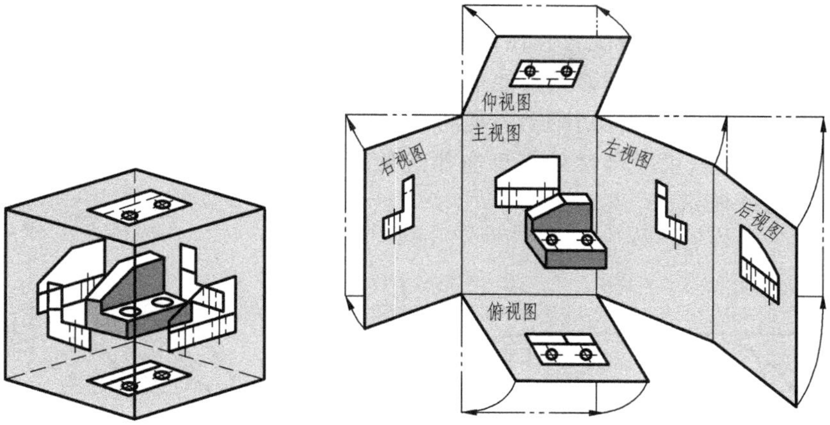

a) b)

图 6-1 六个基本投影面的展开

示。这样可自由配置的视图称为向视图。

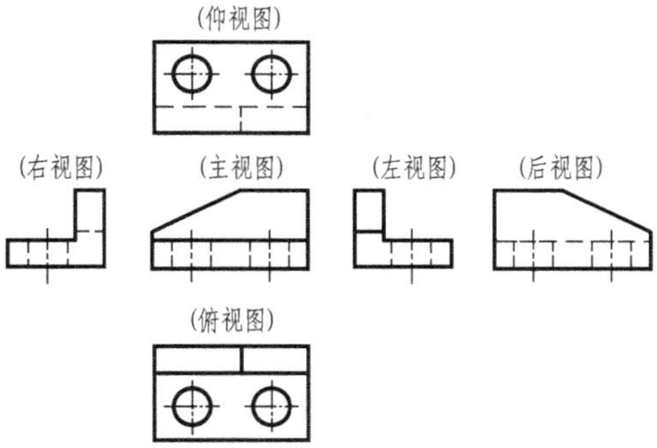

图 6-2 六个基本视图的配置

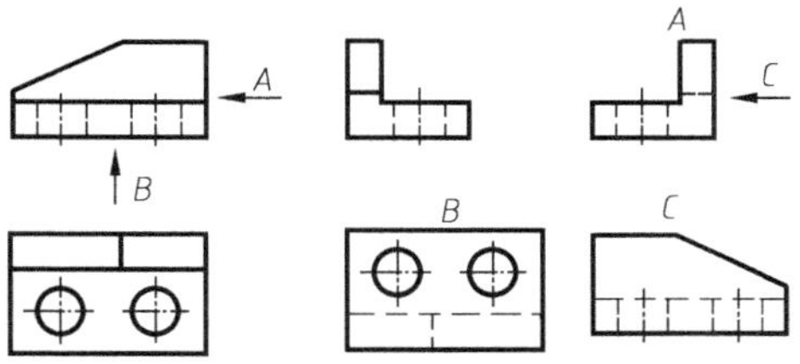

图 6-3 向视图的配置与标注

在实际画图时，并非任何机件都要画六个基本视图，应根据机件的结构特点和复杂程度，选用其中几个。一般优先选用主、俯、左三个基本视图。

二、斜视图

如图 6-4 所示，压紧杆上倾斜结构的上下表面垂直于正面投影面，而对其余几个投影面都是倾斜的，因此投影不反映实形，这就不便于画图、看图和标注尺寸。这时，可设置一个与倾斜结构的主要平面平行的辅助投影面，如图 6-5a 所示的正垂面，将倾斜结构向该投影面投影，所得的视图可表达该部分的实形。这种将机件向不平行于任何基本投影面的平面投影所得到的视图，称为斜视图。画斜视图时应注意以下几点：

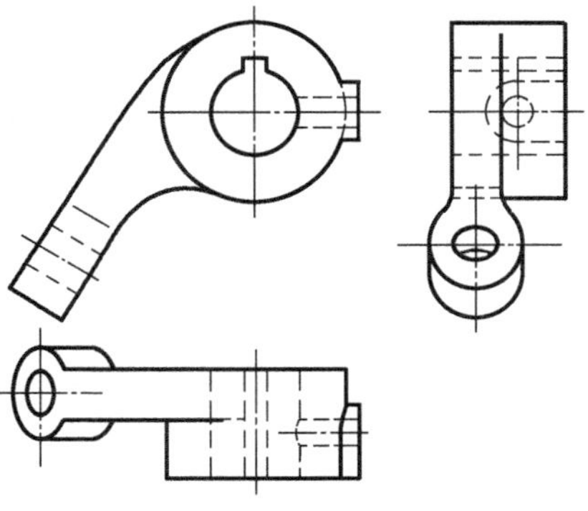

图 6-4 压紧杆的三视图

1）斜视图一般按向视图的配置形式配置并标

注，表示斜视图名称的字母一律水平书写，如图 6-5b 所示。

2）斜视图尽量按投影关系配置，以便画图和看图，如图 6-5 中所示的 *A* 视图。但为了合理利用图纸，也可将斜视图平移到其他适当的位置。在不引起误解时，允许将图形旋转摆正后画出。这时应在旋转后的斜视图上方视图名称旁画出旋转符号，旋转符号的方向与实际旋转方向相一致，表示该视图名称的字母应靠近旋转符号的箭头端，如图 6-5c 所示。旋转符号的画法如图 6-5d 所示。

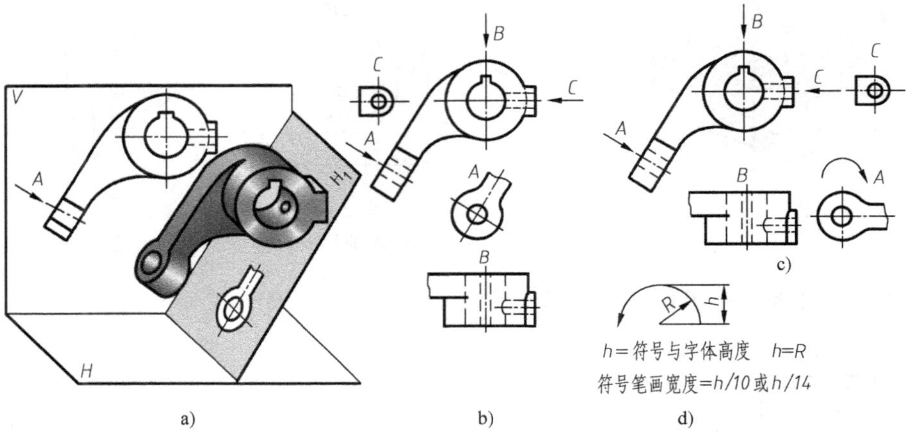

图 6-5　斜视图和局部视图

3）斜视图用来表达机件倾斜部分的形状，故其余部分就不必全部画出，用波浪线断开。

三、局部视图

将物体的某一部分向基本投影面投射所得的视图，称为局部视图。当物体的主要结构形状已经表达清楚，只有局部形状未表达清楚，而又没有必要再画一个完整的基本视图时，常采用局部视图。如图 6-5b、c 中所示的 *B* 向视图。画出了 *A* 向斜视图后，在俯视图中不反映实形的投影就不必再画出来了，而只画其余部分，并用波浪线断开。画局部视图时应注意：

1）一般应在局部视图上方标注视图名称“×”，在相应的视图附近用箭头指明投射方向，并注上同样的字母。如图 6-5b 中所示的 *B* 向局部视图。

2）当局部视图按投影关系配置，中间又没有其他图形隔开时，可省略标注。如图 6-5c 所示，*B* 向视图已省略标注。

3）局部视图的断裂边界，用波浪线表示。但当所表示的局部结构是完整的，且外形轮廓又成封闭线框时，波浪线可省略不画。如图 6-5b、c 中所示的 *C* 向局部视图。

第二节　剖　视　图

当机件的内部结构形状比较复杂时，在视图中就会出现很多虚线，既影响图形清晰，又不便绘图、看图和标注尺寸。为了清晰地表达机件的内部结构形状，可以采用剖视的方法。

一、剖视图的基本概念

1. 剖视图

假想用剖切面（剖切面可以是平面，也可以是柱面，本书所介绍的主要为平面）剖开机件，将处在观察者和剖切面之间的部分移去，而将其余部分向投影面投影所得到的图形，称为剖视图。如图 6-6 所示。

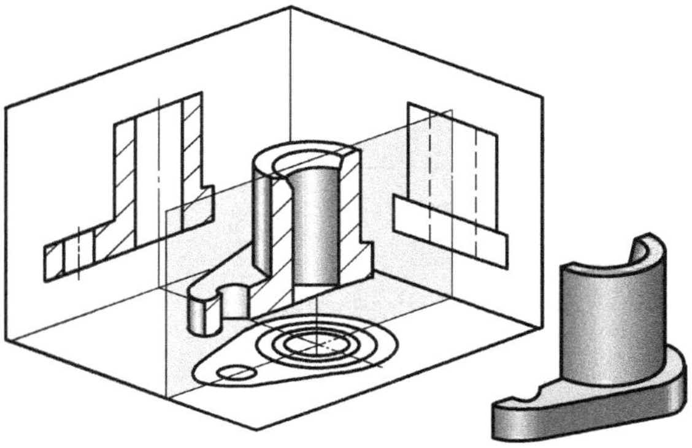

图 6-6 剖视图形成

如图 6-7a 所示，视图中用虚线表达了机件内部的孔。为了清晰地表达这些结构，假想用一个通过各孔轴线的正平面作为剖切面将机件剖开，移去剖切面前面的部分，把留下的部分向正面投影，这样两个圆柱孔的正面投影就变成可见的了，这样的图形就是剖视图。如图 6-7b所示。

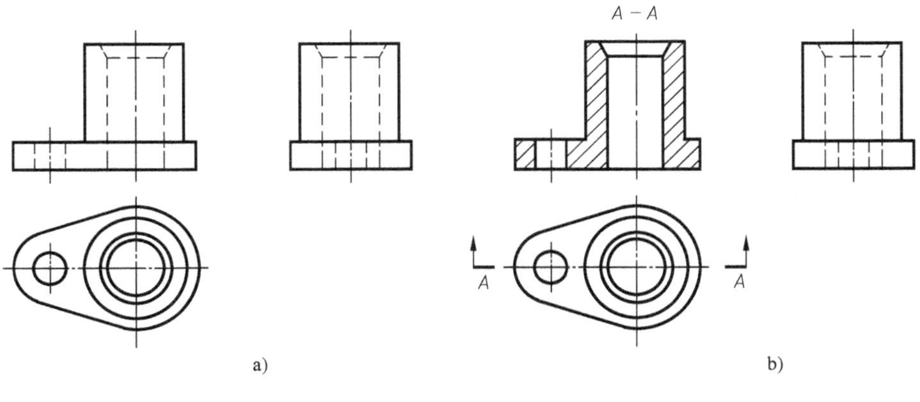

图 6-7 剖视图的画法

2. 剖视图的画法

（1）确定剖切面的位置 画剖视图时，应首先选择最合适的剖切位置，以便最充分地表达机件的内部结构。剖切面一般应通过机件内部孔、槽的轴线或对称面，如图 6-7b 所示。

（2）画剖视图 用粗实线画出机件被剖切面剖切后的截断面（也称剖面）的轮廓线和

剖切面后面的可见轮廓线。

按照国家标准《机械制图》（GB/T 4457.5—2013）的规定，在截断面上要画剖面符号。各种材料的剖面符号见表 6-1。金属材料的剖面符号又称剖面线，最好是与主要轮廓或剖面区域的对称线成 45°角的等距细实线。

表 6-1　剖面符号（GB/T 4457.5—2013）

金属材料(已有规定剖面符号除外)		胶合板	
线圈绕组元件	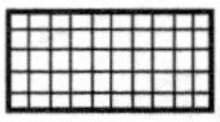	基础周围的泥土	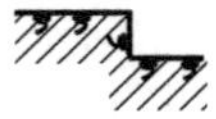
转子、电枢、变压器和电抗器等的叠钢片	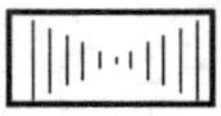	混凝土	
非金属材料(已有规定剖面符号者除外)		钢筋混凝土	
型砂、填砂、粉末冶金、砂轮、陶瓷刀片、硬质合金刀片等	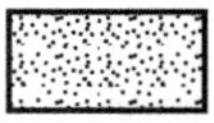	砖	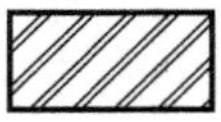
玻璃及供观察用的其他透明材料		格网(筛网、过滤网等)	
木材　纵断面		液体	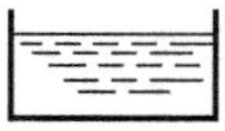
木材　断面			

注：1. 剖面符号仅表示材料的类别，材料的名称和代号必须另行注明。
2. 叠钢片的剖面线方向，应与束装中叠钢片的方向一致。
3. 液面用细实线绘制。

必须注意，同一机件在各个剖视图、断面图中的剖面线倾斜方向应相同、间隔应相等。当图形中的主要轮廓与水平成 45°或接近 45°时，该图形上的剖面线应画成与水平线成 30°或 60°的平行线，且倾斜方向和间隔应与其他视图上的剖面线一致。如图 6-8 所示。

（3）剖切位置与剖视图的标注　画剖视图时，一般应在剖视图的上方用字母标出剖视图的名称“×—×”，在相应的视图上用剖切符号（线宽 b～1.5b，长 5～10mm）表示剖切位置。同时，在剖切符号的外侧画出与之相垂直的箭头表示投射方向，并注上同样的字母。如图 6-7b 所示。必须注意，剖切符号尽量不要与图形的轮廓线相交，字母一律水平书写。

下列情况可以简化标注。

1）当剖视图按投影关系配置，中间又没有图形隔开时，可省略箭头，如图 6-9 所示。

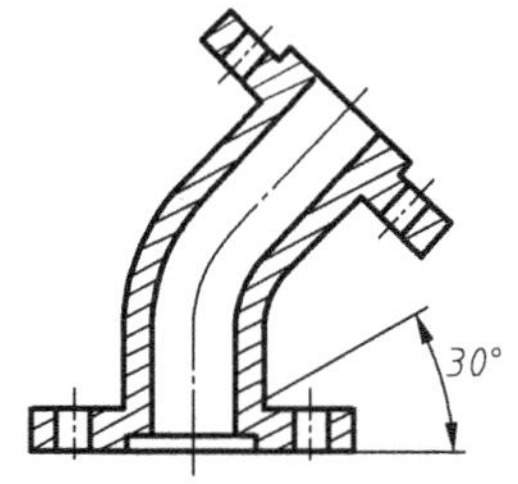

图 6-8 30°(60°) 剖面线

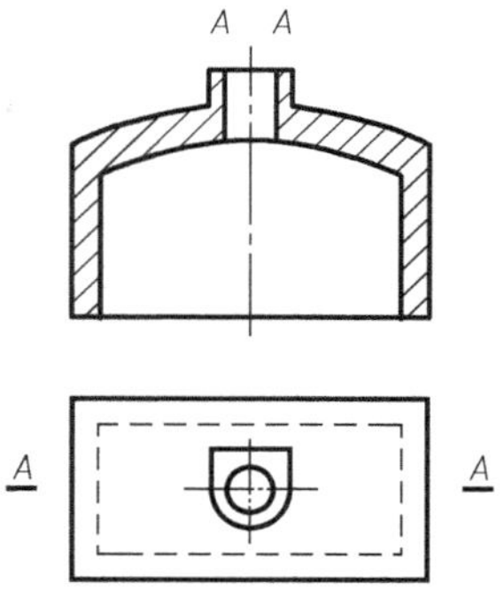

图 6-9 省箭头的标注方法

2）当单一剖切平面通过机件的对称平面或基本对称平面，且剖视图按投影关系配置，中间又没有其他图形隔开时，可省略标注，如图 6-10、图 6-11 所示。

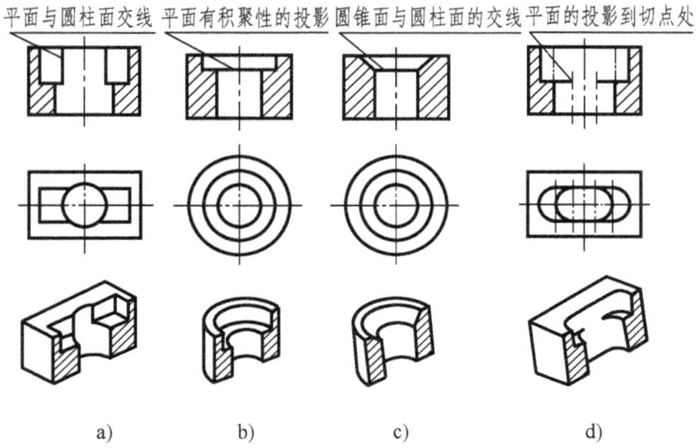

图 6-10 剖视图中易漏画的图线

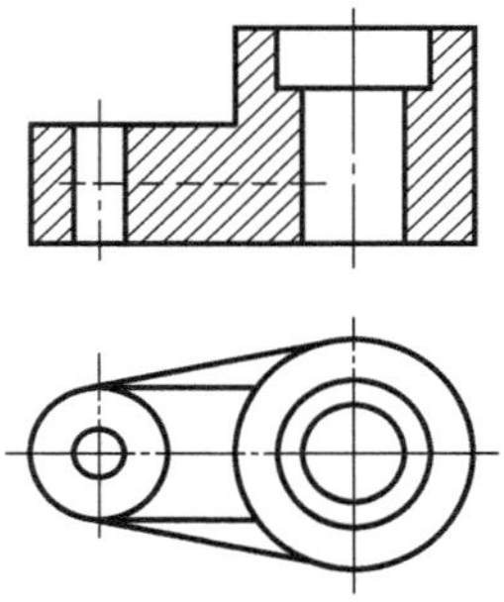

图 6-11 应画虚线的剖视图

3. 画剖视图应注意的问题

1）因为剖切是假想的，所以当机件的某一个视图画成剖视图，其他视图仍应按完整的机件考虑。

2）剖切面后方的可见轮廓线应全部画出，不得遗漏。图 6-10 所示为几种孔、槽剖视图的画法，箭头所指为初学者易漏画的图线。

3）在剖视图中，一般不画虚线。但若画少量虚线能表达出机件上某些结构的形状或位置，而可以省略某个视图且又不影响图形清晰时，也可画上这种虚线，如图 6-11 所示。

二、剖视图的种类

剖视图分为全剖视图、半剖视图和局部剖视图三种。

1. 全剖视图

用剖切面完全地剖开机件所得到的剖视图，称为全剖视图，如图 6-7b 所示。

全剖视图主要用于内部结构复杂，外形相对比较简单的不对称机件，或者用于外形简单的对称机件。

2. 半剖视图

当机件具有对称平面时，在垂直于对称平面的投影面上的图形，可以对称中心线为界，一半画成剖视，另一半画成视图，这种图形称为半剖视图。

如图 6-12 所示的机件内外结构形状都较复杂，如果主视图采用全剖视，则机件前方的凸台被切去，不能表达其形状。但该机件左、右对称，如图 6-12b 所示，所以在垂直于对称平面的投影面（V 面）上的图形，即主视图可以对称中心线为界，一半画成视图表达外形，另一半画成剖视表达内部结构形状。这样在一个视图上就同时清晰地表达了机件的内外结构形状。

该机件前后也是对称，因此俯视图也采用了半剖视图。剖切平面通过凸台孔的轴线，这样既表达了顶板形状及小圆孔的位置，也表达了圆筒体及凸台，如图 6-12b、c 所示。

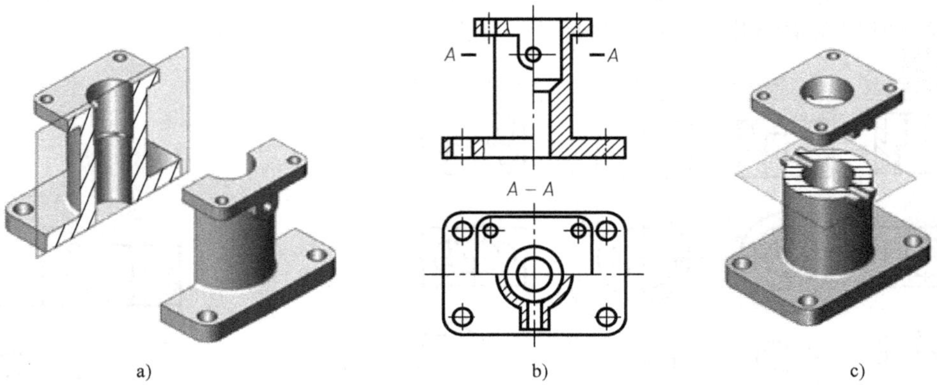

图 6-12　半剖视图

当机件的形状接近于对称，且不对称的部分已另有图形表达清楚时，也可以画成半剖视图，如图 6-13 所示。

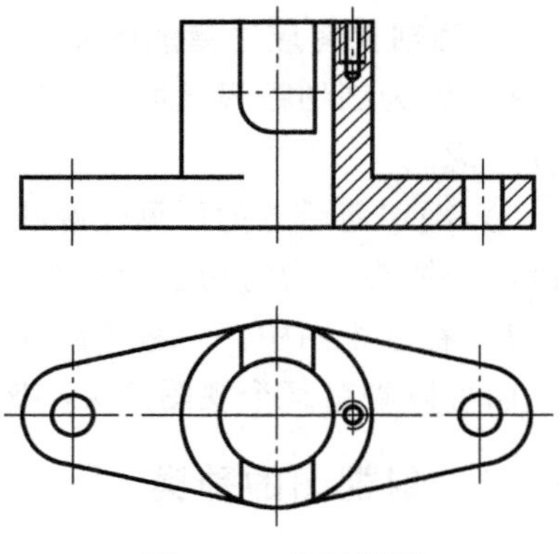

图 6-13　半剖视图

画半剖视图时要注意：

1）半剖视图中半个视图和半个剖视图的分界线是点画线，而不是粗实线。

2）因为图形对称，内腔的结构形状已在半个剖视图中表达清楚，故在半个视图中应省略表达这些内部结构形状的虚线。

半剖视图的标注如前所述。如图 6-12 所示的主视图中，由于剖切平面通过该机件的对称平面，且剖视图按投影关系配置，中间又无其他图形隔开，因此可省略标注。在俯视图中，因为机件没有对称平面，所以必须注出剖视图的名称，并在主视图中画出剖切符号和书写字母，但因主、俯视图按投影关系配置，中间又无其他图形隔开，故可省略箭头。

3. 局部剖视图

用剖切平面局部地剖开机件所得的剖视图称为局部剖视图。当机件只有局部内形需要表达，或者既需要表达机件的内部结构，又要保留机件的某些外形，且机件不对称，不能采用半剖视图时，可以采用局部剖视图来表达机件。如图 6-14 所示。

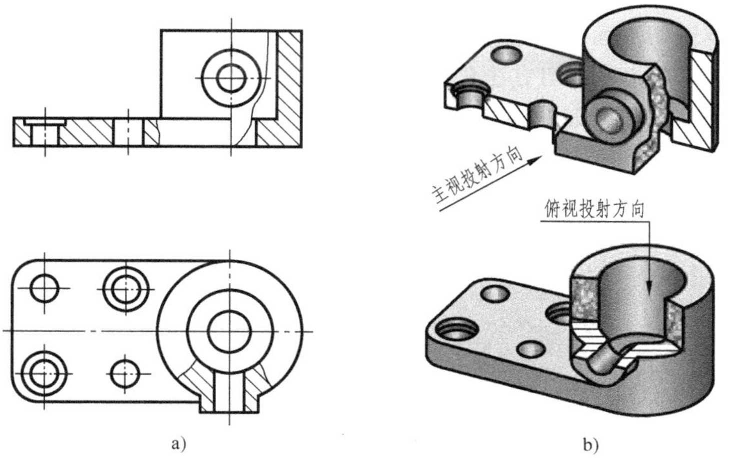

图 6-14 局部剖视图

在局部剖视图中，视图与剖视图用波浪线分界。波浪线可视为假想断裂处的轮廓线的投影，因此，波浪线应画在机件的实体部分上，既不能超出图形轮廓之外，也不应画入中空处，而且不能与图形上的轮廓线重合，如图 6-15 所示。当被剖结构为回转体时，允许将该结构的轴线作为局部剖视与视图的分界线，如图 6-16 所示。

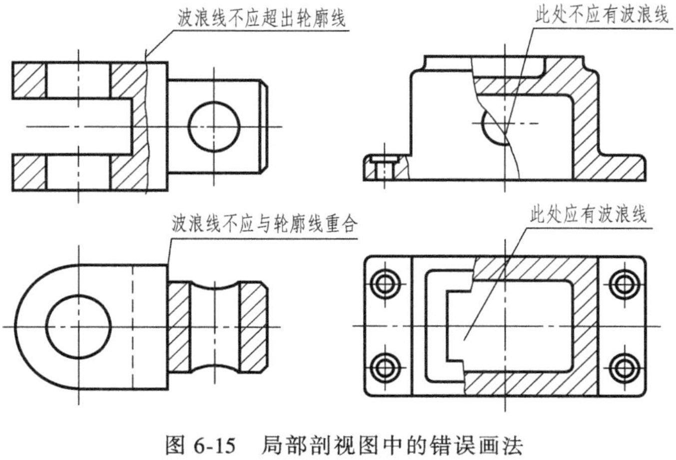

图 6-15 局部剖视图中的错误画法

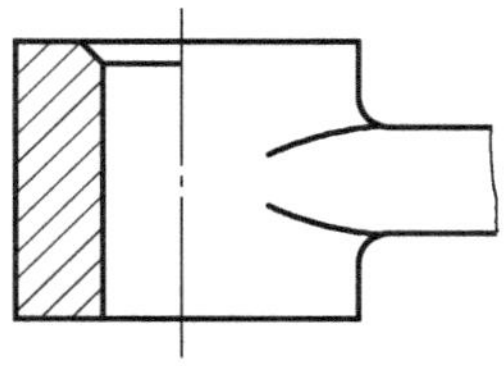

图 6-16 局部剖视图允许画法

局部剖视图的标注方法与全剖视图相同。对于剖切位置明显的局部剖视图，一般可以省略标注。

局部剖视图是一种较灵活的表达方法，运用得当可使视图简明清晰。但一个视图中局部剖视的数量不宜过多，过多会使图形零乱，影响视图清晰。

三、剖切面和剖切方法

以上三种剖视图可以采用不同的剖切方法得到。国家标准《机械制图》中规定了以下几种剖切方法。

1. 单一剖切面剖切

只采用一个剖切面剖开机件的方法称为单一剖。

（1）单一基本剖切平面　只采用一个且平行于基本投影面的平面剖开机件的方法。前面所介绍的剖视图都是此种剖切方法获得的剖视图。

（2）单一斜剖切平面　如图 6-17 所示连杆，要看清倾斜结构就要采用过倾斜部分两回转面轴线的正垂面剖开机件从而得到的 *A—A* 剖视图。这种用不平行于任何基本投影面的剖切平面剖开机件的方法，通常称为斜剖，所得到的剖视图称为斜剖视图。

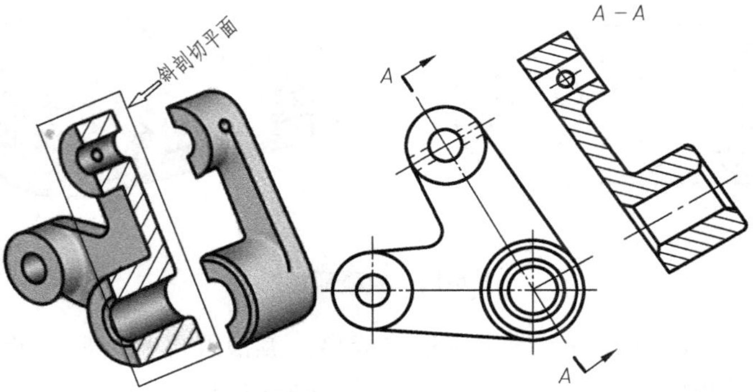

图 6-17　斜剖视图

（3）单一剖切柱面　有些结构需要采用圆柱面进行剖切，这种情况一般应按展开绘制，在剖视图的上方应标出“×—×展开”，如图 6-21 中的 *B—B* 视图所示。

2. 几个平行的平面剖切

用几个平行于某一基本投影面的剖切平面剖开机件的方法也被形象地称为阶梯剖。

当机件上孔和槽的轴线或中心线处在两个或多个相互平行的平面时，宜采用此种剖切方法。如图 6-18b 所示的主视图，就是用阶梯剖的方法画出的全剖视图。

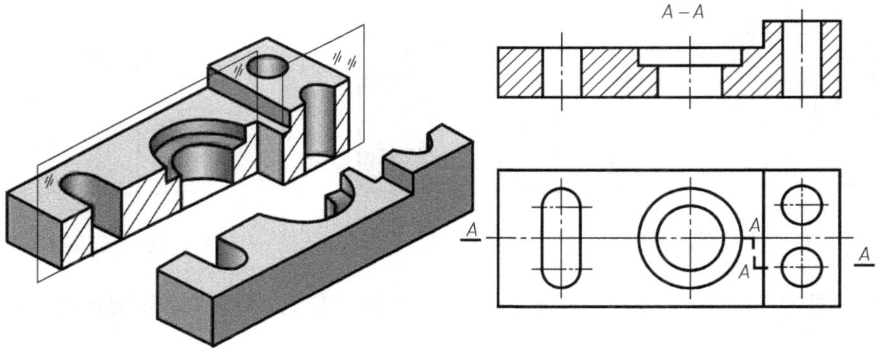

a)　　b)

图 6-18　阶梯剖

采用阶梯剖的方法画剖视图应注意：不应画出各个剖切平面间的交线，也不要在剖视图中画出不完整要素，图 6-19 的画法是错误的。但当两个要素在剖视图中具有公共对称中心线或轴线时，也允许各画一半，如图 6-20 所示。

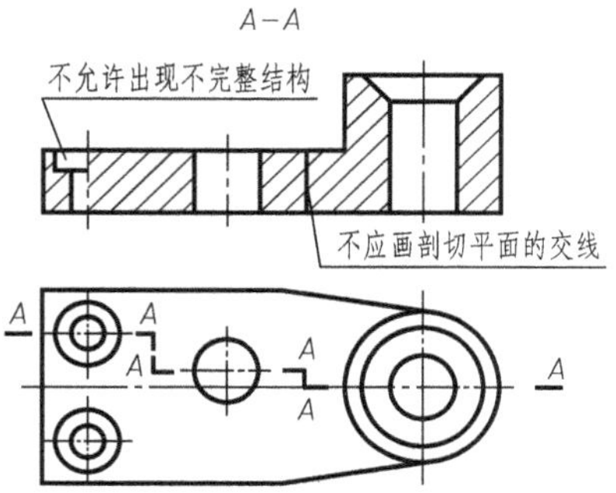

图 6-19 阶梯剖的错误画法

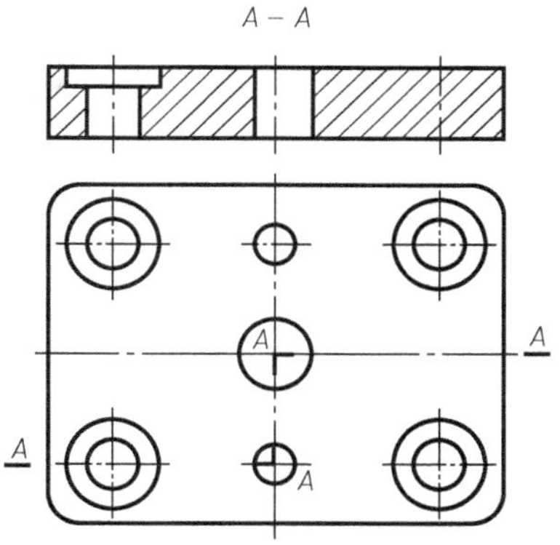

图 6-20 阶梯剖的允许画法

阶梯剖必须标注，在剖切平面的起、讫和转折处要画出剖切符号，注上相同的字母。如果转折处地方太小，在不致引起误解的情况下可以省略字母。在起、讫处画出箭头表示投射方向，在剖视图上方注出名称，如图 6-18 所示。如果剖视图按投影关系配置，中间又没有其他图形隔开时，可省略箭头，如图 6-20 所示。应注意，剖切符号的转折处不允许与图上的轮廓线重合。

3. 几个相交平面剖切

用两相交的剖切平面（交线垂直于某一基本投影面）剖开机件的方法也被形象地称为旋转剖。

采用这种方法画剖视图时，假想按剖切位置剖开机件，然后将其中倾斜部分的结构及其有关部分旋转到与选定的投影面平行再进行投影。如图 6-21 所示。

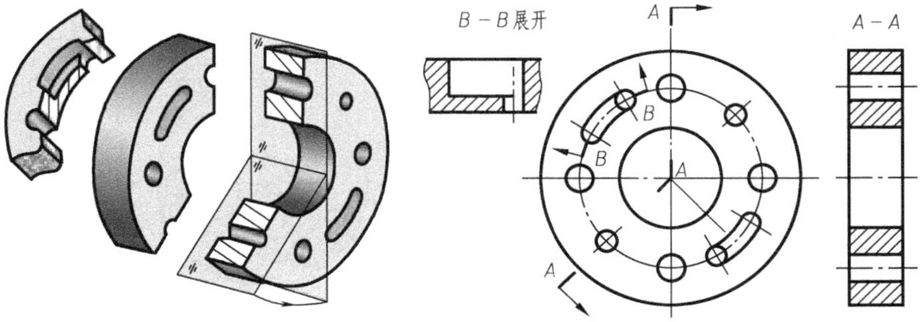

图 6-21 旋转剖

画旋转剖时要注意，在剖切平面之后的其他结构一般仍按原来位置投影。如图 6-22 中所示的油孔在俯视图中的投影。当剖切后产生不完整要素时，应将此部分按不剖绘制，如图 6-23 所示的中间臂被剖到一部分，但在主视图中仍按不剖切绘制。

旋转剖适用于表达盘、盖等一类具有回转轴的机件。

旋转剖必须标注。在剖切平面的起、讫和转折处要画出剖切符号，注上相同的字母。如果转折处地方太小，在不致引起误解的情况下可以省略字母。在起、讫处画出箭头表示投射方向，在剖视图上方注出名称，如图 6-21 所示。如果剖视图按投影关系配置，中间又没有其他图形隔开时，可省略箭头，如图 6-22、图 6-23 所示。

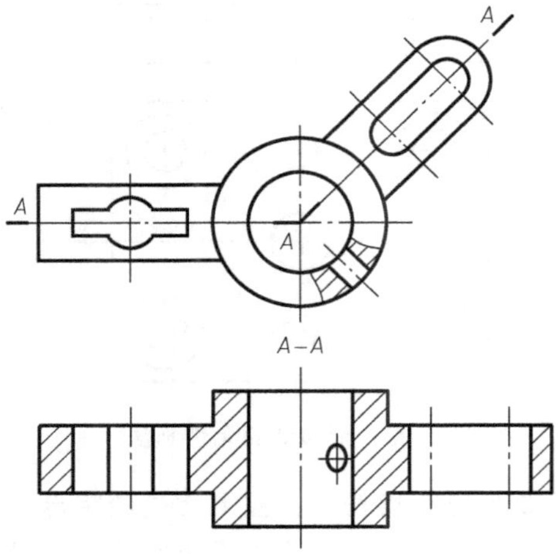

图 6-22　剖切面后的结构

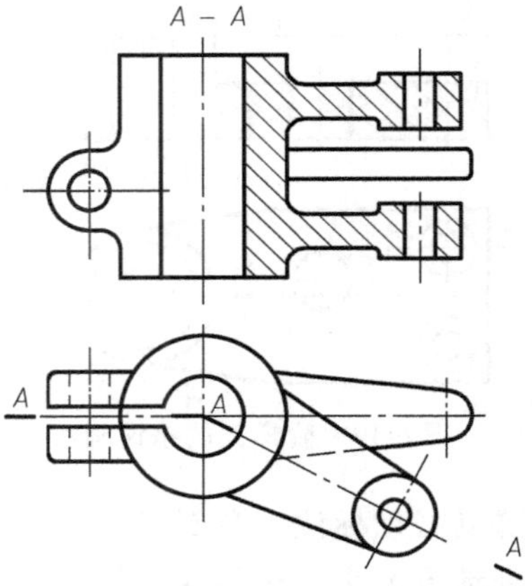

图 6-23　产生不完整要素的处理方法

根据表达结构的需要，有时需采用两个以上相交平面或相交平面与平行平面组合剖切面剖开机件，这种方法通常称为复合剖，如图 6-24、图 6-25 所示。连续几个相交平面剖切时常采用展开画法，即将倾斜剖切平面剖切到的结构及其有关部分依次旋转到与投影面平行，再进行投影，这时在剖视图的上方应标注“×—×展开”，如图 6-24 所示。

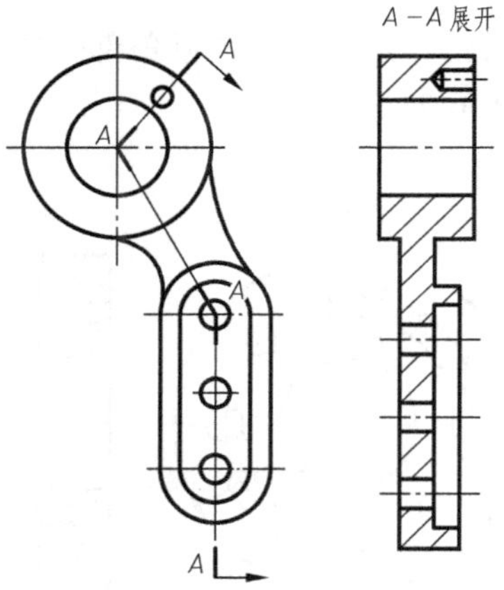

图 6-24　复合剖（多个相交平面）

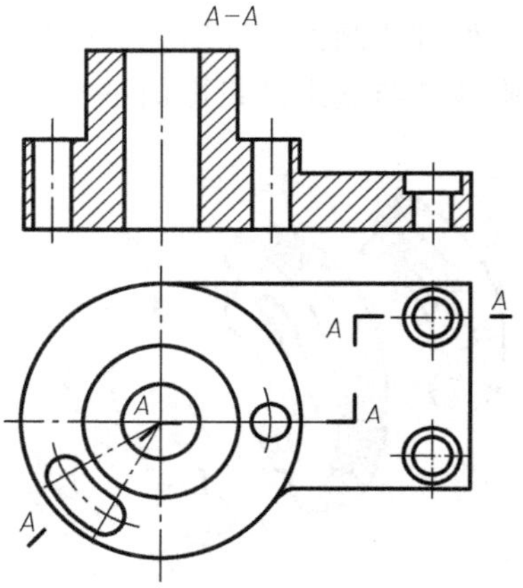

图 6-25　复合剖（阶梯剖加旋转剖）

四、剖视图中的一些规定画法

1. 轮辐、肋在剖视图中的画法

当剖切平面通过轮辐、肋的纵向对称平面或对称中心线时，制图标准规定：轮辐和肋都不画剖面线，需要用粗实线将它们与其相邻部分分开。如图 6-26、图 6-27 所示。

2. 均匀分布的结构要素在剖视图中的画法

当回转体一类机件上有呈辐射状均匀分布的肋、轮辐、孔等结构不处于剖切平面上时，可将这些结构旋转到剖切平面上画出，如图 6-28 所示。

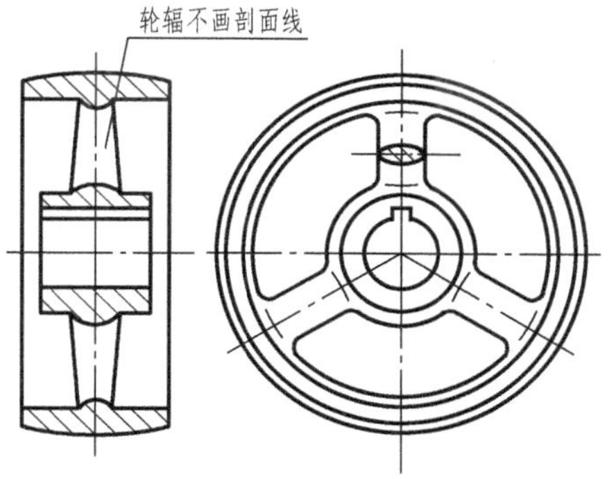

图 6-26 轮辐在剖视图中的规定画法

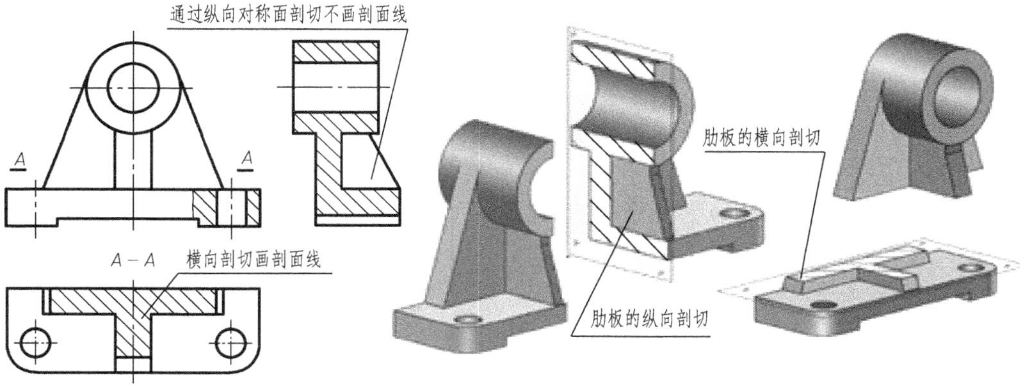

图 6-27 肋在剖视图中的规定画法

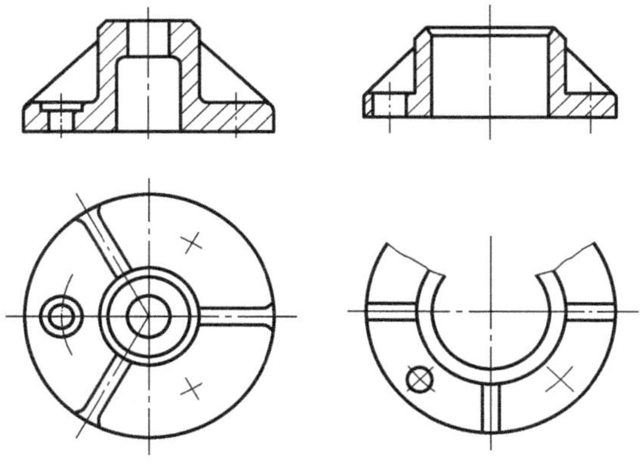

图 6-28 均匀分布的肋与孔在剖视图中的画法

五、小结

本节介绍了各种剖视图和剖切方法。画图时应根据机件的结构特点，采用最适当的表达方法。剖视图的各种剖切方法见表 6-2。

表 6-2　剖视图的种类和剖切方法

种类 \ 方法	单一剖切图	两个相交的剖切平面（旋转剖）	几个平行的剖切平面（阶梯剖）	组合的剖切平面（复合剖）	不平行与任何投影面的剖切平面(旋转剖)
全剖视图	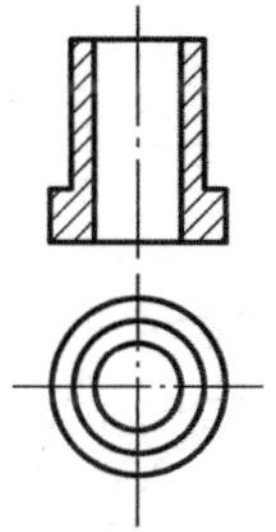	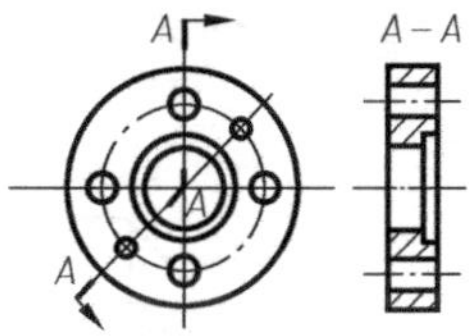	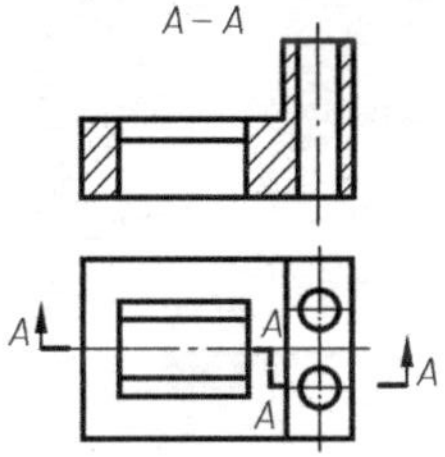	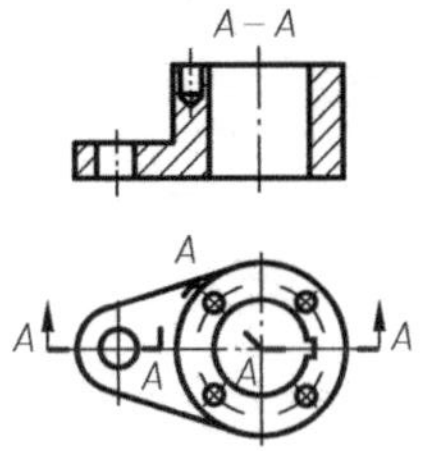	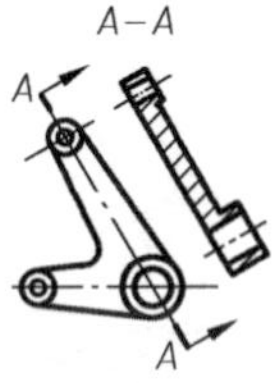
半剖视图	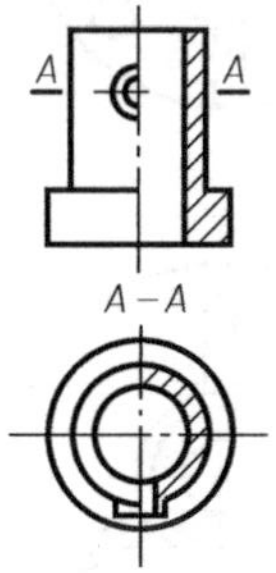	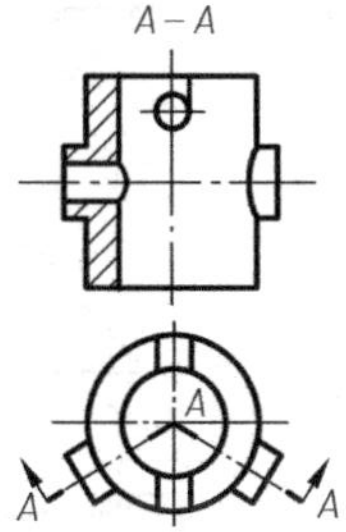	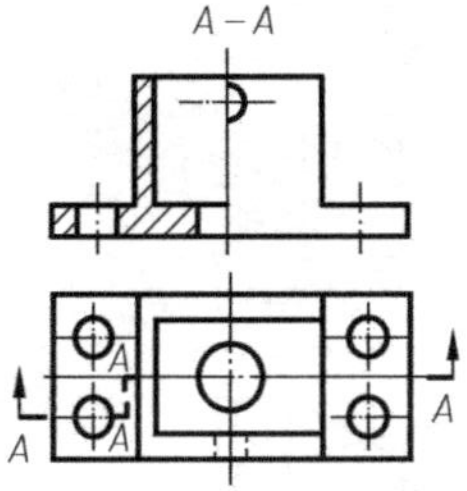	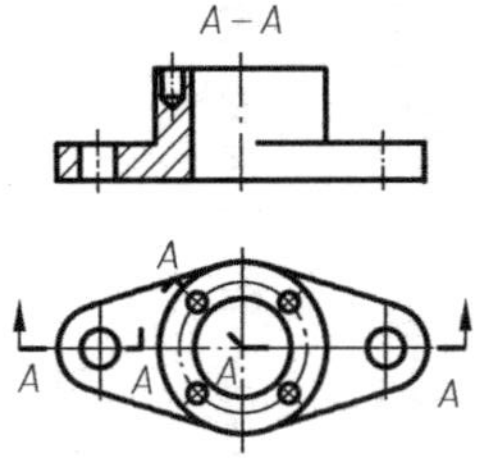	
局部剖视图	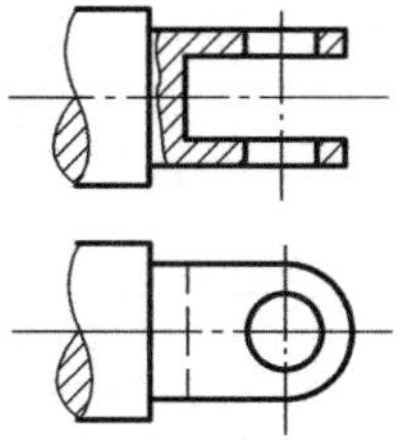	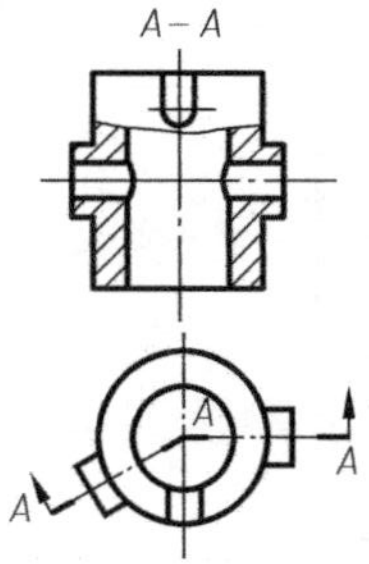	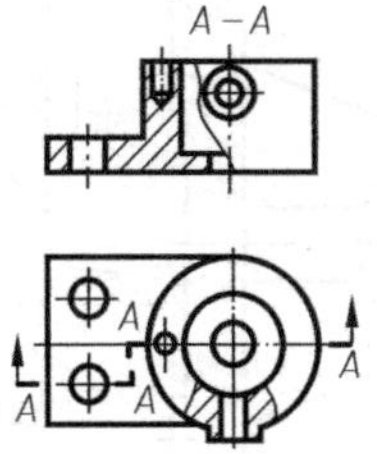	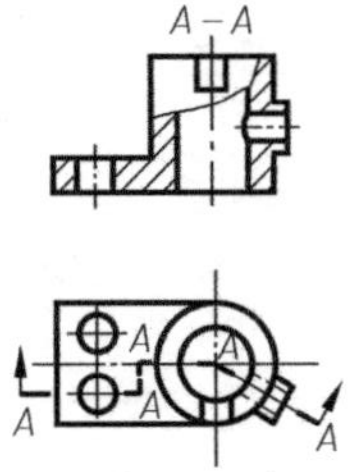	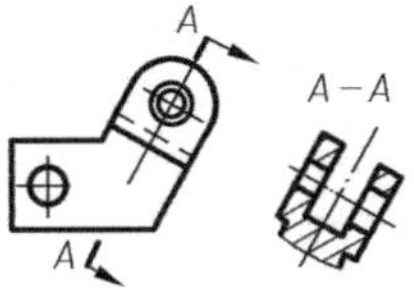

第三节 断 面 图

一、断面图的基本概念

假想用剖切平面将机件的某处切断，如图 6-29a 所示，仅画出该剖切面与物体接触部分的图形，这个图形称为断面图，简称断面，如图 6-29b 所示。

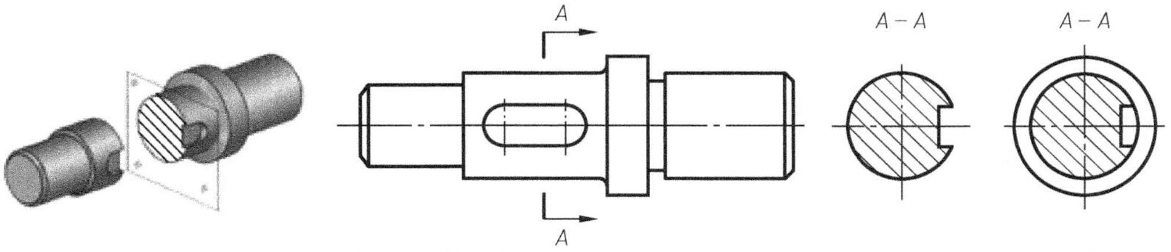

a) 立体图和投影图　　b) 断面图　　c) 剖视图

图 6-29　断面图与剖视图的区别

断面图与剖视图的区别是：断面图只画机件的断面形状，而剖视图则将断面和它后面的可见结构一起画出。如图 6-29b 所示为断面图，图 6-29c 所示为剖视图。

二、断面的种类

根据断面图配置的位置，分为移出断面图和重合断面图。

1. 移出断面图

画在视图外的断面图，称为移出断面图。如图 6-30、图 6-31 所示。

（1）移出断面图的画法　移出断面的轮廓线用粗实线绘制，应尽量配置在剖切符号或剖切平面迹线（即剖切平面与投影面的交线，用细点画线表示）的延长线上，如图 6-30a、c 所示。必要时也可将移出剖面配置在其他适当位置，如图 6-30b 所示。在不致引起误解时，允许将图形旋转，其标注形式如图 6-31d 所示。

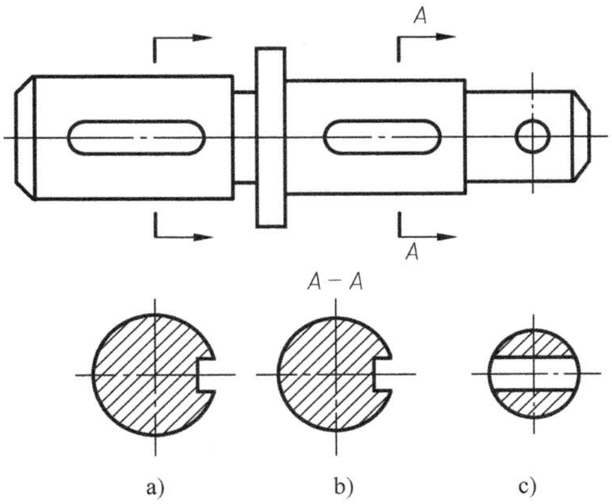

a)　　b)　　c)

图 6-30　移出断面图

当剖切平面通过回转面形成的孔或凹坑的轴线时，这些结构按剖视图绘制。如图 6-30c、图 6-31b、c 所示。

当剖切平面通过非圆孔会导致出现完全分离的两个剖面时，则这些结构按剖视图绘制，如图 6-31d 所示。当断面图形对称时，移出断面也可画在视图的中断处，如图 6-31e 所示。

为了表示切断面的真实形状，剖切平面应垂直于所需表达的机件结构的主要轮廓线或轴线。由两个或多个相交平面剖切的移出断面，中间应断开，如图 6-31a 所示。

（2）移出断面图的标注　移出断面图一般应用剖切符号表示剖切位置，用箭头表示投

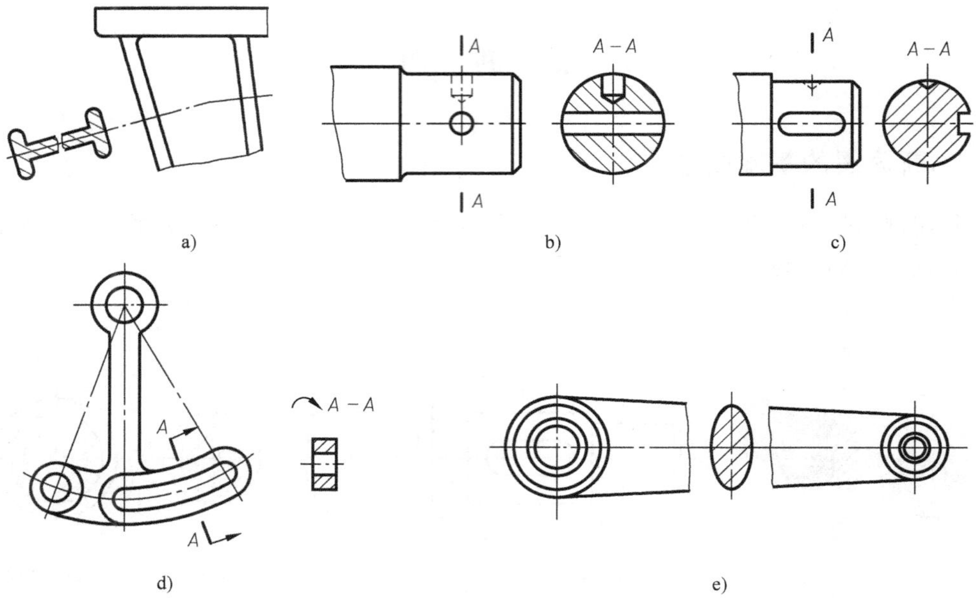

图 6-31　断面图的规定画法

射方向，并注上字母，在断面图上方标出相应的名称“×—×”。如图 6-31b 所示。配置在剖切符号延长线上的不对称移出断面，应画出剖切符号和箭头，可省略字母，如图 6-30a 所示。按投影关系配置的移出断面，可省略箭头，如图 6-31b、c 所示。对称的移出断面，不论画在什么地方，均可省略箭头。配置在剖切平面迹线延长线上或配置在视图中断处的对称移出断面，可省略标注，如图 6-30c、图 6-31e 所示。

2. 重合断面图

画在视图内的断面称为重合断面，如图 6-32 所示。

重合断面的轮廓线用细实线绘制，当视图中的轮廓线与重合断面的图形重叠时，视图中的轮廓线仍需完整地画出，不可间断。如图 6-32a 所示。重合断面图形对称时，不需标注，如图 6-32b 所示。若重合断面图形不对称时，则需用箭头标出投射方向，如图 6-32a 所示。

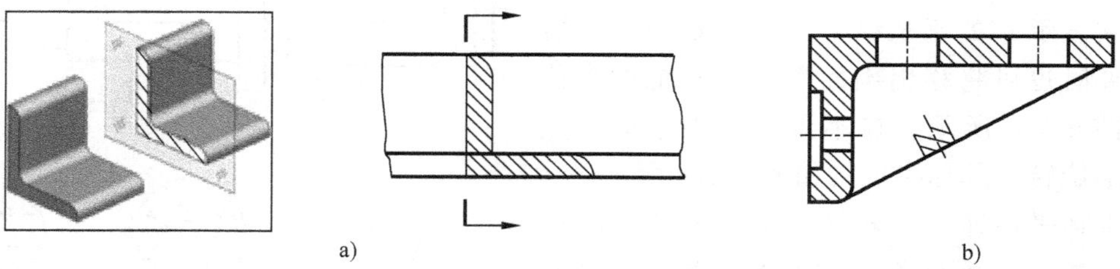

图 6-32　重合断面图

第四节　局部放大图、简化画法和其他规定画法

一、局部放大图

当机件某些细小结构在视图上表示不清楚或不便标注尺寸时，可以用大于原图形所采用

的比例再把这些结构画出来，这种图形称为局部放大图，如图 6-33 所示。局部放大图可以画成视图、剖视或剖面图，它与被放大部分的表达形式无关。画图时，在原图上用细实线圆圈出被放大部分，尽量将局部放大图配置在被放大部分附近，在放大图上方注明放大图的比例。若图上有多处部分被放大时，还要用罗马数字注明，如图 6-33 所示。

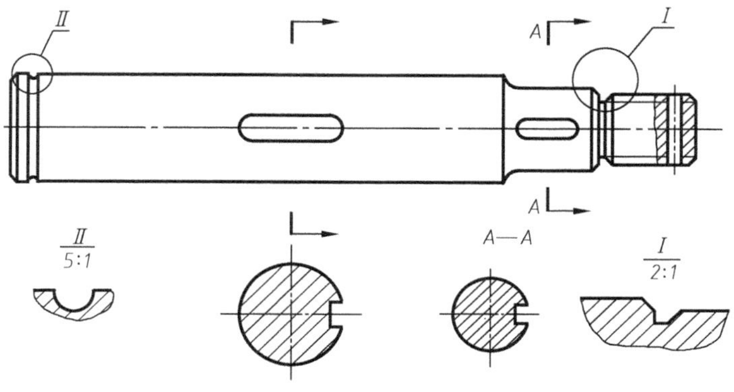

图 6-33 局部放大图

二、简化画法和其他规定画法

下面扼要地介绍国家标准《机械制图》所规定的部分简化画法和其他规定画法。

1）在不致引起误解的情况下断面的剖面符号可省略，如图 6-34 所示。

2）当机件具有若干相同结构（齿、槽等），并按一定规律分布时，只需画出几个完整的结构，其余用细实线连接，并注明结构的总数，如图 6-35 所示。

3）若干直径相同且成规律分布的孔（圆孔、螺孔、沉孔等），可以仅画出一个或几个，其余只需用点画线表示其中心位置，如图 6-36 所示。

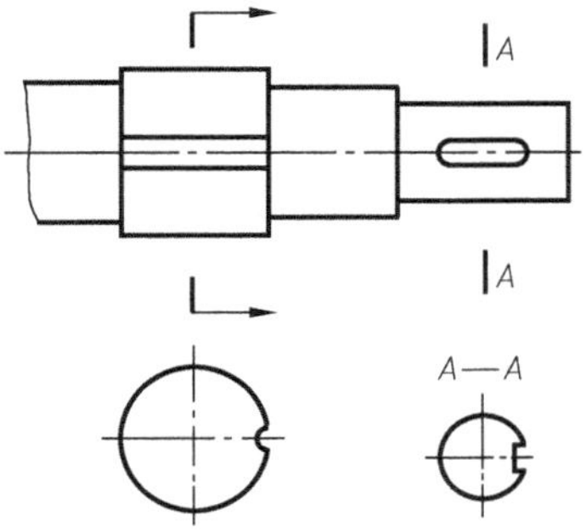

图 6-34 剖面符号的省略

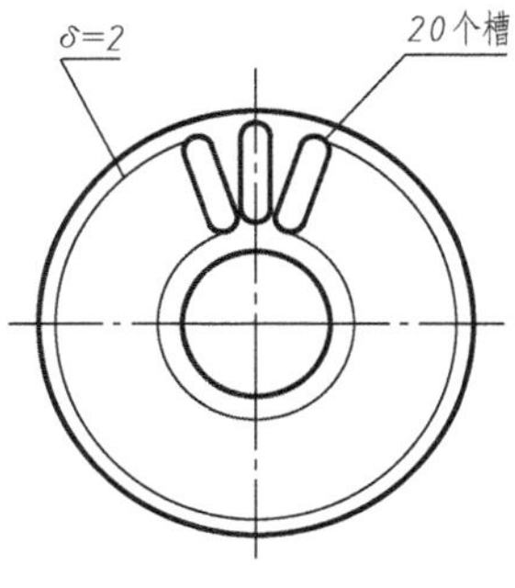

图 6-35 相同结构的简化画法

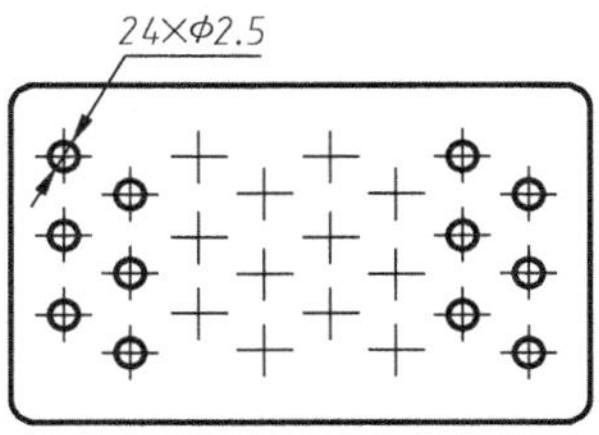

图 6-36 成规律分布的孔的简化画法

4）网状物、编织物或机件上的滚花部分，可在轮廓线附近用粗实线示意画出，并在图上或技术要求中注明这些结构的具体要求，如图 6-37 所示。

5）当图形不能充分表达平面时，可用平面符号（相交的两细实线）表示，如图 6-38 所示。

6）在不致引起误解时，对于对称机件的视图可只画一半或四分之一，并在对称中心线的两端画出两条与其垂直的平行细实线，如图 6-39 所示。

7）机件上较小的结构，如在一个图形中已表示清楚时，其他图形可以简化或省略。如图 6-40a 所示，在主视图上省略了两个小圆。如图 6-40b 所示的小圆弧省略不画，而用注尺

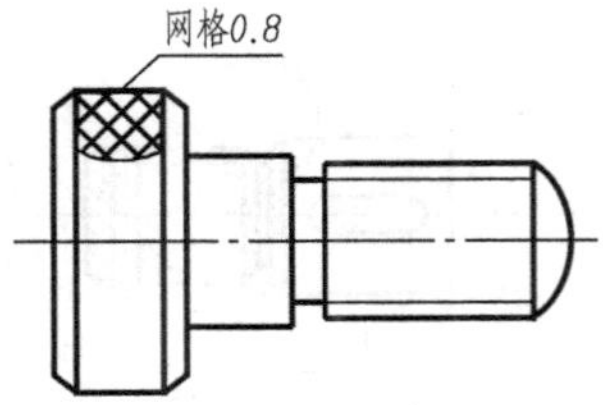

图 6-37　示意画法

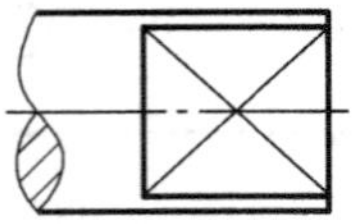

图 6-38　平面符号

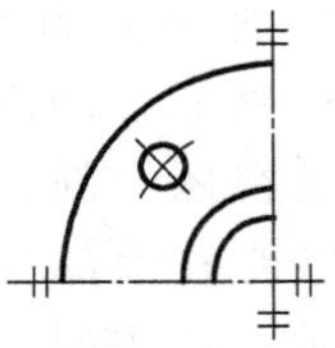

图 6-39　对称图形画法

寸的方法代替。

8）圆柱形法兰和类似零件上的均匀分布的孔可按图 6-41 所示方法表示（由机件外向该法兰端面方向投影）。

9）与投影面倾斜角度≤30°的圆或圆弧，其投影可用圆弧代替，如图 6-42 所示。

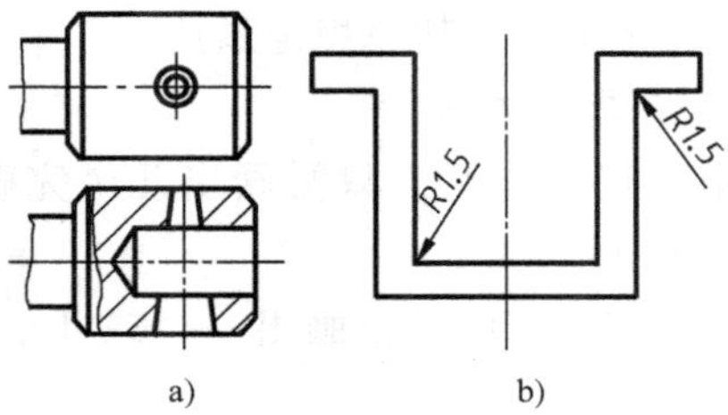

图 6-40　省略画法

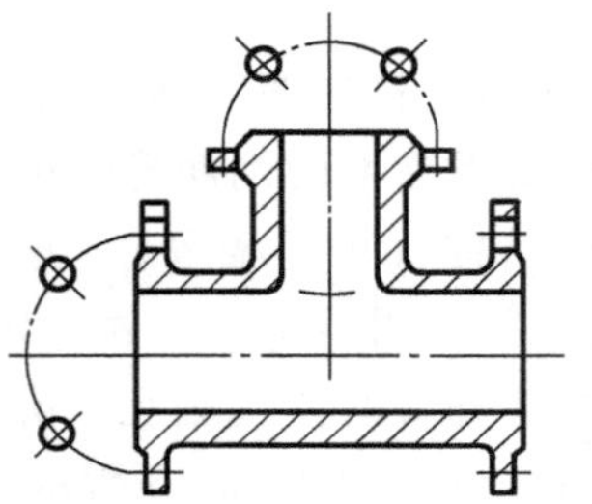

图 6-41　端面孔画法

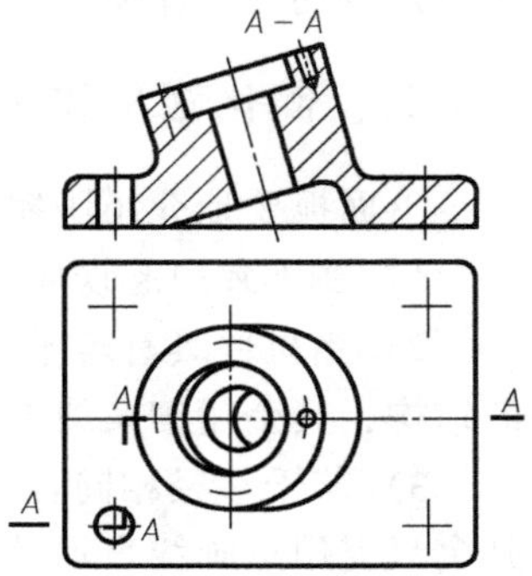

图 6-42　斜面上圆的画法

10）较长的机件（轴、杆、型材、连杆等）沿长度方向的形状一致或按一定规律变化时，可断开后缩短绘制，如图 6-43 所示。但标注尺寸时仍标注实际长度。

11）机件上斜度不大的结构，如在一个图形中已表达清楚时，其他图形可按小端画出，如图 6-44 所示。

12）在剖视图的断面中可再作一次局部剖。采用这种表达方法时，两个断面的剖面线应同方向、同间隔，但要互相错开，并用指引线标注其名称，如图 6-45 所示。当剖切位置明显时，可省略标注。

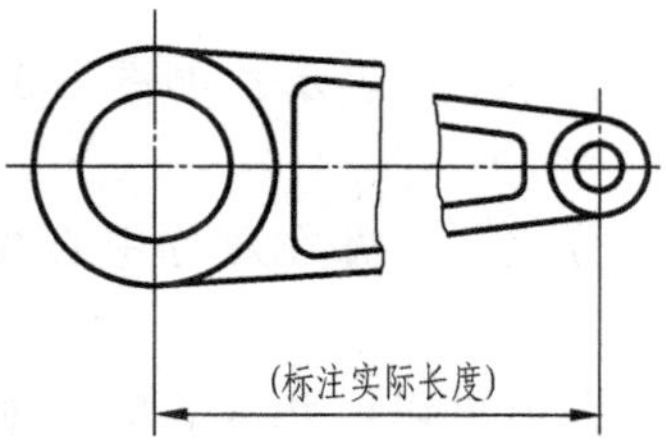

图 6-43　长杆件画法

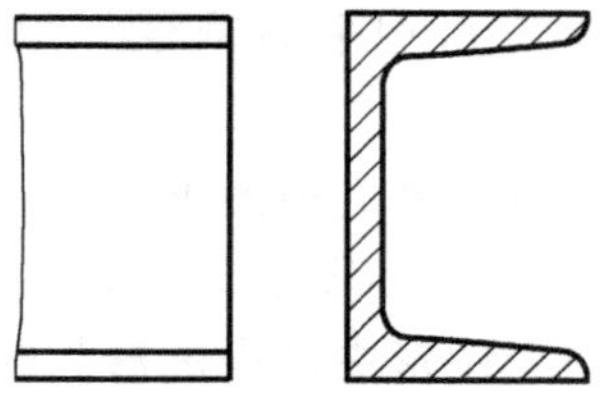

图 6-44　小斜面省略画法

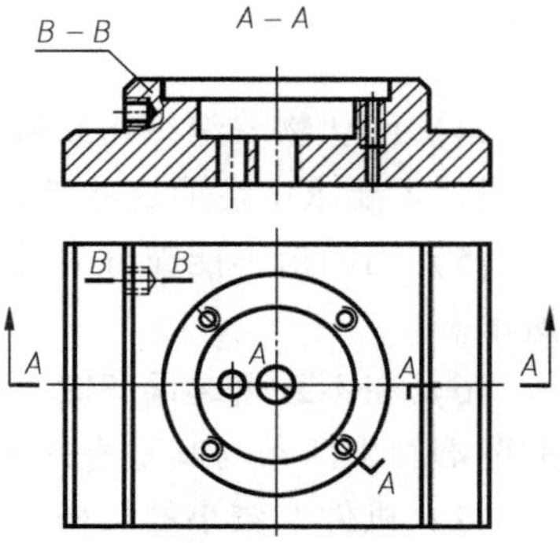

图 6-45　“剖中剖”画法

三、表达方法应用举例

以上介绍了机件的各种表达方法，在绘制机件图样时，应根据机件的形状和结构特点，灵活、恰当地选用。对于同一机件，可以有多种表达方案，应加以比较，选择较好的一种。确定表达方案所遵循的原则是：考虑看图方便；在完整、清晰地表达机件各部分结构形状的前提下，力求制图简便。每一视图要有表达重点，各视图之间应相互补充而不重复。

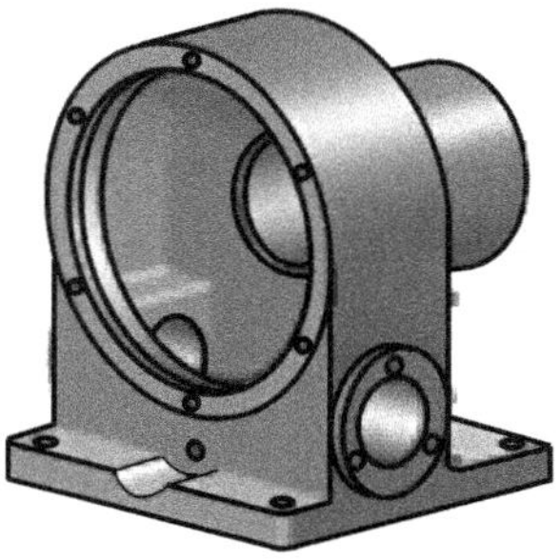

图 6-46　减速箱

如图 6-46 所示的机件是减速箱。它的形体可大致分为壳体、圆筒、底板和肋板四部分。图 6-47 所示是减速箱的表达方案。

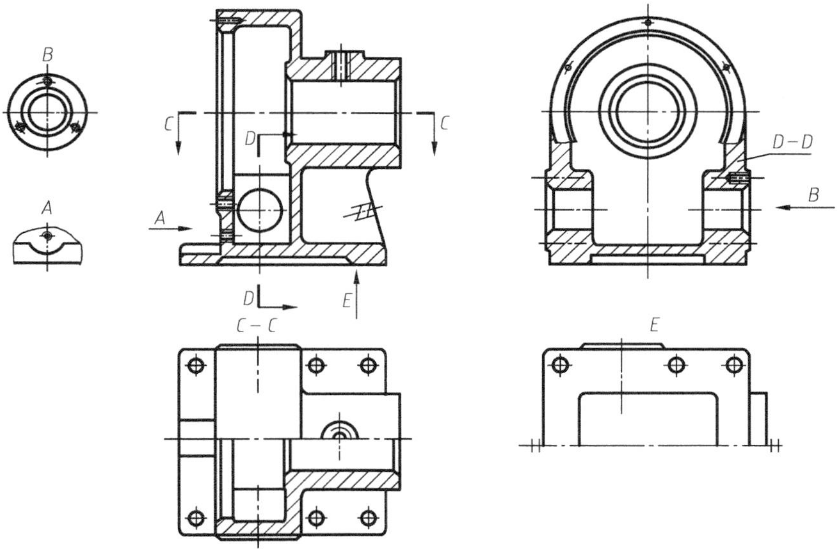

图 6-47　减速箱表达方案

主视图采用全剖视图，表达壳体和圆筒的内部结构。左视图采用局部剖视图，既表达了壳体下部两圆柱孔及内腔凸台，又保留了壳体凸缘形状及六个均匀分布螺纹孔的情况。俯视图因前后对称，画成半剖视图，表达了壳体壁厚及底板形状，还保留了圆筒上方凸台形状。用 *A* 向局部视图表达底板上的圆弧槽的形状及壳体下部小螺孔的位置。*B* 向局部视图表达了壳体下方圆凸台的形状及其三个螺孔分布情况。*E* 向局部视图表达了底板下面凹槽的形状。

第五节　第三角投影简介

国家标准《机械制图》规定，机件的图形采用第一角投影法得到。但目前国际上许多国家（如美国、日本等）采用第三角投影法绘制机件图样。为了便于国际间的技术交流，便于阅读外国图样资料，现对第三角投影法作一简单介绍。

一、基本概念

前文提到，两投影面体系将空间分成了四个分角，如图 3-2 所示。第一角投影是将物体放在第一分角，投影时保持观察者→物体→投影面的相对位置。而第三角投影是将物体放在第三分角，投影时保持观察者→投影面→物体的相对位置。此时将投影面看作是透明的，然后按正投影法得到各个视图。由前方向后观察，在 V 面上得到的视图，称为主视图；由上方向下观察，在 H 面上得到的视图，称为俯视图；从右面向左观察，在 W 面上得到的视图，称为右视图。如图 6-48a 所示。各投影面按图 6-48b 所示方向展开，V 面保持不动，H 面向上旋转 90°，W 面向前旋转 90°，三个视图的配置如图 6-48c 所示。可以看出，右视图和顶俯图靠近主视图的一侧表示物体的前方，远离前视图的一侧表示物体的后方，这与第一角投影恰好相反。

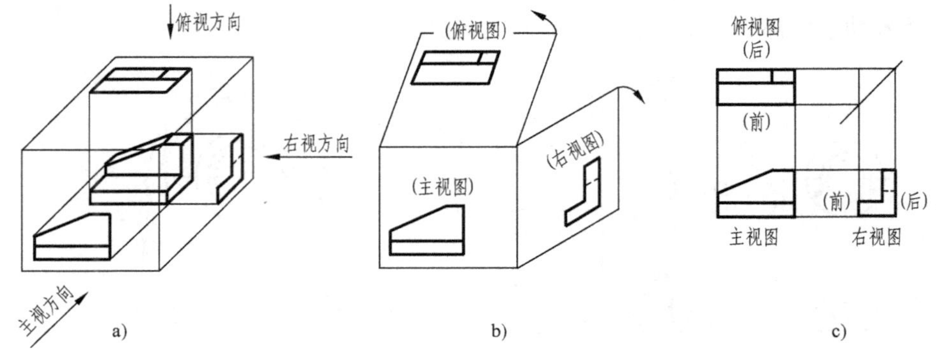

图 6-48　第三角画法

二、六个基本视图的配置

若在图 6-48a 所示图上再增加三个投影面，分别与原来的三个投影面垂直或平行，构成一个六面体方箱，将机件置于其中，分别向各个基本投影面投影，便得到第三角投影的六个基本视图，如图 6-49 所示。将上述六个基本投影面按图 6-49a 所示方向展开，便得到如图 6-49b所示的六个基本视图。这六个基本视图仍保持长对正、高平齐、宽相等的投影关系。

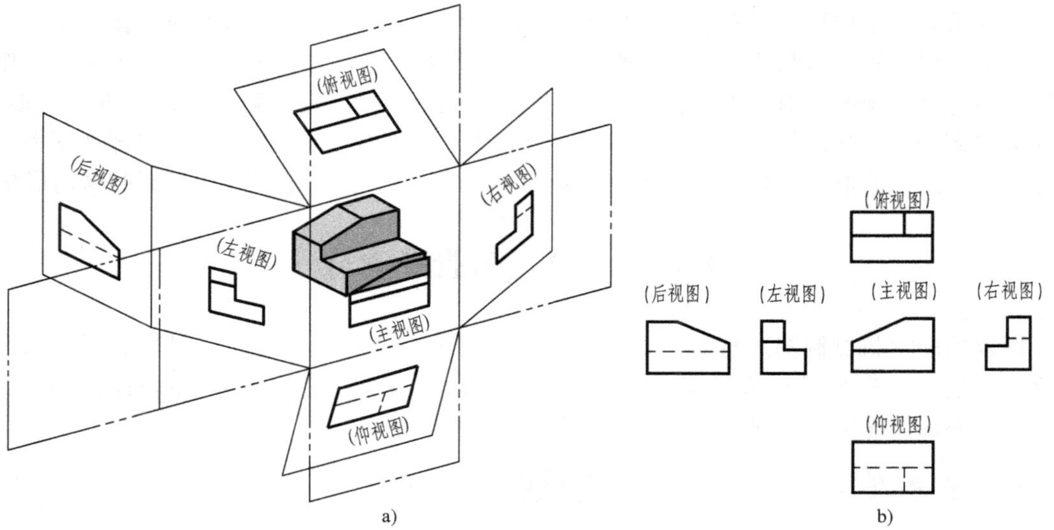

图 6-49　第三角画法中六个基本视图的形成与配置

为了便于识别第一角投影和第三角投影，国际标准（ISO）规定了识别符号，如图 6-50 所示。

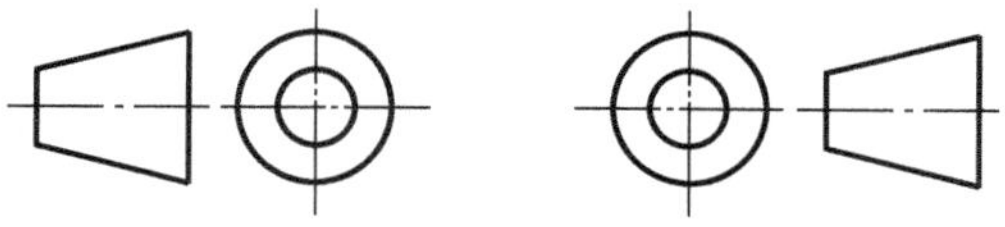

a) 第一角投影符号　　b) 第三角投影符号

图 6-50　识别符号

第六节　AutoCAD 中绘制剖视图

一、绘制全剖视图

将图 6-7a 所示的主视图改画成全剖视图的步骤如下：

1）按前述方法创建出三维模型，如图 6-51a 所示。

2）创建三维模型。左击“剖切”命令按钮，命令行提示：“选择要剖切的对象：”，左击三维模型，命令行提示：“指定切面的起点或［平面对象(O)/曲面(S)/Z 轴(Z)/视图(V)/XY(XY)/YZ(YZ)/ZX(ZX)/三点(3)］<三点>：”，输入“xy”，命令行提示：“指定 XY 平面上的点 <0，0，0>：”，左击三维模型前后对称平面上任一点，如上圆圆心，命令行提示：“在所需的侧面上指定点或［保留两个侧面(B)］<保留两个侧面>：”，按<Enter>键使用默认值保留两个侧面，系统自动将三维模型剖切为前后两部分，如图 6-51b 所示。

3）移去前一半，留下后一半，如图 6-51c 所示。应用“面或体投影”命令作出后一半在投影箱中的 *V* 面投影；应用“投影图”命令将投影箱中的 *V* 面投影展开成投影图，结果如图 6-7b 所示。图 6-7 中所示的点画线、剖面线、标注是后加的。

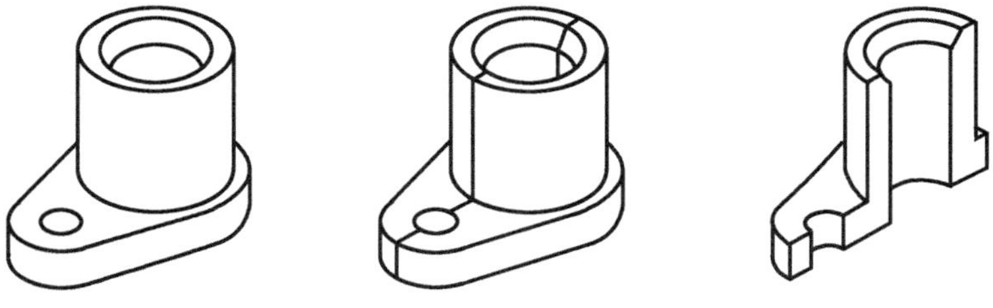

a)　　b)　　c)

图 6-51　用 CAD 绘制全剖视图

二、绘制半剖视图

绘制如图 6-12a 所示的半剖视图用 CAD 实现的步骤如下：

1）按图 6-12b 创建三维模型，如图 6-52a 所示。

2）先按上例在前后对称平面进行全剖，再将前一半按左右对称平面进行全剖，如

图 6-52b所示。

3）移去右前部分（四分之一），其余部分如图 6-52c 所示。应用“面或体投影”命令作出其余部分在投影箱中的 V 面投影；应用“投影图”命令将投影箱中的 V 面投影展开成投影图，结果如图 6-12b 所示的主视图。图 6-12 所示的点画线、剖面线、标注和两处局部剖视是后加的。

4）上述第 2 步，将前一半按过凸台圆孔轴线的水平面进行全剖，如图 6-52d 所示；移去前上部分，其余部分如图 6-52e 所示。后面类同上述第 3 步操作，便得到图 6-12b 中的俯视图。

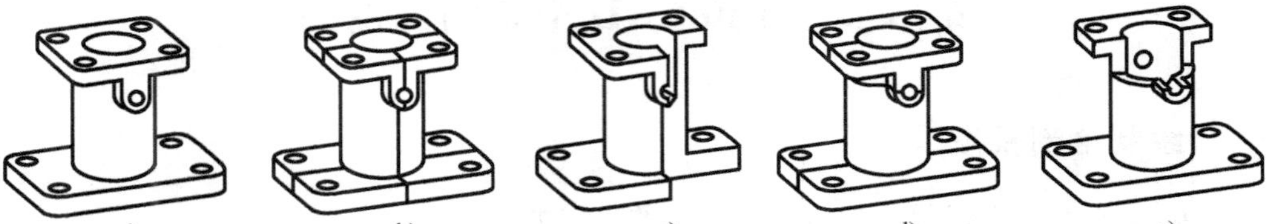

a)　b)　c)　d)　e)

图 6-52　用 CAD 绘制半剖视图

三、绘制局部剖视图

绘制如图 6-14a 所示的局部剖视图用 CAD 实现的步骤如下：

1）按图 6-14a 所示创建三维模型，如图 6-53a 所示；

2）以图 6-14a 所示主视图左边局部剖视图的区域为拉伸区域，在俯视图中以底板左前阶梯孔的轴线为拉伸起点，以底板前端面任一点为拉伸终点，拉伸出将要在整体模型中切除的形体，如图 6-53b 所示；再以图 6-14a 中右边局部剖视图的区域为拉伸区域，在俯视图中以大圆柱轴线为拉伸起点，以底板前端面任一点为拉伸终点（这个距离可以是大致的，只要能将断裂线右边的过轴线的正平面之前的空心圆柱部分切除即可，操作中会清楚地知道拉伸的距离再大一些，对切除后的形状没有影响），拉伸出将要在整体模型中切除的形体，如图 6-53c所示。注意这里的拉伸是定位拉伸，拉伸出的形体的位置是一定的，也就是如图 6-53d所示的位置。

3）应用布尔差集运算，从整个形体中切除如图 6-53b、c 所示的两形体，效果如图 6-53e所示。应用“面或体投影”命令作出其余部分在投影箱中的 V 面投影；应用“投影图”命令将投影箱中的 V 面投影展开成投影图，结果如图 6-14a 所示的主视图。图 6-14 所示的点画线、剖面线是后加的。

4）以图 6-14a 所示俯视图中局部剖视图的区域为拉伸区域，在主视图中以凸台圆柱孔的轴线为拉伸起点，以最大圆柱上端面上面任一点为拉伸终点，拉伸出将要在整体模型中切除的形体，如图 6-53f 所示。同样它在整体中的位置如图 6-53g 所示。

5）应用布尔差集运算，类同第 3 步的操作便可得到如图 6-53h 所示的结果。投影后可得到图 6-14a 中的俯视图。

四、绘制采用几个平行剖切面剖切的全剖视图

绘制如图 6-18 所示的阶梯剖视图用 CAD 实现的步骤如下：

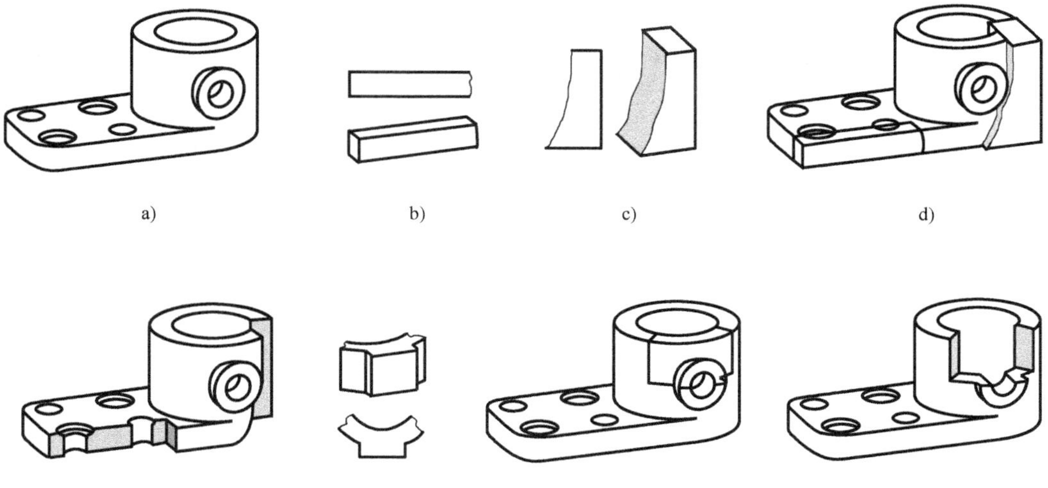

a) b) c) d)

e) f) g) h)

图 6-53 用 CAD 绘制局部剖视图

1）按图 6-18 所示创建三维模型，如图 6-54a 所示。

2）在如图 6-18 所示俯视图上画一平面图形，主要是上边三条线段要沿着剖切面的位置，两水平方向线的长度要长于轮廓线，其余的线段只要与此三线段构成一个包围将要切去部分的平面图形即可，如图 6-54b 所示。用前述的定位拉伸方法将此平面图形拉伸成一广义柱体（这里是“L”形柱体），如图 6-54c 所示。

3）应用布尔差集运算，从完整形体中减去广义柱体，如图 6-54d 所示。将其投影到 *V* 面，结果如图 6-18 所示主视图的阶梯剖视图。图 6-18 中所示的点画线、剖面线、标注是后加的，还应去除连接两平行 *V* 面的剖切面的积聚性投影。

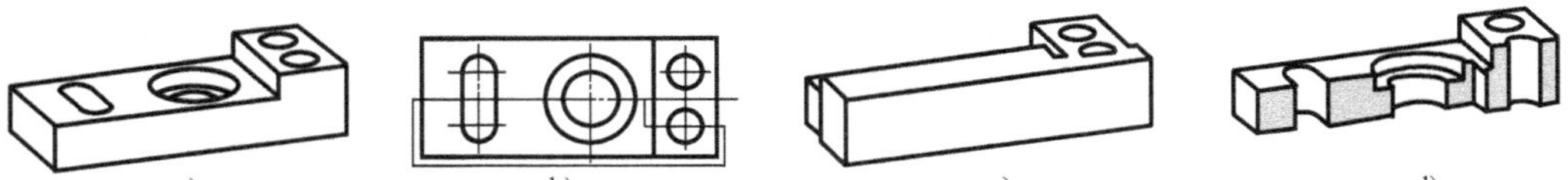

a) b) c) d)

图 6-54 用 CAD 绘制阶梯剖视图

五、绘制采用两个相交剖切面剖切的全剖视图

绘制如图 6-22 所示的旋转剖视图用 CAD 实现的步骤如下：

1）按图 6-22 所示创建三维模型，如图 6-55a 所示。

2）在图 6-22 中的主视图上画一平面图形，此处是一直角梯形，其下边线和斜边要沿着左右两部分形体的对称中心线且长度要长于这两部分的轮廓线，其余的线段只要与此两线段构成一个包围将要切去部分的平面图形即可，如图 6-55b 所示。用前述的定位拉伸方法将平面图形拉伸成一广义柱体（此处是直角梯形柱，拉伸的厚度要大于等于中部空心圆柱的高度），如图 6-55c 所示。

3）应用布尔差集运算，从完整形体中减去直角梯形柱，就像两相交平面剖切一样，如

图 6-55d 所示。

4）将倾斜部分绕轴线旋转到水平，如图 6-55e 所示，此时将其投影到 *H* 面，结果如图 6-22 所示的旋转剖视图。图 6-22 所示的点画线、剖面线、标注是后加的。

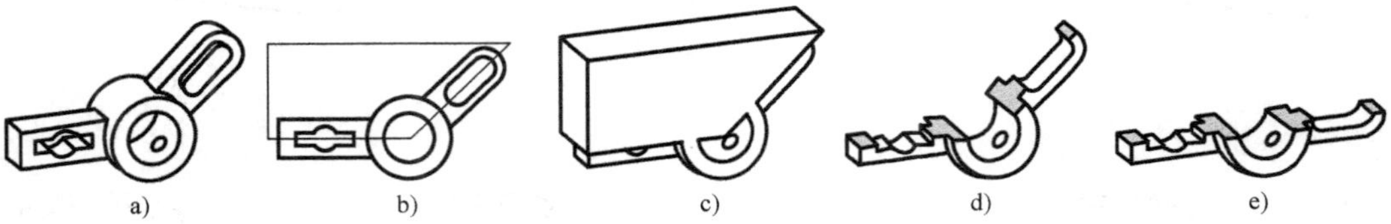

图 6-55　用 CAD 绘制旋转剖视图

六、绘制采用复合剖切面剖切的全剖视图

绘制如图 6-25 所示的复合剖视图用 CAD 实现的步骤如下：

1）按图 6-25 创建三维模型，如图 6-56a 所示。

2）在图 6-25 中的俯视图上画一平面图形，要求上边三条线段要沿着剖切面的位置，两水平方向线的长度要长于轮廓线，其余的线段只要与此三线段构成一个包围将要切去部分的平面图形即可，如图 6-56b 所示。用前述的定位拉伸方法将此平面图形拉伸成一广义柱体，如图 6-56c 所示。

3）应用布尔差集运算，从完整形体中减去广义柱体，如图 6-56d 所示。

4）将倾斜部分绕最大圆柱轴线旋转到与 *V* 面平行，如图 6-56e 所示，再将其投影到 *V* 面，结果如图 6-25 所示主视图的复合剖视图，图 6-25 所示的点画线、剖面线、标注是后加的。

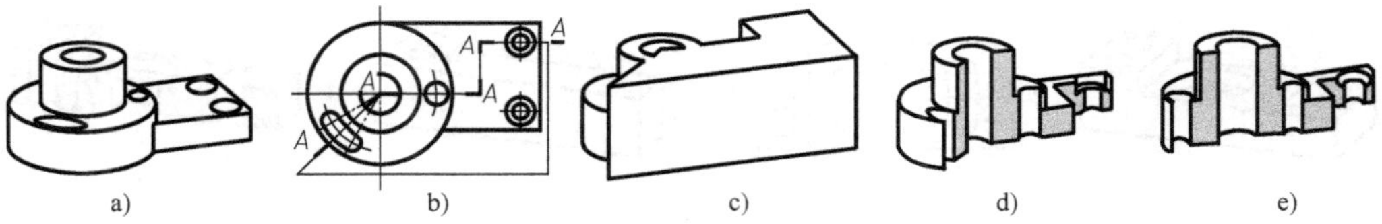

图 6-56　用 CAD 绘制复合剖视图

七、绘制断面图

绘制如图 6-31b 所示的移出断面图用 CAD 实现的步骤如下：

1）按图 6-31b 所示创建三维模型，如图 6-57a 所示。

2）在命令行输入 “sec” 并按<Enter>键，命令行提示：“选择对象:”，左击三维模型并按<Enter>键；命令行提示：“指定截面上的第一个点，依照［对象(O)/Z 轴(Z)/视图(V)/XY(XY)/YZ(YZ)/ZX(ZX)/三点(3)］:”，输入 “YZ” （因为断面平行于 *YZ* 投影面）并按<Enter>键，系统自动生成断面，如图 6-57b 所示。

3）将断面移出来，如图 6-57c 所示，再将其向 *W* 面投影，补上相应线条便得到如

图 6-31b 所示的移出断面图。

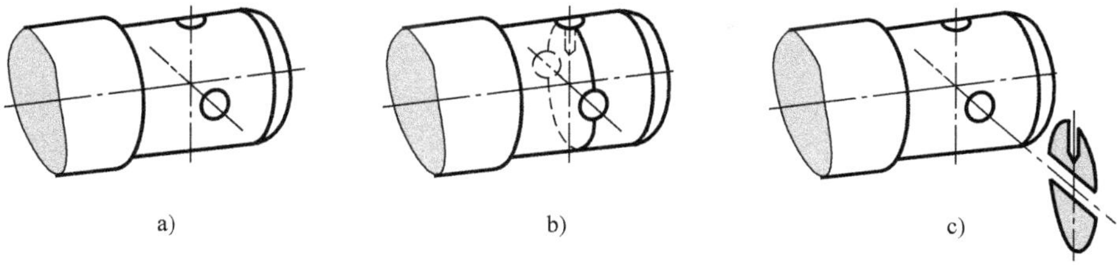

图 6-57 用 CAD 绘制断面图

第七章

轴 测 图

在工程上应用正投影原理画出的多面正投影图通常能较完整、准确地表达物体各部分的形状和大小。依据这种图样可以加工制造出所表达的物体，而且这种图样作图简便、度量性好，但其缺点是直观性差。要想像物体的空间形状往往需要把几个视图联系起来看，这对于缺乏读图知识的人是难以看懂的。

轴测图是一种富有立体感的图形，它能同时反映出物体长、宽、高三个方向上的形状，可以用来帮助看懂视图。但是轴测图一般不易反映出物体各个表面的实形，因而度量性差。同时作图较正投影复杂，因此在工程上一般用作辅助图样以弥补正投影的不足。图 7-1 所示为一物体的三视图和轴测图。

第一节　轴测投影的基本知识

一、轴测图的形成

如图 7-2 所示，如果把空间物体和确定该物体位置的空间直角坐标系按平行投影沿选定的投射方向一并投影到一个投影面上，使其在这个投影面上的投影能反映物体长、宽、高三个方向上的形状，这样所得到的图形称为轴测投影图，简称轴测图。

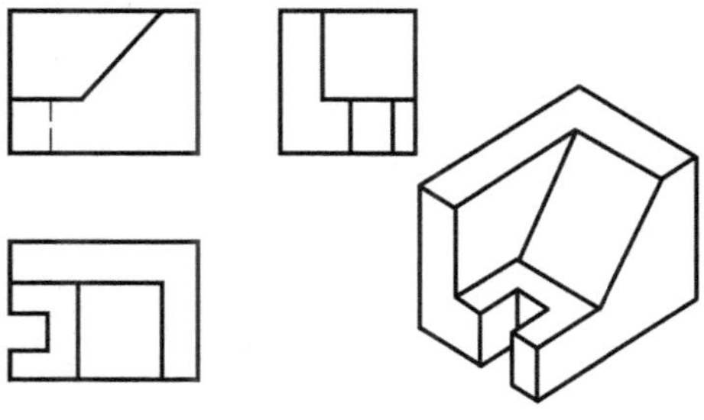

a) 正投影图　　b) 轴测图

图 7-1　投影图与轴测图比较

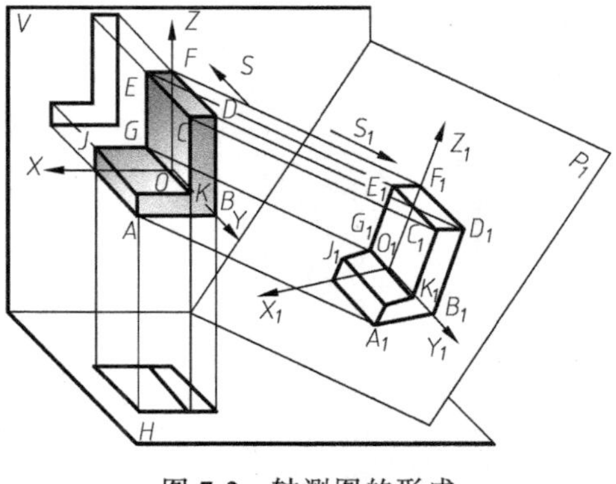

图 7-2　轴测图的形成

为便于说明，引入以下名词：

1）被选定的投影面 P 称为轴测投影面。

2）空间直角坐标轴 OX、OY、OZ 在轴测投影面上的投影 O_1X_1、O_1Y_1 和 O_1Z_1 称为轴测投影轴，简称轴测轴。

3）轴测轴上的单位长度和相应空间坐标轴上的单位长度之比称为轴向伸缩系数。如设 p、q、r 分别为 X、Y、Z 轴向伸缩系数则有：

$$p=O_1A_1/OA,\ q=O_1B_1/OB,\ r=O_1C_1/OC$$

4）相邻两轴测轴之间的夹角 $\angle X_1O_1Y_1$、$\angle X_1O_1Z_1$、$\angle Y_1O_1Z_1$ 称为轴间角。

显然，空间物体相对于轴测投影面的位置及投射方向一经确定，就必有一组确定的轴间角和轴向伸缩系数。知道了轴向伸缩系数，就可以在轴测图上量取并确定平行于相应轴测轴的各线段尺寸。所谓“轴测”这个词的含义就是沿轴向测量的意思。

二、轴测图的投影特性

由于轴测图是用平行投影法得到的视图，而正投影是平行投影的一种，因此，轴测图也具有正投影的某些投影特性，如全等性、平行性、定比性、从属性、类似性（包括圆与椭圆）等。应当注意的是，如所画线段与坐标轴不平行时，决不可在图上直接量取，而应先作出线段两端点的轴测图，然后连线得到线段的轴测图。另外，在轴测图中一般不画虚线。

三、轴测投影的分类

1. 按投射方向

按轴测投射方向对轴测投影面所成的角度不同，轴测投影可分为两类：

（1）正轴测投影　投射方向与轴测投影面垂直。

（2）斜轴测投影　投射方向与轴测投影面倾斜。

可见正轴测投影是由正投影法得到的，斜轴测投影是由斜投影法得到的。

2. 按轴向伸缩系数

按照轴向伸缩系数的不同，每类轴测投影又可分为三种：

（1）正（或斜）等测图（简称正等测或斜等测）　$p=q=r$。

（2）正（或斜）二等测图（简称正二测或斜二测）　$p=q\neq r$ 或 $p=r\neq q$ 或 $p\neq q=r$。

（3）正（或斜）三测图（简称正三测或斜三测）　$p\neq q\neq r$。

国家标准《技术制图》GB/T 14692—2008 只推荐了正等测、正二测及斜二测三种轴测投影，工程上使用较多的是正等测和斜二测。本章将主要介绍这两种轴测投影的画法。图 7-3 所示是同一物体的正等测和斜二测图。

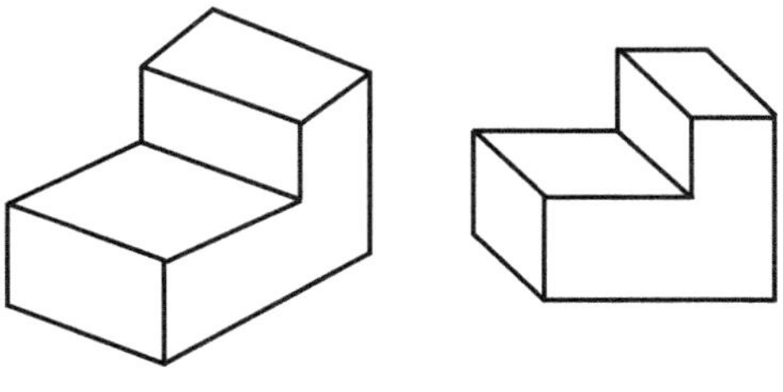

a) 正等测　　b) 斜二测

图 7-3　两种轴测投影图

第二节　正等测图的画法

一、轴间角和轴向伸缩系数

如图 7-4 所示，当投射方向 S 垂直于轴测投影面 P，且使确定物体空间位置的三条坐标轴对 P 平面的倾角都处在相等的位置时，所得到的轴测投影图就称之为正等测图。根据几何关系可以证明：正等测的三个轴间角相等，都是 120°，各轴向的伸缩系数也相等，即 $p=q=r=0.82$。如图 7-5a 所示。为简便起见，轴向尺寸一般都采用各轴向的简化伸缩系数画出，即 $p=q=r=1$。如图 7-5b 所示。

采用简化伸缩系数作图时，沿各轴向的尺寸都可以用实长度量，作图方便，但作出的图形比原物放大，其放大率为 $K=1/0.82\approx1.22$，不过，这对于物体形状的理解没有影响。

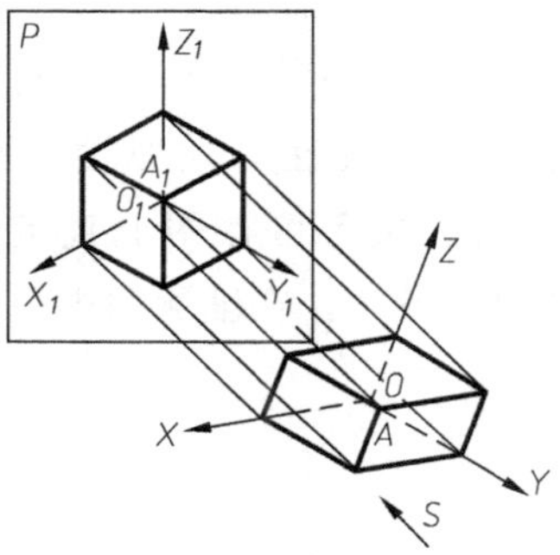

图 7-4　正等测的形成

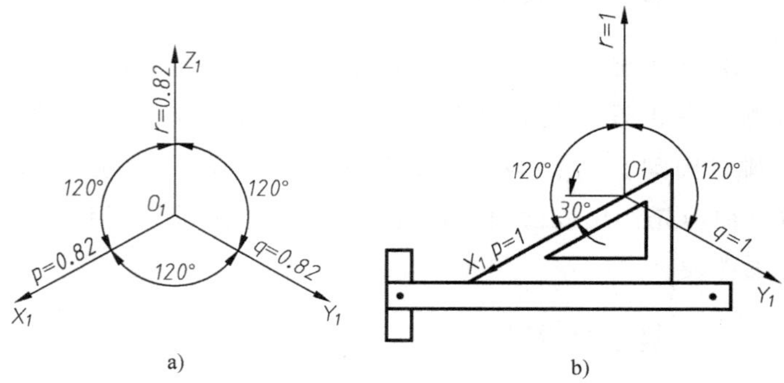

图 7-5　正等测的轴测轴画法、轴间角及轴向伸缩系数

二、平面立体正等测画法

画平面立体正等轴测图的最基本的方法是坐标法，即沿轴测轴度量定出物体上一些点的坐标，然后逐步由点连线画出图形。在实际作图时，还可以根据物体的形体特点，灵活运用各种不同的作图方法，如切割法、叠加法等。

1. 坐标法

图 7-6 所示为用坐标法绘制正六棱台轴测图的方法步骤。

坐标法不但适用于平面立体，而且也适用于曲面立体；不但适用于正等测图，也适用于其他轴测图。

2. 切割法

切割法适用于绘制主要形体是由切割形成的物体的轴测图。该法以坐标法为基础，先用坐标法画出完整的立体，然后依次切割画出切割后的形状。

图 7-7 所示为用切割法画出一物体正等轴测图的方法步骤。

3. 叠加法

叠加法适用于绘制主要形体是由堆叠形成的物体的轴测图，此时应注意物体堆叠时的定位关系。作图时应首先将物体看成是由几部分堆叠而成，然后依次画出这几部分的轴测投影，即得到该物体的轴测图。

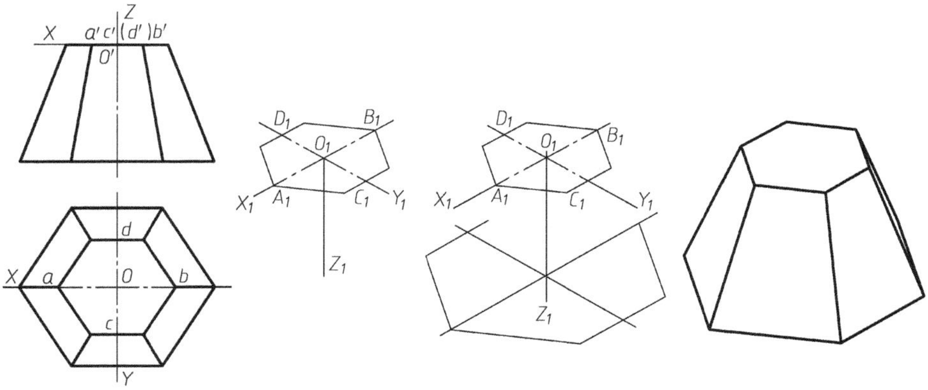

a) 投影图　b) 按坐标关系画顶面正六边形　c) 测量棱台高画底面六边形　d) 连接可见线段，完成全图

图 7-6　正六棱台正等轴测图画法

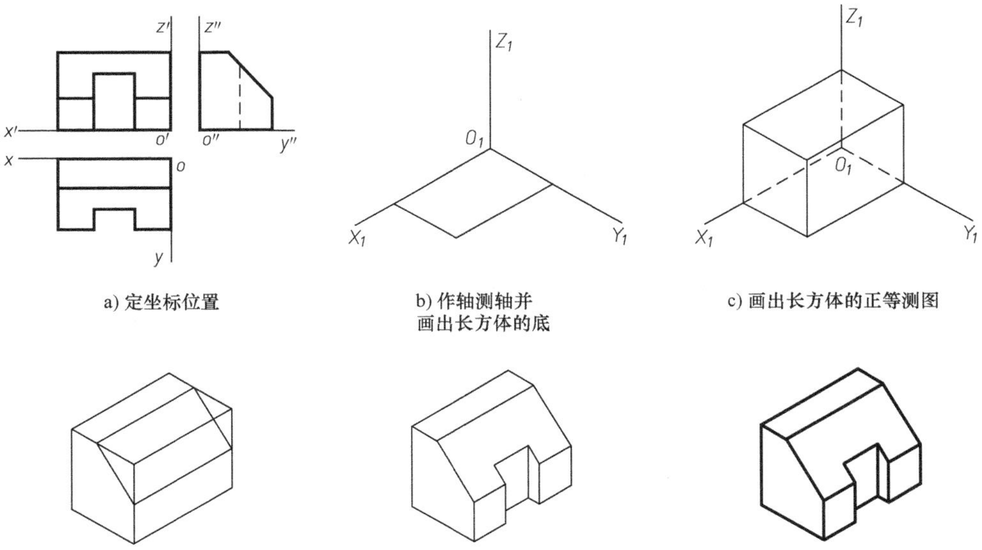

a) 定坐标位置　b) 作轴测轴并画出长方体的底　c) 画出长方体的正等测图

d) 切去前上倾斜部分　e) 切去中间凹槽　f) 加深可见轮廓线

图 7-7　用切割法画组合体正等测图

图 7-8 所示为用叠加法画一物体的正等轴测图的方法步骤。

以上三种方法都需要定坐标原点，然后按各线、面端点的坐标在轴测坐标系中确定其位置，故坐标法是画图的最基本方法。当绘制复杂物体的轴测图时，上述三种方法往往综合使用。

三、平行于坐标面的圆的正等测图的画法

在回转体的正等测作图过程中，必然会遇到圆的正等测画法。一般情况下圆的正等测图仍为椭圆。可以采用坐标法，作出圆上一系列点的轴测投影，然后光滑地连接起来即得圆的轴测投影。这种作图方法称之为平行弦法。如图 7-9 所示。

根据理论分析，坐标面或其平行面上的圆的正等测图——椭圆，大小相等，形状相同，

仅它们的长短轴方向不同，如图 7-10 所示。由图可以看出：各椭圆的长轴垂直于一根轴测轴（是垂直圆平面的坐标轴的轴测投影），椭圆的短轴平行于该轴测轴。为了简化作图，一般采用由四段圆弧连接的四心近似画法。

现以水平面 *XOY* 坐标面上圆的正等测图为例，说明其画法步骤。如图 7-11 所示。

1）定出直角坐标的原点与坐标轴，在正投影图上作圆的外切正方形，与圆相切于 *A*、*B*、*C*、*D* 四点。如图 7-11a 所示。

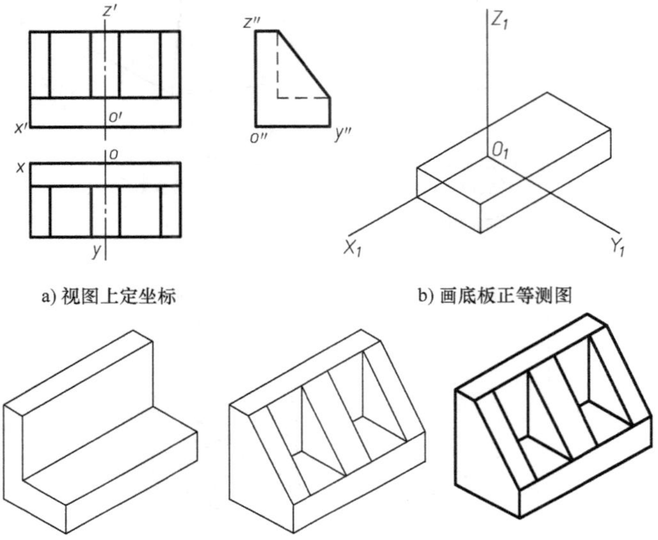

a) 视图上定坐标　b) 画底板正等测图

c) 画后立板正等测图　d) 画三立肋正等测图　e) 描深完成全图

图 7-8　用叠加法画组合体正等测图

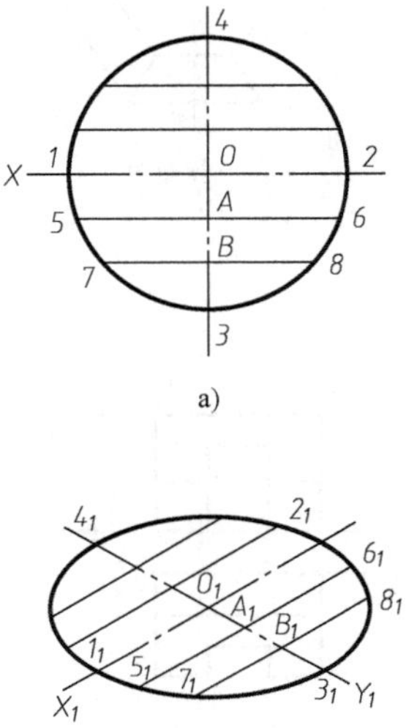

图 7-9　用坐标法画圆的正等测图

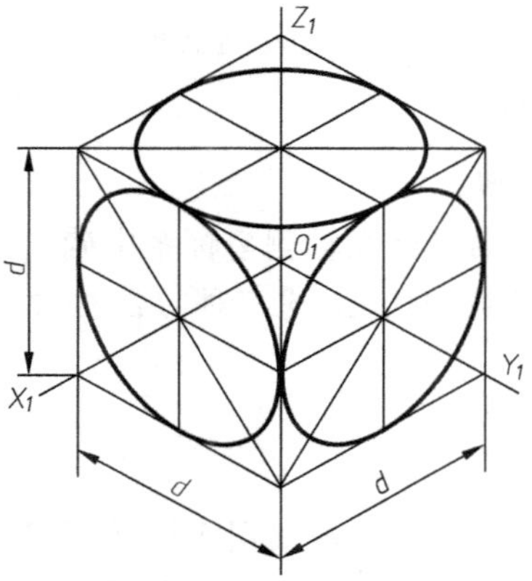

图 7-10　平行于三个坐标面的圆的正等测图

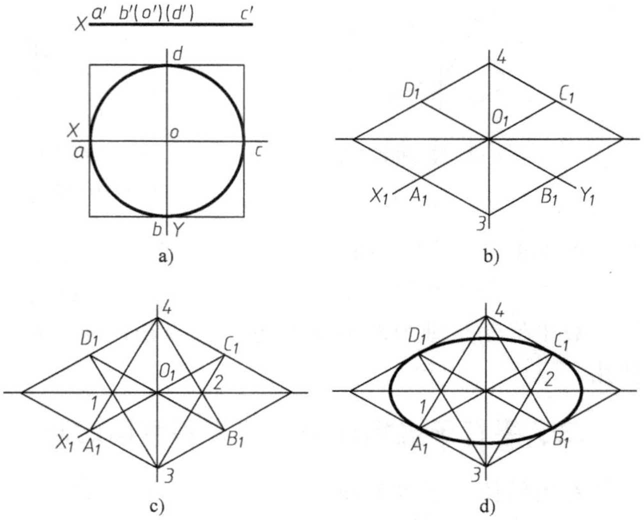

图 7-11　用四心近似画法作圆的正等测图

2）过以上四点分别作 X_1、Y_1 轴的平行线，得圆的外切正方形的正等测图——菱形；菱形长、短对角线方向即为椭圆长、短轴方向；两顶点 3、4 为大圆弧圆心。如图 7-11b 所示。

3）连接 $D_1$3 和 $C_1$3、$A_1$4 和 $B_1$4，两两相交于 1 和 2，点 1，2 即为小圆弧的圆心。如图 7-11c所示。

4）以 3，4 为圆心，以 $D_1$3、$A_1$4 为半径画大圆弧 D_1C_1 和 A_1B_1，然后以点 1，2 为圆心，以 $D_1$1 和 $B_1$2 为半径画小圆弧 A_1D_1 和 B_1C_1，四段圆弧光滑连接，即得近似椭圆。如图 7-11d所示。

在其他坐标面 $X_1O_1Z_1$ 和 $Y_1O_1Z_1$ 上的椭圆，其画法与 $X_1O_1Y_1$ 坐标面上的椭圆画法相同，但长、短轴方向不一样，这一点画图时应特别注意。

四、圆角的正等测图的画法

如图 7-12a 所示，长方形底板连接直角的是圆弧，等于整圆的 1/4，在轴测图上，它是 1/4 椭圆弧，同样可以采用简化画法近似作出。其作图过程如下：

1）画出长方体的正等测图，并在其上由角顶沿两边分别截取圆弧半径 R，得切点 A_1、B_1、C_1 和 D_1。如图 7-12b 所示。

2）过切点 A_1、B_1、C_1 和 D_1 分别作所在边的垂线，得交点 O_1 和 O_2。如图 7-12c 所示。

3）分别以 O_1、O_2 为圆心，以 O_1A_1、O_2C_1 为半径画弧 A_1B_1 和 C_1D_1，即得圆角的正等测图。如图 7-12d 所示。

4）下底面圆角的画法与上底面相同。通常采用比较简便的移心法，即将圆心 O_1 和 O_2 下移底板的厚度 h，得圆心 O_3 和 O_4，再以此为圆心用与上底面圆弧相同的半径分别画弧，即得底板下底面圆角的正等测图。如图 7-12e 所示。

5）在右端作上、下小圆弧的公切线，擦去多余线条并加深，即得长方形底板正等测图。如图 7-12f 所示。

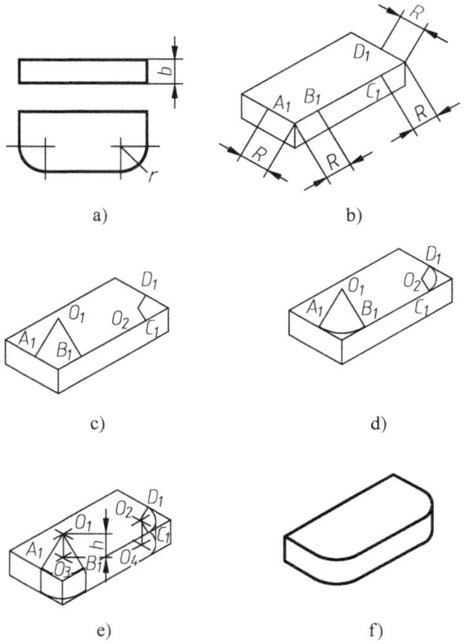

图 7-12　圆角的正等测图画法

五、正等测图综合举例

例 7-1　带切口圆柱的正等测图。

分析：如图 7-13a 所示带切口圆柱，其轴线竖放且垂直于水平面，各端面与轴线垂直。带切口头部可以看成是正圆柱被左右对称的两平面切割而成。画轴测图时，可用切割法先画出完整的圆柱，然后根据给定的坐标尺寸画出切口的投影。

作图：

1）作轴测轴 O_1X_1、O_1Y_1，O_1Z_1，用四心近似画法作出上、下底面椭圆，并根据尺寸 a 按移心法作出切口根部椭圆。如图 7-13b、c 所示。

2）按尺寸 b 画出切口部分，如图 7-13d 所示。

3）擦去多余线条并加深，即得带切口圆柱的

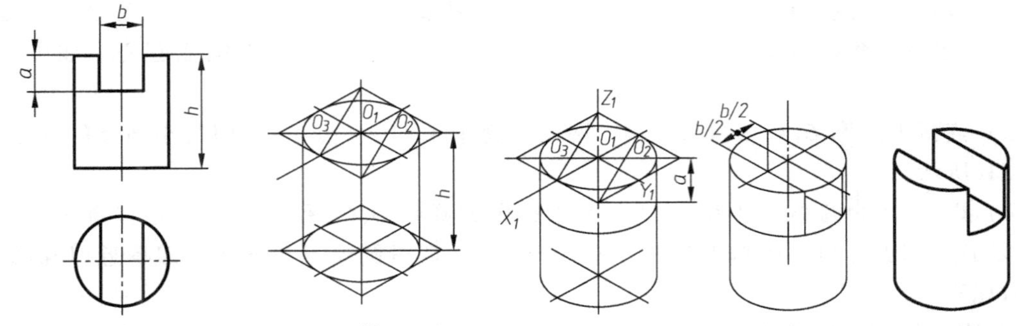

a)　　b)　　c)　　d)　　e)

图 7-13　带切口圆柱体的正等测图的画法

正等测图，如图 7-13e 所示。

例 7-2　作组合体的正等轴测图。

分析：如图 7-14a 所示立体，可以看作由底板、侧板两部分组成。底板为长方体，左端为 U 形柱（为便于叙述，约定半圆柱加同高度的长方体称为 U 形柱），并且挖通了一个圆柱孔；侧面也是一个长方体，在中间挖通了一个圆柱孔。画轴测图时，可按上述分析，逐个画出组合立体。每一部分先按长方体画出，并按相对位置尺寸组合，然后再画圆孔。

作图：

1）按整体的长方体画底板和侧板的正等测图，作侧板上的圆孔及底板左端半圆柱面。如图 7-14b 所示。

2）作底板左端圆柱孔，如图 7-14c 所示。

3）擦去多余线条并加深，即完成组合体的正等测图。如图 7-14d 所示。

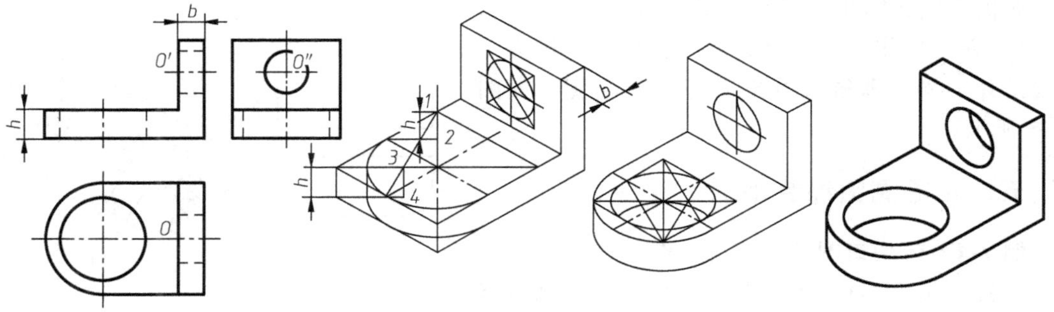

a)　　b)　　c)　　d)

图 7-14　画组合体的正等测图

第三节　斜二测图的画法

一、轴间角和轴向伸缩系数

如图 7-15 所示，如果使确定物体在空间位置的直角坐标系中的 XOZ 坐标面与轴测投影面 P 平行，而投射方向 S 倾斜于轴测投影面 P，此时投射方向 S 与三个坐标面都倾斜，这样得到的轴测图称为（正面）斜轴测图。在工程上绘制斜轴测图时，一般采用（正面）斜二测图。本节仅介绍斜二测图的画法。

根据平行投影的性质，在斜二测中，由于坐标面 XOZ 平行于轴测投影面 P，故轴测轴 O_1X_1 与 O_1Z_1 垂直，即轴间角 $\angle X_1O_1Z_1=90°$；X_1 和 Z_1 轴的轴向伸缩系数都等于 1，即 $p=r=1$。

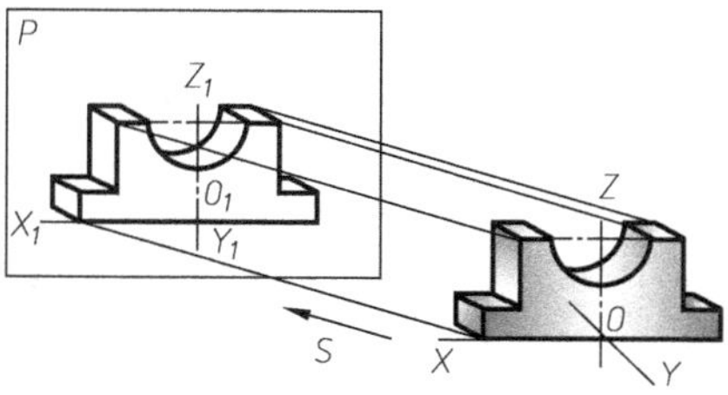

图 7-15　斜二测图的形成

Y_1 轴的轴向伸缩系数和相应的轴间角随着投射方向 S 的变化而变化。为了作图方便并考虑到斜二测图的立体效果，按照国标推荐，通常取 Y_1 的轴向伸缩系数为 0.5，即 $q=0.5$；轴间角 $\angle X_1O_1Y_1=\angle Y_1O_1Z_1=135°$。$\angle X_1O_1Z_1=90°$。

图 7-16 所示为斜二测图坐标参数及轴测轴画法。

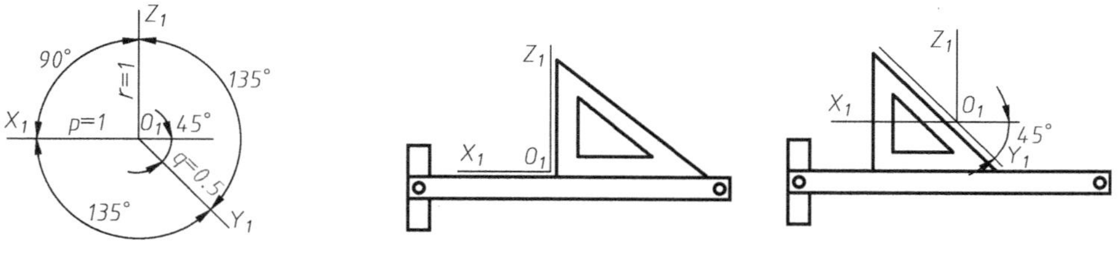

a)　　b)　　c)

图 7-16　斜二测图轴测轴画法、轴间角及轴向伸缩系数

二、平行于坐标面的圆的斜二测图的画法

如图 7-17 所示，物体上平行于坐标面 XOZ 的圆的斜二测投影反映实形，仍为圆。而平行于另外两个坐标面的圆的斜二测投影为椭圆，两个椭圆除了长、短轴方向不同之外，其余完全相同。根据理论计算，斜二测图中，$X_1O_1Y_1$ 和 $Y_1O_1Z_1$ 坐标面上的椭圆长轴 $=1.06d$，短轴 $=0.33d$。椭圆长短轴分别与 X_1 轴或 Z_1 轴均成 7°10′的倾角。

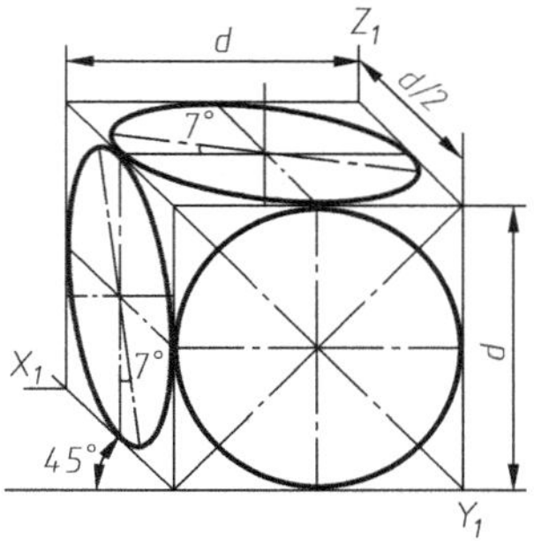

图 7-17　平行于各坐标面圆的斜二测图

为了简化作图，机械制图中常采用四心近似法画椭圆。

现以 $X_1O_1Y_1$ 面上的椭圆为例，说明其画法。作图步骤如图 7-18 所示。

1）作圆的外切正方形，如图 7-18a 所示。

2）作 X_1、Y_1 轴，作圆的外切正方形的轴测图，得一平行四边形。过 O_1 作直线 A_1B_1 与 X_1 成 7°10′，A_1B_1 即为椭圆长轴方向，过 O_1 点作 A_1B_1 的垂线 C_1D_1，C_1D_1 即为椭圆短轴方向，如图 7-18b 所示。

3）在短轴方向线 C_1D_1 上截取 $O_17=O_18=d$，点 7、8 即为大圆弧的圆心；连接点 7、1 和点 8、3 并与长轴交于 5、6 两点，点 5、6 即为小圆弧的圆心。如图 7-18c 所示。

4）分别作大圆弧 93 和 110，小圆弧 19 和 310，即得所求椭圆，如图 7-18d 所示。

斜二测图的特点是物体上与轴测投影面平行的平面在轴测投影中反映实形。因此，当物体的正面坐标面 XOZ 形状较复杂时，采用斜二测较合适。斜二测的画法与正等测相似，但

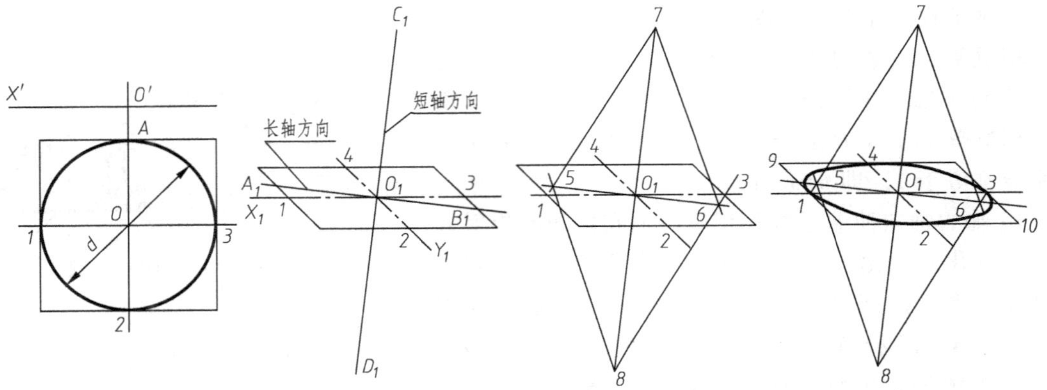

a)　　b)　　c)　　d)

图 7-18　斜二测图椭圆的近似画法

它们的轴间角不同，且 Y_1 轴的轴向伸缩系数 $q=0.5$，所以画斜二测图时，沿 Y_1 轴方向的长度应取物体上相应长度的一半，这一点应特别注意。

例 7-3　作一组合体的斜二测图。

分析：如图 7-19a 所示立体，由带有圆柱面孔槽的座体和一竖板组成，其竖板上有两个圆角且挖通了两个圆柱孔。立体表面上的圆均平行于正面，确定坐标时，使 Y 轴与竖板大圆柱孔轴线平行，坐标圆点定在立体左右对称面上，位于竖板后底部，使坐标面 XOZ 与其正面平行。这样立体所有的圆与圆角，其轴测投影仍为同样大小的圆和圆角，作图简便。

作图：如图 7-19 所示。

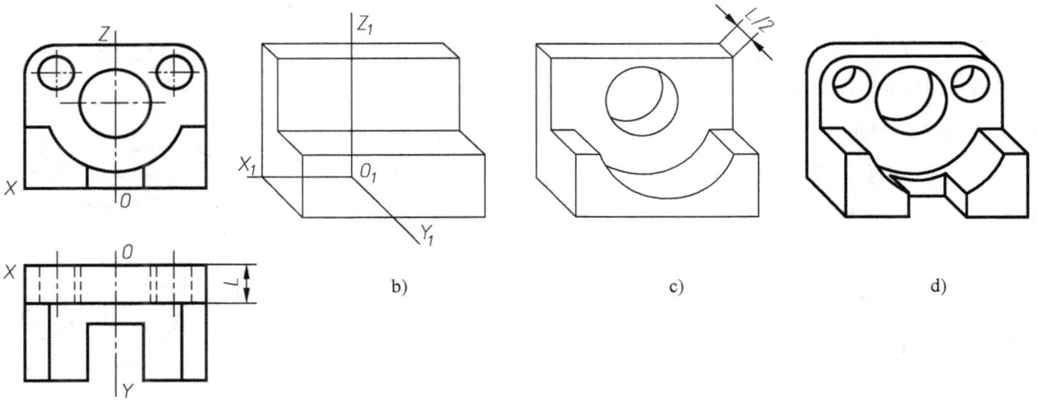

a)　　b)　　c)　　d)

图 7-19　画组合体的斜二测图

第四节　轴测图中机件表面交线的画法

一、截交线的画法

平面和曲面立体表面的交线，既可以利用坐标作图，也可以利用在立体表面找点的方法求出一系列的点后，再连成光滑曲线。

例 7-4　已知圆柱被截切后的两面投影，画出其正等测图。

分析： 如图 7-20a 所示，从正面投影不难看出该圆柱体被侧平面截切交线为矩形，被正垂面截切后，截交线为椭圆。

作图： 如图 7-20 所示。

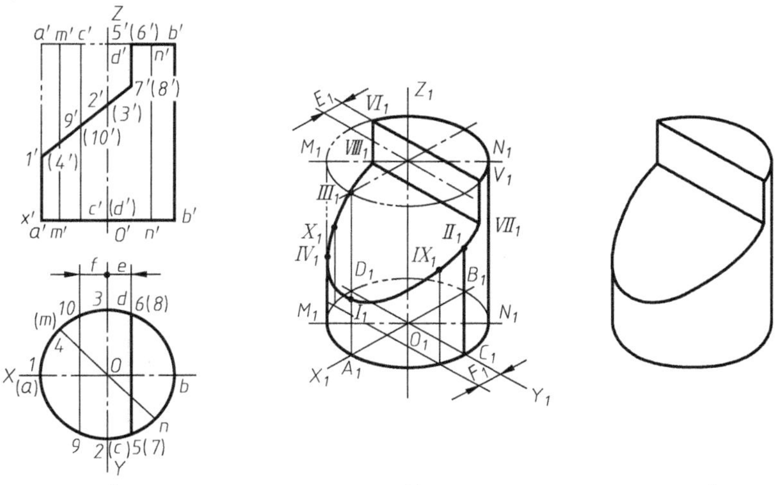

a)　　b)　　c)

图 7-20　截切圆柱正等测图画法

1）选坐标轴，定截交线上点的坐标，如图 7-20a 所示。

2）先作出圆柱的正等测图，然后根据正投影，利用点、线从属关系，用坐标法，即可作出截交线上各点的轴测投影，如图 7-20b 所示。

3）依次光滑连接各点，整理加深，即得正等测图，如图 7-20c 所示。

二、相贯线画法

画轴测图上的相贯线也有两种方法，即坐标法和辅助平面法。作图时，可单独采用一种方法，也可两种方法结合起来用。

例 7-5　已知两圆柱正交相贯，要求用辅助平面法求其相贯线。

作图： 如图 7-21 所示。

1）画出两圆柱的轴测图，图 7-21b 所示。

2）将正投影图上辅助平面 P 截得的 B、D 两点，按坐标移到轴测图上；类似地，可求出一系列相贯线上点的轴测投影，图 7-21b 所示。

3）光滑连接，即完成相贯线的正等测图，如图 7-21b 所示。

三、过渡线的画法

物体上相邻部分的圆弧过渡线，不存在明显的棱线，此时在轴测图上可用双细线或一系列小圆弧表示，如图 7-22 所示。

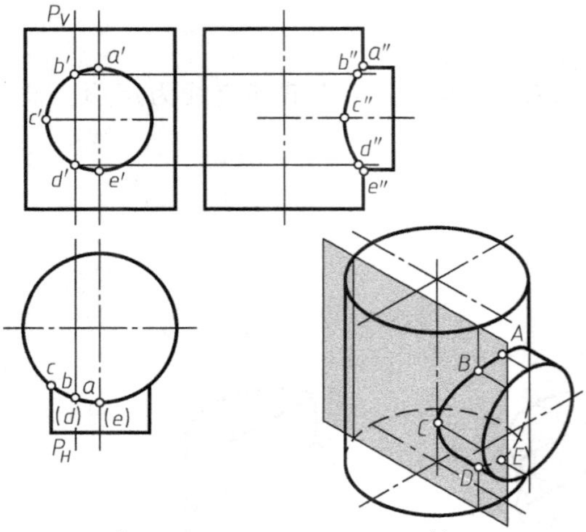

a)　　　　　　　　b)

图 7-21　两圆柱相贯正等测图画法

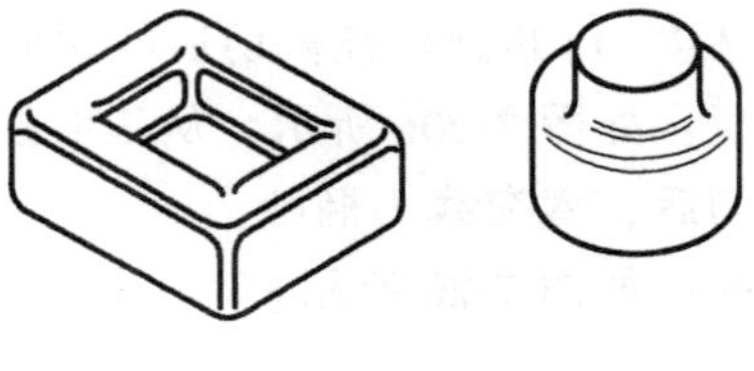

a) 用双细线表示圆角过渡

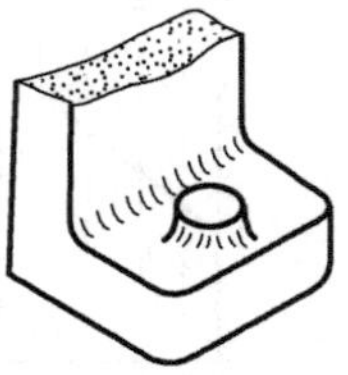

b) 用小圆弧表示圆角过渡

图 7-22　过渡线的正等测图画法

第五节　轴测剖视图的画法

一、剖切平面的取法和剖面线画法

1. 剖切平面的取法

同正投影图一样，为了表达清楚物体内部结构形状，轴测图也可假想采用剖切平面来剖开物体，画成轴测剖视图。但为了保持物体外形的清晰，不论物体是否对称，轴测剖视图通常都采用两个互相垂直的平面来剖开物体，即剖切掉物体 1/4 的剖切方法。

图 7-23 所示为一物体轴测图剖切方法比较。

2. 剖面线方向

根据 GB/T 4458.3—2013 规定，轴测剖视上剖面线方向应按图 7-24 所示绘制。

二、画轴测剖视图的规定

1）应选取通过物体主要轴线或对称面，同时又平行于坐标面的平面作为剖切平面，如图 7-23a 所示。

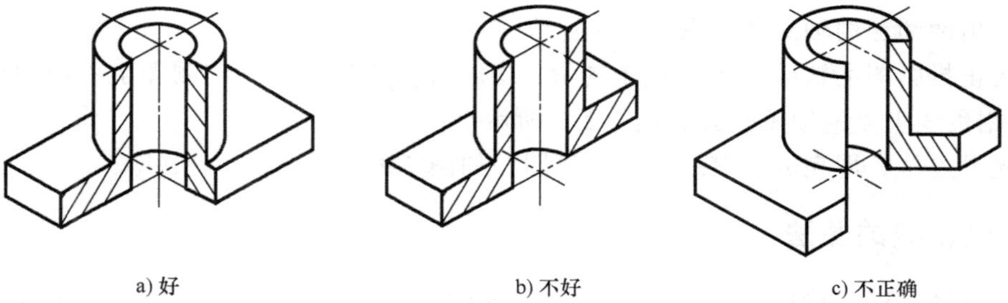

a) 好　　　　b) 不好　　　　c) 不正确

图 7-23　轴测图剖切方法比较

2）剖切平面所切到的物体实体部分应画上剖面线，其方向如图 7-24 所示。

3）若剖切平面平行地通过物体上的肋或薄壁结构的纵向对称面时，这些结构上都不画剖面线，而用粗实线将它与相邻接部分分开，如图 7-25 所示。如在图中表示不够清晰时，也可在肋或薄壁剖面上画细小点表示被剖切部分，如图 7-25b 所示。

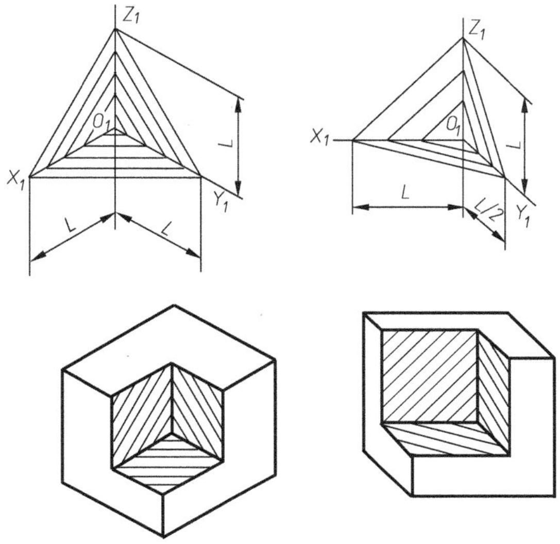

a) 正等轴测图　　b) 斜二等轴测图

图 7-24　轴测剖视图剖面线方向

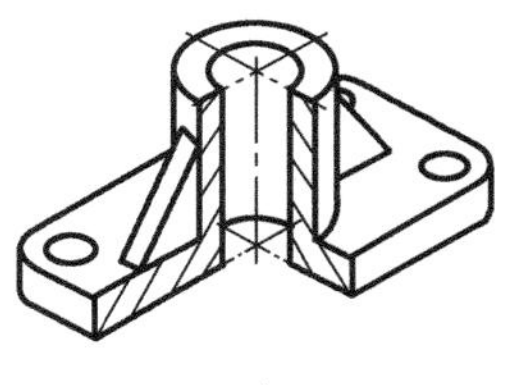

a)

b)

图 7-25　轴测剖视图上肋的规定画法

三、画轴测剖视图的方法

画轴测剖视图方法有两种：

1. 先画外形，后取剖视

先把物体的完整轴测图画出，然后沿轴测轴方向用剖切平面剖开。这种方法适合于初学者使用。这种画法的主要作图步骤如图 7-26 所示。

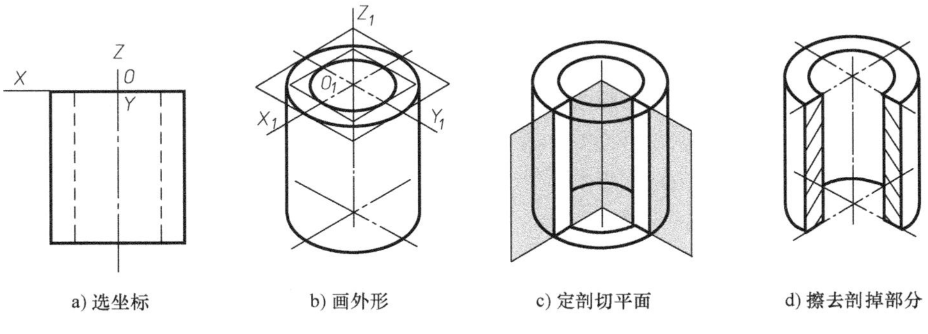

a) 选坐标　　b) 画外形　　c) 定剖切平面　　d) 擦去剖掉部分

图 7-26　套筒轴测剖视图画法

2. 先画剖面，后画外形

这种作图方法是先画剖面的轴测投影，然后画出看得见的轮廓线，这样可以减少一些不必要的作图线，提高作图速度和图面质量。这种作图方法适合于内、外结构都较复杂的物体的表达。作图步骤如图 7-27 所示。

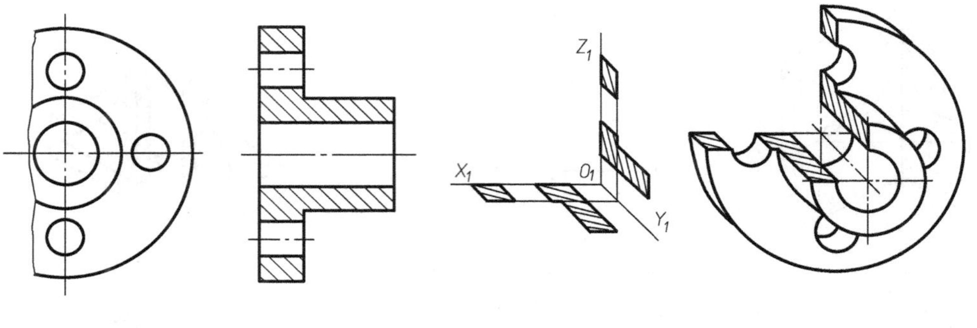

a)　　　　b)　　　　c)

图 7-27　端盖斜二测剖视图的画法

第六节　用 AutoCAD 绘制正等测图

一、设置绘图环境

1. 设置轴测投影模式

（1）使用“草图设置”对话框　单击状态栏上的“捕捉”按钮，在弹出的快捷菜单中单击“设置”命令，打开“草图设置”对话框，如图 7-28 所示。也可单击菜单栏中“工具”→“草图设置”命令，也会弹出同样的对话框。在此对话框中选中“捕捉和栅格”选项卡，在“捕捉类型”选项组中选择“栅格捕捉”和“等轴测捕捉”，单击“确定”按钮，返回绘图区，等轴测模式设置完成。

（2）执行 SNAP 命令　标准绘图模式与轴测图绘图模式之间的切换也可以用 SNAP 命令来完成。在命令行中输入“SNAP”后按<Enter>键，系统提示：

指定捕捉间距或［开(ON)/关(OFF)/纵横向间距(A)/样式(S)/类型(T)］<10.00000000>{S↙}

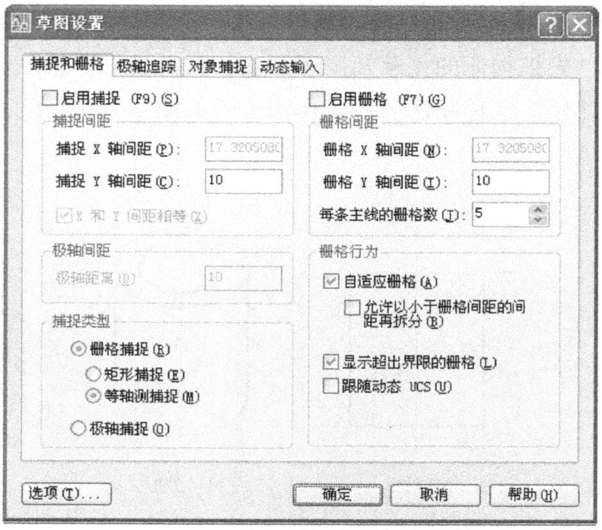

图 7-28　“草图设置”对话框

输入捕捉栅格类型［标准(S)/等轴测(I)］<S>:{I↙}

指定垂直间距 <10.00000000>:{按<Enter>键确认}

等轴测模式设置完成。

2. 轴测投影面的切换

立体的等轴测图有三个方向的图形信息，也就是有三个轴测投影面上的图形，分别称为左、上、右轴测面，如图 7-29 所示。按上述“1.”中方法进入等轴测图绘图模式后，十字光标变成等轴测图绘图模式，如图 7-29 所示。绘制等轴测图时，需要在不同轴测投影面上绘制相应的图线，常需在不同的轴测投影面中进行切换，光标的形状因轴测投影面不同而异，如图 7-29 所示，可用<F5>键顺次进行切换。

二、正等轴测图绘制题例

绘制如图 7-30 所示轴承座的正等轴测图步骤如下：

1）按上述方法进入等轴测模式后，单击状态栏中的“正交”按钮，打开正交模式。通过快捷键<F5>切换到上轴测面。用工具栏中“直线”命令绘制底座轮廓，按命令提示输入“34→18→34→C”（封闭）；单击“复制”按钮选中后边线向前依次重复复制到尺寸4、12 处；再选中左边线向右依次重复复制到 6、28（6+122）处，以确定立板投影线位置、底座圆孔中心和圆弧中心的位置。

单击“椭圆”按钮，在命令提示行中输入“I”(选择等轴测方式画椭圆)。捕捉欲画椭圆圆心，以 3、6 为半径画出椭圆，如图 7-31a 所示。

2）单击“删除”按钮，删除确定椭圆中心的辅助线，单击“修剪”按钮修剪椭圆弧多余的部分。

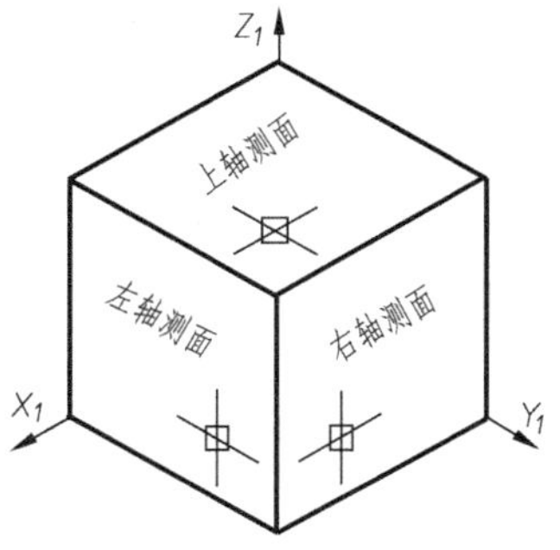

图 7-29 轴测面及其切换

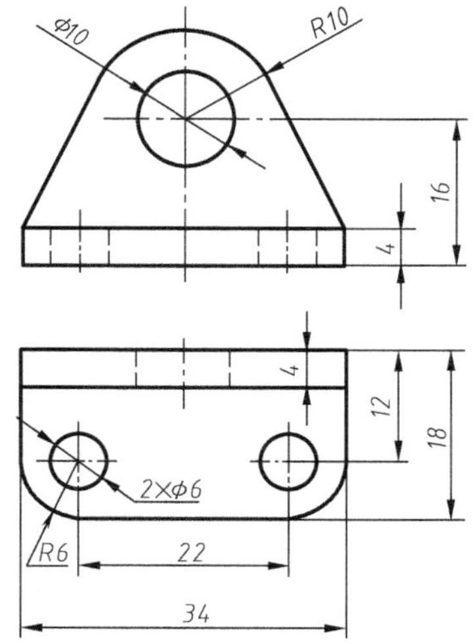

图 7-30 轴承座正投影图

通过快捷键<F5>切换到右轴测面，单击“直线”按钮，捕捉后边线中点向上绘制长 12（16-4）的辅助直线；选择“椭圆”命令，捕捉辅助直线端点为圆心，分别以 5 和 10 为

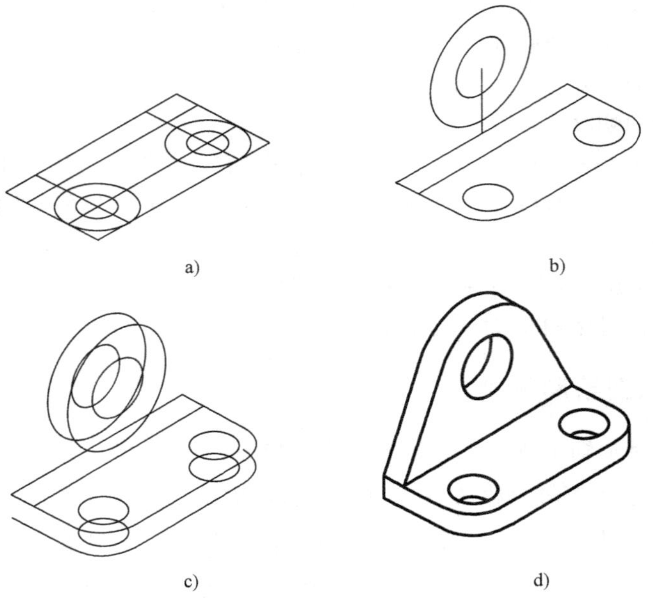
图 7-31　画轴承座正等测图的步骤

半径画轴测椭圆，如图 7-31b 所示。

3）通过快捷键<F5>切换到左轴测面，单击“复制”按钮将两椭圆复制到前方 4mm 处。再选中轴承底座轮廓向下移动 5 复制，单击“删除”按钮，删除辅助直线，如图 7-31c 所示。

4）调出“草图设置”对话框，关闭“等轴测捕捉”，回到一般绘图状态。单击“删除”按钮，删除多余的小圆。单击“直线”按钮，打开对象捕捉功能连接底座两条垂直线，捕捉切点和交点绘制立板左右两斜面轮廓线。单击“直线”按钮，打开切点捕捉方式绘制椭圆的公切线。单击“修剪”按钮，修剪多余图线，便完成了轴承座的正等测图的绘制，如图 7-31d 所示。

第七节　在 Projector 下绘制正等测图

上节介绍了在常规 AutoCAD 环境下绘制正等测图方法步骤，对于复杂形体有些烦琐。如在 Projector 下绘制正等测图就方便多了，下面用作图题例予以介绍。

绘制如图 7-32 所示轴承座的正等测图步骤如下：

1）在 Projector 下先作出轴承座的三维模型，如图 5-43c 所示。

2）单击菜单“投影工具”→“面或体投影”→“正等轴测投影图”，命令行提示：“指定组合体”，单击三维模型；命令行提示：“指定轴测图的放置位置:”，在空白处单击一下；命令行又提示：“再指定一个组合体:”，此时再单击一下三维模型，系统立即自动生成正等轴测图，如图 7-32a 所示。用同一模型，将上述三级菜单改为“正二等轴测投影图”或“斜二等轴测投影图”，系统立即自动生成正二等轴测图和斜二等轴测投影图，如图 7-32b、c 所示。用同样的方法可生成各种任意方向的轴测投影图。

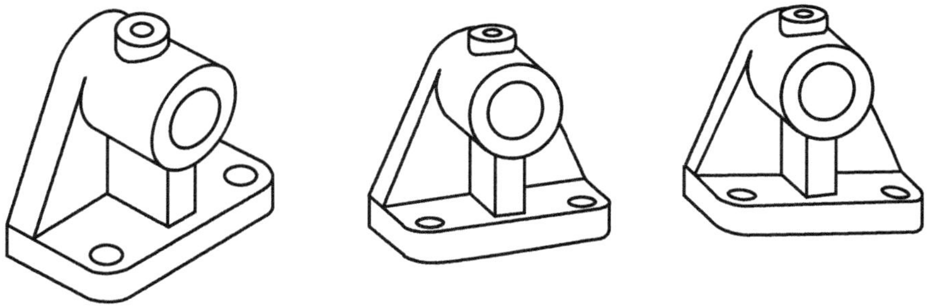

a) 正等测图　　b) 正二等测图　　c) 斜二等测图

图 7-32　轴承座的轴测图

第八章

8

零件图上的技术要求

零件在加工制造过程中要达到的一些技术质量指标，应在零件图上加以标注和说明，这即为技术要求。技术要求大致有以下几方面的内容：

1）极限与配合（尺寸公差）。

2）几何公差。

3）表面结构。

4）热处理及表面镀涂层要求。

5）特殊的加工要求，检验和试验的说明等。

技术要求有的应按国家标准规定的各种代（符）号标注，还没有规定或不便标注在图形上的内容则用文字在图样下方空白处逐条予以说明。

本章简要介绍极限与配合、几何公差、表面结构的基本要领和标注方法。

第一节　极限与配合

从一批相同规格的零件中任取一件，不经任何修配就能顺利地与其他相关零件装配到一起，达到预定的性能要求，这就是互换性。现代化的机械工业，要求机械零（部）件具有互换性。为了满足互换性的要求，零件尺寸并不要求做得绝对准确，而只是要求将零件成品的实际尺寸根据加工工艺的可能性和经济性合理地限定在最大、最小两个极限尺寸的范围之内，国家标准对此做出了统一的规定。

一、基本术语和定义

下面用尺寸 $\phi 20^{+0.006}_{-0.015}$ 逐一介绍基本术语的含义：

（1）公称尺寸　由图样规范确定的理想形状要素的尺寸，如 $\phi 20$。

（2）实际尺寸　通过测量加工后零件获得的实际尺寸。

（3）极限尺寸　允许尺寸变化的极限值。它是以公称尺寸为基数确定的，实际尺寸在两极限尺寸之间视为合格。

1）上极限尺寸　尺寸要素允许的最大尺寸，如 $\phi 20.006(20+0.006)$。

2）下极限尺寸　尺寸要素允许的最小尺寸，如 $\phi 19.985(20-0.015)$。

（4）零线 如图 8-1 和图 8-2 所示，表示公称尺寸的一条直线，一般沿水平方向绘制。

（5）尺寸偏差（简称偏差） 某一尺寸（实际尺寸、极限尺寸等）减去其公称尺寸所得的代数差（可以是正值、负值和零）。在图上以零线为基准确定偏差，正偏差位于零线上，负偏差位于零线下。

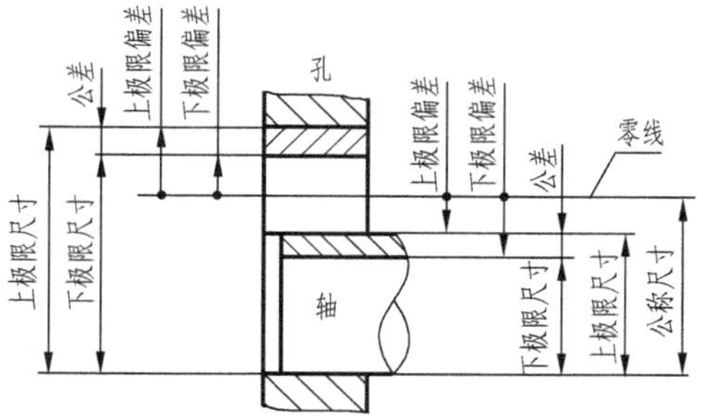

图 8-1 基本术语图解

（6）极限偏差 偏差的两个极端，有上极限偏差和下极限偏差之分。

1）上极限偏差。上极限尺寸减去其公称尺寸所得的代数差，如+0.006（数字前的“+”号可省略，“-”号不能省）。孔的上极限偏差用大写字母 ES 表示，轴的上极限偏差用小写字母 es 表示。

2）下极限偏差。下极限尺寸减去其公称尺寸所得的代数差，如-0.015（数字前的“+”号可省略，“-”号不能省）。孔的下极限偏差用大写字母 EI 表示，轴的下极限偏差用小写字母 ei 表示。

（7）尺寸公差（简称公差）上极限尺寸减下极限尺寸之差（或上极限偏差减下极限偏差）。它是尺寸允许的变动量，尺寸公差恒为正，（图 8-1、图 8-2）。

二、公差带的确定

1. 公差带

如图 8-2 所示的公差带图解图，由代表上极限偏差和下极限偏差（或上极限尺寸和下极限尺寸）的两条直线所限定的一个区域，它是由公差大小和其相对零线的位置即基本偏差来确定的。图 8-2 中矩形的上、下两条线表示上极限偏差和下极限偏差，左、右两条线无实际意义。

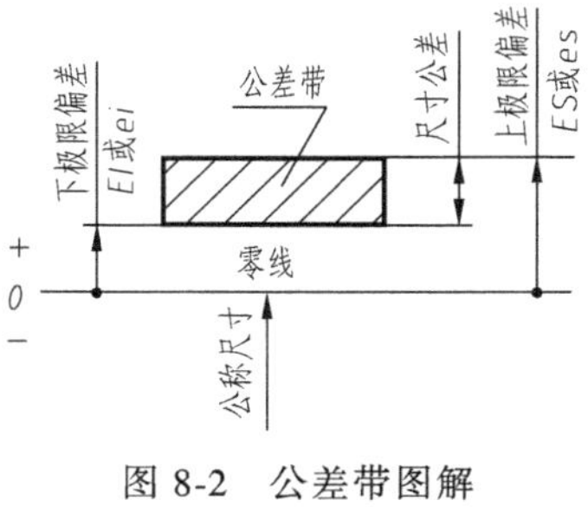

图 8-2 公差带图解

2. 标准公差（IT）

国家标准 GB/T 1800.1—2009 将标准公差分为 20 个等级，即 IT01、IT0、IT~IT18。IT01 精确程度最高，公差数值最小，IT18 精确程度最低，公差数值最大。同一公差等级对所有基本尺寸的一组公差被认为具有同等精确程度。标准公差数值见表 A-4。

3. 基本偏差

确定公差带相对零线位置的那个极限偏差（图 8-2）。它可以是上极限偏差或下极限偏差，一般是靠近零线的那个极限偏差。如图 8-2 所示，下极限偏差即为基本偏差，是它确定了公差带在零线上方。国家标准对孔和轴分别规定了 28 种基本偏差，基本偏差系列如图 8-3 所示。基本偏差代号用字母或字母组合表示，大写为孔的，小写为轴的。基本偏差数值可查阅 GB/T 1800.1—2009 的基本偏差数值表。

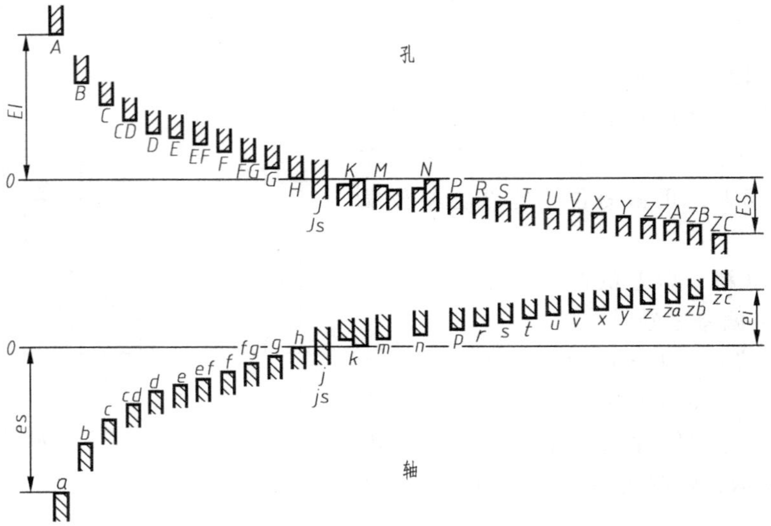

图 8-3　基本偏差系列

4. 公差带代号

孔或轴的公差带代号用基本偏差代号加公差等级代号组成。例如：

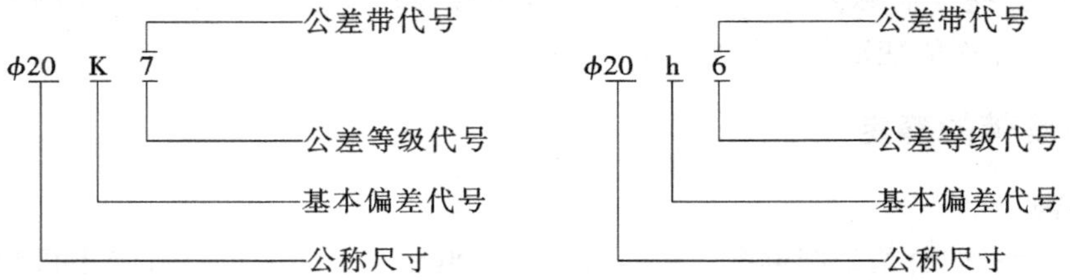

当孔或轴的基本尺寸、基本偏差代号和公差等级确定后，即可从极限偏差表（见表 A-1～表 A-2）查得极限偏差数值。

三、配合

公称尺寸相同的相互结合的孔轴公差带之间的关系称为配合。这个关系体现了相互结合的孔和轴之间的松紧程度。配合分为三类：

（1）间隙配合　具有间隙（包括最小间隙等于零）的配合。此时孔的公差带在轴的公差带之上，如图 8-4 所示。

（2）过盈配合　具有过盈（包括最小过盈等于零）的配合。此时孔的公差带在轴的公差带之下，如图 8-5 所示。

（3）过渡配合　可能具有间隙或过盈的配合。此时孔的公差带与轴的公差带相互交叠，如图 8-6 所示。

四、配合制

配合制是指同一极限制的孔和轴形成的一种配合制度，国家标准 GB/T 1800.1—2009 规定了基轴制和基孔制两种配合制度。一般情况下优先采用基孔制配合。

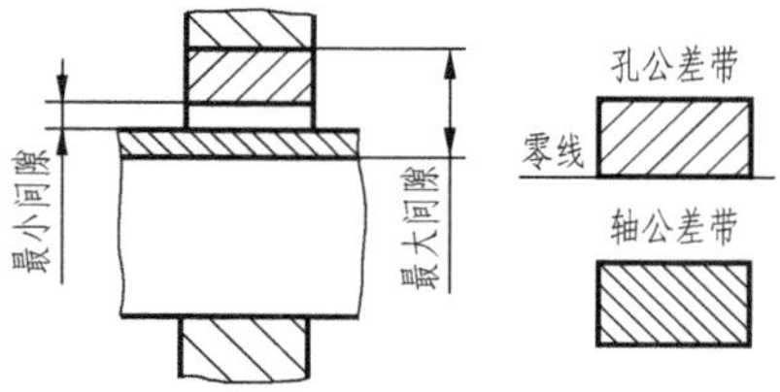

图 8-4 间隙配合

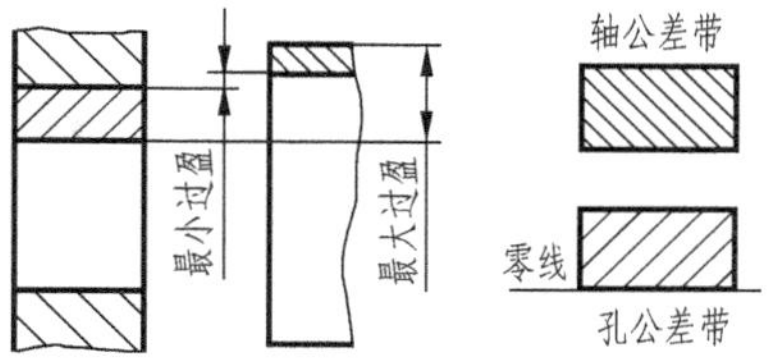

图 8-5 过盈配合

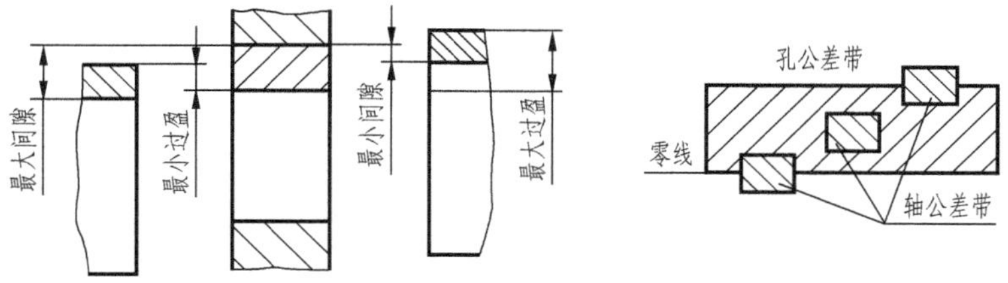

a) b)

图 8-6 过渡配合

(1) 基孔制配合 基本偏差为一定的孔（孔的下极限偏差为零，代号为 H）的公差带，与不同基本偏差轴的公差带，形成各种配合的制度，(图 8-7)，这里的孔称为基准孔。

(2) 基轴制配合 基本偏差为一定的轴（轴的上极限偏差为零，代号为 h）的公差带，与不同基本偏差孔的公差带，形成各种配合的一种制度，(图 8-8)，这里的轴称为基准轴。

如图 8-7、图 8-8 所示，水平实线代表孔或轴的基本偏差，虚线代表另一极限偏差，表示孔和轴之间可能的不同组合与它们的基本偏差和公差等级有关。

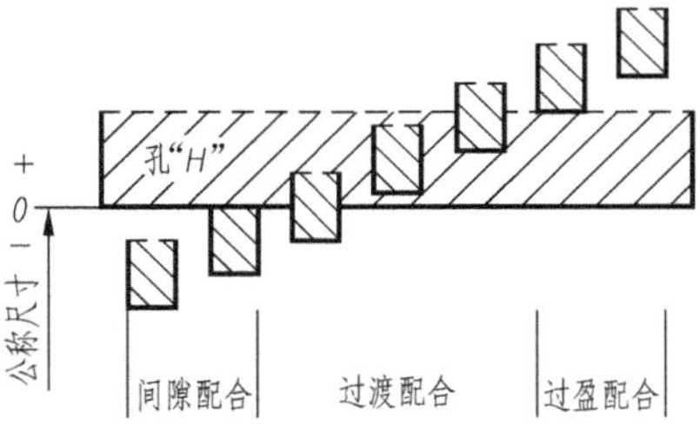

图 8-7 基孔制配合

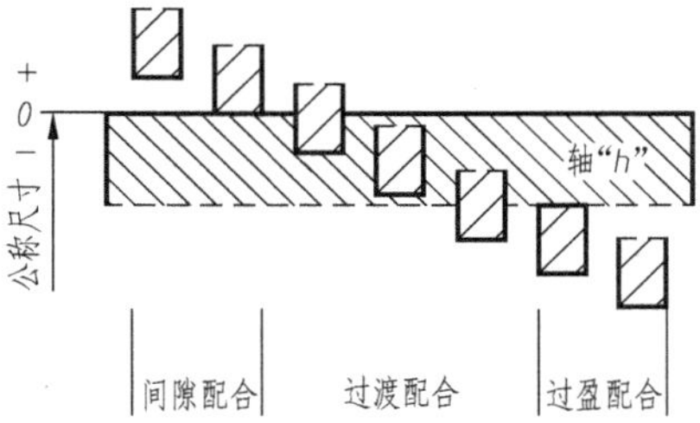

图 8-8 基轴制配合

五、极限与配合在图样上的标注

(1) 零件图上 一般在基本尺寸后标注极限偏差数值或公差带代号，也可在基本尺寸后注明公差带代号后用括号加注极限偏差数值，如图 8-9 所示。

(2) 装配图上 孔和轴有配合要求处，须标注配合尺寸，即在基本尺寸后标注上配合

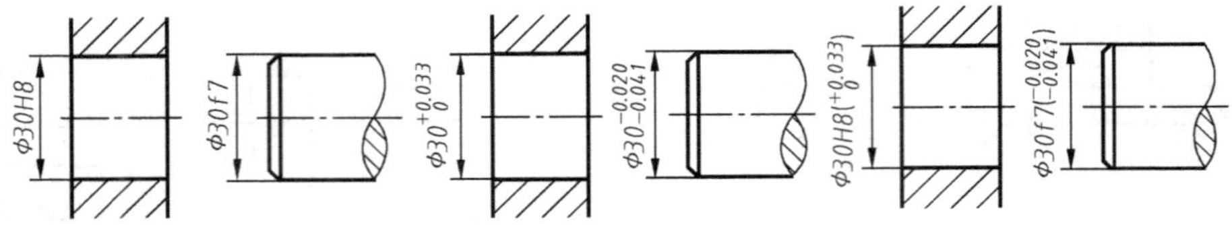

图 8-9　极限偏差（公差带）在零件图上的标注

代号。配合代号由孔和轴的公差带代号组成，写成分数形式，分子为孔的公差带代号，分母为轴的公差带代号，如图 8-10 所示。

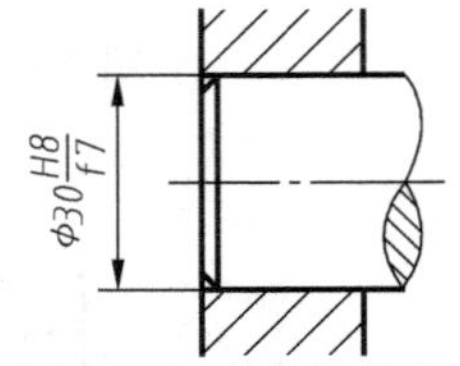

图 8-10　配合代号在装配图上的标注

例如，$\phi30\,\dfrac{\mathrm{H8}}{\mathrm{f7}}$表示基本尺寸为 30，孔为公差等级 8 级的基准孔，轴的公差等级为 7 级，基本偏差代号为 f，相互结合组成间隙配合。

第二节　几 何 公 差

一、概述

完工后的零件，由于存在加工误差，其实际形状与理想形状之间、零件某些结构的相对位置与理想位置之间等都会产生一些几何误差。为了保证产品质量，满足使用要求，特别是精确程度要求较高的零件，对这些误差必须加以限制。这种限制几何误差所允许的最大变动量称为几何公差。几何公差包括形状公差、方向公差、位置公差和跳动公差，其术语、定义、代号及其标注详见 GB/T 1182—2008，本节仅做简要介绍。

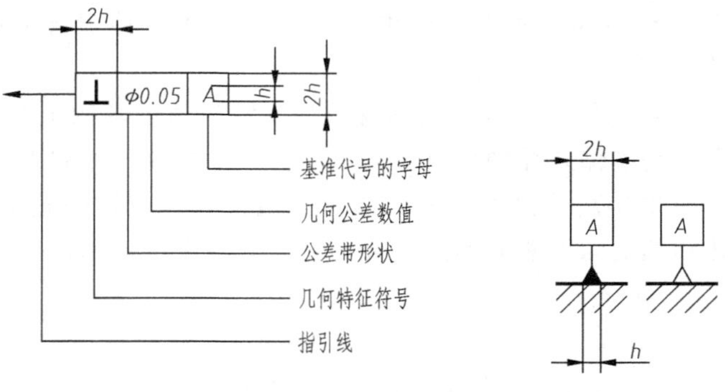

a) 几何公差代号的组成　　b) 基准代号

图 8-11　几何公差代号及基准代号

二、几何公差的标注

在技术图样中，几何公差采用代号标注。当无法采用代号标注时，允许在技术要求中采用文字说明。如图 8-11a 所示，几何公差代号包括：几何公差框格和指引线、几何特征符号、几何公差数值和其他有关符号以及表示基准代号的字母等。

1. 几何公差的框格

几何公差框格用细实线水平或垂直绘制，框格高度为图样上字体高度（h）的两倍，框格总长按需而定，框格中的数字、字母和符号与图样上字体等高。

形状公差因其没有基准要素，所以表示形状公差的框格为两格；表示位置公差、方向公差和跳动公差的框格分三格或三格以上。格内填写表示基准要素的字母，如图 8-11a 所示。几何公差的特征和符号见表 8-1。

表 8-1 几何公差的特征和符号

分　类	名　称	符　号	分　类	名　称	符　号
形状公差	直线度	—	位置公差	位置度	⌖
	平面度	⏥		同轴度（同心度）	◎
	圆度	○		对称度	⌯
	圆柱度	⌭		线轮廓度	⌒
	线轮廓度	⌒		面轮廓度	⌓
	面轮廓度	⌓			
方向公差	平行度	//	跳动公差	圆跳动	↗
	垂直度	⊥		全跳动	⌰
	倾斜度	∠			
	线轮廓度	⌒			
	面轮廓度	⌓			

2. 被测要素的标注

用细实线的指引线由公差框格任一侧引出，末端带一箭头与被测要素垂直相连，可不折弯或折弯一次。

1）当被测要素为线或表面时，指引线箭头应指向该要素的轮廓线或其延长线上，并应明显与尺寸线错开，如图 8-12a、b 所示；箭头也可指向自某被测要素引出线的水平线上，如图 8-12c所示。

2）当被测要素是轴线或中心对称平面时，指引线箭头应与该要素尺寸线对齐，如图 8-12d、e、g 所示。

3. 基准代号及其标注

基准代号由边长为 $2h$ 的细实线正方形、表示基准要素的字母（与相关几何公差框格内表示基准的字母相同，都为大写字母，高度都为 h）、指引线、边长为 h 的等边三角形（涂黑和空白均可）的基准代号四部分组成。正方形、等边三角形、指引线均用细实线绘制，如图 8-11b 所示。

1）当基准要素为线或表面时，基准代号的等边三角形置于基准要素的轮廓线或其延长线上，并应使指引线明显与尺寸线错开，如图 8-12a、f 所示；基准代号的等边三角形也可置于自某基准要素引出线的水平线上，如图 8-12h 所示。

2）当基准要素为轴线或中心对称平面时，基准代号的指引线应与基准要素尺寸线对齐，如图 8-12d、g 所示。

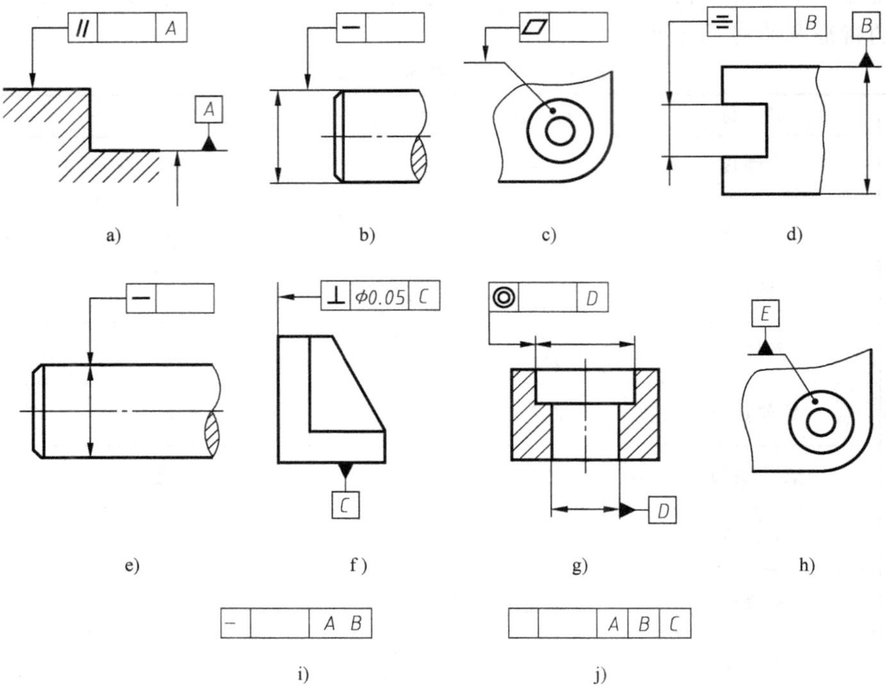

图 8-12　几何公差的标注

3）两个要素建立公共基准体系时，用两个大写字母中间加一连字符（一字线）标注，如图 8-12i 所示。两个或三个及以上要素建立多基准体系时，将表示各基准的大写字母按基准的优先顺序依次填写在各个框格内，如图 8-12j 所示。

4. 几何公差标注示例

图 8-13 所示是一根气门阀杆，在图中用代号所标注的各项几何公差附近，都用文字做了说明，这是为了帮助读者了解代号的含义而重复写上的，在正式图样中用了代号标注后不应再用文字重复说明。

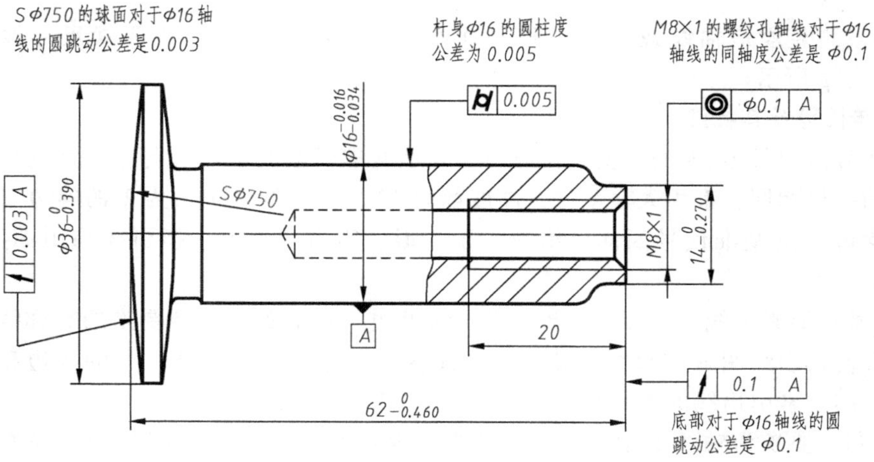

图 8-13　几何公差标注示例

第三节 表面结构

表面结构是表面粗糙度、表面波纹度、表面缺陷、表面纹理和表面几何形状的总称。其各项要求在图样中的表示法在 GB/T 131—2006 中均有具体规定。本节主要介绍表面粗糙度在图样上的表示法，并简略介绍表面结构的一些其他补充要求。

表面粗糙度是在加工后的零件表面留下的加工痕迹，显得粗糙不平，具有较小间距的峰谷所组成的微观几何形状特征。

一、评定表面结构常用的轮廓参数

对于零件表面结构的状况，可由三种参数加以评定：轮廓参数（由 GB/T 3505—2009 定义）、图形参数（由 GB/T 18618—2009 定义）、支承率参数（由 GB/T 18778.2—2003 和 GB/T 18778.3—2006 定义）。其中轮廓参数是我国机械图样中最常用的评定参数。本节主要介绍轮廓参数中评定粗糙度轮廓（*R* 轮廓）的两个参数 *Ra* 和 *Rz*。

（1）算术平均偏差 *Ra* 在一个取样长度 *l*（用于检测评定具有表面粗糙度特征的一段基准线长度）内，被评定轮廓在任一位置至 *X* 轴的高度（纵坐标）*Z*(*x*) 绝对值的算术平均值，如图 8-14 所示。用公式表示为

$$Ra=\frac{1}{l}\int_{n}^{l}|Z(x)|\mathrm{d}x$$

或近似表示为

$$Ra=\frac{|Z_1|+|Z_2|+|Z_3|+\cdots+|Z_n|}{n}$$

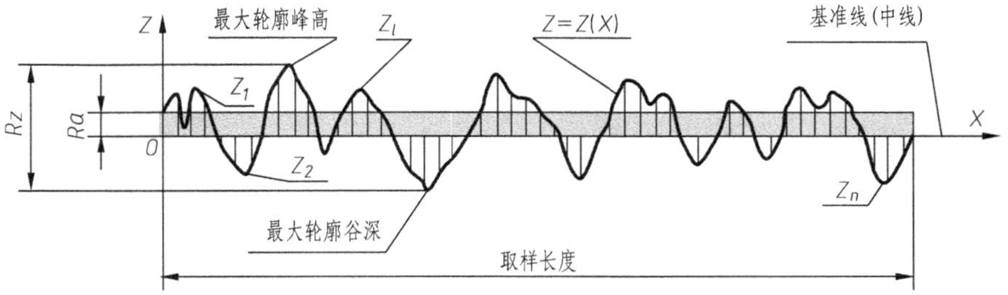

图 8-14 轮廓的算术平均偏差 *Ra* 和轮廓的最大高度 *Rz*

算术平均偏差 *Ra* 的常用值（单位为 μm）有：0.1，0.2，0.4，0.8，1.6，3.2，6.3，12.5，25，50，100。

（2）轮廓的最大高度 *Rz* 在一个取样长度内，最大轮廓峰高与最大轮廓谷深之和的高度。如图 8-14 所示。

二、表面结构的图形符号与表面结构代号

1. 表面结构的图形符号

表面结构的图形符号及意义说明见表 8-2。

表 8-2　表面结构符号

符号名称	符　　号	意义及说明
基本符号		表示表面可用任何方法获得。仅适用于简化代号标注，没有补充说明时不能单独使用，当通过一个注释解释时可单独使用
扩展符号		基本符号加一短画（半字线），表示表面是用去除材料的方法获得。仅当其含义是“被加工表面”时可单独使用。如车、铣、钻、磨、剪切、抛光、腐蚀、电火花加工、气割等
		基本符号加一小圆，表示表面是用不去除材料方达获得。如铸、锻、冲压变形、热轧、冷轧、粉末冶金等，或者是用于保持原供应状况的表面（包括保持上道工序的状况，不管这种状况是用去除材料或不去除材料形成的）
完整符号		在上述各种符号的长边上加一横线，以便标注表面结构的各种要求

视图上构成封闭轮廓的各个表面有相同的表面结构要求时，在完整图形符号上加一圆圈，如图 8-15 所示，图中表面结构符号是指对视图方向的六个面的共同要求。

2. 表面结构图形符号的尺寸及表面结构和补充要求的注写

表面结构图形符号的尺寸如图 8-16 所示。

为了明确表面结构要求，除了注写表面结构参数和数值外，必要时还应注写如取样长度、加工工艺、加工余量、表面纹理及方向等补充要求，如图 8-16 所示。

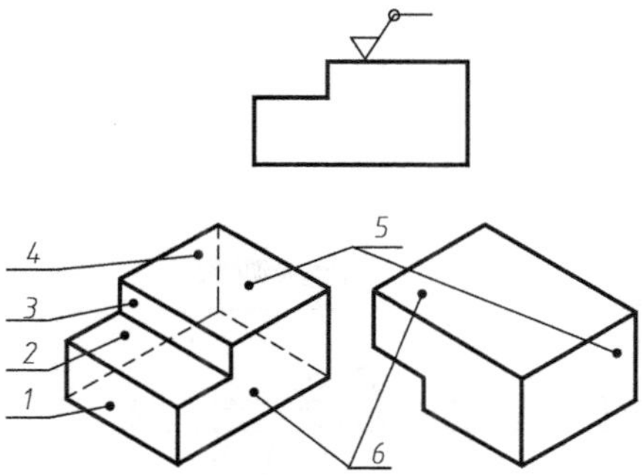

图 8-15　周边表面具有相同表面结构的注法

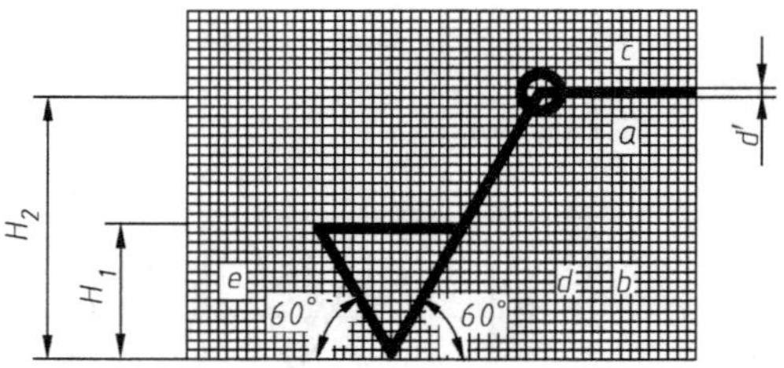

图 8-16　表面结构图形符号的尺寸和补充要求的注写

图中字母的意义如下：

1）$d'=1/10h$，h 为字体高度；$H_1=1.4h$；$H_2=3h$。

2）a：注写表面结构的单一要求或第一个表面结构要求。

3）b：若须注写两个表面结构要求时，此处注写第二个表面结构要求；若要注写第三个或更多个要求时，图形符号应在垂直方向上扩大以空出足够空间，a、b 的位置随之上移，其下方紧接书写第三个或更多个要求，每个要求各自写成一行。

4）c：注写加工方法、表面处理等，如“车”“铣”“磨”“镀”等符号。

5）d：注写表面纹理方向符号，如“=”“⊥”“X”“M”等，分别表示纹理平行、垂直于视图所在的投影面，纹理呈两斜向交叉与视图所在的投影面相交，纹理呈多方向等。

6）e：注写加工余量（单位为 mm）。

3. 表面结构代号

表面结构符号中注写了具体参数及数值等要求后，称为表面结构代号。为避免误解，在参数与数值间插入一空格，如 Ra 3.2。

三、表面结构要求在图样中的注法

表面结构要求在图样中的标注就是表面结构代号在图样中的标注，对每一表面一般只标注一次，并尽可能标注在相应的尺寸及其公差的同一视图上。除非另有说明，所标注的表面结构要求是完工零件表面的要求。具体注法见表 8-3。

表 8-3　表面结构标注示例

标注示例	说　　明
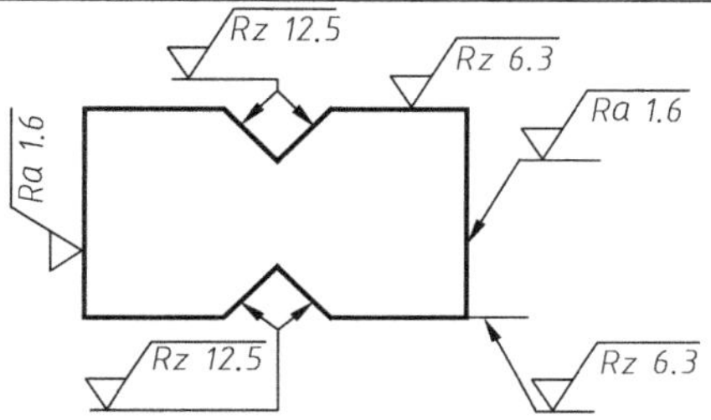	表面结构的注写和读取方向与尺寸的注写和读取方向一致。表面结构代号应标注在可见轮廓线、尺寸界线、尺寸线或它们的延长线上，其符号应从材料外指向并接触表面
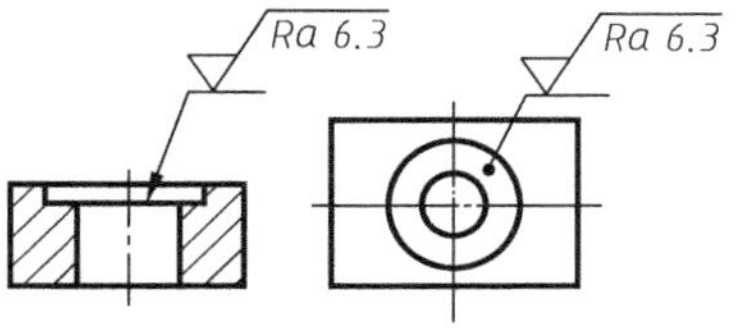	表面结构要求也可用带箭头或黑点的指引线引出标注
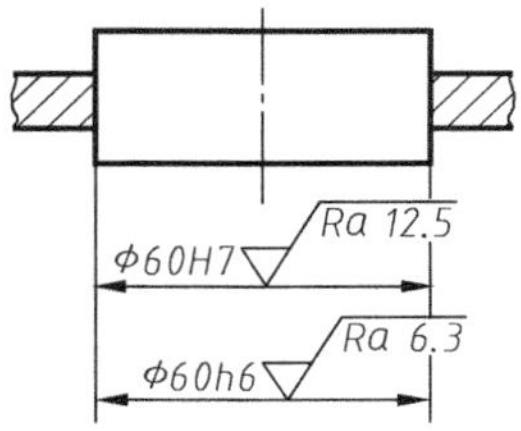	在不致引起误解时，表面结构要求可以标注在给定的尺寸线上
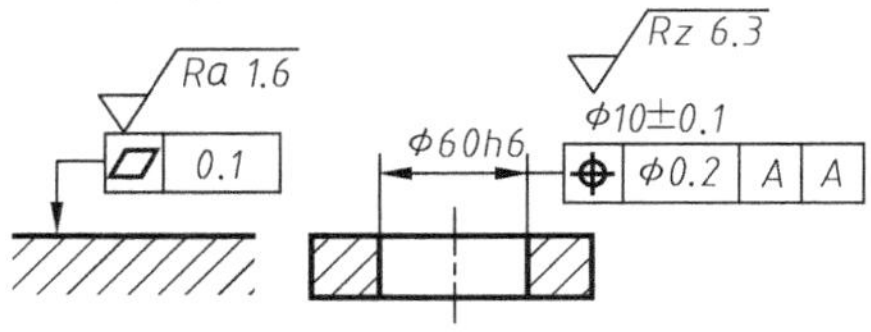	表面结构要求可标注在几何公差框格的上方
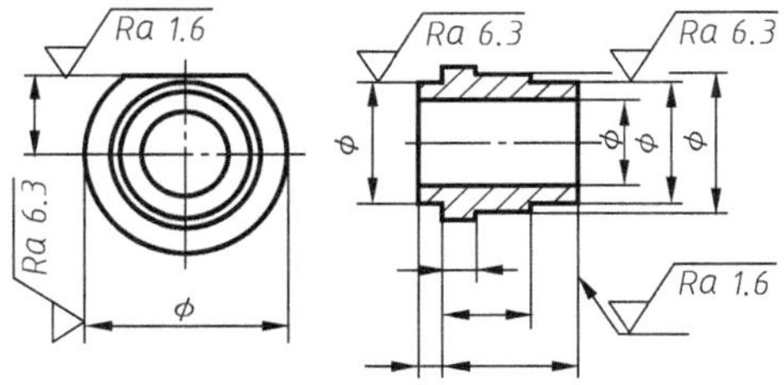	圆柱和棱柱的表面结构要求只标注一次（如果所有表面有相同的表面结构要求）。圆柱的表面结构要求标注在圆柱特征或其轮廓线上

（续）

标注示例	说　　明
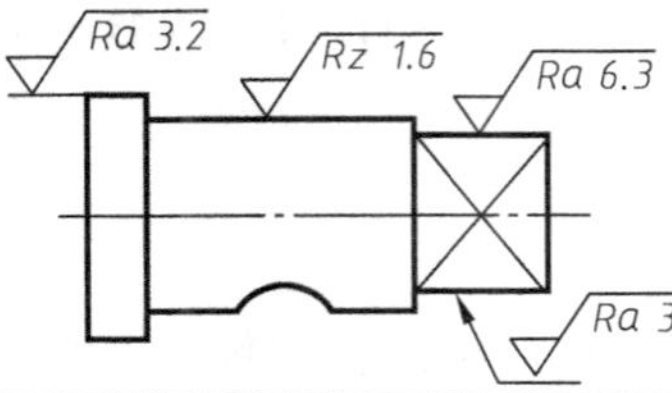	如果棱柱的各表面有不同的表面结构要求，应分别单独标注

四、表面结构要求在图样中的简化注法

表面结构要求在图样中的简化注法，见表 8-4。

表 8-4　表面结构简化标注示例

标注示例	说　　明
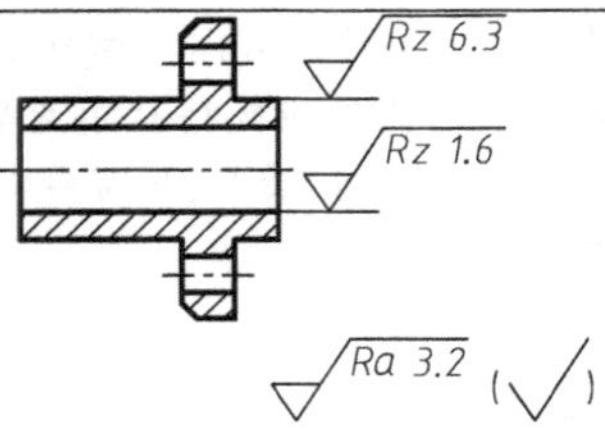 a) 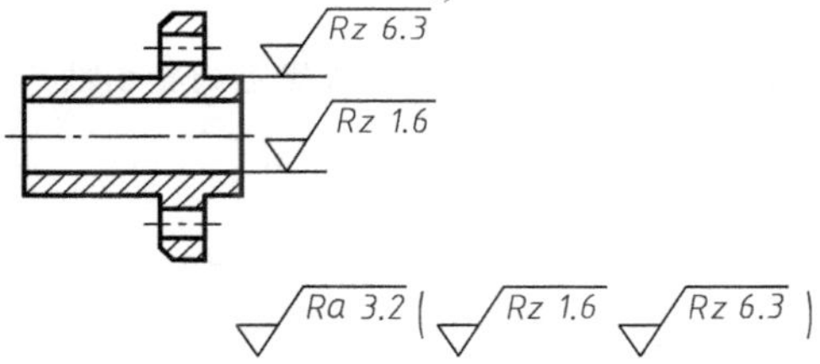 b)	有相同表面结构要求的简化注法：如果在工件的多数(包括全部)表面有相同的表面结构要求，则其表面结构要求可统一标注在图样的标题栏附近(不同的表面结构要求应直接标注在图形中)。此时，表面结构要求的符号后面应有：在圆括号内给出无任何其他标注的基本符号(图 a)，或在圆括号内给出不同的表面结构要求(图 b)
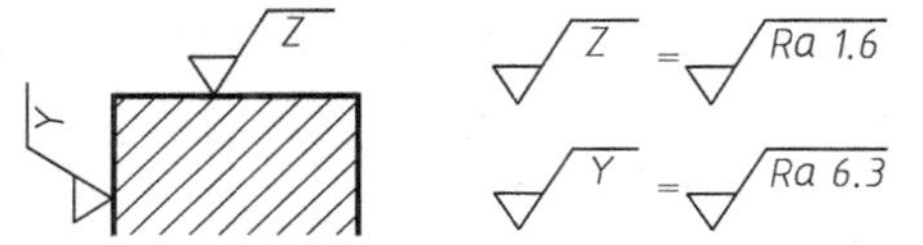	多个表面有共同要求的注法：如图所示，用带字母的完整符号以等式的形式，在图形或标题栏附近对有相同表面结构要求的表面进行简化标注
 a)  b)  c)	只用表面结构符号的简化注法：用表面结构符号以等式的形式给出多个表面共同的表面结构要求。如图所示的三种简化注法，分别表示未指定工艺方法(图 a)、要求去除材料(图 b)、不允许去除材料(图 c)的表面结构代号
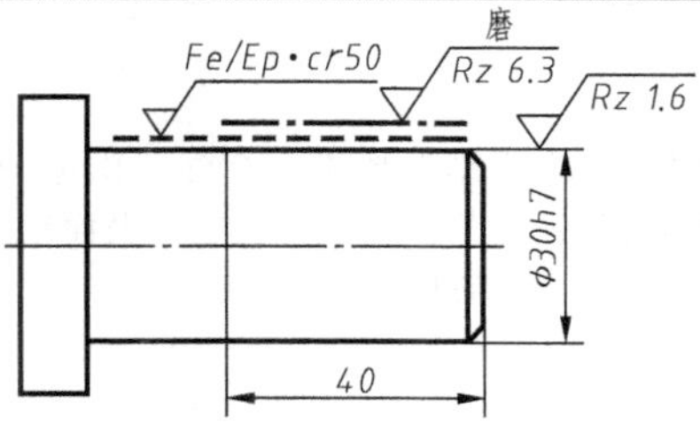	由几种不同的工艺方法获得的同一表面，当需要明确每种工艺方法的表面结构要求时，可按图所示进行标注。图中 Ep 表示电镀；磨削工序仅对长为 40mm 的圆柱表面有效

第四节 应用 AutoCAD 标注技术要求

一、块的创建与插入

用 AutoCAD 绘图的最大优点就是 AutoCAD 具有库的功能并且能重复使用图形的部件。利用 AutoCAD 提供的块、写入块和插入块等操作就可以把用 AutoCAD 绘制的图形作为一种资源保存起来，在一个图形文件或者不同的图形文件中重复使用。

AutoCAD 中的块分为内部块和外部块两种，用户可以通过“块定义”对话框精确设置创建块时的图形特点和对象取舍。

1. 创建内部块

所谓的内部块即数据保存在当前文件中，只能被当前图形所访问的块。创建内部块可用以下几种方式实现。①命令调用。在命令待命状态时输入“Block”或“Bmake”；②菜单调用。在“绘图”菜单上单击“块”子菜单中的“创建”选项；③工具栏调用。在绘图工具栏上单击创建块按钮。应用上述任一方式都会弹出“块定义”对话框，如图 8-17 所示。该对话框中各选项的含义如下：

1）名称。定义创建块的名称。可以直接在其文本框中输入。

2）“基点”选项组。设置块的插入基点。可以在“X”“Y”“Z”的文本框中直接输入 x、y、z 的坐标值。也可以单击“拾取点”按钮，用十字光标直接在图上选取。

图 8-17 “块定义”对话框

3）“对象”选项组。选取要定义块的实体。在该选项组中有三个单选项，其含义如下。

- 选择对象。提示用户在图形屏幕中选取组成块的对象。可以使用构成选择集的所有方式，选择完毕，在对话框中显示选中对象的总和。
- 保留。创建块后，保留图形中构成块的对象。
- 转换为块。创建块后，同时将图形中被选择的对象转换为块。
- 删除。删除所选取的实体图形。

4）块单位。设置块的单位。单击下拉箭头，用户可以从下拉列表中选取块的单位。

5）说明。详细描述。可以在其文本框中详细描述所定义图块的资料。

完成以上各项设置后，单击“确定”按钮，则该块将建立在当前文件中。

2. 创建外部块

所谓的外部块即块的数据可以是以前定义的内部块，或是整个图形，或是选择的对象，它保存在独立的图形文件中，可以被所有图形文件所访问。注意：该命令只能从命令行中调用。

在命令行待命状态时输入“Wblock”或“W”，并按<Enter>键，出现如图 8-18 所示的

“写块”对话框。该对话框中各选项的含义如下：

1）“源”选项组在该选项组中可以通过以下选项设置块的来源。

- 块。来源于块。
- 整个图形。来源于当前正在绘制的整个图形。
- 对象。来源于所选的实体。

2）“基点”选项组。插入的基点。

3）“对象”选项组。选取对象。

4）“目标”选项组。目标参数描述。在该选项组中可以设置块的以下信息。

- 文件名和路径。设置输出文件名和路径。
- 插入单位。插入块的单位。

在“写块”对话框中设置的以上信息将作为下次调用该块时的描述信息。

图 8-18 “写块”对话框

完成以上各项设置后，单击“确定”按钮，则该块将保存到指定的文件中。

3. 插入块

在当前图形中可以插入外部块和当前图形中已经定义的内部块，并可以根据要求调整其比例和角度。调用命令的方法有以下三种：①命令调用：在命令待命状态时输入“Ddinsert”或“Insert”；②菜单调用：在“插入”菜单中单击“块”命令；③工具栏调用：在“绘图”工具栏上单击插入块按钮。应用上述任一方式都会弹出“插入”对话框，如图 8-19 所示。利用该对话框就可以插入图形文件。具体操作如下：

1）单击“浏览”按钮选择某一个块名或直接在“名称”文本框中输入块名，则该块将作为插入的块。

2）在“插入点”“比例”“旋转”三个选项组中，插入点默认坐标（0，0，0），“X”“Y”“Z”比例因子默认值 1，旋转角度默认值 0。选择“在屏幕上指定”复选框可以在图形屏幕插入块时分别设置插入点、比例、旋转角度等参数，也可以在该对话框内直接设置以上参数。

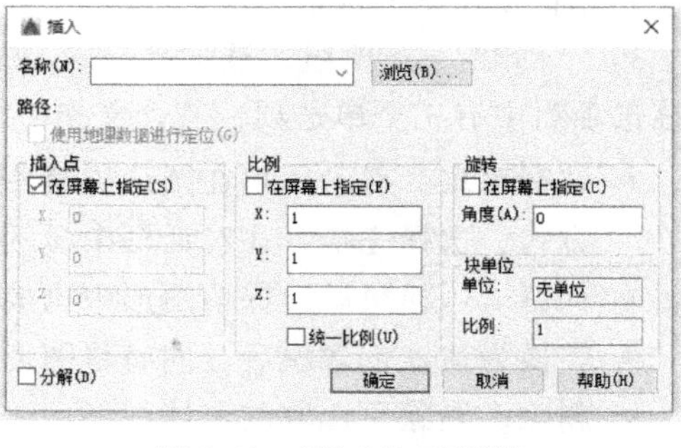

图 8-19 “插入”对话框

3）“分解”复选框决定是否将插入的块分解为独立的实体，默认为不分解。如果设置为分解，则 X、Y、Z 比例因子必须相同，即选择“统一的比例”复选框。

插入块时，块中的所有实体保持定义时的层、颜色和线型属性，在当前图形中增加相应层、颜色、线型信息。如果构成块的实体位于 0 层，其颜色和线型为 Bylayer（随层），块插入时，这些实体继承当前层的颜色和线型。

完成以上各项设置后，单击“确定”按钮，则该块将插入到当前文件中。

二、标注技术要求

1. 标注表面结构代号

（1）创建表面结构代号

1）绘制如图 8-20a 所示的表面结构符号。

2）命令行输入“ATT”，在弹出如图 8-21 所示的“属性定义”对话框“标记”文本框中输入“Ra”，在“默认”文本框中输入“3.2”，在“对正”下拉列表中选取“左对齐”，并设置文本格式、文字字高，单击图 8-18 中的“拾取点”按钮，可在图上拾取“Ra 3.2”的合适位置。为了能找到恰当位置，可将“Ra 3.2”先标注到表面结构符号上，如图 8-20b 所示。在点 A 处单击即可作为属性插入点（此时应关闭对象捕捉），删去事先标注的“Ra 3.2”；回到对话框单击“确定”按钮完成属性定义。

a)　　b)

图 8-20　表面结构符号

3）单击“绘图”工具栏上的创建块按钮，弹出如图 8-22 所示“块定义”对话框，在“名称”文本框中输入“表面结构代号”；单击“选择对象”按钮，在图上将表面结构符号与属性一起定义成块，回到“块定义”对话框单击“拾取点”按钮，如图 8-20b 所示，单击点 B，回到对话框单击“确定”按钮，即完成块定义。

图 8-21　“属性定义”对话框

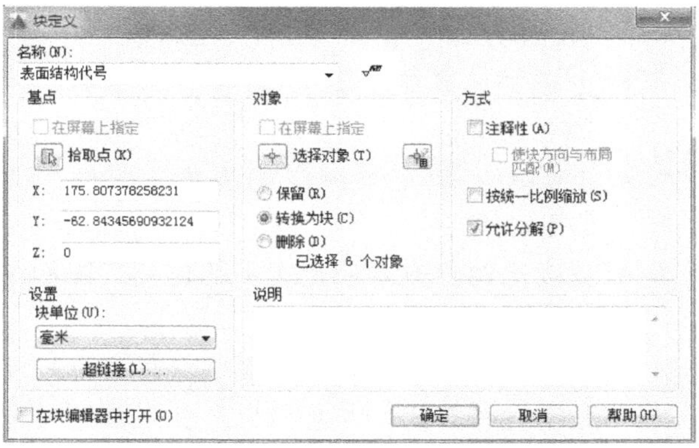

图 8-22　“块定义”对话框

（2）插入表面结构代号　单击“绘图”工具栏上的插入块按钮，弹出如图 8-23 所示的“插入”对话框，在“名称”下拉列表框选择“表面结构代号”，确定“插入点”和“旋转”为“在屏幕上指定”，缩放比例为“统一比例”，在屏幕上选取插入点（应用对象捕捉中的“最近点”选项），将表面结构符号插入到需要的位置并旋转角度，按<Enter>键后会弹出如图 8-24 所示的“编辑属性”对话框，在右侧的文本框中可输入新的表面结构数值（如 3.2 改成 6.3）结果，如图 8-25 所示。

2. 标注尺寸公差

在第五章第六节第四小节第 4 条中最后一项简单提及“公差”选项卡，这里做进一步介绍。如图 5-37 所示，在“新建标注样式”对话框中单击“公差”选项卡，弹出如图 8-26 所示对话框。

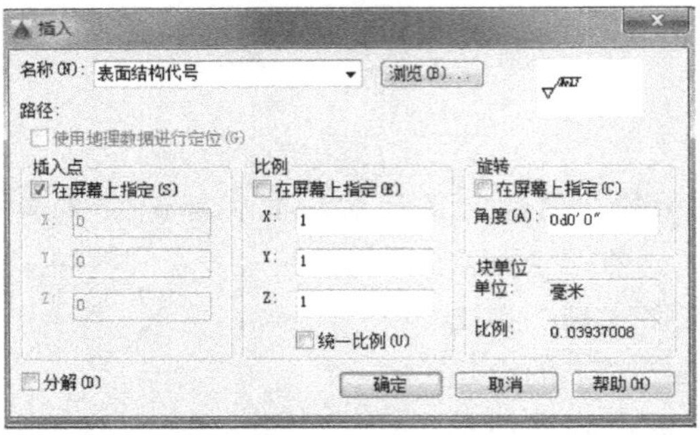

图 8-23 “插入”对话框

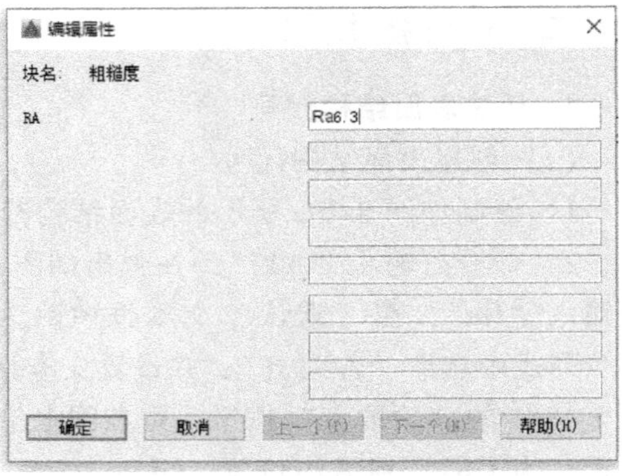

图 8-24 “编辑属性”对话框

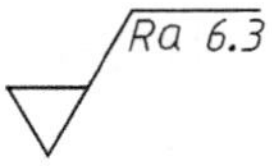

图 8-25 修改表面结构值

(1)“公差格式”选项组 设置公差格式。

- 方式：设置公差表示形式，其下拉列表中有五种选项：①无：无公差标注，如图 8-27a 所示；②对称：对称分布标注，如图 8-27b 所示；③极限偏差：上下偏差数值不等，符号为正或负，如图 8-27c 所示；④极限尺寸：用极限尺寸标注，如图 8-27d 所示；⑤基本尺寸：标注基本尺寸，如图 8-27e所示。
- 精度：确定公差的精度。图例中选择“0.000”。
- 上偏差：确定上极限偏差值。图例中为“+0.025”。
- 下偏差：确定下极限偏差值。图例中为“-0.005”。
- 高度比例：输入公差文本的比例。图例中选择“0.7”。
- 垂直位置：确定上下极限偏差与公称尺寸数字对齐方式。“上”为上极限偏差与公称尺寸对齐，“中”为上、下极限偏差的中间与公称尺寸对齐，“下”为下极限偏差与公称尺寸对齐。图例中选择“中”。

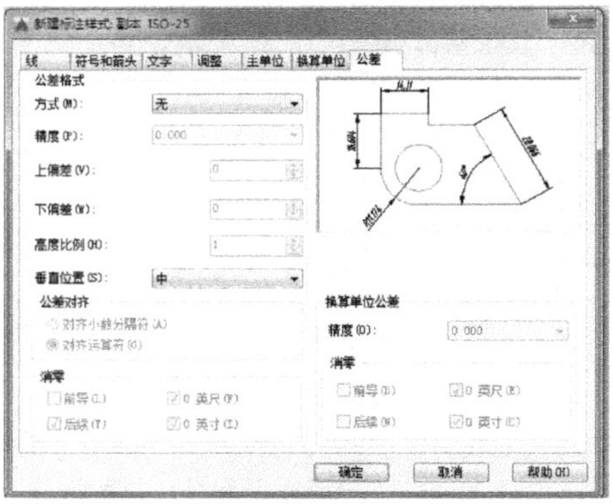

图 8-26 设置公差格式

(2)“消零”选项组 设置如何显示公差中小数点前面的零和尾数后面的零。

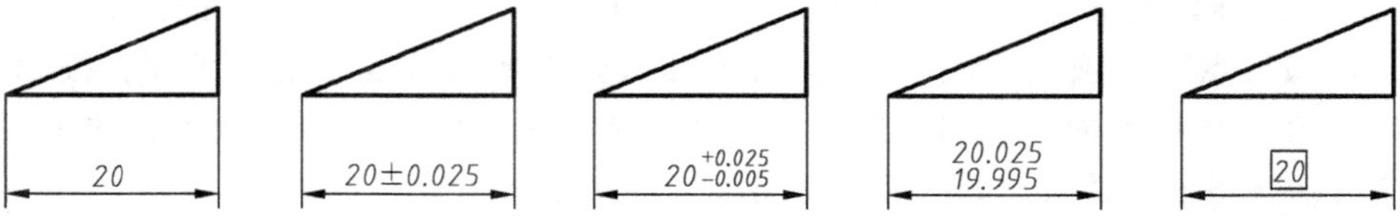

a) b) c) d) e)

图 8-27 尺寸公差格式图

(3)“换算单位公差”选项组 设置替换单位的公差样式（在主对话框中选择了“替换”才能操作）。

- “精度”下拉列表框。设置替换单位的精度。
- “消零”选项组。设置如何显示替换单位公差中的小数点前后的零。同样，只有在主对话框中选择了“替换”才能操作。

3. 标注几何公差

功能是标注几何公差。命令调用：①命令行输入：“Tolerance”；②在“标注”菜单单击“形位公差”子菜单；③在“标注”工具栏上单击几何公差按钮。用上述方式之一都会弹出如图 8-28 所示的“形位公差”对话框。该对话框中各选项的含义如下：

- 符号。单击下面的任何一个方框，将出现“符号”对话框，从中选取几何公差特征符号。
- 公差 1。创建公差框中的第一个公差值。该值包含两个修饰符号：直径和包容条件。公差值表示相应的几何公差值。
- 基准 1，基准 2，基准 3。有多基准时依次填写。

例 8-1 标注如图 8-29 所示零件图中的圆度和圆柱度公差，操作如下：

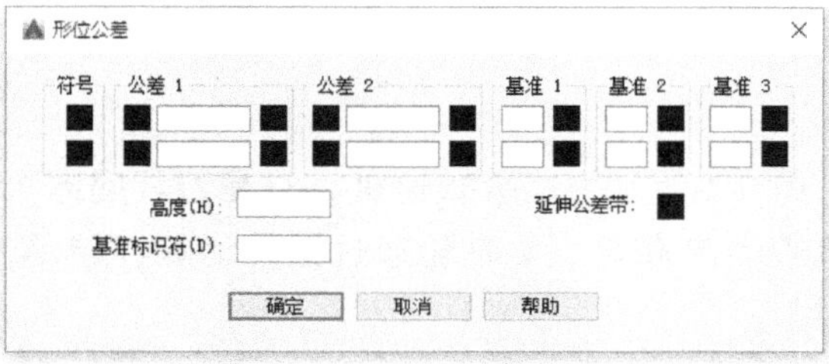

图 8-28 “形位公差”对话框

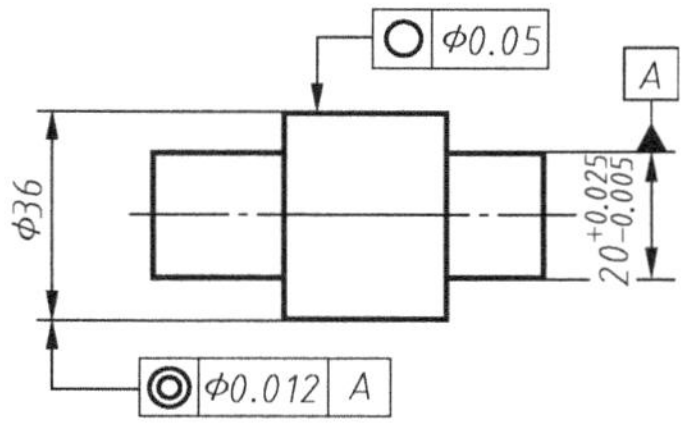

图 8-29 圆度与圆柱度公差

1）绘制基准符号，用文字输入方法和“移动”命令在其中输入“A”。

2）在“标注”工具栏中单击“快速引线标注”按钮启动快速引出标注命令，绘制几何公差标注引线。

3）在“标注”工具栏单击“形位公差”按钮，在弹出的“形位公差”对话框中单击“符号”，弹出如图 8-30 所示“特征符号”对话框，选择圆柱度符号；单击“公差 1”，拾取直径符号“ϕ”，在其文本框中输入“0.012”；在“基准 1”中输入“A”如图 8-31 所示。

4）单击“确定”按钮，完成该项几何公差的标注。

用类同方法标注圆度公差。

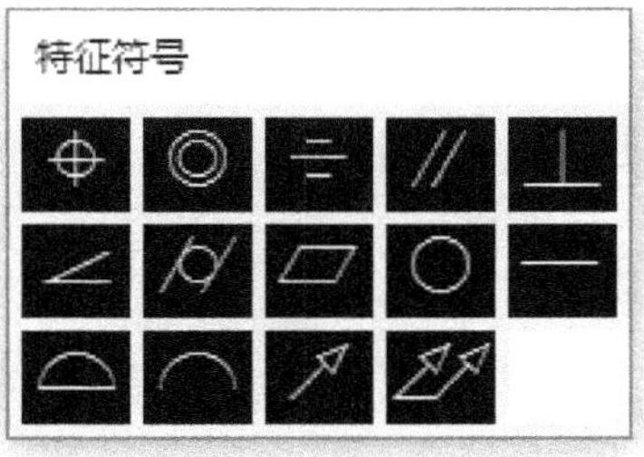

图 8-30 “特征符号”对话框

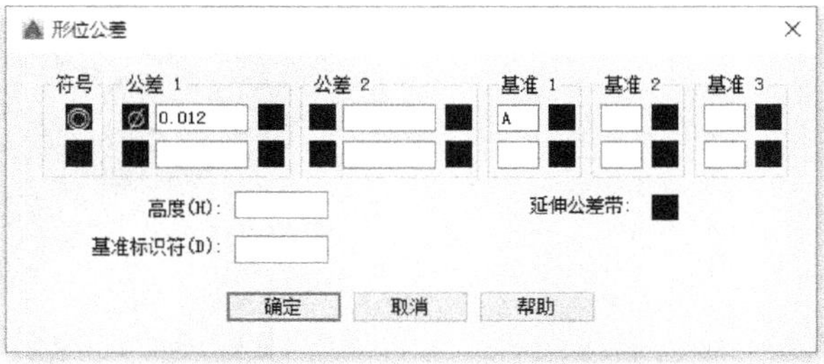

图 8-31 “形位公差”对话框

第九章

9

零件的连接

第一节 引　　言

一、零件的分类

任何机器或部件都是由许多零件装配而成。图 9-1 所示为二级减速机，它是刀具磨床自动送料机构上的一个部件。动力和运动由电动机带动 V 带轮，V 带轮通过键带动蜗杆转动，

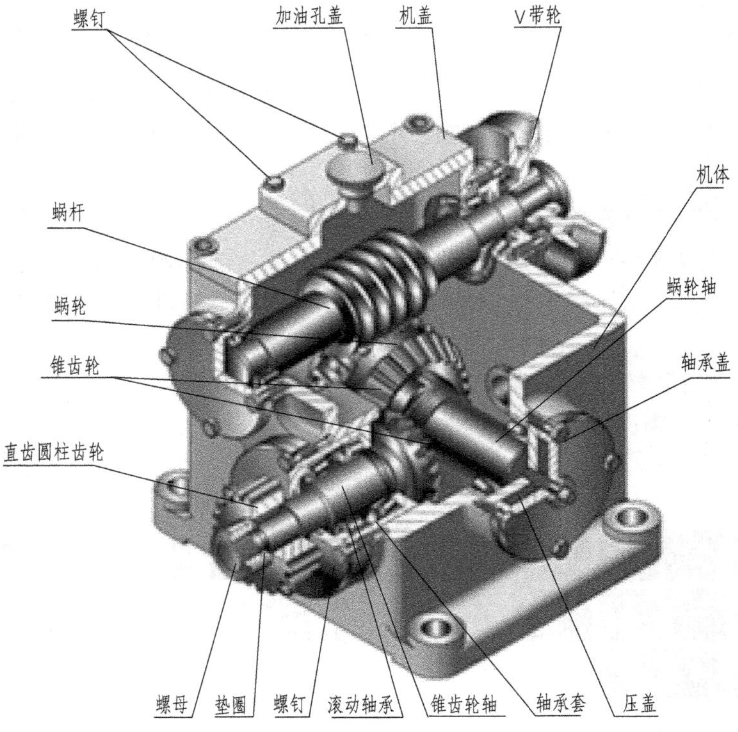

图 9-1　减速机

再经蜗轮和一对直齿锥齿轮啮合传动，动力和运动传给了锥齿轮轴，同时改变了转动的速度大小和方向。最后由锥齿轮轴上的直齿圆柱齿轮将动力和运动传到机器的其他应用部件。

减速机箱体用以支撑包容蜗轮、蜗杆及锥齿轮等零件，箱内盛放一定量的润滑油，为了防止污物侵入箱体和润滑油的飞溅，以及装拆零件方便，箱体上配有箱盖。为了加注润滑油，箱盖上还配置加油孔盖。加油孔盖上装有透气手柄以便排除摩擦生热后箱内膨胀的气体。在箱体下部装有油标以指示油量，还装有螺塞，以排出污油。为减少摩擦，蜗杆轴和装有蜗轮、锥齿轮的蜗轮轴两端支撑处以及锥齿轮轴中部都装有滚动轴承。为便于装拆，支撑锥齿轮轴的滚动轴承装在轴承套内。轴端均有轴承盖，在轴穿过轴承盖的地方均有密封用的毡圈以防漏油。箱盖、轴承盖与箱体均用螺栓或螺钉连接。

通过上述对减速机的分析，根据零件在机器上的作用，一般可分为三种：

1. 标准件

如螺栓、螺母、螺钉、垫圈、键、销、滚动轴承、油标、毡圈、螺塞等，它们主要起零件间的连接、支撑、油封等作用。这些零件在各类机械设备中应用十分广泛。为了适应专业化大批量生产，便于提高产品质量，降低生产成本，国家标准对这类零件的结构和尺寸都进行了规定，是已标准化、系列化了的零件，故称为标准件。这些标准件，只要根据已知条件，查阅有关标准，即能得到全部的结构和尺寸，不必画出零件图。标准件由专门工厂生产，用户只需根据标准件的规格、代号，从市场上购买即可。

2. 常用件

如圆柱齿轮、锥齿轮、蜗轮蜗杆，还有弹簧等，它们的结构较为典型，并具有标准参数，部分结构（如起传动作用的轮齿部分等）已标准化，并有规定画法。由于这些零件在各类机器设备中也应用广泛，故通常称为常用件。常用件一般需画出零件图。

3. 一般零件

如箱体、箱盖、轴、套等这些零件的形状、结构、大小都必须按部件或机器的性能和结构要求设计。这种一般性零件都要画出零件图以供制造。

本章和以下两章将分别讨论上述三种零件的零件图画法、读法及有关标准、参数的查阅和拟定。

二、零件的连接形式

零件的连接形式根据拆开时是否会损坏连接部分，分为可拆连接和不可拆连接。上述减速机各零件间的连接都属于可拆连接，而焊接与铆接则属于不可拆连接。本章将介绍一些可拆连接的常用连接件画法、标记、标准的查法等，以及有关不可拆连接如焊接的初步知识。

第二节 螺 纹

一、螺纹的形成

1. 圆柱螺旋线（点动成线）

（1）圆柱螺旋线的形成 如图 9-2a 所示，动点 A 沿圆柱面上的一条直线（母线）作等速直线移动，而该母线又绕圆柱的轴线作等角速旋转运动时，动点在此圆柱面上的运动轨迹，称为圆柱螺旋线。

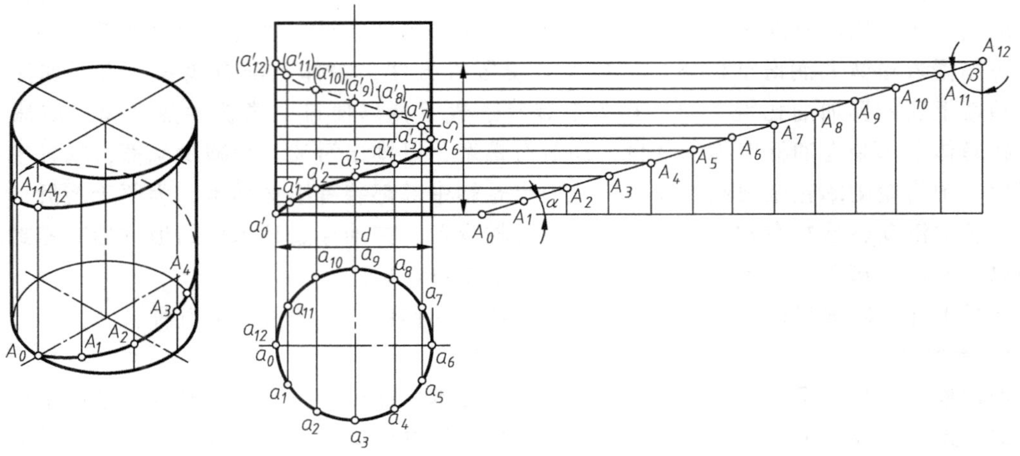

a)　　b)　　c)

图 9-2　圆柱螺旋线

（2）圆柱螺旋线的要素

1）导圆柱面的直径 d：圆柱螺旋线所在的圆柱面称为导圆柱面，导圆柱面的轴线即是螺旋线的轴线，它的直径就是螺旋线的直径。

2）螺旋线导程 S：动点 A 旋转一周沿导圆柱面轴线方向移动的距离。

3）旋向：当导圆柱轴线处于铅垂方向时，螺旋线的可见部分自左向右上升的称为右旋螺旋线，反之为左旋螺旋线。旋向符合右手定则：拇指指向动点平行于轴线的运动方向，四指环向动点的转动方向，符合右手的为右旋，符合左手的为左旋。

（3）圆柱螺旋线投影图的画法　根据螺旋线的形成，可以画出螺旋线的投影图。

1）画出导圆柱面的投影。根据螺旋线形成时的两个等速运动将底圆圆周及导程各分为若干等份。如图 9-2b 所示为 12 等份，各等分点的水平投影分别为 a_1、a_2、…、a_{12}。

2）由底圆周上各等分点 a_1、a_2、…作垂直投影连线，与导圆柱面上相应的各等分点所作的水平线相交，各交点分别为 a_1'、a_2'、…、a_{12}'，即为螺旋线上各点的正面投影。

3）依次光滑连接 a_1'、a_2'、…、a_{12}'，判别可见性（后半个导圆柱面上的螺旋线为不可见，为了图形清晰，省去了 $a_7'\sim a_{11}'$ 的括号）画成连线即为圆柱螺旋的正面投影，它是一条正弦曲线，其水平投影积聚为一圆。

若将导圆柱面展开，则螺旋线随之成为一直线，如图 9-2c 所示，该直线为直角三角形的斜边，直角三角形的底边为导圆柱面底圆周长（πd），高为螺旋线的导程，斜边与底边之夹角 α 为螺旋升角或称为导程角。显然有：$\alpha=\tan^{-1}S/\pi d$。图中 β 角称为螺旋角，$\beta=\tan^{-1}\pi d/S$；$\alpha+\beta=90°$。

2. 圆柱螺旋面（线动成面）

由形成圆柱螺旋线的动点 A 向导圆柱的轴线作垂线，取点 A 与垂足间的一直线段 AI 作为一动直线代替动点 A，让动直线的 A 端仍作沿圆柱螺旋线运动，I 端沿轴线作直线移动，直线 AI 在运动中的每一位置都垂于轴线。这样动直线 AI 运动后所形成的曲面称为正螺旋面。（因其相邻两素线彼此交叉，所以它是一种扭曲面或称为一种锥状面）。如图 9-3a、c 所示。

若另一同轴的圆柱面与正螺旋面相交，其交线 B_0、B_1、B_2、…为另一圆柱螺旋线，它与原来螺旋线同导程，但圆柱面直径小，故升角较大，如图 9-3b、d 所示。这样的正螺旋面是一种柱状面。

3. 圆柱螺旋体（面动成体）**——螺纹的形成**

如图 9-2 所示，若将图中形成圆柱螺旋线的动点 *A* 以平面图形（如三角形、梯形、矩形等）代替，则将在导圆柱面上形成圆柱螺旋体，工程上称为螺纹。如图 9-4 所示。

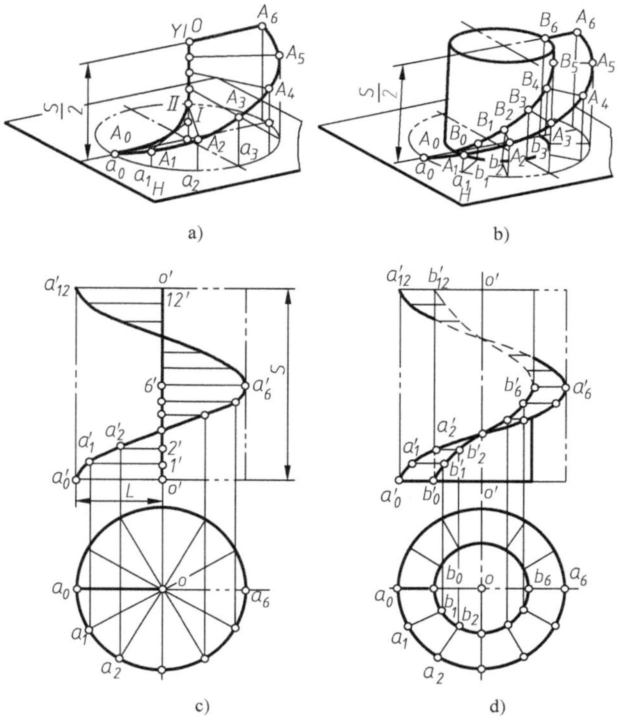

图 9-3 正螺旋面的形成及投影

在圆柱外表面上加工形成的螺纹称为外螺纹，在圆孔内加工形成的螺纹称为内螺纹。制造螺纹的方法有很多种，图 9-5a 所示为按螺纹形成原理在车床上加工外螺纹的情况，内螺纹也可在车床上加工。对于直径较小螺纹孔的加工，可先用钻头钻出光孔，再用丝锥攻螺纹加工出内螺纹，如图 9-5b所示。

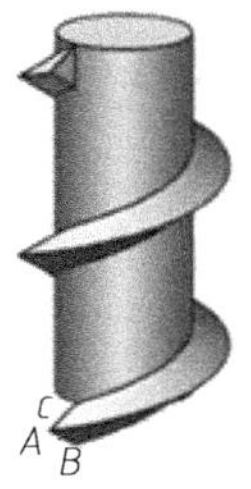

图 9-4 螺纹的形成

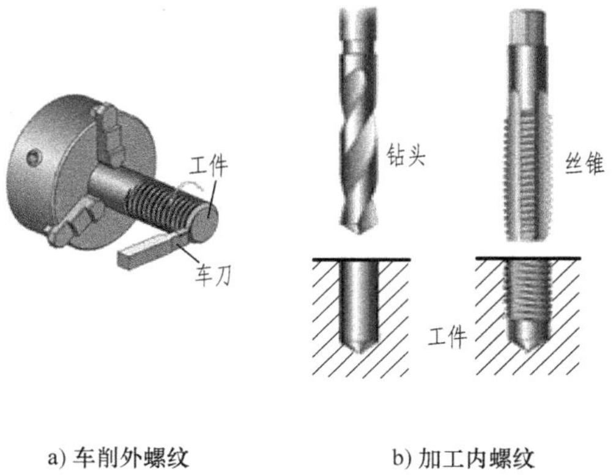

图 9-5 螺纹加工方法示例

螺纹可起连接零件的作用，称连接螺纹，也可起传递运动和动力的作用，称传动螺纹。

4. **螺纹的要素**

(1) 螺纹的牙型　沿螺纹轴线将螺纹剖开，螺纹处的剖面形状，即螺纹形成过程中平面图形的形状，称为螺纹牙型。螺纹牙型通常有三角形、梯形、锯齿形等，见表 9-1。

(2) 螺纹的直径　螺纹的直径有三种，如图 9-6 所示。

表 9-1　常用标准螺纹的种类、代号及标注示例

螺纹种类		外形及牙型	种类符号	标注示例	代号意义
连接用螺纹	粗牙普通螺纹	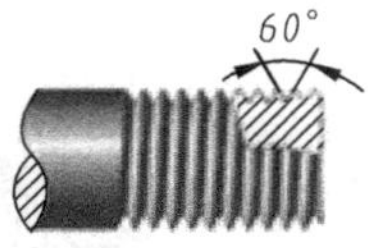	M	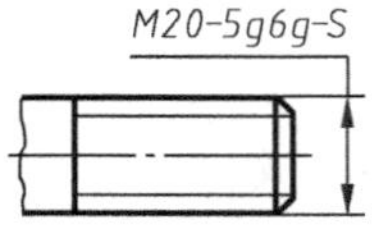	M20-5g6g-S 旋合长度代号 顶径公差带代号 中径公差带代号 公称直径(大径) 牙型符号
	细牙普通螺纹			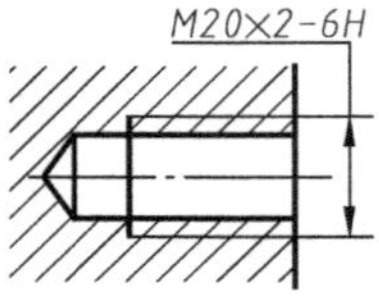	M20×2-6H 中径和顶径公差带代号 螺距 公称直径 牙型符号
	55°非密封管螺纹	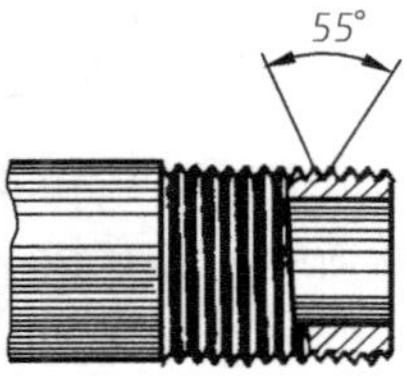	G 螺纹特征代号	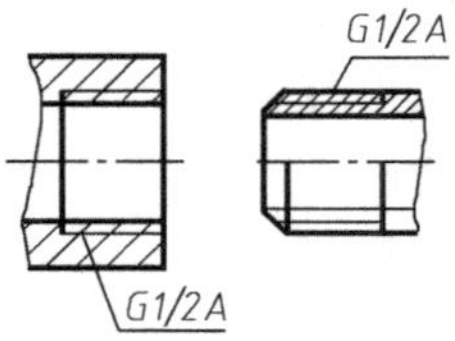	G1/2A 外螺纹公差等级代号 尺寸代号 螺纹特征代号
	55°密封管螺纹	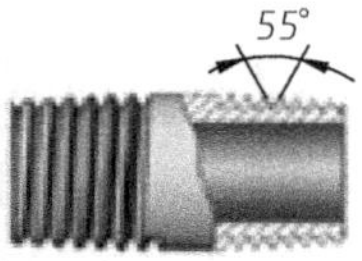	R_1 R_2 Rc Rp 螺纹特征代号	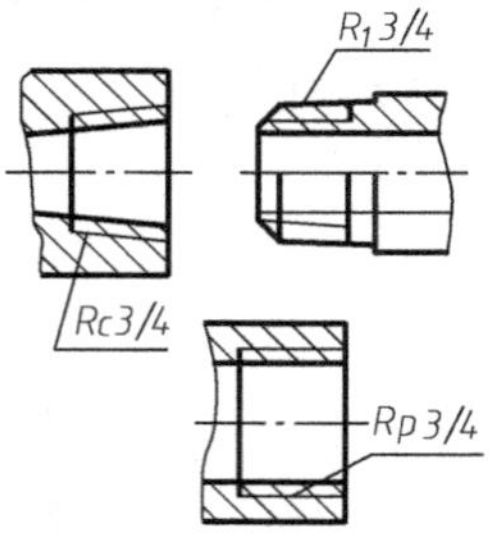	$R_1$3/4 尺寸代号 圆锥外管螺纹特征代号 Rc3/4 尺寸代号 圆锥内管螺纹特征代号 Rp3/4 尺寸代号 圆锥管螺纹特征代号
传动用螺纹	梯形螺纹	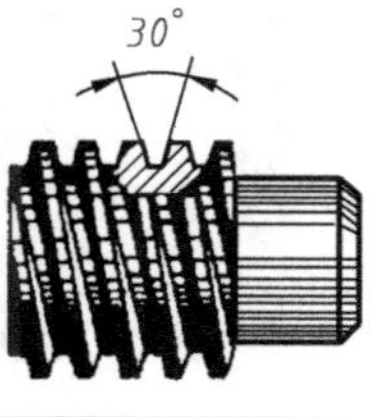	Tr	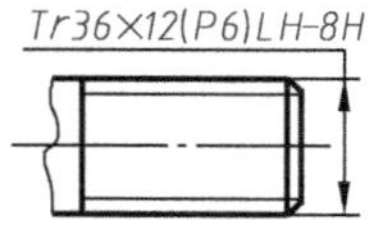	Tr36×12(P6)LH-8H 中径公差带代号 旋向 螺距 导程 公称尺寸 牙型符号
	锯齿形螺纹	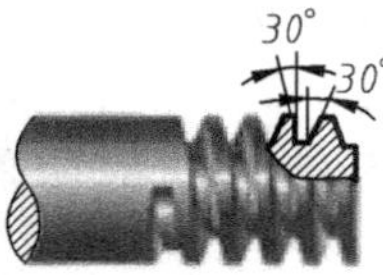	B	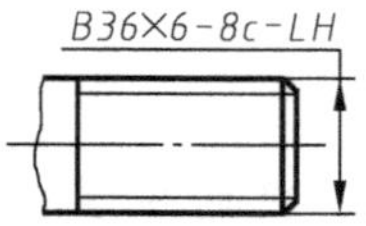	B36×6-8c-LH 旋向 中径公差带代号 螺距 公称直径 牙型符号

1）大径：假想与外螺纹的牙顶或内螺纹的牙底相吻合的圆柱面的直径。代号为 d（外螺纹）、D（内螺纹）。

2）小径：假想与外螺纹的牙底或内螺纹的牙顶相吻合的圆柱面直径。代号为 d_1（外螺纹）、D_1（内螺纹）。

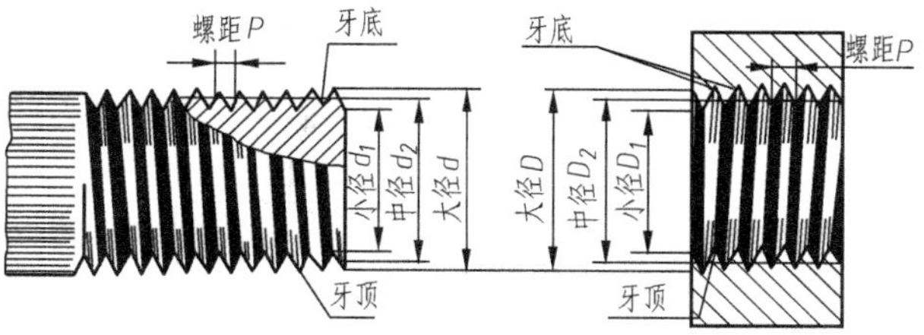

图 9-6 螺纹各部分名称和代号

3）中径：假想与牙顶至牙底中点相吻合的圆柱面的直径（形成该圆柱面的母线也称为中径线），代号为 d_2（外螺纹）、D_2（内螺纹）。

通常把外螺纹的大径和内螺纹的小径称为顶径；把外螺纹的小径和内螺纹的大径称为底径。

（3）线数 螺纹有单线和多线之分，沿一根螺旋线形成的螺纹称单线螺纹，沿两根以上螺旋线形成的螺纹称多线螺纹。如图 9-7 所示。常用的连接螺纹大多为单线。螺旋线的数目称为线数（n）。

（4）螺距与导程 相邻两牙在中径线上对应两点间的轴向距离称螺距（P）。同一线的螺纹上相邻牙所在中径线上对应两点间的轴向距离称导程（Pn）。

$$螺纹的导程(Pn)=螺距(P)\times线数(n)$$

（5）旋向 螺纹的旋向类同螺旋线的旋向，如图 9-8 所示。内外螺纹旋合时，顺时针旋进的螺纹为右旋螺纹，逆时针旋进的螺纹称左旋螺纹。

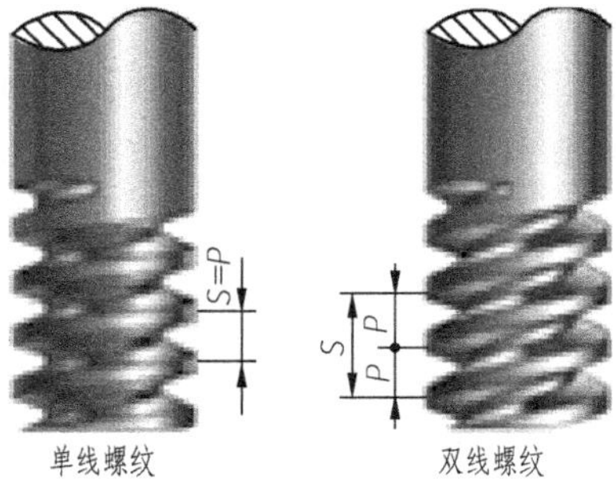

图 9-7 螺纹的线数

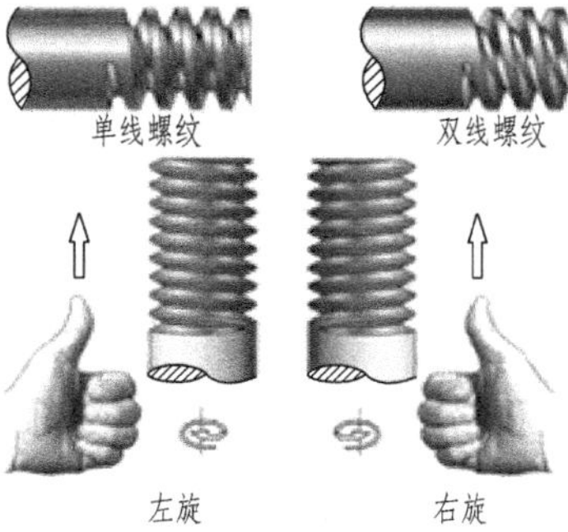

图 9-8 螺纹的旋向

5. 螺纹的种类

螺纹的种类很多，按用途分有连接螺纹和传动螺纹。按螺纹要素是否符合国家标准可分为三种：凡牙型、直径、螺距都符合标准的称为标准螺纹；牙型符合标准，而直径、螺距不符合标准的称为特殊螺纹；牙型不符合标准的称为非标准螺纹。

二、螺纹的规定画法

螺纹用成形刀具或专用设备制造，不按实际投影绘图，一般遵照国标规定的画法表示。单个螺纹的画法见表 9-2。

表 9-2　单个螺纹的画法

	未剖切	剖切后
外螺纹画法	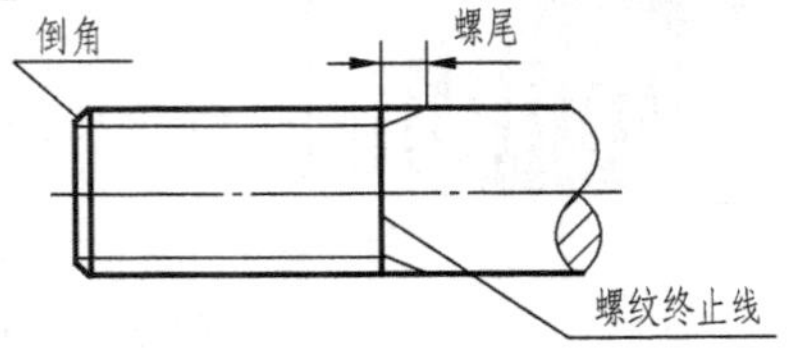	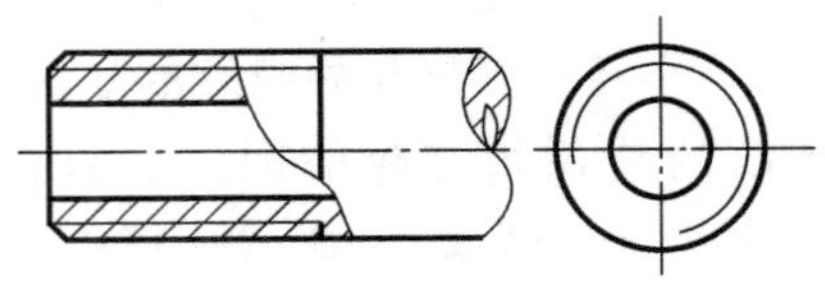
内螺纹画法	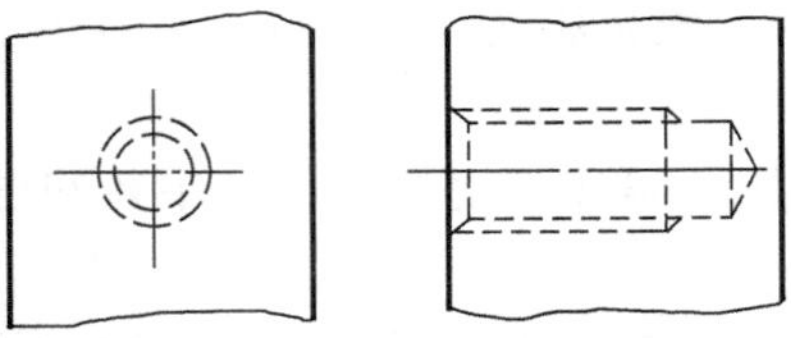	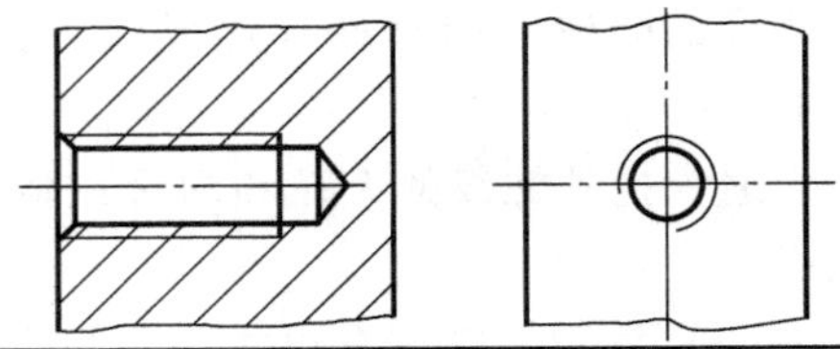

1）可见螺纹的牙顶用粗实线表示，牙底用细实线表示，在外螺纹的倒角或倒圆部分也应画出。在投影为圆的视图上表示牙底的细实线圆只画约 3/4，并且不画轴或孔的倒角所投影成的圆。

2）可见的完整螺纹的终止线用粗实线表示，当需要表示（一般不表示）螺尾（螺纹牙型不完整的部分）时，螺尾牙底用与轴线成 30°的细实线绘制。

3）在剖视图中，剖面线必须画到粗实线为止。

4）不穿通的螺纹孔，一般将钻孔深度与螺纹深度分别画出。

5）不可见螺纹所有图线均画成虚线。

6）螺纹的小径一般可按大径的 0.85 倍绘制。

7）两螺纹孔相贯或螺纹孔与光孔相贯，相贯线部分的画法如图 9-9 所示。

8）圆锥形螺纹，一般锥角都不大，可省略画出。如图 9-10 所示。在左视图上只画大端牙顶和牙底以及小端的牙顶，在右视图上只画小端的牙顶和牙底，其余一律省略。

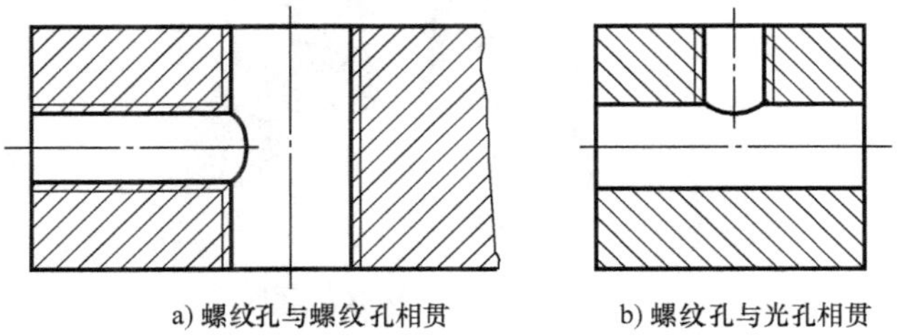

a) 螺纹孔与螺纹孔相贯　　b) 螺纹孔与光孔相贯

图 9-9　螺纹相贯时的画法

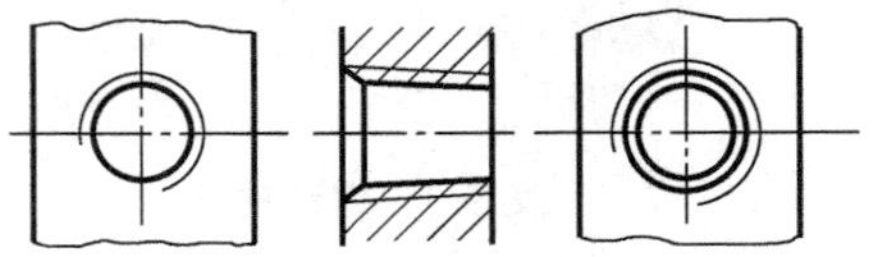

图 9-10　圆锥螺纹画法

内、外螺纹连接的画法见表 9-3。

三、螺纹的标注

为了表明螺纹的牙型、公称直径、螺距、线数、旋向和螺纹公差等，国家标准规定了各种螺纹的标记及标注方法。

1. 普通螺纹标记

螺纹代号-公差带代号-旋合长度代号-旋向

表 9-3 内、外螺纹的连接画法

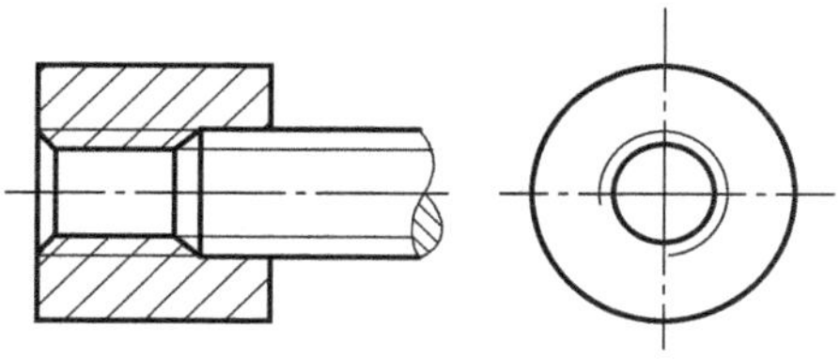	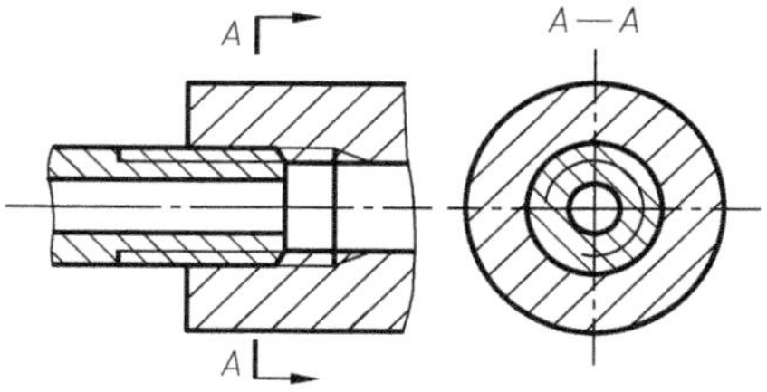
内螺纹未与外螺纹连接部分，按内螺纹绘制；连接部分，应按外螺纹绘制。剖切面通过实心螺杆轴线时，螺杆按不剖绘制	剖切平面通过空心管子轴线时，空心管子按剖切绘制，内外螺纹连接部分仍按外螺纹绘制

（1）螺纹代号　螺纹代号为："牙型符号公称直径×螺距旋向"，其中牙型符号用"M"；公称直径是指螺纹大径的基本尺寸；普通螺纹分粗牙、细牙两种，粗牙普通螺纹不需注出螺距。

（2）公差带代号　公差带代号由表示其大小的公差等级数字和表示其偏差位置的字母组成，大写字母表示内螺纹，小写字母表示外螺纹。螺纹公差带代号包括中径和顶径，两者不同时应分别标注，若两者相同，则只需标注一个。例如：

M16-5g6g，其公差代号表示中径公差带为 5g，顶径公差带为 6g 的外螺纹。

M16-6H，其公差带代号表示中径和顶径公差带均为 6H 的内螺纹。

（3）旋合长度代号　螺纹旋合长度代号分为 S（短）、N（中）、L（长）三种。中等旋合长度 N 不必注出。例如，M10-5g6g；M10-7H-L。

（4）旋向　右旋螺纹不需注出旋向；左旋注"LH"；细牙普通螺纹需注出螺距。例如："M20"表示公称直径为 20mm，右旋普通螺纹；"M20×1.5-LH"表示公称直径为 20mm，螺距为 1.5mm，左旋细牙普通螺纹。

2. 管螺纹的标记

55°非密封管螺纹：

螺纹特征代号 尺寸代号 公差等级代号 - 旋向

55°密封管螺纹：

螺纹特征代号 尺寸代号 - 旋向

（1）螺纹特征代号　55°非密封管螺纹特征代号为"G"。55°密封管螺纹特征代号分四种：圆锥外螺纹为"R_1"和"R_2"；圆锥内螺纹为"Rc"；圆柱内螺纹为"Rp"。

（2）管螺纹的尺寸　是指管子的孔径（单位为英寸），不是螺纹大径。

（3）螺纹公差等级代号　外螺纹分 A、B 两级，内螺纹不标注。

（4）旋向　左旋螺纹标注"LH"，右旋螺纹省略标注。例如：

55°非密封管螺纹，孔径 1½in⊖，代号为 1½，A 级外螺纹，左旋，其标记为 G1½A-LH。

⊖ 1in = 0.0254m。

3. 梯形螺纹标记

梯形螺纹标记形式同普通螺纹。

（1）螺纹代号　单线梯形螺纹代号为“牙型符号公称直径×螺距旋向”；多线梯形螺纹代号为“牙型符号公称直径×导程（*P* 螺距）旋向”。其中，牙型符号用“Tr”，公称直径指螺纹大径的基本尺寸，左旋螺纹“旋向”注“LH”，右旋螺纹无需注出。例如：

Tr40×7，表示公称直径为 40mm，螺距为 7mm 的单线右旋梯形螺纹。

（2）公差带代号　梯形螺纹只注中径公差带代号，标注方法与普通螺纹相同。

（3）旋合长度代号　梯形螺纹的旋合长度分为 N（中）、（长）L 两组，中等旋合长度不需注出。例如：

Tr40×14（P7）LH-8e-L，表示公称直径为 40mm，导程为 14mm，螺距为 7mm 的双线左旋梯形外螺纹，中径公差带为 8e，长旋合长度。

4. 锯齿形螺纹标记

锯齿型螺纹的牙型符号用“B”，其标记形式与梯形螺纹相同。公称直径为螺纹大径，左旋螺纹标注“LH”字，右旋则不注。例如：

公称直径为 36mm 导程为 12mm，线数为 2、公差带为 8e 的左旋锯齿形螺纹的标记为 B36×12(P6)LH-8e。

以上几种标准螺纹的标注示例见表 9-1。

5. 特殊螺纹的标注

标注特殊螺纹时应在牙型符号前加注“特”字，如图 9-11a 所示，必要时也可注出极限尺寸，如：特 Tr50×5-d_2 47. 445/46. 935。

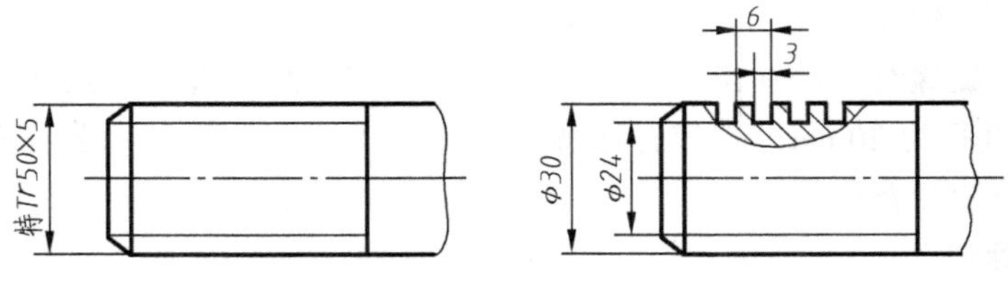

a) 特殊螺纹　　b) 非标准螺纹

图 9-11　特殊螺纹和非标准螺纹的标注

6. 非标准螺纹的标注

对于非标准螺纹，应画出螺纹的牙型，并注出所需要的全部尺寸及有关要求，如图 9-11b所示。

第三节　螺纹紧固件及其连接画法

一、螺纹紧固件

常用螺纹紧固件包括：螺栓、螺柱、螺钉、螺母、垫圈等，被称为标准件，如图 9-12 所示。它们的种类很多，但其结构形状和尺寸都已标准化，可从有关标准中查出。标准件一般由专业厂家生产，用户可根据需要按规定标记购买即可，无需画图和单独加工制造。常用的螺纹紧固件的标记及各部分结构参数数值见附录 D 中的表 D-1～表 D-10。

a) 开槽盘头螺钉　b) 内六角圆柱头螺钉　c) 十字槽沉头螺钉　d) 开槽锥端紧定螺钉　e) 六角头螺栓

f) 双头螺柱　g) 六角螺母　h) 开槽六角螺母　i) 平垫圈　j) 弹簧垫圈

图 9-12　螺纹紧固件

二、螺纹紧固件的连接形式

螺纹紧固件的连接形式通常有三种，如图 9-13 所示。

1. 螺栓连接

螺栓适用于连接两个不太厚的零件。连接时将螺栓穿过两零件的光孔，加上垫圈，最后用螺母紧固。垫圈的作用是增加螺母与被连接件之间的接触面积（以便受力均匀）和防止损伤被连接件表面。

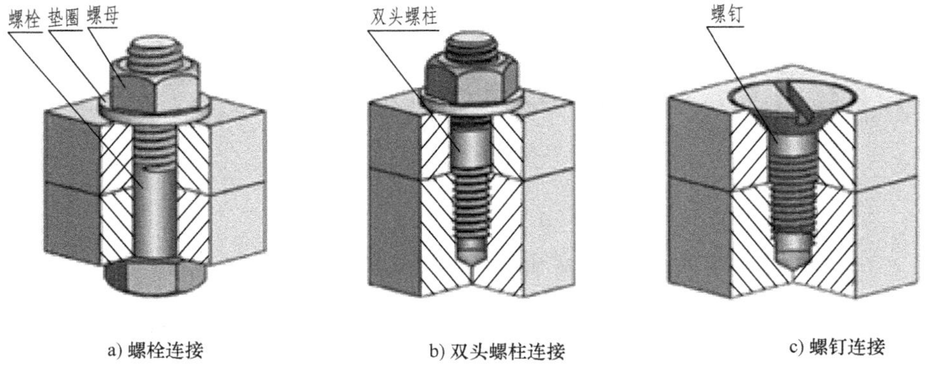

a) 螺栓连接　b) 双头螺柱连接　c) 螺钉连接

图 9-13　螺纹紧固件的连接形式

2. 双头螺柱连接

双头螺柱用在结构上不能用螺栓连接的场合。例如，被连接零件之一太厚或不允许钻成通孔等情况。连接时，将双头螺柱一端（旋入端）旋入被连接的螺纹孔内，另一端（紧固端）穿过另一被连接件的通孔，加上垫圈并拧紧螺母。

3. 螺钉连接

螺钉连接常用于被连接零件受力不大，又不需要经常拆装的场合。连接时将螺钉穿过一被连接件的通孔，而与另一被连接件的螺纹孔旋合。

三、螺纹紧固件的连接画法

1. 一般规定

1）相邻两零件的表面接触时，画一条粗实线作为分界线；不接触时应画两条线，间隙过小时，应夸大画出。

2）在剖视图中，相邻零件的剖面线要有所区别（方向相反或间距不一致）。同一零件在各个剖视图中的剖面线方向、间距应一致。

3）剖切平面通过标准件或实心杆件的轴线时，这些零件应按不剖处理，即只画外形。

2. 按国家标准规定的数据画图

绘制螺纹紧固件的连接图（或称装配图）时，首先应知道螺纹紧固件的型式、公称直径，然后从有关标准中查出它们的尺寸。其中螺栓、螺柱、螺钉的公称长度先按下列算式算出其参考长度 l'，将 l 与国标中的标准长度（附录 D 中的表 D-1～表 D-3）对照，如果不符合，则应选取与之相近的 l 值。如图 9-14 所示。

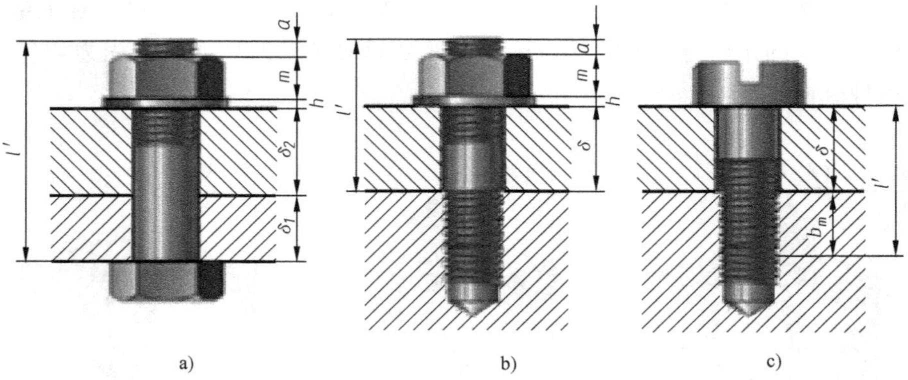

图 9-14　常用螺纹紧固件连接的示意图

（1）螺栓的公称长度　　$l'=\delta_1+\delta_2+h+m+a$　（$a\approx0.3d$）

（2）双头螺柱的公称长度　　$l'=\delta+h+m+a$

（3）螺钉的公称长度　　$l'=\delta+b_m$

三种螺纹连接件连接的画法如图 9-15～图 9-17 所示。

根据装配图画法的规定（后面将介绍），如图 9-15～图 9-17 所示的画法可采用如图 9-18 所示的简化画法。

3. 比例画法

为方便作图，省去查表时间，可根据连接件螺纹的公称直径按图 9-19 所示的比例和作图方法确定各紧固件的其余尺寸。

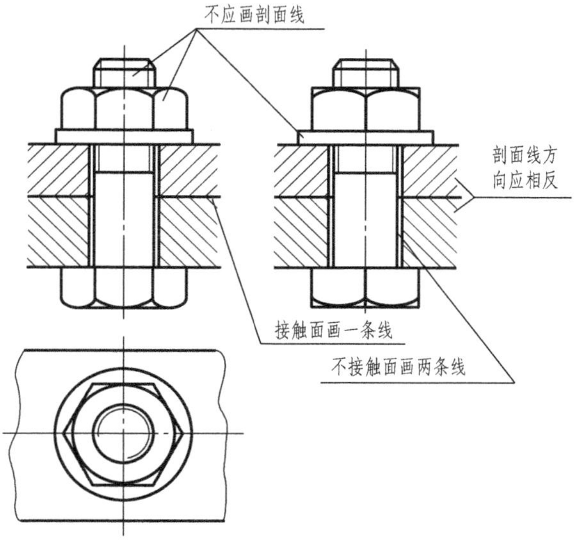

图 9-15　螺栓连接画法

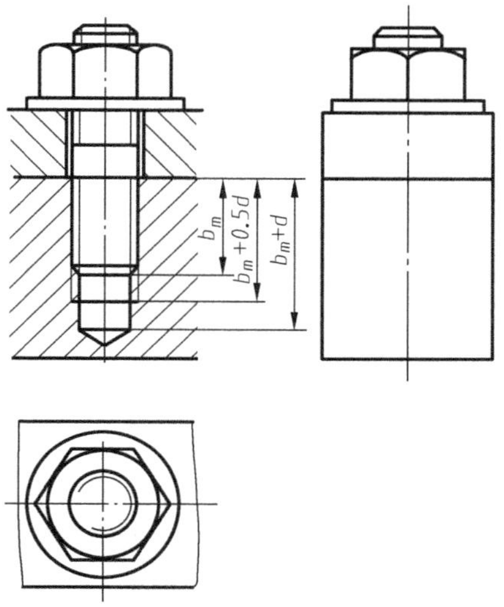

图 9-16　双头螺柱连接画法

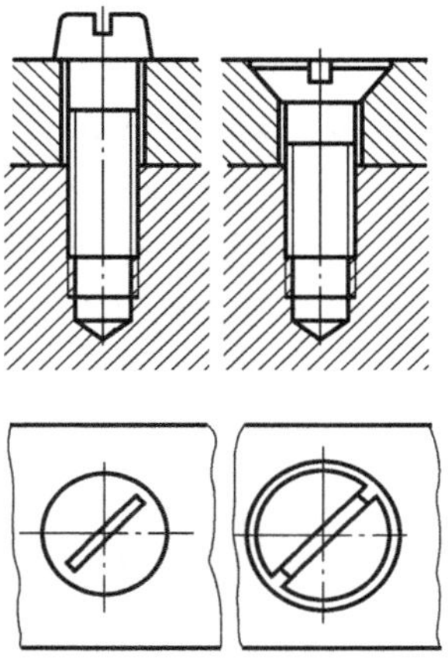

图 9-17　螺钉连接画法

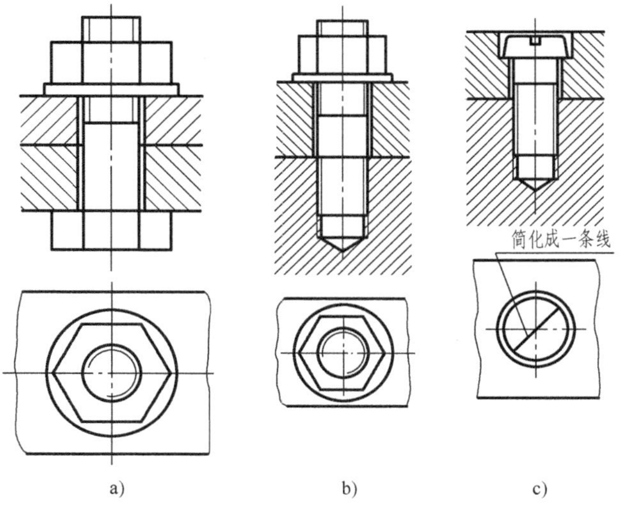

图 9-18　紧固件连接简化画法

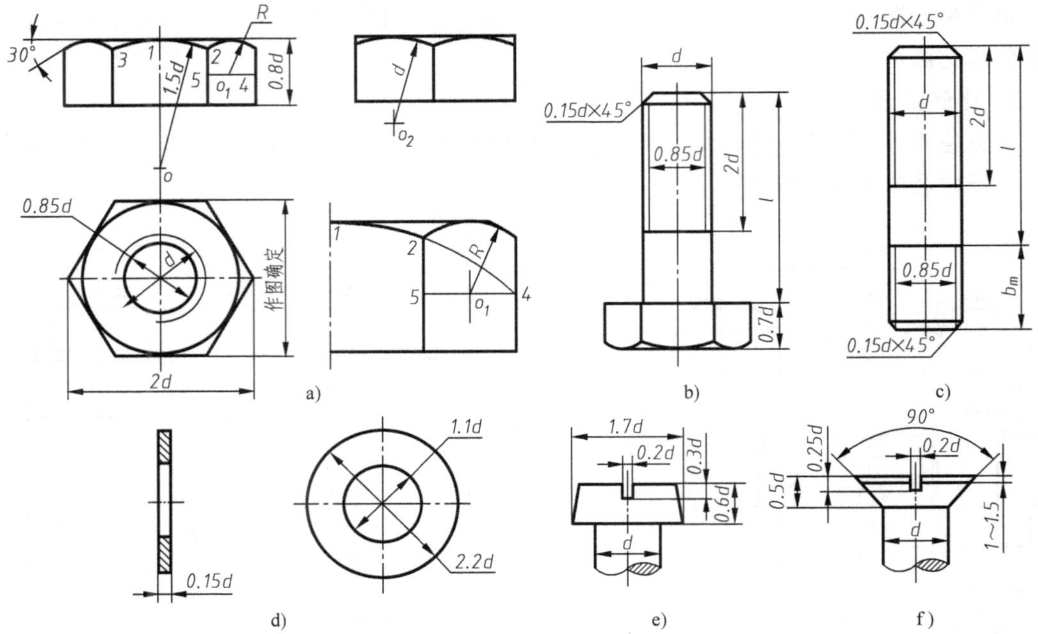

图 9-19　螺纹紧固件的比例画法

第四节　键　连　接

键常用于轴和齿轮，带轮等可拆连接。在轴和轮毂上都开有键槽，将键嵌入，起传递转矩的作用。键及键槽的结构形式和尺寸都已标准化，根据轴的直径从有关标准中查阅选用。

一、常用键

常用的键有普通平键、半圆键和钩头楔键。其型式、标注和连接画法见表 9-4。

表 9-4　常用键的型式、标注和连接画法

名称	图例	标注方法	连接画法
普通平键	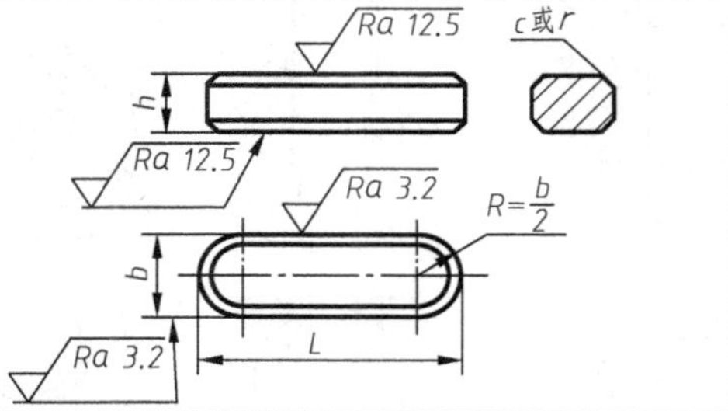	A 型圆头普通平键:键宽 b=18, L(根据计算选定)= 100,高度 h=11,其标注为 GB/T 1096—2003 键 18×11×100	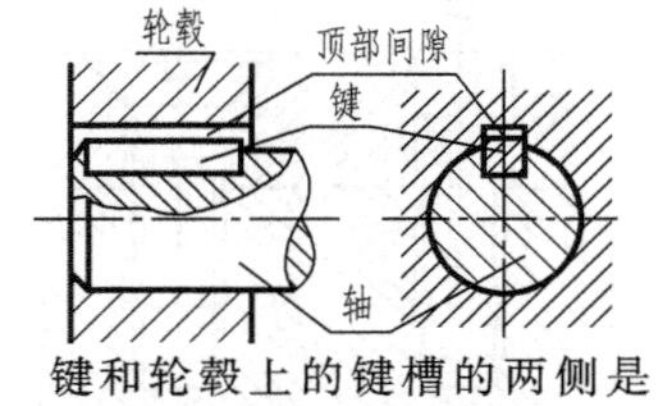键和轮毂上的键槽的两侧是工作面,没有间隙,顶部应有间隙,倒角不画
半圆键	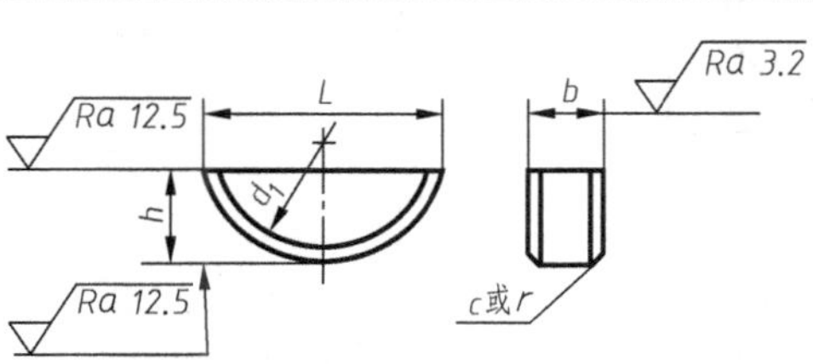	半圆键:键宽 b=6, d_1 = 25,高度 h = 10,其标注为 GB/T 1099.1—2003 键 6×10×25	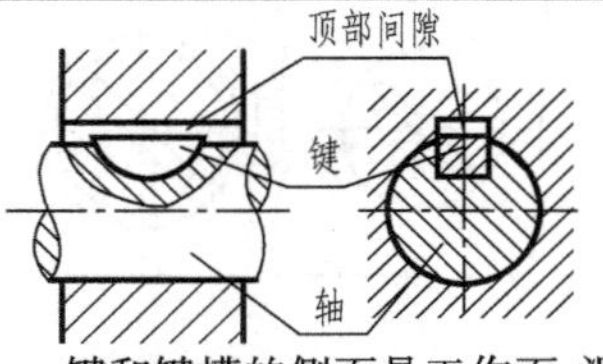键和键槽的侧面是工作面,没有间隙,顶部应有间隙,键倒角不画

（续）

名称	图例	标注方法	连接画法
钩头楔键	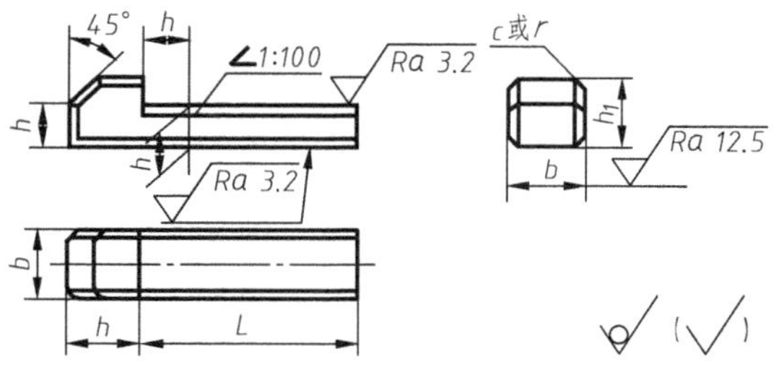	钩头楔键：键宽 $b=8$，$L=40$，其标注为 GB/T 1565—2003 键 8×40	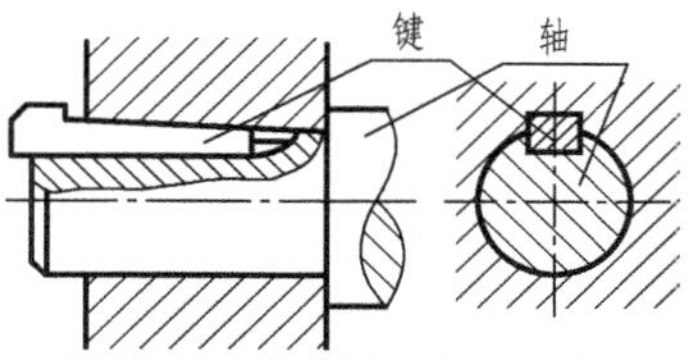 键的顶面有斜度，它和键槽的底面是工作面没有间隙，两侧无间隙。键倒角不画

二、花键

花键的齿形有矩形、渐开线形等。常用的是矩形花键。

花键具有传递转矩大、连接强度高、工作可靠和导向性好等优点，是机床、汽车等变速箱中常用的传动轴。

1. 花键及其连接画法

图 9-20 所示为矩形花键的画法和尺寸标注。花键尾部一般画成与轴线成 30°的斜线，必要时可按实际情况画出。当采用省略画法时，应注明齿数。

2. 花键的标注

花键的标注方法有两种：一种是在图中注出大径 *D*、小径 *d*、键宽 *b* 和齿数 *Z* 等；另一种是用指引线注出花键代号，其型式是 $z\text{-}D\times d\times b$。无论采用哪种注法，都应在图上注出花键工作长度 *L*。如图 9-20、图 9-21、图 9-22 所示。

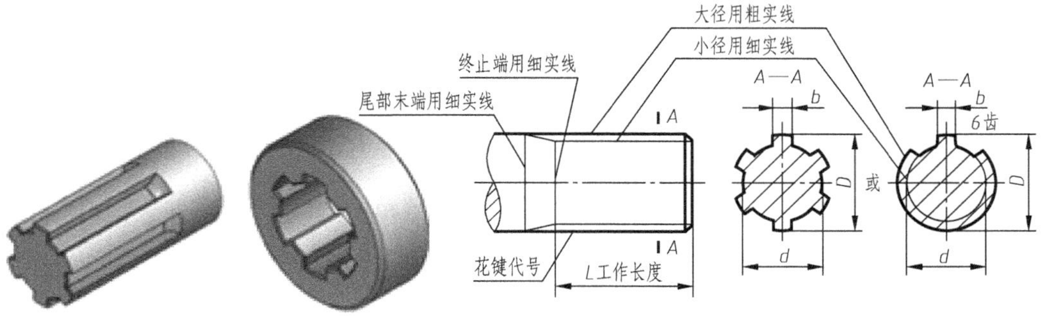

图 9-20 矩形花键轴的画法和尺寸标注

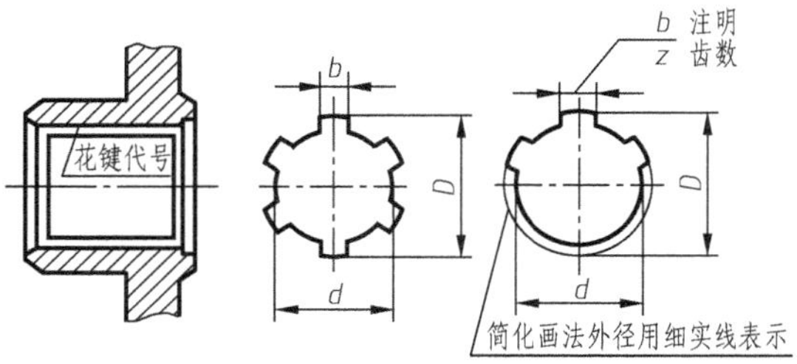

图 9-21 矩形花键孔的画法和尺寸标注

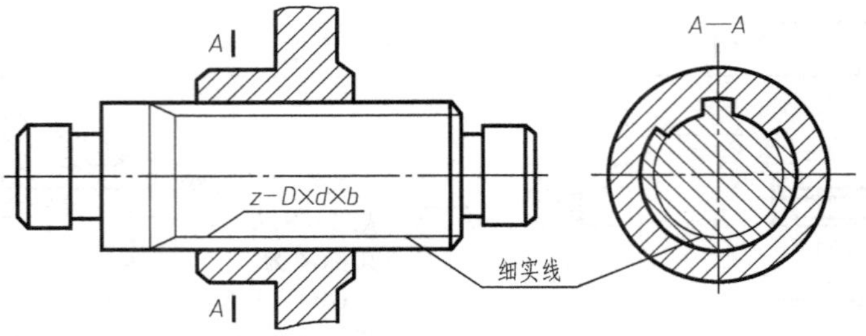

图 9-22　矩形花键连接的画法和代号标注

第五节　销　连　接

销主要用于相关零件的连接和定位。销及销孔的结构，型式和尺寸已标准化，可从有关标准中查阅选用。常用的销有圆柱销、圆锥销和开口销，其型式、标注和连接画法见表 9-5。

表 9-5　销的型式、标注和连接画法

名称	图例	标记方法	连接画法
圆柱销	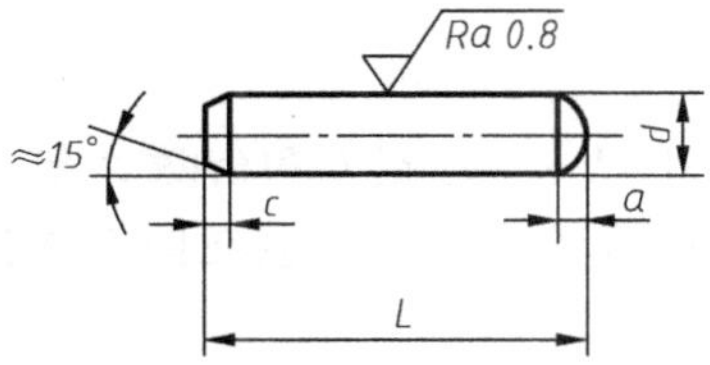	公称直径 d = 8mm，公差 m6，长度 L = 30mm，材料为 35 钢的圆柱销 销　GB/T 119.1 8m6×30	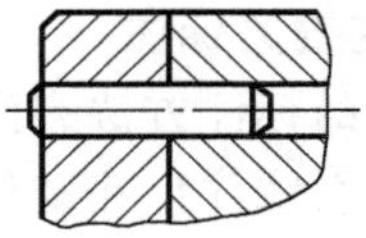
圆锥销	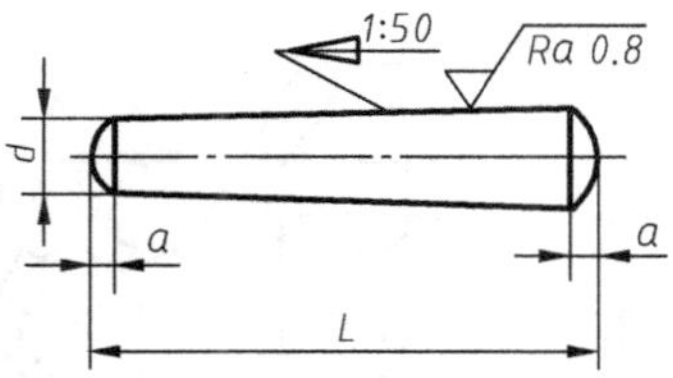	公称直径 d = 10mm，长度 L = 60mm，材料为 35 钢，热处理硬度为 28～38HRC，表面氧化处理的 A 型圆锥销 销 GB/T 117　A10×60	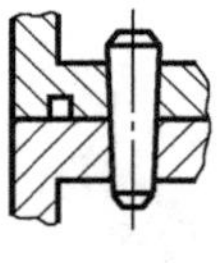
开口销	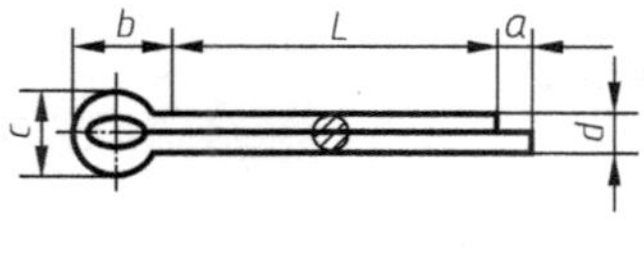	公称直径 d = 5mm，长度 L = 50mm，材料为低碳钢，不经表面处理的开口销 销　GB/T 91 5×50	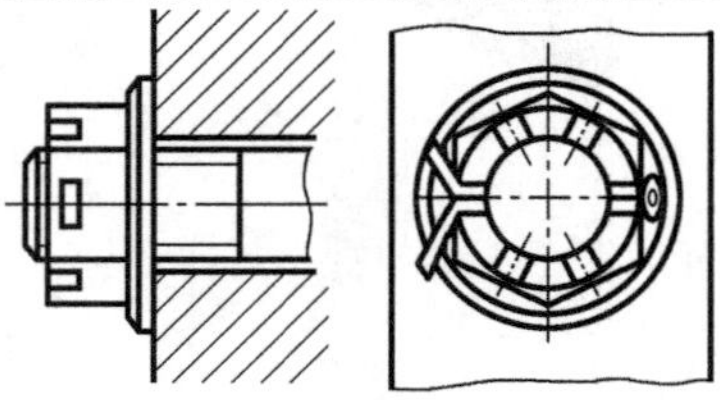

用销连接和定位的两个零件上的销孔，一般须一起加工，并在图上注写“装配时作”或“与××件配作”。圆锥销的公称尺寸指小端直径。

第十章

10

齿轮、弹簧和滚动轴承

齿轮、弹簧和滚动轴承都是机器或部件中广泛使用的零件。其中，齿轮和弹簧是常用件，国家标准《机械制图》对它们的部分结构、尺寸等做了统一规定，而滚动轴承是标准部件。本章将主要介绍这三种零（部）件的基本知识和规定画法。

第一节　圆柱齿轮

齿轮是一种在机器或部件中广泛使用的传动零件（图 9-1）。它能将一根轴的动力及运动传递给另一根轴，并可改变转速大小和旋转方向。

圆柱齿轮常用于两平行轴之间的传动。如图 10-1 所示。

圆柱齿轮由于轮齿与齿轮轴线方向不同，可分为直齿轮、斜齿轮和人字齿轮，如图 10-2 所示。最常用的是直齿圆柱齿轮。

一、直齿圆柱齿轮各部分名称和有关尺寸参数

图 10-3 所示为相啮合的一对标准直齿圆柱齿轮的示意图。图中给出了齿轮各部分名称和代号。

图 10-1　圆柱齿轮传动

a) 直齿轮　　b) 斜齿轮　　c) 人字齿轮

图 10-2　圆柱齿轮的种类

（1）齿数 z　主动轮齿数用 z_1 表示，从动轮齿数用 z_2 表示。

（2）齿顶圆直径 d_a　过齿顶面所作圆的直径，用 d_a 表示。

（3）齿根圆直径 d_f　过齿根面所作圆的直径，用 d_f 表示。

(4) 节圆直径 d'和分度圆直径 d　两啮合齿轮的中心分别为 O_1 和 O_2，两齿轮一对齿廓的啮合接触点是在连心线 O_1O_2 上的点 P，此点称为节点。分别以 O_1、O_2 为圆心，O_1P、O_2P 为半径所作的两个节圆称为节圆，其直径用 d'表示。齿轮的传动可以假想是这两个节圆作无滑动的纯滚动。

对单个齿轮来说，分度圆是设计、制造齿轮时进行各部分尺寸计算的基准圆，其直径用 d 表示。一对正确安装的标准齿轮，其分度圆是相切的，因此，对标准齿轮而言，分度圆和节圆是一致的，即 $d=d'$。

(5) 齿距 p、齿厚 s 和槽宽 e　分度圆周上相邻两齿廓对应点之间的弧长称为齿距 p。相互啮合的两个齿轮的齿距应相等。每个轮齿在分度圆周上的弧长，称齿厚 s，对于标准齿轮，齿厚为齿距的一半，即 $s=\frac{1}{2}p$。

两齿相邻两侧面在分度圆周上的弧长，称为槽宽 e。在标准齿轮的分度圆周上，齿厚 s 等于槽宽 e，即 $s=e=\frac{1}{2}p$。

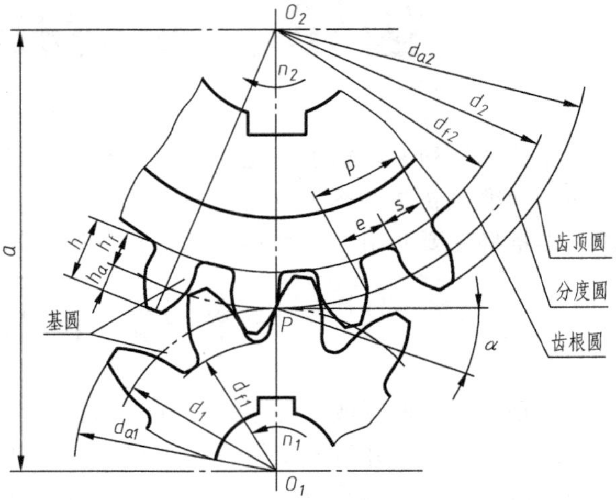

图 10-3　直齿圆柱齿轮各部分名称及代号

(6) 模数 m　若齿轮的齿数为 z，则分度圆周的周长为 $\pi d=zp$，即有 $d=\frac{p}{\pi}z$。式中 p 与 π 的比值称为齿轮的模数，以 m 表示，即 $m=\frac{p}{\pi}$。相互啮合的两个齿轮模数应相等。

模数 m 不是齿轮上某一具体结构的尺寸，但它是计算和制造齿轮的一个重要参数。模数的意义在于它的大小决定了齿厚的大小，因而也就反映了齿轮承载能力的大小。模数越大，齿轮各部分的尺寸越大，齿轮承载能力越大。

模数的单位是毫米，其数值主要由受力大小、所用材料等因素在设计时确定。不同模数的齿轮要用不同的刀具来加工。为了便于设计和加工齿轮，模数的数值已标准化。国家标准规定的齿轮标准模数见表 10-1。

表 10-1　齿轮模数系列

第一系列	1、1.25、1.5、2、2.5、3、4、5、6、8、10、12、16、20、25、32、40、50
第二系列	1.125、1.375、1.75、2.25、2.75、3.5、4.5、5.5、(6.5)、7、9、11、14、18、22、28、36、45

注：1. 应优先采用第一系列，其次是第二系列，括号内数值尽可能不用。
2. 对斜齿轮是指法向模数。
3. 对锥齿轮是指大端模数。

(7) 齿顶高 h_a 齿根高 h_f 和全齿高 h

1) 齿顶圆与齿根圆之间的径向距离称之为全齿高，用 h 表示。

2) 齿顶圆与分度圆之间的径向距离称之为齿顶高，用 h_a 表示。

3）分度圆与齿根圆之间的径向距离称之为齿根高，用 h_f 表示。

（8）齿形角（也称压力角）α 标准齿轮传动时，两相啮合齿廓在节点 P 处的公法线方向（即齿廓受力方向）与两分度圆公切线方向（即节点 P 处的瞬时运动方向）之间所夹的锐角。我国标准齿轮所采用的齿形角一般为 20°。

（9）传动比 i 指主动轮的转速 n_1（r/min）与从动轮转速 n_2（r/min）之比，即 $i=n_1/n_2$。由于转速与齿数成反比，故有

$$i=n_1/n_2=z_2/z_1$$

（10）中心距 a 两啮合齿轮的轴线之间距离称为中心距，用 a 表示。

$$a=\frac{1}{2}(d_1+d_2)$$

二、直齿圆柱齿轮各部分尺寸计算公式

计算齿轮各部分尺寸的基本参数是齿数 z 和模数 m，齿轮各部分尺寸的计算公式见表 10-2，供画图时参考。

表 10-2 直齿圆柱齿轮的计算公式

基本参数	模数 m 齿数 z 和齿形角 α		
名称	代号	计算公式	举例（$z=30$，$m=10$mm）
分度圆直径	d	$d=mz$	$d=10\text{mm}\times30=300\text{mm}$
齿 顶 高	h_a	$h_a=m$	$h_a=10\text{mm}$
齿 根 高	h_f	$h_f=1.25m$	$h_f=1.25\times10\text{mm}=12.5\text{mm}$
全 齿 高	h	$h=h_a+h_1=2.25m$	$h=2.25\times10\text{mm}=22.5\text{mm}$
齿顶圆直径	d_a	$d_a=d+2h_a=m(z+2)$	$d_a=10\text{mm}\times(30+2)=320\text{mm}$
齿根圆直径	d_f	$d_f=d-2h_1=m(z-2.5)$	$d_f=10\text{mm}\times(30-2.5)=275\text{mm}$
中 心 距	a	$a=2(d_1+d_2)=2m(z_1+z_2)$	

三、直齿圆柱齿轮的规定画法

1. 单个圆柱齿轮的画法

根据国标（GB/T 4459.2—2003）规定，齿轮轮齿部分的画法按图 10-4 所示绘制。

1）齿顶圆和齿顶线用粗实线绘制，如图 10-4a 所示。

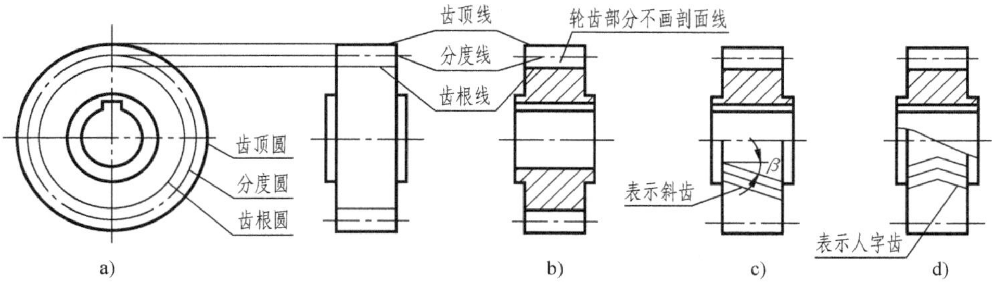

图 10-4 单个圆柱齿轮的画法

2）分度圆和分度线用细点画线绘制，如图 10-4a 所示。

3）齿根圆和齿根线用细实线绘制，也可省略不画，如图 10-4a 所示。

4）在剖视图中，沿轴线剖切时，轮齿规定不画剖面线，齿根线用粗线绘制，如图 10-4b 所示。

5）当需要表示齿线的方向时，如对于斜齿轮和人字齿轮等，可用三条细实线（与齿线方向一致）表示，如图 10-4c、d 所示。

2. 圆柱齿轮的啮合画法

一般采用两个视图表示，如图 10-5 所示。

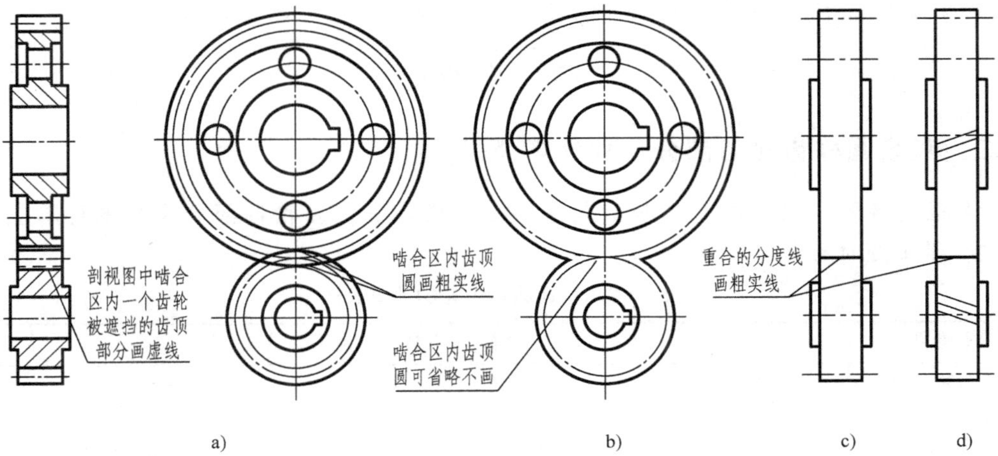

图 10-5　圆柱齿轮啮合画法

1）平行轴线投影面上的视图，若取剖视，在啮合区内，两节线重合画成细点画线；将一齿轮的轮齿用粗实线绘制，而另一个齿轮的轮齿被遮挡部分用虚线绘制，如图 10-5a 所示。由于齿顶高与齿根高相差 0.25m，因此一齿轮的齿顶线与另一个齿轮的齿根线之间应相差 0.25m 的间隙，如图 10-6 所示。

若不取剖视，啮合区内的齿顶线不画，而分度线用粗实线绘制，如图 10-5c、d 所示。

2）轴向视图中，啮合区内齿顶圆均用粗实线绘制（图 10-5a），也可省略，如图 10-5b 所示。

图 10-7 所示为齿轮齿条啮合时的画法。齿条可以看成是直径无限大的齿轮，此时齿顶圆、齿根圆和分度圆都是直线。

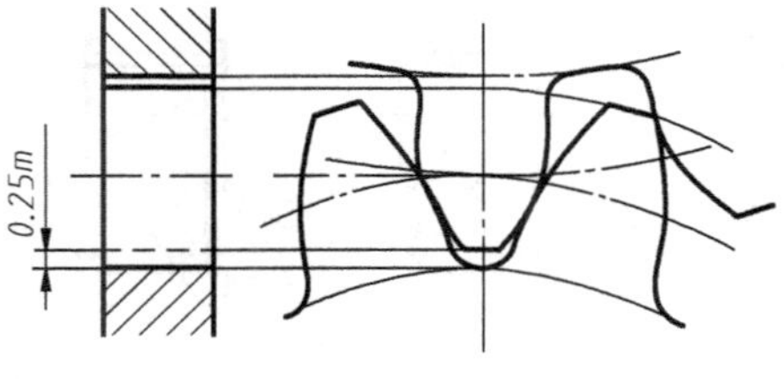

图 10-6　两个齿轮啮合的间隙

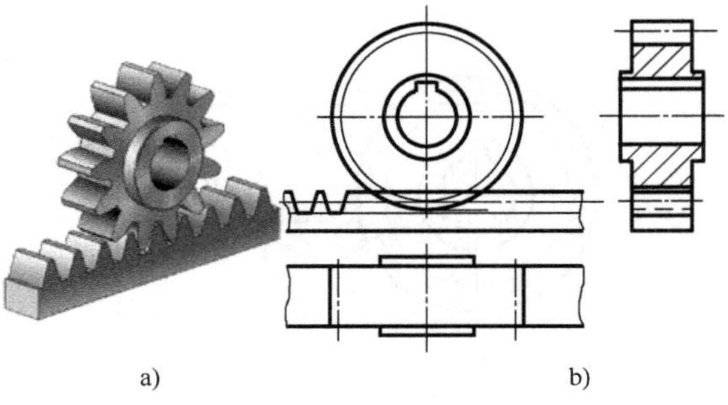

图 10-7　齿轮、齿条的啮合画法

图 10-8 所示是一直齿圆柱齿轮零件图（关于零件图的定义除图形外的其他一些内容将在第十一章详细介绍），供画图时参考。

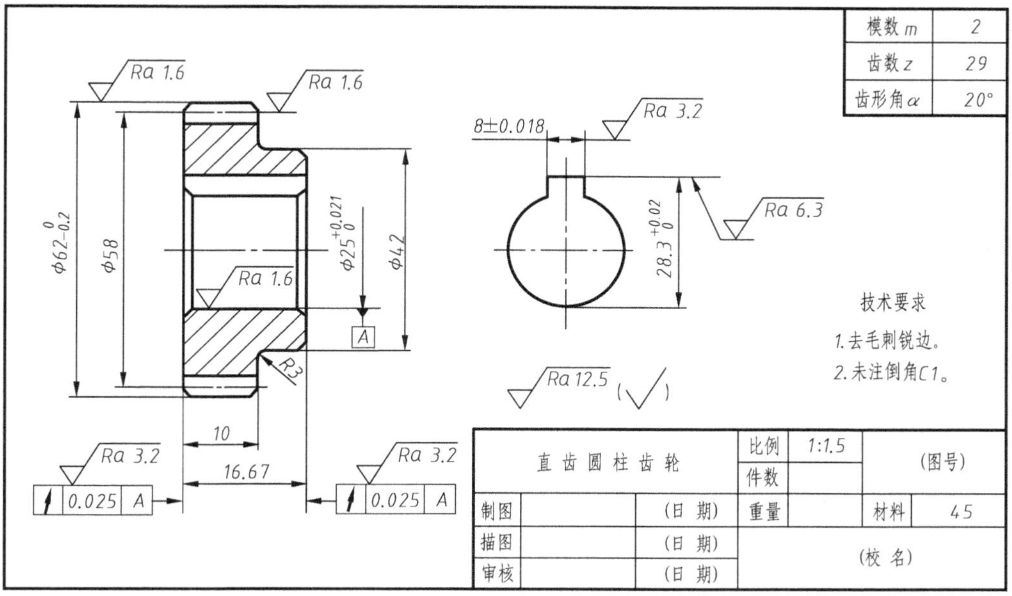

图 10-8　直齿圆柱齿轮零件图

第二节　锥　齿　轮

锥齿轮用于传递相交两轴之间的旋转运动，通常两轴相交成直角，如图 10-9 所示。

锥齿轮同样有直齿和斜齿之分，常用的是直齿锥齿轮。由于其轮齿是在圆锥面上加工出来的，因而一端大，一端小。为了设计和制造的方便，国家标准规定以大端模数作为标准模数，一对相互啮合的锥齿轮模数相同，其大端模数的具体数值按表 10-1 选取。

一、直齿锥齿轮各部分的名称及尺寸计算

锥齿轮各部分名称如图 10-10 所示。直齿锥齿轮各部分的尺寸同圆柱齿轮一样，也同模数 m 和齿数有关。标准规定以大端模数为准，以此计算和确定齿轮其他各部分尺寸。轴线相交成直角的一对相互啮合的直齿锥齿轮各部分尺寸计算公式见表 10-3。

二、直齿锥齿轮的规定画法

锥齿轮的规定画法基本与圆柱齿轮相同。一般也采用两个视图。

1. 单个锥齿轮的画法（图 10-11）

1）单个锥齿轮的主视图通常采用全剖视图，如图 10-11a 所示；如主视图不剖时，则齿根线不画，如图 10-11b 所示。

2）在反映圆的视图中，用粗实线画出齿轮大端和小端的齿顶圆，用细点画线画出大端的分度圆，如图 10-11a 所示。

图 10-9　锥齿轮传动

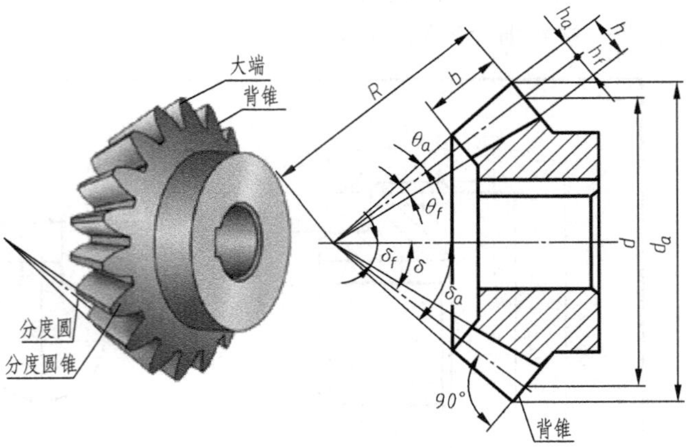

图 10-10　锥齿轮各部分名称及代号

表 10-3　直齿锥齿轮各部分尺寸计算公式

基本参数	模数 m,齿数 z 和分度圆锥角 δ		
名称	代号	计算公式	计算举例($m=2\text{mm}$,$\delta=60°$,$z=25$)
分度圆直径	d	$d=mz$	$d=2\text{mm}\times25=50\text{mm}$
齿 顶 高	h_a	$h_a=m$	$h_a=2\text{mm}$
齿 根 高	h_f	$h_f=1.2m$	$h_f=1.2\times2\text{mm}=2.4\text{mm}$
齿 高	h	$h=h_a+h_f=2.2\text{m}$	$h=2.2\times2\text{mm}=4.4\text{mm}$
齿顶圆直径	d_a	$d_a=m(z+2.4\cos\delta)$	$d_a=2\text{mm}\times(25+2.4\times\cos60°)=52.4\text{mm}$
齿根圆直径	d_f	$d_f=m(z-2.4\cos\delta)$	$d_f=2\text{mm}\times(25-2.4\times\cos60°)=47.6\text{mm}$
外 锥 距	R	$R=mz/2\sin\delta$	$R=28.87\text{mm}$
齿 顶 角	θ_a	$\tan\theta_a=2\sin\delta/z$	$\theta_a=3°58'$
齿 根 角	θ_f	$\theta_f=\tan^{-1}(h_f/R)$	$\theta_f=4°45'$
分度圆锥角	δ	$\tan\delta_1=z_1/z_2$	
		$\tan\delta_2=z_1/z_2$(或 $\delta_2=90°-\delta$)	
顶 锥 角	δ_a	$\delta_a=\delta+\theta_a$	$\delta_a=63°58'$
根 锥 角	δ_f	$\delta_f=\delta-\theta_f$	$\delta_f=55°15'$
齿 宽	b	$b\leqslant R/3$	$b\leqslant9.62\text{mm}$

3）对于斜齿锥齿轮，仍然用三条细斜线表示齿线的方向，如图 10-11c 所示。

图 10-12 所示为单个锥齿轮的画图步骤。

2. 锥齿轮的啮合画法

锥齿轮的啮合画法如图 10-13c 所示，主视图采用全剖视，啮合部分与圆柱齿轮类同；左视图画外形视图。作图步骤如图 10-13 所示。

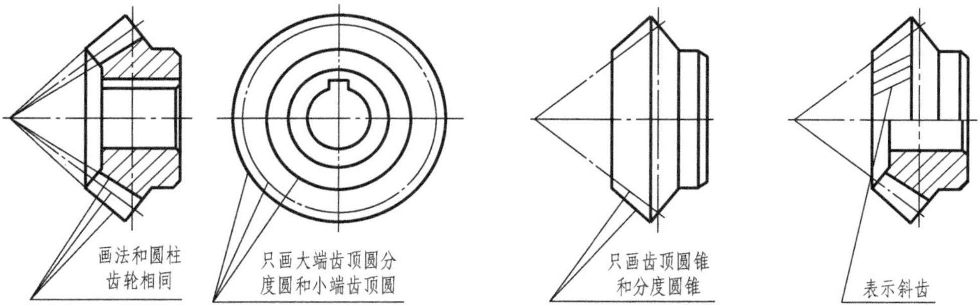

a) 规定画法　　b) 外形图　　c) 半剖视(斜齿)

图 10-11　单个锥齿轮的画法

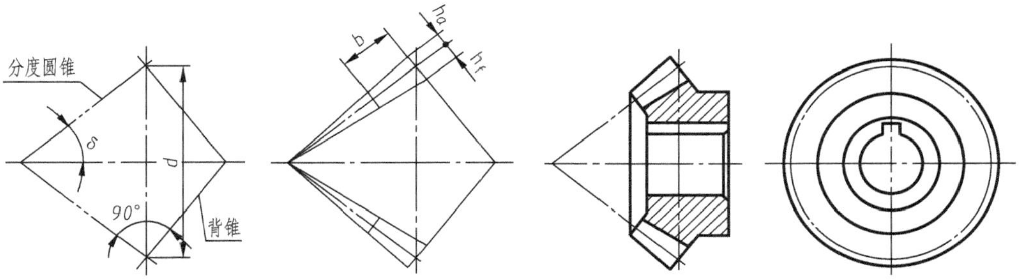

a) 画出分度圆锥和背锥母线　　b) 画轮齿部分　　c) 画其余部分、加深

图 10-12　锥齿轮画图步骤

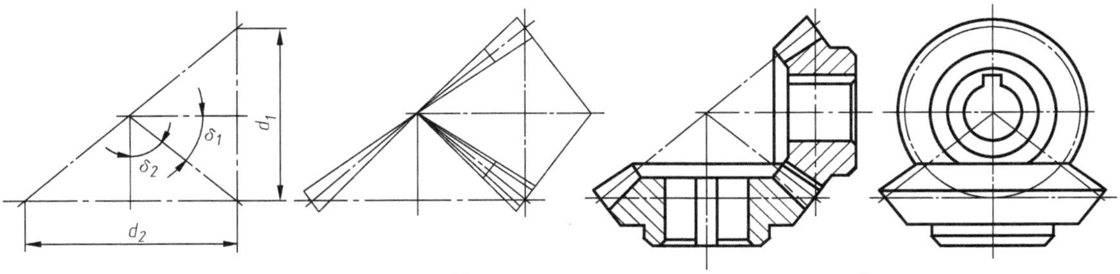

a)　　b)　　c)

图 10-13　锥齿轮的啮合画法

图 10-14 所示为锥齿轮零件工作图，供画图时参考。

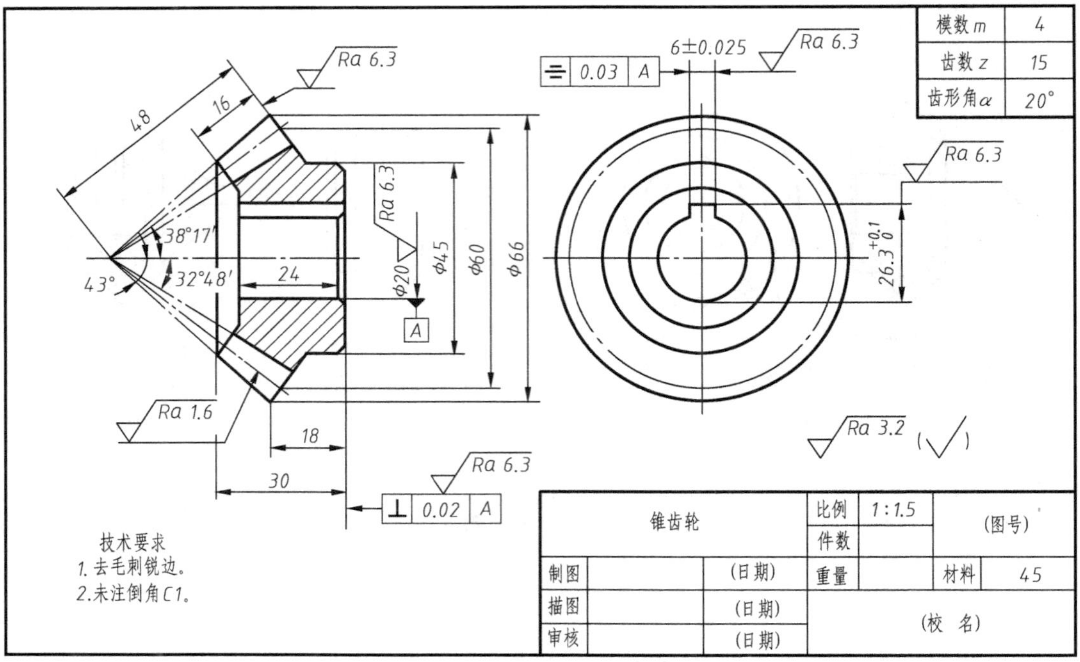

图 10-14　锥齿轮零件图

第三节　蜗轮和蜗杆

蜗轮蜗杆传动用于传递空间交叉两轴（通常是垂直交叉）间的旋转运动。在工作时，蜗杆是主动件，蜗轮是从动件，如图 10-15 所示。

图 10-15　蜗轮蜗杆传动

蜗杆的外形近似梯形螺杆，齿向为螺旋线。蜗杆的头数相当于螺纹的线数，同样有多线、单线和左旋、右旋之分，一般机器传动中所使用的蜗杆头数多为单头或双头。

蜗轮形状类似于斜齿圆柱齿轮，为了增加蜗轮蜗杆啮合时工作表面的接触面积，以利于传递较大的动力，蜗轮的轮齿部分常加工成凹弧形。

蜗轮蜗杆传动具有较大的传动比，如单头蜗杆旋转一周，蜗轮只转过一个齿，故广泛应用于减速装置中。传动比的计算公式如下：

$$i = n_1(\text{蜗杆转速})/n_2(\text{蜗轮转速}) = z_2(\text{蜗轮齿数})/z_1(\text{蜗杆头数})$$

此外，蜗轮蜗杆传动还具有结构紧凑，传动平稳等优点，但缺点是摩擦力大，效率低。

一、蜗轮与蜗杆各部分名称及尺寸关系

蜗轮、蜗杆各部分的尺寸是在通过蜗杆轴线并垂直于蜗轮轴线的剖面内确定与计算的。

在一对相互啮合的蜗轮蜗杆传动中，国家标准规定：以蜗杆的轴向模数 m_x 为标准模数并等于蜗轮的端面模数 m_t，即 $m_x=m_t$。

由于蜗轮的齿形主要决定于蜗杆的齿形，因此，蜗轮一般是用尺寸、形状与蜗杆相同但顶径略大于蜗杆顶径的蜗轮滚刀来加工的。但由于模数相同的蜗杆可能有很多不同的蜗杆直径存在，因而在加工蜗轮时，就需采用不同的蜗轮滚刀。为了减少蜗轮滚刀数目，便于标准化，除了规定标准模数外，还规定了对应一定模数的蜗杆分度圆直径，这样，蜗杆直径尺寸就有限了。从而引出蜗杆特性系数 q。

$$q=d(\text{蜗杆分度圆直径})/m_x(\text{模数})$$

蜗杆特性系数与蜗杆标准模数见表 10-4。

表 10-4 蜗杆特性系数与蜗杆标准模数

模数 m_x	1	1.5	2	2.5	3	4	5	6	8	10	12	14	16	18	20	26
蜗杆特性系数 q		14	13	12	12	11	10(12)	9(11)	8(11)	8(11)	8(11)	9	9	8	8	8

注：1. 括号内数值尽可能不用。

2. 常用模数 m_x = 5～12mm，各有两个 q 值，较大的 q 值用于套在轴上的齿圈。

1. 蜗轮各部分名称及尺寸计算

图 10-16 所示为蜗轮各部分名称。

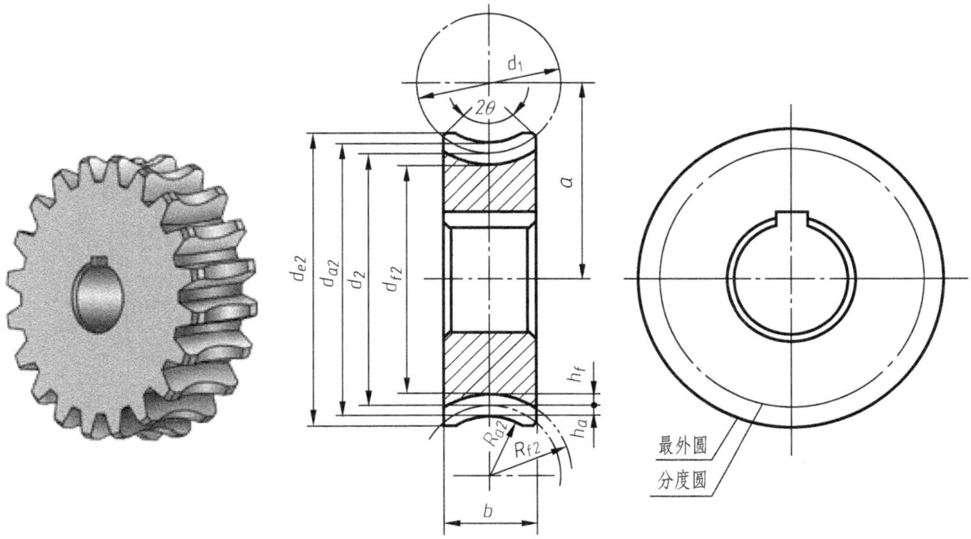

图 10-16 蜗轮各部分名称及画法

蜗轮各部分尺寸计算公式见表 10-5。

2. 蜗杆各部分名称及尺寸计算

图 10-17 所示为蜗杆各部分名称。

表 10-6 所列为蜗杆各部分尺寸计算公式。

表 10-5 蜗轮各部分尺寸计算公式

名称	代号	计算公式	备注
分度圆直径	d_2	$d_2=mz_2$	z_1——蜗杆头数 z_2——蜗轮齿数 m——模数(蜗轮端面模数=蜗杆轴向模数) β——蜗轮螺旋角 λ——蜗杆导程角 q——蜗杆特性系数
齿顶圆直径	d_{a2}	$d_{a2}=m(z_2+2)$	
齿根圆直径	d_{f2}	$d_{f2}=m(z_2-2.4)$	
齿顶圆弧面半径	R_{a2}	$R_{a2}=d_1/2-m$	
齿根圆弧面半径	R_{f2}	$R_{f2}=d_1/2+1.2m$	
蜗轮蜗杆中心距	a	$a=(d_2+d_1)/2=m(q+z_2)/2$	
蜗轮外径	d_{e2}	$d_{e2}\leqslant d_{a2}+2m$(当 $z_1=1$ 时) $d_{e2}\leqslant d_{a2}+1.5m$(当 $z_1=2\sim3$ 时) $d_{e2}\leqslant d_{a2}+2m$(当 $z_1=4$ 时)	
包角	2θ	$2\theta=45°\sim130°$	
螺旋角	β	$\beta=\lambda$ 且旋向相同	
齿宽	b	$b\leqslant0.75d_{a1}$(当 $z_1<3$ 时) $b\leqslant0.67d_{a1}$(当 $z_1=4$ 时)	

表 10-6 蜗杆各部分尺寸计算公式

名称	代号	计算公式	备注
分度圆直径	d_1	$d_1=mq$	z_1——蜗杆头数 z_2——蜗轮齿数 m——模数(蜗轮端面模数=蜗杆轴向模数) β——蜗轮螺旋角 λ——蜗杆导程角 q——蜗杆特性系数
齿顶高	h_{a1}	$h_{a1}=m$	
齿根高	h_{f1}	$h_{f1}=1.2m$	
齿高	h_1	$h_1=2.2m$	
齿顶圆直径	d_{a1}	$d_{a1}=m(q+2)$	
齿根圆直径	d_{f1}	$d_{f1}=m(q-2.4)$	
轴向齿距	p_x	$p_x=\pi m$	
导程角	λ	$\tan\lambda=z_1m/d_1=z_1/q$	
螺牙导程	p_z	$p_z=z_1p_x$	
螺杆螺纹长度	L	$L=(12+0.1z_2)m(z_1=1\sim2)$ $L=(13+0.1z_2)m(z_1=3\sim4)$	
轴向齿形角	α	$\alpha=20°$	

二、蜗轮、蜗杆的规定画法

1. 单个蜗轮、蜗杆的规定画法

蜗轮蜗杆轮齿部分的画法类似于圆柱齿轮。单个蜗轮的画法如图 10-16 所示。单个蜗杆的画法如图 10-17 所示。

蜗轮一般采用两个视图，以平行于蜗轮轴线的剖视图作为主视图，以垂直于轴线的外形图为左视图。在剖视图中，齿顶线和齿根线画成粗实线，分度线画成细点画线；在左视图中，轮齿部分只画蜗轮最大外圆和分度圆，齿顶圆和齿根圆可不画出来。

蜗杆主视图常使轴线水平放置，齿顶线画成粗实线，齿根线画成细实线，分度线画成细点画线。同时常有局部剖视图或局部放大图表示齿形，以便标注尺寸。

2. 蜗轮、蜗杆啮合画法

图 10-18 表示了蜗杆蜗轮啮合时规定画法，啮合区内蜗杆节线与蜗轮节圆相切。

1）在不剖画法中，蜗杆齿顶线用粗实线绘制，如图 10-18a 所示。

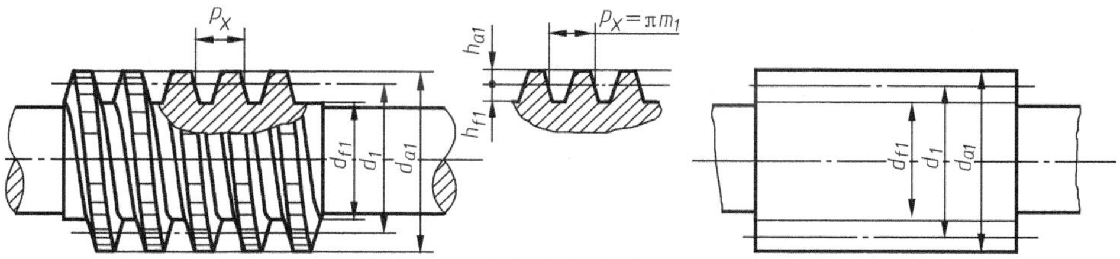

图 10-17 蜗杆各部分名称及画法

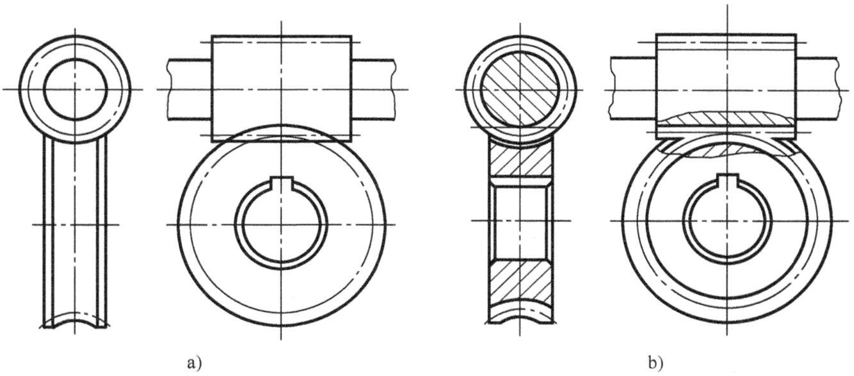

图 10-18 蜗轮、蜗杆的啮合画法

2）在剖视画法中，主视图采用全剖，左视图采用局剖视图。在啮合区内，将剖开的蜗杆投影画全，而被蜗杆遮住的蜗轮外圆及齿顶圆不画，如图 10-18b 所示。

图 10-19 和图 10-20 所示是蜗杆、蜗轮的零件工作图，供作图时参考。

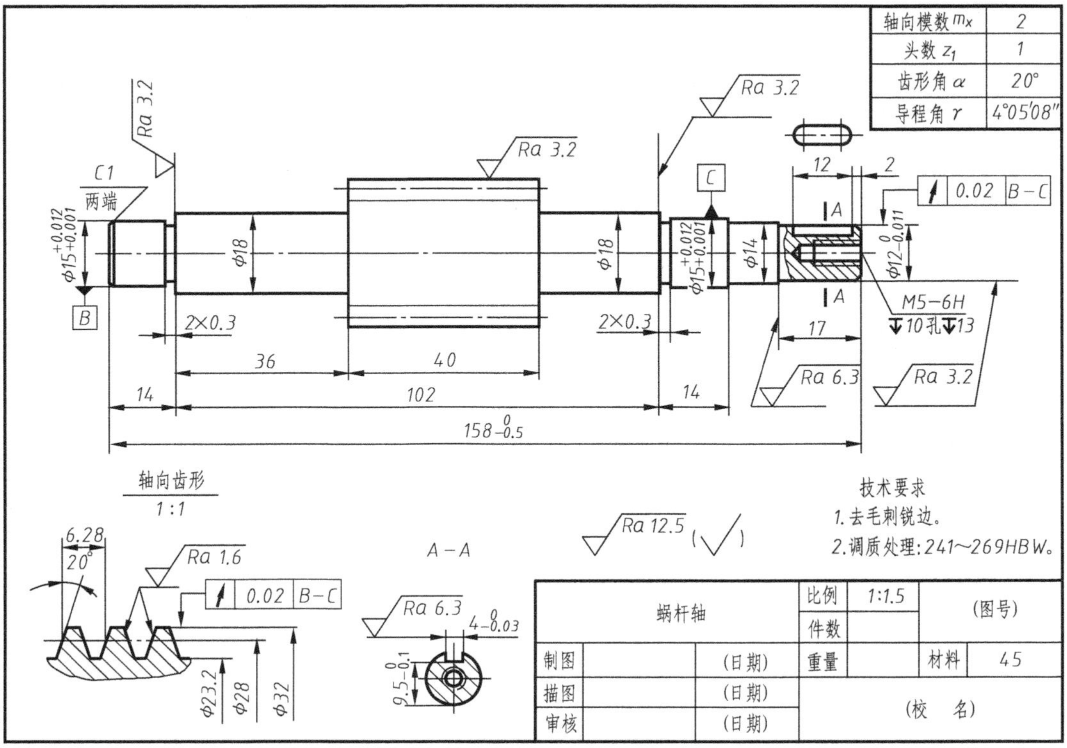

图 10-19 蜗杆轴零件工作图

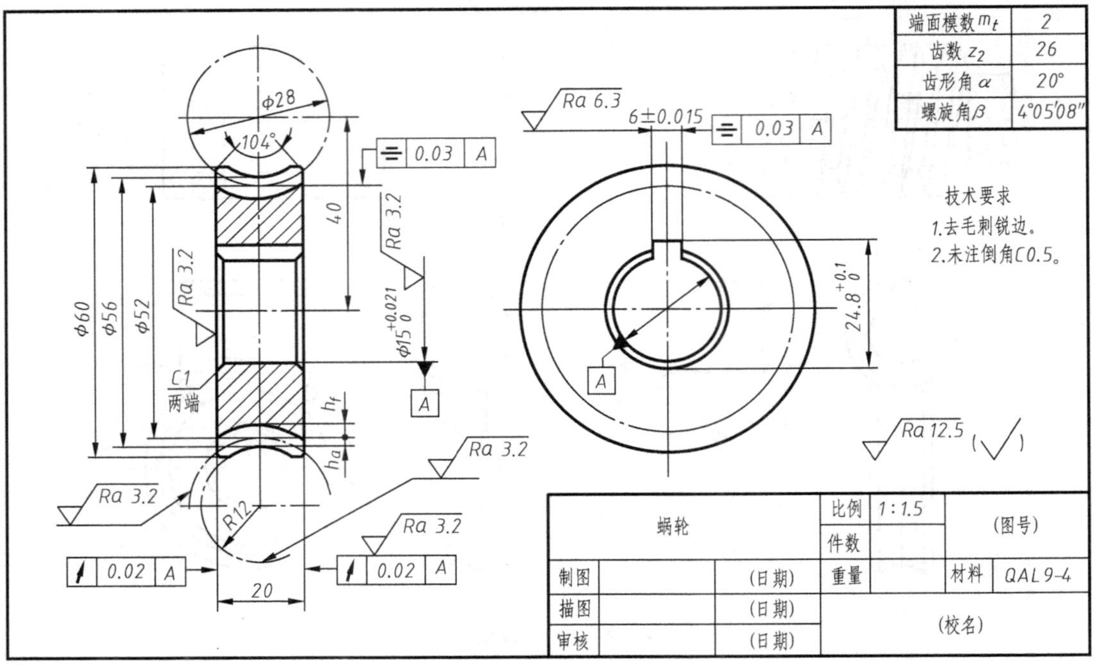

图 10-20　蜗轮零件工作图

第四节　弹　　簧

弹簧是一种用途很广的常用件。其特点是在弹性限度内，受外力作用而变形，去掉外力后立即恢复原状。其主要作用是减震，夹紧、测力，存储和输出能量等。

弹簧的种类很多，常用的是圆柱螺旋弹簧，根据国标规定，此弹簧又分为压缩型、拉伸型和扭转型三种，如图 10-21a、b、c 所示。此外还有蜗卷弹簧，如图 10-21d 所示，板弹簧

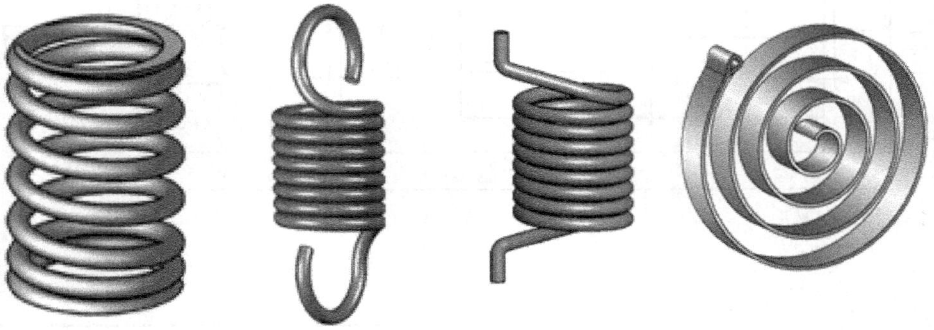

a) 压缩弹簧　b) 拉伸弹簧　c) 扭转弹簧　d) 平面蜗卷弹簧

图 10-21　常见的几种弹簧

和碟形弹簧等。本节仅介绍最常用的圆柱螺旋压缩弹簧的表示方法及尺寸计算等，至于其他弹簧可查阅 GB/T 4459.4—2003 的有关规定。

一、圆柱螺旋压缩弹簧各部分名称及尺寸关系

螺旋压缩弹簧名称及尺寸如图 10-22 所示。

(1) 弹簧丝直径 d　制造弹簧的材料直径。

(2) 弹簧外径 D_2　弹簧的最大直径，即外圈直径。

(3) 弹簧内径 D_1　弹簧最小直径，即内圈直径。$D_1=D_2-2d$。

(4) 弹簧中径 D　弹簧平均直径，$D=\frac{1}{2}(D_2+D_1)=D_1+d=D_2-d$。为弹簧规格的直径。

(5) 节距 t　除支承圈外，相邻两圈的轴向距离。

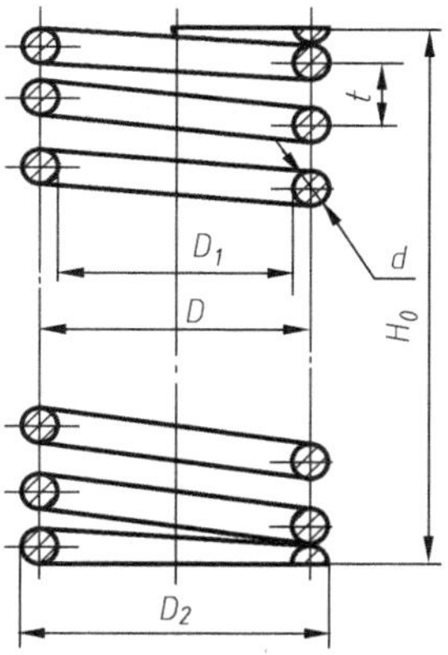

图 10-22　螺旋压缩弹簧名称及尺寸

(6) 支承圈数 n_0、有效圈数 n 和总圈数 n_1　为了使压缩弹簧在工作时受力均匀，支撑平稳，要求两端面与弹簧轴线垂直。制造时，弹簧两端节距要逐渐缩小，两端弹簧圈并紧磨平，不起弹性作用，仅起支撑作用，这部分就称为支承圈，一般支承圈取 1.5、2 和 2.5 圈三种。大多数弹簧的支承圈取 2.5 圈。其余各圈起弹性作用，并保持相等节距，称为有效圈数。总圈数是支承圈数和有效圈数之和。即 $n_1=n_0+n$。

(7) 自由高度 H_0　弹簧不受外力作用时的高度。$H_0=n_1+(n_0-0.5)d$。弹簧受力后的高度称为工作高度，用 H 表示。

(8) 弹簧展开长度 L　制造弹簧的材料长度（或坯料长度）。$L=n_1\sqrt{(\pi D_2)^2+t^2}$。

(9) 旋向　弹簧螺旋方向同螺旋线，分左、右旋两种，没有专门规定时制成右旋。

二、圆柱螺旋弹簧的标记

圆柱螺旋弹簧为标准件，其标记由类型代号、规格、精度代号、旋向代号、和标准号组成：

类型代号	规格	-	精度代号	旋向代号	标准号

(1) 类型代号　YA 为两端圈并紧磨平的冷卷压缩弹簧，YB 为两端圈并紧制扁的热卷压缩弹簧。

(2) 规格　材料直径 d×弹簧中径 D×自由高度 H。

(3) 精度代号　精度等级为 3 级标注“3”，2 级不标注。

(4) 旋向代号　左旋标注“左”，右旋不标注。

(5) 标准号　GB/T 2089—2009。

如：YA 型弹簧，材料直径 2，弹簧中径 20，自由高度 50，精度等级为 2 级，右旋，则标记为：YA　2×20×50　GB/T 2089—2009。

三、圆柱螺旋弹簧的规定画法

弹簧的真实投影较为复杂，为此国标 GB/T 4459.4—2003 对弹簧的画法做了如下规定：

1）在轴线平行于投影面的视图中，各圈轮廓以直线代替螺旋线。如图 10-22 所示。

2）螺旋弹簧一般画成右旋，但左旋弹簧无论画成左旋或右旋，一律都要注出旋向“左”字。

3）有效圈数为 4 圈以上的弹簧，中间各圈可以省略，用表示簧丝中心的细点画线相连即可，如图 10-22 所示。中间部分省略后，可适当缩短图形长度。

4）在装配图中，弹簧中间各圈省略后，弹簧后面被遮住部分的轮廓不必画出；可见部分应从弹簧外轮廓或簧丝中心线画起，如图 10-23a 所示。

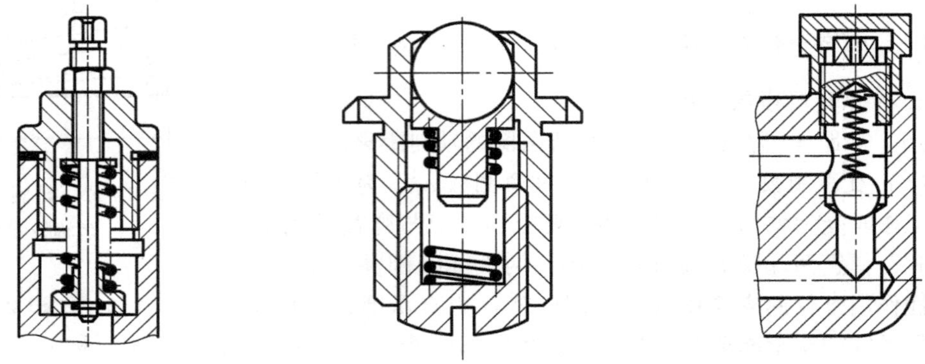

a) 不画挡住部分的零件轮廓　　b) 弹簧剖面涂黑　　c) 簧丝示意画法

图 10-23　装配图中弹簧的表示方法

5）装配图中，弹簧被剖切时，若簧丝剖面直径在图样中≤2mm，此时剖面可以用涂黑表示，如图 10-23b 所示。

6）若被剖切弹簧的簧丝直径≤1mm，则可采用示意画法，如图 10-23c 所示。

四、圆柱螺旋压缩弹簧的作图步骤

已知圆柱螺旋压缩弹簧的簧丝直径 $d=6$，外径 $D_2=42$，节距 $t=12$，有效圈数 $n=6$，支承圈 $n_0=2.5$，左旋。作图步骤如图 10-24 所示。

1）计算出弹簧中径 D 和自由高度 H_0，作出矩形，如图 10-24a 所示。

$$D=D_2-d=42\text{mm}-6\text{mm}=36\text{mm}$$

$$H_0=nt+(n_0-0.5)d=6\text{mm}\times12+(2.5-0.5)\times6\text{mm}=84\text{mm}$$

2）画出支承部分簧丝剖面，如图 10-24b 所示。

3）画出有效部分簧丝的剖面轮廓，如图 10-24c 所示。

4）按右旋方向作相应圆的公切线和剖面线，即完成全图，如图 10-24d 所示。

五、螺旋压缩弹簧零件工作图

图 10-25 所示是一张标准的螺旋压缩弹簧零件工作图例，它可作为画其他形式弹簧零件工作图时的参考。

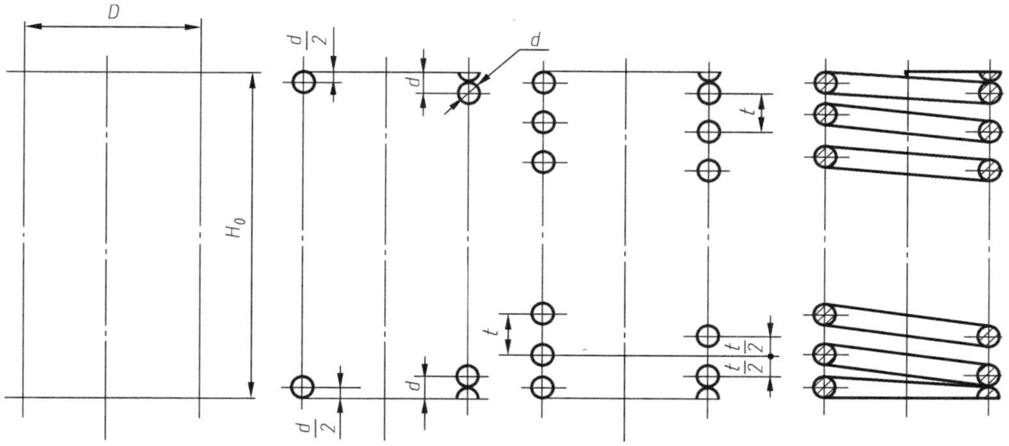

a) 以D和H_0作矩形　　b) 画出支承圈部分　　c) 画出部分有效圈　　d) 按右旋弹簧画出剖视图

图 10-24　圆柱螺旋弹簧的作图步骤

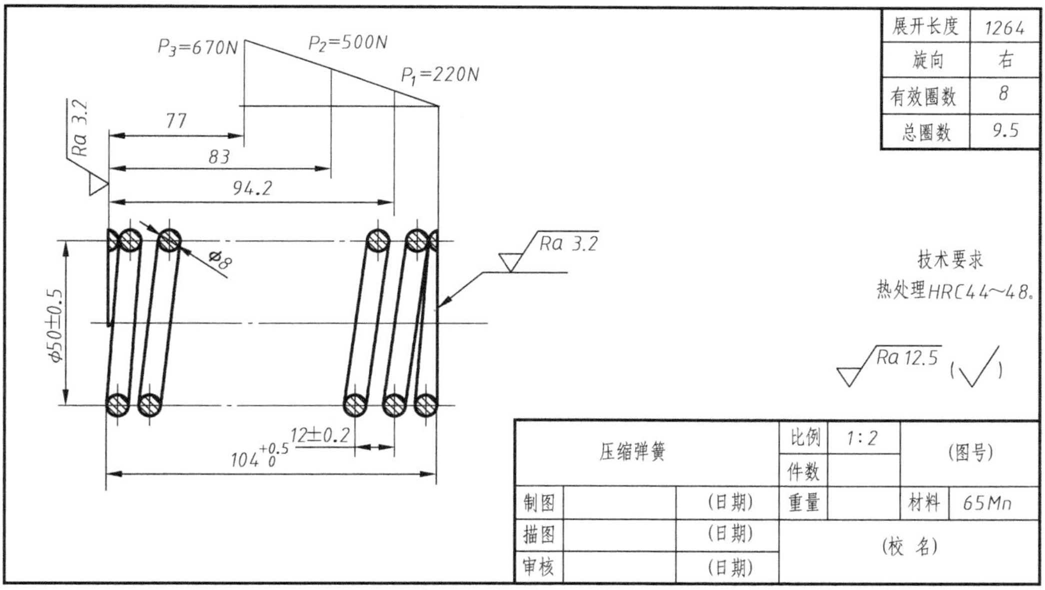

图 10-25　压缩弹簧零件工作图

绘制弹簧零件工作图时，应注意以下两点：

1）弹簧的参数应直接标注在图形上，若直接标注有困难时，可在技术要求中说明。

2）当需要表示弹簧的力学性能时，必须用图解表示。

第五节　滚 动 轴 承

滚动轴承是一种用来支撑旋转轴并承受轴上载荷的部件。它具有摩擦力小、结构紧凑、维护方便等特点，所以是被广泛用于仪表、电机、机床等机器设备或部件中的标准件。它由专业化工厂生产，需要时根据要求确定型号选购即可。

一、滚动轴承的结构及其分类

1. 结构

滚动轴承的种类很多，但其结构大致相似，一般由下列四部分组成，如图 10-26 所示。

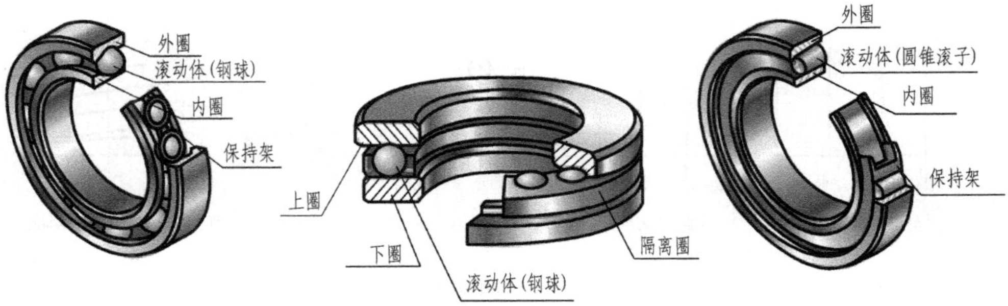

a) 深沟球轴承　　b) 推力球轴承　　c) 圆锥滚子轴承

图 10-26　滚动轴承的种类

（1）外圈（或下圈）　一般固定在机座上，外表面与机座配合，内表面制有滚道。

（2）内圈（或上圈）　它的内孔与支撑的轴颈紧紧配合，外表面制有滚道与外圈内表面的滚道相对应，使滚动体可以在此滚道内滚动。

（3）滚动体　有滚珠、滚锥、滚柱等，放在内、外圈之间，当内圈转动时，它在滚道内滚动。

（4）保持架　用来隔离滚动体，并引导滚动体使之保持在轴承内。

2. 分类

滚动轴承的分类方法很多，按照它所承受负荷力的性质不同，可分为三种类型：

（1）径向轴承　适用于承受径向负荷（即负荷力垂直轴线方向），也能承受部分轴向负荷，典型代表为深沟球轴承如图 10-26a 所示。

（2）推力轴承　适用于承受轴向负荷（即负荷平行轴线方向），典型代表为推力球轴承，如图 10-26b 所示。

（3）径向推力轴承　适用于同时承受径向和轴向载荷，典型代表为圆锥滚子轴承，如图 10-26c 所示。

二、滚动轴承代号

由于滚动轴承种类繁多且是标准件，在装配图中采用规定画法，因此为了便于选择和使用，国家标准规定用代号表示滚动轴承的类型、规格和性能。

滚动轴承代号由基本代号、前置代号和后置代号组成，用字母和数字等表示。轴承代号的构成见表 10-7。

基本代号用来表明轴承的内径、直径系列、宽度系列和类型，一般最多为五位数，现分述如下：

1）轴承内径用基本代号右起第一、二位数字表示。对常用内径 $d=20\sim480\text{mm}$ 的轴承，内径一般为 5 的倍数。这两位数字表示轴承内径尺寸被 5 除得的商数，如 04 表示 $d=20\text{mm}$；12 表示 $d=60\text{mm}$ 等。对于内径为 10mm、12mm、15mm 和 17mm 的轴承，内径代号依次为 00、01、02 和 03。

表 10-7 滚动轴承代号的构成

前置代号	基本代号					后置代号							
轴承分部件代号	五	四	三	二	一	内部结构代号	密封与防尘结构代号	保持架及其材料代号	特殊轴承材料代号	公差等级代号	游隙代号	多轴承配置代号	其他代号
	类型代号	尺寸系列代号		内径代号									
		宽度系列代号	直径系列代号										

2）轴承的直径系列（即结构相同、内径相同的轴承在外径和宽度方面的变化系列）用基本代号右起第三位数字表示。例如，对于深沟球轴承，0、1 表示特轻系列；2 表示轻系列；3 表示中系列；4 表示重系列。各系列之间的尺寸对比如图 10-27 所示。推力轴承除了用 1 表示特轻系列之外，其余与深沟球轴承的表示一致。

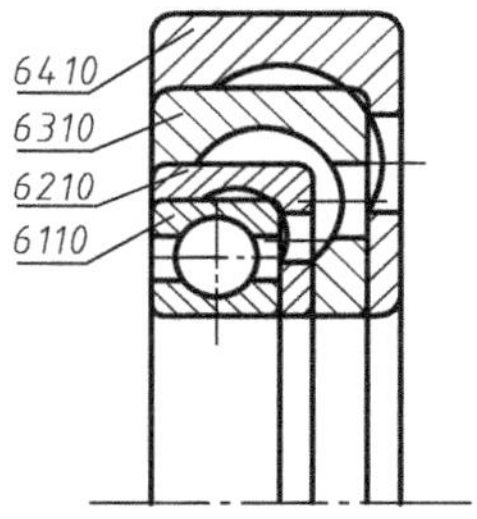

图 10-27 直径系列的对比

3）轴承的宽度系列（即结构、内径和直径系列都相同的轴承，在宽度方面的变化系列）用基本代号右起第四位数字表示。当宽度系列为 0 系列（正常系列）时，对多数轴承在代号中可不标出宽度系列代号 0。直径系列代号和宽度系列代号统称为尺寸系列代号。

4）轴承类型代号用基本代号右起第五位数字表示，常用的类型有：60000 为深沟球轴承；30000 为圆锥滚子轴承；51000 为推力球轴承。

三、滚动轴承的标记

滚动轴承标记由名称、代号及标准号组成。

标记：滚动轴承 6208 GB/T 276—2013，表示按国标编号为 GB/T 276—2013 制造的，内径代号为 08（40mm），尺寸系列代号为 02（宽度代号类型为“0”时可省略），类型代号为 60000 的深沟球轴承。

标记：滚动轴承 51207 GB/T 301—1995，表示按国标编号为 GB/T 301—2015 制造的，内径代号为 05（$d=7\times5=35\text{mm}$），尺寸系列代号为 12，类型代号为 51000 的推力球轴承。

四、滚动轴承在装配图中的画法

滚动轴承是标准组件，由专门工厂生产，故在机器设计中，一般不画单个轴承的零件图。在装配图中如果要表达滚动轴承的结构时，可采用规定画法或特征画法，同一图样应采用同一种画法。常见的几种滚动轴承的规定画法和特征画法见表 10-8，供参考。

表 10-8　常用滚动轴承的省略画法

类型代号	深沟球轴承(60000 型)	推力球轴承(51000 型)	圆锥滚子轴承(30000 型)
查表数据	*D*、*d*、*B*	*D*、*d*、*T*	*D*、*d*、*B*、*T*、*C*
规定画法	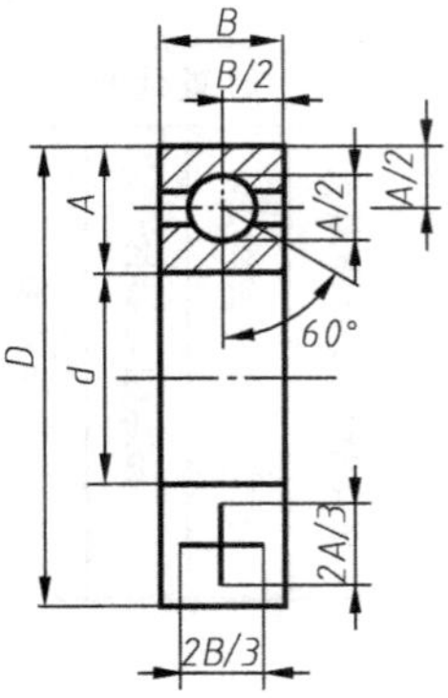	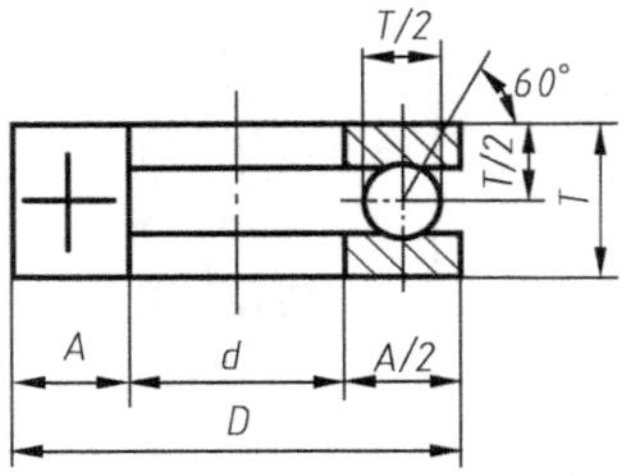	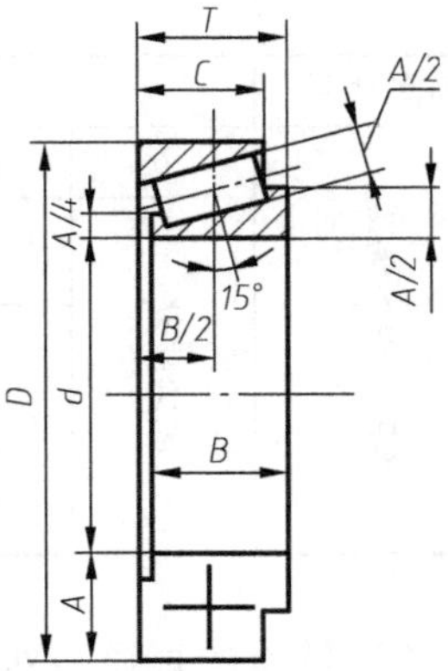
特征画法	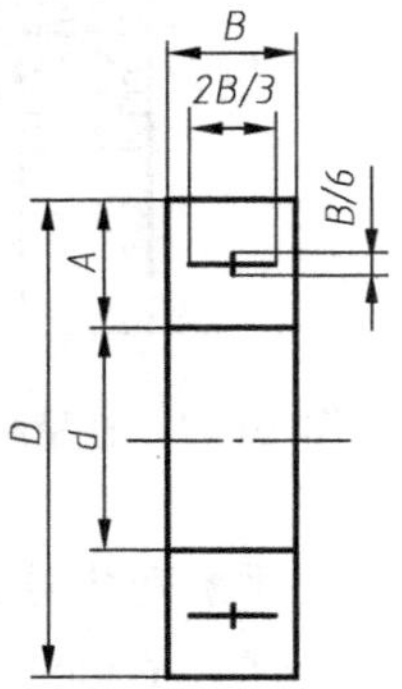	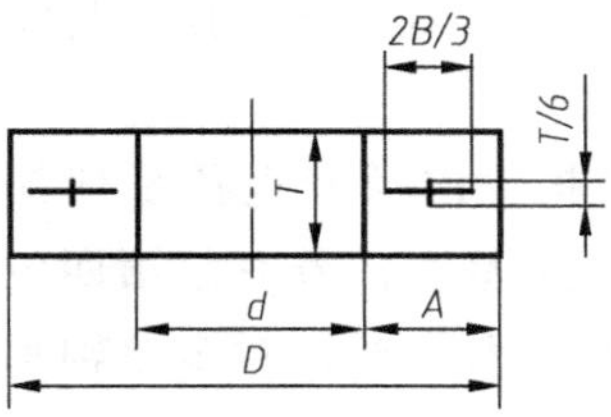	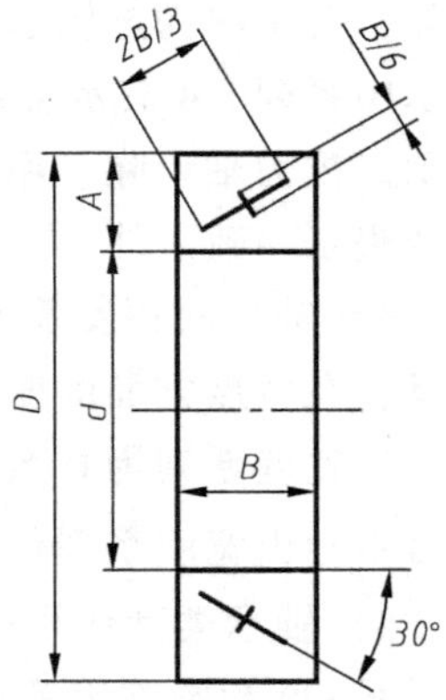

第十一章

零　件　图

第一节　概　　述

一、零件与部件的关系

1. 零件结构形状的形成

在第九章第一节中，通过对减速器的分析，介绍了零件在部件中的作用，零件的结构形状是根据它在部件中的作用、位置与其他零件间的相互关系以及工艺上的要求等因素而设计的。例如，减速机的机体（图 9-1），根据它所包容的各零件，设计成基本是中空的四棱柱，其上端面四角各有一螺孔供与机盖用螺钉连接用，由于壁厚薄的原因，四处都设有凸缘。下端有一长方形底板，四角倒圆，并有凸台和光孔供螺栓连接用。底板底部的凸台可以节省材料、减少加工面和提高平面度。为支撑各传动轴及其上的轴承，前后左右箱壁上相应地做成圆柱形轴承孔，左侧箱壁还有圆柱齿轮轴承孔。为使此处受力分散和均匀（避免应力集中，后续力学课程将介绍）以及便于安装轴承端盖等因素，各轴承孔处外侧都设有凸台和螺纹孔，锥齿轮轴孔内侧还增加一凸台。此外还有一些铸造和机加工诸多方面的因素，使机体最后设计成如图 11-19 所示的结构形状。

2. 零件间的装配连接关系

部件上各个相邻的零件之间都有一定的装配连接关系，如各传动轴的轴向定位是靠其轴肩与滚动轴承及轴承端盖配合起作用的。轴肩的圆柱面直径要比滚动轴承内径大，以顶住轴承内圈，但也不能太大。轴承端盖与滚动轴承配合处只需顶住轴承外圈即可，轴承端盖靠螺栓与机体连接，V 带轮与蜗杆轴，圆锥齿轮与圆柱齿轮之间采用键连接来传递运动和动力。

3. 部件中各零件的尺寸关系

零件的尺寸，首先应保证部件的工作精度，其次是便于加工制造，因此，在同一部件中，相邻两零件或相互关联的若干零件之间的尺寸应相互协调，如图 9-1 所示各传动轴安装滚动轴承的轴颈部分与滚动轴承内孔，机体中各轴承孔与相应滚动轴承的外径以及轴承端盖与轴承孔配合的部分等，这些配合零件双方的基本尺寸应该相同，尺寸偏差应根据配合性质和要求从有关手册和资料中查取。在各自的零件图尺寸标注中，其标注格式应一致，以便于读图和加工检验等。此外，像机体上与机盖和轴承盖等用螺栓、螺钉连接的螺纹孔的孔心距与被连接零件上的孔心距应相同以保证装配。总之，设计零件的结构形状和视图布置（后面将介绍）以及确定其尺寸大小时都不是孤立进行的，而要同时考虑到其他零部件诸多相互关联的因素。

二、零件图的作用与内容

要制造部件或机器，必须先制造零件；要制造零件得先要有表达零件的图样。表达机器中单个零件的图样，称为零件工作图，简称零件图。零件在生产过程中，一般是先根据零件图中对零件材料和数量的要求进行备料，然后按图中零件的形状、尺寸与技术要求进行加工制造。还要根据图样上的全部技术要求对被加工的零件进行测量验证，检测其是否达到规定的质量标准，所以零件图是生产中进行加工制造与检验零件质量的重要的技术性文件，图 11-1～图 11-4 所示为四类典型零件的零件图。由此可知，一张完整的零件图，通常应有以下一些内容：

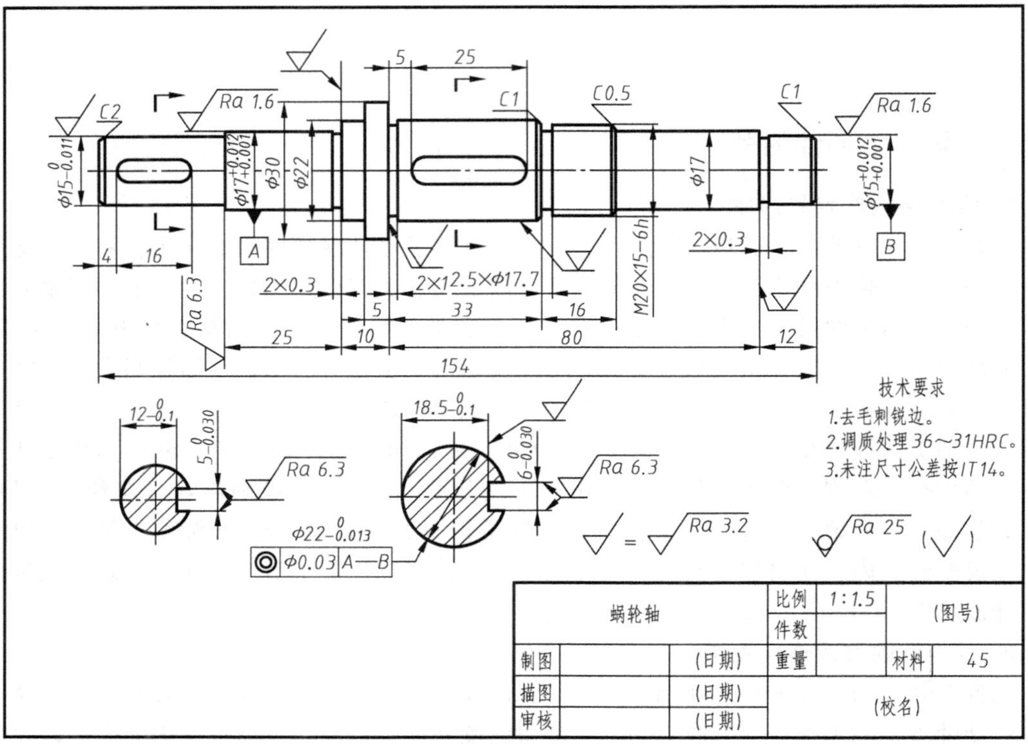

图 11-1　蜗轮轴零件图

（1）一组图形　用视图、剖视图、断面图、局部放大图、简化画法和其他规定画法等，正确、完整、清晰和简便地表达出零件各部分结构形状。

（2）一组尺寸　正确、完整、清晰、合理地标注出零件制造检验时的全部尺寸。

（3）技术要求　用一些规定的符号或代号、数字、字母和文字注解，简明、准确地给出零件在制造、检验和使用时应达到的一些技术要求（包括表面结构、尺寸公差、几何公差、表面处理和材料热处理的要求等）。

（4）标题栏　填写零件的名称、材料、图样编号、比例、制图和校核人员的姓名、日期等。

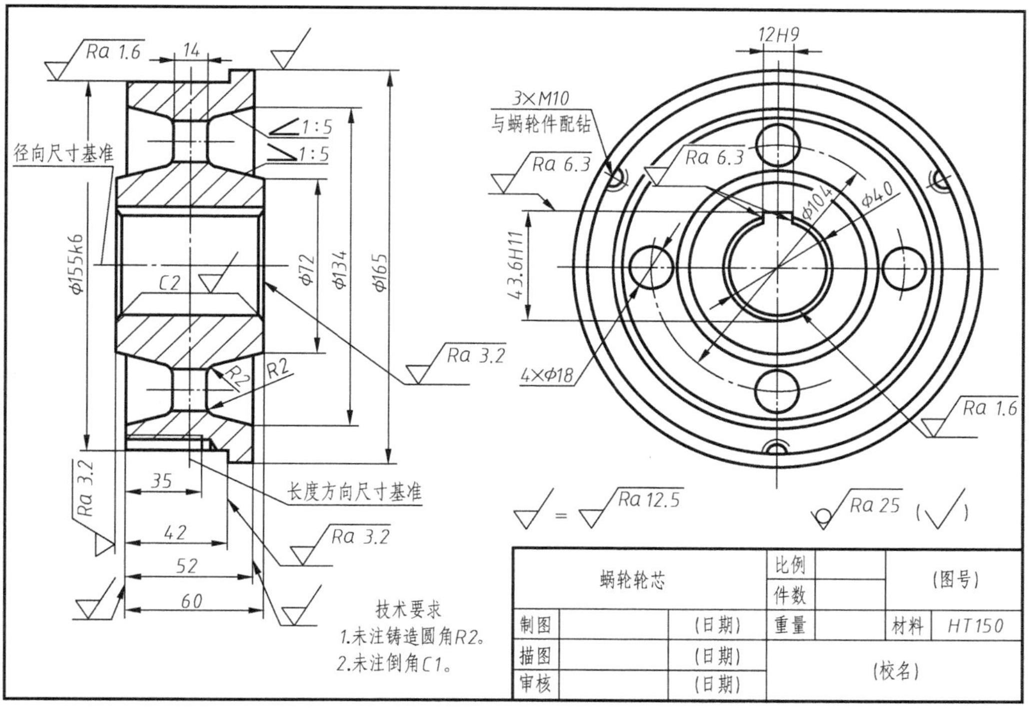

图 11-2 蜗轮轮芯零件图

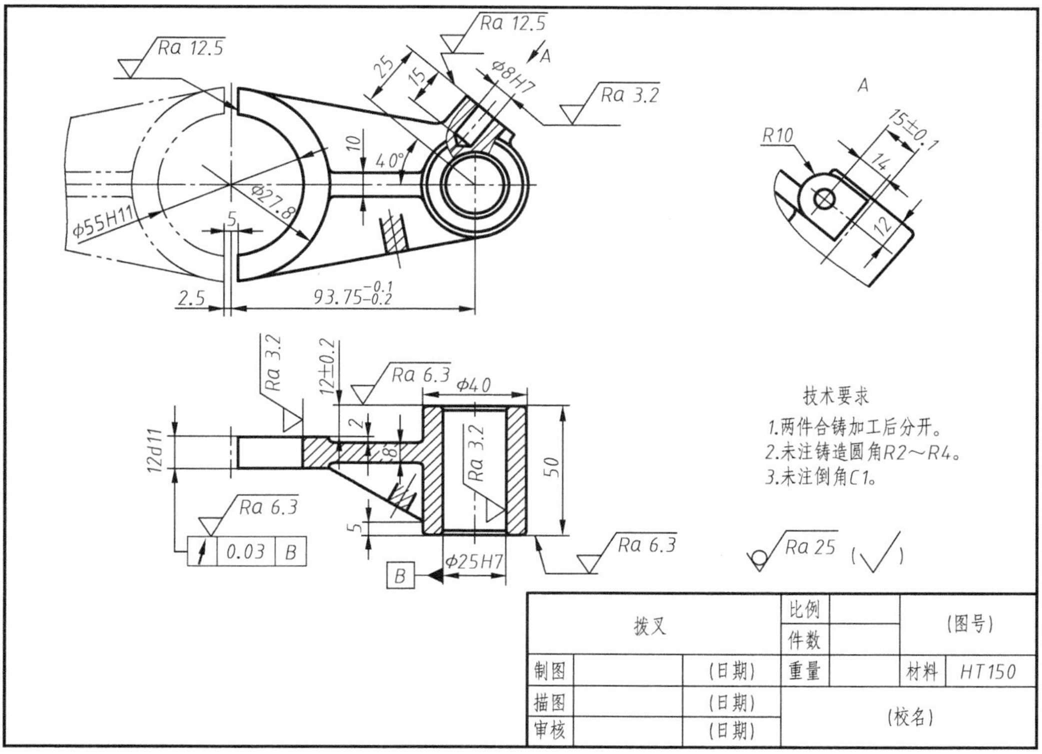

图 11-3 拨叉零件图

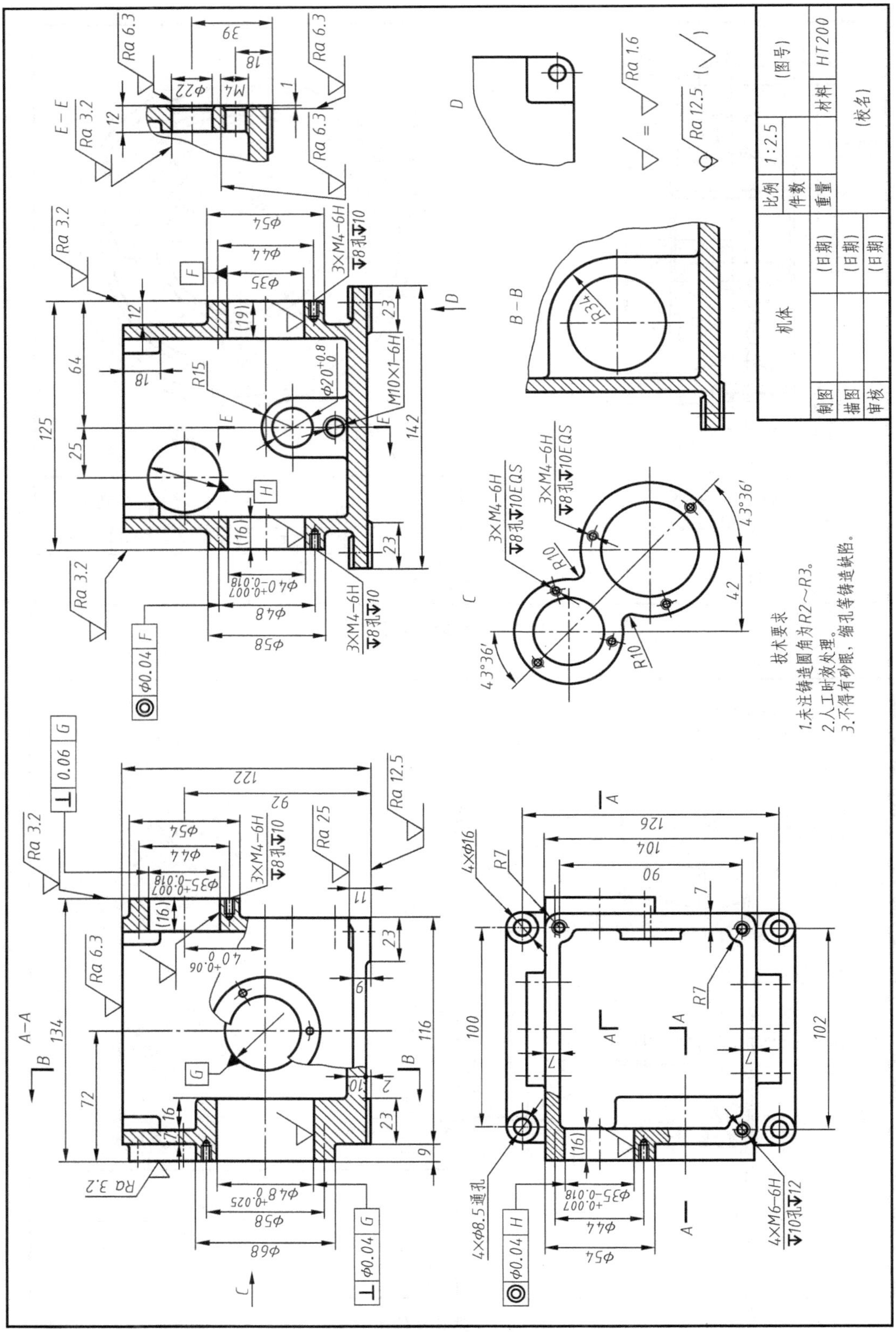
E－E
B－B
A－A
C
D
Ra 1.6
Ra 12.5
技术要求
1.未注铸造圆角为R2～R3。
2.人工时效处理。
3.不得有砂眼，缩孔等铸造缺陷。
机体
比例
1:2.5
(图号)
件数
重量
材料
HT200
制图
(日期)
描图
(日期)
审核
(日期)
(校名)

图 11-4 机体零件图

第二节 零件的表达分析

机器中的零件千姿百态，故其视图表达也随之不同。要灵活运用第六章介绍的表达方式，以恰当的一组图形正确、完整、清晰地表达出零件的全部结构形状，并应考虑读图方便，力求制图简单，这就是画零件图时应满足的基本要求。

在第九章开始的内容中将零件分为三种，本章主要讨论一般零件的零件图画法和读零件图的方法。根据零件的加工和表达上的特点，机器中的一般零件可分为以下四类：轴套类、盘盖类、叉架类、箱体类。

画图之前，应了解该零件在部件中的作用和工作情况，以及与其他零件的关系等，进而弄清零件上各部分结构的作用与要求。采用结构分析和几何形体分析相结合的方法，按零件的自然结构，如轴颈、键槽、腔体、底板、肋板、凸台、凹坑等，逐一分析所需的视图及表达方法，然后综合、调整、归纳即可。一般说来，应使每个视图都有表达的重点，互相配合、补充，而不重复。

主视图是一组图形的核心，读图、画图一般都是先从主视图入手，主视图选择是否合理直接关系到读图、画图的方便，其次是其他视图和表达方法的选择，最终确定较好的表达方案。

一、主视图的选择

零件的主视图应能较明显、较多地反映出零件的主要结构形状和各部分之间的相对位置关系，为读图方便，主视图的选择应考虑两方面的因素：

1. 确定零件主视图的投射方向

采用形状特征原则，即选择最能明显地反映零件形状和结构特征以及各组成形体之间的相互关系的方向作为主视图的投射方向。如图 11-5 所示，轴上箭头 *A* 所指的投射方向，能较多地反映出零件的结构特征及各组成形体之间的相互位置。而箭头 *B* 所指的投射方向，反映出的零件这方面特征较差，故应选取箭头 *A* 所指的方向为主视图的投射方向。对于轴套和以回转体为主的盘盖类零件以及回转面（内、外）表面为主要组成形体的其他零件，一般都以垂直于轴线的方向作主视图的投射方向。主视图的投射方向确定以后，还有这样的问题有待解决，即同一个投射方向，零件还有不同的安放位置，取哪个安放位置较好。如图 11-6 所示尾座体的主视图，究竟取哪个安放位置好？又如图 11-1 所示的轴，其轴线是水平安放，还是铅垂或者是倾斜着安放好？这需要进一步考虑零件的安放位置。

2. 确定零件的安放位置

采用加工位置原则和工作位置原则。

(1) 加工位置原则　就是使主视图按照零件在主要加工工序中的装夹位置安放轴、套类零件和以回转体为主要结构的盘盖类零件。为在车削、磨削等主要加工工序中看图方便，常将轴线水平放置画主视图。图 11-7 所示是普通车床上加工轴的情形，如图 11-1 所示的轴和图 11-12 所示套筒的零件图都是按加工位置画主视图的。

(2) 工作位置原则　就是使主视图按照零件在机器或部件中所处的工作位置安放。图 11-8a、b 所示是普通车床上的主轴箱和尾座体的主视图，它们和主轴箱、尾座体在车床中所处的位置是一致的，如图 11-7 所示。又如图 11-9 所示的吊钩和前拖钩，它们的结构形状相似，但是工作位置不同，因而主视图的安放位置也不同。箱体类和叉架类零件一般都按工作位置选择主视图，以便把零件和整台机器联系起来，想象它的工作情况，也便于与配装图对照，根据装配关系分析和校核零件的结构形状和尺寸，便于画图和看图。

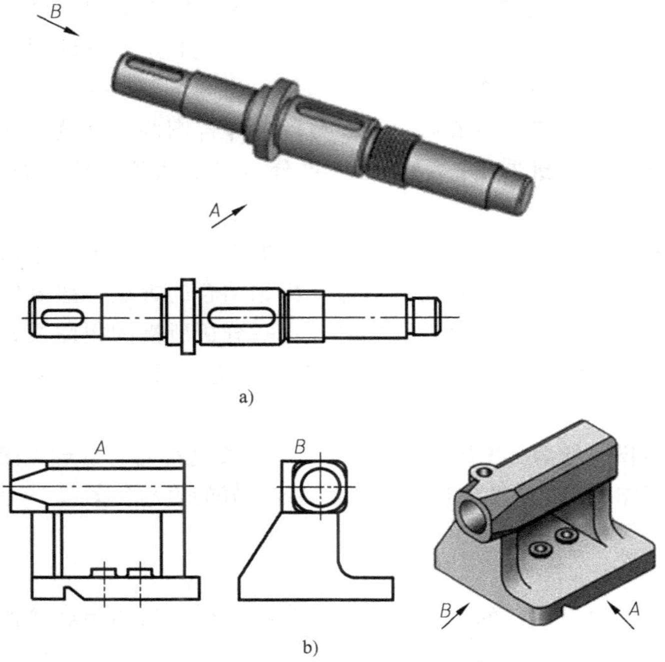

图 11-5　轴和尾座体的主视图要能反映零件的形状特征

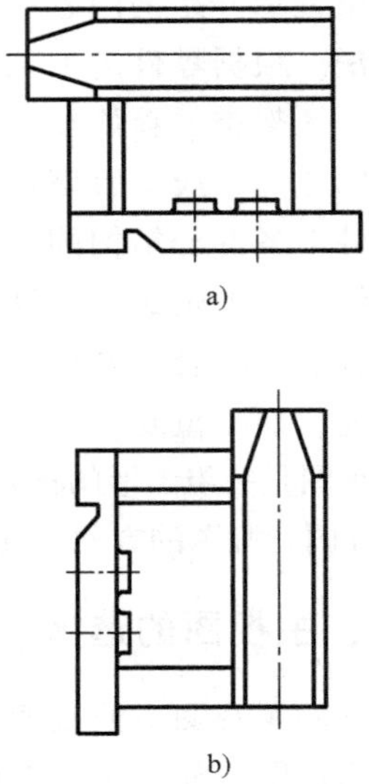

图 11-6　尾座体主视图安放位置的选择

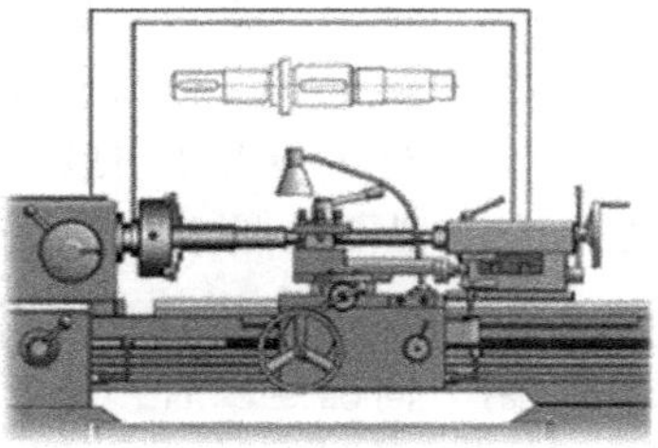

图 11-7　轴在轴床上的加工情形

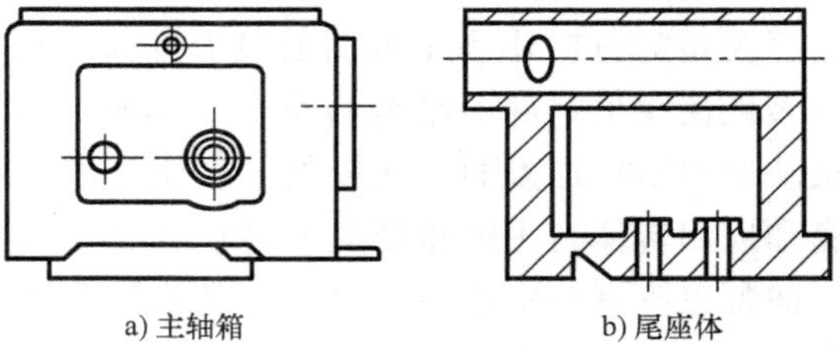

图 11-8　主视图符合工作位置

要注意，有些零件在机器中的工作位置是倾斜的，若按倾斜位置画图，则会增加画图和看图的麻烦；有些运动零件没有固定的工作位置，有些零件在制造过程中需要经过多道不同位置的加工工序。对于这些零件，一般在按形状特征原则确定了主视图的投射方向后，将零件放正，使较多的平面、对称中心线或对称平面等平行或垂直于基本投影面，以利于画图。如图 11-17 所示的拨叉，其工作位置倾斜，主视图的投射方向选择反映拨

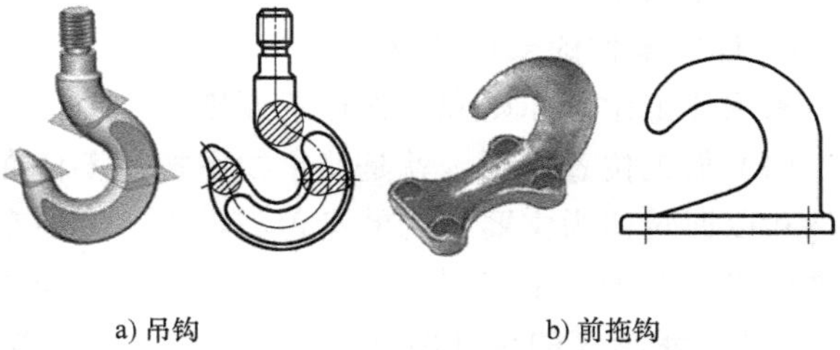

图 11-9　吊钩和前拖钩的主视图选择

叉形状特征的 *A* 向，主视图的安放位置是将零件的对称中心线置于水平，如图 11-3 所示。

最后，选择主视图时，还应考虑图纸幅面的合理利用。

二、其他视图的选择

主视图选定以后，其他视图的选择可考虑以下几点：

1）根据零件的复杂程度和内外结构全面地考虑所需要的其他视图，使每个视图有一个表达的重点，要注意采用的视图数量不宜过多，以免繁琐、重复，导致主次不分，但又不要片面地压缩视图数量，过多地使用局部剖视（或视图），导致图形支离破碎。对于较复杂的零件，基本视图不宜太少。

2）优先考虑用基本视图，以及在基本视图上作剖视图，采用局部视图、局部剖视、斜视图、斜剖视时，尽可能按投影关系配置或配置在有关视图附近。

3）视图表达方案初步选定后，可以省略、简化、综合和增减一些视图。

4）要考虑合理地布置视图位置，既使图样清晰、美观，又有利于图幅的充分利用。

选择零件的视图时，可以将考虑的视图综合成几个方案，通过分析比较，取长补短，最后确定一个最简练、清楚易读的表达方案。

三、零件的表达分析

1. 轴套类零件表达分析

（1）结构分析与形体分析　图 11-10 所示为减速机蜗轮轴及其上各零件的装配情况。在考虑表达方法之前，先对轴上各结构的作用与要求进行分析。轴上装有传动件——蜗轮和锥齿轮，两端各装一只滚动轴承，蜗轮、锥齿轮与轴通过键连接在一起，为了与送料机构连接，轴左端还开有键槽。为保证传动可靠，轴上各零件均需轴向定位，左端轴承由轴肩Ⅰ定位，蜗轮由轴肩Ⅱ定位，而锥齿轮则由其与蜗轮之间的调整片的厚度保证其轴向位置，且用垫圈和圆螺母加以固定，轴上制有螺纹以便与圆螺母连接，左端滚动轴承则由轴肩Ⅲ定位，为了使轴承、蜗轮靠紧在轴肩上，轴径变化处有退刀槽。轴的两端均有倒角，以去除加工后留下的金属锐边，并在装配时易于套入轴孔。

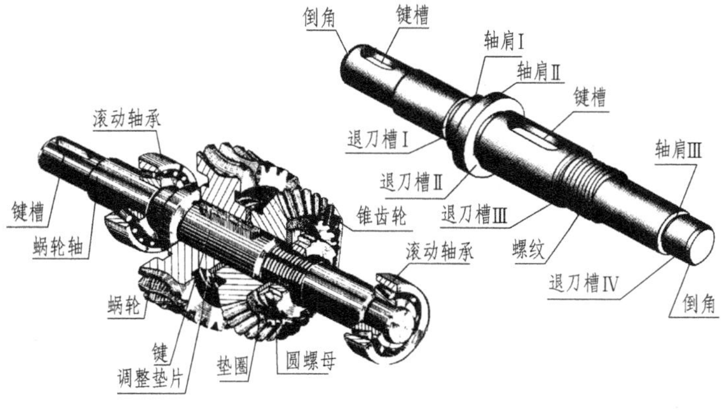

图 11-10　蜗轮轴结构分析

(2) 主视图选择　由于该轴的结构组成中基本上是由圆柱体组成，因此，轴的主视图的投射方向选取垂直于轴线方向，这样可把各段圆柱的相对位置和形状大小表示清楚，同时也能反映出轴上的各组成结构。由于轴的主要加工工序是车和磨，为使工人便于对照图样生产，故一般将轴线横放，即把轴线置于水平，并把直径较小端置于右侧。由于两平键键槽同方向，故将它们朝前放置，这样由主视图便能反映键槽形状特征和相对位置，如图 11-11 所示。如轴上开有半圆键键槽，则通常将键槽朝上，并用局部剖视表示键槽形状。

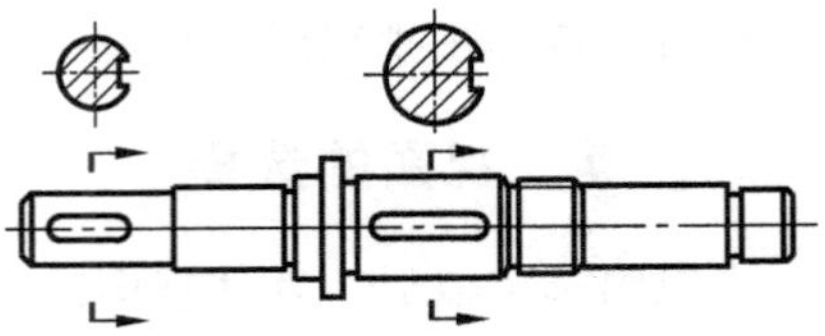

图 11-11　蜗轮轴的视图选择

(3) 其他视图的选择　由于各轴段都是圆柱体，除键槽外，从垂直轴线方向看过去的图形都一样，故俯、仰、后三个视图无需再画，各轴段的直径可通过标注尺寸 ϕ 来表示，故左、右视图（它们的投影为一组同心圆）也不必再画。轴上的两键槽可用移出断面表示其深度。这样蜗轮轴的全部结构形状已经表达清楚，如图 11-11 所示。

以上分析是一般轴的视图选择方法，显然并不唯一，可根据具体零件的结构情况而定。如图 11-12 所示套筒，它基本上是一空心圆柱体，因此主视图采用全剖视，为表示套筒左端结构加了左视图。由于套筒太长，采用了折断画法。

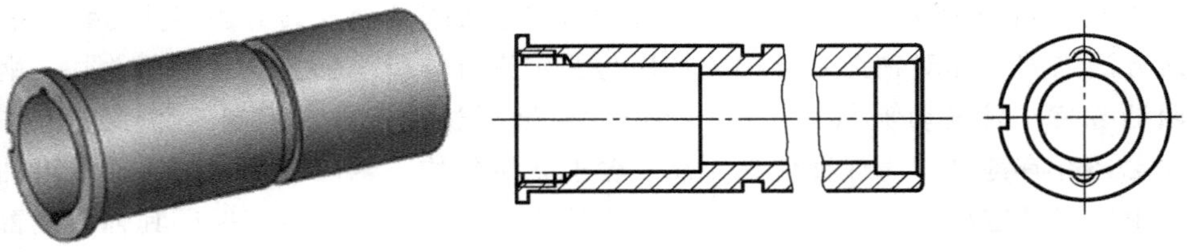

图 11-12　套筒的视图选择

通过以上零件的分析可知轴套类零件的结构特点和表达方法：

1) 轴套类零件的主要结构形状是由回转体组成，它们一般在车床和磨床上加工，故其主视图投射方向一般是垂直轴线并水平放置，大头在左，小头在右，平键槽朝前，这样一般都符合形状特征，加工位置和工作位置三个选择原则。

2) 轴套类零件的常见结构如键槽，退刀槽，越程槽和中心孔等，可以用剖视、断面、局部视图和局部放大图等辅助视图加以补充表达，对简单且较长的零件可采用折断画法。

3) 实心轴无需剖开，但轴上个别部分内部结构形状可以采用局部剖视。对空心套则需再剖开它的内部结构形状，外部结构简单可采用全剖视，外部较复杂时，则采用半剖视或局部剖视，内部简单也可以不剖或采用局部剖视。

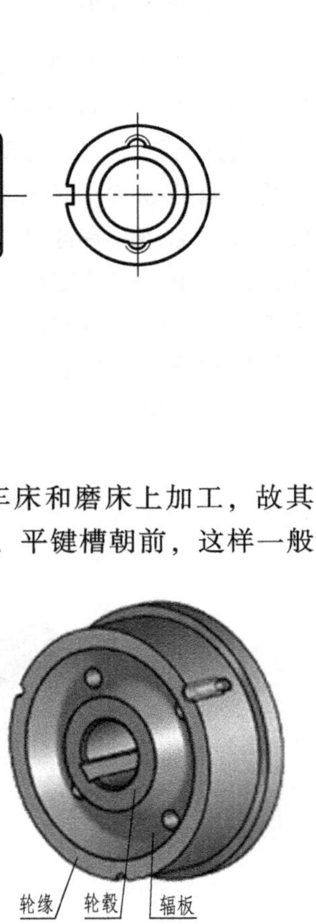

图 11-13　蜗轮轮芯立体图

2. 盘盖类零件表达分析

(1) 结构分析与形体分析　图 11-13 所示为蜗轮轮芯，这类零件一般是由轮毂、轮辐（或辐板）和轮缘三部分组成。

1）轮毂部分：轮毂由空心圆锥台构成，轴孔带有键槽，用于与轴连接并传递动力。

2）轮辐部分：轮辐起连接轮缘与轮毂的作用，轮辐中常带有孔，也可做成辐条形式，辐条的断面有椭圆形、丁字形、十字形、工字形等，如图 11-14 所示。

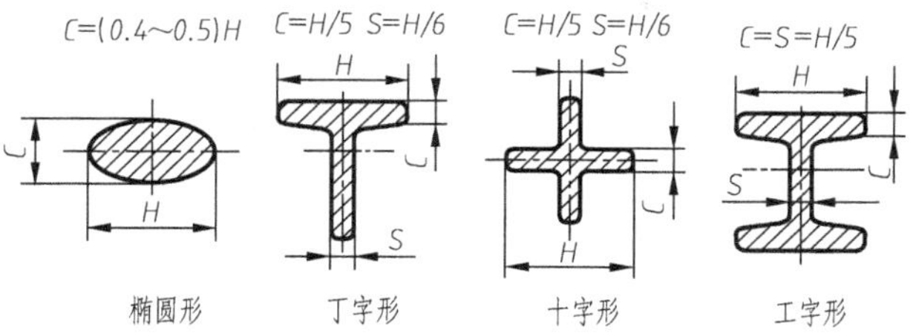

图 11-14 辐条断面的形状图

3）轮缘部分：轮缘的外表面由回转面构成，内表面是锥面，是为了便于铸造起模。传动用的轮类零件，在轮缘上还有轮齿（如齿轮、蜗轮）、轮槽（如 V 带轮）等。

（2）主视图选择 轮盘类零件的毛坯多为铸件或锻件，主要加工工序为车削。因此，在表达这类零件时，类似于轴套零件，不过轮盘一般需两个基本视图再配以其他辅助视图。主视图投射方向一般选取垂直于轴线方向，并将轴线置于水平位置安放主视图。如图 11-2 所示，在主视图中清楚地表达了轮缘、轮毂、辐板三个组成部分的相对位置及轮毂内腔的形状。

（3）其他视图的选择 其他视图的确定需根据零件的复杂程度而定。如图 11-2 所示轮芯，用左视图表达辐板上的孔的分布，键槽位置和形状，以及螺钉的数量和位置。

图 11-15 手轮的立体图

图 11-15 和图 11-16 所示为手轮和它的零件图，主视图表达了轮缘、轮毂的剖面形状和轮辐的厚度。为了表示装手柄的圆孔，在主视图上采用了全剖视，用左视图表达轮辐的数量、宽度及键槽宽和深，并用 *A—A* 移出断面表达轮辐的横断面的形状。三个轮辐成辐射状均匀分布结构，按机械制图国家标准的规定，在剖视图上，对于成辐射状均匀分布的结构，不论剖切平面是否通过它们都将这些结构旋转到剖切平面的位置上，再剖切画出其剖视图。当然剖面线仍按实心杆轴处理，如图 11-16 所示。

通过以上零件的分析可知盘盖类零件的结构特点和表达方法：

1）盘盖类零件的主体部分通常是回转体或其他几何形状的扁平盘状，这类零件加工大多以车削为主，故选择主视时，一般将轴线置于水平，若不以车削为主，则可按工作位置画出主视图。

2）这类零件为了与其他零件连接，增加强度等，常有螺纹孔、销孔、光孔、键槽、凸台、肋、轮辐等结构，一般采用两个基本视图（主、左或主、俯），主视图常用剖视表示孔槽等结构，另一视图表示零件的外形轮廓和各组成部分，如孔、肋、轮辐等的相对位置。

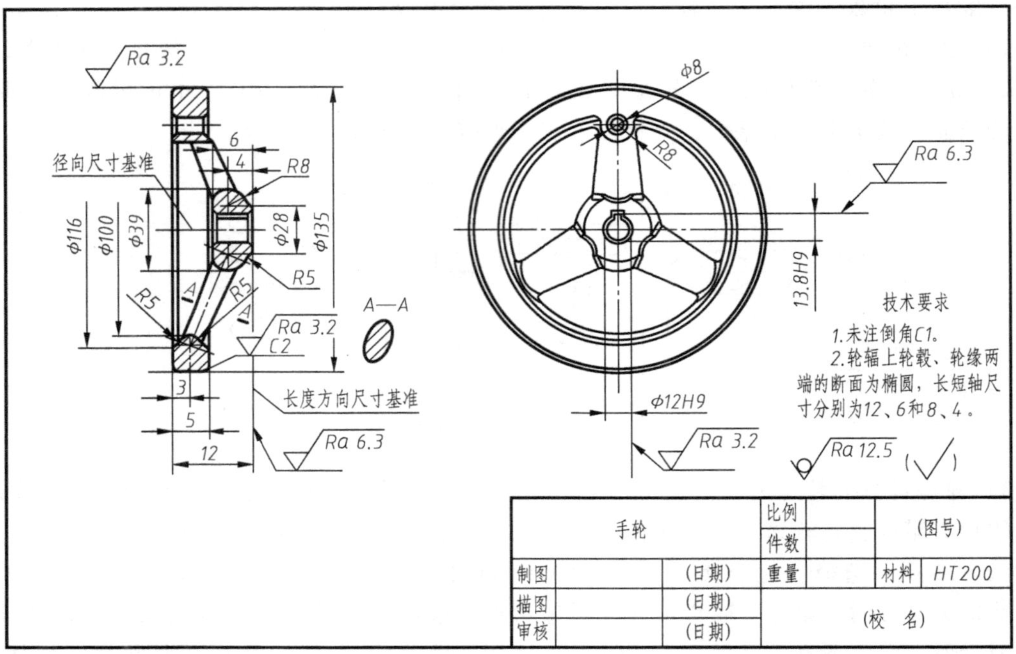

图 11-16 手轮零件图

3. 叉架类零件的表达分析

(1) 结构形体分析 图 11-17 所示是拨叉在工作中的情况，它由套筒、肋板和叉架三部分组成。

叉架类零件一般由三部分组成，即支撑部分（如拨叉的套筒部分）、工作部分（如拨叉的叉架部分），连接部分（如拨叉的肋板）。

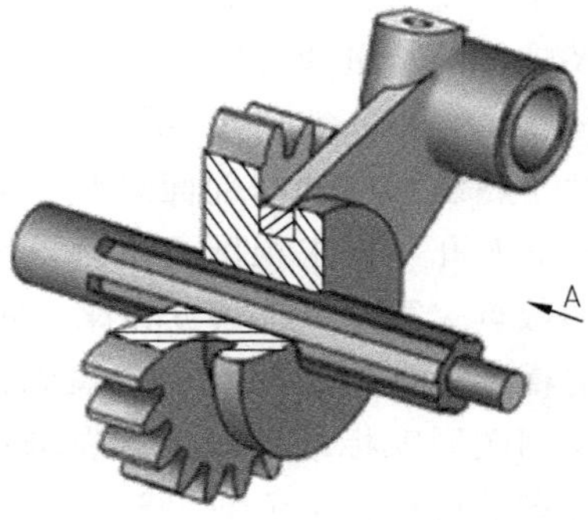

图 11-17 拨叉工作位置

(2) 视图选择。拨叉在工作时处于倾斜位置，故以反映拨叉形状特征的 *A* 向选作主视图，并将拨叉中心线置于水平。主视图表达外形，仅在凸台销孔处取局部剖视。俯视图用通过拨叉对称中心线的全剖视表示套筒、叉架两部分的内外结构形状和连接关系，并表明在宽度方向上各部分的相对位置。有了主、俯两个基本视图，就基本表达了拨叉的主要结构形状。而倾斜凸台销孔处的真实形状还要借助于 *A* 向斜视图反映，再用重合剖面表示肋板的断面形状。由于拨叉制造过程是两件合铸，加工后分开，因而在主视图上，用双点画线画出工作部分对称的另一件的部分投射，如图 11-3 所示。

通过上述分析可知叉架类零件的结构特点和表达方法：

1) 叉架类零件加工工序较多，工作位置经常变化，故一般以显示支撑、工作部分的形状特征为主视图，并将零件放平。

2) 叉架类零件的连接部分是肋板结构，且弯曲、扭斜的较多，支撑、工作部分的细部结构较多，如油槽、螺纹孔、圆孔等，故叉架类零件一般需两个或两个以上的基本视图，在基本视图上不能反映真实形状的结构还需增加斜剖视、斜视图、断面图、局部视图等表达方法。

4. 箱体类零件的表达分析

下面将图 9-1 所示减速机的机体进行视图表达分析，如图 11-18所示，其各部分结构分析、形体分析前文已述及，这里不再重复。

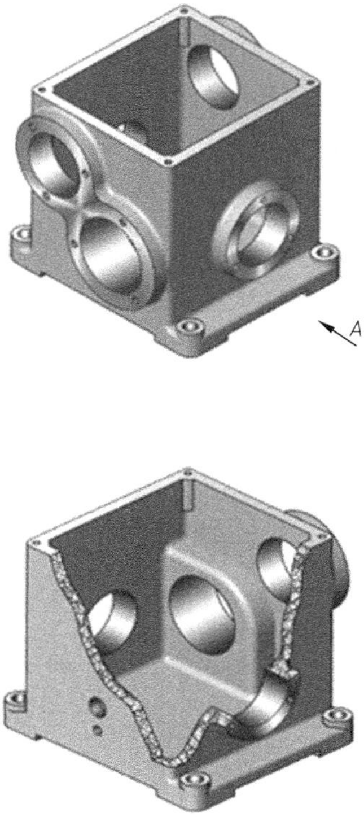

图 11-18 机体的结构图

（1）选择主视图 图中箭头 *A* 的方向垂直于蜗杆和锥齿轮轴孔的轴线，选此方向作主视图的投射方向较好。

（2）其他视图的选择 该零件的外部结构形状前后相同，左右各异，上下不完全一样，考虑到它的外部结构形状复杂，在前、后方向要有一个视图，上、下各需一个视图。因此要表达它至少要 5 个视图。为了把内部结构形状表达清楚，可能还要增加几个视图（包括剖视、断面）。这时，要看它的内外结构形状能否结合起来表达，是否可以采用半剖视或局部剖视。如图 11-19 所示，采用了垂直于蜗杆轴孔的方向作为主视图的投射方向，由于机体内部结构形状复杂，外部结构形状简单，所以采用了 *A*—*A* 局部剖视（并用了阶梯剖切方法）作为主视图，用过蜗轮轴线全剖视作左视图，这样就把蜗杆轴孔、蜗轮轴孔和圆齿轮轴孔的相对位置及部分其他结构表达了出来。左视图方向的内外结构不统一，不能像主视图那样表达，只好内外结构分别表达。在左视图方向上再加 *D* 向视图表达左端凸台的形状和螺孔的位置。在考虑某一方向是以视图为主，还是以剖视为主，这要根据零件的具体结构形状特点来决定。如内部结构较多，应以剖视为主，如果外部结构形状复杂，应以视图为主。在考虑某一方向上什么时候采用完整的基本视图，什么时候采用局部视图时，也要根据零件的结构形状特点来决定。如果大部分未表达清楚，则采用完整的基本视图，如仅是个别部分未表达清楚，则采用局部视图。俯视图主要表达顶部和底板的结构形状，用局部剖视表达蜗杆左端轴孔。此外对尚未表达清楚的内部结构采用 *C*—*C* 局部剖视表达了锥齿轮轴孔的内部凸台圆弧部分的形状，对尚未表达清楚的外部结构形状，采用了 *E* 向局部视图表达油标孔和螺塞孔的端面形状和相对位置，用 *F* 向局部视图表示底板底部凸台的形状。主视图 *A*—*A* 中还用虚线表达内部结构形状和机体右壁上油标孔和螺栓孔的形状和相对位置。

（3）表达方案的比较 表达方案和数字计算不同，不会只有唯一的方案。但是它既是工程界的语言，就应和一般的语言一样，只要表达明白，别人懂了就可以。在语言学中，要求严谨、通俗、易懂、简练。同样，在工程语言中选择视图时，要求把零件表达得正确、完整、清晰和简便。因此，应从这几个方面进行比较，在比较中选择一个较好的表达方案。如图 11-19 所示可作为方案一。图 11-20 所示是减速机机体的又一组视图表达方案可作为方案二。该方案中，共用了 5 个视图和剖视，其中主、左和 *C*—*C* 三个也都采用剖视图，把方案一中的 *B*—*B* 全剖视与 *D* 向局部视图合并在左视图上，俯视图中画有虚线以表达底板底部凸台形状，省去了方案一中的 *F* 向局部视图，和方案一相比，又简便了许多，也是一个可行的表达方案。

图 11-21 所示是减速机机体的另一组视图表达方案，可作为方案之三。共用了六个视图和剖视。主视图采用了剖切平面分别过锥齿轮轴孔轴线和蜗杆轴孔轴线的阶梯剖的剖切方式，得到全剖视图，并剖到了用来安装油标和安放油螺塞的两螺纹孔。在左视图中绘出此两螺纹孔的端面形状和相对位置关系，比前两方案省去了两螺纹孔的端面局部视图。主视图采用了全剖视后，由于主视方向的外形还未表达清楚，故加画了一个简化的局部视图，以表达蜗轮轴轴承孔凸台端面上的螺孔的分布情况，对标注尺寸有益，更为清晰。和方案一、二相比，比方案一少一个视图，比方案二多一个视图。虽然视图数量用了六个，但显然更加清晰、简便，是一个较优的表达方案。

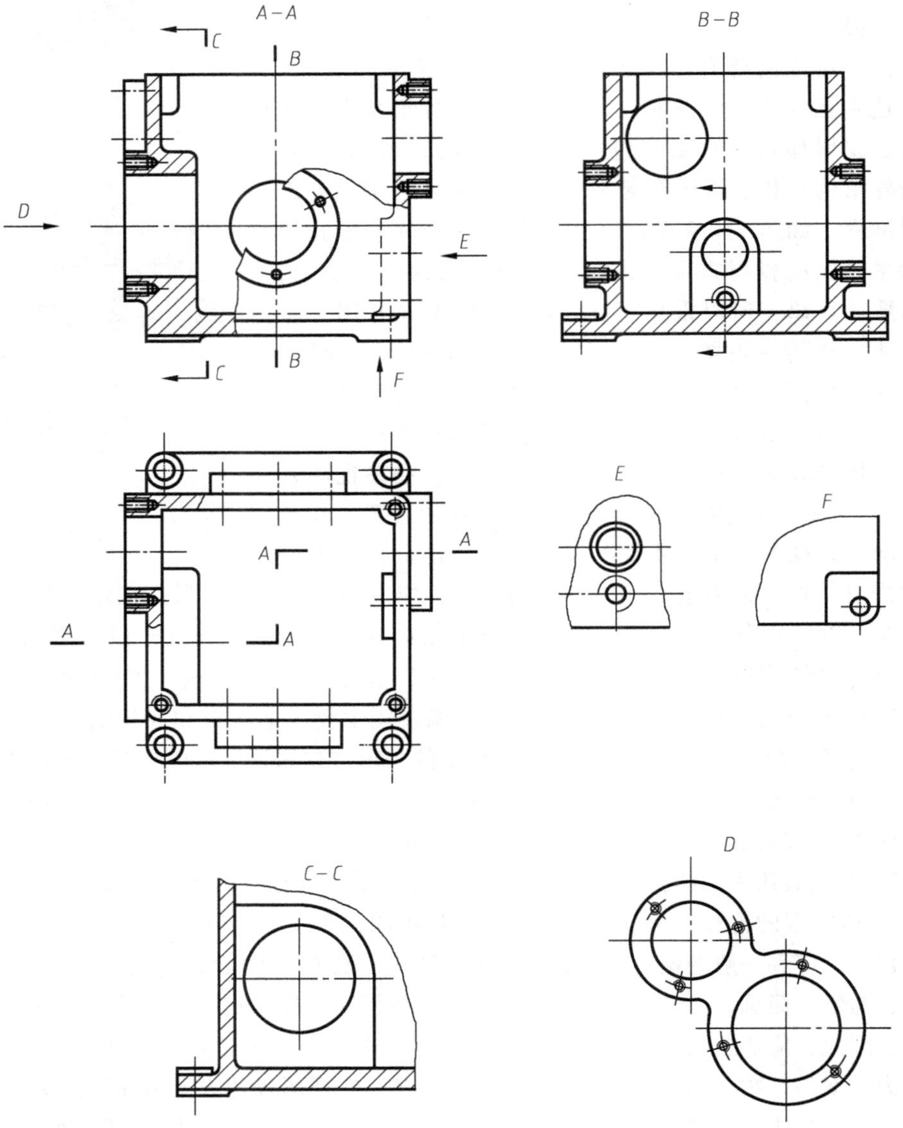

图 11-19　减速机机体的表达方案一

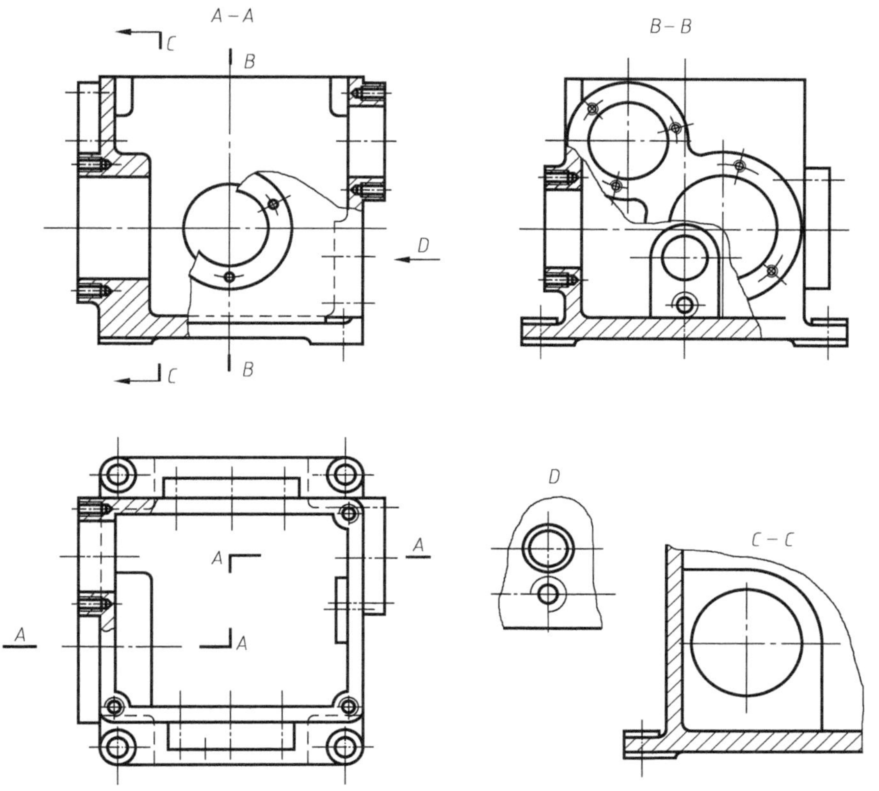

图 11-20　减速机机体的表达方案二

由上述分析可知箱体类的零件的结构特点是：

1）箱体类零件起支撑、包容其他零件的作用，常有内腔，轴承孔，凸台、肋等结构。

2）为了使其他零件装在箱体上，以及箱体再装在机座上，常有安装底板，安装孔，螺纹孔等结构。

3）为了防止污物进入箱体，通常要使箱体密封，此外又为了使箱体内的运动零件的润滑，箱体内常盛放润滑油，因此箱壁部分常有安装箱盖、轴承盖、油标螺塞等零件的凸台、凹坑和螺孔等。

箱体类零件的表达方法是：

1）由于箱体类零件加工时要经过多道工序，各工序的位置并不一样，但箱体在机器中的工作位置是固定的，此外，箱体类零件图如果和装配图中的一致，对读图、画图都较为方便，因此常取反映零件形状特征较多的视图作为主视图，并按零件的工作位置安放。

2）为了表达内部形状，一般采用沿零件的对称面或主要轴孔轴线作半剖视、全剖视、局部剖视以及各种复合剖视等，同时对零件的外形也要用相应的视图表达清楚。

3）一些细部结构常用局部剖视、局部视图、断面、斜视图等表达方式。

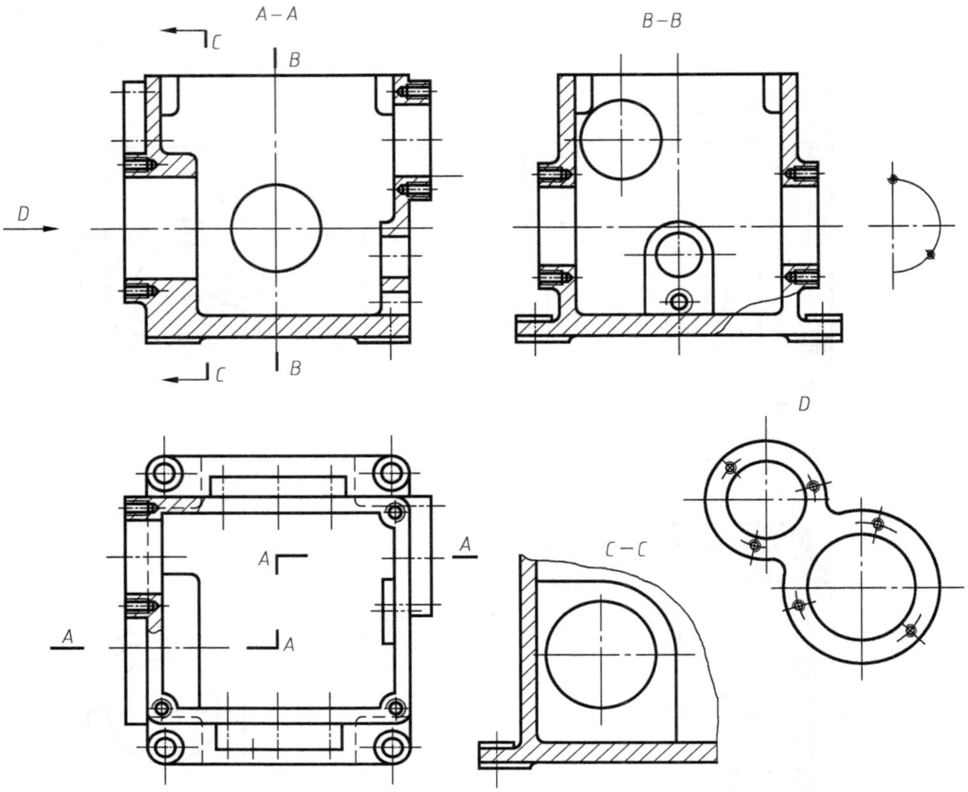

图 11-21　减速机机体的表达方案三

第三节　零件图上的尺寸标注和技术要求

零件图上标注的尺寸是加工和检验的重要依据，标注零件图尺寸的要求是：

（1）正确　零件图上所注尺寸要符合机械制图国家标准的规定。

（2）完整　注全各部分结构的定形尺寸，定位尺寸以及必要的总体尺寸。

（3）清晰　尺寸配置便于看图。

（4）合理　符合零件设计和制造的要求。

前三项在第一章和第五章已分别介绍过，这里不再重复。本节将主要介绍如何合理地标注零件的尺寸。所谓合理是指标注的尺寸既符合零件的设计要求，又便于加工、测量和检验。这就要根据零件设计和工艺要求，正确地选择尺寸基准和恰当地配置尺寸。要达到合理的要求，就必须具备较多的零件设计和工艺知识，而这些知识还要通过其他课程（如机械设计、机械制造工艺学和有关专业课程）的学习和参加生产实践来掌握。下面介绍一些合理标注尺寸的基本知识。

一、基准的概念与选择

1. 基准的概念

在第一章和第五章中，已对基准有了初步概念。这里结合零件的特点引入一些有关设计和工艺方面的知识，再加以讨论。

基准是指零件在机器中或在加工或测量时，用以确定其位置的一些面（零件的对称平面，主要加工面等）、回转面轴线或点。按用途不同分为两大类：

（1）设计基准　是在机器工作时确定零件位置的一些面、线或点。

（2）工艺基准　是在加工或测量时确定零件位置的一些面、线或点。

图 11-22 所示是装配图中轴的设计和工艺基准的具体例子。

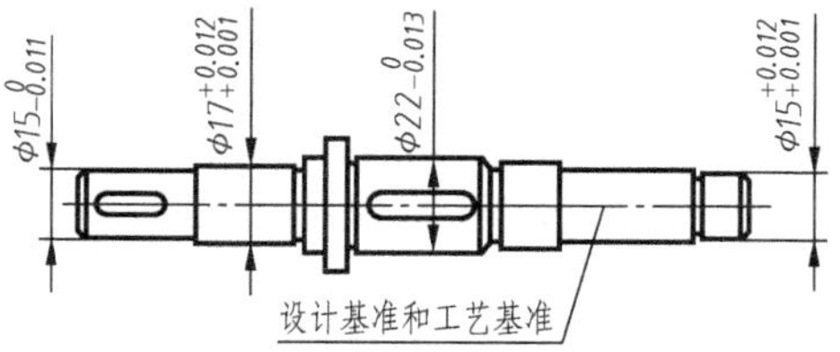

图 11-22　蜗轮轴径向主要基准和尺寸

每个零件都有长、宽、高三个方向，因此每个方向至少应该有一个基准，对于主要结构形状为回转体（面）的零件（如轴套、盘盖零件），若轴线为长度方向，则其宽度、高度方向基准统一为径向基准。根据设计、加工、测量上的要求一般还要附加一些基准。把决定零件主要尺寸的基准称为主要基准，而把附加的基准称为辅助基准。主要基准与辅助基准之间应有尺寸相联系。

2. 基准的选择

选择基准就是在标注尺寸时确定是从设计基准出发，还是从工艺基准出发。从设计基准出发标注尺寸，其优点在于标注尺寸反映了设计要求，保证所设计的零件在机器中的工作性能。从工艺基准出发标注尺寸，其优点是把尺寸的标注与零件的加工制造联系起来，在标注尺寸上反映了工艺要求，使零件便于制造，加工和测量。

为了减少误差保证设计要求，在标注尺寸时，最好是把设计基准和工艺基准统一起来。当两者不能统一时，应以保证设计要求为主。

二、基准选择和尺寸标注举例

下面以四类典型零件为例说明尺寸基准的选择和主要尺寸的标注。

1. 轴套类零件的尺寸基准和尺寸标注

（1）径向基准和尺寸　如图 11-22 所示，左端尺寸为 $\phi15_{-0.011}^{\ 0}$ 的轴段和其他部件上的凸轮轴孔配合，$\phi17_{+0.001}^{+0.012}$ 和右端 $\phi15_{+0.001}^{+0.012}$ 处装配滚动轴承，中间 $\phi22_{-0.013}^{\ 0}$ 处装配蜗轮及锥齿轮，这四个尺寸是蜗轮轴的主要径向尺寸。为了减速机工作时各齿轮啮合正确，轴传动平稳，这四段圆柱的轴线要求统一，因此设计基准就是轴线。由于加工时两端用顶尖支撑，因此轴线也是工艺基准，即设计基准与工艺基准重合，这种情况加工后的尺寸容易达到设计要求。故轴套类零件的径向基准一般都选取轴线。

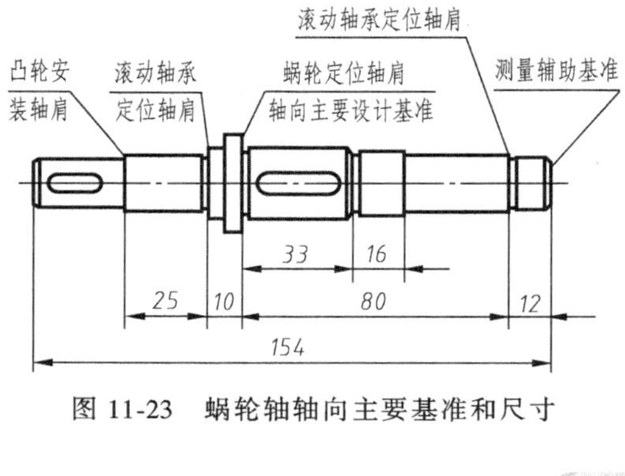

图 11-23　蜗轮轴轴向主要基准和尺寸

（2）轴向的主要基准与尺寸　蜗轮轴上主要装配蜗轮、锥齿轮和滚动轴承。蜗轮、齿轮的轴向定位十分重要，尤其是蜗轮的轴向定位更为重要，因为这关系到齿轮、蜗轮蜗杆传动中是否能正确啮合，蜗轮的对称平面与蜗杆的轴线需共面。蜗轮的轴向定位由蜗轮轴上的轴肩来保证，所以选用轴上蜗轮的定位轴肩作为轴向尺寸的设计基准，如图 11-23 所示。以此为起点注上尺寸 10 确定左端滚动轴承定位轴肩。再注上尺寸 25 确定凸轮安装轴肩。尺寸 80 确定右端滚动轴承定位轴肩，再注上尺寸 12 确定右端面。除了这四个有设计要求的主要尺寸外尚有尺寸 33 和 16，在这范围内安装蜗轮调整片，锥齿轮，垫圈和圆螺母。由于锥齿轮的轴向位置在装配时可由调整片调整，因此这两个尺寸要求稍低。从轴向主要基准经 80、12 两主要的设计尺寸到达右端部，故以此为测量的辅助基准注出轴的总长 154 较为合理 。

2. 盘盖类零件的尺寸基准和尺寸标注

(1) 径向基准和尺寸　由于盘盖类零件的主要形体结构为回转体（面），故其宽度和高度方向的主要尺寸基准也是选取主要回转体（面）的轴线，如图 11-2 所示蜗轮轮芯的径向尺寸基准，由此注出各同轴回转面的直径，及辐板上对称分布的四个圆孔的径向位置尺寸。

(2) 长度方向的基准和尺寸　盘盖类零件长度方向的主要基准是经过加工的大端面或与其他零件的结合面（如图 11-16 所示手轮选用右端为长度方向基准）、对称中心平面（如图 11-2 所示，蜗轮轮芯的长度方向尺寸基准就是这样）。

3. 叉架类零件的尺寸基准和尺寸标注

(1) 长度方向的尺寸基准和尺寸　如图 11-3 所示，拨叉的长度方向尺寸基准是以叉架孔 $\phi55H11$ 的轴线为长度方向的主要基准，标出与孔 $\phi25H7$ 轴线间的中心距 $93.75_{-0.2}^{-0.1}$。

(2) 宽度方向的尺寸基准和尺寸　如图 11-3 所示，以拨叉的叉架的两工作侧面为主要基准，标出尺寸 12d11，12±0.2。

(3) 高度方向尺寸基准和尺寸　图 11-3 所示是以拨叉的上下基本对称平面作为高度方向尺寸的主要基准。

总之，叉架类零件长宽高三个方面的主要基准一般为工作部分或支撑部分的中心线，轴线，对称平面和较大加工平面等。

4. 箱体类零件的尺寸基准和尺寸标注

(1) 长度方向的基准与尺寸　如图 11-24 所示，长度方向选用蜗轮轴承中心为主要基准，以尺寸 72 确定箱体左端凸台的位置，然后以此为辅助基准，再以尺寸 134 来确定箱体右端凸台的位置。以尺寸 9 确定安装底板长度方向的位置。

(2) 宽度方向的基准与尺寸　宽度方向选用前后基本对称面作为基准，以尺寸 104、142 确定箱体的宽度和安装底板宽度，以尺寸 64 确定前凸台的端面位置，以 125 确定后凸台的端面位置，以 25 确定蜗杆轴孔在宽度方向的位置，然后再以此为辅助的基准，以尺寸 42 确定锥齿轮轴承孔的轴线位置。

(3) 高度方向的基准及尺寸　减速机的底面是安装基面，以此作为高度方向的设计基准。机体在加工时先加工底面，然后以底面为基准加工各轴孔和其他平面，因此底面又是工艺基准。由底面起标注尺寸 92 确定蜗杆轴承孔在高度方向的位置，为保证蜗杆、蜗轮的正确啮合，必须保证蜗杆、蜗轮的中心距，故要以蜗杆轴孔为辅助基准，直接注出蜗杆、蜗轮两孔的轴线在高度方向的相对尺寸 $40_{0}^{+0.06}$。

三、配置尺寸的形式

随零件图中的尺寸基准选择的不同，可有下列三种配置形式：

(1) 链状式　把同一方向的尺寸逐段连续标注成链状。如图 11-25a 所示，前一尺寸的

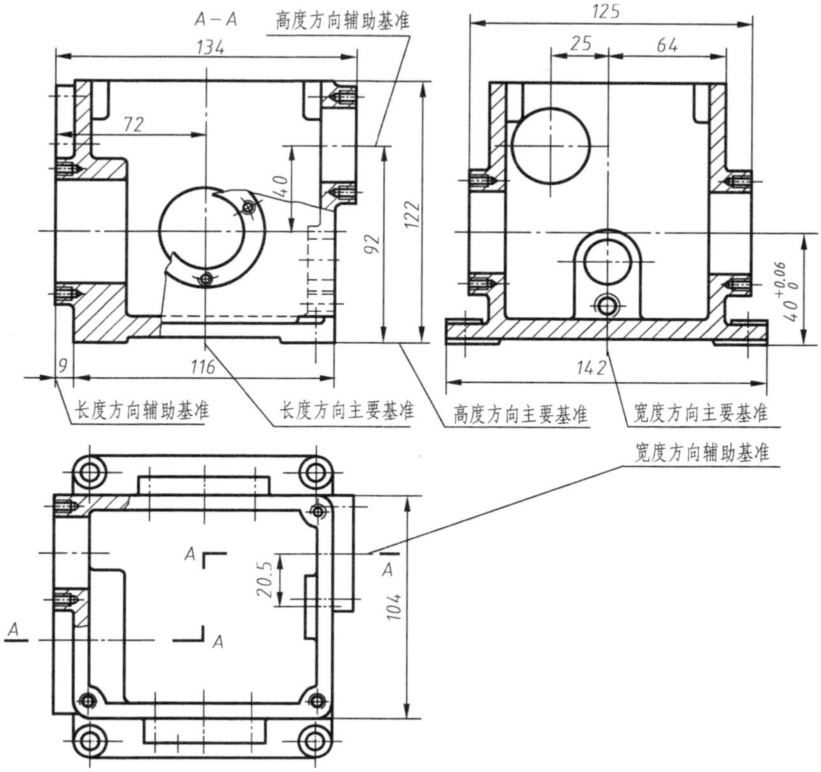

图 11-24 箱体尺寸分析

终止处即为后一尺寸的基准。优点是保证每一段尺寸的精确度，前一段尺寸的加工误差不影响后一段。缺点是各段尺寸误差积累在某方向的总体尺寸上，致使总体尺寸的精确度得不到保证。这种尺寸配置形式常用以要求保证一系列孔的中心距，阶梯状零件中尺寸的要求十分精确的各段以及用组合刀具加工的零件等。

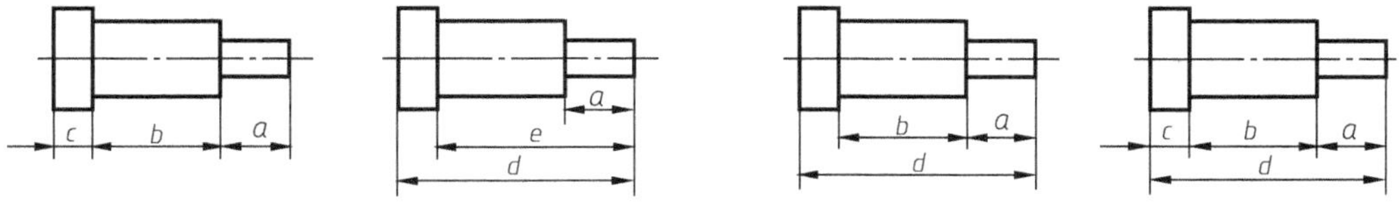

a) 链状式　b) 坐标式　c) 综合式　d) 封闭式

图 11-25 尺寸配置形式

（2）坐标式　把同一方向的尺寸从选定的同一基准出发标注。如图 11-25b 所示，轴向尺寸 a、e、d 都以小轴右端面为基准标注。优点是任一尺寸的加工精度只取决于那一段的加工误差，不会产生积累误差，但是分析小轴中段的长度尺寸时，会发现它同时受到尺寸 e，a 的影响，难于保证这一段尺寸的精确度。所以当零件上需要从某一基准决定一组精确的尺寸时才采用这种配置形式。

（3）综合式　链状式与坐标式结合形成综合式。如图 11-25c 所示，这种尺寸配置形式具有上述两种形式的优点，最能反映零件的设计和工艺要求，所以应用最多。

如图 11-25d 所示，a、b、c、d 四个尺寸首尾相接成为闭合的一组尺寸（称每个尺寸是其中一环），形成封闭的尺寸链，封闭尺寸链中任一环的尺寸公差，都将受其他各环尺寸误差的影响，这样在加工时就很难保证各环的尺寸精度，因此这种注法是错误的，在零件图上不允许将尺寸注成封闭尺寸链。对于一定精度要求的尺寸要直接注出，而让误差积累在不重要的一段上，如空出 c 段不注尺寸称为开口环。

四、合理配置尺寸的注意事项

1. 考虑设计要求

（1）重要尺寸必须直接注出　重要尺寸是指零件上对机器（或部件）的使用性能和装配质量有影响的尺寸。这些尺寸的加工和检验都比较严格，如反映零件所属机器（或部件）规格性能的尺寸、有装配要求的配合尺寸、连接尺寸、为保证正确安装的定位尺寸等。凡属零件的重要尺寸必须直接注出，而且尽可能从设计基准出发。如图 11-4 机体的蜗杆轴孔尺寸 $\phi35^{+0.007}_{-0.018}$，其轴线到底面的距离或称中心高 92 及蜗杆、蜗轮两轴轴孔线间的距离 $40^{+0.06}_{0}$，还有安装孔之间的距离 100、126 等都是重要尺寸，要直接标注出。

（2）要注成开口的尺寸链　如前所述，封闭的尺寸链不能满足设计和工艺上的要求，所以必须注成开口的尺寸链。有时，为了设计和加工时参考，把开口环的数值加上圆弧括号标注出来，称为参考尺寸，如图 11-26 所示，生产中不检验参考尺寸。

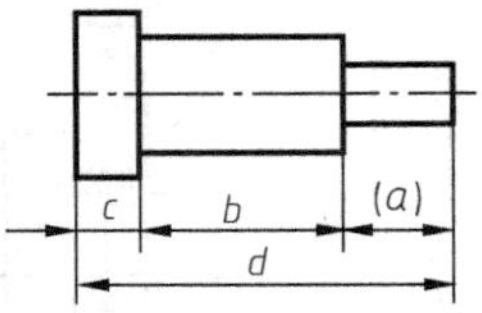

图 11-26　参考尺寸

2. 考虑工艺要求

在零件图上标注尺寸时还要考虑加工、测量和制造装配上的要求。

（1）按加工顺序标注尺寸　蜗轮轴的加工顺序见表 11-11，根据这一加工顺序该轴的尺寸标注如图 11-1 所示。

表 11-1　蜗轮轴加工顺序

序号	说明	图例	序号	说明	图例
1	取直径 $\phi32$ 圆钢，落料，车两端长度为 154，钻中心孔	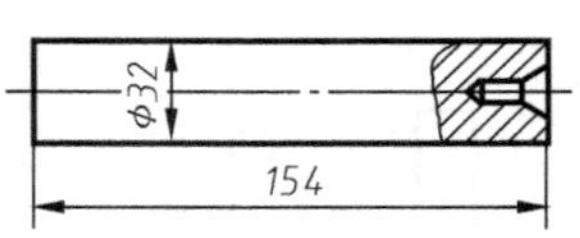	4	$\phi17^{+0.5}_{0}$，$\phi15^{+0.5}_{0}$，$\phi22$ 精车左端，直径，轴向尺寸分别为 25、10、5	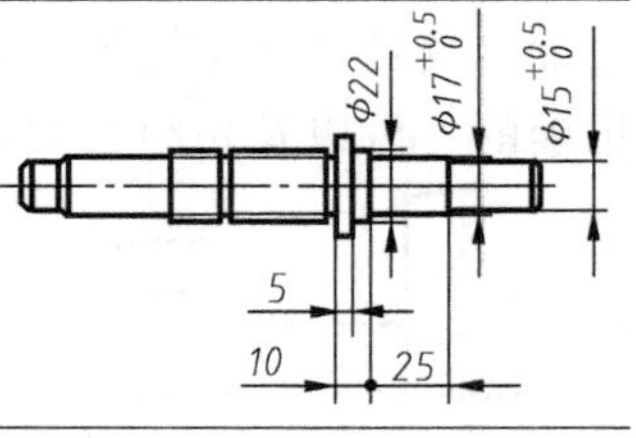
2	粗车右端直径 $\phi24$ 长 90，左端直径 $\phi24$ 长 55	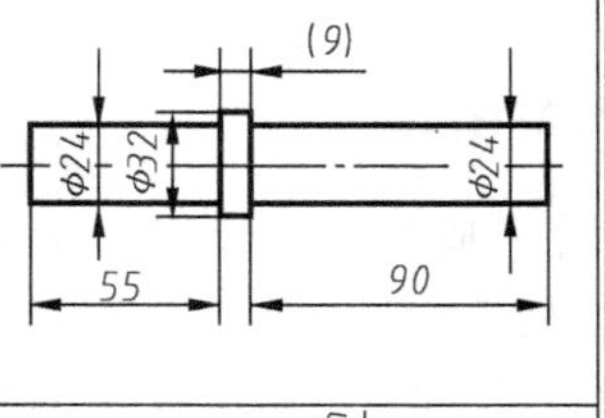	5	铣键槽	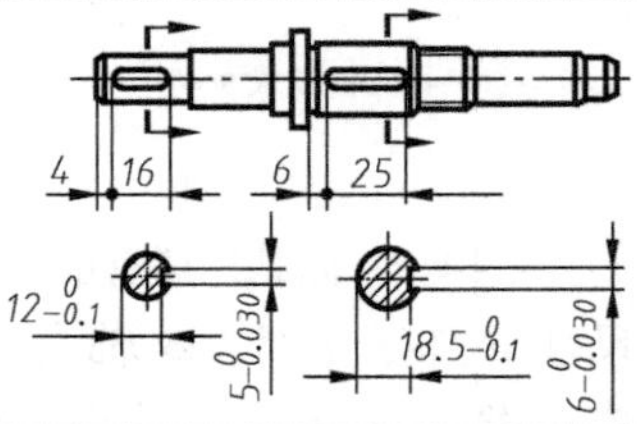
3	调质后，精车右端直径 $\phi15^{+0.5}_{0}$，$\phi22^{+0.5}_{0}$，$\phi17$，$\phi30$，加工螺纹 M20×1.5-6h，车退刀槽，倒角，保证长度尺寸 80+12=92	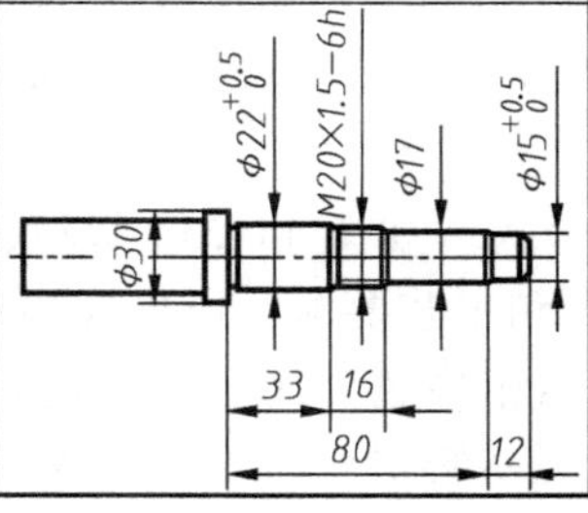	6	磨外圆达到公差要求	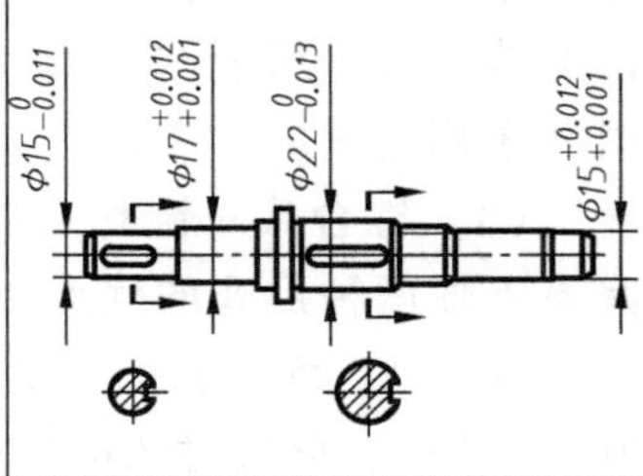

(2) 按不同的加工方法尽量集中标注尺寸 一个零件，一般不是使用一种加工方法，而是经过多道工序（如刨、铣、钻、磨等）才能制成。在标注尺寸时，最好将不同加工方法的有关尺寸集中标注，如图 11-1 所示，两处键槽是在铣床上是加工的，因此，这部分尺寸分别集中在两处标注，如 $6_{-0.030}^{\ 0}$、$18.5_{-0.1}^{\ 0}$、$5_{-0.030}^{\ 0}$、$12_{-0.1}^{\ 0}$，这样看起来就比较方便。

(3) 毛坯面尺寸注法 零件上毛坯面尺寸要和加工面尺寸分开标注。在同一个方向上，毛坯面和加工面之间只注一个联系尺寸。如图 11-27a 所示，尺寸 c 就是高度方向毛坯面和加工面之间的联系尺寸，图上应注明壁厚 b，而不注内腔高度尺寸。凸台（毛坯面）的定位尺寸 a，应选择以毛坯面的顶面作为基准来标注，这样只要造型正确，尺寸 a、b 就能得到保证。否则，由于底面要加工，就难于同时保证所注毛坯面的尺寸。如图 11-27b 所示的注法是不合理的。

(4) 便于测量的尺寸标注方法 如图 11-28a 所示，标注孔轴上键槽的深度尺寸，是以设计基准注出中心到某面的距离，但不易测量。如果这些尺寸对设计影响不大时，应考虑测量方便，按图 11-28b 所示标注，图 11-28c 所示为用游标卡尺测量槽深。

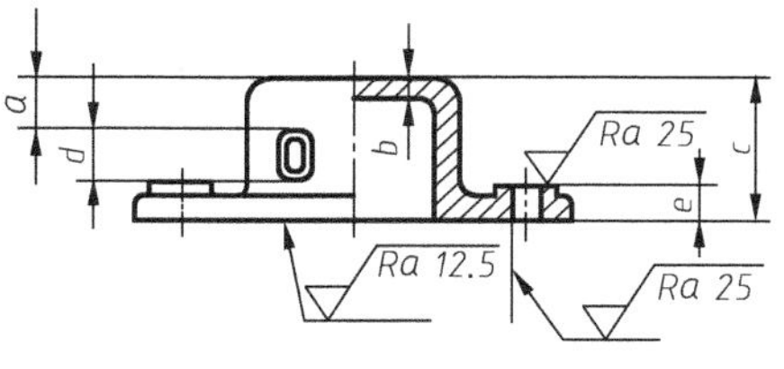

a)

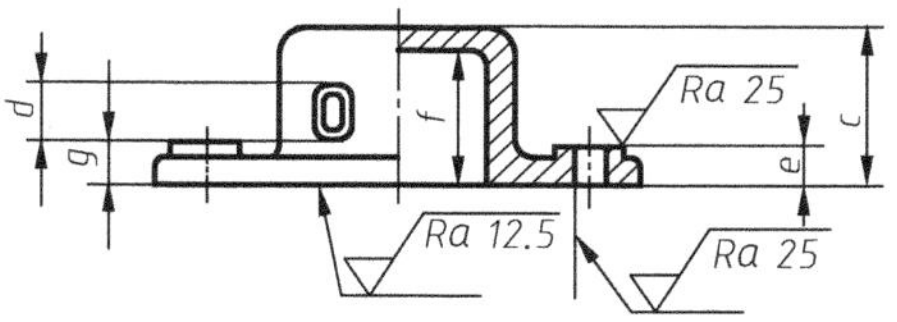

b)

图 11-27 毛坯面尺寸标注

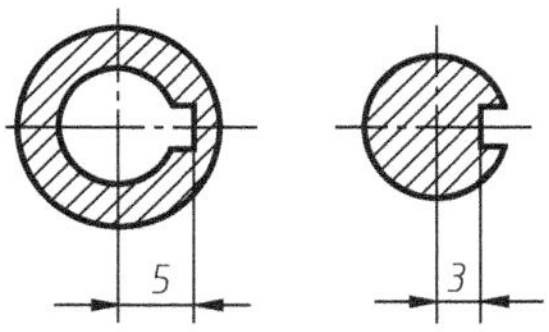

a)

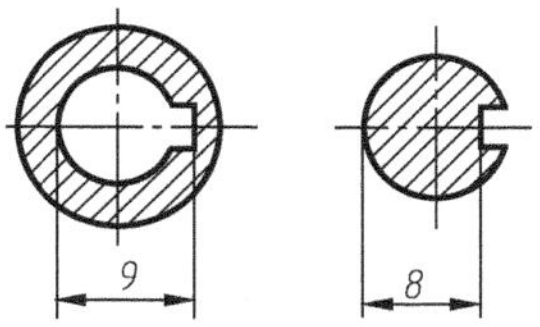

b)

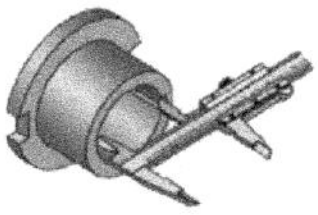

c)

图 11-28 便于测量的尺寸标注方法

五、零件常见结构画法及标注

零件的结构形状主要是根据它在机器中的作用和在加工装配中的要求设计的，为符合工艺上的要求，零件上常有倒角、圆角、各种孔、槽等结构，称为工艺结构。零件的形体结构千差万别，但是工艺结构是相同或类同的，一些常见工艺结构的作用、画法和尺寸标注见表 11-2。

六、零件图上的技术要求

在零件图上，应注明制造和检验零件时所需的各项技术要求，大部分内容在第八章中已介绍过，这里不再赘述。为了零件图内容的完整性，下面对那些无法标注在图形上而要用文字统一书写的内容作简单的说明。

1) 当技术要求不能用代号（符号）在图形上注出时，可以用文字书写在标题栏的上方或其他空白处。要写明标题“技术要求”。

2）技术要求的内容应简明扼要，一般包括下列内容：

① 对有关结构要素的统一要求（如圆角）、倒角尺寸及表面粗糙度要求等，如图 11-3 所示，未注明铸造圆角 $R2\sim R4$，如图 11-1 所示，去毛刺锐边，未注尺寸公差按 IT14 等。

② 对材料、毛坯热处理的要求，如图 11-4 所示，要求不得有砂眼、缩孔等铸造缺陷，并要求铸件进行人工时效处理，消除内应力。

③ 指定方法加工，如图 11-3 所示，要求两件合铸加工后分开。

④ 试验、测试条件与方法及其他必要的说明。

表 11-2　常见结构画法及标注

零件结构类型	标 注 方 法	说　　明
铸造圆角和起模斜度	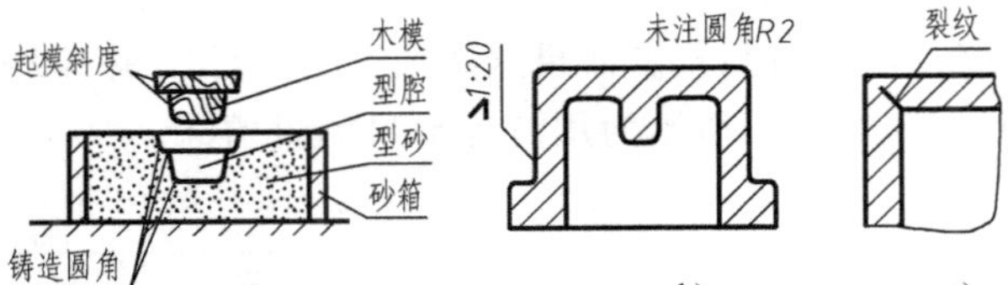 a)　b)　c)	铸造用的木模在相邻两表面(即零件两表面)相交处做成圆角,称为铸造角,否则在尖角处容易产生裂纹 为了便于起模,凡沿起模方向的不加工表面应有起模斜度,称为铸造斜度,它在零件图上一般不画出
铸造壁厚	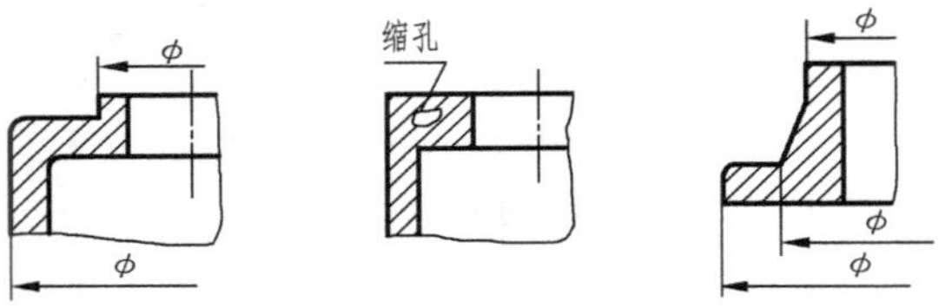 a) 正确　b) 不正确　c) 壁厚缓变	铸件各处的壁厚应尽量均匀或逐渐变化,否则壁厚处易产生缩孔
凸台和凹坑	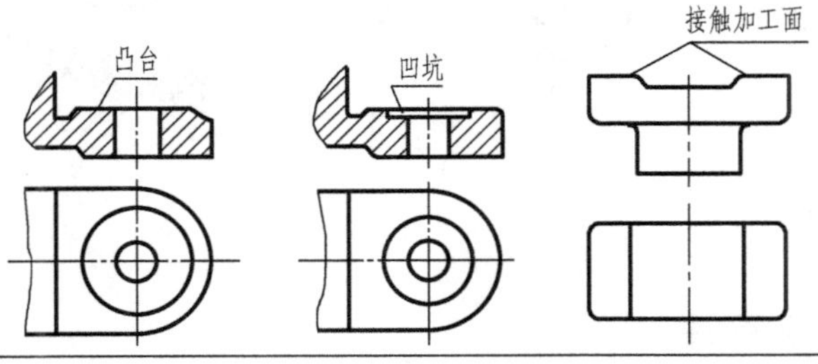	为减少机械加工的面积和保证零件表面间的良好接触,可在铸件表面铸出凸台和凹坑
倒角与圆角	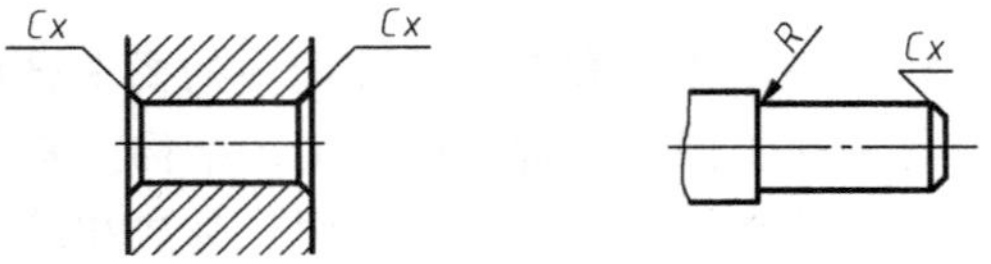	为便于装配和操作安全,常在轴端或孔口加工出倒角。为在轴肩或孔肩处避免应力集中,以圆角过渡
槽	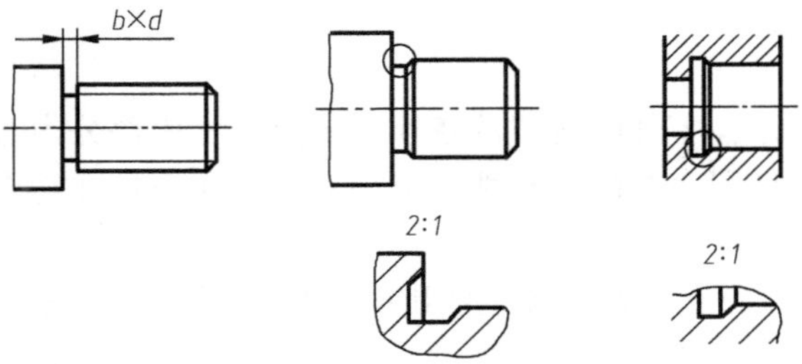	为便于退刀和砂轮磨削,常在零件待加工表面制成退刀槽或砂轮越程槽

（续）

零件结构类型	标注方法	说明
滚花	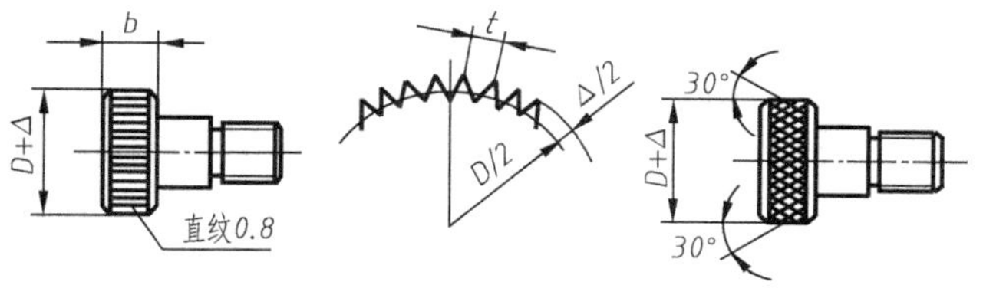	为防止操作时在零件表面上打滑，常在一些零件表面制有滚花，滚花有直纹和网纹两种形式。滚花前的直径尺寸为 D；滚花后为 $D+\Delta$，Δ 为齿深，旁注的“0.8”为齿的节距 t
中心孔	 a)　b)　c)	轴端需表明有无中心孔的要求。中心孔是标准结构，在图样上用符号表示。图 a 为在完工零件上要求保留中心孔的标注示例；图 b 为在完工零件上不可以保留中心孔的标注示例；图 c 为在完工零件上是否保留中心孔都可以的标注示例
中心孔	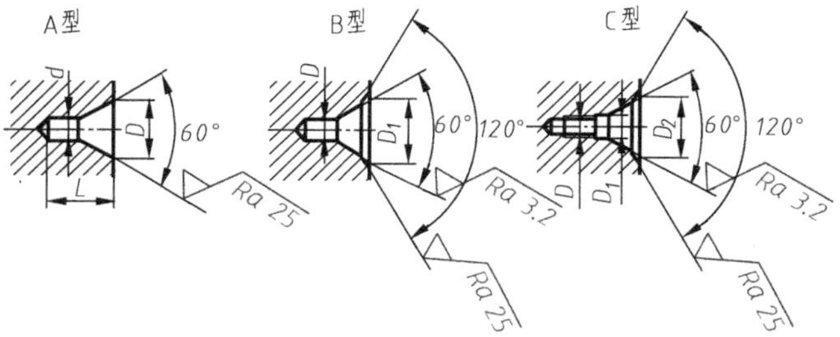	中心孔分为 A 型、B 型、C 型等。B 和 C 型都有保护锥面，C 型带有螺纹孔可将零件固定在轴端。标注示例中 A3/7.5 表示采用 A 型中心孔，$D=3$、$D_1=7.5$
平面	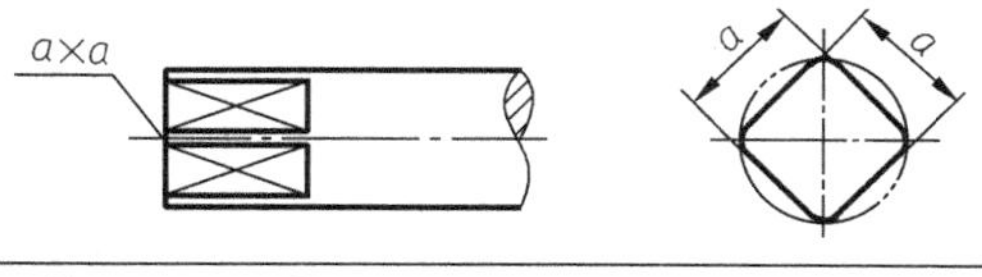	在没有表示出正方形实形的图形上，该正方形的尺寸可用 $a\times a$（a 为正方形边长）表示；否则要直接标注
钻孔处的合理结构	 a) 不正确　b) 正确　c) 正确　d) 不正确　e) 正确	钻孔时钻头应尽量垂直于被加工表面，否则钻头受力不均会产生折断或打滑
螺纹孔 通孔	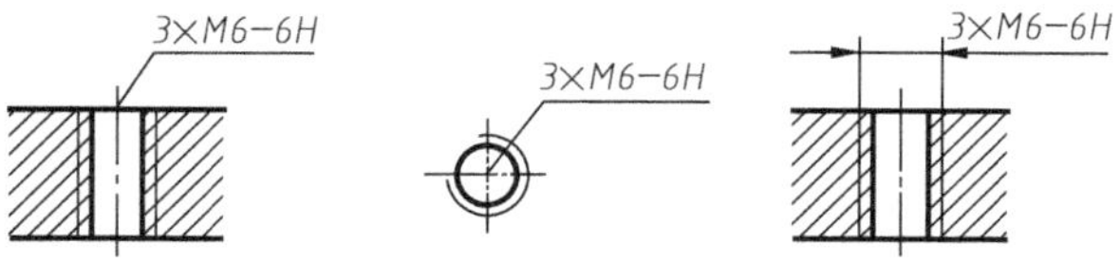	3×M6 表示大径为 6，均匀分布的三个螺纹孔。可以旁注，也可以直接注出
螺纹孔 不通孔	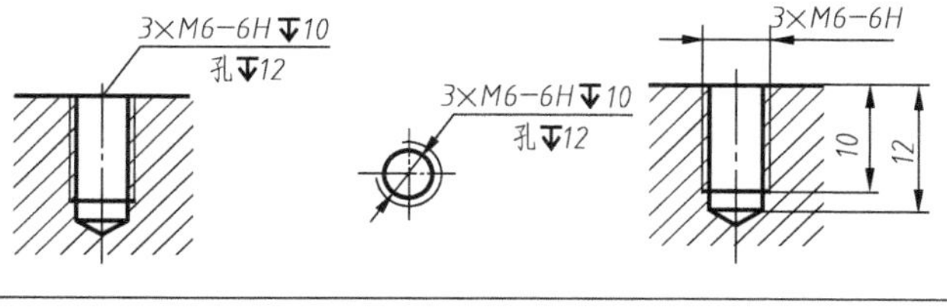	需要注出孔深时，应明确标注孔深尺寸

（续）

零件结构类型		标注方法	说明
光孔	一般孔	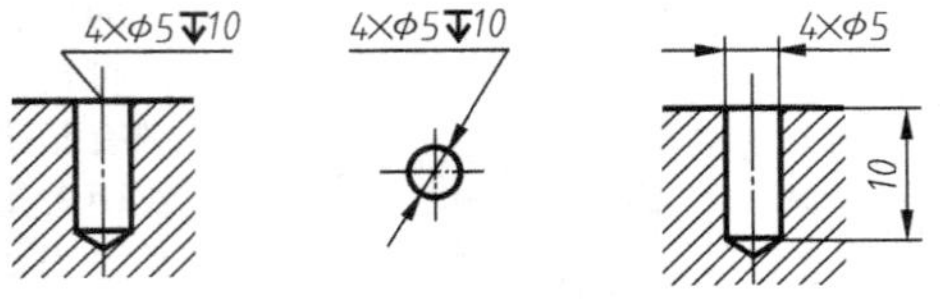	4×ϕ5 表示直径 5 均匀分布的四个光孔。孔深可与孔径连注，也可分开注出
	精加工孔	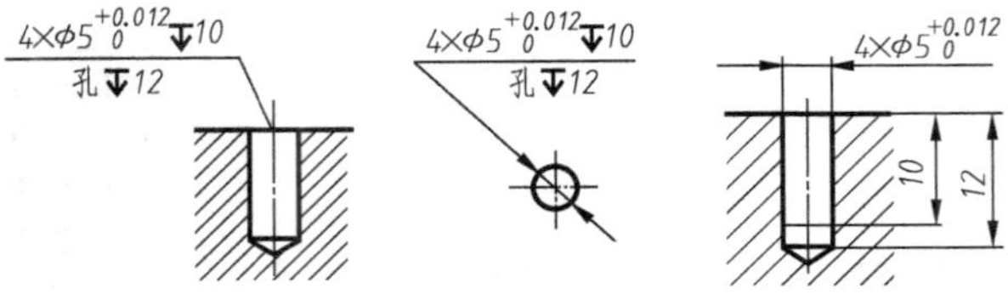	光孔深度为 12，钻孔后精加工到 $\phi5^{+0.012}_{0}$，深度为 10
	锥销孔	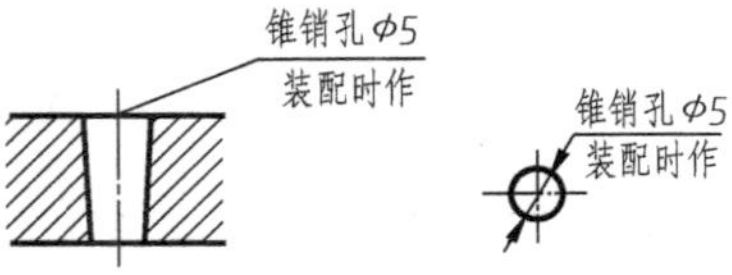	ϕ5 为锥销孔相配的圆锥销小头直径。锥销孔通常是相邻两零件装配后一起时加工
沉孔	锥形沉孔	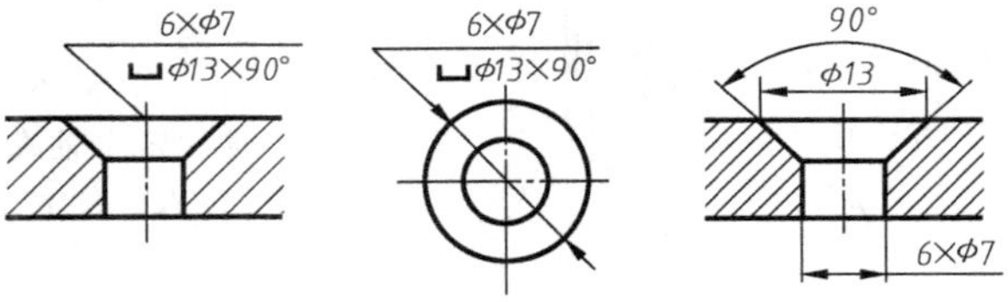	6×ϕ7 表示直径为 7 均匀分布的六个孔。锥形部分尺寸可以旁注；也可以直接注出
	柱形沉孔	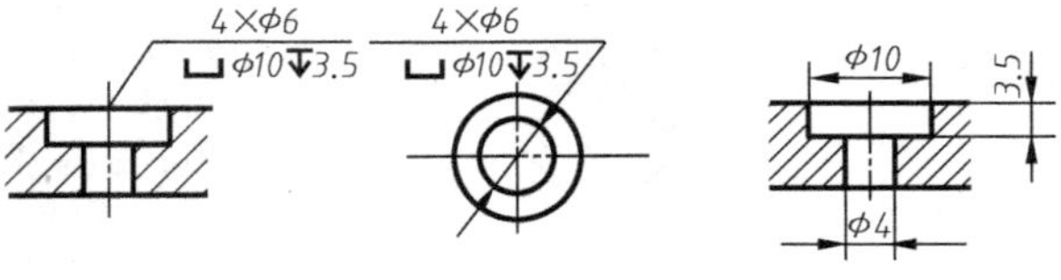	柱形沉孔的小直径为 ϕ6，大直径为 ϕ10，深度为 3.5，均需标注
	锪平	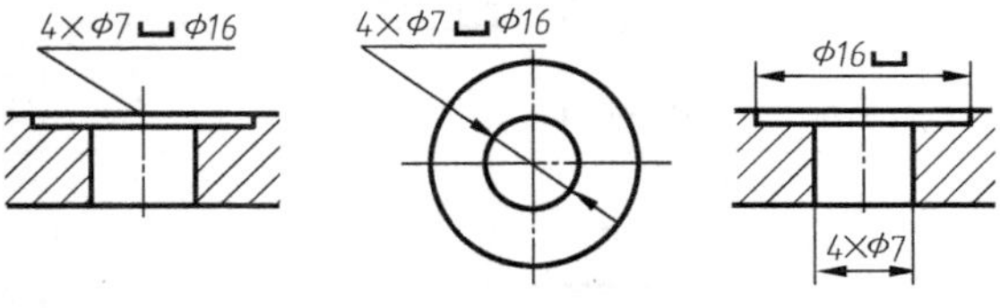	锪平 ϕ16 的深度不需标注，一般锪平到不出现毛面为止

第四节　零件的测绘

零件测绘是根据已有的零件徒手目测画出零件的图形，测量并注明尺寸及技术要求，得到零件草图，再经整理，按比例画出零件工作图的过程。零件测绘对推广先进技术、交流革新成果，改造现有设备、修配零件等都有重要作用，因此，是工程技术人员必须掌握的制图技能之一。

零件草图虽然是徒手目测绘制，其图线不能像用仪器绘制的那样均匀挺拔，但它是绘制零件工作图的原始资料，必须包括零件工作图的所有内容及要求。必要时可直接用来制造零件，不能错误地认为零件草图是“潦草”的图，对零件草图要努力做到图形正确，表达清晰，尺寸完整，线型分明，图面整洁，字体工整，并注明包括技术要求等有关内容。

一、徒手画图的方法

画草图时不用绘图仪器，因此要画好一张草图需要掌握一定的徒手画图的技巧。徒手画基本图线的方法见表 1-9。

二、画零件草图的步骤

（1）分析零件　首先了解零件的名称、用途、材料以及它在部件或机器中的位置和作用，然后对该零件进行结构分析和制造工艺的大致了解。

（2）确定表达方案　零件图的视图选择原则等内容已在前面讨论过，这里不再赘述。但应指出，在现场测绘时，有时由于受到时间与工作条件的限制，所以绘制草图时应尽可能采用较为简练的手法来表达零件。

（3）绘制零件草图　如图 11-29 所示的泵盖，绘制其草图的具体步骤见图 11-30 所示。

1）定出各视图的位置，画出主要轴线、中心线或作图基准线。布置视图时，各视图间应留有足够的地方标注尺寸，并在右下角留出标题栏的位置。

2）以目测比例用细实线详细画出零件的结构形状。

3）经仔细校核后，将图线加深，画出剖面线、所有尺寸线、尺寸界线和箭头。

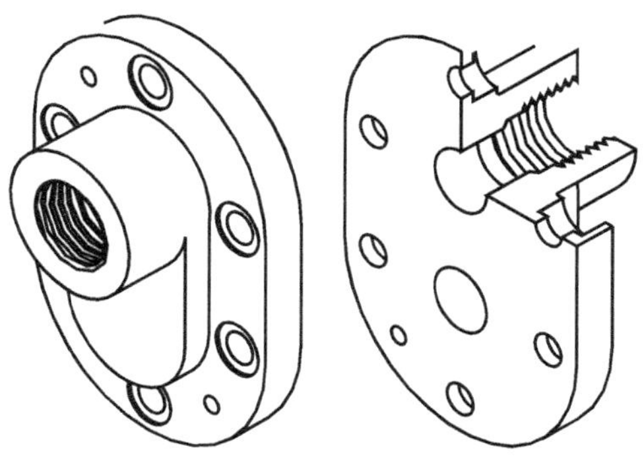

图 11-29　泵盖轴测图

4）逐个标注尺寸，并注写技术要求和标题栏。有关零件表面的粗糙度要求、尺寸公差、几何公差、热处理、技术要求和材料等，可根据零件的作用参照类似的图样或资料，用类比法确定。

（4）画零件草图时应注意的几个问题

1）对于零件制造中的缺陷和使用中的磨损应予以剔除并加以修正。

2）基本尺寸一般圆整成整数值；凡有标准规定的结构尺寸（如键槽、退刀槽、沉头座等），均应查表确定。

3）对于零件的表面结构、极限配合、热处理等技术要求，可以根据零件的作用，参照类似的图样或资料，用类比法加以确定，对极限配合可标注代号，不必注出具体的公差数值。

4）零件的材料应根据该零件的作用及设计要求参照类似的图样或资料加以选定。必要时可用火花鉴别或取样分析的方法来确定材料的类别。对有些零件还要用硬度计测定零件的表面硬度。

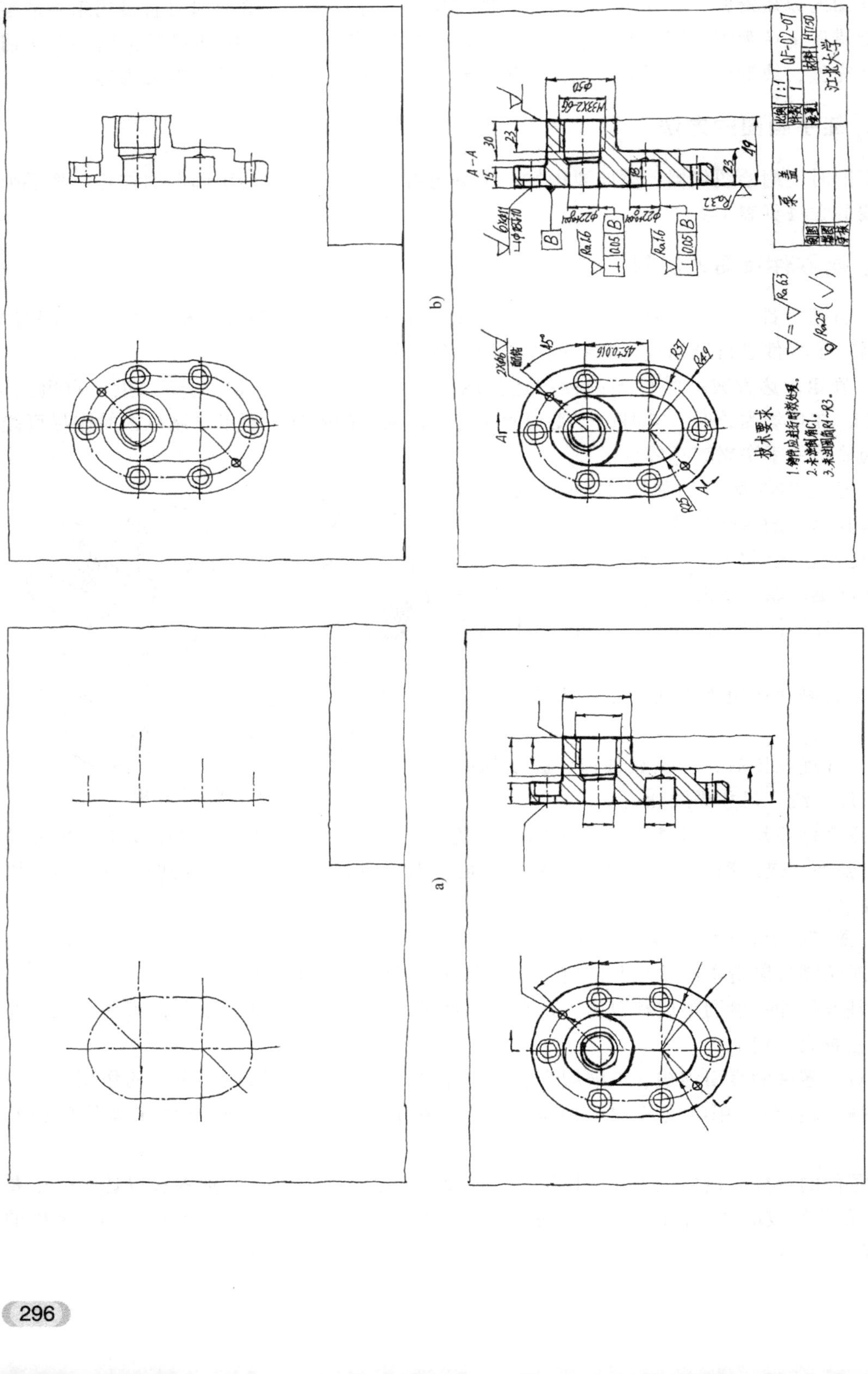

图 11-30 绘制泵盖零件草图的步骤

三、校核草图

校核草图，并根据零件草图整理画成零件图，完成后的泵盖零件图如图 11-31 所示。

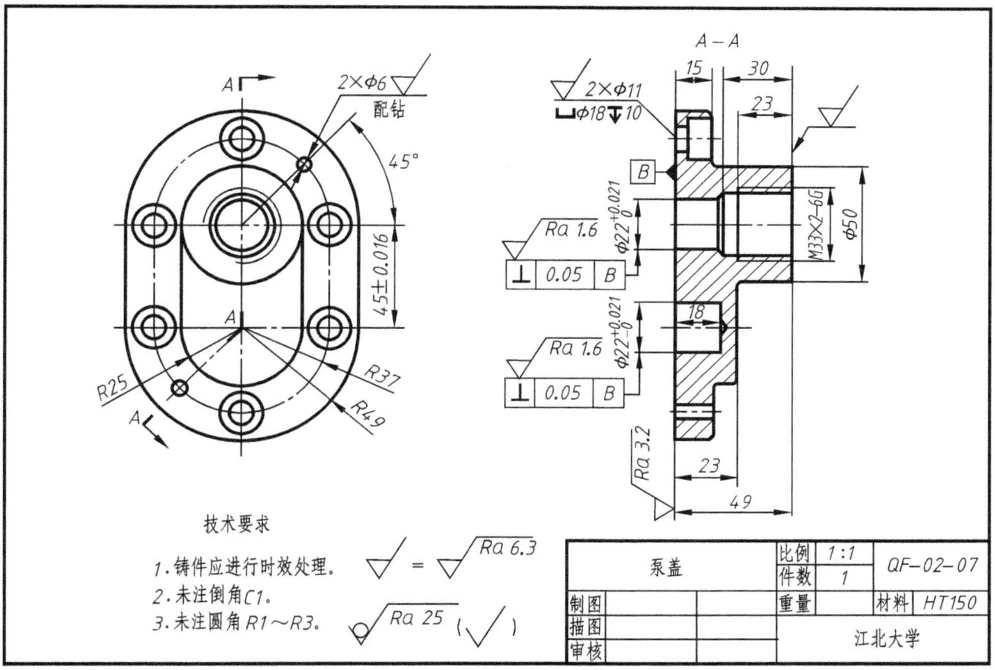

图 11-31　泵盖零件图

四、测量工具与测量方法

测量尺寸用的简单工具有：直尺、外卡钳和内卡钳；测量较精密的零件时，要用游标卡尺，千分尺或其他工具。下面介绍几种常用的测量方法。

1）测量直线尺寸，一般可用直尺或游标卡尺直接量得尺寸的大小，如图 11-32 所示。

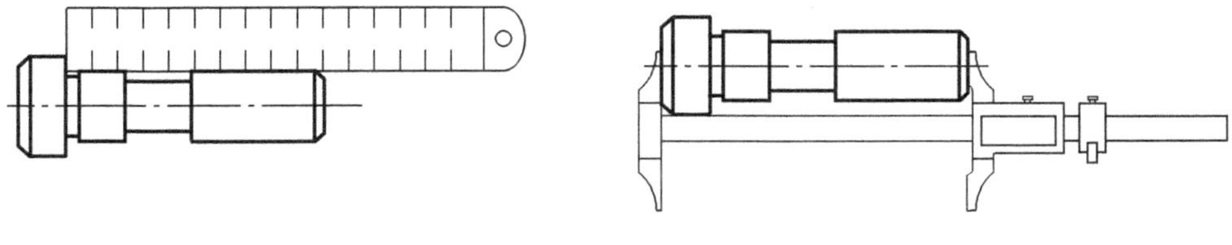

a)　　b)

图 11-32　测量直线尺寸

2）测量回转面直径，一般可用卡钳，游标卡尺或千分尺。如图 11-33 所示，在测量阶梯孔的直径时，会遇到外面孔小，里面孔大的情况，用游标卡尺无法测量大孔直径，这时可用内卡钳测量，如图 11-34a 所示，也可用特殊量具（内外同值卡）测量，如图 11-34b 所示。

3）测量壁厚。如图 11-35 所示用两数之差，测得箱体类零件的壁厚。

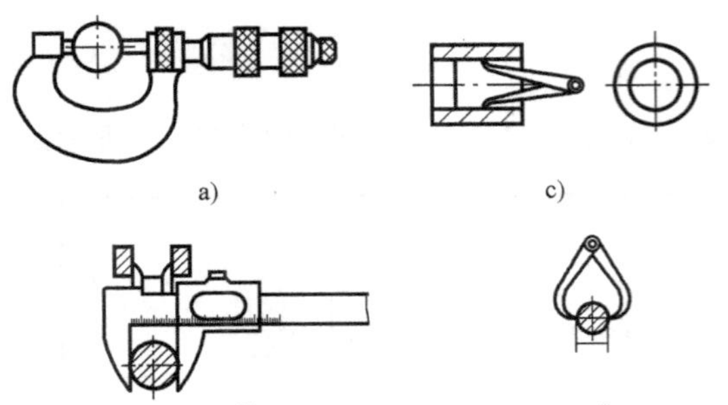

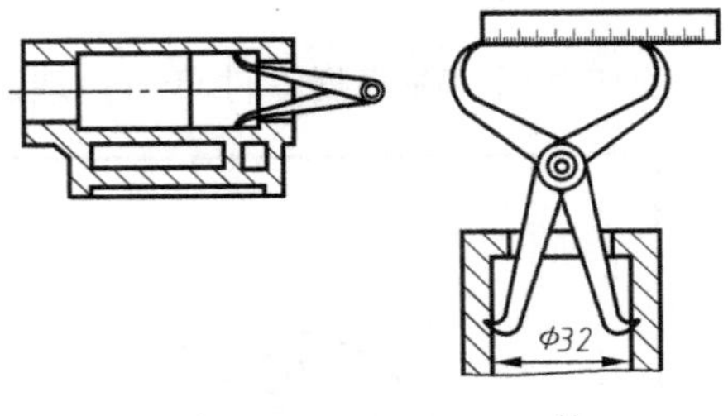

图 11-33　测量圆柱面直径　　　　图 11-34　测量阶梯孔的直径

4）测量孔等中心距。如图 11-36a 所示，当孔径相同时，若用外卡钳测量，则孔间距 $A=X+D$；当两孔直径不等时，则孔间距 $A=X+(D_1+D_2)/2$，如图 11-36b 所示。

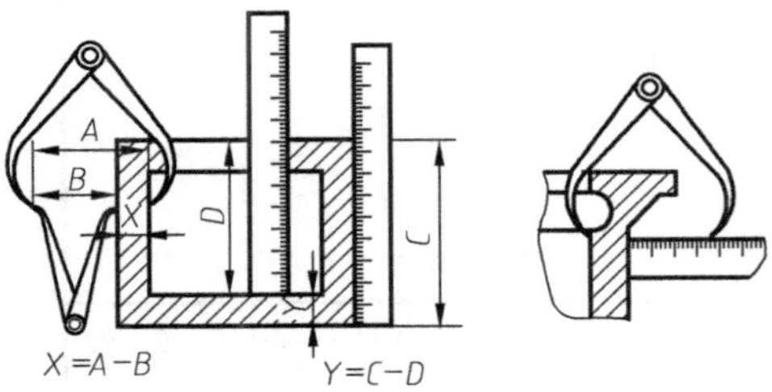

图 11-35　用两数之差测得壁厚

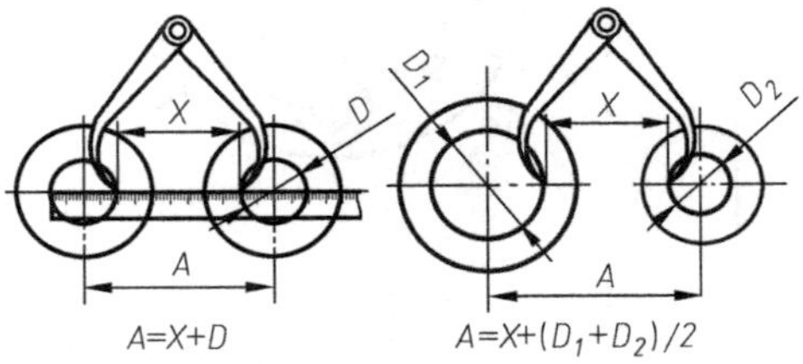

a) 孔径相等的孔间距　　b) 孔径不等的孔间距

图 11-36　测量孔间距

5）测量中心高。如图 11-37 所示，水平孔的轴线至端面尺寸 $H=h+D/2$。

6）测量圆角。一般用半径样板测量，每套半径样板有很多片，一半测量内圆角，一半测量外圆角，每片刻有圆角半径的大小。测量时，只要在半径样板中找到与被测部分完全吻合的一片，从该片上的数值可知圆角半径的大小，如图 11-38 所示。

7）测量角度。可用游标万能角度尺测量，如图 11-39 所示。

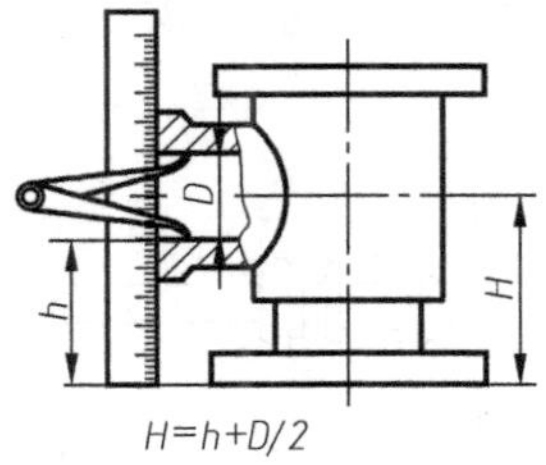

图 11-37　测量中心高

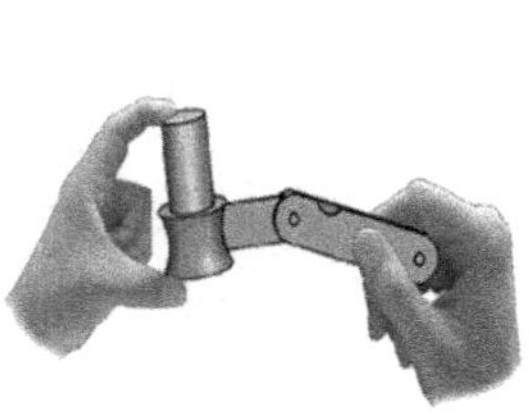

图 11-38　测量圆角

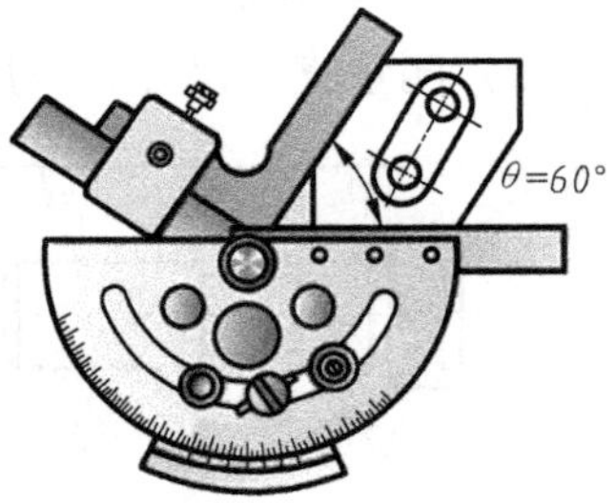

图 11-39　测量角度

8）测量螺纹。螺纹大径可直接用游标卡尺测量，螺距和牙型用螺纹规测量。如图 11-40 所示，每套螺纹规有很多片，每片上制有固定牙型，螺距的锯齿，并标有牙型螺距。将锯齿去和被测量螺纹吻合，如果完全一致，则该片上的标注即为被测螺纹的牙型和螺距。

当没有螺纹规时，可用压印法测量螺距。若在距离为 T 内印有 n 个牙痕，单线螺纹情况下，螺距的数目为 $n-1$，因而螺距 $t=T/(\pi-1)$，如图 11-41 所示。

9）齿数测量。对于直齿圆柱齿轮，只要确定模数 m 和齿数 z，齿轮的其他参数即可通

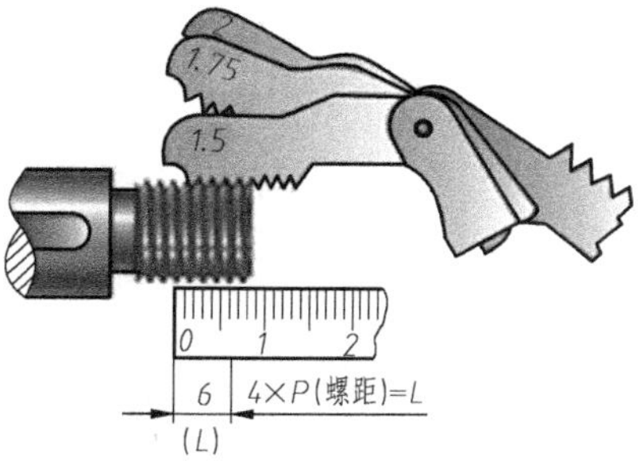

图 11-40 用螺纹规测量螺距

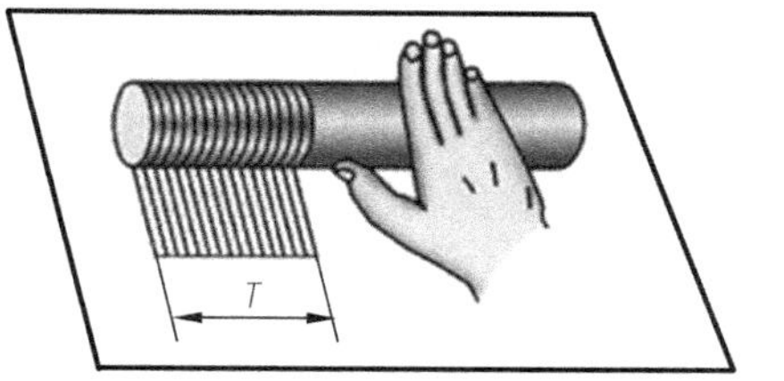

图 11-41 用压印法测量螺距

过计算公式确定。

具体步骤如下：

① 数出被测量齿轮的齿数 z。

② 测量齿顶圆直径 d_a。当齿数 z 为偶数时，可直接用游标卡尺量得。当齿数 z 为奇数时，可由 $2e+d$ 算出，如图 11-42 所示。

③ 根据公式 $m=d_a/(z+2)$ 算出模数，然后查手册选取与其相近的标准模数值，若计算的值与标准数值相差较大，则可考虑齿轮可能不是标准齿轮，而是移位齿轮。关于移位齿轮可参考其他有关的书籍。

④ 根据选定的标准模数 m，按公式计算出齿轮各参数尺寸，包括齿顶圆直径 d_a。

⑤ 当测量一对啮合齿数时，数出它们的齿数 z_1、z_2，计算出中心距 $a=\frac{m}{2}(z_1+z_2)$。

若计算出的中心距与实际测量的中心距相等，则可判定两齿轮都是标准的。如果相差很大，则可判定其中一个是变位齿轮，或两个均为变位齿轮。

⑥ 拓印法。如图 11-43 所示，当被测零件的曲线轮廓在同一平面上，或基本在同一平面上，其测量精确要求不高时，可用拓印法在纸上拓出它的轮廓形状。然后用几何作图的方法求出各连接弧的尺寸和中心位置。

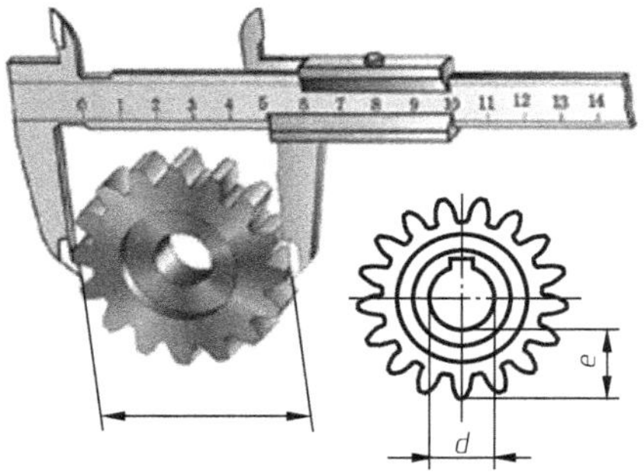

图 11-42 测量加计算得出齿顶圆直径

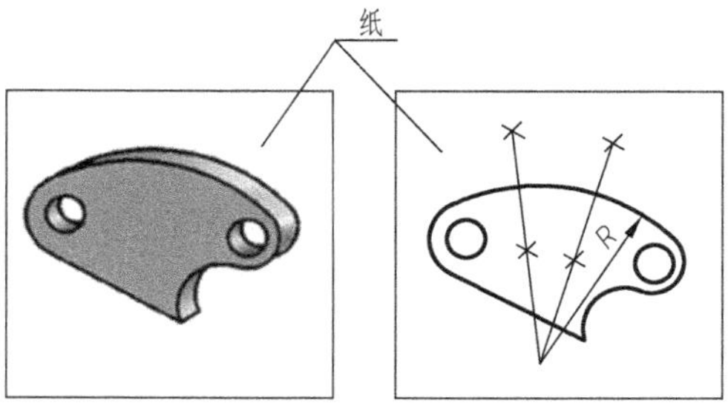

图 11-43 拓印法

第五节 读零件图的方法与步骤

无论从事何种技术工作，几乎都不可避免地要接触到读零件图的问题。设计时，参照原有的或同类产品图样进行研究改进，以设计出更为先进、合理的零件。制造时，按照零件工作图拟定合理的制造工艺方案，以保证产品质量，降低制造成本等。所以说，读零件图在设计、制造、交流、学习等活动中是一项非常重要的工作。读零件图就是要根据图样想象出零件的结构形状，搞清楚全部尺寸以及各项技术要求等。第五章中曾讨论过读组合体视图的方法乃是读零件图的基本方法，不过零件不单纯是几何形体，要根据零件的作用及有关结构工艺知识，对零件进行结构分析，有时还要结合工艺分析，加深对零件图的理解并提高读图效率。现以图 11-44 所示油压缸（油压阀中的一个零件）为例来说明读零件图的方法步骤。

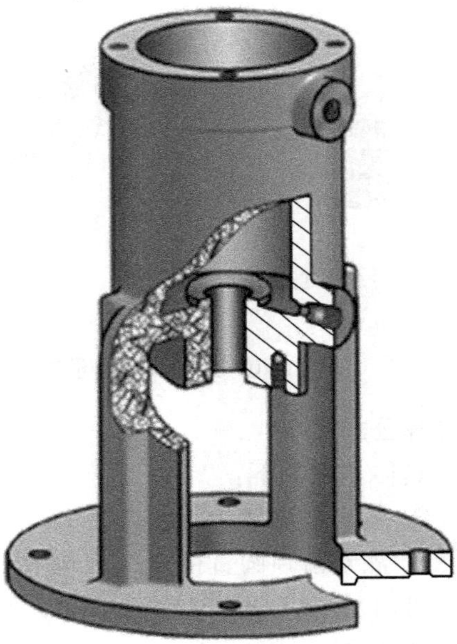

图 11-44　油压缸轴测图

一、概括了解

首先读零件图的标题栏，从中了解零件的名称、材料、比例等，并大致了解零件的功用和形状大小。从制造零件所用的材料可以想到零件制造的工艺要求，从图的比例和图形大小可以估计出零件的实际大小。如图 11-45 所示零件的名称是油压缸，其材料是铸铁，牌号为 HT200，由此可以想到它是油压阀之类部件上的一个零件，大概是圆筒形状的铸铁件，在该零件上必然有满足铸造工艺要求的铸造圆角及起模斜度等结构。如果是不熟悉的零件，就需要进一步参考有关技术资料，如装配图和技术说明书等，来了解零件在机器或设备中的功用及其相关零件的配合、装配关系，然后再来判断零件的结构形状。

二、进行表达方案的分析

先找出主视图，然后看用多少图形和用什么样的表达方法和要表达目的，以及各视图的关系，搞清楚表达方案，可为进一步读懂图打好基础。可按下列顺序进行分析：

1）找出主视图。

2）有多少视图、剖视、断面等，还要找出它们的名称、相互位置和投影关系。

3）有剖视、断面的地方要找到剖切面的位置。

4）有局部视图，斜视图的地方，必须找到表示投射部位的字母和表示投射方向的箭头。

5）有无局部放大图和简化画法。

油压缸零件图采用了三个基本视图（主视图、俯视图，左视图），一个 *A* 向视图和一个断面图，共计 5 个图形进行表达。主视图采用了半剖视，既表达了油压缸的外部形状，同时又表达了内腔形状，左视图采用了局部视图，可显示油压缸供油（排油）口，凸缘上螺孔以及填料处等结构。俯视图采用了局部视图，表达了缸体顶部形状及四个螺纹孔的分布情况，和缸体底部连接圆盘的形状及四个光孔的分布情况，*A* 向视图表达了油压缸密封处端面结构形状，移出断面表达了中部连接部分的断面形状。

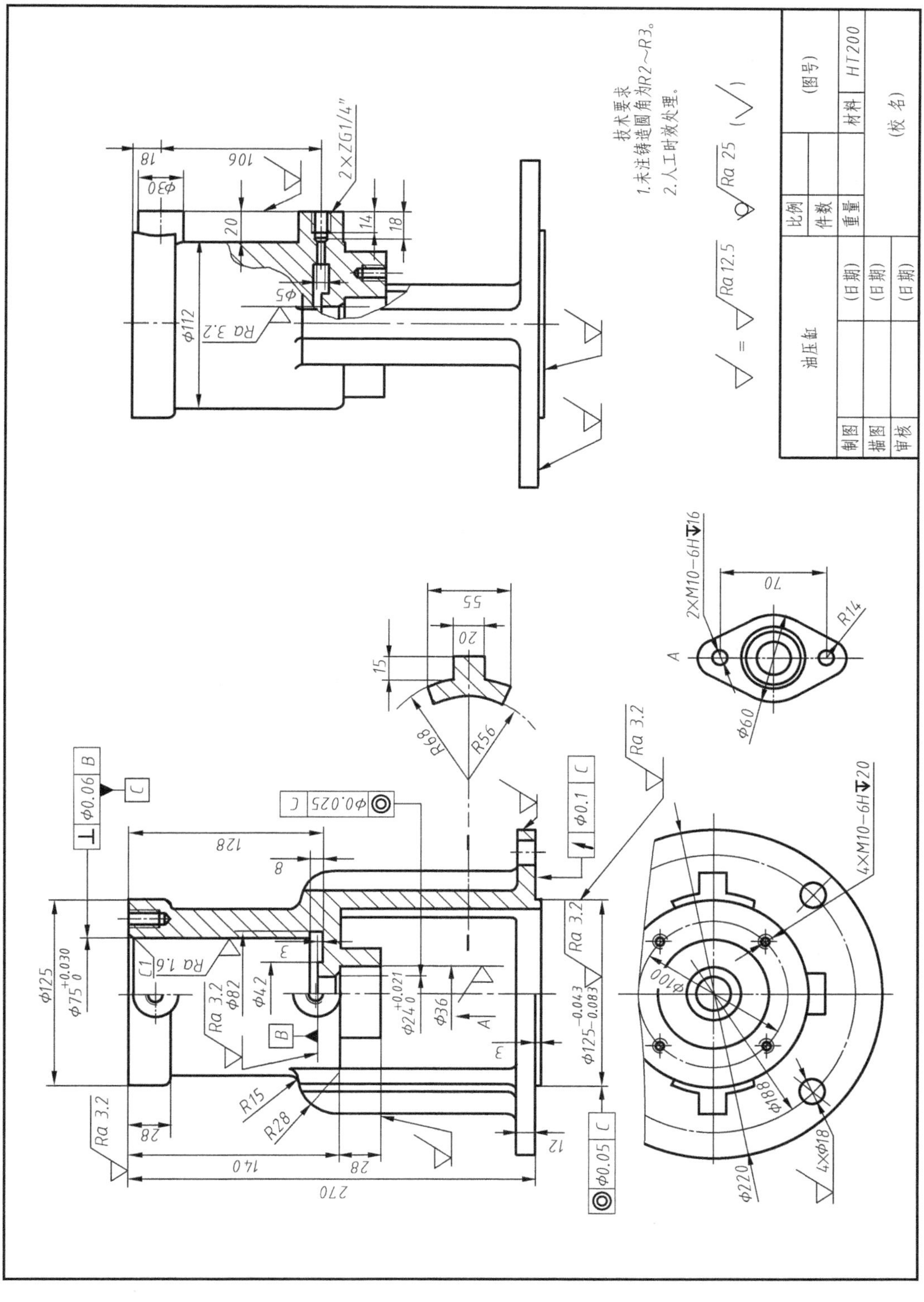

图 11-45　油压缸零件图

三、进行形体分析、线面分析、结构分析

在搞清各视图关系的基础上，根据零件的功用和视图特征，运用形体分析和结构分析的方法将零件分成几部分，并在各视图上找出其相应的结构表达，进一步运用视图的投影对应关系想象各部分的结构，对某些细部结构尽量运用线面分析法，搞清其所表达的结构形状，最后综合在一起，构思出零件的整体形状。

在分析过程中可先构思出大致的轮廓，即分析零件的主要组成部分的形状，然后再分析细小的局部结构形状。构思油压缸零件的形状可分以下步骤进行：

1）由主、俯、左三个视图可知油压缸主要由上部缸体、中部的支撑立柱和下部的连接圆盘三部分组成。

2）由主、俯视图（实际读图时常结合尺寸，特别是一些带有形状功能的尺寸，如回转面直径尺寸 ϕ××等）可知，缸体部分主要是由空心圆柱组成，顶部螺孔部分的壁厚不够，故又设有凸缘。缸体一侧上下各有一安装进出油管接头用的螺纹孔（为用螺纹密封的螺纹孔），结合左视图可看出此两处都设有凸台，由左视图的局部视图可看出螺孔的内部结构。由 *A* 向局部视图和主视图可知该油压缸密封处填料函的结构形状。由移出断面可知连接缸体与连接圆盘间的两条支撑立柱是 T 形肋。

3）按装配要求分析可知，连接圆盘上四个和前后对称面成 45°角的孔是供装配螺栓用的。该圆盘的底部凸台是与另一零件（定心座）装配时的定位上口。

4）综合想象零件的整体形状，便可构思出该油缸的形状，如图 11-44 所示。

四、进行尺寸分析

尺寸分析可按下列顺序进行：

1）根据形体分析和结构分析，了解定形尺寸和定位尺寸。

2）根据零件的结构特点，了解基准和尺寸的标注。

3）找出重要尺寸。①分析尺寸起点，以找出尺寸基准；②结合公差和表面结构来阅读尺寸。

4）了解一般尺寸。

5）确定零件的总体尺寸。

如图 11-45 所示可知，由于油压缸的主要组成形体是回转体，故油压缸的长度和宽度方向尺寸的主要基准是油压缸的轴线，如 $\phi125$、$\phi75^{+0.030}_{0}$、$\phi82$、$\phi42$、$\phi24^{+0.021}_{0}$、$\phi36$ 等，这些尺寸都是以轴线为基准注出。读尺寸 $\phi75^{+0.030}_{0}$、$\phi24^{+0.021}_{0}$、$\phi125^{-0.043}_{-0.083}$ 可知它们是重要的配合尺寸，不仅受到本身的公差限制而且还受到几何公差的限制，它们直接影响到零件的功能或者说是影响油压阀的使用。油压缸零件被铸造出毛坯后，即按这些基准划线，然后再进行加工达到所要求的尺寸。油压缸的高度方向的主要基准是顶面，如尺寸 140、28、128、18 都是以此位置为起点标注。

五、进行结构、工艺和技术要求的分析

分析这一部分内容，可以进一步深入了解零件，发现问题，可按下列顺序进行：

1）根据图形了解结构特点。

2）根据零件的特点可以确定零件的制造方法。

3）根据图形内外的代号（符号）和文字注解，可以更清楚地了解技术要求。

如图 11-45 所示可知，$\phi24^{+0.021}_{0}$ 及 $\phi125^{-0.043}_{-0.083}$ 对基准 C（$\phi75^{+0.030}_{0}$ 的轴线）有同轴度要求，在考虑加工工艺时要给予保证，这表示该油压缸体的内腔面需要进行必要的精加工，还有用文字注写的该零件的铸件在工艺上的具体要求。

综合上述五个方面的内容，就可以了解这一零件的完整形象，真正看懂这张零件图。要注意的是上述五个步骤在读图过程中要相互结合进行。

第六节　用 AutoCAD 绘制零件图

零件图有四项内容，其中一组图形中的每个视图都是二维平面图形，平面图形的绘制前面章节已一一介绍。尺寸及其公差、几何公差、表面结构标注等也已介绍，在此基础上绘制零件图就是把这些绘图方法和技术的综合应用，已不是难事。本节以滑动轴承的轴承座为例介绍先三维设计绘图再投影成二维视图的方法、步骤。

（1）三维建模　不管已知条件是测绘现有零件、已测绘好的零件草图、在现有零件图上进行改进设计或抄画现有的纸质图等，首先应设计绘制零件的三维模型，如图 11-46a 所示。按第三章中介绍的内容，应用“面或体投影”按钮，和“投影图”命令，系统自动按三维模型生成并展平其正投影图，还可以按剖视图的剖切位置将三维模型先剖切好，再进行投射。

（2）生成二维图　如主视图是采用半剖视的，可先按图 11-46b 所示剖切，再向 V 面进行投射，其他视图类似操作。投射后的视图如图 11-47a 所示。这种用三维模型投射成二维平面图的方法对于初学者是比较有利的，既直观易操作又不会多线、漏线。

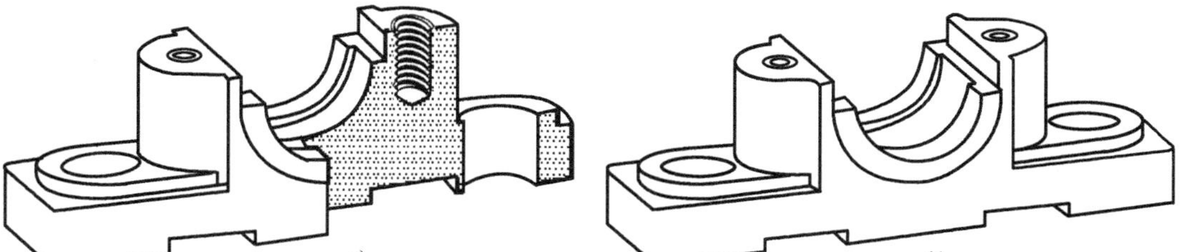

a)　　　　b)

图 11-46　零件的三维建模

（3）整理图线　由投影图可知，视图需按国标要求整理一下：

1）因剖切面是人为加的，主视图上半剖视的剖切面投影实线必须去掉，对称部分应添加上对称线（点画线）。左视图也做同样处理。

2）回转面轴线、对称中心线都要加上点画线。

3）螺纹按规定画法改画。

4）截断面上需画上剖面线。

5）有些视图还应适当标注。

（4）标注技术要求　按零件图的四项内容还需进行尺寸及其公差、几何公差、表面结构等标注，不便用代号表达的技术要求还应用文字注写出来，最后完工的零件图如图 11-47b所示。

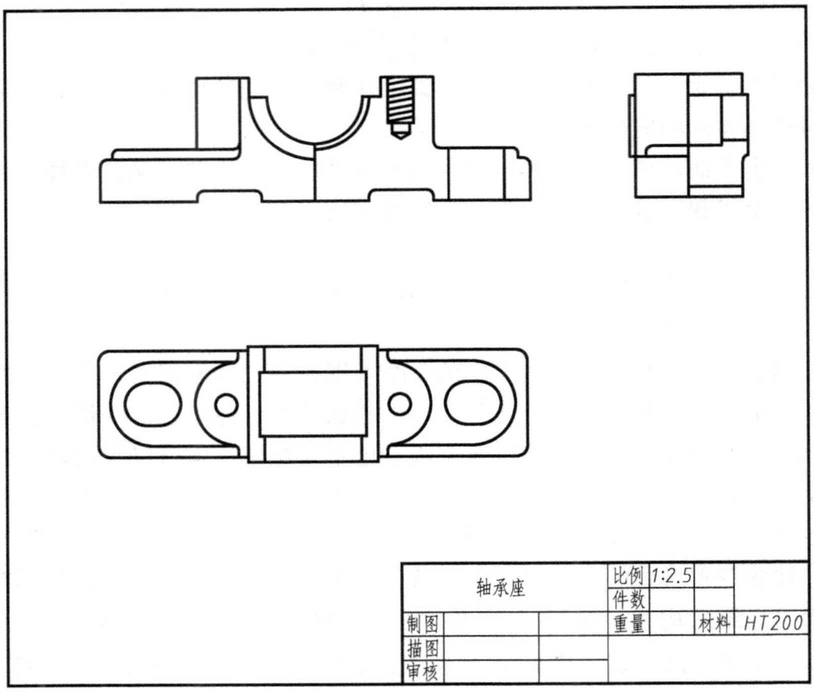

a)

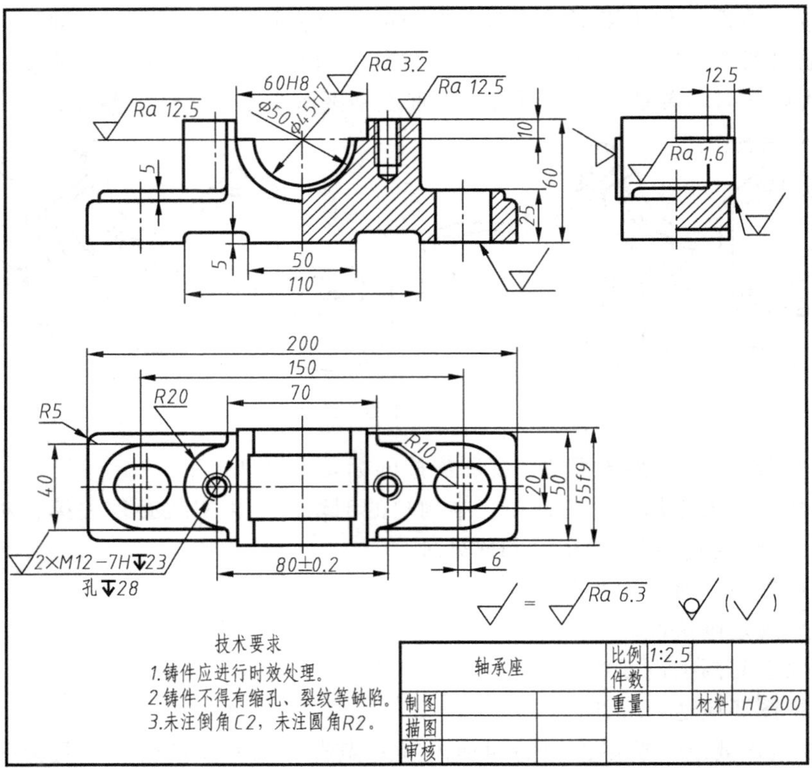

b)

图 11-47　用 AutoCAD 绘制零件图

第十二章

12

装　配　图

第一节　装配图的作用和内容

一、装配图的作用

装配图是表达机器或部件的工作原理、传动路线、各零件之间的装配连接关系等内容的图样。它是指导生产、装配、检验、安装、维修机器等工作的重要技术文件。

根据作用不同，装配图可分为三种类型：

（1）设计装配图　设计装配图是设计或测绘机器、部件时，用来表达或记录设计意图和技术思想的装配图。要求这种装配图能详尽地表达出各零件间相对位置、连接方式、传动路线、工作原理及主要零件的主要结构形状等，以便从图中判断、校核各零件结构是否合理，装配关系是否正确，并根据它拆画出零件图。

（2）装配工作图　装配工作图是用于指导机器、部件装配或维修、拆卸工作顺利进行的装配图。要求这种装配图只反映零件之间的装配关系及装配操作技术要求，与此无关的视图尺寸，一般予以省略。

（3）总装配图　总装配图是用来表达产品形状及组成部分的相对位置、结构概况和性能规格的装配图。这种装配图通常以简明的外形轮廓来表达机器或部件的基本组成和装配关系，主要用于总装配、运输和安装。

二、装配图的内容

图 12-1 所示是滑动轴承的装配图，从中可以看出，一张完整的装配图应具备下列基本内容：

（1）一组图形　用以表达机器或部件的工作原理、传动路线、装配关系、连接方式、各组成零件的相对位置和零件的主要结构形状等。

（2）必要的尺寸　表示机器或部件的性能、规格、装配、安装外形所必需的几类尺寸。

（3）技术要求　用文字或符号说明机器或部件在性能、装配、调试、检验、作用等方面的要求和注意事项。

（4）零部件序号、明细栏和标题栏　按一定的顺序和方法在图上将各组成零部件进行编号，并编写明细栏，在明细栏中相应地列出零件的序号、名称、数量、材料等，这样便于读图和图样管理以及生产准备工作。标题栏中填写机器或部件的名称、图号、比例、重量和有关人员的签名等。

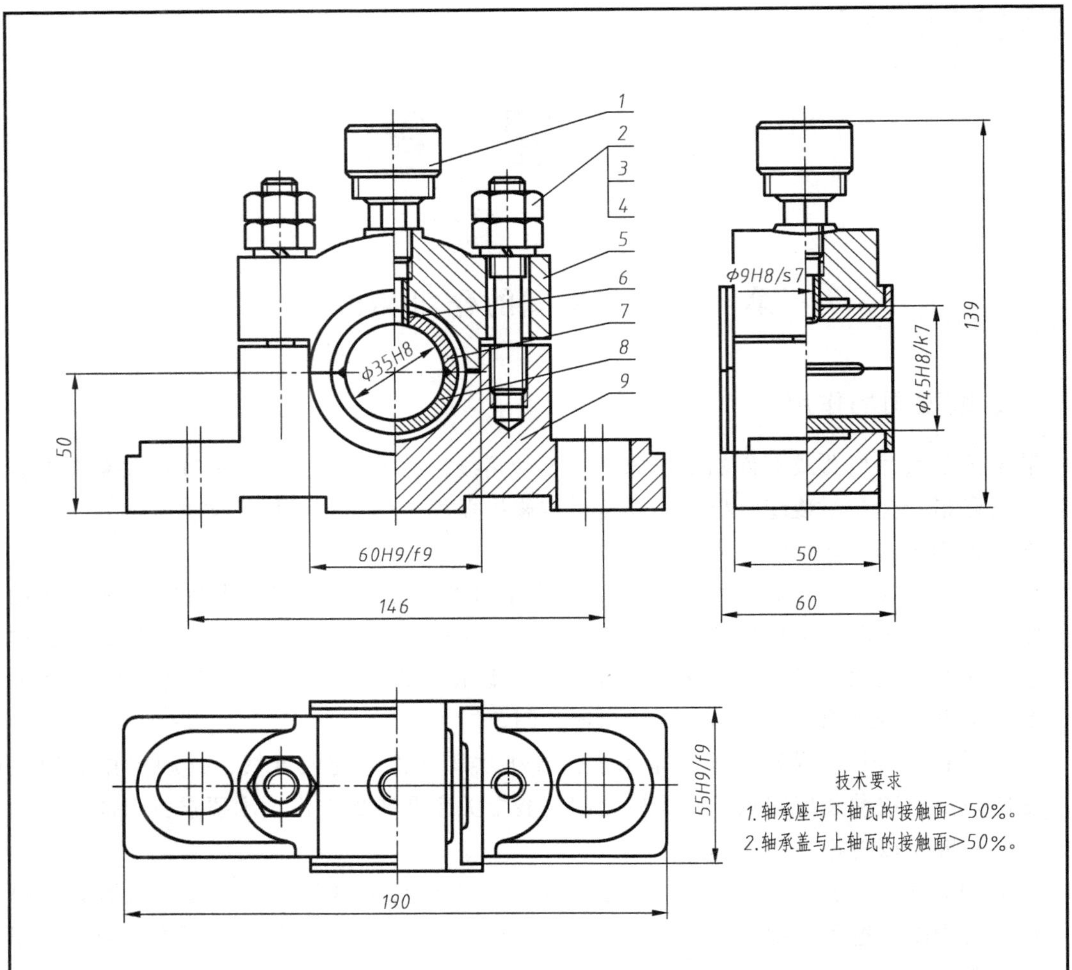

序号	代号	名称	数量	材料	备注
9	ZCZ-03-05	轴承座	1	HT200	
8	ZCZ-03-04	下轴瓦	1	ZCuSn10Pb1	
7	ZCZ-03-03	上轴瓦	1	ZCuSn10Pb1	
6	ZCZ-03-02	轴瓦固定套	1	45	
5	ZCZ-03-01	轴承盖	1	HT200	
4	GB/T 93—1987	垫圈	2	65Mn	
3	GB/T 6170—2015	螺母M12	4	35	
2	GB/T 898—1988	螺柱M12×60	2	35	
1	JB/T 7940.3—1995	油杯B12	1		

滑动轴承		比例	1:2.5		03-00
		件数			
制图		重量		材料	
描图		（校名）			
审核					

a）装配图

图 12-1　滑动轴承装配图

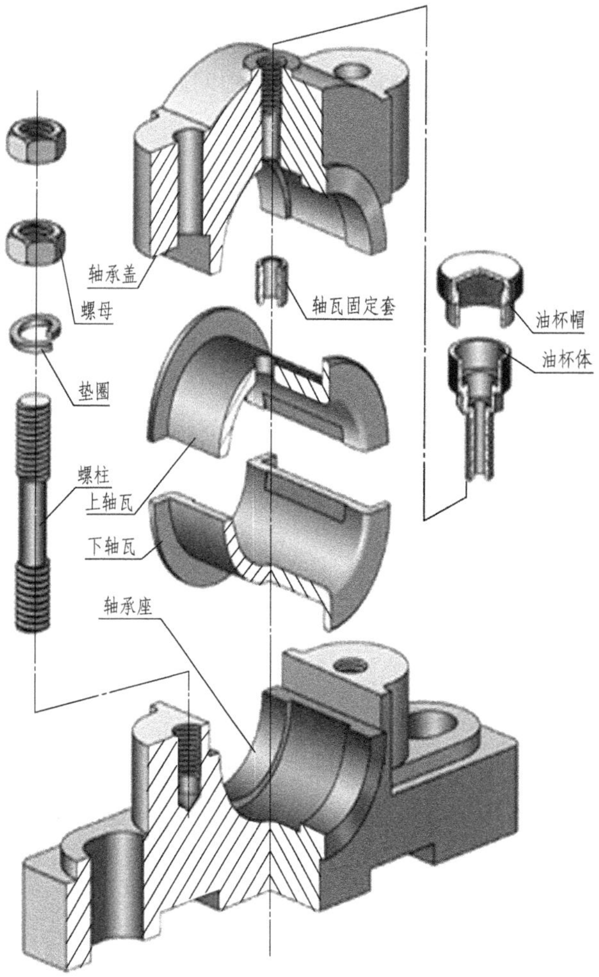

b) 部件轴测爆炸图

图 12-1 滑动轴承装配图（续）

第二节 部件（或）机器的表达方法

装配图和零件图的表达方法有许多相似之处，但两种图样的内容与要求不同，所表达的重点也就不同。装配图采用适当的表达方法把部件或机器的工作原理、装配关系和主要零件的主要结构表达清楚。零件图的表达方法同样适用于装配图对部件或机器的表达。除前面介绍的各种表达方法外，对装配图还制定了一些规定画法、特殊画法和简化画法。

一、装配图的规定画法

装配图的规定画法在第九章第三节螺纹紧固件及其连接画法中已简单介绍过，这里再强调一下。

1）相邻两零件的接触面和配合面之间只画一条轮廓线，非接触面、非配合面即使间隙很小，也必须画两条线，如图 12-2 所示。

2）在剖视图中，相邻零件的剖面线应画成不同方向或间距不等加以区别。而对于同一零件即使被其他零件分隔开，也应保持剖面线方向和间距相同（图 12-2）。对于小面积的剖面以涂黑代替剖面线，如图 12-3 所示。

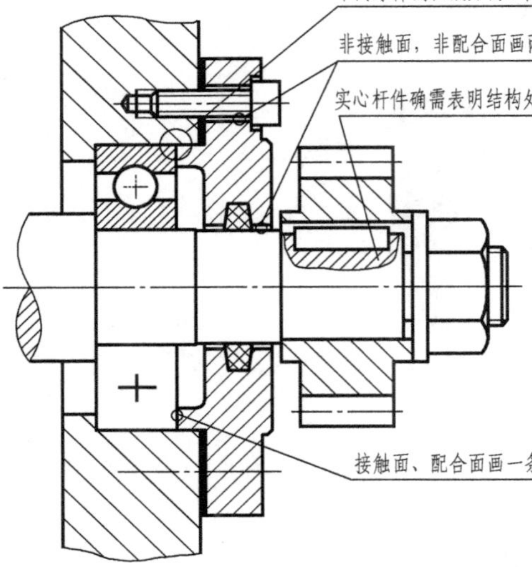

图 12-2　装配图的规定画法

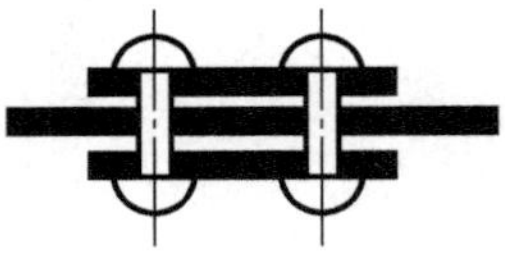

图 12-3　小面积的剖面线以涂黑代替

3）在剖视图中对标准件（如螺栓、螺母、垫圈、键、销、铆钉等）以及一些轴、杆、球等实心零件，当剖切平面通过其轴线或纵向对称平面时这些零件均按不剖绘制，如图 12-2 所示，如需特别表明零件结构或键、销等连接，则可用局部剖表示。

二、装配图的特殊画法

为了清晰、简便地表示机器或部件，并适应其结构的多样性，装配图有以下特殊画法。

1. 沿零件结合面剖切或拆卸画法

在装配图中，为了把遮挡的结构表达清楚，可以假想沿某些零件的结合面剖切或者拆去某些零件后绘制。如需要说明时，可以标注“拆去××”，结合面不画剖面线，而被剖切的零件必须画出剖面线，如图 12-4a 所示。

2. 夸大画法

在装配图中，对于薄片件（厚度≤2mm）及小间距、小锥度、小斜度等零件不按比例画，而应夸大画出，使之醒目，不被忽视，如图 12-4b 所示轴承压盖与机体端面之间的垫片。

3. 假想画法

在装配图中，当需要表达某零件（部）件与相邻零（部）件的装配关系时(图 12-4b)，或者表示某些运动零件的极限位置（图 12-5），可用双点画线画出其假想轮廓。

4. 展开画法

在装配图中，为了表达传动机构的传动路线以及轴上各零件间的装配关系，可以假想按照传动顺序沿轴线用几个相交的剖切面剖切机件，并把它们展开在一个平面上，画出其剖视

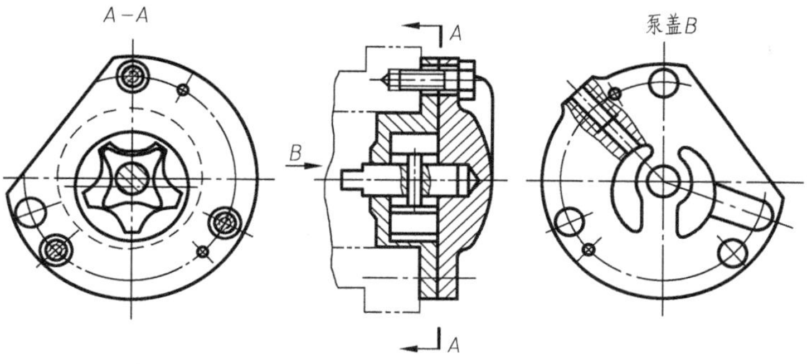

a) b) c)

图 12-4 转子泵采用的特殊画法

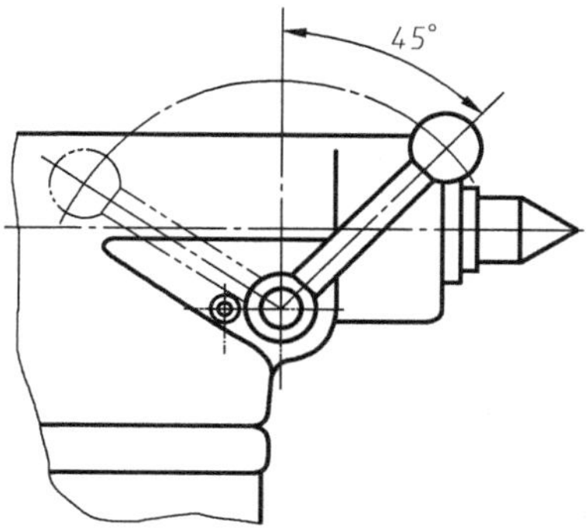

图 12-5 车床尾座锁紧手柄极限位置表示方法

图，这称为展开画法，在该图上方应标注“××展开”，如图 12-6 所示。

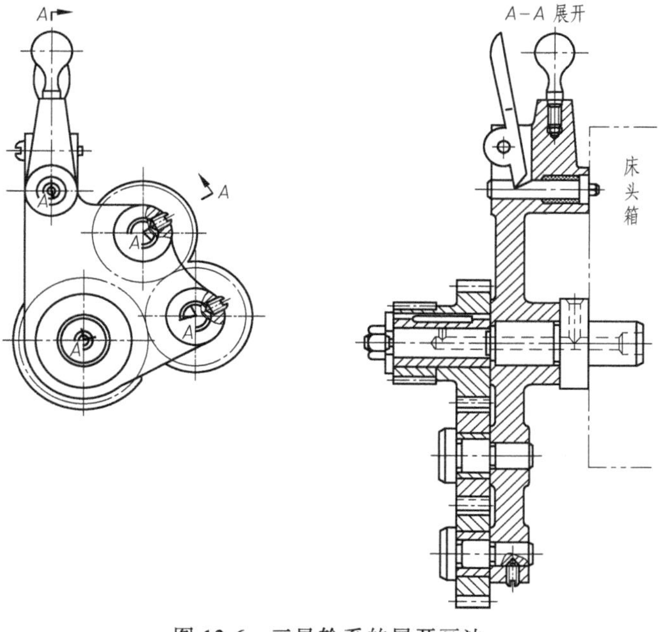

图 12-6 三星轮系的展开画法

5. 单独表达个别零件

在装配图中，当个别零件未表达清楚，可以单独画出该零件的某一个视图，并在视图上标出该零件的名称，如图 12-4c 所示。

三、简化画法

为了使装配图简明、清晰，减少不必要的重复工作，提高绘图速度，装配图还规定了若干简化画法。

1）在装配图中，零件的工艺结构，如倒角、退刀槽、砂轮越程槽、铸造圆角等均可不画出。

2）对于在装配图中若干相同零件组可以详细地画出一处或几处，其余只需用点画线或中心线表示其装配位置，如图 12-7 所示。

3）在装配图中，机器或部件某些部分已有视图表达清楚，则在另外视图中可省略不画；剖视图中，当不致引起误解时，剖切平面后面不需要表达到的部分可省略不画，如图 12-8 所示。

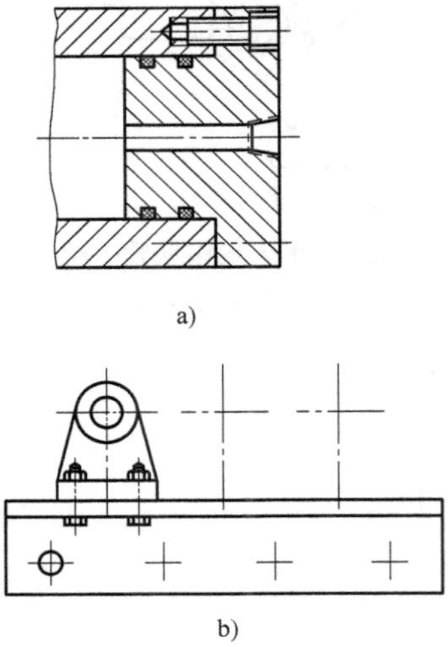

图 12-7　相同零件的简化画法

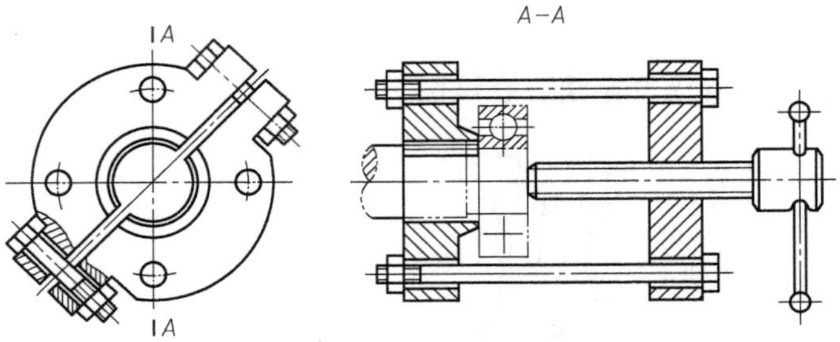

图 12-8　轴承拆卸器的简化画法

4）由透明材料制成的零件均按不透明物体绘制，但对于供观察用的刻度、字体、指针、液面等可按可见轮廓绘制；被网状物体遮挡的部分均按不可见轮廓绘制。

5）在装配图中，可用细实线表示传动中传动带；用细点画线表示传动中的链。在锅炉、化工设备中，用细点画线表示密集的管子，如图 12-9 所示。

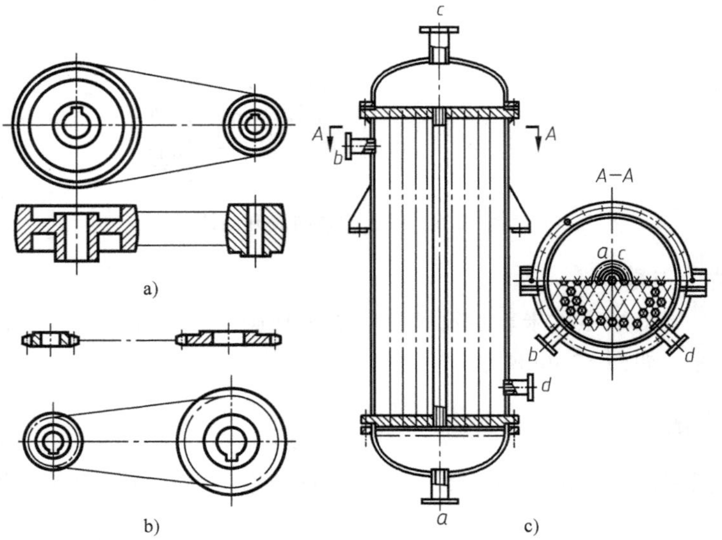

图 12-9　装配图中传动带、链条管道的表示方法

6）在装配图中当剖切平面通过的某些部件为标准产品或该部件已由其他视图表达清楚时，可按不剖绘制，如图 12-10 所示的油杯。

7）装配图中的滚动轴承轮廓内的结构可按简化画法或示意画法绘制，但同一图样中应取同一种画法，如图 12-11 所示。

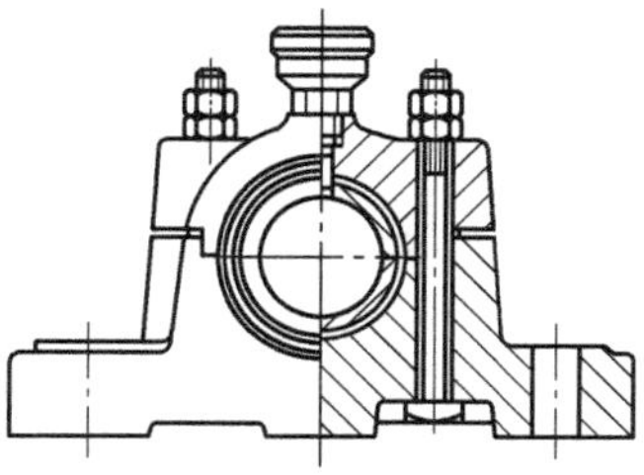

图 12-10　标准产品可不剖

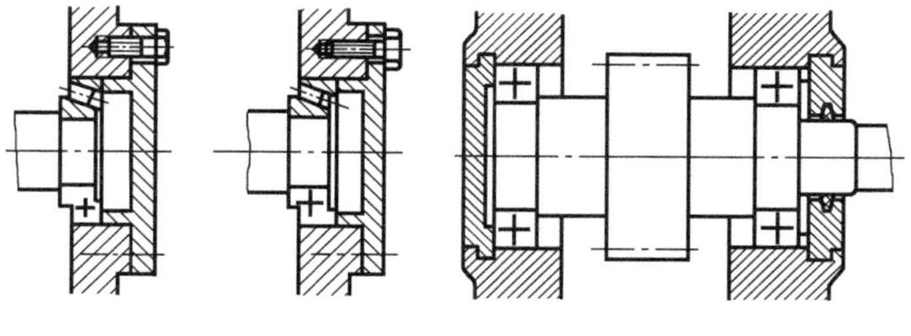

a)　　b)　　c)

图 12-11　滚动轴承在装配图中的画法

第三节　装配图中的尺寸标注和技术要求

一、装配图中的尺寸标注

装配图的作用与零件图的作用不同，因此装配图对尺寸标注的要求也不同。零件图的尺寸主要用于零件的制造与检验，所以图上要求注出全部尺寸，而装配图只需要标注与其有关的几类主要尺寸即可。

1. 性能尺寸

用以表示机器部件的性能、规格和特征，它通常是设计和选型的依据。如图 12-1 所示的滑动轴承孔径 ϕ35H8。

2. 装配尺寸

用以表示机器或部件有关零件之间装配关系和主要相互位置的尺寸，一般有下列三种。

（1）配合尺寸　零件间有公差配合要求的一些重要尺寸，如图 12-1 中的 ϕ45H8/k7 等。

（2）相对位置尺寸　它是表示装配时需要保证的零件之间的较重要的距离、间隙等相对位置尺寸。如图 12-1 所示，两紧固螺栓中心距 146 影响轴承盖和轴承座装配，制造时应予以保证。

（3）装配时加工尺寸　有些零件需要装配在一起后才能进行加工，这时，在装配图上标注装配加工尺寸，如有的定位销孔需要注上“配作”等。

3. 安装尺寸

安装尺寸是指将机器或部件安装到基础或其他机器上所需要的尺寸，如图 12-1 所示，滑动轴承的底座孔直径 2×ϕ17 及其中心距 146。

4. 外形尺寸

这种尺寸主要指机器或部件外部轮廓尺寸，即总长、总宽、总高。这是为包装、运输、安装、厂房设计等提供尺寸依据，如图 12-1 所示的 190、60、139 等。

5. 其他重要尺寸

在设计过程中经过计算确定的重要尺寸，以及一些主要零件的重要尺寸、结构特征、运动件运动范围等尺寸，如图 12-1 中轴承座中心高度 50、轴承座宽 60 等。

二、装配图的技术要求

装配图要求对机器或部件的性能、使用环境、工作状态、装配时注意事项和所要达到的质量指标等提出技术要求。这些技术要求通常包含以下几方面的内容。

1. 装配要求

装配要求指装配时的说明，装配过程中的注意事项和所要达到的要求等。

2. 试验和检验要求

试验和检验要求包括对机器或部件的基本性能试验和检验的方法和技术指标等的说明。

3. 使用要求

使用要求是对机器或部件的性能和维护、保养、包装、运输、安装以及操作、使用注意事项的说明。值得注意的是技术要求的提出要科学、客观、经济、合理，不能有任何随意性。装配图的技术要求涉及机械设计和制造工艺方面的知识，要经过后续课程的学习，并经过教学实习和生产实习以后，才能逐步学会合理地提出技术要求。

第四节　装配图中的零部件序号与明细栏

为了便于读图和产品装配，也为了便于图样管理和组织生产等，需要对装配图中所有的零、部件编写序号并填写标题栏和明细栏等。

一、零、部件的序号及其编排方法

1. 基本规定

1）装配图中所有零、部件都必须编写序号。

2）装配图中一个零、部件只可编写一个序号；同一装配图中相同的零、部件应编写同样的序号。

3）装配图中零、部件序号，应与明细栏（表）中的序号一致。

2. 序号的编排方法

1）零件序号标注有三种形式，按图 12-12a、b 所示的形式标注时，序号字高应比该装配图中的尺寸数字高度大一号或大两号，当采用图 12-12c 所示的形式标注时，序号字高应比尺寸数字高度大一号或大两号。

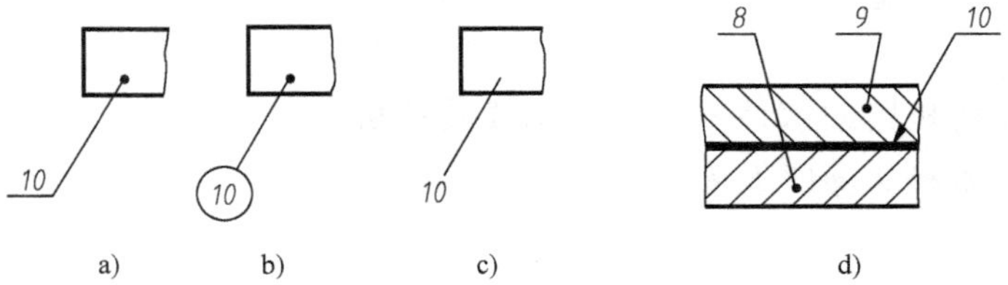

图 12-12　零件序号的标注形式

2）指引线（包括指引线的水平线或圆）用细实线绘制，其端部圆点须画在所指零件的轮廓线内，当所指部分内不便画圆点（如很薄的零件或涂黑剖面）时，其指引线端部用箭头指向轮廓线，如图 12-12d 所示。

3）指引线相互不能相交，也不能与剖面线平行。必要时可画成折线，但只能曲折一次，如图 12-13a 所示。

4）一组紧固件或装配关系清楚的零件组，可以采用公共指引线，如图 12-13b、c 所示。

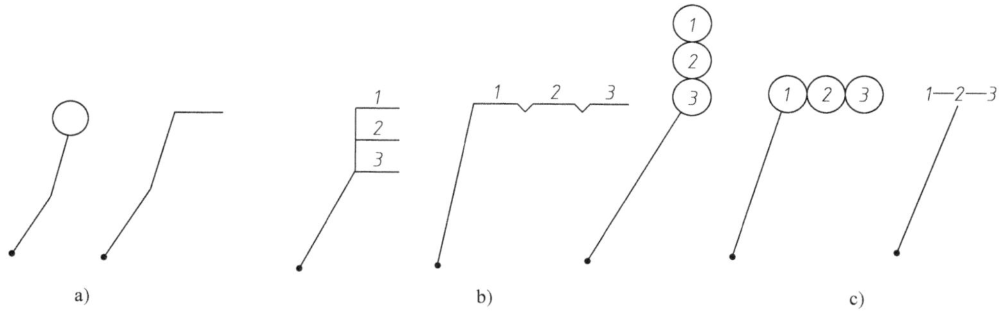

图 12-13 指引线

5）装配图中的序号应顺序按水平或垂直方向整齐排列，并按顺（或逆）时针方向顺序填写。

二、明细栏

零件明细栏是部件中全部零部件的详细目录，明细栏应紧靠在标题栏上方，按自下而上的顺序填写，如位置不够时，可紧靠在标题左方延续。其内容应包括零件序号、零件的名称、数量、材料和备注等。对较复杂的部件也常将单独的明细栏装订成册，作为装配图的附件。

图 1-5a 所示为国家标准规定的标题栏与明细栏的格式，图 1-5b 所示为教学中建议采用的标题栏、明细栏格式。

第五节 装配结构的工艺性

为了保证装配质量和装卸方便，达到机器或部件规定的性能精度要求，零件除满足制造工艺、制造精度和技术要求外，还必须适应装配工艺的要求。

一、装配结构的合理性

1. 两零件接触面的装配结构

1）两零件装配后，在同一方向上只允许有一个接触或配合面，否则难以保证装配精度和质量，如图 12-14 所示。

2）两零件在两个方向上要求同时接触时，在转折处要做出倒角、退刀槽，不应加工成直角或相同的圆角，以免发生接触干涉，如图 12-15 所示。

3）要合理地减少两零件之间的接触面，这样既可保证接触良好，又能降低加工成本，

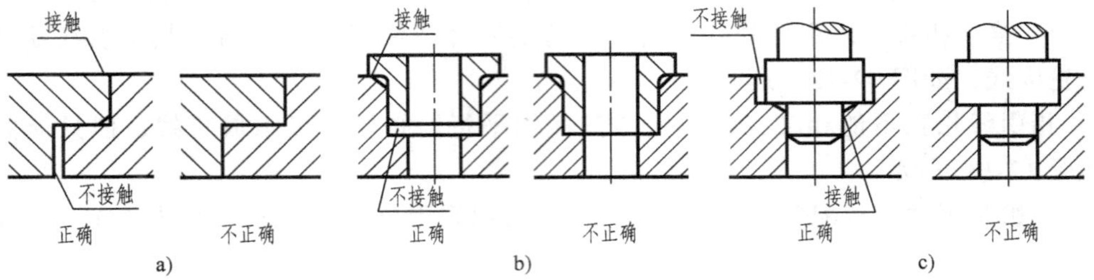

图 12-14 同一方向两零件接触面、配合面的数量

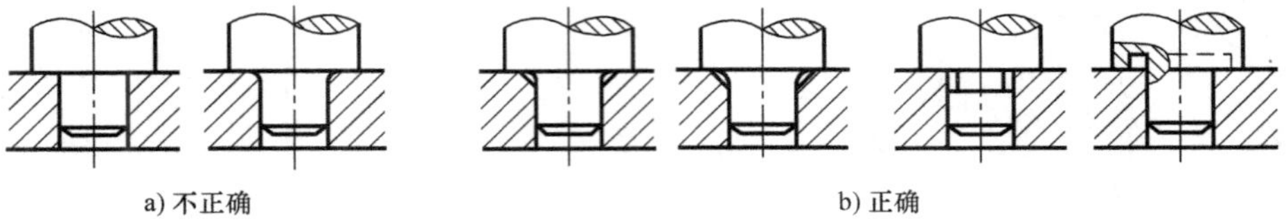

图 12-15 零件接触面交角处的结构

如图 12-16 所示。

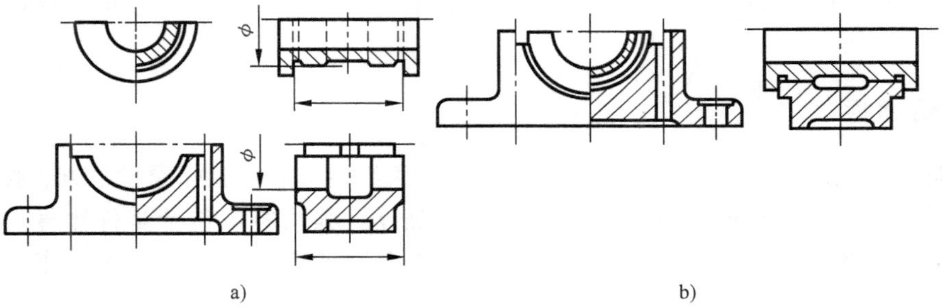

图 12-16 两零件接触面的装配结构

2. 螺纹连接处的装配结构

1）为保证螺栓、螺母和螺钉与被连接件接触良好，要求被连接件的表面设有加工凸台或鱼眼坑等结构，以便使其受力均匀，连接牢靠，如图 12-17 所示。

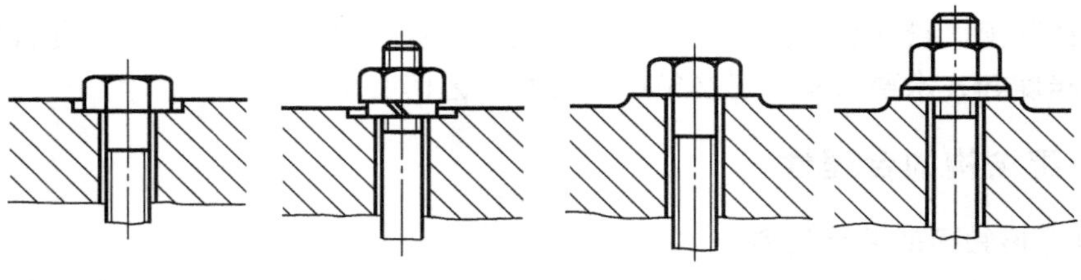

图 12-17 螺纹连接处的装配结构（一）

2）应采用退刀槽、倒角和凹坑等结构，以保证紧密连接，防止螺尾渐浅部与螺母或螺纹孔连接不紧，如图 12-18 所示。

3）应考虑到螺纹紧固件的装配、维修等工作的顺利进行，要留有扳手、螺钉旋具的操

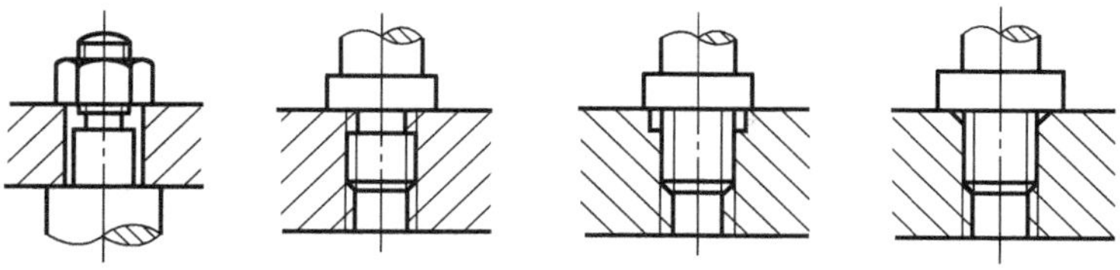

图 12-18 螺纹连接处的装配结构（二）

作空间，如图 12-19 所示。

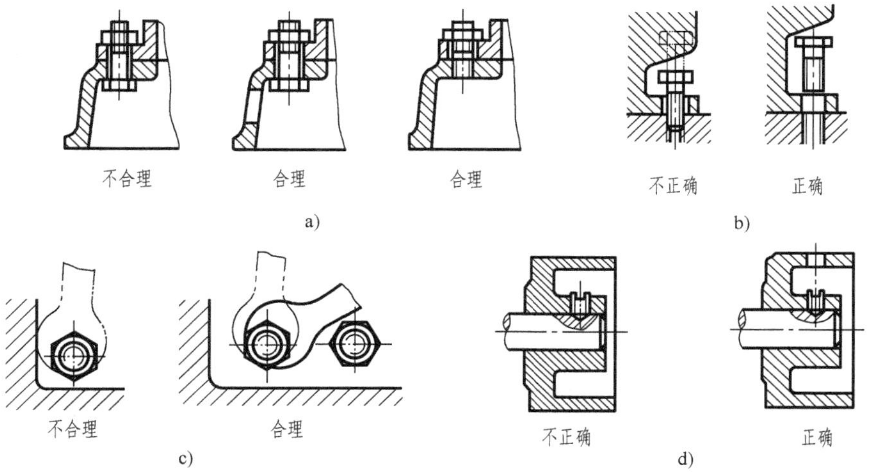

图 12-19 螺纹紧固件装配的合理结构

二、常用的典型装配结构

1. 滚动轴承的固定、密封和拆卸

1）为了防止滚动轴承产生轴向窜动，必须采用一定的结构来固定其内外圈。常见方法为用轴肩、弹性挡圈、轴端挡圈、圆螺母与止退垫圈等固定，如图 12-20 所示。

2）滚动轴承的密封有两个作用，一是防止润滑油流出，二是防止灰尘进入，如图 12-21所示。

3）滚动轴承的装卸要求能顺利进行，不致于毁坏轴承，装配结构的合理性如图 12-22 所示。

2. 防松结构

对于受振动或冲击的机器或部件，其螺纹连接要采用防松装置，以免发生事故。常见结构如图 12-23 所示。

3. 防漏结构

在机器或部件中，为防止旋转轴或滑动杆处的润滑液流出和灰尘侵入，应采用防漏密封装置，如图 12-24 所示。从图 12-24 中可以看出它有一部分空间装满填料，当用螺母或压盖压紧后，就能起到防漏密封的作用。

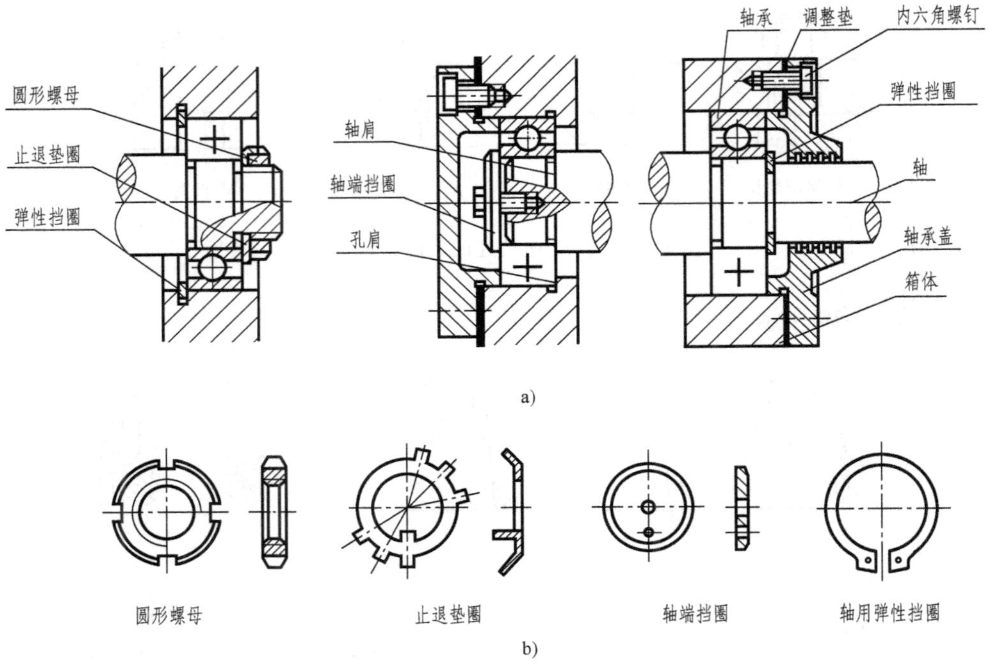

图 12-20　滚动轴承的固定

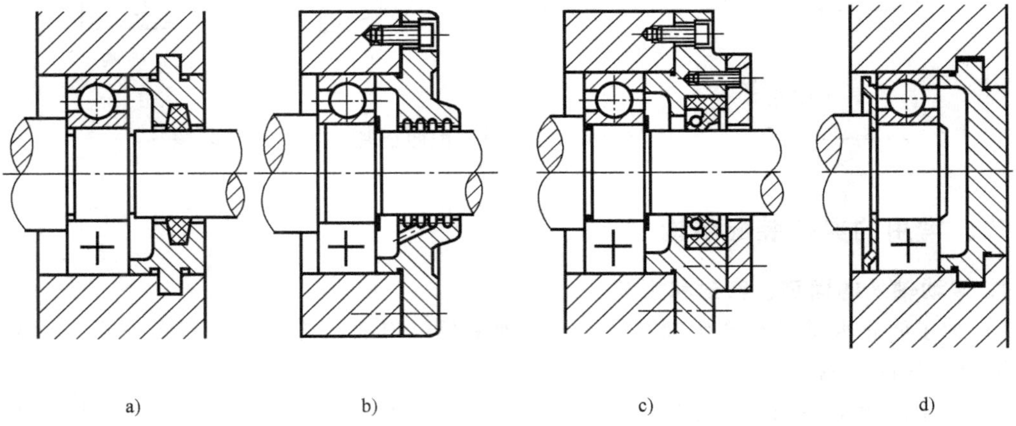

图 12-21　滚动轴承的密封

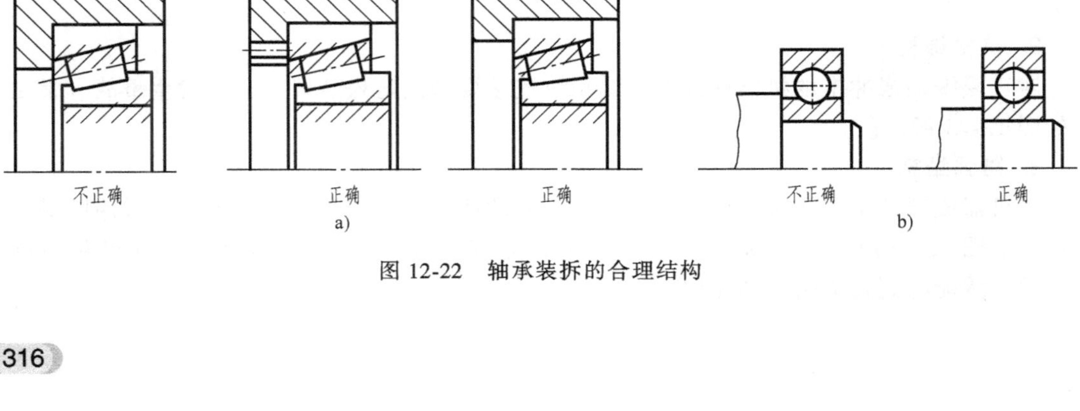

图 12-22　轴承装拆的合理结构

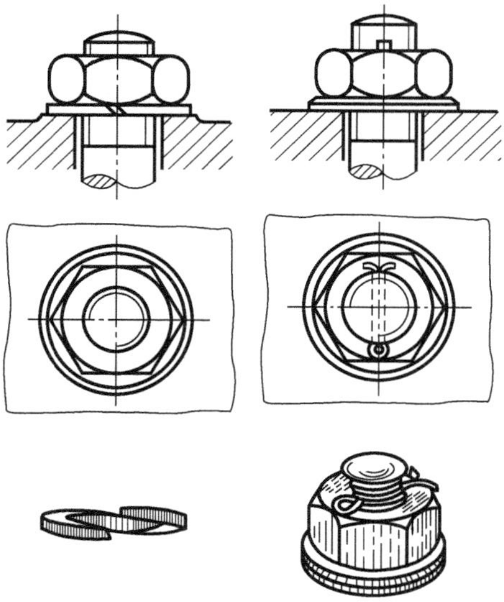

a) b)

图 12-23 螺纹连接的防松

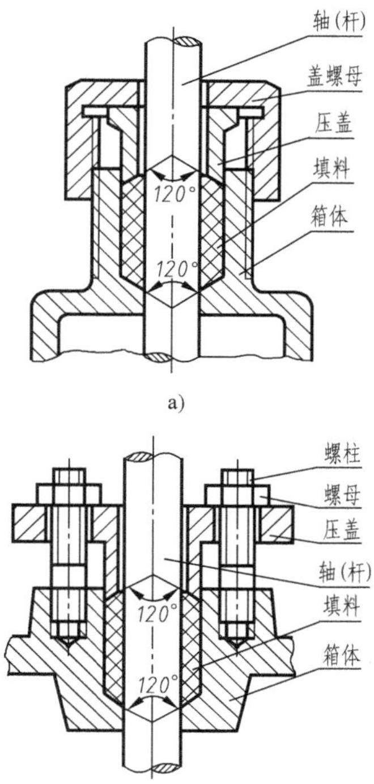

a)

b)

图 12-24 填料函密封装置

第六节 画装配图的方法和步骤

一、画装配图应注意的基本要点

1）机器或部件的功能、工作原理、结构形状、装配关系等要表达完全、正确。

2）视图、剖视、剖面及装配图特有的表达方法要正确使用。

3）视图表达应清楚易懂，便于读图。

4）主视图选择原则，应以最能体现机器或部件的工作原理、结构特征、主要装配关系及主要零件的主要结构形状为准。如图 12-1 所示滑动轴承以反映主要零件轴承座和轴承盖形状特征和主要装配关系的视图为主视图。

5）其他视图选择时，应使用最少数量、最简明的视图、剖视、剖面等，准确、完整、清晰地表达出主视图未表达清楚的结构形状、装配关系、工作原理等方面的内容。

二、画装配图

现以齿轮油泵为例，介绍画装配图的方法和步骤。

1. 准备资料与分析构思

在画装配图前要收集和准备必要的资料，如齿轮油泵工作环境和工作要求、功率、压力、流量等数据，有关油泵设计资料，并对所设计的对象进行分析研究构思，以便拟定结构方案为画图作准备。

1）齿轮油泵的工作原理是靠一对啮合齿轮转动时两齿轮间的空腔把油吸入，然后又靠两齿轮的啮合把油压出，如图 12-25 所示。因此，主要结构应有一对啮合的齿轮及包容它们的泵体、泵盖等主要零件组成。

2）要把各零件组合起来，保证油泵的正常工作，就得用键、销、螺栓、螺母等把它们连接成一整体。

3）油泵里的油有一定的工作压力，应考虑防漏密封等装置。

4）油泵自身工作可进行润滑，故润滑装置省略。

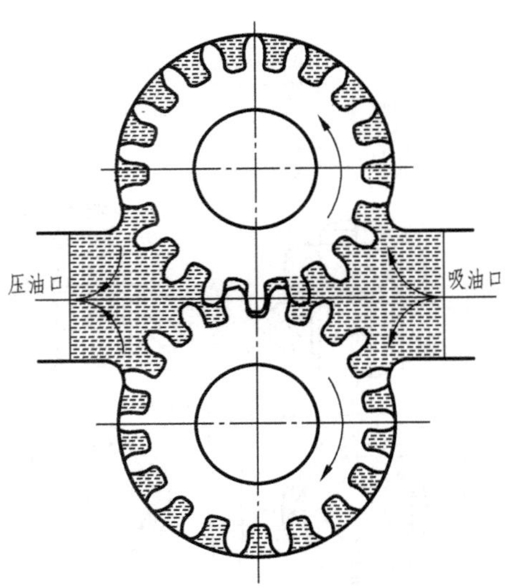

图 12-25　齿轮油泵工作原理示意图

5）要考虑进、出油孔的位置和大小。

6）要安装油泵，应设置油泵机座等。

上述工作条件考虑周全，一台油泵的结构形状和装配关系就明确了，图 12-26 所示为齿轮油泵的轴测分解图。然后根据有关数据计算，确定齿轮齿数、模数、中心距等。进而构思出齿轮油泵的形状、大小。

2. 确定表达方案

根据前面所述基本要点，结合齿轮油泵的具体情况确定视图表达方案。

1）主视图以齿轮油泵工作位置摆平，即轴线保持水平，为了兼顾左视图的拆卸画法，左端盖在主视图左边为好，为清楚地反映主要零件的装配关系和工作原理，采用全剖视。

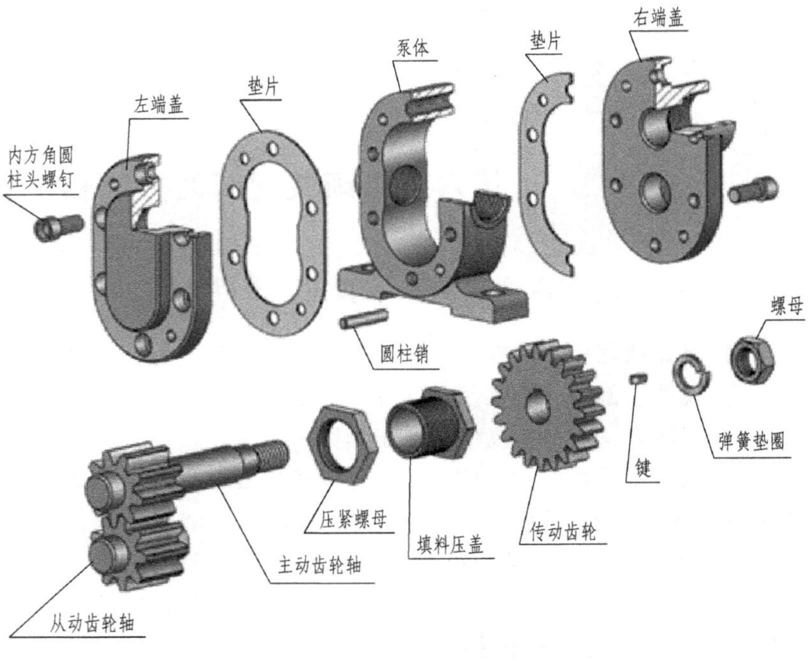

图 12-26　齿轮油泵的轴测分解图

2）其他视图采用沿结合面剖切的半剖左视图，以表达内部齿轮啮合情况。再用一个局部视图表达机座形状，油泵就可完全表达清楚了。

3. 作图方法步骤

如图 12-27 所示。

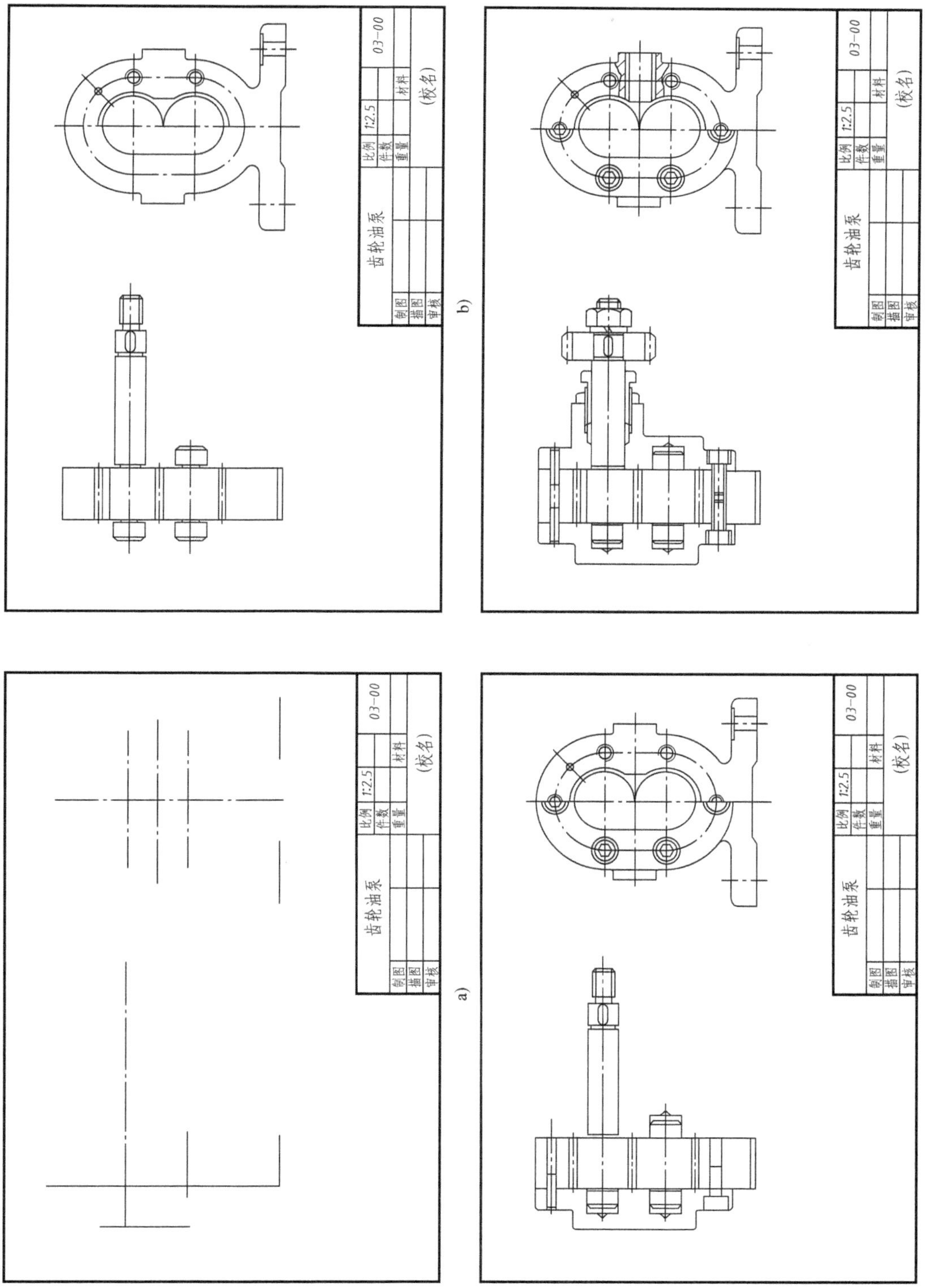

图 12-27 齿轮油泵装配图画法

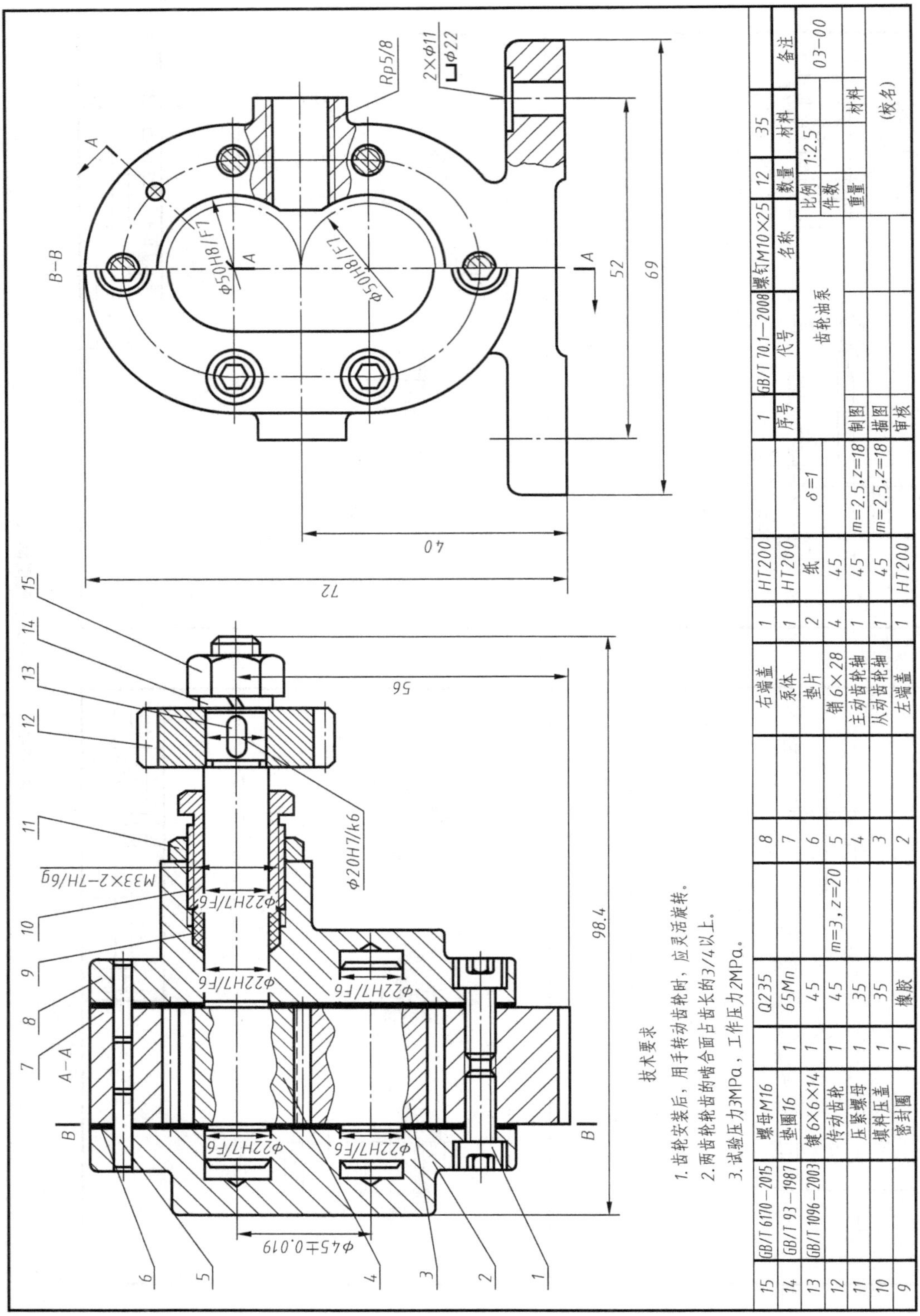

e)

图 12-27 齿轮油泵装配图画法（续）

1）确定图幅、比例，安排各视图位置，注意留出零件序号、尺寸线位置等。

2）画图框、标题栏、明细栏，画各视图主要轴线、中心线和图形定位基准线。

3）由主视图入手，按装配干线，从传动轴开始，由里向外逐个画出，完成底稿。

4）校核、修正底稿，加深图线。画剖面线，尺寸界线、尺寸线、箭头等。

5）标注尺寸，公差配合，技术要求。

6）编写序号，填写明细栏、标题栏，完成全图。

第七节 部件测绘

一、部件测绘的目的和作用

对实际的机器、部件进行测量并绘制其零件图和装配图的过程称为部件测绘。它对引进和推广先进技术、仿制产品和改进设计、交流生产经验、改装现有设备等都有重要作用。因此，测绘作为一种重要的技术手段，在生产中经常使用，也是每一个工程技术人员必须掌握的基本技能。

二、测绘方法和步骤

1. 测绘前的准备

为使测绘工作顺利进行，测绘前应做好充分准备工作，准备拆卸工具，如扳手、锤子、手钳、螺钉旋具等，对于特殊机件拆卸还应准备专用工具。量具如钢直尺、游标卡尺、内外卡钳等。存放零件的工作台、容器及绘图工具用品等。

2. 了解、分析部件

对于被测绘的部件，要通过观察了解实物，查阅图书、技术资料和同类型图样或进行调研等方法，了解部件的用途、性能、工作原理、结构特点及零件间的相互关系，并研究拆卸方法和步骤。

3. 拆卸零件、绘制装配示意图

拆卸零件前应测量一些重要尺寸，如部件的总体尺寸、零件的相对位置尺寸、装配间隙等，以便校核图样和装配部件。在拆卸过程中，要注意拆卸顺序，应边拆卸边作记录，对结构复杂的部件要画出装配示意图，用以表明零件的名称、数量以及零件间的相互连接关系。装配示意图的画法没有严格规定，一般是估计比例，用简单的线条和国标规定的机构运动简图、符号将部件的结构特征、零件的相对位置、传动路线和大致的连接关系表达出来。图 12-28a所示为球心阀的轴测图，图 12-28b 所示为装配示意图。

1）按顺序拆卸，过盈配合零件原则上不拆，对不可拆连接如焊、铆等不拆。

2）合理使用工具，防止损坏、损伤零件。

3）妥善保管零件、注意防尘、防锈、防遗失。

4）画完图后及时复原，并保持原有性能和要求。

4. 画零件草图

测绘的零件草图，是绘制装配图和零件图的主要依据，因此，要求做到结构形状表达确

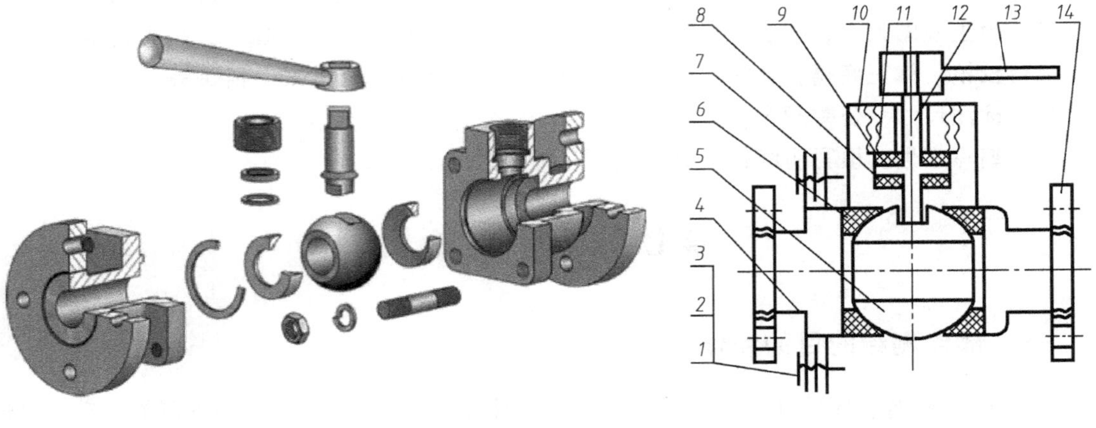

a)　　　　b)

图 12-28　球阀的拆卸

切、线型清晰、尺寸正确无误、技术要求齐全。草图一般是徒手画出，目测比例。如图 12-29所示。

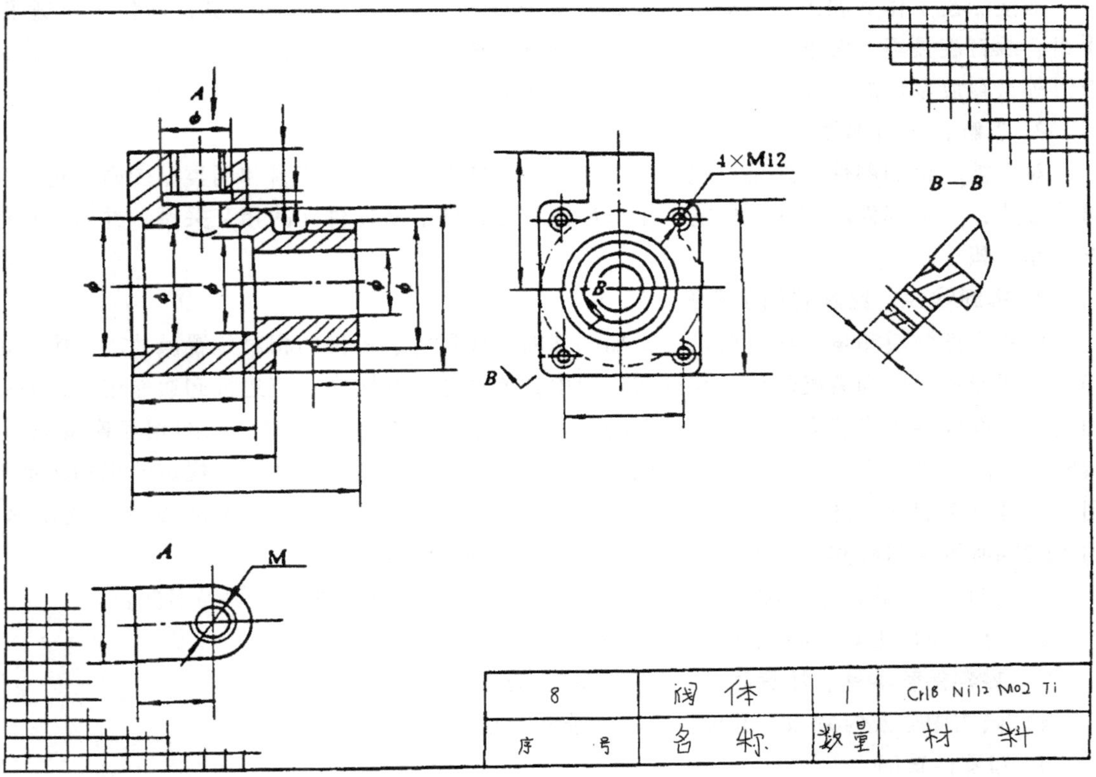

图 12-29　球心阀阀体零件草图

5. 画装配图

根据示意图和零件草图，按本章第六节所述方法和步骤画装配图。图 12-30 所示为球阀的装配图。

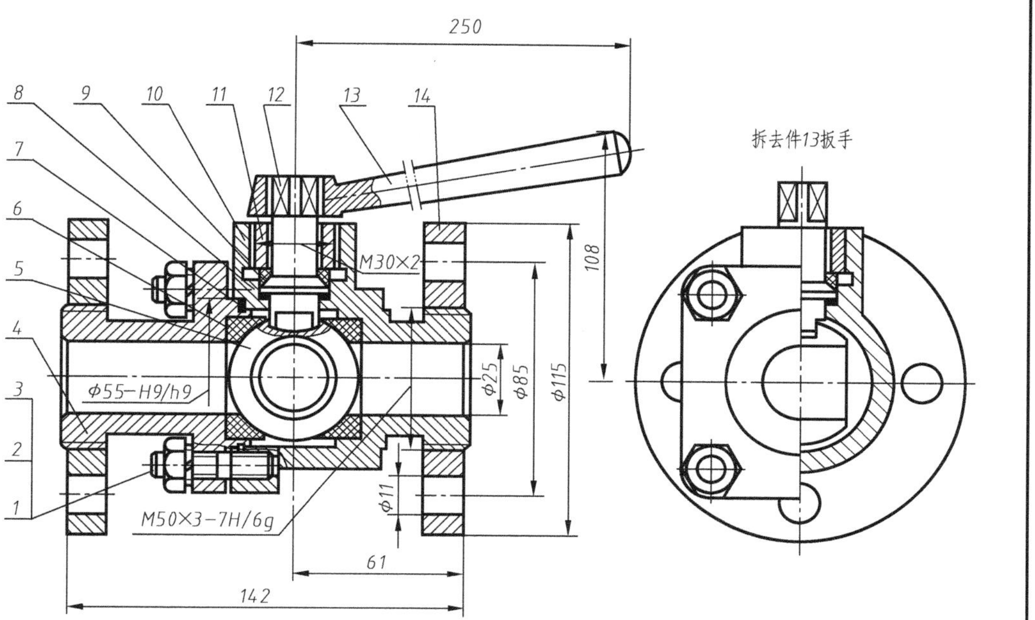

公称压力P_H	4MPa
密封压力P	4MPa
实验压力P_S	6MPa
适用介质	醋酸、磷酸、浓硫酸
适用温度t	100℃

技术要求

1. 制造与验收技术条件应符合GB/T 12237—1989 的规定。
2. 不锈钢材料进厂后做化学分析的腐蚀性实验，合格后投产。

序号	代号	名称	数量	材料	备注
14	QF-02-11	法兰盘	2	25	
13	QF-02-10	扳手	1	Q235-A	
12	QF-02-09	阀杆	1	Cr18Ni12Mo2Ti	
11	QF-02-08	螺纹压环	1	25	
10	QF-02-07	阀体	1	Cr18Ni12Mo2Ti	
9	QF-02-06	密封环	1	聚四氟乙烯	
8	QF-02-05	垫环	1	聚四氟乙烯	
7	QF-02-04	垫片	1	聚四氟乙烯	
6	QF-02-03	密封圈	2	聚四氟乙烯	
5	QF-02-02	阀芯	1	Cr18Ni12Mo2Ti	
4	QF-02-01	阀体接头	1	Cr18Ni12Mo2Ti	
3	GB/T 93—1987	垫圈10	4	35	
2	GB/T 6170—2000	螺母M10	4	35	
1	GB/T 898—1988	螺柱M10×30	4	35	

球阀		比例	1:2.5		03-00
		件数			
制图		重量		材料	
描图		(校名)			
审核					

图 12-30 球阀装配图

6. 画零件图

根据所画装配图再拆画出零件图。注意在草图和装配图上，有考虑不周和省略的地方，都应补齐，并根据其在装配图上的位置、作用提出合理的技术要求。图 12-31 所示为阀体的零件图。

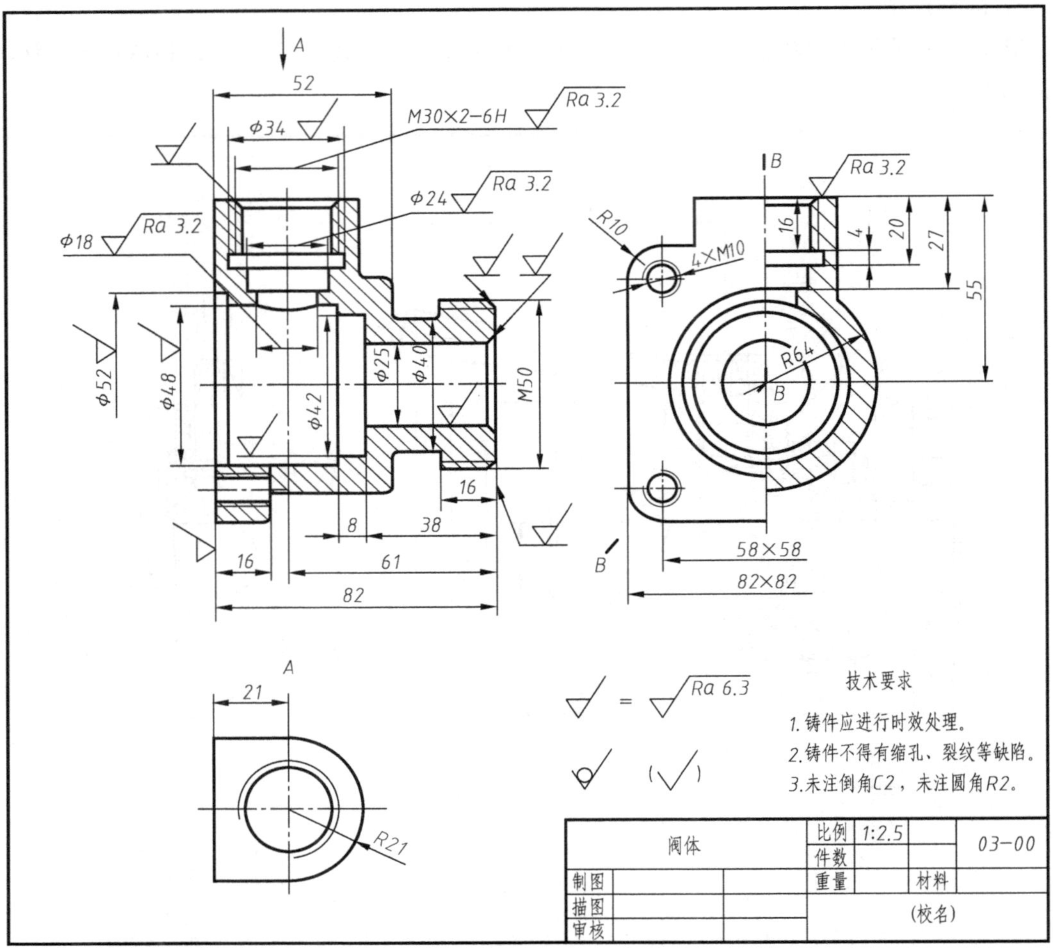

图 12-31　阀体零件图

第八节　读装配图及由装配图拆画零件图

在工业生产中，经常要读装配图，因此要求广大工程技术人员必须学会和掌握阅读装配图的方法和技能。

一、读装配图的目的和要求

1）弄清楚部件的构造、工作原理和性能用途。

2）弄清楚零件间的相对位置关系和装配关系。

3）弄清楚各个零件的作用、结构形状。

二、读装配图的方法和步骤

读装配图和读零件图一样，也是一个由浅入深、由此及彼、由表及里的认识过程。现以图 12-32 所示的蝶阀为例，说明读装配图的方法和步骤。

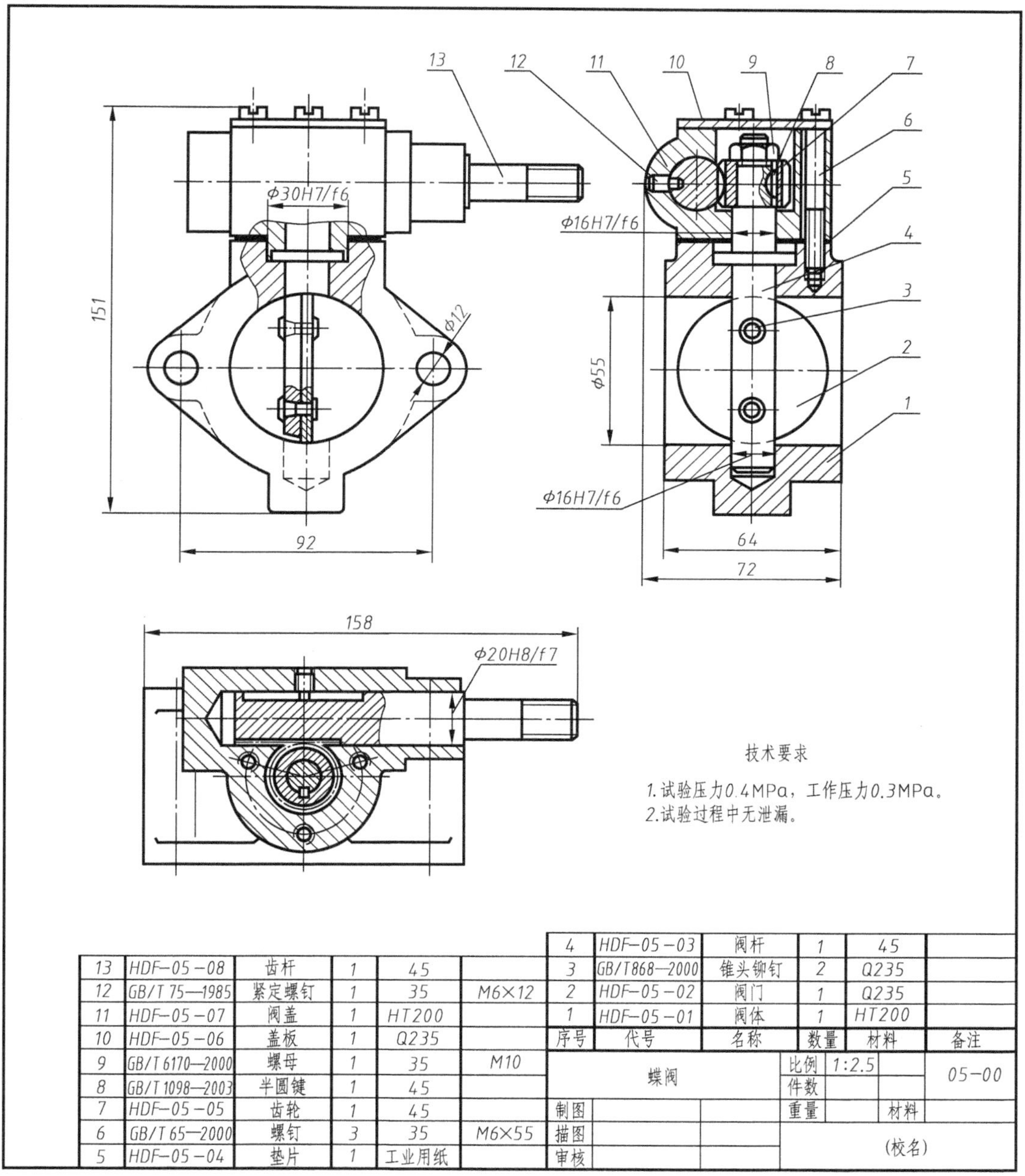

序号	代号	名称	数量	材料	备注
13	HDF—05—08	齿杆	1	45	
12	GB/T 75—1985	紧定螺钉	1	35	M6×12
11	HDF—05—07	阀盖	1	HT200	
10	HDF—05—06	盖板	1	Q235	
9	GB/T 6170—2000	螺母	1	35	M10
8	GB/T 1098—2003	半圆键	1	45	
7	HDF—05—05	齿轮	1	45	
6	GB/T 65—2000	螺钉	3	35	M6×55
5	HDF—05—04	垫片	1	工业用纸	
4	HDF—05—03	阀杆	1	45	
3	GB/T868—2000	锥头铆钉	2	Q235	
2	HDF—05—02	阀门	1	Q235	
1	HDF—05—01	阀体	1	HT200	

蝶阀	比例	1:2.5		05—00
	件数			
制图	重量		材料	
描图	(校名)			
审核				

图 12-32　蝶阀装配图

1. 概括了解

根据标题栏、明细栏和查阅有关资料了解部件的名称、用途、零件种类、工作原理及构造等。如图 12-33 所示，该部件的名称是蝶阀，有 13 种零件，是较为简单的部件。它被连接在管路上，是用来开关气流和控制气体流量的装置。

2. 分析视图

分析各视图的名称及投射方向，弄清剖视图、断面图的剖切位置，从而了解各视图的表达意图和重点。

蝶阀采用三个视图，主视图表达了阀体、阀盖的外形结构，两处局部剖视表达阀盖与阀体 ϕ30H7/f6 的配合关系和阀杆与阀门的连接关系；俯视图采用全剖视图，表达齿杆与齿轮的传动关系，并表达阀体的外形结构和阀盖的内、外形结构；左视图采用全剖视图，表达阀体 ϕ55 的通路和阀盖的内、外形结构，表达了阀杆与齿轮、阀体、阀盖的关系，紧定螺钉与齿杆的防止转动关系及阀盖与阀体由螺钉连接关系。

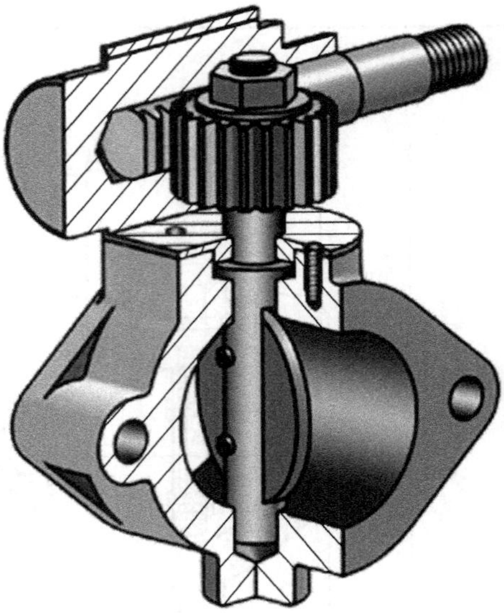

图 12-33　蝶阀的轴测剖视图

3. 分析装配关系，传动关系和工作原理

在了解分析视图的基础上，对照各视图分析各装配干线零件间的定位、连接方式和运动关系，这样就可以了解部件的工作原理。蝶阀的齿杆 13 装在阀盖 11 的孔中，它们之间是间隙配合 ϕ20H8/f7，齿杆只能沿轴向滑动，带动齿轮转动。齿杆上开有导向槽，在紧定螺钉 12 末端的限制下，齿杆 13 只能左右移动而不能转动。齿轮与阀杆之间用半圆键 8 和螺母 9 连接，阀杆与阀体、阀盖均为间隙配合 ϕ16H7/f6，定位由阀杆轴肩来实现。阀盖与阀体由间隙配合 ϕ30H7/f6 定位，并用三个螺钉连接，阀杆与阀门 2 由铆钉连接。当齿杆带动齿轮转动时，阀杆也随之转动，并使阀门开启或关闭。

4. 分析零件的结构形状

经上述分析，大部分零件的结构形状已基本清楚。对少数复杂的主体零件，用投影关系、区分剖面线、连接和运动关系等方法，对其结构形状可做进一步分析和构思。蝶阀的阀盖、阀体应是分析的重点。

阀盖内腔是两个轴线垂直偏交的圆柱孔，外形是圆柱与半圆柱、四棱柱通过垂直偏交所构成的形体，其顶面与底面经分析构思应是半圆周与矩形相切所围成的平面，底部有圆柱形凸台与阀体对中定位，其周围还有三个上下贯通的螺钉光孔。从三视图上可以看出，阀体下部由圆柱体构成，中间前后方向有通孔，在圆柱的左、右两侧各有一个小圆柱体，并分别有开通的小圆孔，为了增加强度，在前、后均有肋板，使前后形成菱形平面。由于阀体下部中间有圆孔，因此底部有圆柱凸台。上部中间有大、小台阶孔，并在其周围有三个与阀盖光孔相对应的螺纹孔。阀体的上部有与阀盖底面形状完全相同的柱体和圆柱体相交。图 12-33 所示为蝶阀的立体图。

三、由装配图拆画零件图

在设计部件时，首先要画出装配图，然后再根据装配图拆画出零件图，简称拆图。由装配图拆画零件图是设计、测绘工作的重要环节。拆图可按下列步骤进行。

1）拆图要在全面看懂装配图的基础上进行，并将所拆画零件的结构形状分析或构思清楚。

2）参照装配图选择适当的视图、剖视图和断面图等。

3）根据选定的零件表达方案，用画零件图的方法和步骤画出零件图。在拆画零件图的过程中，要注意以下几个问题：

① 装配图中的标准件、通用件、借用件，在拆画零件图时一般不绘制其图样，可查标准、借用其现有图样。

② 装配图中的复杂零件，如表达不够完整时，要根据其功能及装配关系，对其结构形状加以构思、补充和完善。装配图中省略的工艺结构，如倒角、退刀槽等，在零件图中应加以补充。

③ 装配图的视图选择是从表达装配关系、工作原理考虑的，因此对零件的视图选择不能简单照抄，而要从零件的整体结构形状出发选择视图。

④ 装配图中已标注的尺寸，是设计时确定的重要尺寸，不应随意改动，其他尺寸可按比例从图中量取。对标准结构，键槽、滚动轴承连接方面的尺寸，应查阅有关标准。对于需要通过计算的尺寸，如齿轮传动的中心距等，应通过计算注出尺寸。

⑤ 标注表面粗糙度要求、公差配合、几何公差等技术要求时，要根据装配图所示该零件在机器中的功能、与其他零件的相互关系，并结合自己掌握的结构和制造工艺方面的知识而定。图 12-34、图 12-35 所示为拆画的阀盖、阀体零件图。

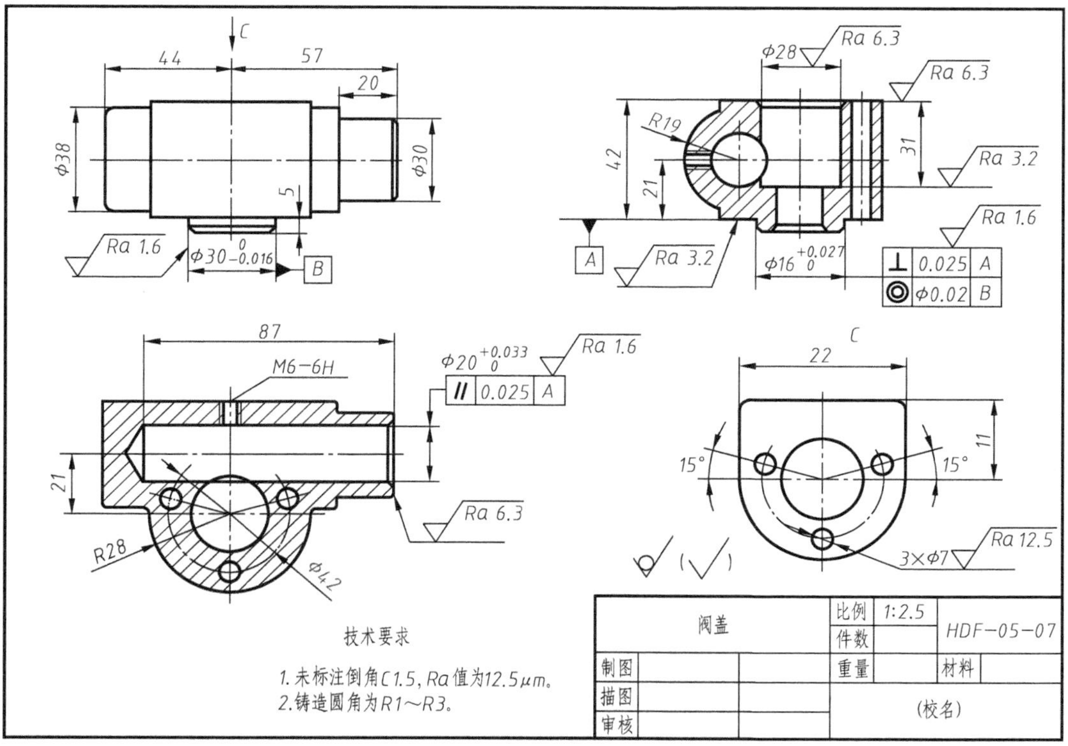

图 12-34 阀盖零件图

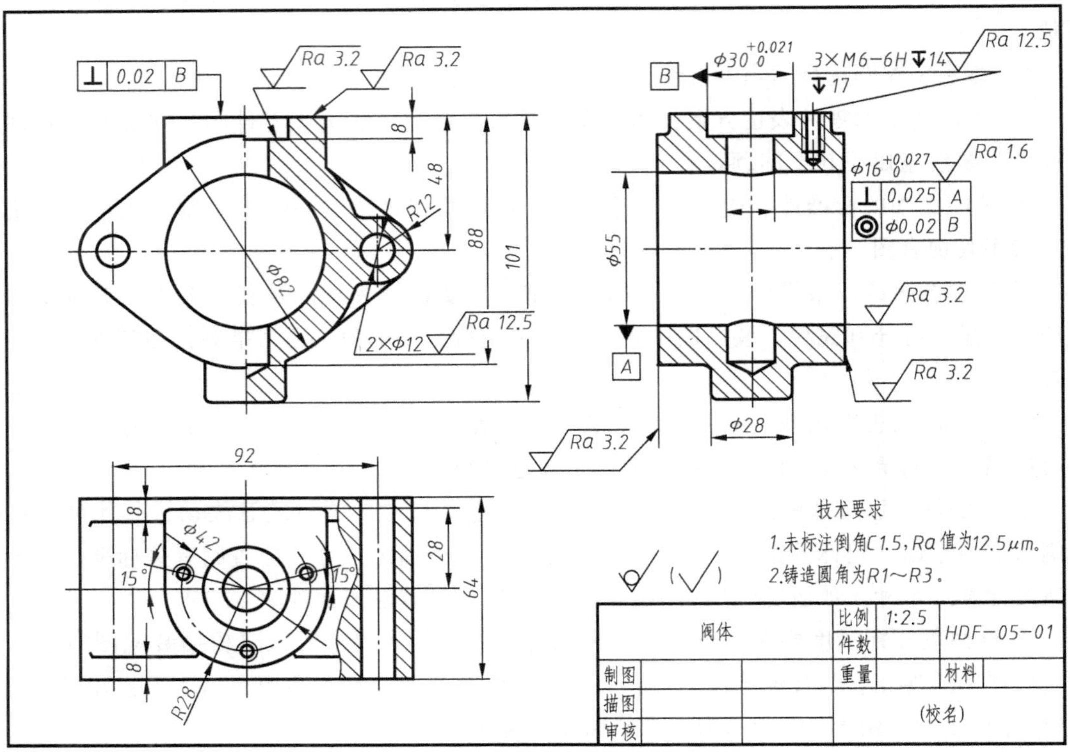

图 12-35 阀体零件图

四、读装配图举例

前面通过读蝶阀装配图介绍了读装配图的基本方法和步骤，现以图 12-36 所示车床尾座装配图为例，进一步学习和掌握读装配图的方法和技巧。

（1）尾座的用途　尾座是车床上一个重要部件，安放在车床导轨上，主要用途是与主轴配合起作用，用以夹持轴类工件，车锥度（图 12-37）等。如果把顶尖换成钻头、丝攻、铰刀等，还可以钻孔、攻螺纹、铰孔等。车床尾座轴测装配图，如图 12-38 所示。

（2）工作原理　从主视图可以看到，当转动手轮 13 时，带动螺杆 11 转动（因螺杆被端盖 9 和手轮定位，故只能转动，不能作轴向移动），带动套筒 4 移动（因套筒下部沿轴线方向开有一直槽，用滑键 3 卡住，故套筒只能在尾座体内作轴向移动，不能转动），套筒的移动，带动按莫氏锥度配合的顶尖移动。由 *A—A* 剖视可知当套筒移到一定位置时，需要锁紧套筒方能保证顶尖正常工作，这时顺时针转动手柄 17，通过螺纹夹紧杆 19 提起和把夹紧套 20 下压，从而锁紧套筒，达到固定的目的。再由 *B—B* 剖视可知，尾座可根据需要在车床导轨上滑动，当滑动到某一位置需要固定时，压下手柄 27，带动偏心轴 30 转动，从而把压板 24 抬起，使尾座牢牢固定在车床导轨上。至于 *D* 向局部视图和 *C—C* 局部剖视图，主要说明和表达如何调整顶尖与车床之间相对位置。在通常情况下，要求顶尖与车床主轴在同一轴线上，这时只要把导向板 1 与尾座体 2 对齐在刻度 0 位置上即可；当需要车锥度时，要求顶尖与主轴有一定的偏移 *S*（图 12-37），这时导向板与尾座体刻度 0 不能对齐，而要达到

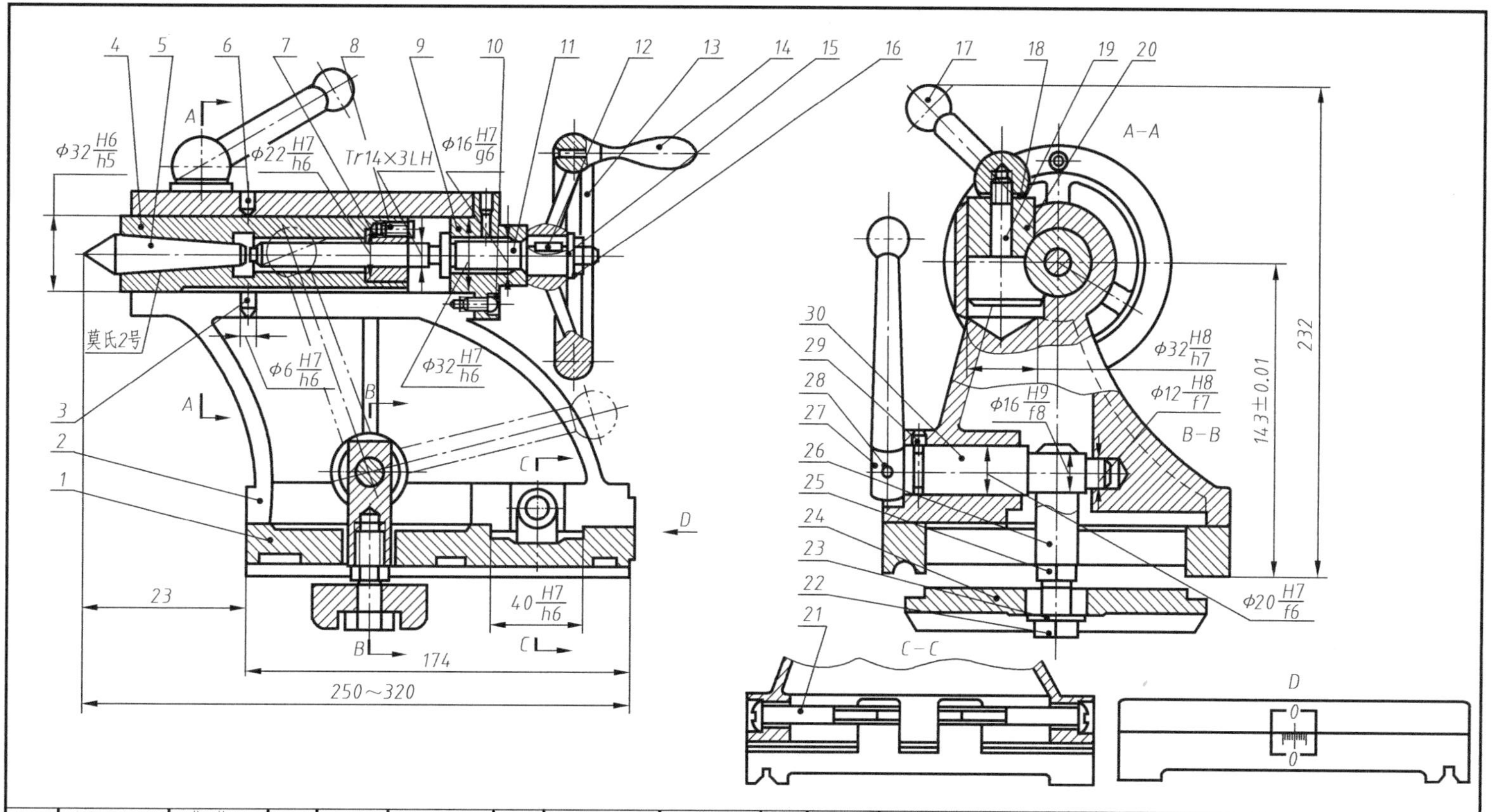

序号	代号	名称	数量	材料	备注
30	017018	偏心轴	1	45	
29	GB/T 75—1985	螺钉M6×16	1	Q235	M6×10
28	GB/T 117—2000	销5×30	1	Q235	A3×30
27	017017	手柄	1	Q235	
26	017016	拉杆	1	Q235	
25	GB/T 6170—2015	螺母AM12	1	35	M12
24	017015	压板	1	HT200	
23	GB/T 70.2—2015	垫圈B12	1	Q235	12
22	GB/T 5782—2016	螺栓	1	HT200	M12×50
21	GB/T 70.1—2008	螺钉	1	Q235	M8×50
20	017014	夹紧套	1	Q235	
19	017013	夹紧杆	1	Q235	
18	017012	垫圈	1	Q235	
17	017011	手柄	1	Q235	
16	GB/T 6170—2000	螺母	1	Q235	M10
15	GB/T 859—1987	垫圈	1	Q235	10
14	017010	手柄	1	Q235	
13	01709	手轮	1	HT150	
12	GB/T 1096—2003	键	1	45	4×16
11	01708	螺杆	1		
10	GB/T 71—1985	螺钉	1	Q235	M6×16
9	01707	端盖	1	HT150	
8	GB/T 71—1985	螺钉	1	Q235	M6×12
7	01706	螺母	1	ZCuZn38	
6	JB/T 7940.4—1995	油杯	2		8
5	01705	顶尖	1	T12A	
4	01704	套筒	1	45	
3	01703	滑键	1	45	
2	01702	尾座体	1	HT200	
1	01701	导向板	1	HT200	

车床尾座	比例	1:2.5		03-00
	件数			
制图	重量		材料	
描图	(校名)			
审核				

图 12-36 车床尾座装配图

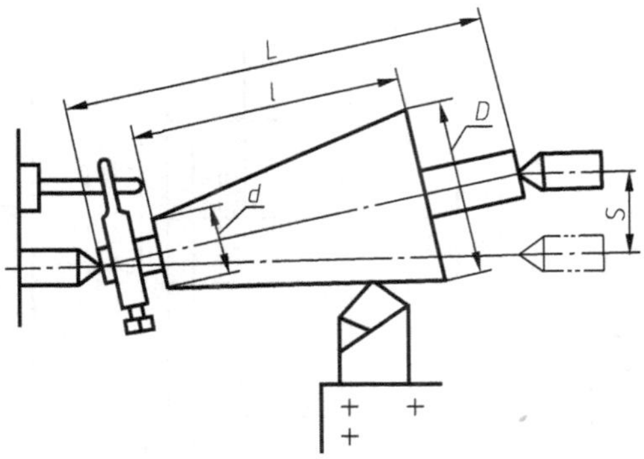

图 12-37 车床尾座的用途

图 12-38 车床尾座轴测装配图

此目的，只需调节 C—C 剖视图上所示的螺栓。注意先松动一个螺栓时，必须紧接着拧紧另一个螺栓。尾座体形状构造如图 12-39 所示。

(3) 拆画尾座体 从主视图上，沿尾座水平轴线方向拆去零件 3、4、5、6、7、8、9、10、11、12、14、15、16、等 13 种零件，仅剩下一个带通孔的圆柱体，它的右端面有螺纹孔 3×M6，在它的中部偏左上有圆柱油孔，下有滑键定位孔。结合 A—A 剖视图看，在它的右后部有套筒锁紧装置，拆去 17~20 四种零件，则剩下一个与前一圆柱垂直偏交的又一带通孔的圆柱体，两圆柱孔有相贯线，故拆去上述零件后主视全剖视图上应看到一个椭圆状线框，如图 12-39 所示。再从装配图主视图下部 B—B 局部剖视及 C—C 局部剖视图上拆去零件 21~30，可以看出其形状是一个带空腔的“民”形壳体，其上有凸台，圆柱孔、肋等。拆画出的尾座体形状构造如图 12-39 所示。

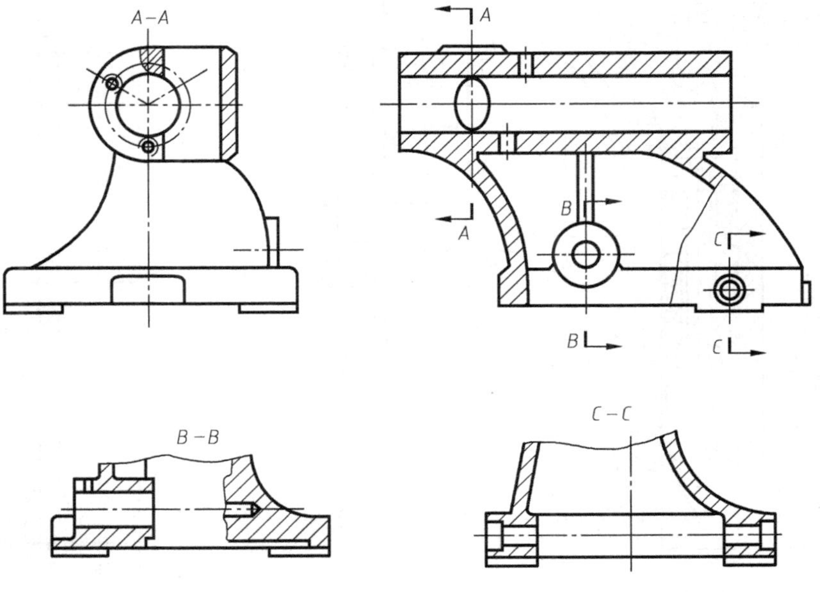

图 12-39 尾座体的视图表达

第九节 用 AutoCAD 绘制装配图

根据部件（或机器）的零件图和装配示意图（或部件立体图）绘制装配工作图是机械设计制造工程中常有的工作内容。装配图中的视图表达可以由两种方式形成：一种是将零件的三维图拼装成部件三维图，如图 12-40 所示，然后投射成二维投影图（根据投影图的剖切位置可将部件三维图先进行相应的剖切）；第二种是在前述手工绘制装配图的基础上，改用 AutoCAD 进行绘制。本节以绘制如图 12-1a 所示滑动轴承装配图为例介绍用 AutoCAD 绘制装配图的方法和步骤。零件图如图 12-41～图 12-44 所示，轴承座零件图如图 12-45 所示。

图 12-40 创建滑动轴承三维模型

1）按照能反映部件的工作原理、连接关系和反映主要零件的主要形状拟订装配图表达方案，画出主要结构的中心线、回转面轴线、大面的基线等，如图 12-46a 所示。

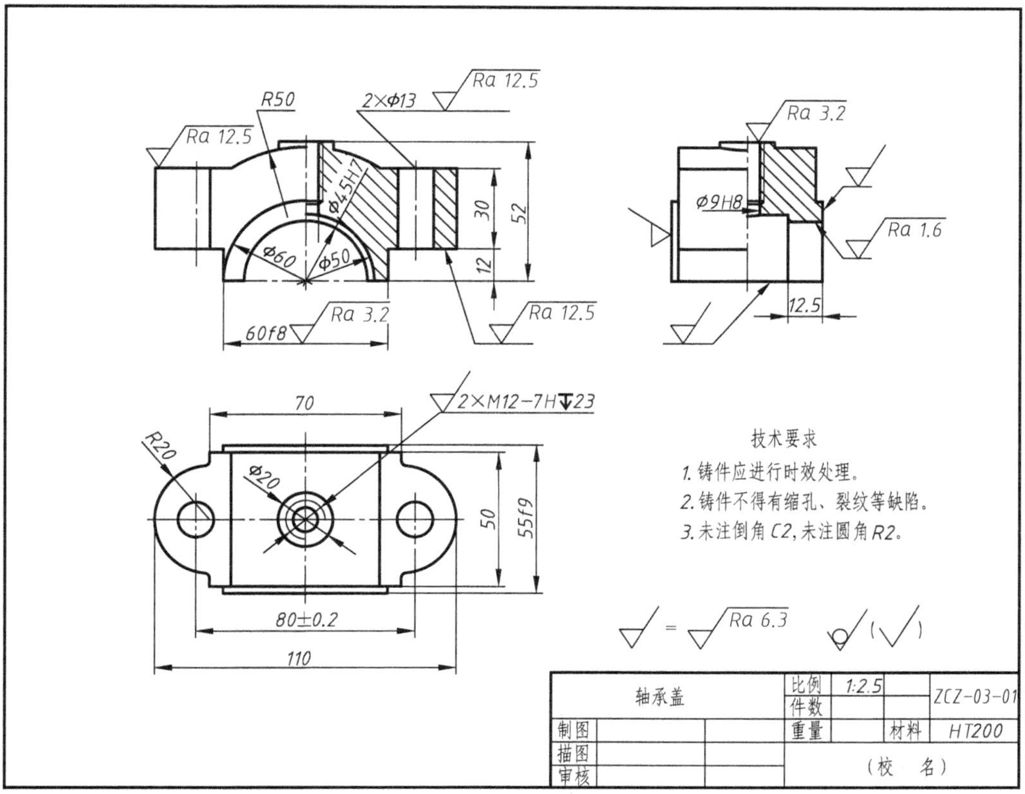

图 12-41 轴承盖零件图

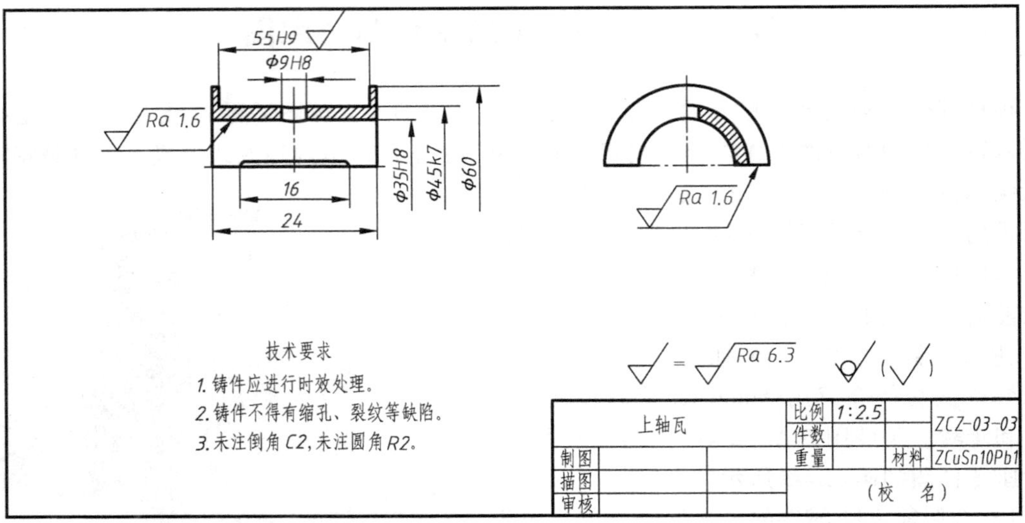

图 12-42　上轴瓦零件图

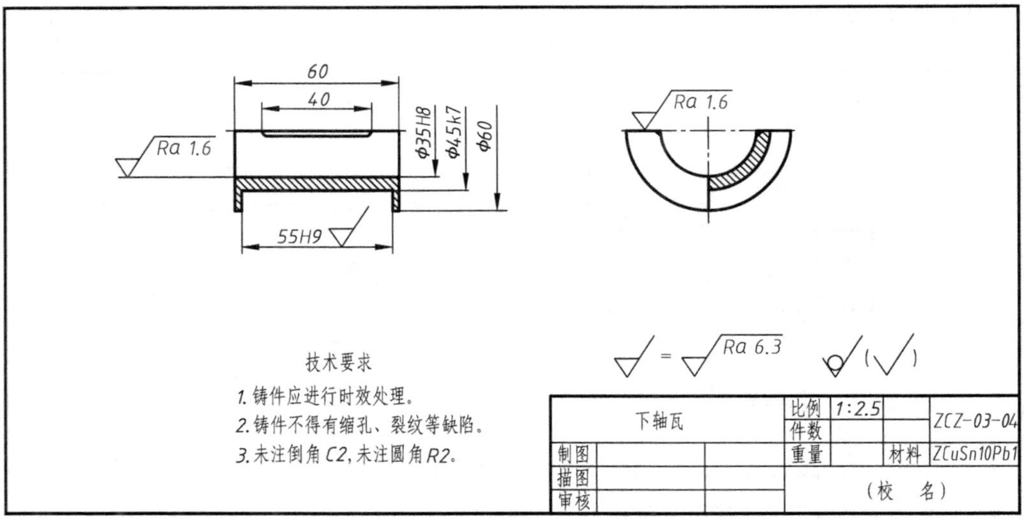

图 12-43　下轴瓦零件图

2）将零件图中的尺寸、技术要求、剖面线（因装配图表达的剖切位置可能与零件图不同）等内容删去（或关闭它们所在层），将需要表达的零件视图一一复制到相应的位置（零件视图拼装），视图拼装后可能有多线、缺线等，要予以增删整理，如图 12-46b 所示。

以上两步骤主要是针对第二种表达方式，对于第一种表达方式就较为简单，只需投影即可，然后补上一些对称线、回转面轴线和进行增删线整理。

3）标注装配图中必要的几类尺寸，绘制剖面线（因文字不能被任何图线穿过，所以放在标注后），如图 12-46c 所示。

4）编写零件序号、绘制明细栏（表）、注写技术要求等，完成全图，如图 12-1a 所示。

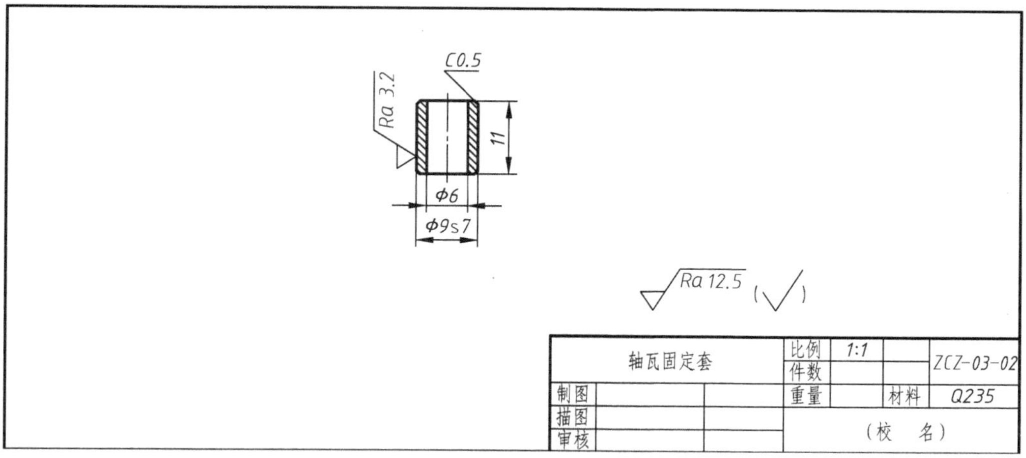

图 12-44 轴瓦固定套零件

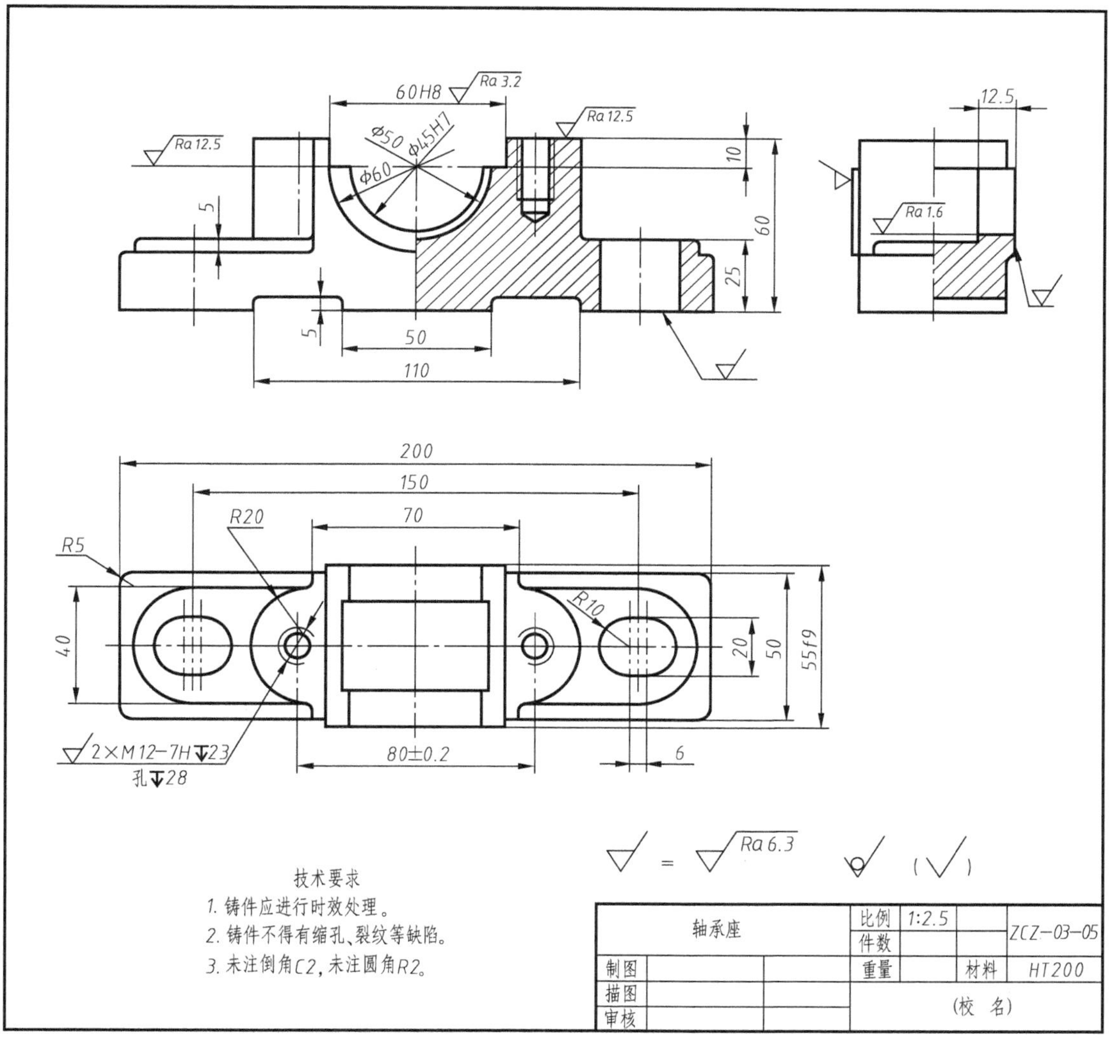

图 12-45 轴承座零件图

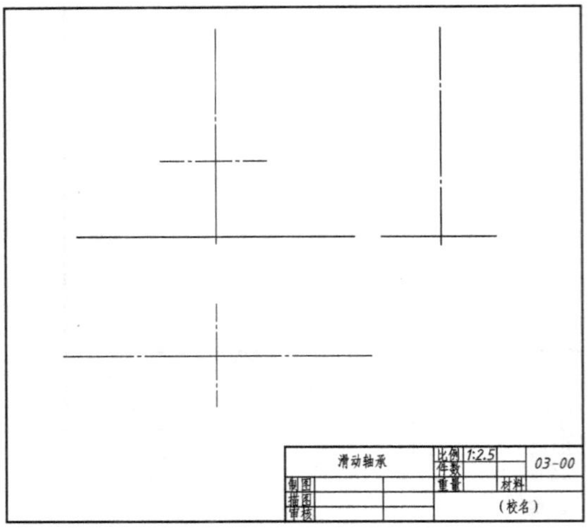

a)

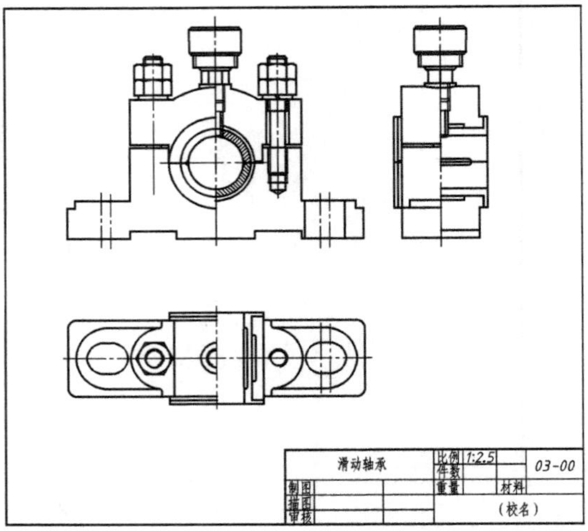

b)

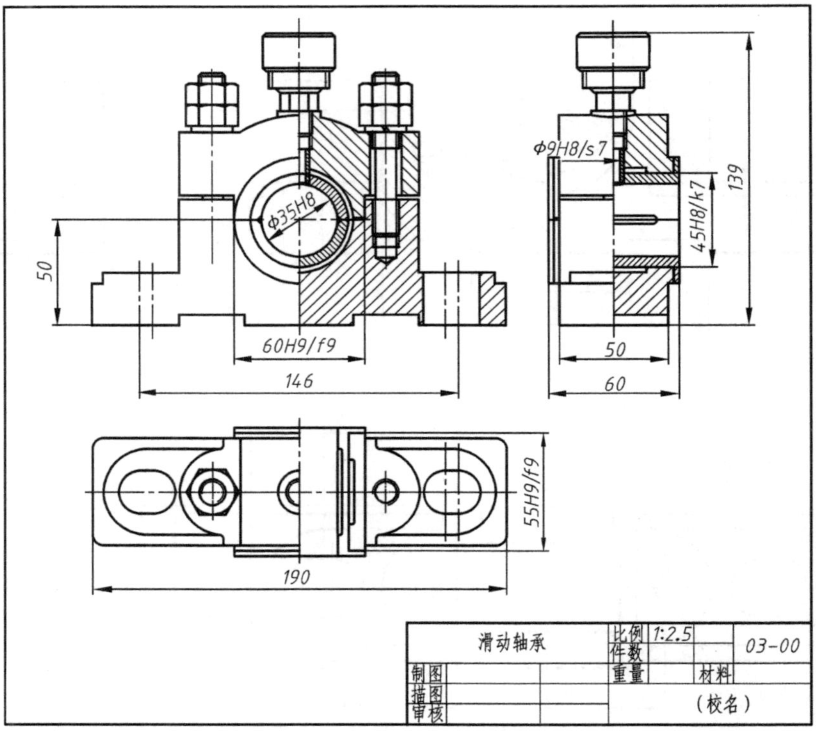

c)

图 12-46 绘制滑动轴承装配图的方法、步骤

第十三章 13

表面展开图

第一节　概　　述

在工业生产中，常会遇到金属板材制件，如管道、化工容器等，如图 13-1 所示。制造这类板件时，必须先在金属板上画出展开图，然后再下料加工成形。

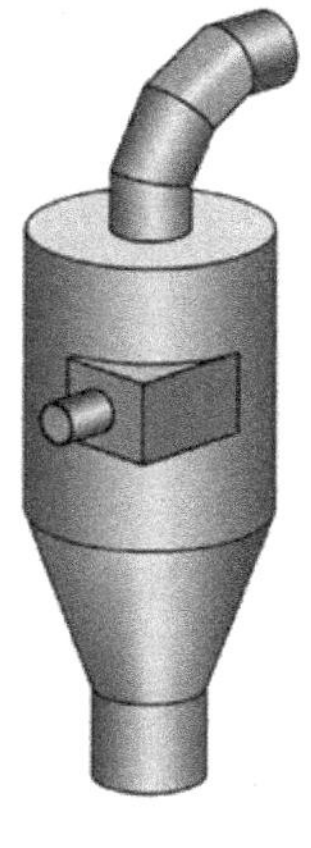

图 13-1　集粉筒

将立体表面按其实际形状，依次摊平在同一平面上，称为立体表面展开，展开后所得的图形称为展开图。

展开图在化工、锅炉、造船、冶金、机械制造、建材等工业部门中得到广泛应用。

不同几何性质的立体表面，其展开图画法也不相同。

（1）平面立体　其表面都为平面多边形，展开图由若干平面多边形组成。

（2）可展曲面　在直线面中，若连续相邻两素线彼此平行或相交（共面直线），则为可展曲面。

（3）不可展曲面　直线面中的连续相邻两素线彼此交叉（异面直线），则为不可展曲面，曲线面都是不可展面。

第二节　平面立体表面的展开

平面立体的表面都是平面，只要将其各表面的实形求出，并依次摊平在一个平面上，即能得到平面立体的展开图。

一、棱柱管的展开

图 13-2a 所示是方管弯头，由斜口四棱柱管组成。图 13-2b 所示是带斜切口的四棱柱管表面展开图的画法。

四棱柱管的两个侧面是梯形，另两个侧面是矩形，其水平投影 *abcd* 反映实形和各边实长。同时，由于棱柱管的各条棱线都平行于正面，故正面投影（a'）（$1'$）、$b'2'$、$c'3'$、

(d')（$4'$）均反映棱线实长。

作图：

1）将棱柱管底边展开成一直线，取 $AB=ab$、$BC=bc$、$CD=cd$、$DA=da$。

2）过 A、B、C、D 作垂线，量取 A Ⅰ $=(a')$（$1'$），B Ⅱ $=b'2'\cdots$，并依次连接Ⅰ、Ⅱ、Ⅲ、Ⅳ各点，即得四棱柱管的展开图。

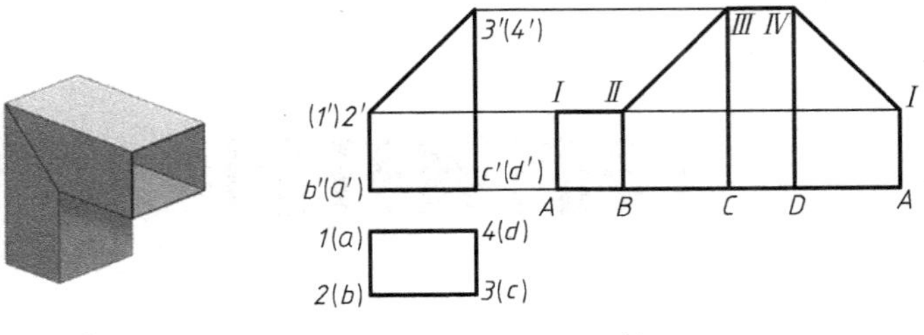

a)　　　　b)

图 13-2　四棱柱管制件的展开

二、棱锥管的展开

图 13-3a 所示是方口管接头，主体部分是截头四棱锥。图 13-3b 所示是截头四棱锥表面展开图的画法。

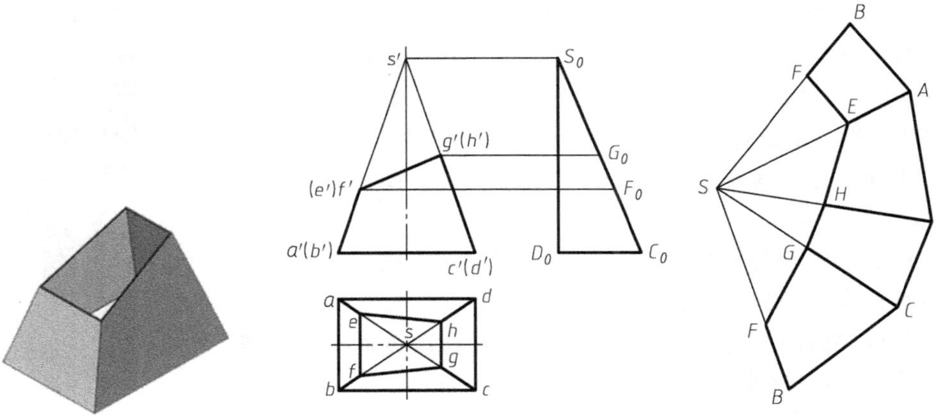

a)　　　　b)　　　　c)

图 13-3　截头四棱锥管制件的展开

画展开图时，先将棱线延长使之相交于 S 点，求出整个四棱锥各侧面三角形的边长，画出整个棱锥的表面展开图，然后在每一条棱线上减去截去部分的实长，即得截头四棱锥的展开图。

作图：

1）利用直角三角形法求棱线实长，把它画在主视图的右边。量取 S_0D_0 等于锥顶 S 距底面的高度，并取 $D_0C_0=sc$，则 S_0C_0 即为棱线 SC 的实长，此也是其余三条棱线的实长。

2）经过点 g'、f'、作水平线，与 S_0C_0 分别交于点 G_0 和 F_0，S_0G_0、S_0F_0 即为截去部分

的线段实长，如图 13-3b 所示。

3）以 S 为顶点，分别截取 SB、SC、…等于棱线实长，$BC=bc$，$CD=cd$…，依次画出三角形，即得整个四棱锥的展开图。然后取 $SF=S_0F_0$，$SG=S_0G_0$…，截去顶部即为截头棱锥的展开图，如图 13-3c 所示。

第三节　可展曲面的表面展开

可展曲面上的相邻两素线是互相平行或相交的，能展开成一个平面。因此，在作展开图时，可以将相邻两素线间的曲面当作平面来展开。由此可知，可展曲面的展开方法与棱柱、棱锥的展开方法相同。

一、圆柱管的展开

1. 斜口圆柱管的展开

当圆管的一端被一平面斜截后，即为斜口圆管。斜口圆管表面上相邻两素线ⅠA、ⅡB、ⅢC、…的长度不等。画展开图时，先在圆管表面上取若干素线，分别量取这些素线的实长，然后用曲线把这些素线的端点光滑连接起来，如图 13-4 所示。

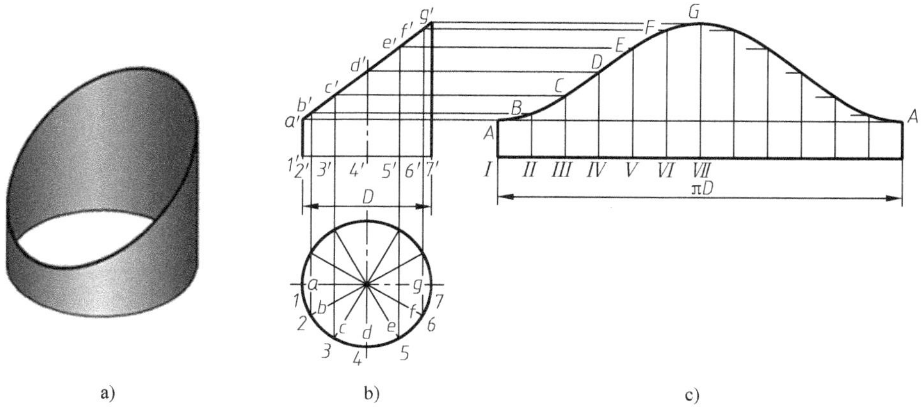

a)　　b)　　c)

图 13-4　斜口圆管的展开

作图：

1）在水平投影中将圆管底圆的投影分成若干等份（图中为 12 等份），求出各等分点的正面投影 1′、2′、3′、…，并求出素线的投影 $1'a'$，$2'b'$、$3'c'$、…。在图示情况下，斜口圆管素线的正面投影反映实长。

2）将底圆展成一直线，使其长度为 πD，取同样等份，得各等分点Ⅰ、Ⅱ、Ⅲ、…。

3）过各等分点Ⅰ、Ⅱ、Ⅲ、…作垂线，并分别量取各素线长，使Ⅰ$A=1'a'$、Ⅱ$B=2'b'$、Ⅲ$C=3'c$、…，得各端点 A、B、C、…。

4）光滑连接各素线的端点 A、B、C、…，即得斜口圆管的展开图。

2. 三通管的展开

如图 13-5 所示的三通管，由两个不同直径的圆管垂直相交而成。根据三通管的投影图作展开图时，必须先在投影图上准确地求出相贯线的投影，然后分别将两个圆管展开，如图

13-5 所示。

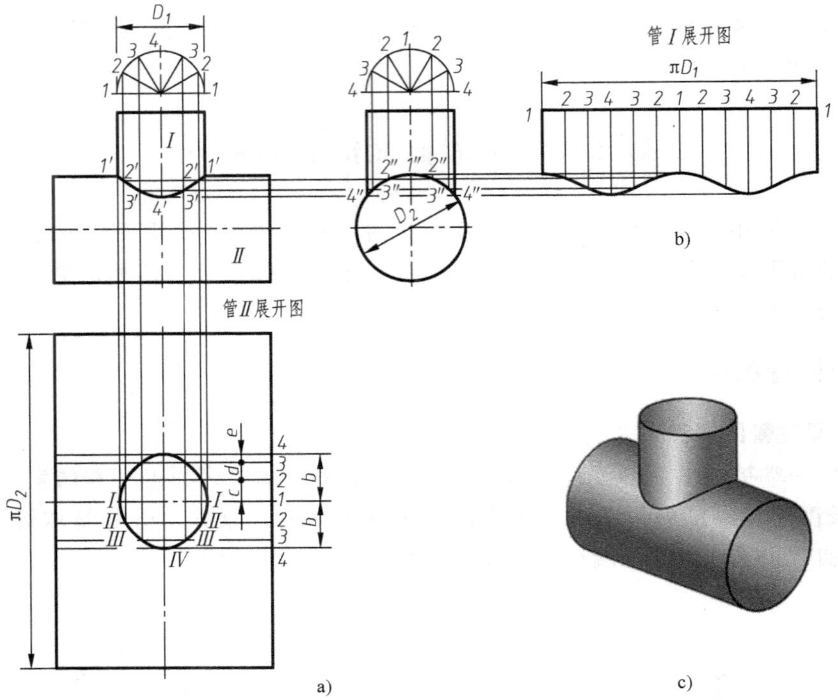

图 13-5　三通管的展开

作图：

1）求相贯线。

2）展开管Ⅰ。将管Ⅰ顶圆展成直线并等分（如图 13-5 所示为 12 等份），过各等分点作垂直并截取相应素线的实长，再将各素线的端点光滑连接起来。

3）展开管Ⅱ。先将管Ⅱ展开成矩形，再将侧面投影上 $1''4''$ 展开成直线 b，使 $c=1''2''$、$d=2''3''$、$e=3''4''$，得等分点 1、2、3、4。过各等分点引横线与正面投影的点 $1'$、$2'$、$3'$、$4'$，所引的竖线分别相交得Ⅰ、Ⅱ、Ⅲ、Ⅳ点，然后光滑连接，即得相贯线的展开图。

在生产实际中，往往只将小圆管放样展开，弯成圆管后，凑在大圆管上划线开口，然后把两管焊接起来。

二、斜口圆锥管的展开

斜口圆锥管是圆锥管被一平面斜截去一部分得到的，其展开图为扇形的一部分，如图 13-6 所示。

作图：

1）等分底圆周（这里分为 8 等份），投影图中的 $s'5'$、$s'1'$ 是圆锥素线的实长，将底圆展开为一弧线，依次截取ⅠⅡ＝12、ⅡⅢ＝23、…，过各等分点在圆锥面上引素线 SⅠ、SⅡ、…。画出完整圆锥的表面展开图。

2）在投影图上求出各素线与斜口椭圆周的交点 A、B、C、…的投影（a、a'）、

$(b、b')$、$(c、c')$、…。用比例法求各段素线ⅡB、ⅢC、…的实长。其方法是过 b'、c'、…作横线与 $s'1'$ 相交（因各素线绕过顶点 S 的铅垂轴旋转成正平线时，它们均与 SⅠ重合）得交点 b_0、c_0、…，由于 $s'1'$ 反映实长，所以 $s'b_0$、$s'c_0$、…也反映实长。

3）在展开图上切取 $SA=s'a'$、$SB=s'b_0$、$SC=s'c_0$、…。用曲线依次光滑连接 A、B、C、…各点，即得斜口圆锥管的展开图，如图 13-6b 所示。

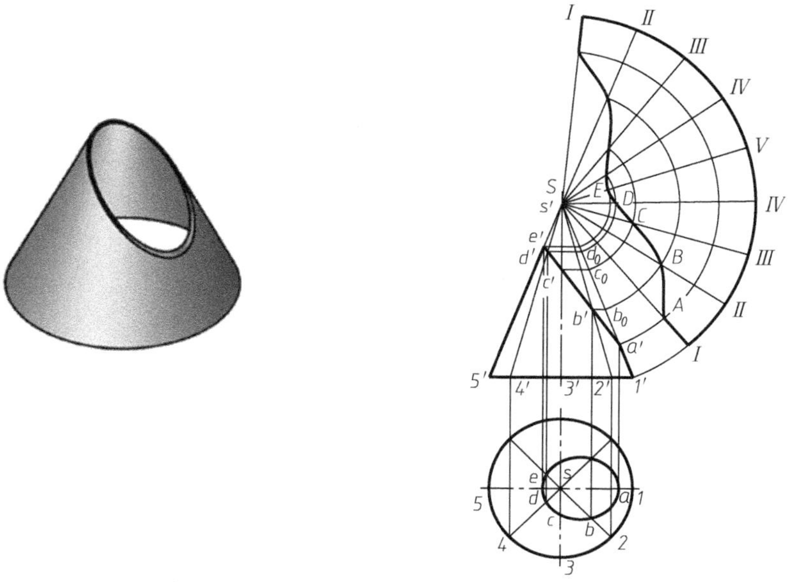

a)　　　　b)

图 13-6　斜口圆锥管的展开

第四节　变形接头的表面展开

为了画出各种变形接头的表面展开图，须按其具体形状把它们划分成许多平面及可展曲面（柱面、锥面），然后依次画出其展开图，即可得到整个变形接头的展开图。如图 13-7a 所示的上圆下方变形接头，它由 4 个相同的等腰三角形和 4 个相同的部分斜圆锥面所组成。图 13-7 所示为变形接头的展开作图。

作图：

1）用直角三角形法求出各三角形的两腰实长 AⅠ、AⅡ、AⅢ、AⅣ，其中 AⅠ$=A$Ⅳ，AⅡ$=A$Ⅲ，如图 13-7b 所示。

2）在展开图上取 $AB=ab$，分别以 A、B 为圆心，以 AⅠ为半径作圆弧，交于点Ⅳ，得△ABⅣ；再以Ⅳ和 A 为圆心，分别以 3、4 的弧长和 AⅡ为半径作圆弧，交于点Ⅲ，得△AⅢⅣ，同理依次作出各个△AⅡⅢ、△AⅠⅡ。

3）光滑连接Ⅰ、Ⅱ、Ⅲ、Ⅳ等点，即得一个等腰三角形和一个部分锥面的展开图。

4）用同样的方法依次作出其他各组成部分的表面展开图，即得整个变形接头的展开图，如图 13-7c 所示，接缝线是ⅠE，Ⅰ$E=1'e'$。

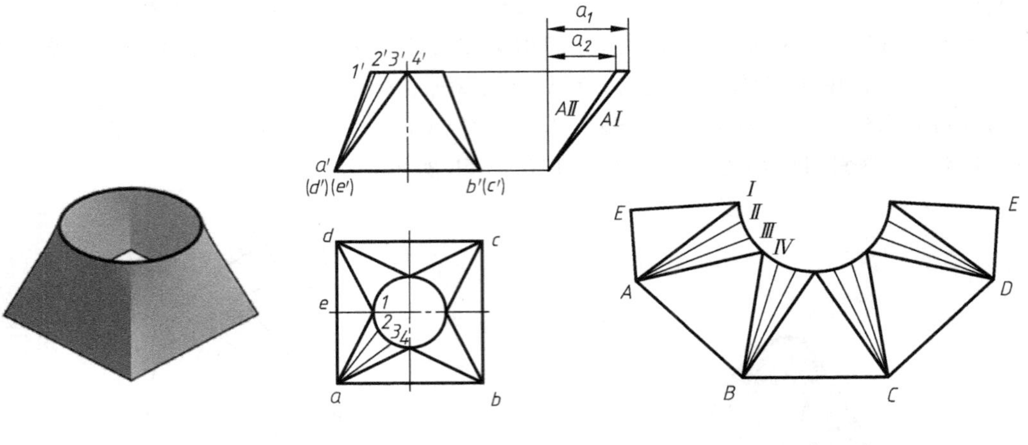

a) b) c)

图 13-7 变形接头的展开

第五节 不可展曲面的表面近似展开

工程中常见的不可展曲面有球面，圆环面等，由于不可展曲面不能将其形状、大小准确地摊平在一个平面上，所以它们的展开图只能用近似的方法来绘制。也就是先将不可展曲面分成若干部分，然后把每一部分近似地看成可展的柱面、锥面或平面，再依次拼接成展开图。

一、球面的近似展开

由于球面属于不可展曲面，因此只能用近似的方法展开。如图 13-8 所示，将半球面分成若干等份，把每等份近似地看成球的外切圆柱面的一部分，然后按圆柱面展开，得到的每块展开图呈柳叶状，如图 13-8c 所示。

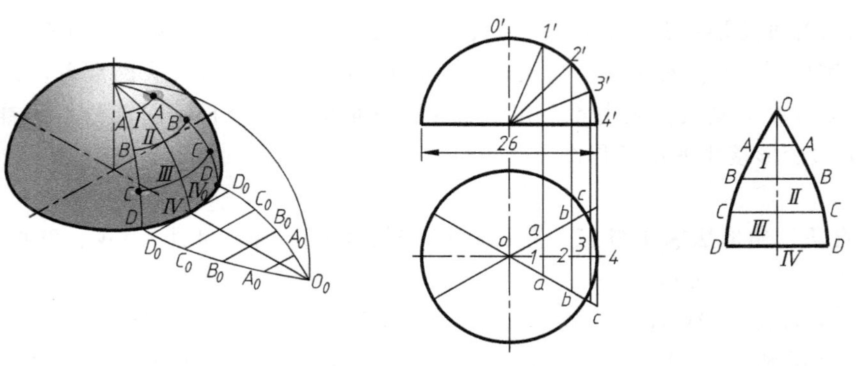

a) b) c)

图 13-8 半球面的展开

作图：

1）用通过球心的铅垂面，把半球面的水平投影分成若干等份，这里分为 6 等份。

2）将半球正面投影的轮廓线分为若干等份（图中分为 4 等份），得等份点 1′、2′、3′、4′。对应求出水平投影 1、2、3、4 点并用辅助平面法过这些点作同心圆与切线，分别与半径水平投影的等份线交于 a、b、c、d 点。

3）在适当位置画横线 DD，使 $DD=dd$，过 DD 的中点作垂线，并取 OⅣ $=O'4'$（即 $14\pi D$）、OⅠ $=O'1'$；然后过Ⅰ、Ⅱ、…点作横线，取 $AA=aa$、$BB=bb$、…。

4）依次光滑连接各点 A、B、…便完成了 1/6 半球面的展开图，如图 13-8c 所示。并以此作样板，将 6 个柳叶状展开图连续排列下料，即可组合成半球面。

二、环形圆管的近似展开

图 13-9a 所示为等径直角弯管，相当于四分之一圆环，属不可展曲面。在工程上对于大型弯管常近似采用多节料斜口圆管拼接而成，俗称虾米腰：

作图：

1）将直角弯头分成几段，图 13-9b 所示分为四段，两端为半节，中间各段为全节。

2）将分成的各段拼成一直圆管，如图 13-9c 所示。

3）按斜口圆管的展开方法，将其展开，如图 13-9d 所示。

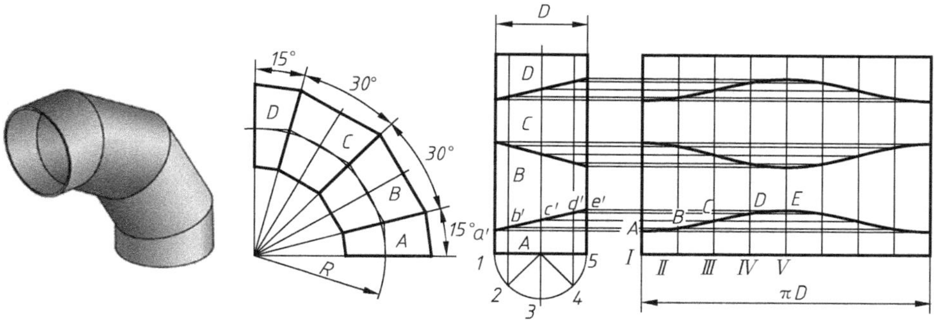

a) b) c) d)

图 13-9 直角弯头的展开

附录

附录 A　公差与配合

表 A-1　常用及优先用途轴的极限偏差（尺寸至 500mm）（摘自 GB/T 1801—2009 和 GB/T 1800.2—2009）

基本尺寸/mm		常用及优先公差带(带圈者为优先公差带)/μm												
		a	b		c			d				e		
大于	至	11	11	12	9	10	11	8	⑨	10	11	7	8	9
—	3	-270 -300	-140 -200	-140 -240	-60 -85	-60 -100	-60 -120	-20 -34	-20 -45	-20 -60	-20 -80	-14 -24	-14 -28	-14 -39
3	6	-270 -345	-140 -215	-140 -260	-70 -100	-70 -118	-70 -145	-30 -48	-30 -60	-30 -78	-30 -108	-20 -32	-20 -38	-20 -50
6	10	-280 -370	-150 -240	-150 -300	-80 -116	-80 -138	-80 -170	-40 -62	-40 -76	-40 -98	-40 -130	-25 -40	-25 -47	-25 -61
10	14	-290 -400	-150 -260	-150 -330	-95 -138	-95 -165	-95 -205	-50 -77	-50 -93	-50 -120	-50 -160	-32 -50	-32 -59	-32 -75
14	18													
18	24	-300 -430	-160 -290	-160 -370	-110 -162	-110 -194	-110 -240	-65 -98	-65 -117	-65 -149	-65 -195	-40 -61	-40 -73	-40 -92
24	30													
30	40	-310 -470	-170 -330	-170 -420	-120 -182	-120 -220	-120 -280	-80 -119	-80 -142	-80 -180	-80 -240	-50 -75	-50 -89	-50 -112
40	50	-320 -480	-180 -340	-180 -430	-130 -192	-130 -230	-130 -290							
50	65	-340 -530	-190 -380	-190 -490	-140 -214	-140 -260	-140 -330	-100 -146	-100 -174	-100 -220	-100 -290	-69 -90	-60 -106	-60 -134
65	80	-360 -550	-200 -390	-200 -500	-150 -224	-150 -270	-150 -340							
80	100	-380 -600	-220 -440	-220 -570	-170 -257	-170 -310	-170 -390	-120 -174	-120 -207	-120 -260	-120 -340	-72 -107	-72 -126	-72 -159
100	120	-410 -630	-240 -460	-240 -590	-180 -267	-180 -320	-180 -400							
120	140	-460 -710	-260 -510	-260 -660	-200 -300	-200 -360	-200 -450	-145 -208	-145 -245	-145 -305	-145 -395	-85 -125	-85 -148	-85 -185
140	160	-520 -770	-280 -530	-280 -680	-210 -310	-210 -370	-210 -460							
160	180	-580 -830	-310 -560	-310 -710	-230 -330	-230 -390	-230 -480							
180	200	-660 -950	-340 -630	-340 -800	-240 -355	-240 -425	-240 -530	-170 -242	-170 -285	-170 -355	-170 -460	-100 -146	-100 -172	-100 -215
200	225	-740 -1030	-380 -670	-380 -840	-260 -375	-260 -445	-260 -550							
225	250	-820 -1110	-420 -710	-420 -880	-280 -395	-280 -465	-280 -570							
250	280	-920 -1240	-480 -800	-480 -1000	-300 -430	-300 -510	-300 -620	-190 -271	-190 -320	-190 -400	-190 -510	-110 -162	-110 -191	-110 -240
280	315	-1050 -1370	-540 -860	-540 -1060	-330 -460	-330 -540	-330 -650							
315	355	-1200 -1560	-600 -960	-600 -1170	-360 -500	-360 -590	-360 -720	-210 -299	-210 -350	-210 -440	-210 -570	-125 -182	-125 -214	-125 -265
355	400	-1350 -1710	-680 -1040	-680 -1250	-400 -540	-400 -630	-400 -760							
400	450	-1500 -1900	-760 -1160	-760 -1390	-440 -595	-440 -690	-440 -840	-230 -327	-230 -385	-230 -480	-230 -630	-135 -198	-135 -232	-135 -290
450	500	-1650 -2050	-840 -1240	-840 -1470	-470 -635	-480 -730	-480 -880							

（续）

基本尺寸/mm		常用及优先公差带(带圈者为优先公差带)/μm															
		f					g				h						
大于	至	5	6	⑦	8	9	5	⑥	7	8	⑥	⑦	8	⑨	10	11	12
—	3	-6 -10	-6 -12	-6 -16	-6 -20	-6 -31	-2 -6	-2 -8	-2 -12	0 -4	0 -6	0 -10	0 -14	0 -25	0 -40	0 -60	0 -100
3	6	-10 -15	-10 -18	-10 -22	-10 -28	-10 -40	-4 -9	-4 -12	-4 -16	0 -5	0 -8	0 -12	0 -18	0 -30	0 -48	0 -75	0 -120
6	10	-13 -19	-13 -22	-13 -28	-13 -35	-13 -49	-5 -11	-5 -14	-5 -20	0 -6	0 -9	0 -15	0 -22	0 -36	0 -58	0 -90	0 -150
10	14	-16 -24	-16 -27	-16 -34	-16 -43	-16 -59	-6 -14	-6 -17	-6 -24	0 -8	0 -11	0 -18	0 -27	0 -43	0 -70	0 -110	0 -180
14	18																
18	24	-20 -29	-20 -33	-20 -41	-20 -53	-20 -72	-7 -16	-7 -20	-7 -28	0 -9	0 -13	0 -21	0 -33	0 -52	0 -84	0 -130	0 -210
24	30																
30	40	-25 -36	-25 -41	-25 -50	-25 -64	-25 -87	-9 -20	-9 -25	-9 -34	0 -11	0 -16	0 -25	0 -39	0 -62	0 -100	0 -160	0 -250
40	50																
50	65	-30 -43	-30 -49	-30 -60	-30 -76	-30 -104	-10 -23	-10 -29	-10 -40	0 -13	0 -19	0 -30	0 -46	0 -74	0 -120	0 -190	0 -300
65	80																
80	100	-36 -51	-36 -58	-36 -71	-36 -90	-36 -123	-12 -27	-12 -34	-12 -47	0 -15	0 -22	0 -35	0 -54	0 -87	0 -140	0 -220	0 -350
100	120																
120	140	-43 -61	-43 -68	-43 -83	-43 -106	-43 -143	-14 -32	-14 -39	-14 -54	0 -18	0 -25	0 -40	0 -63	0 -100	0 -160	0 -250	0 -400
140	160																
160	180																
180	200	-50 -70	-50 -79	-50 -96	-50 -122	-50 -165	-15 -35	-15 -44	-15 -61	0 -20	0 -29	0 -46	0 -72	0 -115	0 -185	0 -290	0 -460
200	225																
225	250																
250	280	-56 -79	-56 -88	-56 -108	-56 -137	-56 -186	-17 -40	-17 -49	-17 -69	0 -23	0 -32	0 -52	0 -81	0 -130	0 -210	0 -320	0 -520
280	315																
315	355	-62 -87	-62 -98	-62 -119	-62 -151	-62 -202	-18 -43	-18 -54	-18 -75	0 -25	0 -36	0 -57	0 -89	0 -140	0 -230	0 -360	0 -570
355	400																
400	450	-68 -95	-68 -108	-68 -131	-68 -165	-68 -223	-20 -47	-20 -60	-20 -83	0 -27	0 -40	0 -63	0 -97	0 -155	0 -250	0 -400	0 -630
450	500																

（续）

基本尺寸/mm		常用及优先公差带（带圈者为优先公差带）/μm														
		js			k			m			n			p		
大于	至	5	6	7	5	⑥	7	5	6	7	5	⑥	7	5	⑥	7
—	3	±2	±3	±5	+4 0	+6 0	+10 0	+6 +2	+8 +2	+12 +2	+8 +4	+10 +4	+14 +4	+10 +6	+12 +6	+16 +6
3	6	±2.5	±4	±6	+6 +1	+9 +1	+13 +1	+9 +4	+12 +4	+16 +4	+13 +8	+16 +8	+20 +8	+17 +12	+20 +12	+24 +12
6	10	±3	±4.5	±7	+7 +1	+10 +1	+16 +1	+12 +6	+15 +6	+21 +6	+16 +10	+19 +10	+25 +10	+21 +15	+24 +15	+30 +15
10	14	±4	±5.5	±9	+9 +1	+12 +1	+19 +1	+15 +7	+18 +7	+25 +7	+20 +12	+23 +12	+30 +12	+26 +18	+29 +18	+36 +18
14	18															
18	24	±4.5	±6.5	±10	+11 +2	+15 +2	+23 +2	+17 +8	+21 +8	+29 +8	+24 +15	+28 +15	+36 +15	+31 +22	+35 +22	+43 +22
24	30															
30	40	±5.5	±8	±12	+13 +2	+18 +2	+27 +2	+20 +9	+25 +9	+34 +9	+28 +17	+33 +17	+42 +17	+37 +26	+42 +26	+51 +26
40	50															
50	65	±6.5	±9.5	±15	+15 +2	+21 +2	+32 +2	+24 +11	+30 +11	+41 +11	+33 +20	+39 +20	+50 +20	+45 +32	+51 +32	+62 +32
65	80															
80	100	±7.5	±11	±17	+18 +3	+25 +3	+38 +3	+28 +13	+35 +13	+48 +13	+38 +23	+45 +23	+58 +23	+52 +37	+59 +37	+72 +37
100	120															
120	140	±9	±12.5	±20	+21 +3	+28 +3	+43 +3	+33 +15	+40 +15	+55 +15	+45 +27	+52 +27	+67 +27	+61 +43	+68 +43	+83 +43
140	160															
160	180															
180	200	±10	±14.5	±23	+24 +4	+33 +4	+50 +4	+37 +17	+46 +17	+63 +17	+51 +31	+60 +31	+77 +31	+70 +50	+79 +50	+96 +50
200	225															
225	250															
250	280	±11.5	±16	±26	+27 +4	+36 +4	+56 +4	+43 +20	+52 +20	+72 +20	+57 +34	+66 +34	+86 +34	+79 +56	+88 +56	+108 +56
280	315															
315	355	±12.5	±18	±28	+29 +4	+40 +4	+61 +4	+46 +21	+57 +21	+78 +21	+62 +37	+73 +37	+94 +37	+87 +62	+98 +62	+119 +62
355	400															
400	450	±13.5	±20	±31	+32 +5	+45 +5	+68 +5	+50 +23	+63 +23	+86 +23	+67 +40	+80 +40	+103 +40	+95 +68	+108 +68	+131 +68
450	500															

（续）

基本尺寸/mm		常用及优先公差带（带圈者为优先公差带）/μm														
		r			s			t			u		v	x	y	z
大于	至	5	6	7	5	⑥	7	5	6	7	⑥	7	6	6	6	6
—	3	+14 +10	+16 +10	+20 +10	+18 +14	+20 +14	+24 +14	—	—	—	+24 +18	+28 +18	—	+26 +20	—	+32 +26
3	6	+20 +15	+23 +15	+27 +15	+24 +19	+27 +19	+31 +19	—	—	—	+31 +23	+35 +23	—	+36 +28	—	+43 +35
6	10	+25 +19	+28 +19	+34 +19	+29 +23	+32 +23	+38 +23	—	—	—	+37 +28	+43 +28	—	+43 +34	—	+51 +42
10	14	+21 +23	+34 +23	+41 +23	+36 +28	+39 +28	+46 +28	—	—	—	+44 +33	+51 +33	—	+51 +40	—	+61 +50
14	18							—	—	—			+50 +39	+56 +45	—	+71 +60
18	24	+37 +28	+41 +28	+49 +28	+44 +35	+48 +35	+56 +35	—	—	—	+54 +41	+62 +41	+60 +47	+67 +54	+76 +63	+86 +73
24	30							+50 +41	+54 +41	+62 +41	+61 +48	+69 +48	+68 +55	+77 +64	+88 +75	+101 +88
30	40	+45 +34	+50 +34	+59 +34	+54 +43	+59 +43	+68 +43	+59 +48	+64 +48	+73 +48	+76 +60	+85 +60	+84 +68	+96 +80	+110 +94	+128 +112
40	50							+65 +54	+70 +54	+79 +54	+86 +70	+95 +70	+97 +81	+113 +97	+130 +114	+152 +136
50	65	+54 +41	+60 +41	+71 +41	+66 +53	+72 +53	+83 +53	+79 +66	+85 +66	+96 +66	+106 +87	+117 +87	+121 +102	+141 +122	+163 +144	+191 +172
65	80	+56 +43	+62 +43	+73 +43	+72 +59	+78 +59	+89 +59	+88 +75	+94 +75	+105 +75	+121 +102	+132 +102	+139 +120	+165 +146	+193 +174	+229 +210
80	100	+66 +51	+73 +51	+86 +51	+86 +71	+93 +71	+106 +91	+106 +91	+113 +91	+126 +91	+146 +124	+159 +124	+168 +146	+200 +178	+236 +214	+280 +258
100	120	+69 +54	+76 +54	+89 +54	+94 +79	+101 +79	+114 +79	+119 +104	+126 +104	+139 +104	+166 +144	+179 +144	+194 +172	+232 +210	+276 +254	+332 +310
120	140	+81 +63	+88 +63	+103 +63	+110 +92	+117 +92	+132 +92	+140 +122	+147 +122	+162 +122	+195 +170	+210 +170	+227 +202	+273 +248	+325 +300	+390 +365
140	160	+83 +65	+90 +65	+105 +65	+118 +100	+125 +100	+140 +100	+152 +134	+159 +134	+174 +134	+215 +190	+230 +190	+253 +228	+305 +280	+365 +340	+440 +415
160	180	+86 +68	+93 +68	+108 +68	+126 +108	+133 +108	+148 +108	+164 +146	+171 +146	+186 +146	+235 +210	+250 +210	+227 +252	+335 +310	+405 +380	+490 +465
180	200	+97 +77	+106 +77	+123 +77	+142 +122	+151 +122	+168 +122	+186 +166	+195 +166	+212 +166	+265 +236	+282 +236	+313 +284	+379 +350	+454 +425	+549 +520
200	225	+100 +80	+109 +80	+126 +80	+150 +130	+159 +130	+176 +130	+200 +180	+209 +180	+226 +180	+287 +258	+304 +258	+339 +310	+414 +385	+499 +470	+604 +575
225	250	+104 +84	+113 +84	+130 +84	+160 +140	+169 +140	+186 +140	+216 +196	+225 +196	+242 +196	+313 +284	+330 +284	+369 +340	+454 +425	+549 +520	+669 +640
250	280	+117 +94	+126 +94	+146 +94	+181 +158	+190 +158	+210 +158	+241 +218	+250 +218	+270 +218	+367 +315	+367 +315	+417 +385	+507 +475	+612 +580	+742 +710
280	315	+121 +98	+130 +98	+150 +98	+193 +170	+202 +170	+222 +170	+263 +240	+272 +240	+292 +240	+382 +350	+402 +350	+457 +425	+557 +525	+682 +650	+822 +790
315	355	+133 +108	+144 +108	+165 +108	+215 +190	+226 +190	+247 +190	+293 +268	+304 +268	+325 +268	+426 +390	+447 +390	+511 +475	+626 +590	+766 +730	+936 +900
355	400	+139 +114	+150 +114	+171 +114	+233 +208	+244 +208	+265 +208	+319 +294	+330 +294	+351 +294	+471 +435	+492 +435	+566 +530	+696 +660	+856 +820	+1036 +1000
400	450	+153 +126	+166 +126	+189 +126	+259 +232	+272 +232	+295 +232	+357 +330	+370 +330	+393 +330	+530 +490	+553 +490	+635 +595	+780 +740	+960 +920	+1140 +1100
450	500	+159 +132	+172 +132	+195 +132	+279 +252	+292 +252	+313 +252	+387 +360	+400 +360	+423 +360	+580 +540	+603 +540	+700 +660	+860 +820	+1040 +1000	+1290 +1250

表 A-2 常用及优先用途孔的极限偏差（尺寸至 500mm）

（摘自 GB/T 1801—2009 和 GB/T 1800.2—2009）

基本尺寸/mm		常用及优先公差带(带圈者为优先公差带)/μm													
		A	B		C	D				E		F			
大于	至	11	11	12	11	8	⑨	10	11	8	9	6	7	⑧	9
—	3	+330 +270	+200 +140	+240 +140	+120 +60	+34 +20	+45 +20	+60 +20	+80 +20	+28 +14	+39 +14	+12 +6	+16 +6	+20 +6	+31 +6
3	6	+345 +270	+215 +140	+260 +140	+145 +70	+48 +30	+60 +30	+78 +30	+105 +30	+38 +20	+50 +20	+18 +10	+22 +10	+28 +10	+40 +10
6	10	+370 +280	+240 +150	+300 +150	+170 +80	+62 +40	+76 +40	+98 +40	+130 +40	+47 +25	+61 +25	+22 +13	+28 +13	+35 +13	+49 +13
10	14	+400 +290	+260 +150	+330 +150	+205 +95	+77 +50	+93 +50	+120 +50	+160 +50	+59 +32	+75 +32	+27 +16	+34 +16	+43 +16	+59 +16
14	18														
18	24	+430 +300	+290 +160	+370 +160	+240 +110	+98 +65	+117 +65	+149 +65	+195 +65	+73 +40	+92 +40	+33 +20	+41 +20	+53 +20	+72 +20
24	30														
30	40	+470 +310	+330 +170	+420 +170	+280 +170	+119 +80	+142 +80	+180 +80	+240 +80	+89 +50	+112 +50	+41 +25	+50 +25	+64 +25	+87 +25
40	50	+480 +320	+340 +180	+430 +180	+290 +130										
50	65	+530 +340	+380 +190	+490 +190	+330 +140	+146 +100	+170 +100	+220 +100	+290 +100	+106 +60	+134 +60	+49 +30	+60 +30	+76 +30	+104 +30
65	80	+550 +360	+390 +200	+500 +200	+340 +150										
80	100	+600 +380	+440 +220	+570 +220	+390 +170	+174 +120	+207 +120	+260 +120	+340 +120	+126 +72	+159 +72	+58 +36	+71 +36	+90 +36	+123 +36
100	120	+630 +410	+460 +240	+590 +240	+400 +180										
120	140	+710 +460	+510 +260	+660 +260	+450 +200	+208 +145	+245 +145	+305 +145	+245 +145	+148 +85	+185 +85	+68 +43	+83 +43	+106 +43	+143 +43
140	160	+770 +520	+530 +280	+680 +280	+460 +210										
160	180	+830 +580	+560 +310	+710 +310	+480 +230										
180	200	+950 +660	+630 +340	+800 +340	+530 +240	+242 +170	+285 +170	+355 +170	+285 +170	+172 +100	+215 +100	+79 +50	+96 +50	+122 +50	+165 +50
200	225	+1030 +740	+670 +380	+840 +380	+550 +260										
225	250	+1110 +820	+710 +420	+880 +420	+570 +280										
250	280	+1240 +920	+800 +480	+1000 +480	+620 +300	+271 +190	+320 +190	+400 +190	+320 +190	+191 +110	+240 +110	+88 +56	+108 +56	+137 +56	+186 +56
280	315	+1370 1050	+860 +540	+1060 +540	+650 +330										
315	355	+1560 +1200	+960 +600	+1170 +600	+720 +360	+299 +210	+350 +210	+440 +210	+350 +210	+214 +125	+265 +125	+98 +62	+119 +62	+151 +62	+202 +62
355	400	+1710 +1350	+1040 +680	+1250 +680	+760 +400										
400	450	+1900 +1500	+1160 +760	+1390 +760	+840 +440	+327 +230	+385 +230	+480 +230	+385 +230	+232 +135	+290 +135	+108 +68	+131 +68	+165 +68	+223 +68
450	500	+2050 +1650	+1240 +840	+1470 +840	+880 +480										

（续）

基本尺寸/mm		常用及优先公差带(带圈者为优先公差带)/μm														
		G		H							JS			K		
大于	至	6	⑦	6	⑦	⑧	⑨	10	11	12	6	7	8	6	⑦	8
—	3	+8 +2	+12 +2	+6 0	+10 0	+14 0	+25 0	+40 0	+60 0		±3	±5	±7	0 −6	0 −10	0 −14
3	6	+12 +4	+16 +4	+8 +0	+12 +0	+18 +0	+30 +0	+48 +0	+75 +0		±4	±6	±9	+2 −6	+3 −9	+5 −13
6	10	+14 +5	+20 +5	+9 +0	+15 +0	+22 +0	+36 +0	+58 +0	+90 +0		±4.5	±7	±11	+2 −7	+5 −10	+6 −16
10	14	+17 +6	+24 +6	+11 +0	+18 +0	+27 +0	+43 +0	+70 +0	+110 +0		±5.5	±9	±13	+2 −9	+6 −12	+8 −19
14	18															
18	24	+20 +7	+28 +7	+13 +0	+21 +0	+33 +0	+52 +0	+84 +0	+130 +0		±6.5	±10	±16	+2 −11	+6 −15	+10 −23
24	30															
30	40	+25 +9	+34 +9	+16 0	+25 0	+39 0	+62 0	+100 0	+160 0	+250 0	±8	±12	±19	+3 −13	+7 −18	+12 −27
40	50															
50	65	+29 +10	+40 +10	+19 0	+30 0	+46 0	+74 0	+120 0	+190 0	+300 0	±9.5	±15	±23	+4 −15	+9 −21	+14 −32
65	80															
80	100	+34 +12	+47 +12	+22 0	+35 0	+54 0	+87 0	+140 0	+220 0	+350 0	±11	±17	±27	+4 −18	+10 −25	+16 −38
100	120															
120	140	+39 +14	+54 +14	+25 0	+40 0	+63 0	+100 0	+160 0	+250 0	+400 0	±12.5	±20	±31	+4 −21	+12 −28	+20 −43
140	160															
160	180															
180	200	+44 +15	+61 +15	+29 0	+46 0	+72 0	+115 0	+185 0	+290 0	+460 0	±14.5	+23	+36	+5 −24	+13 −33	+22 −50
200	225															
225	250															
250	280	+49 +17	+69 +17	+32 0	+52 0	+81 0	+130 0	+210 0	+320 0	+520 0	±16	±26	±40	+5 −27	+16 −36	+25 −56
280	315															
315	355	+54 +18	+75 +18	+36 0	+57 0	+89 0	+140 0	+230 0	+360 0	+570 0	±18	±28	±44	+7 −29	+17 −40	+28 −61
355	400															
400	450	+60 +20	+83 +20	+40 0	+63 0	+97 0	+155 0	+250 0	+400 0	+630 0	±20	±31	±48	+8 −32	+18 −45	+29 −68
450	500															

（续）

基本尺寸/mm		常用及优先公差带（带圈者为优先公差带）/μm														
		M			N			P		R		S		T		U
大于	至	6	7	8	6	⑦	8	6	⑦	6	7	6	⑦	6	7	⑦
—	3	−2 −8	−2 −12	−2 −16	−4 −10	−4 −14	−4 −18	−6 −12	−6 −16	−10 −16	−10 −20	−14 −20	−14 −24	—	—	−18 −28
3	6	−1 −9	0 −12	+2 −16	−5 −13	−4 −16	−2 −20	−9 −17	−8 −20	−12 −20	−11 −23	−16 −24	−15 −27	—	—	−19 −31
6	10	−3 −12	0 −15	+1 −21	−7 −16	−4 −19	−3 −25	−12 −21	−9 −24	−16 −25	−13 −28	−20 −29	−17 −32	—	—	−22 −37
10	14	−4 −15	0 −18	2 −25	−9 −20	−5 −23	−3 −20	−15 −26	−11 −29	−20 −31	−16 −34	−25 −36	−21 −39	—	—	−26 −44
14	18															
18	24	−4 −17	0 −21	+4 −29	−11 −24	−7 −28	−3 −36	−18 −31	−14 −35	−24 −37	−20 −41	−31 −44	−27 −48	—	—	−33 −54
24	30													−37 −50	−33 −54	−40 −61
30	40	−4 −20	0 −25	+5 −34	−12 −28	−8 −33	−3 −42	−21 −37	−17 −42	−29 −45	−25 −50	−38 −54	−34 −59	−43 −59	−39 −64	−51 −76
40	50													−49 −65	−45 −70	−61 −86
50	65	−5 −24	0 −30	+5 −41	−14 −33	−9 −39	−4 −50	−26 −45	−21 −51	−35 −54	−30 −60	−47 −66	−42 −72	−60 −79	−55 −85	−76 −106
65	80									−37 −56	−32 −62	−53 −72	−48 −78	−69 −88	−64 −94	−91 −121
80	100	−6 −28	0 −35	+6 −48	−16 −38	−10 −45	−4 −58	−30 −52	−24 −59	−44 −66	−38 −73	−64 −86	−58 −93	−84 −106	−78 −113	−111 −146
100	120									−47 −69	−41 −76	−72 −94	−66 −101	−97 −119	−91 −126	−131 −166
120	140	−8 −33	0 −40	+8 −55	−20 −45	−12 −52	−4 −67	−36 −61	−28 −68	−56 −81	−48 −88	−85 −110	−77 −117	−115 −140	−107 −147	−155 −195
140	160									−58 −83	−50 −90	−93 −118	−85 −125	−127 −152	−119 −159	−175 −215
160	180									−61 −86	−53 −93	−101 −126	−93 −133	−139 −164	−131 −171	−195 −235
180	200	−8 −37	0 −46	+9 −63	−22 −51	−14 −60	−5 −77	−41 −70	−33 −79	−68 −97	−60 −106	−113 −142	−105 −151	−157 −186	−149 −195	−219 −265
200	225									−71 −100	−68 −109	−121 −150	−113 −159	−171 −200	−163 −209	−241 −287
225	250									−75 −104	−67 −113	−131 −160	−123 −169	−187 −216	−179 −225	−267 −313
250	280	−9 −41	0 −52	+9 −72	−25 −57	−14 −66	−5 −86	−47 −79	−36 −88	−85 −117	−74 −126	−149 −181	−138 −190	−209 −241	−198 −250	−295 −347
280	315									−89 −121	−78 −130	−161 −193	−150 −202	−231 −263	−220 −272	−330 −382
315	355	−10 −46	0 −57	+11 −78	−26 −62	−16 −73	−5 −94	−51 −87	−41 −98	−97 −133	−87 −144	−179 −215	−169 −226	−257 −293	−247 −304	−369 −426
355	400									−103 −139	−93 −150	−197 −233	−187 −244	−283 −319	−273 −330	−414 −471
400	450	−10 −50	0 −63	+11 −86	−27 −67	−17 −80	−6 −103	−55 −95	−45 −108	−113 −153	−103 −166	−219 −259	−209 −272	−317 −357	−307 −370	−467 −530
450	500									−119 −159	−109 −172	−239 −279	−229 −292	−347 −387	−337 −400	−517 −580

表 A-3 基本尺寸 1~500mm 基孔制配合的轴和基轴制配合的孔新、旧国标对照

基孔制的轴						基轴制的孔					
间隙配合			过渡配合			间隙配合			过渡配合		
旧国标	新国标	备注	旧国标	新国标	备注	旧国标	新国标	备注	旧国标	新国标	备注
d1	h5		ga1	n5	p5①	D1	H6		Ga1	N6	
db1	g5	g6①	gb1	m5	n5①	Db1	G6		Gb1	M6	
dc1	f5,f6	②	gc1	k5	m4①	Dc1	F7		Gc1	K6	
d	h6		gd1	j5,js5	②	D	H7		Gd1	J6,JS6	②
db	g6		ga	n6	p6①	Db	G7		Ga	N7	
dc	f7		gb	m6	n6①	Dc	F8	②	Gb	M7	K7①
dd	e8		gc	k6		Db	GE,E9	②	Gc	K7	JS7①
de	d8		gd	js6		Dc	D8,D9		Gd	J7	
df	c8		ga3	n7	p7①	D3	H8	③	Ga3	N8	
d3	h7		gb3	m7		D4	H8,H9		Gb3	M8	
dc3	f8	③	gc3	k7		Dc4	F9	③	Gc3	K8	
d4	h8,h9		gd3	j7,js7	②	De4	D9,D10		Gd3	J8	
dc4	f9	③	过盈配合			D5	H10		过盈配合		
de4	d9,d10		旧国标	新国标	备注	D6	H11		旧国标	新国标	备注
d5	h10					Dc6	D11	②			
d6	h11		jb1	s5	s6①	Dd6	B11,C11	②	Jd	U7,S7	②
dc6	d11		jc1	r5	r6①	De6	A11,C11	③	Je	R7,R8	②
dd6	b11,c10,c11	②	jd	s7,u5,u6	②	D7	H12,H13	④	Jb3	U8	
de6	a11,b11	②	je	r6,s6	②	Dc7					
d7	h12,h13	③	jf	r6							
dc7	b12,c12~c13	②	jb3	u8							
			jc3	s7							

注：① 仅 1~3mm 尺寸分段使用。
② 不同尺寸段分别与不同的新国标符号相近似。
③ 介乎两者之间。
④ 没有适当的相近的符号。

表 A-4 基本尺寸 1 至 500mm 标准公差

（单位：μm）

基本尺寸/mm	等级																			
	IT01	IT0	IT1	IT2	IT3	IT4	IT5	IT6	IT7	IT8	IT9	IT10	IT11	IT12	IT13	IT14	IT15	IT16	IT17	IT18
≥3	0.3	0.5	0.8	1.2	2	3	4	6	10	14	25	40	60	100	140	250	400	600	1000	1400
>3~6	0.4	0.6	1	1.5	2.5	4	5	8	12	18	30	48	75	120	180	300	480	750	1200	1800
>6~10	0.4	0.6	1	1.5	2.5	4	6	9	15	22	36	58	90	150	220	360	580	900	1500	2200
>10~18	0.5	0.8	1.2	2	3	5	8	11	18	27	43	70	110	180	270	430	700	1100	1800	2700
>18~30	0.6	1	1.5	2.5	4	6	9	13	21	33	52	84	130	210	330	520	840	1300	2100	3300
>30~50	0.6	1	1.5	2.5	4	7	11	16	25	39	62	100	160	250	390	620	1000	1600	2500	3900
>50~80	0.8	1.2	2	3	5	8	13	19	30	46	74	120	190	300	460	740	1200	1900	3000	4600
>80~120	1	1.5	2.5	4	6	10	15	22	35	54	87	140	220	350	540	870	1400	2200	3500	5400
>120~180	1.2	2	3.5	5	8	12	18	25	40	63	100	160	250	400	630	100	1600	2500	4000	6300
>180~250	2	3	4.5	7	10	14	20	29	46	72	115	185	290	460	720	1150	1850	2900	4600	7200
>250~315	2.5	4	6	8	12	16	23	32	52	81	130	210	320	520	810	1300	2100	3200	5200	8100
>315~400	3	5	7	9	13	18	25	36	57	89	140	230	360	570	890	1400	2300	3600	5700	8900
>400~500	4	6	8	10	15	20	27	40	63	97	155	250	400	630	970	1550	2500	4000	6300	9700

附录 B　金属材料与热处理

表 B-1　常用金属材料

标准	名称	牌号	应用举例	说　明
GB/T 700—2006	普通碳素钢	Q215（A2、A2F）	金属结构；构件、拉杆、套圈、铆钉、螺栓、短轴、心轴、凸轮（荷重不大的）、吊钩、垫圈；渗碳零件及焊接件	Q 表示普通碳素钢 215、235 表示抗拉强度括号内表示对应的旧牌号
		Q235（A3）	金属结构构件，心部强度要求不高的渗碳或氰化零件吊钩、拉杆、车钩、套圈、气缸、齿轮、螺栓、螺母、连杆、轮轴、楔、盖及焊接件	
GB/T 699—2015	优质碳素钢	10	这种钢的屈服点和抗拉强度比值较低，塑性和韧性均高，在冷状态下，容易模压成形。一般用于拉杆、卡头、钢管、垫片、垫圈、铆钉。这种钢焊接性甚好	牌号的两位数字表示平均碳含量，45 钢即表示平均 w(C)为 0.45% 锰含量较高的钢，须加注化学元素符号“Mn” w(C)≤0.25%的钢是低碳钢（渗碳钢） w(C)在 0.25%～0.60%之间的碳钢是中碳钢（调质钢） w(C)>0.60%的碳钢是高碳钢
		15	塑性、韧性、焊接性和冷冲性均良好，但强度较低。用于制造受力不大，韧性要求较高的零件、紧固件、冲模锻件及不要求热处理的低负荷零件，如螺栓、螺钉、拉条、法兰盘及化工贮器、蒸汽锅炉等	
		35	具有良好的强度和韧性，用于制造曲轴、转轴、轴销、杠杆、连杆、横梁、星轮、圆盘、套筒、钩环、垫圈、螺钉、螺母等。一般不作焊接用	
		45	用于强度要求较高的零件，如汽轮机的叶片、压缩机、泵的零件等	
		60	这种钢的强度和弹性相当高，用于制造轧辊、轴、弹簧圈、弹簧、离合器、凸轮、钢绳等	
		15Mn	它的性能与 15 钢相似，但其淬透性、强度和塑性比 15 钢都高些。用于制造中心部分的力学性能要求较高且需渗碳的零件。这种钢焊接性好	
		65Mn	强度高，淬透性较好，脱碳倾向小，但有过热敏感性，易产生淬火裂纹，并有回火脆性。适宜作大尺寸的各种扁、圆弹簧，如座板簧、弹簧发条	
GB/T 1221—2007	耐热钢	13Cr18Ni9Ti	用于化工设备的各种锻件，航空发动机排气系统的喷管及集合器等零件	耐酸，在 600℃以下耐热 1000℃以下不起皮
GB/T 5613—2014	铸钢	ZG310-570	各种形状的机件，如联轴器、轮、气缸、齿轮、齿轮圈及重负荷机架等	“ZG”是铸钢的代号 310 表示屈服强度最低值 570 表示抗拉强度最低值
GB/T 9439—2010	灰铸铁	HT150	用于制造端盖、汽轮泵体、轴承座、阀壳、管子及管路附件、手轮；一般机床底座、床身、滑座、工作台等	“HT”为灰铸铁的代号，后面的数字代表抗拉强度，如 HT200 表示抗拉强度为 200N/mm^2 的灰铸铁
		HT200	用于制造气缸、齿轮、底架、机体、飞轮、齿条、衬筒；一般机床铸有导轨的床身及中等压力的液压筒、液压泵和阀体等	

（续）

标准	名称	牌号	应用举例	说明
GB/T 1348—2009	球墨铸铁	QT500-1.5 QT450-5 QT400-17	具有较高的强度和塑性。广泛用于机械制造业中受磨损和冲击的零件，如曲轴（一般用 QT500-1.5）、齿轮（一般用 QT450-5）、气缸套、活塞环、摩擦片、中低压阀门、千斤顶座、轴承座等	"QT"是球墨铸铁的代号，后面的数字表示强度和伸长率的大小，如 QT500-1.5 即表示球墨铸铁的抗拉强度为 500N/mm²；伸长率为 1.5%
GB/T 9440—2010	可锻铸铁	KTH300-06	用于受冲击、振动等零件、如汽车零件、农机零件、机床零件以及管道配件等	"KTH""KTB"和"KTZ"分别是黑心、白心、珠光体可锻铸铁的代号，它们后面的数字分别代表抗拉强度和伸长率
		KTB350-04 KTZ500-04	韧性较低，强度大，耐磨性好，加工性良好，可用于要求较高强度和耐磨性的重要零件，如曲轴、连杆、齿轮、凸轮轴等	

表 B-2 热处理名词解释

名词	代号	说明	目的	适用范围
退火	5111	加热到临界温度以上，保温一定时间，然后缓慢冷却（例如在炉中冷却）	（1）消除在前一工序（锻造、冷拉等）中所产生的内应力 （2）降低硬度，改善加工性能 （3）增加塑性和韧性 （4）使材料的成分或组织均匀，为以后的热处理作准备	完全退火适用于 w(C) 0.8%以下的铸、锻、焊、件；为消除内应力的退火主要用于铸件和焊件
正火	5121	加热到临界温度以上，保温一定时间，再在空气中冷却	（1）细化晶粒 （2）与退火后相比，强度略有增高，并能改善低碳钢的切削加工性能	用于低、中碳钢。对低碳钢常用以代替退火
淬火	5131	加热到临界温度以上，保温一定时间，再在冷却剂（水、油或盐水）中急速地冷却	（1）提高硬度及强度 （2）提高耐磨性	用于中、高碳钢，淬火后钢件必须回火
回火	5141	经淬火后再加热到临界温度以下的某一温度，在该温度停留一定时间，然后在水、油或空气中冷却	（1）消除淬火时产生的内应力 （2）增加韧性，降低硬度	高碳钢制作的工具、量具、刃具用低温（150～250℃）回火，弹簧用中温（270～450℃）回火
调质	5151	在 450～650℃ 进行高温回火称"调质"	可以完全消除内应力，并获得较高的力学性能	用于重要的轴、齿轮，以及丝杆等零件
表面淬火	5210	用火焰或高频电流将零件表面迅速加热至临界温度以上，急速冷却	使零件表面获得高硬度，而心部保持一定的韧性，使零件既耐磨又能承受冲击	用于重要的齿轮以及曲轴、活塞、销等
渗碳	5310	在渗碳剂中加热到 900～950℃，停留一定时间，将碳渗入钢表面，深度约 0.5～2mm，再淬火后回火	增加零件表面的硬度和耐磨性，提高材料的疲劳强度	适用于 w(C)为 0.06%～0.25%的低碳钢及低碳合金钢
渗氮	5330	使工作表面渗入氮元素	增加表面硬度、耐磨性、疲劳强度和耐蚀性	适用于含铝、铬、钼、锰等的合金钢，例如要求耐磨的主轴、量规、样板等
时效处理	时效	（1）自然时效。在空气中长期存放半年到一年以上 （2）人工时效。加热到 500～600℃，在这个温度保持 10～20h 或更长时间	使铸件消除其内应力而稳定其形状尺寸	用于机床床身等大型铸件

（续）

名词	代号	说　　明	目　　的	适用范围
冰冷处理	冰冷	将淬火钢继续冷却至室温以下的处理方法	进一步提高硬度、耐磨性，并使其尺寸趋于稳定	用于滚动轴承的钢球、量规等
发蓝发黑	发蓝或发黑	氧化处理，用加热方法使工件表面形成一层氧化铁所组成的保护性薄膜	防腐蚀、美观	用于一般常见的紧固件
硬度	HBW（布氏硬度）	材料抵抗硬的物体压入零件表面的能力称为硬度。根据测定的方法不同，可分布氏硬度、洛氏硬度、维氏硬度、肖氏硬度等	硬度测定是为了检验材料经热处理后的力学性能——硬度	用于经退火、正火、调质的零件及铸件的硬度检查
	HRC（洛氏硬度）			用于经淬火、回火及表面化学热处理的零件硬度检查
	HV（维氏硬度）			特别适用于薄层硬化零件的硬度检查
	HS（肖氏硬度）			用于对铸铁轧辊的硬度检查

附录 C　螺纹

表 C-1　普通螺纹（摘自 GB/T 193—2003、GB/T 196—2003）　　（单位：mm）

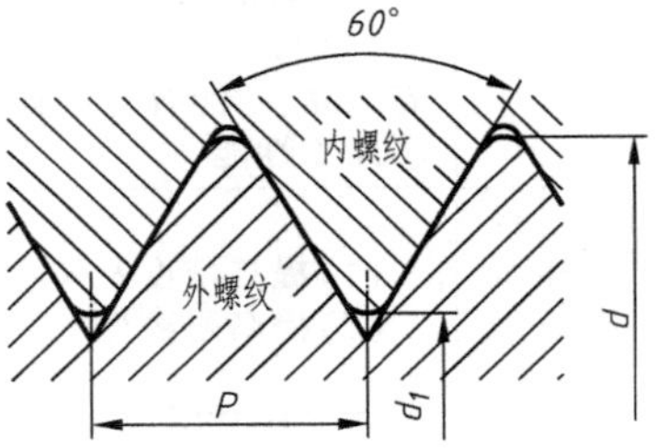

公称直径 D、d		螺距 P		粗牙小径 D_1 或 d_1	公称直径 D、d		螺距 P		粗牙小径 D_1 或 d_1
第一系列	第二系列	粗牙	细牙		第一系列	第二系列	粗牙	细牙	
3		0.5	0.35	2.459		22	2.5	2、1.5、1、(0.75)、(0.5)	19.292
	3.5	(0.6)		2.850	24		3	2、1.5、1、(0.75)	20.752
4		0.7	0.5	3.242		27	3	2、1.5、1、(0.75)	23.752
5		0.8		4.134	30		3.5	(3)、2、1.5、1、(0.75)	26.211
6		1	0.75、(0.5)	4.918		33	3.5	(3)、2、1.5、(1)、(0.75)	29.211
8		1.25	1、0.75、(0.5)	6.647	36		4	3、2、1.5、(1)	31.670
10		1.5	1.25、1、0.75、(0.5)	8.376		39	4		34.670
12		1.75	1.5、1.25、1、(0.75)、(0.5)	10.106	42		4.5	(4)、3、2、1.5、(1)	37.129
	14	2	1.5、(1.25)、1、(0.75)、(0.5)	11.836		45	4.5		40.129
16		2	1.5、1、(0.75)、(0.5)	13.835	48		5		42.587
	18	2.5	2、1.5、1、(0.75)、(0.5)	15.294		52	5		46.587
20		2.5		17.294	56		5.5	4、3、2、1.5、(1)	50.046

注：1. 优先选用第一系列，括号内尺寸尽可能不用。
2. 第三系列未列入。

表 C-2　梯形螺纹（摘自 GB/T 5796.2—2005，GB/T 5796.3—2005）（单位：mm）

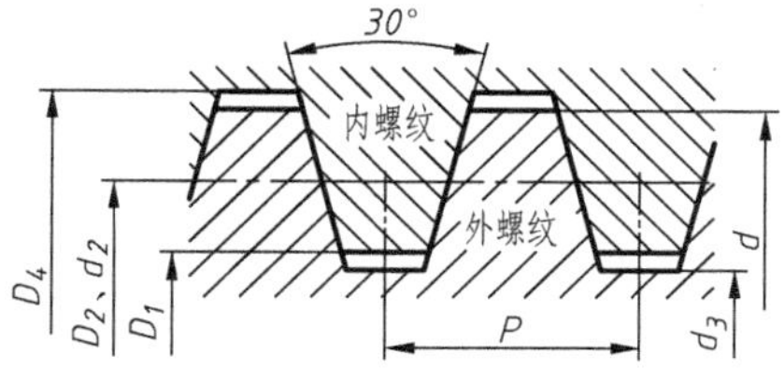

代号示例

公称直径 40mm，导程 14mm，螺距为 7mm 的双线左旋梯形螺纹：

Tr40×14(P7) LH

公称直径 d		螺距	中径	大径	小径		公称直径 d		螺距	中径	大径	小径	
第一系列	第二系列	P	$d_2=D_2$	D_4	d_3	D_1	第一系列	第二系列	P	$d_2=D_2$	D_4	d_3	D_1
12		2	11.00	12.50	9.50	10.00	20		2	19.00	20.50	17.50	18.00
		3	10.50	12.50	8.50	9.00			4	18.00	20.50	15.50	16.00
	14	2	13.00	14.50	11.50	12.00		22	3	20.50	22.50	18.50	19.00
		3	12.50	14.50	10.50	11.00			5	19.50	22.50	16.50	17.00
16		2	15.00	16.50	13.50	14.00			8	18.00	23.00	13.00	14.00
		4	14.00	16.50	11.50	12.00			3	22.50	24.50	20.50	21.00
	18	2	17.00	18.50	15.50	16.00			5	21.50	24.50	18.50	19.00
		4	16.00	18.50	13.50	14.00			8	20.00	25.00	15.00	16.00

表 C-3　管螺纹

55°密封管螺纹：1）圆锥外螺纹与圆柱内螺纹（GB/T 7306.1—2000）
2）圆锥外螺纹与圆锥内螺纹（GB/T 7306.2—2000）

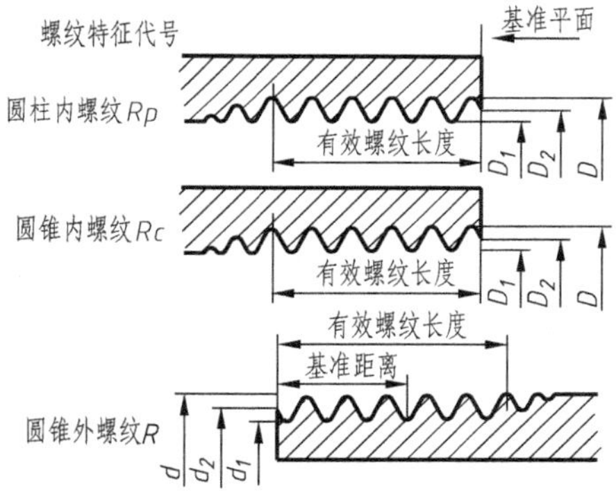

55°非密封管螺纹（GB/T 7307—2001）

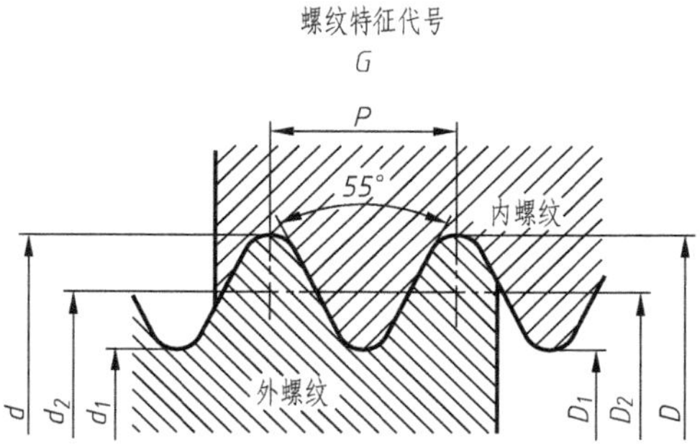

尺寸代号	每 25.4mm 内的牙数 n	螺距 P mm	牙高 h mm	圆弧半径 r≈ mm	基本直径 mm			基准距离 mm	有效螺纹长度 mm
					大径 $d=D$	中径 $d_2=D_2$	小径 $d_1=D_1$		
1/16	28	0.907	0.581	0.125	7.723	7.412	6.561	4.0	6.5
1/8	28	0.907	0.581	0.125	9.728	9.147	8.566	4.0	6.5
1/4	19	1.337	0.856	0.184	13.157	12.301	11.445	6.0	9.7
3/8	19	1.337	0.856	0.184	16.662	15.806	14.950	6.4	10.1
1/2	14	1.814	1.162	0.249	20.955	19.793	18.631	8.2	13.2
5/8*	14	1.814	1.162	0.249	22.911	21.749	20.587		
3/4	14	1.814	1.162	0.249	26.441	25.297	24.117	9.5	14.5
7/8*	14	1.814	1.162	0.249	30.201	29.039	27.877		
1	11	2.309	1.479	0.317	33.249	31.770	30.291	10.4	16.8
11/8*	11	2.309	1.479	0.317	37.897	36.418	34.939		
11/4	11	2.309	1.479	0.317	41.910	40.431	38.952	12.7	19.1
11/2	11	2.309	1.497	0.317	47.803	46.324	44.845	12.7	19.1

注：1. 尺寸代号有“*”者，仅有非螺纹密封的管螺纹。
2. 用螺纹密封的管螺纹的“基本直径”为基准平面上的基本直径。
3. “基准距离”“有效螺纹长度”均为用螺纹密封的管螺纹的参数。

附录 D　常用标准件

表 D-1　螺栓　　　　（单位：mm）

六角头螺栓—A 和 B 级（GB/T 5782—2016）　　六角头螺栓—全螺栓—A 和 B 级（GB/T 5783—2016）

（代替 GB30-76，GB21-76）

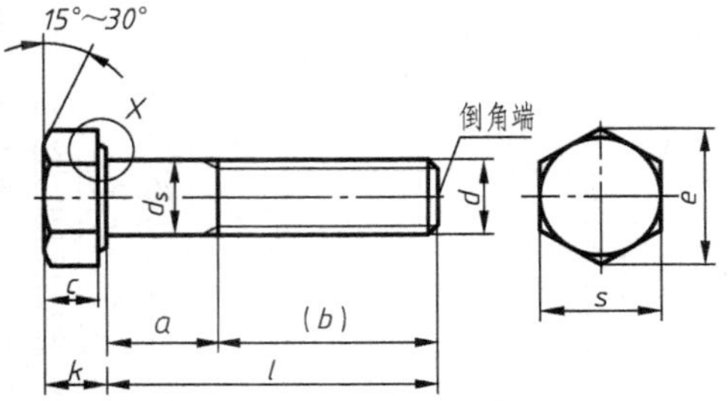

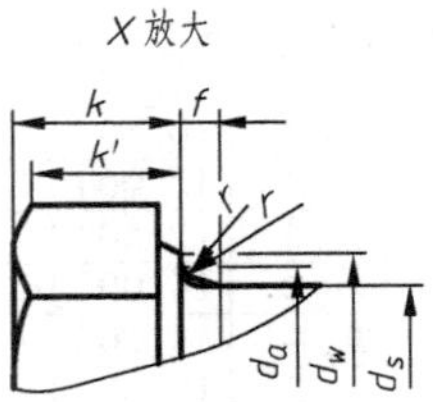

产品等级：

A 级用于 $d \leqslant 24$mm 和 $l \leqslant 10d$ 或 $l \leqslant 150$mm（按较小值）

B 级用于 $d > 24$mm 和 $l > 10d$ 或 $l > 1500$mm（按较小值）

标记示例：

螺纹规格 d=M12，公称长度 l=80mm、性能等级为 8.8 级、表面氧化、A 级的六角螺栓：

螺栓　GB/T 5782—2016　M12×80

条件和以上相同的全螺纹、A 级的六角螺栓的标记为：

螺栓 GB/T 5783—2016　M12×80

螺纹规格		M3	M4	M5	M6	M8	M10	M12	M16	M20	M24	M30
$b_{参考}$	$l \leqslant 125$	12	14	16	18	22	26	30	38	46	54	66
	$125 < l \leqslant 200$	—	—	—	—	28	32	36	44	52	60	72
	$l > 200$	—	—	—	—	—	—	—	57	65	73	85
a(max)全螺纹		1.5	2.1	2.4	3	3.75	4.5	5.25	6	7.5	9	10.5
c(max)		0.4	0.4	0.5	0.5	0.6	0.6	0.6	0.8	0.8	0.8	0.8
d_w(min)	A	4.6	5.9	6.9	8.9	11.6	14.6	16.6	22.5	28.2	33.6	43.7
	B	—	—	6.7	8.7	11.4	14.4	16.4	22	27.7	33.2	
k(公称)		2	2.8	3.5	4	5.3	6.4	7.6	10	12.5	15	18.7
e(min)	A	6.07	7.66	8.79	11.05	14.38	17.77	20.03	26.75	33.53	39.98	—
	B	—	—	8.63	10.89	14.20	17.59	19.85	26.17	32.95	39.55	50.85
s(max=公称)		5.5	7	8	10	13	16	18	24	30	36	46
l(公称)	GB/T 5782—2016	20~30	25~40	25~50	30~60	35~80	40~100	45~120	55~160	70~200	80~240	90~300
	GB/T 5783—2016	6~30	8~40	10~50	12~60	16~80	20~100	25~100	35~100	40~100	40~100	40~100

注：1. 长度 l 的系列为：6、8、10、12、16、20~70（5 进位）、80~160（10 进位）、180~300（20 进位）。

2. 此表经简化，删去了与画图关系不大的尺寸。

表 D-2 双头螺柱 $b_m=1d$（GB/T 897—1988） $b_m=1.25d$（GB/T 898—1988）
$b_m=1.5d$（GB/T 899—1988） $b_m=2d$（GB/T 900—1988）

（单位：mm）

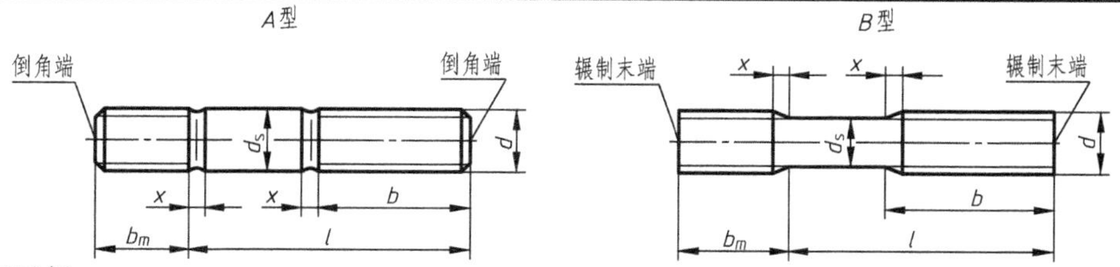

标记示例：

两端均为粗牙普通螺纹，$d=10$mm、$l=50$mm、性能等级为 4.8 级、不经热处理及表面处理、B 型、$b_m=1d$ 的双头螺柱；

螺柱 GB/T 897—1988 M10×50

旋入机体一端为粗牙普通螺纹，旋入螺母一端为螺距 $P=1$mm 的细牙螺纹，$d=10$mm、$l=50$mm，性能等级为 4.8 级，不经表面处理，A 型、$b_m=1d$ 的双头螺柱：

螺柱 GB/T 897—1988 AM10-M10×1×50

两端均为粗牙普通螺纹，$d=10$mm，$l=50$mm，性能等级为 4.8 级，不经表面处理、B 型、$b_m=1.25d$ 的双头螺柱；

螺柱 GB/T 898—1988 M10×50

螺纹规格 d	b_m（公称）		d_s		x（max）	b	l（公称）
	GB/T 897—1988	GB/T 898—1988	max	min			
M5	5	6	5	4.7	1.5P	10	16~20
						16	25~50
M6	6	8	6	5.7		10	20,(22)
						14	25,(28),30
						18	35~70
M8	8	10	8	7.64		12	20
						16	25,(28),30
						22	35~90
M10	10	12	10	9.64		14	25,(28)
						16	30,(32),35
						26	40~120
						32	130
M12	12	15	12	11.57		16	25,30
						20	35,40
						30	45~120
						36	130~180
M16	16	20	16	15.57		20	30,(32),35
						30	40~50
						38	60~120
						44	130~180
M20	20	25	20	19.48		25	35,40
						35	45~60
						46	70,120
						52	130~200

注：1. P 表示螺距。

2. l 的长度系列：16，(18)，20，(22)，25，(28)，30，(32)，35，(38)，40，45，50，(55)，60，(65)，70，(75)，80，(85)，90，(95)，100~200（10 进位）。括号内的数值尽可能不用。

表 D-3　螺钉

（单位：mm）

开槽圆柱头螺钉（GB/T 65—2016）

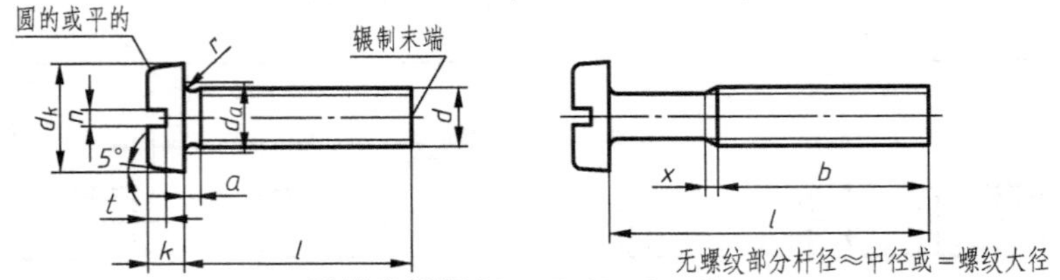

开槽盘螺钉（GB/T 67—2016）

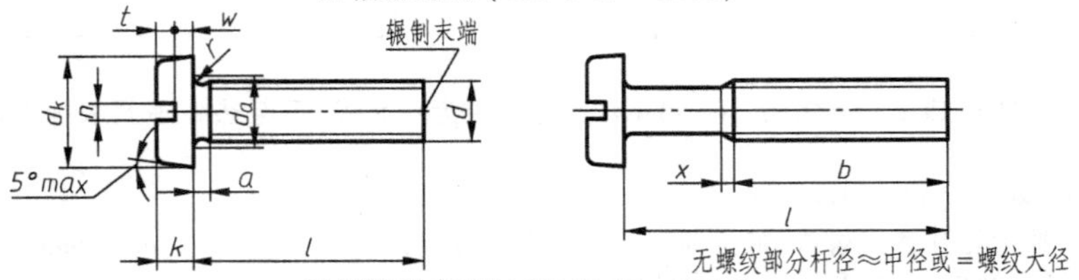

开槽沉头螺钉（GB/T 68—2016）

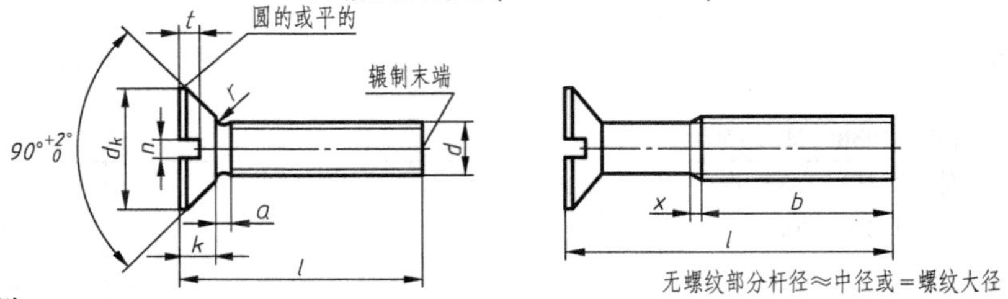

标记示例：
螺纹规格 d=M5，公称长度 l=20mm，性能等级为 4.8 级，不经表面处理的开槽圆柱头螺钉标记为：
螺钉　GB/T 65—2016　M5×20

<table>
<tr><td colspan="3">d</td><td>M1.6</td><td>M2</td><td>M2.5</td><td>M3</td><td>M4</td><td>M5</td><td>M6</td><td>M8</td><td>M10</td></tr>
<tr><td colspan="2" rowspan="2">P</td><td>GB/T 65—2016</td><td>—</td><td>—</td><td>—</td><td>—</td><td rowspan="2">0.7</td><td rowspan="2">0.8</td><td rowspan="2">1</td><td rowspan="2">1.25</td><td rowspan="2">1.5</td></tr>
<tr><td>GB/T 67—2016、GB/T 68—2016</td><td>0.35</td><td>0.4</td><td>0.45</td><td>0.5</td></tr>
<tr><td rowspan="2">b</td><td rowspan="2">min</td><td>GB/T 65—2016</td><td>—</td><td>—</td><td>—</td><td>—</td><td rowspan="2">38</td><td rowspan="2">38</td><td rowspan="2">38</td><td rowspan="2">38</td><td rowspan="2">38</td></tr>
<tr><td>GB/T 67—2016、GB/T 68—2016</td><td>25</td><td>25</td><td>25</td><td>25</td></tr>
<tr><td rowspan="3">d_k</td><td rowspan="3">max</td><td>GB/T 65—2016</td><td>—</td><td>—</td><td>—</td><td>—</td><td>7</td><td>8.5</td><td>10</td><td>13</td><td>16</td></tr>
<tr><td>GB/T 67—2016</td><td>3.2</td><td>4</td><td>5</td><td>5.6</td><td>8</td><td>9.5</td><td>12</td><td>16</td><td>20</td></tr>
<tr><td>GB/T 68—2016</td><td>3.6</td><td>4.4</td><td>5.5</td><td>6.3</td><td>9.4</td><td>10.4</td><td>12.6</td><td>17.3</td><td>20</td></tr>
<tr><td rowspan="3">k</td><td rowspan="3">min</td><td>GB/T 65—2016</td><td>—</td><td>—</td><td>—</td><td>—</td><td>2.6</td><td>3.3</td><td>3.9</td><td>5</td><td>6</td></tr>
<tr><td>GB/T 67—2016</td><td>1</td><td>1.3</td><td>1.5</td><td>1.8</td><td>2.4</td><td>3</td><td>3.6</td><td>4.8</td><td>6</td></tr>
<tr><td>GB/T 68—2016</td><td>1</td><td>1.2</td><td>1.5</td><td>1.65</td><td>2.7</td><td>2.7</td><td>3.3</td><td>4.65</td><td>5</td></tr>
<tr><td rowspan="2">n</td><td rowspan="2">公称</td><td>GB/T 65—2016</td><td>—</td><td>—</td><td>—</td><td>—</td><td rowspan="2">2</td><td rowspan="2">1.2</td><td rowspan="2">1.6</td><td rowspan="2">2</td><td rowspan="2">2.5</td></tr>
<tr><td>GB/T 67—2016、GB/T 68—2016</td><td>0.4</td><td>0.5</td><td>0.6</td><td>0.8</td></tr>
<tr><td rowspan="3">r</td><td rowspan="2">min</td><td>GB/T 65—2016</td><td>—</td><td>—</td><td>—</td><td>—</td><td rowspan="2">2</td><td rowspan="2">0.2</td><td rowspan="2">0.25</td><td rowspan="2">0.4</td><td rowspan="2">0.4</td></tr>
<tr><td>GB/T 67—2016</td><td>0.1</td><td>0.1</td><td>0.1</td><td>0.1</td></tr>
<tr><td>max</td><td>GB/T 68—2016</td><td>0.4</td><td>0.5</td><td>0.6</td><td>0.8</td><td>1</td><td>1.3</td><td>1.5</td><td>2</td><td>2.5</td></tr>
<tr><td rowspan="3">t</td><td rowspan="3">min</td><td>GB/T 65—2016</td><td>—</td><td>—</td><td>—</td><td>—</td><td>1.1</td><td>1.3</td><td>1.6</td><td>2</td><td>2.4</td></tr>
<tr><td>GB/T 67—2016</td><td>0.35</td><td>0.5</td><td>0.6</td><td>0.7</td><td>1</td><td>1.2</td><td>1.4</td><td>1.9</td><td>2.4</td></tr>
<tr><td>GB/T 68—2016</td><td>0.32</td><td>0.4</td><td>0.5</td><td>0.6</td><td>1</td><td>1.1</td><td>1.2</td><td>1.8</td><td>2</td></tr>
<tr><td rowspan="7">l（公称）</td><td rowspan="3">商品规格范围</td><td>GB/T 65—2016</td><td>—</td><td>—</td><td>—</td><td>—</td><td rowspan="2">5~40</td><td rowspan="2">6~50</td><td rowspan="3">8~60</td><td rowspan="3">10~80</td><td rowspan="3">12~80</td></tr>
<tr><td>GB/T 67—2016</td><td colspan="4">2~16、2.5~20、3~25、4~30</td></tr>
<tr><td>GB/T 68—2016</td><td colspan="4">2.5~16、3~20、4~25、5~30</td><td>6~40</td><td>8~40</td></tr>
<tr><td rowspan="3">全螺纹范围</td><td>GB/T 65—2016</td><td colspan="4">—</td><td colspan="5" rowspan="2">$l\leq 40$</td></tr>
<tr><td>GB/T 67—2016</td><td colspan="4" rowspan="2">$l\leq 30$</td></tr>
<tr><td>GB/T 68—2016</td><td colspan="5">$l\leq 45$</td></tr>
<tr><td>系列值</td><td colspan="10">2、2.5、3、4、5、6、8、10、12、（14）、16、20、25、30、35、40、50、（55）、60、（65）、70、（75）、80</td></tr>
</table>

注：1. 无螺纹部分杆径≈中径或螺纹大径。
2. l 系列值中，尽可能不采用括号内的规格。

表 D-4　紧定螺钉　　（单位：mm）

开槽锥端紧定螺钉（GB/T 71—2018）

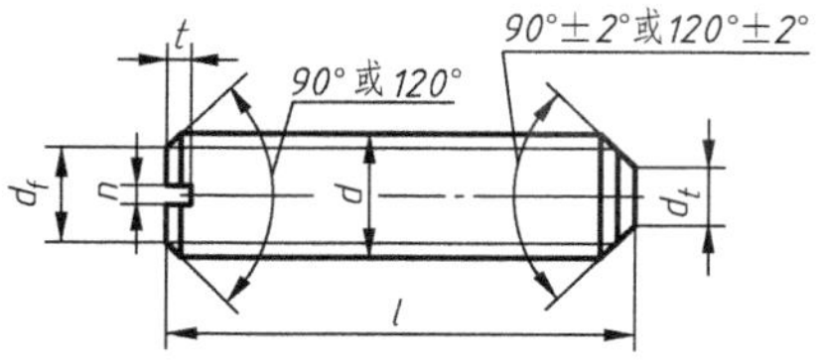

开槽平端紧定螺钉（GB/T 73—2017）

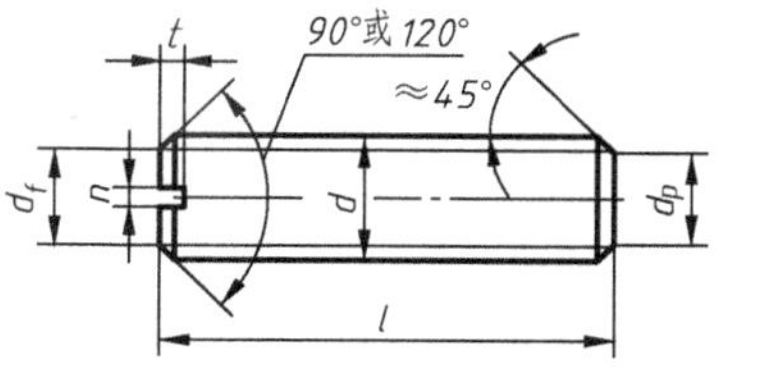

开槽凹端紧定螺钉（GB/T 74—2018）

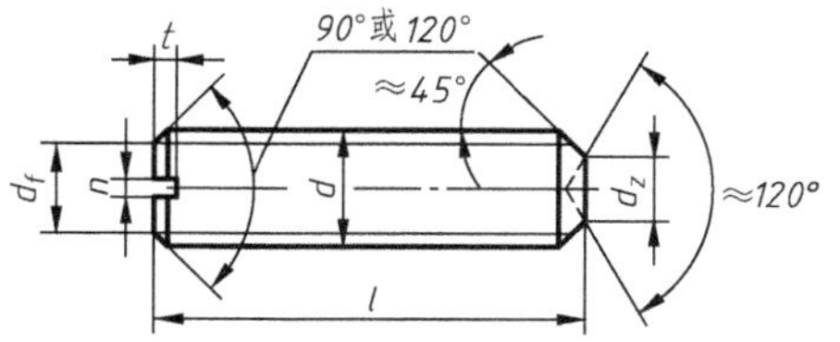

开槽圆柱紧定螺钉（GB/T 75—2018）

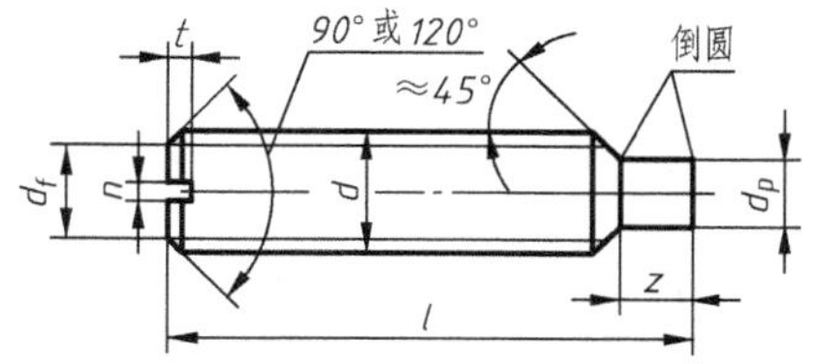

标记示例：

螺纹规格 d=M5，公称长度 l=12mm，性能等级为 14H 级，

表面氧化的开槽平端紧定螺钉：

螺钉 GB/T 73—2017　M5×12

螺纹规格　d		M1.2	M1.6	M2	M2.5	M3	M4	M5	M6	M8	M10	M12
P		0.25	0.35	0.4	0.45	0.5	0.7	0.8	1	1.25	1.5	1.75
d_f	≈	螺纹小径										
n	公称	0.2	0.25	0.25	0.4	0.4	0.6	0.8	1	1.2	1.6	2
t	min	0.4	0.56	0.64	0.72	0.8	1.12	1.28	1.6	2	2.4	2.8
	max	0.52	0.74	0.84	0.95	1.05	1.42	1.63	2	2.5	3	3.6
d_t	min	—	0.12	—	—	—	—	—	—	—	—	—
	max			0.16	0.2	0.25	0.3	0.4	0.5	2	2.5	3
d_f	min	0.35	0.558	0.75	1.25	1.75	2.25	3.2	3.7	5.2	6.64	8.14
	max	0.6	0.8	1	1.5	2	2.5	3.5	4	5.5	7	8.5
d_z	min	—	0.55	0.75	0.95	1.15	1.75	2.25	2.75	4.7	5.7	7.7
	max		0.8	1	1.2	1.4	2	2.5	3	5	6	8
z	min	—	0.8	1	1.5	1.5	2	2.5	3	4	5	6
	max		1.05	1.25	1.25	1.75	2.25	2.75	3.25	4.3	5.3	6.3
l（商品规格）	GB/T 71—2018	2~6	2~8	3~10	3~12	4~16	6~20	8~25	8~30	10~40	12~50	14~60
	GB/T 73—2017	2~6	2~8	2~10	2.5~12	3~16	4~20	5~25	6~30	8~40	10~50	12~60
	GB/T 74—2018	—	2~8	2.5~10	3~12	3~16	4~20	5~25	6~30	8~40	10~50	12~60
	GB/T 75—2018	—	2.5~8	3~10	4~12	5~16	6~20	8~25	8~30	10~40	12~50	14~60
l（系列）	公称	2,2.5,3,4,5,6,8,10,12,(14),16,20,25,30,35,40,45,50,(55),60										

注：1. 尽可能不采用括号内的规格。

2. P—螺距。

3. M5 的锥端不要求锥端有平面部分（d_1），可以倒圆。

表 D-5　六角螺母　　　　(单位：mm)

允许制造的型式

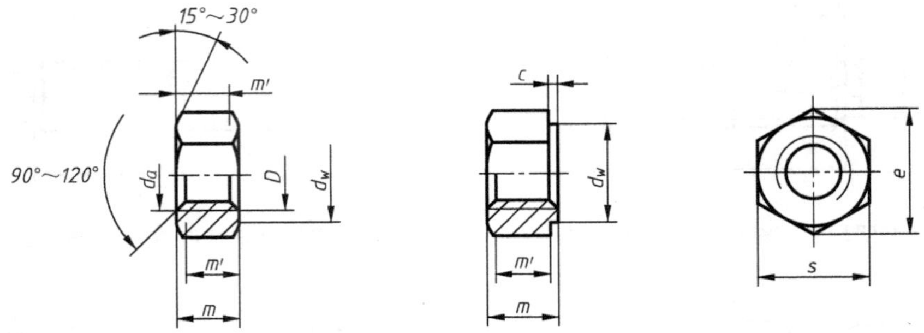

Ⅰ型六角螺母—A 和 B 级(GB/T 6170—2015)
六角螺母—C 级(GB/T 41—2016)

标记示例

螺纹规格 D=M12,性能等级为 5 级、不经表面处理、C 级的Ⅰ型六角螺母标记为:

螺母 GB/T 41—2016　M12

螺纹规格 D=M12,性能等级为 8 级,不经表面处理、A 级的Ⅰ型六角螺母标记为:

螺母　GB/T 6170—2015　M12

<table>
<tr><th colspan="2">D</th><th>M1.6</th><th>M2</th><th>M2.5</th><th>M3</th><th>M4</th><th>M5</th><th>M6</th><th>M8</th><th>M10</th><th>M12</th><th>M16</th><th>M20</th><th>M24</th><th>M30</th><th>M36</th></tr>
<tr><td rowspan="4">c(max)</td><td>GB/T 41—2016</td><td>—</td><td>—</td><td>—</td><td>—</td><td>—</td><td rowspan="4">0.5</td><td rowspan="4">0.5</td><td rowspan="4">0.6</td><td rowspan="4">0.6</td><td rowspan="4">0.6</td><td rowspan="4">0.8</td><td rowspan="4">0.8</td><td rowspan="4">0.8</td><td rowspan="4">0.8</td><td rowspan="4">0.8</td></tr>
<tr><td>GB/T 6170—2015</td><td>0.2</td><td>0.2</td><td>0.3</td><td rowspan="2">0.4</td><td rowspan="2">0.4</td></tr>
<tr><td>GB/T 6172.1—2016</td><td>—</td><td>—</td><td>—</td></tr>
<tr><td>GB/T 6175—2016</td><td>—</td><td>—</td><td>—</td><td>—</td><td>—</td></tr>
<tr><td rowspan="4">d_w(min)</td><td>GB/T 41—2016</td><td>—</td><td>—</td><td>—</td><td>—</td><td>—</td><td rowspan="4">6.9</td><td rowspan="4">8.9</td><td rowspan="4">11.6</td><td rowspan="4">14.6</td><td rowspan="4">16.6</td><td rowspan="4">22.5</td><td rowspan="4">27.7</td><td rowspan="4">33.2</td><td rowspan="4">42.7</td><td rowspan="4">51.1</td></tr>
<tr><td>GB/T 6170—2015</td><td>2.4</td><td>3.1</td><td>4.1</td><td rowspan="2">4.6</td><td rowspan="2">5.9</td></tr>
<tr><td>GB/T 6172.1—2016</td><td>—</td><td>—</td><td>—</td></tr>
<tr><td>GB/T 6175—2016</td><td>—</td><td>—</td><td>—</td><td>—</td><td>—</td></tr>
<tr><td rowspan="4">e(min)</td><td>GB/T 41—2016</td><td>—</td><td>—</td><td>—</td><td>—</td><td>—</td><td>8.63</td><td>10.98</td><td>14.20</td><td>17.59</td><td>19.85</td><td>26.17</td><td rowspan="4">32.95</td><td rowspan="4">39.55</td><td rowspan="4">50.85</td><td rowspan="4">60.79</td></tr>
<tr><td>GB/T 6170—2015</td><td>3.14</td><td>4.32</td><td>5.45</td><td rowspan="2">6.01</td><td rowspan="2">7.66</td><td rowspan="3">8.79</td><td rowspan="3">11.05</td><td rowspan="3">14.38</td><td rowspan="3">17.77</td><td rowspan="3">20.03</td><td rowspan="3">26.75</td></tr>
<tr><td>GB/T 6172.1—2016</td><td>—</td><td>—</td><td>—</td></tr>
<tr><td>GB/T 6175—2016</td><td>—</td><td>—</td><td>—</td><td>—</td><td>—</td></tr>
<tr><td rowspan="4">m(max)</td><td>GB/T 41—2016</td><td>—</td><td>—</td><td>—</td><td>—</td><td>—</td><td>5.6</td><td>6.1</td><td>7.9</td><td>12.2</td><td>15.9</td><td>18.7</td><td>22.3</td><td>26.4</td><td>31.5</td><td>—</td></tr>
<tr><td>GB/T 6170—2015</td><td>1.3</td><td>1.6</td><td>2</td><td>2.4</td><td>3.2</td><td>4.7</td><td>5.2</td><td>6.8</td><td>8.4</td><td>10.8</td><td>14.8</td><td>18</td><td>21.5</td><td>25.6</td><td>31</td></tr>
<tr><td>GB/T 6172.1—2016</td><td>—</td><td>—</td><td>—</td><td>1.8</td><td>2.2</td><td>2.7</td><td>3.2</td><td>4</td><td>5</td><td>6</td><td>8</td><td>10</td><td>12</td><td>15</td><td>18</td></tr>
<tr><td>GB/T 6175—2016</td><td>—</td><td>—</td><td>—</td><td>—</td><td>—</td><td>5.1</td><td>5.7</td><td>7.5</td><td>9.3</td><td>12</td><td>14.1</td><td>20.3</td><td>23.9</td><td>28.6</td><td>34.7</td></tr>
<tr><td rowspan="4">s(max)</td><td>GB/T 41—2016</td><td>—</td><td>—</td><td>—</td><td>—</td><td>—</td><td rowspan="4">8</td><td rowspan="4">10</td><td rowspan="4">13</td><td rowspan="4">16</td><td rowspan="4">18</td><td rowspan="4">24</td><td rowspan="4">30</td><td rowspan="4">36</td><td rowspan="4">46</td><td rowspan="4">55</td></tr>
<tr><td>GB/T 6170—2015</td><td>3.2</td><td>4</td><td>5</td><td>—</td><td>—</td></tr>
<tr><td>GB/T 6172.1—2016</td><td>—</td><td>—</td><td>—</td><td>5.5</td><td>5.7</td></tr>
<tr><td>GB/T 6175—2016</td><td>—</td><td>—</td><td>—</td><td>—</td><td>—</td></tr>
</table>

注：GB/T 41—2016、GB/T 6172.1—2016 无允许制造的型式。

表 D-6　垫圈　　（单位：mm）

小垫圈—A 级 GB/T 848—2002　　平垫圈—A 级 GB/T 97.1—2002　　平垫圈倒角型—A 级 GB/T 97.2—2002　　大垫圈—A 级 GB/T 96.1—2002

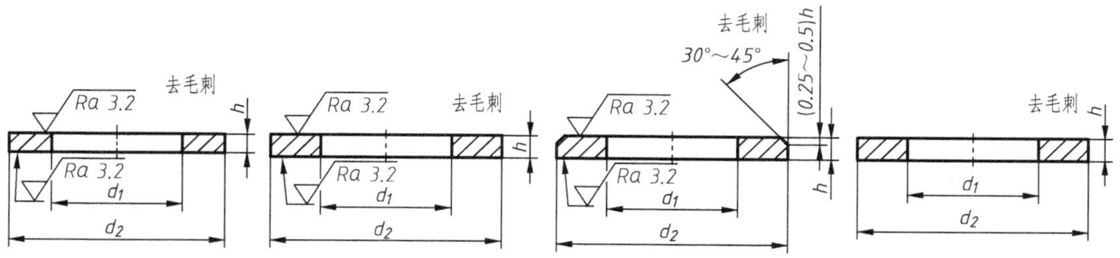

标记示例：公称尺寸 d=8mm，性能等级为 140HV 级，不经表面处理的平垫圈。

垫圈 GB/T 97.1—2002　8

其余标记相仿。

公称尺寸(螺纹规格 d)			3	4	5	6	8	10	12	14	16	20	24	30	36
内径 d_1	产品等级	A	3.2	4.3	5.3	6.4	8.4	10.5	13	15	17	21	25	31	37
		B			5.5	6.6	9	11	13.5	15.5	17.5	22	26	33	39
GB/T 848—2002	外径 d_2		6	8	9	11	15	18	20	24	28	34	39	50	60
	厚度 h		0.5	0.5	1	1.6	1.6	1.6	2	2.5	2.5	2	4	4	5
GB/T 97.1—2002 GB/T 97.2—2002① GB/T 96.1—2002①	外径 d_2		7	9	10	12	16	20	24	28	30	37	44	56	66
	厚度 h		0.5	0.8	1	1.6	1.6	2	2.5	2.5	3	3	4	4	5

注：GB/T 96.1—2002 主要用于规格为 M5～M36 的标准六角头螺栓、螺钉和螺母。

① 性能等级 140HV 表示材料的硬度，HV 表示维氏硬度，140 为硬度值。有 140HV，200HV 和 300HV 三种。

表 D-7　标准型弹簧垫圈（摘自 GB/T 93—1987）　　（单位：mm）

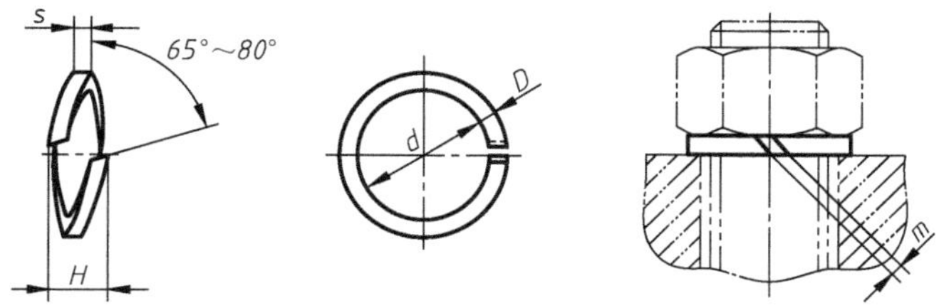

标注示例：规格 16mm，材料为 65Mn，表面氧化的标准弹簧垫圈：

垫圈　GB/T 93—1987　16

规格(螺纹大径)		4	5	6	8	10	12	16	20	24	30
d	min	4.1	5.1	6.1	8.1	10.2	12.2	16.2	20.2	24.5	30.5
	max	4.4	5.4	6.68	8.68	10.9	12.9	16.9	21.04	25.5	31.5
$s(b)$	公称	1.1	1.3	1.6	2.1	2.6	3.1	4.1	5	6	7.5
	min	1	1.2	1.5	2	2.45	2.95	3.9	4.8	5.8	7.2
	max	1.2	1.4	1.7	2.2	2.75	3.25	4.3	5.2	6.2	7.8
H	min	2.2	2.6	3.2	4.2	5.2	6.2	8.2	10	12	15
	max	2.75	3.25	4	5.25	6.5	7.75	10.25	12.5	15	18.75
$m\leqslant$		0.55	0.65	0.8	1.05	1.3	1.55	2.05	2.5	3	3.75

表 D-8 圆柱销 （单位：mm）

圆柱销 不淬硬钢和奥氏体不锈钢（GB/T 119.1—2000）
圆柱销 淬硬钢和马氏体不锈钢（GB/T 119.2—2000）

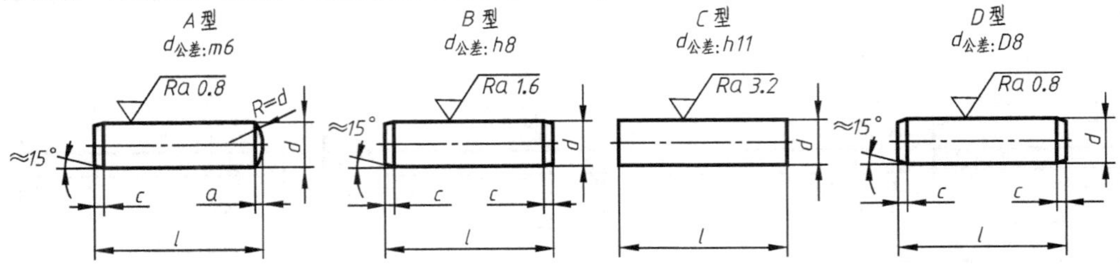

标记示例：公称直径 10mm、长 50mm 材料为钢、不经淬火不经表面处理的圆柱销 Ra 6.3 （√）
销 GB/T 119.1—2000 A10×50

d	4	5	6	8	10	12	16	20	25	30	40	50
a≈	0.5	0.63	0.80	1.0	1.2	1.6	2.0	2.5	3.0	4.0	5.0	6.3
c≈	0.63	0.80	1.2	1.6	2.0	2.5	3.0	3.5	4.0	5.0	6.3	8.0
长度范围 l	8~40	10~50	12~60	14~80	18~95	22~140	26~180	35~200	50~200	50~200	80~200	95~200
l（系列）	6、8、10、12、14、16、18、20、22、24、26、28、30、32、35、40、45、50、55、60、65、70、75、80、85、90、95、100、120、140、160、180、200											

表 D-9 圆锥销（摘自 GB/T 117—2000） （单位：mm）

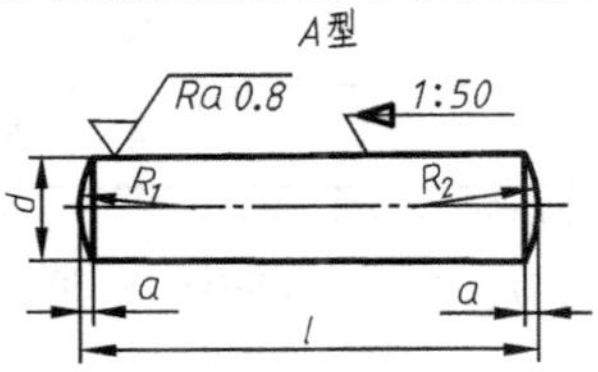

$R_1 \approx d$

$R_2 \approx d + \frac{l-20}{50}$

标记示例：公称直径 10mm、长 60mm 材料为 35 钢、热处理硬度 28~38HRC、表面氧化处理的圆锥销
销 GB/T 117—2000 10×60

Ra 6.3 （√）

d	4	5	6	8	10	12	16	20	25	30	40	50
a≈	0.50	0.63	0.80	1.0	1.2	1.6	2.0	2.5	3.0	4.0	5.0	6.3
长度范围 l	14~55	18~60	22~90	22~120	26~160	32~180	40~200	45~200	50~200	55~200	60~200	65~200
l（系列）	14、16、18、20、22、24、26、28、30、32、35、40、45、50、55、60、65、70、75、80、85、90、95、100、120、140、160、180、200											

表 D-10 开口销（摘自 GB/T 91—2000） （单位：mm）

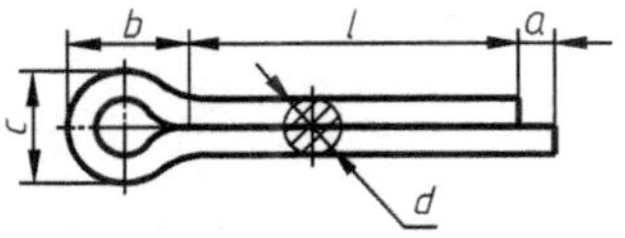

$a_{min} = \frac{1}{2} a_{max}$

标记示例：公称直径 d=5mm、长度 l=50mm 的开口销：
销 GB/T 91—2000 5×50

d	公称	0.6	0.8	1	1.2	1.6	2	2.5	3.2	4	5	6.3	8	10	12
	min	0.4	0.6	0.8	0.9	1.3	1.7	2.1	2.7	3.5	4.4	5.7	7.3	9.3	11.1
	max	0.5	0.7	0.9	1	1.4	1.8	2.3	2.9	3.7	4.6	5.9	7.5	9.5	11.5
c	max	1	1.4	1.8	2	2.8	3.6	4.6	5.8	7.4	9.2	11.8	15	19	24.8
	min	0.9	1.2	1.6	1.7	2.4	3.2	4	5.1	6.5	8	10.3	13.1	16.6	21.7
b		2	2.4	3	3	3.2	4	5	6.4	8	10	12.6	16	20	26
a_{max}		1.6			2.5				3.2	4				6.3	
长度范围 l		4~12	5~16	6~20	8~26	8~32	10~40	12~50	14~65	18~80	22~100	32~120	40~160	45~20	70~200
l（公称）		4、5、6、8、10、12、14、16、18、20、22、24、26、28、30、32、35、40、45、50、55、60、65、70、75、80、85、90、95、100、120、140、160、180、200													

注：销孔的公称直径等于 d 公称。

表 D-11　平键　　　　（单位：mm）

平键和键槽的剖面尺寸(GB/T 1095—2003)

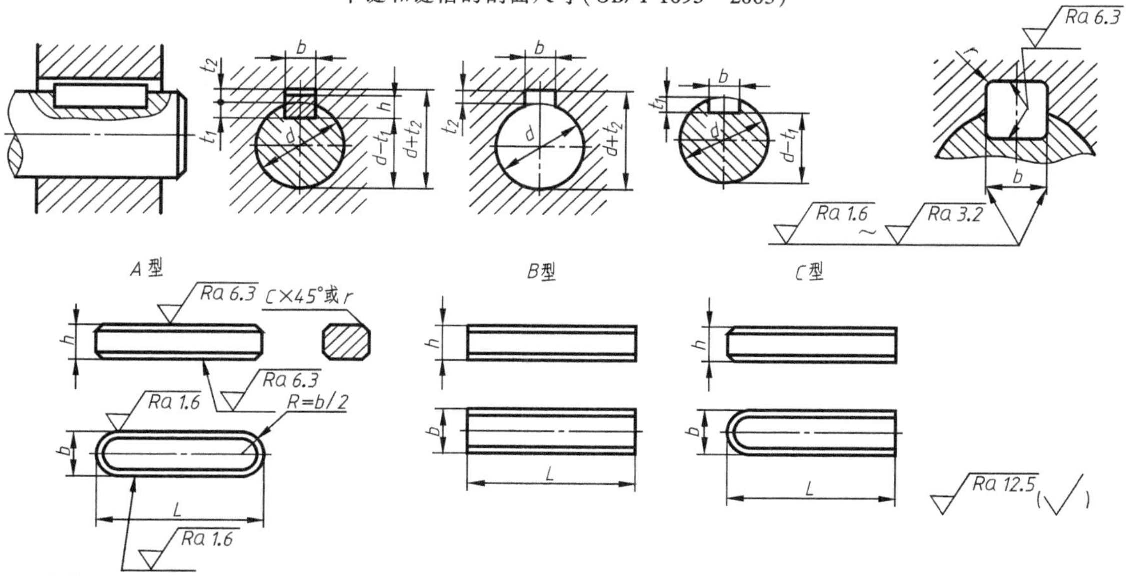

圆头普通平键(A 型)、$b=18\text{mm}$、$h=11\text{mm}$、$L=100\text{mm}$
GB/T 1096—2003　键　18×11×100
平头普通平键(B 型)、$b=18\text{mm}$、$h=11\text{mm}$、$L=100\text{mm}$
GB/T 1096—2003　键 B　18×11×100
单圆头普通平键(C 型)、$b=18\text{mm}$、$h=11\text{mm}$、$L=100\text{mm}$
GB/T 1096—2003　键 C　18×11×100

轴	键	键槽											
轴颈 d（参考）	公称尺寸 b×h	宽度 b						深度				半径 r	
		公称尺寸 b	偏差					轴 t		毂 t_1			
			较松键联结		一般键联结		较紧键联结						
			轴 H9	毂 D10	轴 N9	毂 JS9	轴和毂 P9	公称	偏差	公称	偏差	最小	最大
自 6~8	2×2	2	+0.025 0	+0.060 +0.020	−0.004 −0.029	±0.0125	−0.006 −0.031	1.2	+0.1 0	1	+0.1 0	0.08	0.16
>8~10	3×3	3						1.8		1.4			
>10~12	4×4	4	+0.030 0	+0.078 −0.030	−0 −0.030	±0.015	−0.012 −0.042	2.5		1.8			
>12~17	5×5	5						3.0		2.3			
>17~22	6×6	6						3.5		2.8		0.16	0.25
>22~30	8×7	8	+0.036 0	+0.098 +0.040	0 −0.036	±0.018	−0.015 −0.051	4.0	+0.2 0	3.3	+0.2 0		
>30~38	10×8	10						5.0		3.5		0.25	0.40
>38~44	12×8	12	+0.043 0	+0.120 +0.050	0 −0.043	±0.0215	−0.018 −0.061	5.0		3.3			
>44~50	14×9	14						5.5		3.8			
>50~58	16×10	16						6.0		4.3			
>58~65	18×11	18						7.0		4.4			
>65~75	20×12	20	+0.052 0	+0.149 +0.065	0 −0.052	±0.026	−0.022 −0.074	7.5		4.9		0.40	0.60
>75~85	22×14	22						9.0		5.4			
>85~95	25×14	25						9.0		5.4			
>95~110	28×16	28						10.0		6.4			

注：1. ($d-t_1$) 和 ($d+t_2$) 两组组合尺寸的偏差应按相应的 t_1 和 t_2 的极限偏差选取。但轴槽深 ($d-t_1$) 偏差值应取负号 (−)。
2. 对于键，b 的偏差按 h9、h11，L 的偏差按 h14。
3. 长度 (L) 系列为：6、8、10、12、14、16、18、20、22、25、28、32、34、40、45、50、55、60、70、80、90、100、…、500。

表 D-12　深沟球轴承（摘自 GB/T 276—2013）

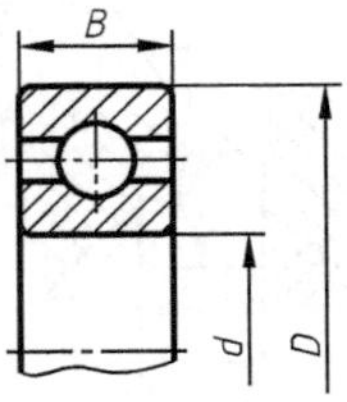

60000（新）

0000（旧）

标记示例

内圈孔径 $d=60$mm、尺寸系列代号为(0)2的深沟球轴承：

滚动轴承　6212　GB/T 276—2013

轴承型号	尺寸/mm		
	d	*D*	*B*
特轻(1)系列(宽度系列:正常0)			
606	6	17	6
607	7	19	6
608	8	22	7
609	9	24	7
6000	10	26	8
6001	12	28	8
6002	15	32	9
6003	17	35	10
6004	20	42	12
6005	25	47	12
6006	30	55	13
6007	35	62	14
6008	40	68	15
6009	45	75	16
6010	50	80	16
6011	55	90	18
6012	60	95	18
轻(2)系列(宽度系列:窄0)			
623	3	10	4
624	4	13	5
625	5	16	5
626	6	19	6
627	7	22	7
628	8	24	8
629	9	26	8
6200	10	30	9
6201	12	32	10
6202	15	35	11
6203	17	40	12
6204	20	47	14
6205	25	52	15
6206	30	62	16
6207	35	72	17
6208	40	80	18
6209	45	85	19
6210	50	90	20
6211	55	100	21
6212	60	110	22

轴承型号	尺寸/mm		
	d	*D*	*B*
中(3)系列(宽度系列:窄0)			
634	4	16	5
635	5	19	6
636	6	22	7
637	7	26	8
638	8	28	9
639	9	30	10
6300	10	35	11
6301	12	37	12
6302	15	42	13
6303	17	47	14
6304	20	52	15
6305	25	62	17
6306	30	72	19
6307	35	80	21
6308	40	90	23
6309	45	100	25
6310	50	110	27
6311	55	120	29
6312	60	130	31
6313	65	140	33
6314	70	150	35
6315	75	160	37
6316	80	170	39
6317	85	180	41
6318	90	190	43
重(4)系列(宽度系列:窄0)			
6403	17	62	17
6404	20	72	19
6405	25	80	21
6406	30	90	23
6407	35	100	25
6408	40	110	27
6409	45	120	29
6410	50	130	31
6411	55	140	33
6412	60	150	35
6413	65	160	37
6414	70	180	42
6415	75	190	45
6416	80	200	48
6417	85	210	52
6418	90	225	54
6419	95	240	55
6420	100	250	58
6421	105	260	60
6422	110	280	65

表 D-13　推力球轴承（摘自 GB/T 301—1995）

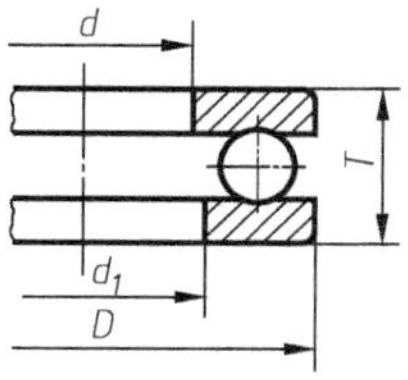

标记示例

51000（新）　内圈孔径 d=30mm、尺寸系列代号为 13 的推力球
8000（旧）　轴承：
滚动轴承　51306　GB/T 301—1995

轴承代号	尺寸/mm			
	d	d_1(min)	D	T
12　系　列				
51200	10	12	26	11
51201	12	14	28	11
51202	15	17	32	12
51203	17	19	35	12
51204	20	22	40	14
51205	25	27	47	15
51206	30	32	52	16
51207	35	37	62	18
51208	40	42	68	19
51209	45	47	73	20
51210	50	52	78	22
51211	55	57	90	25
51212	60	62	95	26
51213	65	67	100	27
51214	70	72	105	27
51215	75	77	110	27
51216	80	82	115	28
51217	85	88	125	31
51218	90	93	135	35
51220	100	98	160	38
13　系　列				
51305	25	27	52	18
51306	30	32	60	21
51307	35	37	68	24
51308	40	42	78	26

轴承代号	尺寸/mm			
	d	d_1(min)	D	T
13　系　列				
51309	45	47	85	28
51310	50	52	95	31
51311	55	57	105	35
51312	60	62	110	34
51313	65	67	115	36
51314	70	72	125	40
51315	75	77	135	44
51316	80	82	140	44
51317	85	88	150	49
51318	90	93	155	50
51320	100	103	170	55
14　系　列				
51405	25	27	60	24
51406	30	32	70	28
51407	35	37	80	32
51408	40	42	90	34
51409	45	47	100	39
51410	50	52	110	43
51411	55	57	120	48
51412	60	62	130	51
51413	65	68	140	56
51414	70	73	150	60
51415	75	78	160	65
51417	85	88	180	72
51418	90	93	190	77

表 D-14　圆锥滚子轴承（摘自 GB/T 297—1994）

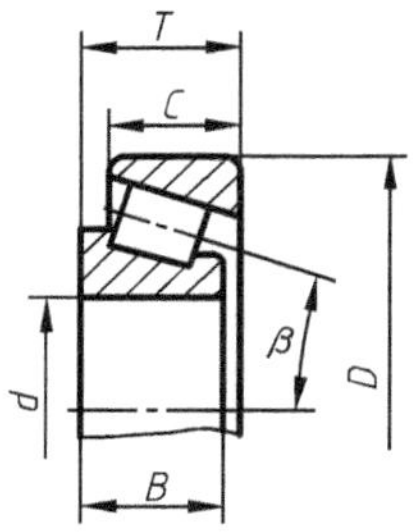

标记示例

30000（新）　内圈孔径 d=35mm、尺寸系列代号为 03 圆锥滚子
7000（旧）　轴承：
滚动轴承　30307　GB/T 297—1994

（续）

超轻(9)系列				
d	*D*	宽度系列:宽 2		
		B	*C*	*T*
20	37	12	9	12
22	40	12	9	12
25	42	12	9	12
28	45	12	9	12
30	47	12	9	12
32	52	15	10	14
35	55	14	11.5	14
40	62	15	12	15
45	68	15	12	15
50	72	15	12	15
55	80	17	14	17
60	85	17	14	17
65	90	17	14	17
70	100	20	16	20
75	105	20	16	20

特轻(1)系列							
d	*D*	宽度系列					
		宽 2			特宽 3		
		B	*C*	*T*	*B*	*C*	*T*
20	42	15	12	15	—	—	—
22	44	15	11.5	15	—	—	—
25	47	15	11.5	15	17	14	17
28	52	16	12	16	—	—	—
30	55	17	13	17	20	16	20
32	58	17	13	17	—	—	—
35	62	18	14	18	21	17	21
40	68	19	14.5	19	22	18	22
45	75	20	15.5	20	24	19	24
50	80	20	15.5	20	24	19	24
55	90	23	17.5	23	27	21	27
60	95	23	17.5	23	27	21	27
65	100	23	17.5	23	27	21	27
70	110	25	19	25	31	25.5	31
75	115	25	19	25	31	25.5	31

特轻(1)系列				
d	*D*	宽度系列:特宽 3		
		B	*C*	*T*
40	75	26	20.5	26
45	80	26	20.5	26
50	85	26	20	26
55	95	30	23	30
60	100	30	23	30
65	110	34	26.5	34
70	120	37	29	37
75	125	37	29	37

轻(2)系列										
d	*D*	宽度系列								
		窄 0			特宽 3			宽 0		
		B	*C*	*T*	*B*	*C*	*T*	*B*	*C*	*T*
17	40	12	11	13.25	—	—	—	16	14	17.25
20	47	14	12	15.25	—	—	—	18	15	19.25
—	—	—	—	—	—	—	—	—	—	—
25	52	15	13	16.25	22	18	22	18	16	19.25
28	58	—	—	—	24	19	24	19	16	20.25
30	62	16	14	17.25	25	19.5	25	20	17	21.25
32	65	17	15	18.25	26	20.5	26	21.5	17	22
35	72	17	15	18.25	28	22	28	23	19	24.25
40	80	18	16	19.75	32	25	32	23	19	24.75
45	85	19	16	20.75	32	25	32	23	19	24.75
50	90	20	17	21.75	32	24.5	32	23	19	24.75
55	100	21	18	22.75	35	27	35	25	21	26.75
60	110	22	19	23.75	38	29	38	28	24	29.75
65	120	23	20	24.75	41	32	41	31	27	32.75
70	125	24	21	26.25	41	32	41	31	27	33.25
75	130	25	22	27.25	41	31	41	31	27	33.25

中(3)系列								中(6)系列		
d	*D*	宽度系列								
		窄 0			中 0			宽 0		
		B	*C*	*T*	*B*	*C*	*T*	*B*	*C*	*T*
15	42	13	11	14.25	—	—	—	—	—	—
17	47	14	12	15.25	—	—	—	19	16	20.25
20	52	15	13	16.25	—	—	—	21	18	22.25
—	—	—	—	—	—	—	—	—	—	—
25	62	17	15	18.25	17	13	18.25	24	20	25.25
—	—	—	—	—	—	—	—	—	—	—
30	72	19	16	20.75	19	14	20.75	27	23	28.75
32	75	—	—	—	—	—	—	28	23	29.75
35	80	21	18	22.75	21	15	22.75	31	25	32.75
40	90	23	20	25.25	23	17	25.25	33	27	35.25
45	100	25	22	27.25	25	18	27.25	36	30	38.25
50	110	27	23	29.25	27	19	29.25	40	33	42.25
55	120	29	25	31.5	29	21	31.5	43	35	45.5
60	130	31	26	33.5	31	22	33.5	46	37	48.5
65	140	33	28	36	33	23	36	48	39	51
70	150	35	30	38	35	23	38	51	42	54
75	160	37	34	40	37	26	40	55	45	58

附录 E　常用标准件数据和标准结构

表 E-1　标准尺寸（摘自 GB/T 2822—2005）

1.0~10.0mm		10~100mm					
R′10	R′20	R10	R20	R40	R10	R20	R40
2.0	2.0	10.0	10.0				33.5
	2.2		11.2			35.5	35.5
2.5	2.5	12.5	12.5	12.5			37.5
	2.8			13.2	40.0	40.0	40.0
3.0	3.0		14.0	14.0			42.5
	3.5			15.0		45.0	45.0
4.0	4.0	16.0	16.0	16.0			47.5
	4.5			17.0	50.0	50.0	50.0
5.0	5.0		18.0	18.0			53.0
	5.5			19.0		56.0	56.0
6.0	6.0	20.0	20.0	20.0			60.0
	7.0			21.2	63.0	63.0	63.0
8.0	8.0		22.4	22.4			67.0
	9.0			23.6		71.0	71.0
10.0	10.0	25.0	25.0	25.0			75.0
				26.5	80.0	80.0	80.0
			28.0	28.0			85.0
				30.0		90.0	90.0
							95.0
		31.5	31.5	31.5	100.0	100.0	100.0

注：1. 表列标准尺寸（直径、长度、高度等）系列适用于有互换性或系列化要求的主要尺寸（如安装、连接尺寸、有公差要求的配合尺寸，决定产品系列的公称尺寸等），其他结构尺寸也可采用。

2. 选用系列及单个尺寸时，应按 R10、R20、R40 的顺序，优先选用公比较大的基本系列尺寸及其单值。R′表示优先数的化整值系列。

3. 黑体字表示优先数的化整值。

表 E-2　回转面及端面砂轮越程槽的型式及尺寸（摘自 GB/T 6403.5—2008）　（单位：mm）

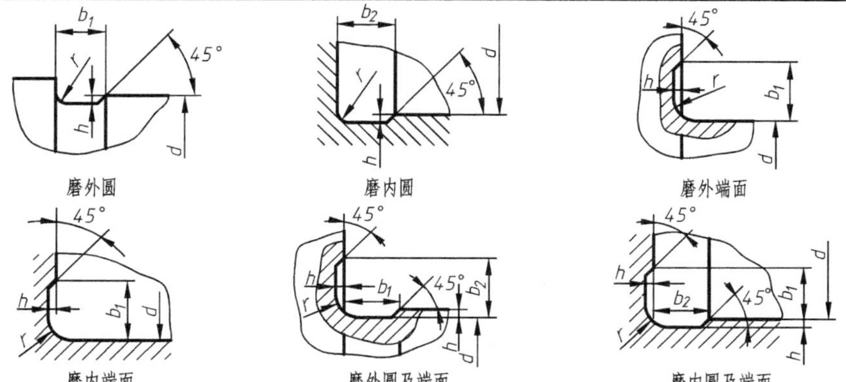

磨外圆　磨内圆　磨外端面

磨内端面　磨外圆及端面　磨内圆及端面

b_1	0.6	1.0	1.6	2.0	3.0	4.0	5.0	8.0	10
b_2	2.0	3.0		4.0		5.0		8.0	10
h	0.1	0.2		0.3	0.4		0.6	0.8	1.2
r	0.2	0.5		0.8	1.0		1.6	2.0	3.0
d	~10			>10~50		>50~100		>100	

表 E-3　与直径 *d* 或 *D* 相应的倒角 *C*、倒圆 *R* 的推荐值（摘自 GB/T 6403.4—2008）　（单位：mm）

d 或 *D*	~3	>3~6	>6~10	>10~18	>18~30	>30~50	>50~80	>80~120	>120~180
C 或 *R*	0.2	0.4	0.6	0.8	1.0	1.6	2.0	2.5	3.0
d 或 *D*	>180~250	>250~320	>320~400	>400~500	>500~630	>630~800	>800~1000	>1000~1250	>1250~1600
C 或 *R*	4.0	5.0	6.0	8.0	10	12	16	20	25

表 E-4　螺纹收尾、肩距、退刀槽、倒角（摘自 GB/T 6403.4—2008）（单位：mm）

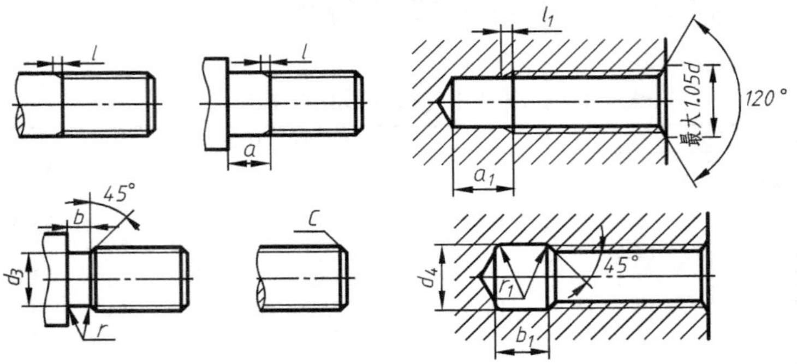

	螺距 P	外螺纹 粗牙螺纹大径 D,d	外螺纹 螺纹收尾（不大于）一般	外螺纹 螺纹收尾（不大于）短的	外螺纹 肩距 a（不大于）一般	外螺纹 肩距 a（不大于）长的	外螺纹 肩距 a（不大于）短的	外螺纹 退刀槽 b 一般	外螺纹 退刀槽 $r\approx$	外螺纹 退刀槽 d_3	倒角 C	内螺纹 螺纹收尾 l（不大于）一般	内螺纹 螺纹收尾 l（不大于）长的	内螺纹 肩距 a_1（不大于）一般	内螺纹 肩距 a_1（不大于）长的	内螺纹 退刀槽 b_1 一般	内螺纹 退刀槽 $r_1\approx$	内螺纹 退刀槽 d_4
普通螺纹	0.2	—	0.5	0.25	0.6	0.8	0.4		0.5P		0.2	0.4	0.6	1.2	1.5		0.5P	
	0.25	1,1.2	0.6	0.3	0.75	1	0.5	0.75				0.5	0.8	1.5	2			
	0.3	1.4	0.75	0.4	0.9	1.2	0.6	0.9			0.3	0.6	0.9	1.8	2.4			
	0.35	1.6,1.8	0.9	0.45	1.05	1.4	0.7	1.05		d−0.6		0.7	1.1	2.2	2.8			
	0.4	2	1	0.5	1.2	1.69	0.8	1.2		d−0.7	0.4	0.8	1.2	2.5	3.2			
	0.45	2.2,2.5	1.1	0.6	1.35	1.8	0.9	1.35		d−0.7		0.9	1.4	2.8	3.6			
	0.5	3	1.25	0.7	1.5	2	1	1.5		d−0.8	0.5	12	1.5	3	4	2		d+0.3
	0.6	3.5	1.5	0.75	1.8	2.4	1.2	1.8		d−1		1.2	1.8	3.2	4.8			
	0.7	4	1.75	0.9	2.1	2.8	1.4	2.1		d−1.1	0.6	1.4	2.1	3.5	5.6	3		
	0.75	4.5	1.9	1	2.25	3	1.5	2.25		d−1.2		1.5	2.3	3.8	6			
	0.8	5	2	1	2.4	3.2	1.6	2.4		d−1.3	0.8	1.6	2.4	4	6.4			
	1	6,7	2.5	1.25	3	4	2	3		d−1.6	1	2	3	5	8	4		d+0.5
	1.25	8	3.2	1.6	4	5	2.5	3.75		d−2	1.2	2.5	3.8	6	10	5		
	1.5	10	3.8	1.9	4.5	6	3	4.5		d−2.3	1.5	3	4.5	7	12	6		
	1.75	12	4.3	2.2	5.3	7	3.5	5.25		d−2.5	2	3.5	5.2	9	14	7		
	2	14,16	5	2.5	6	8	4	6		d−3		4	6	10	16	8		
	2.5	18,20,22	6.3	3.2	7.5	10	5	7.5		d−3.6	2.5	5	7.5	12	18	10		
	3	24,27	7.5	3.8	9	12	6	9		d−4.4		6	9	14	22	12		
	3.5	30,33	9	4.5	10.5	14	7	10.5		d−5	3	7	10.5	16	24	14		
	4	36,39	10	5	12	16	8	12		d−5.7		8	12	18	26	16		
	4.5	42,45	11	5.5	13.5	18	9	13.5		d−6.4	4	9	13.5	21	29	18		
	5	48,52	12.5	6.3	15	20	10	15		d−7		10	15	23	32	20		
	5.5	56,60	14	7	16.5	22	11	17.5		d−7.7	5	11	16.5	25	35	22		
	6	64,68	15	7.5	18	24	12	18		d−8.3		12	18	28	38	24		

注：国家标准局最近又发布了国家标准《固件——外螺纹零件的末端》GB/T 2—2001，可查阅其中的有关规定。

参考文献

[1] 何铭新，钱可强，徐祖茂，等. 机械制图［M］. 7版. 北京：高等教育出版社. 2016.

[2] 谭建荣，张树有. 图学基础教程［M］. 3版. 北京：高等教育出版社，2019.

[3] 朱辉，曹桄，唐保宁，等. 画法几何及工程制图［M］. 5版. 上海：上海科技出版社，2013.

[4] 刘朝儒，吴志军，高政一，等. 机械制图［M］. 5版. 北京：高等教育出版社，2006.

[5] 焦永和，张彤，张京英. 工程制图［M］. 2版. 北京：高等教育出版社，2015.

[6] 葛常清，魏小鹏. 工程制图［M］. 徐州：中国矿业大学出版社，2001.

[7] 大连理工大学工程图学教研室. 机械制图［M］. 7版. 北京：高等教育出版社，2013.

[8] 王冰. 工程制图［M］. 2版. 北京：高等教育出版社，2015.

[9] 邢邦圣，张元越. 机械制图与计算机绘图［M］. 3版. 北京：化学工业出版社，2015.

[10] 王成刚，赵奇平. 工程图学简明教程［M］. 5版. 武汉：武汉理工大学出版社，2017.

[11] 杨裕根，诸世敏. 现代工程图学［M］. 3版. 北京：北京邮电大学出版社，2008.

参考文献